中国国家标准汇编

2008年修订-63

中国标准出版社　编

中国标准出版社
北京

图书在版编目（CIP）数据

中国国家标准汇编：2008年修订．63/中国标准出版社编．—北京：中国标准出版社，2009

ISBN 978-7-5066-5507-1

Ⅰ．中…　Ⅱ．中…　Ⅲ．国家标准-汇编-中国-2008
Ⅳ．T-652.1

中国版本图书馆CIP数据核字（2009）第185256号

中国标准出版社出版发行
北京复兴门外三里河北街16号
邮政编码：100045
网址 www.spc.net.cn
电话：68523946　68517548
中国标准出版社秦皇岛印刷厂印刷
各地新华书店经销

*

开本 880×1230 1/16　印张 39.75　字数 1179 千字
2009年11月第一版　2009年11月第一次印刷

*

定价 200.00 元

ISBN 978-7-5066-5507-1

出 版 说 明

1.《中国国家标准汇编》是一部大型综合性国家标准全集。自 1983 年起，按国家标准顺序号以精装本、平装本两种装帧形式陆续分册汇编出版。它在一定程度上反映了我国建国以来标准化事业发展的基本情况和主要成就，是各级标准化管理机构，工矿企事业单位，农林牧副渔系统，科研、设计、教学等部门必不可少的工具书。

2.《中国国家标准汇编》收入我国每年正式发布的全部国家标准，分为"制定"卷和"修订"卷两种编辑版本。

"制定"卷收入上年度我国发布的、新制定的国家标准，顺延前年度标准编号分成若干分册，封面和书脊上注明"20××年制定"字样及分册号，分册号一直连续。各分册中的标准是按照标准编号顺序连续排列的，如有标准顺序号缺号的，除特殊情况注明外，暂为空号。

"修订"卷收入上年度我国发布的、被修订的国家标准，视篇幅分设若干分册，但与"制定"卷分册号无关联，仅在封面和书脊上注明"20××年修订-1，-2，-3，……"字样。"修订"卷各分册中的标准，仍按标准编号顺序排列（但不连续）；如有遗漏的，均在当年最后一分册中补齐。需提请读者注意的是，个别非顺延前年度标准编号的新制定的国家标准没有收入在"制定"卷中，而是收入在"修订"卷中。

读者配套购买《中国国家标准汇编》"制定"卷和"修订"卷则可收齐上一年度我国制定和修订的全部国家标准。

3. 由于读者需求的变化，自 1996 年起，《中国国家标准汇编》仅出版精装本。

4. 2008 年制修订国家标准共 5946 项。本分册为"2008 年修订-63"，收入新制修订的国家标准 38 项。

中国标准出版社

2009 年 10 月

出版说明

目　　录

ICS 29.160.30
K 24

中华人民共和国国家标准

GB/T 13138—2008
代替 GB/T 13138—1991

自整角机通用技术条件

General specification for synchro

2008-01-22 发布　　2008-09-01 实施

中华人民共和国国家质量监督检验检疫总局
中国国家标准化管理委员会　发布

前　言

本标准代替 GB/T 13138—1991《自整角机通用技术条件》。

本标准与 GB/T 13138—1991 相比主要变化如下：

——增加了安全方面的内容，并引用了 GB 18211—2000《微电机安全通用要求》；

——按照 GB/T 7345—1994《控制微电机基本技术要求》，取消了"强冲击"、"爆炸"的技术要求和检验项目；

——按照 GB/T 7345—1994《控制微电机基本技术要求》，将"鉴定试验"和"周期试验"修订为"型式检验"。

——对"检验规则"进行了具体描述和细化；

——为了试验的方便，对一些技术要求和检验方法的次序进行了调整；

——按照 GB/T 1.1—2000《标准化工作导则　第 1 部分：标准的结构和编写规则》的规定，对标准的编排格式进行了修改。

本标准的附录 A、附录 B 为资料性附录。

本标准由中国电器工业协会提出。

本标准由全国微电机标准化技术委员会归口。

本标准起草单位：西安微电机研究所。

本标准主要起草人：赵东虹、井秀华、樊君莉。

本标准替代历次标准发布情况为：

——GB/T 13138—1991。

自整角机通用技术条件

1 范围

本标准规定了自整角机的产品分类、技术要求、试验方法、检验规则、质量保证期以及标志、包装、运输与储存等。

本标准适用于单对极接触式自整角机。

2 规范性引用文件

下列文件中的条款通过本标准的引用而成为本标准的条款。凡是注日期的引用文件，其随后所有的修改单（不包括勘误的内容）或修订版均不适用于本标准，然而，鼓励根据本标准达成协议的各方研究是否可使用这些文件的最新版本。凡是不注日期的引用文件，其最新版本适用于本标准。

GB/T 2828.1—2003 计数抽样检验程序 第1部分：按接收质量限（AQL）检索的逐批检验抽样计划（ISO 2859-1:1999,IDT）

GB/T 7345—1994 控制微电机基本技术要求（neq ГОСТ 16264-10:1985）

GB/T 7346—1998 控制电机基本外形结构型式

GB/T 10405—2001 控制电机型号命名方法

GB 18211—2000 微电机安全通用要求

JB/T 8162—1999 控制微电机包装技术条件

3 产品分类

3.1 分类

自整角机包括：

a） 使用于信号传输系统作检测元件用的控制式自整角机；

b） 使用于力矩传输系统作指示用的力矩式自整角机。

3.2 型号

自整角机的型号组成应符合 GB/T 10405—2001 的规定，由机座号、产品名称代号、参数代号和派生代号 4 部分组成。型号组成示例如下：

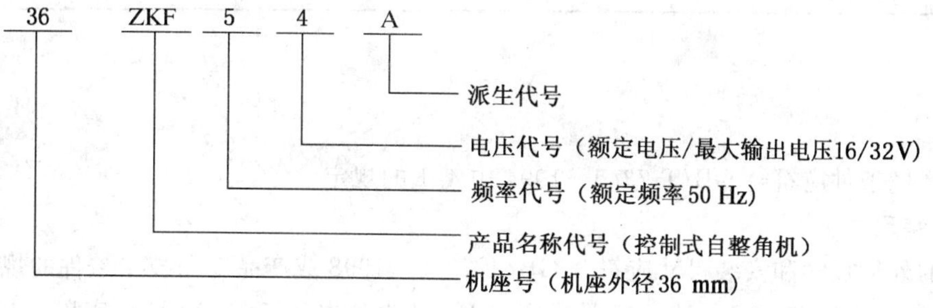

3.3 机座号

本标准通常包括 GB/T 7346—1998 所规定的 20～90 机座号的自整角机。

3.4 产品名称代号

a） 控制式自整角发送机 ZKF；

b） 控制式差动自整角发送机 ZKC；

c) 控制式自整角变压器 ZKB;

d) 力矩式自整角发送机 ZLF;

e) 力矩式差动自整角发送机 ZCF;

f) 力矩式自整角接收机 ZLJ;

g) 力矩式差动自整角接收机 ZCJ;

h) 力矩式自整角接收机发送机 ZJF。

注:力矩式自整角接收机发送机是一种双用途的自整角机,它可以作为力矩式接收机使用,也可以作为力矩式发送机使用。

3.5 性能参数代号

自整角机型号的性能参数代号由电源频率和额定电压与最大输出电压的组合两部分组成,电源频率,其代号见表1;额定电压和最大输出电压的组合,其代号见表2。

表1 单位为赫兹

代号	5	6	4	0	1	2	7
电源频率	50	60	400	500	1 000	2 000	混频

表2 单位为伏特

代号	1	2	3	4	5	6	7
发送机、接收机额定电压/最大输出电压	20/9	26/12	36/16	115/16	115/90	110/90	220/90
差动式额定电压/最大输出电压	9/9	12/12	16/16	90/90			
控制变压器额定电压/最大输出电压	9/18	12/20	12/26	16/32	16/58	90/58	

3.6 电源频率和电压等级

自整角机电源频率和电压等级在表3中选取。

表3

频率/Hz	电压/V
400	12、20、26、36、115
50	36、110、220

4 技术要求

4.1 环境条件

自整角机环境条件应符合 GB/T 7345—1994 中 4.1 的规定。

4.2 外形及安装尺寸

自整角机的外形尺寸和安装尺寸应符合 GB/T 7346—1998 或产品专用技术条件的规定。

20 号机座以 K1 型为基本型;28~45 号机座以 K3 型为基本型;55~90 号机座以 K4 型为基本型;55 及以下机座的基本轴伸为光轴伸;70、90 机座的基本轴伸为半圆键键槽轴伸。

4.3 外观和装配质量

4.3.1 外观

自整角机的表面不应有锈蚀、碰伤、划痕、涂覆层剥落,紧固件连接应牢固,接线板及铭牌的字迹和内容应清楚无误,且不得脱落,引出线应完整无损,颜色和标志应正确。

4.3.2 径向间隙

自整角机的径向间隙应符合产品专用技术条件的规定。型式检验后最大允许值为规定值的1.5倍。

4.3.3 轴向间隙

自整角机的轴向间隙应符合产品专用技术条件的规定。型式检验后最大允许值为规定值的1.66倍。

4.3.4 轴伸径向圆跳动

自整角机的轴伸外圆表面径向圆跳动应不大于0.02 mm。

4.3.5 安装配合面的同轴度和安装配合端面的垂直度

自整角机安装配合面的同轴度和安装配合端面的垂直度应符合GB/T 7346—1998或产品专用技术条件的规定。

4.4 接线端和引出线

4.4.1 出线方式和标记

自整角机接线端可采用引出线或接线板方式，引出线长度应不小于200 mm。引出线标记用不同颜色表示，并应符合表4或产品专用技术条件的规定。接线板出线标记用字母表示，应符合表5的规定。

表 4

绕组名称	标记及代号	颜　色
定子绕组	S1	蓝
	S2	黑
	S3	黄
转子绕组	R1	红—白
	R2	黑—白
	R3	黄—白

表 5

类　型	标　记	
	励磁绕组	输出绕组
ZKF、ZLF、ZLJ、ZJF	R1、R2	S1、S2、S3
ZCF、ZKC、ZCJ	S1、S2、S3	R1、R2、R3
ZKB	S1、S2、S3	R1、R2

4.4.2 引出线和接线端强度

自整角机的引出线和接线端强度应符合GB/T 7345—1994中4.11的规定。

4.5 基准电气零位

4.5.1 基准电气零位标记

从非出线端视之，自整角机定、转子绕组空间排列位置如图1所示，此位置即为自整角机的基准电气零位。应在机壳和轴伸适当位置上有明显牢固的标记。电气零位标记的偏差应在准确零位的10°范围内。

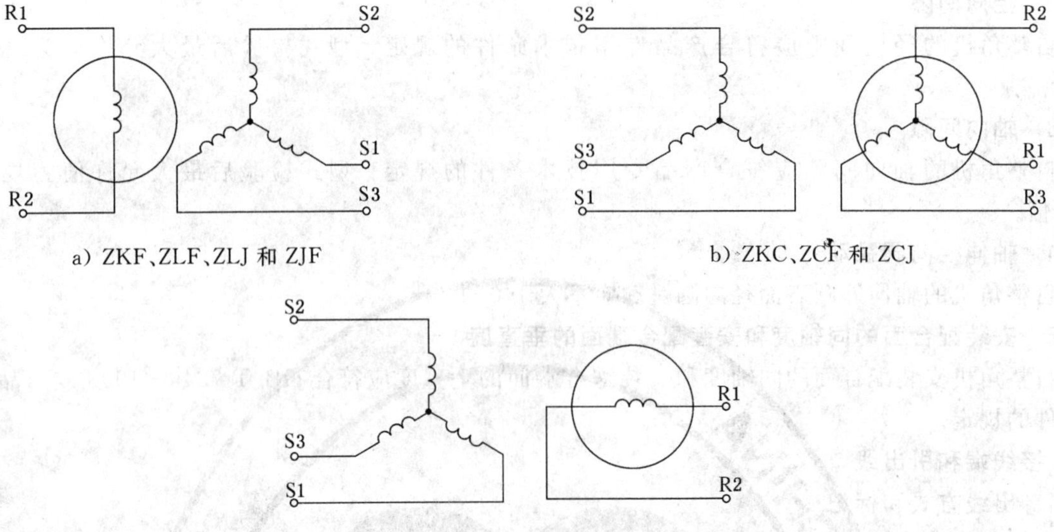

图 1 自整角机基准电气零位

4.5.2 接线正确性

自整角机应按 4.5.1 的要求进行接线正确性检查。接线正确性可在电气误差或接收误差检查时进行。

4.6 旋转方向

从非出线端视之，转轴逆时针方向旋转为正方向，电气角的正方向与旋转正方向一致。

4.7 电刷接触电阻变化

自整角机的电刷接触电阻变化值应符合 GB/T 7345—1994 中 4.17 的规定。型式检验后，其最大变化值还应满足表 6 的规定。

表 6

试验名称	电刷接触电阻变化	
	转子电阻≤200 Ω(20 ℃)	转子电阻＞200 Ω(20 ℃)
型式检验	1.50 Ω	转子直流电阻的 0.75%

4.8 摩擦力矩

4.8.1 静摩擦力矩

自整角机的静摩擦力矩应符合产品专用技术条件的规定。型式检验后静摩擦力矩允许增加 1 倍。

4.8.2 励磁静摩擦力矩

自整角机的励磁静摩擦力矩应符合产品专用技术条件的规定。型式检验后励磁静摩擦力矩允许增加 1 倍。

4.9 绝缘介电强度

自整角机应能承受 GB 18211—2000 中表 1 规定的试验电压，应无绝缘击穿或飞弧。绕组的峰值漏电流应不大于 1 mA 或 5 mA。漏电流不包括设备电容所耗电流。其他要求应符合 GB 18211—2000 中第 6 章的规定。

注：电源电压≥115 V 的漏电流为 5 mA。

4.10 绝缘电阻

自整角机导电部分对机壳之间的绝缘电阻应符合下列要求：

a) 正常大气条件下，绝缘电阻应不低于 100 MΩ；

b) 在产品专用技术条件规定的极限低温条件下，绝缘电阻应不低于 50 MΩ；

c) 在产品专用技术条件规定的极限高温条件下，绝缘电阻应不低于10 MΩ；

d) 恒定湿热试验后，绝缘电阻应不低于2 MΩ。

4.11 励磁电流

输出绕组开路时，自整角机励磁绕组的电流应符合产品专用技术条件的规定。

4.12 励磁功率

输出绕组开路时，自整角机励磁绕组的励磁功率应符合产品专用技术条件的规定。

4.13 最大输出电压

自整角机最大输出电压应符合产品专用技术条件的规定，其允差应在规定值的3%以内，自整角接收机最大输出电压之间的差值应不超过规定值的1.2%。

4.14 相位移

在通电稳定工作温度下，自整角机的相位移应符合产品专用技术条件的规定。

4.15 电气误差

自整角机按电气误差确定精度等级，电气误差分为三级。自整角机的最大电气误差应符合表7或产品专用技术条件的规定。型式检验电气后误差允许增加值见表7。

表7

精 度 等 级	电气误差/(′)	型式检验后允许增加值/(′)
0	5	2
Ⅰ	10	2
Ⅱ	20	2

4.16 零位电压

自整角机零位电压的基波分量和总值应不超过产品专用技术条件的规定。

4.17 静态误差

自整角接收机按静态误差确定精度等级，静态误差分为三级。自整角接收机的最大静态误差应符合表8或产品专用技术条件的规定。型式检验后静态误差允许增加值见表8。

表8

精 度 等 级	静态误差/(°)	型式检验后允许增加值/(°)
0	0.8	0.3
Ⅰ	1.2	0.4
Ⅱ	2	0.6

4.18 自转

在额定频率和120%的额定电压励磁条件下，自整角接收机转子相对于发送机零位偏转177°±2°时，应能同步或达到停止而不自转。

4.19 阻尼时间

自整角接收机的阻尼时间应符合产品专用技术条件的规定。

4.20 比整步转矩

力矩式自整角机的比整步转矩应符合产品专用技术条件的规定。

4.21 阻抗

自整角机的各阻抗值应符合产品专用技术条件的规定。

4.22 温升

自整角机在额定电压励磁条件下，绕组温升应符合产品专用技术条件的规定。

4.23 可闻结构噪声

自整角机的可闻结构噪声应符合 GB/T 7345—1994 中 4.30.1 的规定。

4.24 电磁干扰

当有要求时，自整角机的电磁干扰应符合 GB/T 7345—1994 中 4.31 的规定。

4.25 振动

自整角机应按 GB/T 7345—1994 中 4.25 和产品专用技术条件的规定进行振动试验，试验中不得出现机械损伤、紧固件松动和接触不良等现象。试验后应进行表 14 规定的试验。

4.26 冲击

自整角机应按 GB/T 7345—1994 中 4.26 和产品专用技术条件的规定进行冲击试验，试验中不得出现机械损伤、紧固件松动和接触不良等现象。试验后应进行表 14 规定的试验。

4.27 寿命

自整角机试验时，转子以(600±50) r/min 旋转 1 000 h。试验过程中不允许出现接触不良现象。自整角接收机不应失步，试验后应进行表 14 规定的试验。

4.28 低温

自整角机应能承受产品专用技术条件规定的低温试验。试验后应进行表 14 规定的试验。

4.29 高温

自整角机应能承受产品专用技术条件规定的高温试验。试验后应进行表 14 规定的试验。

4.30 恒定湿热

自整角机应按 GB/T 7345—1994 中 4.28.1 规定进行恒定湿热试验，试验后应进行表 14 规定的试验。

4.31 非正常工作

自整角机应尽量避免发生由于不正常或误操作而破坏或消弱其安全性能，从而引起火灾、触电等事故。

4.32 盐雾

当有要求时，自整角机应能承受 GB/T 7345—1994 中 4.32 规定的盐雾试验。

4.33 质量

自整角机的质量应符合产品专用技术条件的规定。

5 试验方法

5.1 大气条件

试验时的大气条件按 GB/T 7345—1994 中 5.1.1、5.1.2、5.1.3 的规定。

5.2 试验电源

自整角机试验电源的电压幅值稳定度应不大于±2%；频率稳定度应不大于±0.2%；正弦波的波形失真度不大于 5%。

5.3 电气测量仪表及试验装置

电气测量仪表及试验装置应符合以下规定：

a) 电气测量仪表的精确度应不低于 1 级。

b) 相敏指零仪的输入阻抗应不小于 500 kΩ 和 30 pF 并联的阻抗，指零仪应具有抑制谐波电压和正交电压的能力，当谐波电压和正交电压分别达到自整角机最大输出电压的 1%和 2%时，相敏指零仪应能正常地测量出基波同相分量，并应能显示受试自整角机从零位偏离 0.2′时的输出电压。

c) 相敏放大器应具有与相敏指零仪相适应的性能。

d) 光学分度头的角度误差应不大于 15″。

e) 如无特殊规定,自整角机应安装在 GB/T 7345—1994 规定的标准支架上进行试验。安装不同轴度产生的综合误差应不大于 30″。

5.4 试验接线图和试验电压

如无特殊规定,自整角机试验按图 2 接线,施加表 9 规定的试验电压。

表 9

单位为伏特

自整角机类型	励磁端	额定电压	试验电压
ZKF ZLF ZLJ ZJF	R2-R1	220	220
		115	115
		110	110
		36	36
		26	26
		20	20
		12	12
ZKC ZCF ZCJ ZKB	S1S3-S2	90	78
		16	13.85
		12	10.4
		9	7.8

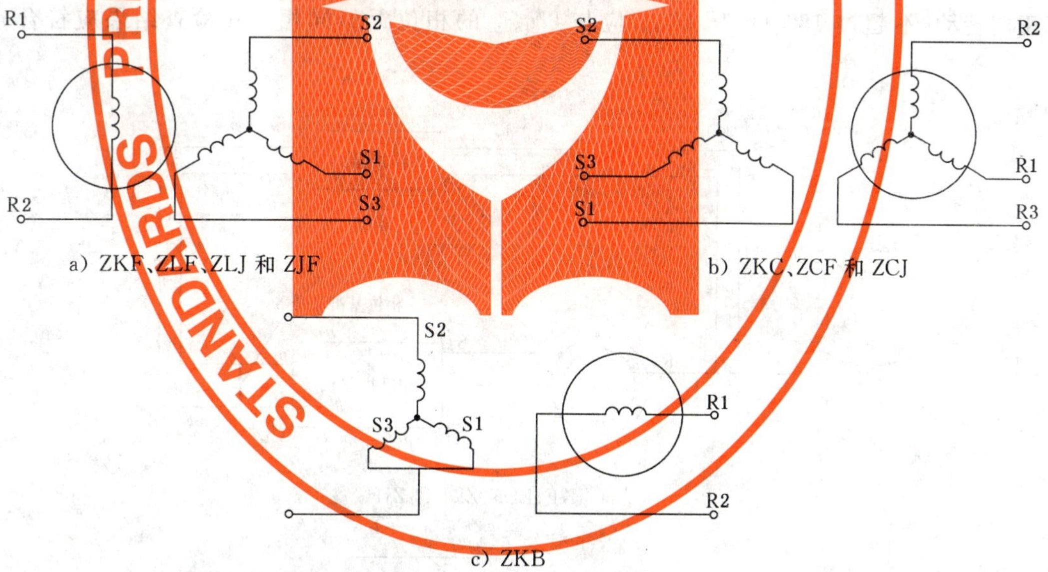

a) ZKF、ZLF、ZLJ 和 ZJF
b) ZKC、ZCF 和 ZCJ
c) ZKB

图 2 试验接线图

5.5 外形及安装尺寸

用能保证尺寸精度要求的量具检查外形尺寸和安装尺寸,应符合 4.2 的要求。

5.6 外观和装配质量

5.6.1 外观

目检自整角机的外观质量应符合 4.3.1 的要求。

5.6.2 径向间隙

按 GB/T 7345—1994 中 5.4 规定的方法进行检查,应符合 4.3.2 的要求。径向推力的大小由产品专用技术条件规定。

5.6.3 轴向间隙

按 GB/T 7345—1994 中 5.5 规定的方法进行检查，应符合 4.3.3 的要求。轴向推力的大小由产品专用技术条件规定。

5.6.4 轴伸径向圆跳动

按 GB/T 7345—1994 中 5.6 规定的方法进行检查，应符合 4.3.4 的要求。

5.6.5 安装配合面的同轴度和安装配合端面的垂直度

按 GB/T 7345—1994 中 5.7 规定的方法进行检查，应符合 4.3.5 的要求。

5.7 接线端和引出线

5.7.1 出线方式和标记

目检接线端出线方式，标记代号及颜色应符合 4.4.1 的要求。

5.7.2 引出线和接线端强度

按 GB/T 7345—1994 中 5.10 规定的方法进行，应符合 4.4.2 的要求。

5.8 基准电气零位

5.8.1 ZKF、ZLF、ZLJ 和 ZJF 自整角机的基准电气零位按图 3a）测定，此时输出绕组电压的基波同相分量为零，当转子正向转动时（不超过 180°），电压 $U_{S1\text{-}S3}$ 应与 $U_{R2\text{-}R1}$ 的相位近似同相。其检查结果应符合 4.5.1 要求。

5.8.2 ZKC、ZCF 和 ZCJ 自整角机的基准电气零位按图 3b）测定，此时输出绕组电压的基波同相分量为零，当转子正向转动（不超过 180°），电压 $U_{R3\text{-}R1}$ 应与 $U_{S1S3\text{-}S2}$ 的相位近似同相。其检查结果应符合 4.5.1 规定。

5.8.3 ZKB 自整角变压器的基准电气零位按图 3c）规定，此时输出绕组电压的基波同相分量为零，当转子正向转动（不超过 180°）电压 $U_{R2\text{-}R1}$ 应与 $U_{S1S3\text{-}S2}$ 的相位近似同相。其检查结果应符合 4.5.1 的要求。

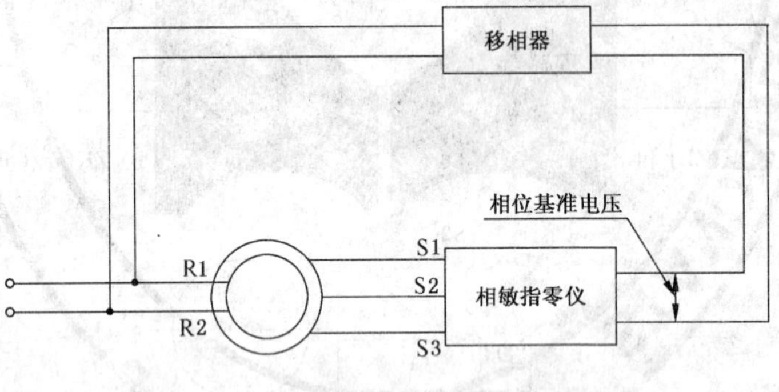

a）ZKF、ZLF、ZLJ 和 ZJF

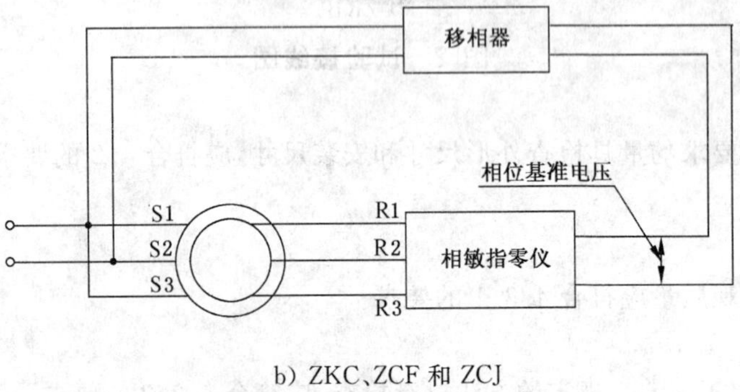

b）ZKC、ZCF 和 ZCJ

图 3 测定自整角机基准电气零位线路图

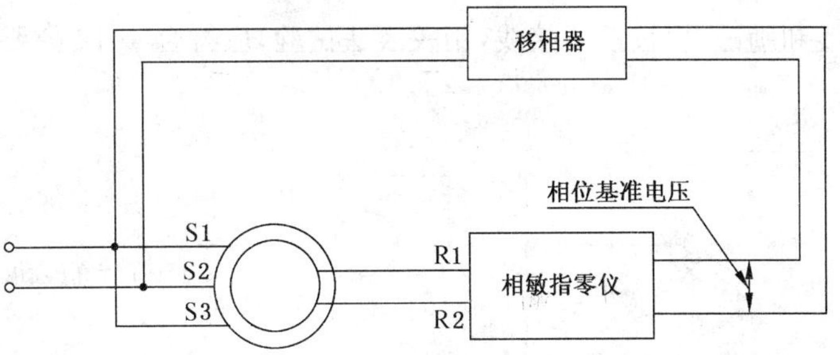

c) ZKB

图 3(续)

5.8.4　接线正确性

自整角机的接线正确性在电气误差检查时进行，接线和电气角度的顺序应符合表 10 的规定，并满足 4.5.2 的要求。

表 10

三角电桥-整步绕组接线顺序	转子从基准电气零位起正方向转动的角度/(°)	n	转子从基准电气零位起正方向转动角度/(°)	n
A-S1(R3) B-S2(R2) C-S3(R1)	0～60	0	180～240	3
A-S3(R1) B-S1(R3) C-S2(R2)	60～120	1	240～300	4
A-S2(R2) B-S3(R1) C-S1(R3)	120～180	2	300～360	5

注 1：括号内系指差动式自整角机的转子绕组。

注 2：n 为三角电桥与接线端的换接顺序号。

5.9　**电刷接触电阻变化**

按 GB/T 7345—1994 中 5.16 规定的方法进行。应符合 4.7 的要求。

5.10　**摩擦力矩**

5.10.1　**静摩擦力矩**

按 GB/T 7345—1994 中 5.9.1 规定的方法检查，应符合 4.8.1 的要求。

5.10.2　**励磁静摩擦力矩**

按 GB/T 7345—1994 中 5.9.2 规定的方法检查，应符合 4.8.2 的要求。

5.11　**绝缘介电强度**

按 GB 18211—2000 中 6.3 规定的方法进行试验，应符合 4.9 的要求。

5.12　**绝缘电阻**

按 GB 18211—2000 中表 2 的规定选用兆欧表，测量自整角机导电部分对机壳之间的绝缘电阻，应符合 4.10 的要求。

5.13　**励磁电流**

按 5.4 的规定接线和励磁，再按图 4 接线，用校表法试验，应符合 4.11 的要求。

5.14 励磁功率

按 5.4 的规定接线和励磁，再按图 4 接线，用校表法试验，应符合 4.12 的要求。

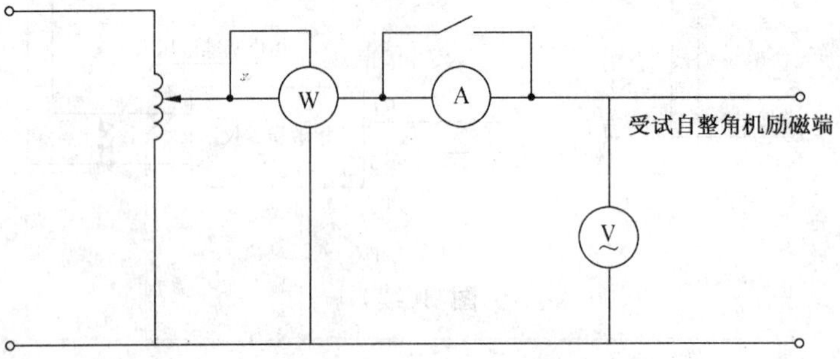

图 4 测量励磁电流及励磁功率线路图

5.15 最大输出电压

5.15.1 控制式自整角机及力矩式发送机、差动发送机

按 5.4 的规定接线和励磁，从基准电气零位沿正向转动转子。用保证精度的高内阻电压表读出第一个最大耦合位置的输出电压值，应符合 4.13 的要求。

允许用附录 B 的方法测量。

5.15.2 力矩式自整角接收机

按表 11 接线并施加表 9 规定的试验电压，慢慢转动转子，用保证精度的高内阻电压表读出最大输出电压值（一周内共测 6 个数值），应符合 4.13 的要求。

表 11

自整角机类型	励磁端	电压表接线	所在角度/(°)
ZLJ	R2-R1	S2-S1	30～210
		S1-S3	90～270
		S3-S2	150～330
ZCJ	S1S3-S2	R3-R2	30～210
		R1-R3	90～270
		R2-R1	150～330

5.16 相位移

在测量最大输出电压的同时，测量第一个最大耦合位置的相位移。其值应符合 4.14 的要求。

5.17 电气误差

5.17.1 总则

自整角机安装在分度头上，按图 5 或图 6 与表 10 顺序接线。施加表 9 规定的试验电压，用比例电压指零法或比例电压梯度法测量电气误差，每隔 10°测一点，共测 36 点。

差动式自整角机取定、转子电气误差中较大值作为电气误差。

5.17.2 比例电压指零法

基本试验线路如图 5 所示，图中三角电桥由两个 10 000 Ω 的无感固定电阻器和一个 10 000 Ω 的无感电阻分压器组成，电阻器各电阻值应与分压器阻值总值相等，其允差在 0.01％以内。分压器抽头电阻与理论规定值相比，其允差应在 0.005％以内。分压器的相位移应在使用的频率下小于 10′。

受试自整角机转子每转动60°,三角电桥与输出端换接一次,分压器接于自整角机最大输出电压端,电阻器接于自整角机较小输出电压端,相敏指零仪一端接于固定电阻器的公共端;另一端接于分压器的可变端。

试验时,从基准电气零位开始,根据一定的电气角,将分压器按表12调节在相应比值 K 下,正方向转动转子,至相敏指零仪指示基波同相分量为零的位置,读取转过的角度,与电气角相比。超前为正误差,滞后为负误差,取绝对值最大的误差作为电气误差。其值应符合4.15的要求。

自整角机的电气角 $\alpha=\phi+n\times60°$,式中 $n=0$、1、2、3、4、5,按表10确定。分压比 K 与给定角 ϕ 的对应关系按式(1)确定:

$$K=\frac{r}{R}=\frac{1}{2}-\frac{\sqrt{3}}{2}\cot(\phi+60°) \qquad \cdots\cdots(1)$$

式中:

r——分压器电阻;

R——三角电桥的固定电阻。

具体数值见表12。

表12

ϕ/(°)	K	ϕ/(°)	K	ϕ/(°)	K
0	0.000 000	30	0.500 000	60	1.000 000
10	0.184 793	40	0.652 704		
20	0.347 296	50	0.815 208		

注:电气角 α 是指转子自基准电气零位起正向转动的角度,该角度满足附录A的方程。

a) ZKF、ZLF、ZJF和ZKC、ZCF转子绕组按图5a)或图5b)基本线路接线进行测量。

b) ZKC、ZCF定子绕组和ZKB按图5c)或图5d)接线,选择同机座或大机座的合格发送机,先转到表10所要求的位置,开始进行测量。

5.17.3 比例电压梯度法

除用一台带补偿网络经校准的相敏放大器,一台指示仪和记录仪代替相敏指零仪外,线路和操作均同5.17.2。校验放大器,使其给出的电气输出信号与电气误差成线性关系。电气误差将在指示器或记录仪上直接给出。该指示或记录装置,在不附加其他装置的情况下,至少应能分辨出弧度为30″的电气误差。桥式电路的电压梯度补偿网络输出应在三角电桥的所有位置上具有相等的电压梯度。电压梯度是指示补偿网络输出电压与转子偏离等效电桥位置的位移之比。

试验时施加表9规定的试验电压,并将分压器按表12调节在相应比值 K 下,将自整角机转轴转至与三角电桥电气位置相一致的转子角位置上,读数指示器或记录仪上给出的电气误差应符合4.15的要求。

a) ZKF、ZLF和ZJF按图6a)基本线路图接线。

b) ZKC、ZCF转子按图6b)基本线路图接线。

c) ZKC、ZCF定子按图6c)基本线路图接线。接线端与自整角发送机相应的接线端或精度不低于发送机的其他励磁电源相连。受试自整角机的转子接线端R1-R3与经过校准的相敏放大器相连。

d) ZKB按图6d)基本线路图接线。定子接线端与自整角发送机相应的定子接线端相连或与短路阻抗 Z_{Zd} 标称值不大于受试控制变压器开路阻抗 Z_{1K} 标称值的3%的其他励磁电源相连。

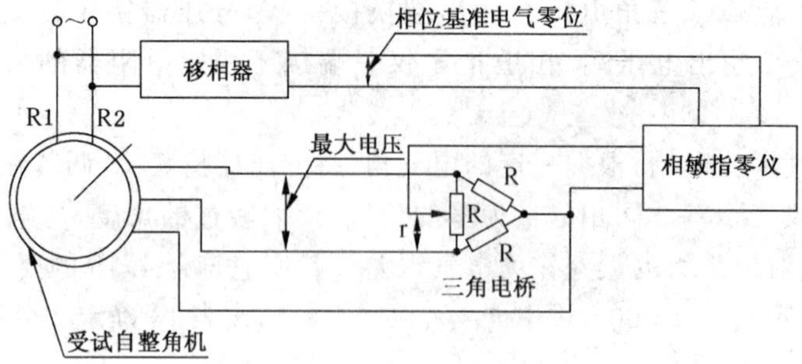

a) ZKF、ZLF 和 ZJF

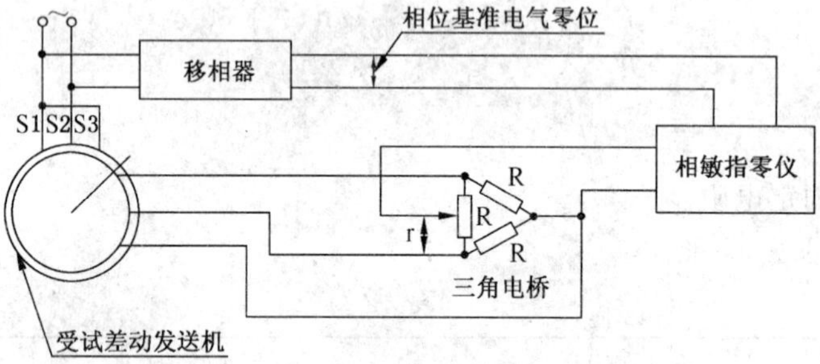

b) ZKC、ZCF 转子

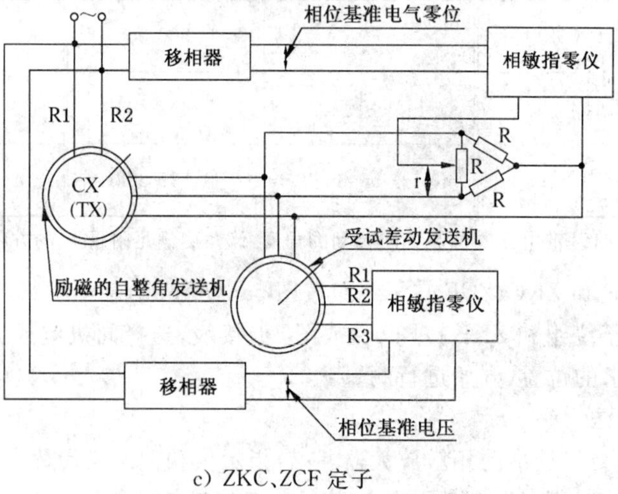

c) ZKC、ZCF 定子

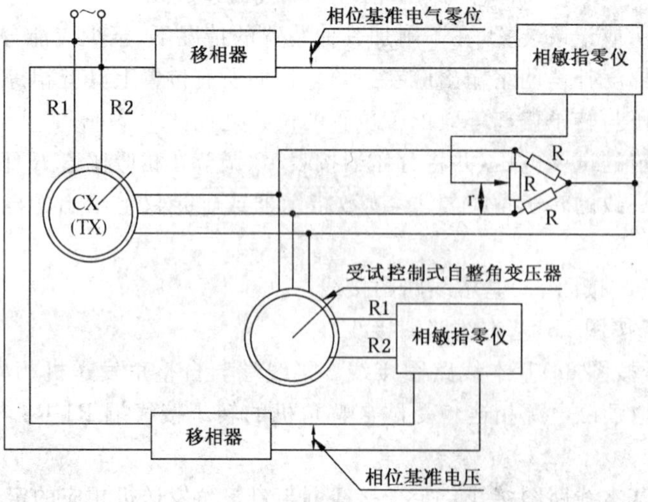

d) ZKB

图 5　用比例电压指零法测量电气误差试验线路图

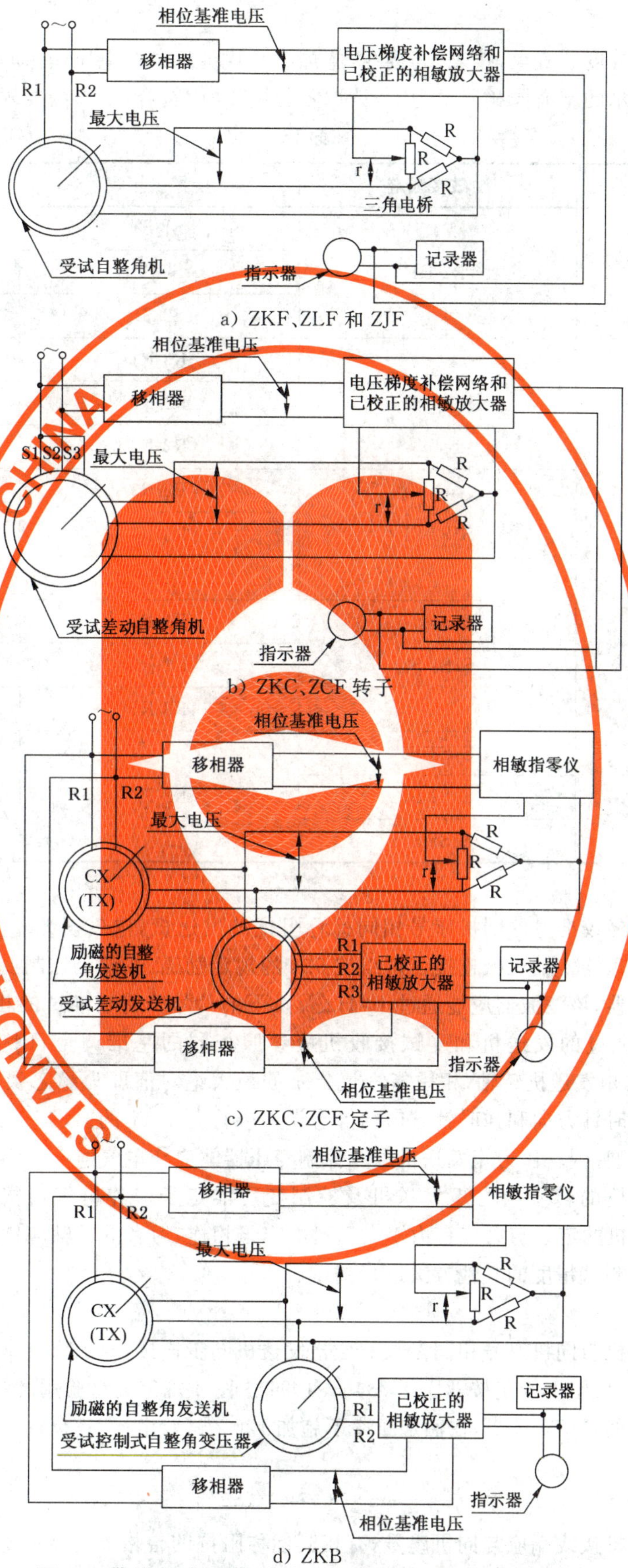

图 6 用比例电压梯度法测量电气误差试验线路图

5.18 零位电压

自整角机安装在分度装置上，按表 13 接线，施加表 9 规定的试验电压，转动转子在规定的试验位置附近使相敏指零仪指示的基波同相分量为零，读取零位电压，应符合 4.16 的要求。

表 13

自整角机类型	励磁接线端	指零仪接线	所在角度/(°)
ZKF	R2-R1	S1-S3	0～180
		S3-S2	60～240
		S2-S1	120～300
ZKC	S1S3-S2	R3-R1	0～180
		R1-R2	60～240
		R2-R3	120～300
	S3S2-S1	R2-R3	0～180
		R3-R1	60～240
		R1-R2	120～300
	S2S1-S3	R1-R2	0～180
		R2-R3	60～240
		R3-R1	120～300
ZKB	S1S3-S2	R2-R1	0～180
	S3S2-S1		60～240
	S2S1-S3		120～300

5.19 静态误差

受试接收机应与经校准过的同机座号相同标称阻抗的发送机(电气误差不大于 3′)相连。力矩发送机转轴应与控制变压器转轴机械连接。机组按 5.4 的规定励磁，并调至控制变压器零位，如果在试验设备中接入低通滤波器，该滤波器应能通过 10 Hz 及以下的信号。将校准过的相敏指零仪接至控制变压器输出端，然后校准过的发送机和受试接收机应参照相同的基准调至自整角机零位。试验时以 1 r/min的转速转动力矩发送机转轴，相敏指零仪指示的最大绝对值即为静态误差，测出并连续记录两台自整角机同时以顺时针方向和逆时针方向的静态误差应符合 4.17 的要求。

a) ZLJ 和 ZJF 型接收机、力矩发送机以及控制变压器间应作电气连接，并且旋转方向一致。

b) ZCJ 型接收机的转子与力矩发送机及控制变压器定子应作电气连接，并且旋转方向一致。ZCJ 型接收机的定子与第二台力矩发送机的定子相连，后者的转轴应锁定在自整角机的零位。

允许采用能保证测试精度的其他方法进行测试。

5.20 自转

受试自整角接收机与同机座号相同参数的合格发送机同步连接，施加表 9 试验电压，将发送机转子固定在零位，受试接收机轴上固定按 GB/T 7345—1994 中图 4 规定的试验用圆盘，然后断电，将接收机转子从自整角机零位偏转 177°±2°，在额定频率下施加 120％试验电压，正反两个方向各测 3 次，应符合 4.18 的要求。

5.21 阻尼时间

受试力矩式接收机接线端应与同机座号，有相同标称阻抗的合格力矩式发送机相对应的接线端同步连接(力矩式差动接收机与两台发送机相连)。将发送机转子锁定在自整角机零位。接收机轴上固定按 GB/T 7345—1994 中图 4 规定的试验用圆盘，然后断电，将接收机转子偏转 177°±2°，施加表 9 的试验电压，测量接收机转子稳定到协调位置(1°以内)的时间，正、反方向各测3次的平均值应符合4.19的要求。

5.22 比整步转矩

按5.3的规定，将力矩式自整角机安装在试验支架上，并按5.4要求接线和励磁，输出端S1S3(对力矩式差动机则为R1R3)短接。将适当荷重(砝码)用细线挂绕在轮盘上，使指针偏转5°左右，比整步转矩m_0按式(2)计算。试验应在正、反两个方向各测一次，两次测量的平均值应符合4.20的要求。

$$m_0 = \frac{G \cdot R}{2\theta} \quad \cdots\cdots(2)$$

式中：

θ——指针偏转的角度，(°)；

G——荷重，mN；

R——轮盘半径，m。

允许受试接收机或发送机与同机座号、同参数的合格发送机同步连接进行试验，施加表9要求的试验电压，比整步转矩按式(3)计算：

$$m_0 = \frac{G \cdot R}{\theta} \quad \cdots\cdots(3)$$

5.23 阻抗

受试自整角机按图7接线和施加电压，自整角机转子固定在基准电气零位上，按GB/T 7345—1994中附录A.1.2规定的方法测量，应符合4.21的要求。

$$Z = \frac{U}{I} \quad \cdots\cdots(4)$$

$$\phi = \arccos \frac{P}{IU} \quad \cdots\cdots(5)$$

式中：

Z——自整角机阻抗，Ω；

U——施加的试验电压，V；

I——电流，A；

P——受试自整角机的功率(应除去功率表电流线圈所消耗的功率)，W；

ϕ——阻抗相角，(°)。

5.24 温升

自整角机按5.4规定接线和励磁，按GB/T 7345—1994中5.19的规定试验，应符合4.22的要求。

5.25 可闻结构噪声

按GB/T 7345—1994中5.29.1的规定进行试验，应符合4.23的要求。

a) ZLJ、ZCJ、ZJF与相同机座号和相同电磁参数的合格力矩自整角发送机同步连接，施加表9规定的试验电压。力矩式自整角发送机置于消音室外，并以2 r/min～10 r/min的速度驱动。

b) ZLF作为自整角接收机按a)进行试验。

c) ZCF与相同机座号和相同电压等级的合格力矩式自整角发送机相连，且R1R3短接，按a)进行试验。

5.26 电磁干扰

自整角机按5.4规定接线和励磁，按GB/T 7345—1994中5.30规定的试验。试验时转子以(600±50) r/min的速度旋转，将等于空载输入阻抗4倍的负载加在输出绕组两端。应符合4.24的要求。

5.27 振动

按GB/T 7345—1994中5.24规定进行振动试验。试验时自整角机施加表9规定的试验电压，且转子能自由转动，观察回路电流波形不应消失。应符合4.25要求。

5.28 冲击

按 GB/T 7345—1994 中 5.25 规定进行冲击试验。试验时自整角机按图 8 接线，施加表 9 规定的试验电压，且转子能自由转动，观察回路电流波形不应消失。应符合 4.26 的要求。

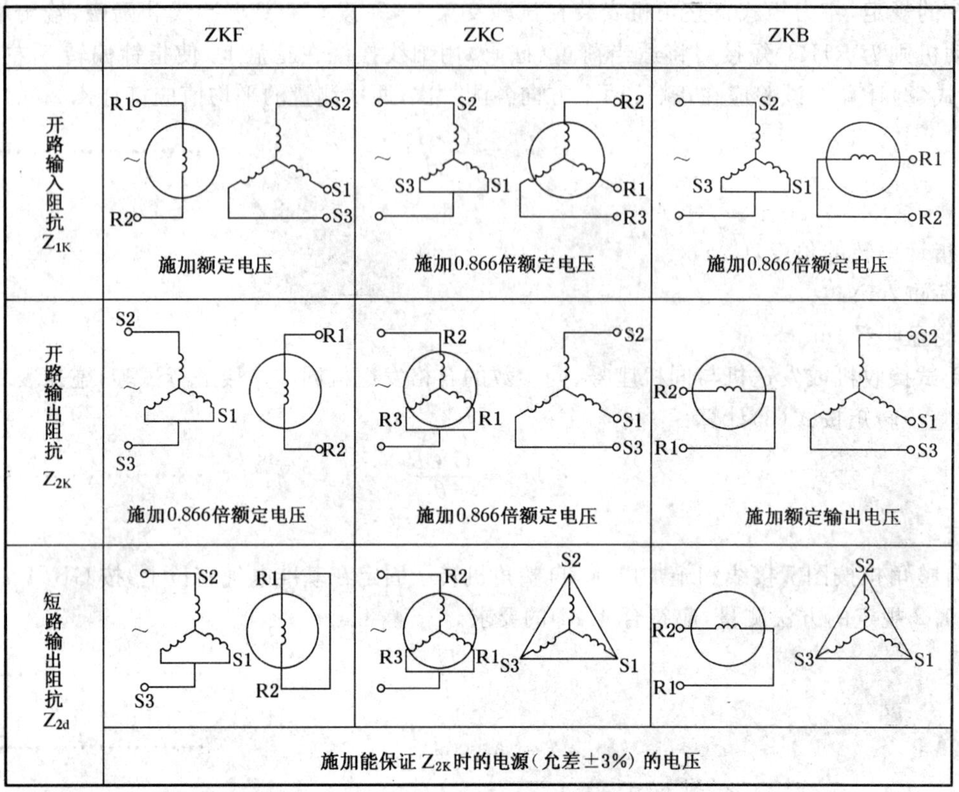

图 7　阻抗试验接线图

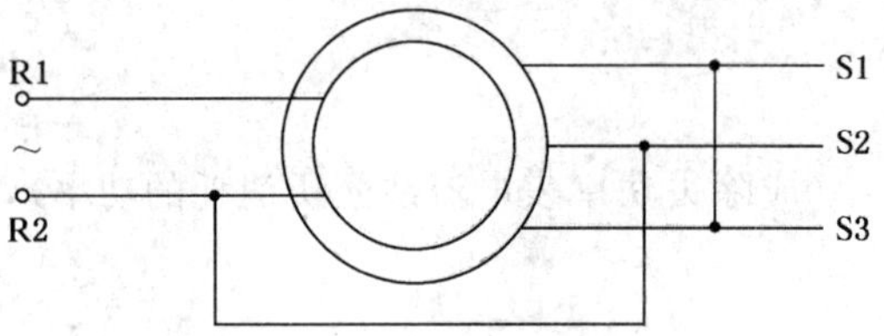

a) ZKF、ZLF、ZLJ 和 ZJF

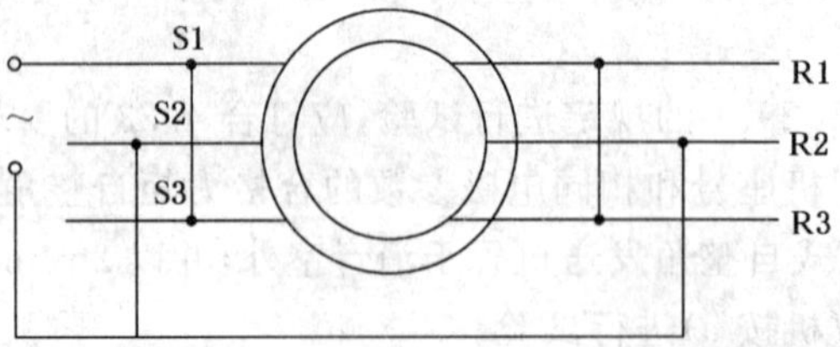

b) ZKC、ZCF 和 ZJC

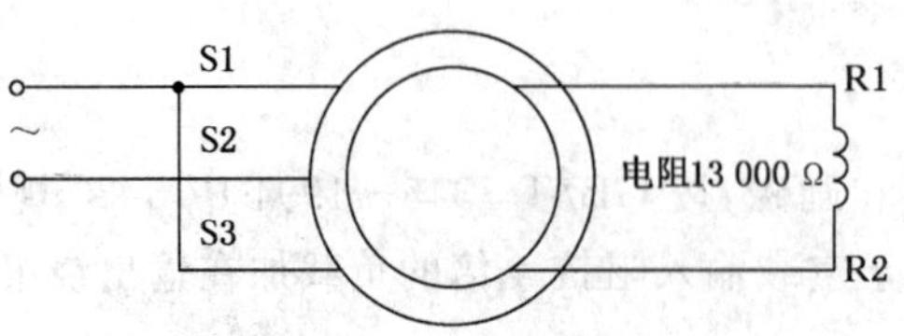

c) ZKB

图 8　冲击试验接线图

5.29 寿命

按 GB/T 7345—1994 中 5.28 规定进行试验。试验时施加表 9 规定的试验电压，应符合 4.27 的要求。

5.30 低温

按 GB/T 7345—1994 中 5.20 的规定进行试验。试验时，自整角机按 5.4 的规定接线和励磁，应符合 4.28 的要求。

5.31 高温

按 GB/T 7345—1994 中 5.21 的规定进行试验。试验时，自整角机按 5.4 的规定接线和励磁，应符合 4.29 的要求。

5.32 恒定湿热

按 GB/T 7345—1994 中 5.27.1 的规定进行试验，应符合 4.30 的要求。

5.33 非正常工作

非正常工作按 GB 18211—2000 中 17.2 规定的方法试验，应符合 4.31 的要求。

5.34 盐雾

按 GB/T 7345—1994 中 5.31 的规定进行试验，应符合 4.32 的要求。

5.35 质量

用感量不低于 1% 的衡器称取自整角机质量，应符合 4.33 的要求。

6 检验规则

6.1 检验分类

自整角机的检验分出厂检验和型式检验。

6.2 出厂检验项目及规则

6.2.1 出厂检验项目

自整角机应进行出厂检验，可以逐台或抽样进行，检验项目及基本顺序按表 14 进行。

6.2.2 出厂检验抽样

出厂检验抽样按 GB/T 2828.1—2003 中的一次抽样方案进行，检验水平Ⅱ，接收质量限(AQL)由使用方和制造方协商选定。

6.2.3 合格判定

出厂检验中，自整角机若有一项或一项以上不合格，则该自整角机为不合格品。

若批出厂检验合格，则除抽样检验中不合格品外，使用方应整批接收；若批出厂检验不合格，则整批拒收，由制造厂消除缺陷并剔除不合格品后，再次提交验收。

6.3 型式检验规则及检验项目

6.3.1 型式检验规则

有下列情况之一时，一般应进行型式检验：

a) 新产品或老产品转厂生产的试制定型鉴定；
b) 定型产品，其电磁设计、机械结构或在制造过程中工艺和所用材料的变更足以引起性能和参数变化时，允许根据上述变更可能产生的影响进行有关项目试验；
c) 产品长期停产后恢复生产时；
d) 产品正常生产时，每两年进行一次型式检验，此时盐雾和寿命试验等项目可不进行。当批量小时，允许制造单位与使用方另行协商。

6.3.2 样机数量

从能代表相应生产阶段的产品中抽取 6 台，其中 4 台作为试验样机，2 台作为存放对比用。

6.3.3 型式检验结果的评定

6.3.3.1 不合格

只要有一台自整角机的任何一项检验不符合要求，并且不属于6.3.3.2和6.3.3.4的情况，则型式检验不合格。

6.3.3.2 偶然失效

当鉴定部门确定某一项不合格项目属于孤立性质时，允许有新的同等数量的自整角机代替，并补作已经作过的项目。然后继续试验，若再有一台自整角机的任何一个项目不合格，则型式试验不合格。

6.3.3.3 性能降低

自整角机经环境试验后，允许性能发生不影响使用的降低，具体性能降低的程度及合格判据由产品专用技术条件规定。

6.3.3.4 性能严重降低

自整角机在环境试验时或环境试验后，发生影响使用的性能严重降低时，鉴定部门可以采取两种方式：

a) 判定型式检验不合格；

b) 当一台自整角机出现失效时，允许用新的两台自整角机代替，并补作已经作过的试验，然后补足4台继续下面的试验，若再有一台自整角机的任何一个项目不合格，则判定型式检验不合格。

6.3.4 同类型产品的定型鉴定

当某一类同机座号的两个及两个以上型号的自整角机同时提交检验时，每种型号均应抽取4台样机，所有样机通过出厂检验后，再从中选取4台有代表性的不同型号的样机进行其余项目的试验，合格判据按6.3.3规定。任一台样机的任一项目不合格，则其所代表的该型号的自整角机型式检验不合格。本检验不允许样机替换。

若型式检验合格，则认为同时提交的所有型号的自整角机均合格。

6.3.5 型式检验项目及顺序

自整角机的型式检验项目、基本顺序及样机编号应符合表14的规定。

表 14

序号	项目	要求章条号	试验方法章条号	型式检验样机编号	出厂检验	型号				
						ZKF ZKB ZKC	ZLF	ZCF	ZLJ ZCJ	ZJF
1	外形及安装尺寸	4.2	5.5	1、2、3、4	√	√	√	√	√	√
2	外观	4.3.1	5.6.1	1、2、3、4	√	√	√	√	√	√
3	径向间隙	4.3.2	5.6.2	1、2、3、4	√	√	√	√	√	√
4	轴向间隙	4.3.3	5.6.3	1、2、3、4	√	√	√	√	√	√
5	轴伸径向圆跳动	4.3.4	5.6.4	1、2、3、4	√	√	√	√	√	√
6	安装配合面的同轴度和配合端面的垂直度	4.3.5	5.6.5	1、2、3、4	√	√	√	√	√	√
7	出线方式和标记	4.4.1	5.7.1	—	√	√	√	√	√	√
8	引出线和接线端强度	4.4.2	5.7.2	1、2、3、4	—	√	√	√	√	√
9	基准电气零位	4.5	5.8	1、2、3、4	√	√	√	√	√	√
10	电刷接触电阻变化	4.7	5.9	1、2、3、4	√	√	√	√	√	√
11	摩擦力矩	4.8	5.10	1、2、3、4	√	√	√	√	√	√

表 14(续)

序号	项 目	要求章条号	试验方法章条号	型式检验样机编号	出厂检验	型号				
						ZKF ZKB ZKC	ZLF	ZCF	ZLJ ZCJ	ZJF
12	绝缘介电强度	4.9	5.11	1、2、3、4	√	√	√	√	√	√
13	绝缘电阻	4.10	5.12	1、2、3、4	√	√	√	√	√	√
14	励磁电流[a]	4.11	5.13	1、2、3、4	√	√	√	√	√	√
15	励磁功率[a]	4.12	5.14	1、2、3、4	√	√	√	√	√	√
16	最大输出电压[a]	4.13	5.15	1、2、3、4	√	√	√	√	√	√
17	相位移	4.14	5.16	1、2	—	√	—	—	—	—
18	电气误差[a]	4.15	5.17	1、2、3、4	√	√	√	√	—	√
19	零位电压	4.16	5.18	1、2、3、4	√	√	—	—	—	—
20	静态误差	4.17	5.19	1、2、3、4	√	—	—	—	√	√
21	自转	4.18	5.20	1、2、3、4	√	—	—	—	√	√
22	阻尼时间	4.19	5.21	1、2、3、4	√	—	—	—	√	√
23	比整步转矩	4.20	5.22	1、2、3、4	√	—	√	√	√	√
24	阻抗[a]	4.21	5.23	1、2、3、4	—	√	—	—	—	—
25	温升	4.22	5.24	1、2、3、4	—	√	√	√	√	√
26	可闻结构噪声[b]	4.23	5.25	1、2、3、4	—	—	√	√	√	√
27	电磁干扰[b]	4.24	5.26	1、2、3、4	—	√	√	√	√	√
28	振动，随后进行序号 9、16、17、18、10、20、3、4、11 和 12 的试验	4.25	5.27	1、2、3、4	—	√	√	√	√	√
29	冲击，随后进行序号 9、16、17、18、10、20、3、4、11 和 12 的试验	4.26	5.28	1、2、3、4	—	√	√	√	√	—
30	寿命，随后进行序号 9、16、17、18、11、12、10、20、3 和 4 的试验	4.27	5.29	1、2	—	√	√	√	√	√
31	低温，随后进行序号 9、11、12、16、17、18、20 和 10 的试验	4.28	5.30	3、4	—	√	√	√	√	√
32	高温，随后进行序号 9、16、17、18、20、10、11 和 12 的试验	4.29	5.31	3、4	—	√	√	√	√	√
33	恒定湿热，随后进行序号 9、16、17、18、20、11 和 12 的试验	4.30	5.32	3、4	—	√	√	√	√	√
34	非正常工作	4.31	5.33	1、2	—	√	√	√	√	√
35	盐雾[b]	4.32	5.34	1、2	—	√	√	√	√	√
36	质量	4.33	5.35	1、2	—	√	√	√	√	√

注：“√”表示进行该项目检验，“—”表示不进行该项目检验。

[a] 表示型式检验时应使自整角机达到稳定工作温度后，再进行检验。

[b] 表示该检验项目仅在产品专用技术条件有要求时进行。

7 质量保证期

质量保证期为产品出厂之日算起的存放期(包括运输期)与保用期之和,或由使用方与制造方协商。

存放期分为一年、三年和五年三种,由制造厂规定。

保用期从自整角机包装启封开始计算,保用期为两年半。

在正确存放和使用自整角机的情况下,制造厂应保证自整角机在保用期内(不超过使用寿命时间)正常工作。如在保用期内自整角机因制造质量不良而发生损坏或不能正常工作时,则制造厂应负责。

8 标志、包装、运输与储存

8.1 标志

自整角机应有铭牌标志,铭牌上的字迹、图形应清楚无误,并保证在整个使用期内不脱落,内容仍清晰可见。铭牌内容至少应包括:

a) 自整角机型号和名称;

b) 制造厂名或商标;

c) 制造编号或生产日期;

d) 频率和电压。

8.2 包装及运输

自整角机的包装及运输按 JB/T 8162—1999 的规定。

8.3 储存

自整角机应存放在环境温度为-10 ℃～35 ℃,相对湿度不大于85%,清洁、通风良好的库房内,空气中不应含有腐蚀性气体。

附 录 A
（资料性附录）
方 程 式

A.1 输出电压方程式

A.1.1 发送机和接收机

$$U_{S1\text{-}S3}=KU_{R2\text{-}R1}\sin\alpha \qquad \cdots\cdots(A.1)$$

$$U_{S3\text{-}S2}=KU_{R2\text{-}R1}\sin(\alpha+120^\circ) \qquad \cdots\cdots(A.2)$$

$$U_{S2\text{-}S1}=KU_{R2\text{-}R1}\sin(\alpha+240^\circ) \qquad \cdots\cdots(A.3)$$

A.1.2 差动发送机和差动接收机

$$U_{R1\text{-}R3}=K[U_{S1\text{-}S2}\sin(\alpha+120^\circ)-U_{S3\text{-}S2}\sin\alpha] \qquad \cdots\cdots(A.4)$$

$$U_{R3\text{-}R2}=K[U_{S1\text{-}S3}\sin\alpha-U_{S3\text{-}S2}\sin(\alpha+240^\circ)] \qquad \cdots\cdots(A.5)$$

$$U_{R2\text{-}R1}=K[U_{S1\text{-}S3}\sin(\alpha+240^\circ)-U_{S3\text{-}S2}\sin(\alpha+120^\circ)] \qquad \cdots\cdots(A.6)$$

$$U_{S1\text{-}S3}+U_{S3\text{-}S2}+U_{S2\text{-}S1}=0 \qquad \cdots\cdots(A.7)$$

A.1.3 自整角变压器

$$U_{R1\text{-}R2}=K[U_{S1\text{-}S3}\sin(\alpha+120^\circ)-U_{S3\text{-}S2}\sin\alpha] \qquad \cdots\cdots(A.8)$$

$$U_{S1\text{-}S3}+U_{S3\text{-}S2}+U_{S2\text{-}S1}=0 \qquad \cdots\cdots(A.9)$$

注：以上各式中电压 U 角标顺序表示电压向量方向，K 为变压比。

附 录 B
（资料性附录）
变压比测量

B.1 当有需要时，可用测量变压比来代替测量最大输出电压。

B.2 测量变压比时自整角机按 5.4 规定接线和励磁，并达到稳定工作温度。转子从基准电气零位开始正向旋转，直至达到第一最大耦合位置。用一个能显示基波有效值电压的仪表测量输出电压，该仪表应不致使开路电压的影响超过 0.1％，计算出输出电压对励磁电压之比即为变压比。

B.3 允许用能保证精度的其他方法进行测量。

ICS 29.160.30
K 24

中华人民共和国国家标准

GB/T 13139—2008
代替 GB/T 13139—1991

磁滞同步电动机通用技术条件

General specification for Hysteresis synchronous motors

2008-06-13 发布　　　　2009-03-01 实施

中华人民共和国国家质量监督检验检疫总局
中国国家标准化管理委员会　发布

前言

本标准代替 GB/T 13139—1991《磁滞同步电动机通用技术条件》。

本标准与原 GB/T 13139—1991 相比主要变化如下：

——按照 GB/T 1.1—2000《标准化工作导则　第 1 部分：标准的结构和编写规则》的规定，并为了与相关标准协调一致，在条款编排上进行了比较大的调整。

——增加了安全方面的内容，并引用 GB 18211—2000《微电机安全通用要求》。

本标准的附录 A 为资料性附录。

本标准由中国电器工业协会提出。

本标准由全国微电机标准化技术委员会(SAC/TC 2)归口。

本标准起草单位：西安微电机研究所、南京华凯微电机有限公司、无锡德信微特电机有限公司、无锡市剑清微电机有限责任公司。

本标准主要起草人：张晓宇、赵东虹、滕江燕、顾丰乐、马秀茹。

本标准所代替标准的历次版本发布情况为：

——GB/T 13139—1991。

磁滞同步电动机通用技术条件

1 范围

本标准规定了磁滞同步电动机的产品分类和型号、运行条件、技术要求和试验方法、检验规则、标志、包装、运输和储存。

本标准适用于磁滞同步电动机和带齿轮减速器的磁滞同步电动机。

本标准应与磁滞同步电动机产品专用技术条件一起使用。各类磁滞同步电动机(以下简称电机)的具体技术指标以及附加或特殊要求均在产品专用技术条件中规定。

2 规范性引用文件

下列文件中的条款通过本标准的引用而成为本标准的条款。凡是注日期的引用文件,其随后所有的修改单(不包括勘误的内容)或修订版均不适用于本标准,然而,鼓励根据本标准达成协议的各方研究是否可使用这些文件的最新版本。凡是不注日期的引用文件,其最新版本适用于本标准。

GB/T 2828.1—2003 计数抽样检验程序 第1部分:按接收质量限(AQL)检索的逐批检验抽样计划(idt ISO 2859-1:1999)

GB/T 7345 控制电机基本技术要求

GB/T 7346 控制微电机基本外形结构型式

GB/T 10405 控制微电机型号命名方法

GB 18211 微电机安全通用要求

JB/T 8162—1999 控制微电机包装技术条件

JB/T 9615.1—2000 交流低压电机散嵌线绕组匝间绝缘试验方法

JB/T 9615.2—2000 交流低压电机散嵌线绕组匝间绝缘试验限值

3 分类

3.1 型号命名

电机型号命名应符合 GB/T 10405 规定或参照附录 A(资料性附录),由产品专用技术条件规定。

3.2 机座号

电机的机座号应符合 GB/T 7346 或产品专用技术条件的规定。

4 运行条件

4.1 电源频率和电压等级

电机的额定频率和额定电压等级在表1中选取或符合产品专用技术条件的规定。

表 1

频率/Hz	电压/V
50(60)	12、36、110、220、380
400、500、1 000	26、36、115、200

4.2 使用环境条件

电机的使用环境条件应在表2中选取或由产品专用技术条件规定。

表 2

环境条件等级	温度/℃	相对湿度/%	气压/kPa	振动	冲击峰值加速度/m/s²	稳态加速度/m/s²
1a	−10～40	90～95	74.8	—	—	—
1	−25～40		74.8	(10～55)Hz 双振幅 1.5 mm	150	—
2	−40～55		55			—
3	−55～85		25	(10～500)Hz 双振幅 1.5 mm 或峰值加速度 100 m/s²	300	150

4.3 电路图

电气原理如图 1 所示。

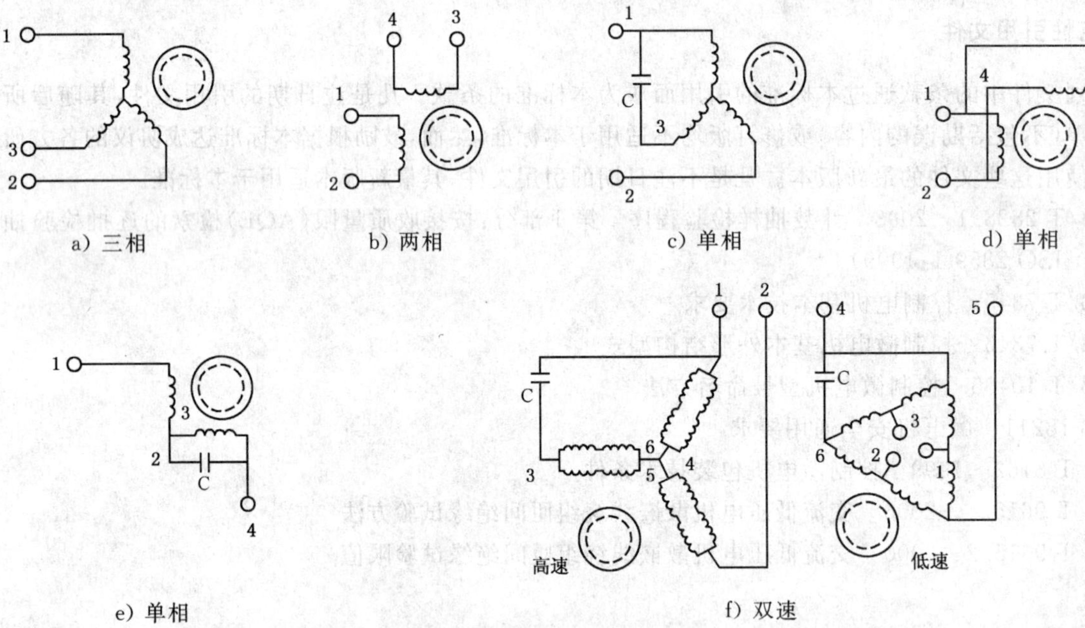

注：按此图接线，从电机轴伸端看，逆时针方向为电机旋转正方向。

图 1

5 技术要求和试验方法

5.1 接线端或引出线

5.1.1 出线方式

电机出线可采用引出线或接线板，引出线长度由产品专用技术条件规定。

5.1.2 标记

引出线标记用不同颜色表示，接线板标记用数字表示，除另有规定外应符合表 3 的规定。

表 3

绕组型式	接线板数字	引出线颜色
三相绕组	1、2、3	红、黑、蓝
两相绕组	1、2；3、4	红、黑；蓝、白
“单相”绕组 （三相或两相绕组电容分相）	三相：1、2、3 两相：1、2；3、4	红、黑、蓝 红、黑；蓝、白
双速绕组	1、2、3；4、5、6	红、黑、蓝；白、绿、黄

5.1.3 接线端或引出线强度

5.1.3.1 技术要求

电机接线端或引出线强度应符合 GB/T 7345 的规定。

5.1.3.2 试验方法

电机接线端或引出线强度按 GB/T 7345 规定的方法进行检测。

5.2 外观和装配质量

5.2.1 外观

5.2.1.1 技术要求

电机外观质量应符合 GB/T 7345 的规定。

5.2.1.2 试验方法

目检电机外观质量应符合 5.2.1.1 的要求。

5.2.2 外形及安装尺寸

5.2.2.1 技术要求

电机的外形及安装尺寸应符合 GB/T 7346 或产品专用技术条件的要求。

其中 55 机座号以下的以 K3 型为基本型;55 及以上机座号以 K4 型为基本型。55 机座号及以下以光轴伸为基本轴伸;55 机座号以上以单扁平轴伸为基本轴伸。

5.2.2.2 试验方法

按电机的外形及安装尺寸要求选用量具种类及精度等级,将电机放置在常温条件下,使其达到稳定非工作温度后,逐项进行测量,结果应符合 5.2.2.1 的要求。

注:在不影响测量精度情况下,允许常温下即时测量。

5.2.3 轴向间隙

5.2.3.1 技术要求

电机的轴向间隙应符合产品专用技术条件的规定。振动和冲击试验后允许略有增大,具体数值由产品专用技术条件规定。

5.2.3.2 试验方法

轴向间隙按 GB/T 7345 规定的方法进行测量,其大小应符合 5.2.3.1 的要求。轴向施力的大小由产品专用技术条件规定。

5.2.4 轴伸径向圆跳动

5.2.4.1 技术要求

电机的轴伸外圆表面对中心线的跳动应不大于 0.02 mm;带齿轮减速器的电机应符合产品专用技术条件规定。

5.2.4.2 试验方法

轴伸径向圆跳动按 GB/T 7345 规定的方法进行测量,其大小应符合 5.2.4.1 的要求。

5.2.5 径向间隙

5.2.5.1 技术要求

当有要求时,电机的径向间隙应符合产品专用技术条件的规定。振动和冲击试验后允许略有增大,具体数值由产品专用技术条件规定。

5.2.5.2 试验方法

径向间隙按 GB/T 7345 规定的方法进行测量,其大小应符合 5.2.5.1 的要求。径向施力大小由产品专用技术条件规定。

5.2.6 安装配合面的同轴度

5.2.6.1 技术要求

当有要求时,电机安装配合面的同轴度应符合产品专用技术条件的要求。

5.2.6.2 试验方法

安装配合面的同轴度按 GB/T 7345 规定的方法进行测量，其大小应符合 5.2.6.1 的要求。

5.2.7 安装配合端面的垂直度

5.2.7.1 技术要求

当有要求时，电机安装配合端面的垂直度应符合产品专用技术条件的要求。

5.2.7.2 试验方法

安装配合端面的同轴度按 GB/T 7345 规定的方法进行测量，其大小应符合 5.2.7.1 的要求。

5.3 空载起动电压

5.3.1 技术要求

当有要求时，电机在额定频率和空载条件下，转子在任意位置开始连续旋转，所需要的最小电压应符合产品专用技术条件的规定。

5.3.2 试验方法

在额定频率和空载条件下，电机空载起动电压应按 GB/T 7345 规定的方法进行试验，其值应符合 5.3.1 的要求。

5.4 直流电阻

5.4.1 技术要求

电机绕组的直流电阻及其允差、三相绕组电阻的平衡允差，均应符合产品专用技术条件的规定。

5.4.2 试验方法

当电机达不通电稳定温度后，用电桥分别测量各绕组的直流电阻，其结果应符合 5.4.1 的要求。

5.5 绝缘介电强度

5.5.1 技术要求

电机应能承受表 4 规定的试验电压，允许绕组漏电流峰值不大于 3.5 mA。

5.5.2 试验方法

按 GB/T 7345 规定的试验方法进行试验，其结果应符合 5.5.1 的要求。批量生产 A 组检验时，允许按 120% 的试验电压，历时 1 s 进行试验。重复绝缘介电强度试验时，试验电压值为表 4 规定值的 80%。

表 4 单位为伏特

<table>
<tr><th rowspan="3">电机额定电压</th><th colspan="4">试验电压(有效值)</th></tr>
<tr><th colspan="2">绕组对机壳</th><th colspan="2">各绕组之间</th></tr>
<tr><th>28 号机座及以下</th><th>28 号机座以上</th><th>28 号机座及以下</th><th>28 号机座以上</th></tr>
<tr><td>36 及以下</td><td>300_{-9}^{0}</td><td>500_{-15}^{0}</td><td colspan="2">300_{-9}^{0}</td></tr>
<tr><td>>36～115</td><td>500_{-15}^{0}</td><td>750_{-23}^{0}</td><td>300_{-9}^{0}</td><td>400_{-12}^{0}</td></tr>
<tr><td>>115～220</td><td colspan="2">$1\,000_{-30}^{0}$</td><td colspan="2">500_{-15}^{0}</td></tr>
<tr><td>>220～380</td><td colspan="2">$1\,500_{-45}^{0}$</td><td colspan="2">750_{-23}^{0}</td></tr>
</table>

5.6 绝缘电阻

5.6.1 技术要求

在正常气候条件下，电机各绕组对机壳及各绕组之间的绝缘电阻应不小于 100 MΩ；在产品专用技术条件规定的极限低温条件下，绝缘电阻应不小于 50 MΩ；在产品专用技术条件规定的高温条件下，绝缘电阻应不小于 10 MΩ。

5.6.2 试验方法

按表 5 的规定选择对应的兆欧表，测量电机各绕组对机壳及各绕组之间的绝缘电阻值，其结果应符合 5.6.1 的要求。

表 5

单位为伏特

绝缘介电强度试验电压	兆欧表电压
150～300	250
400～1 000	500
1 500	1 000

5.7 匝间绝缘

5.7.1 匝间冲击耐电压试验

5.7.1.1 技术要求

电机的定子绕组应能承受JB/T 9615.2—2000规定的匝间绝缘试验而无击穿，试验电压按式(1)计算。

$$U_T = K_1 \times K_2 \times U_G \qquad \cdots\cdots (1)$$

式中：

U_T——匝间绝缘试验电压峰值，单位为伏特(V)；

K_1——电压系数，取 $K_1 = 1.4$；

K_2——运行系数，$K_2 = 1.0$(一般运行)；

U_G——绕组耐电压试验值，单位为伏特(V)。

5.7.1.2 试验方法

按JB/T 9615.1—2000的规定进行试验，其结果应符合5.7.1.1的要求。

5.7.2 短时升高电压试验

5.7.2.1 技术要求

电机绕组应能承受电源电压为额定值的130%时空载持续运行5 min，而无匝间绝缘击穿。

5.7.2.2 试验方法

电机在电源电压为额定值的130%时空载运行5 min，用仪表监测绕组匝间短路情况，其结果应符合5.7.2.1的要求。

注：以上两项试验只要求进行一项。

5.8 额定输入功率、额定电流

5.8.1 技术要求

电机在额定电压、额定频率下带额定负载同步运行，达到稳定工作温度，其额定输入功率、额定电流应符合产品专用技术条件的要求。

5.8.2 试验方法

试验方法如下：电机安装在测转矩设备上，按图2接线。先使电机空转，观其旋转方向，再让电机在额定电压、额定频率下带额定负载同步运行，达到通电稳定工作温度，测量其额定输入功率、额定电流，其结果应符合5.8.1的要求。A组检验时允许在正常温度下即时测量。

5.9 堵转转矩

5.9.1 技术要求

电机在额定电压、额定频率下转子堵转时的最小转矩为堵转转矩，该转矩应不低于产品专用技术条件规定的额定转矩值。

C组检验后，允许略有降低，其数值由产品专用技术条件规定。

5.9.2 试验方法

试验方法如下：电机安装在转矩测量设备上，按图2接线。先使电机空转，观其旋转方向，再使电机在额定电压、额定频率下将电机转子堵转，测量电机在制动状态下的转矩，重复进行三次。可逆转电机应改变电机旋转方向再重复进行三次，最小值为堵转转矩，其结果应符合5.9.1的要求。

5.10 牵入转矩

5.10.1 技术要求

电机在额定电压、额定频率下能将与其连接的负载从静止牵入同步的最大负载转矩为牵入转矩。在稳定工作温度时，该转矩应不低于产品专用技术条件规定的额定转矩值。

型式检验后，允许略有降低，其数值由产品专用技术条件规定。

5.10.2 试验方法

试验方法如下：电机安装在转矩测量设备上，按图2接线。先使电机空转，观其旋转方向，再使电机在额定电压、额定频率下空载运行，达通电稳定工作温度。断电，加额定负载，再起动，使其达到同步。调整负载，重复起动，测出使电机牵入同步的最大负载转矩，并应重复试验三次，取其最小值作为牵入转矩值，其结果应符合5.10.1的要求。A组检验时允许在任何工作温度下进行。

5.11 最大同步转矩

5.11.1 技术要求

电机在额定电压、额定频率下能保持同步运行的最大转矩为最大同步转矩。在稳定工作温度时，该转矩应不低于产品专用技术条件规定的额定转矩值的1.1倍。

C组检验后，允许略有降低，其数值由产品专用技术条件规定。

5.11.2 试验方法

试验方法如下：电机安装在转矩测试设备上，按图2接线。先使电机空转，观其旋转方向，再使电机在额定电压、额定频率下带额定负载同步运行，达到通电稳定工作温度。然后逐步增加负载，测出使电机能保持同步的最大转矩，为最大转矩，其结果应符合5.11.1的要求。

5.12 电压敏感性

5.12.1 技术要求

电机在额定电压、额定频率下带额定负载同步运行，达到稳定工作温度后，将电源电压降低5%，电机应能保持同步运行。

5.12.2 试验方法

试验时，电源电压调整为额定值的95%，检查电机的转速是否保持同步。

5.13 温升

5.13.1 技术要求

电机在额定电压、额定频率下带额定负载或空载同步运行，其绕组温升应不超过产品专用技术条件的规定。

5.13.2 试验方法

电机按图2接线，在额定电压、额定频率下带额定负载或空载同步运行，达通电稳定工作温度，按GB/T 7345规定的方法进行测量，其结果应符合5.13.1的要求。

5.14 质量

5.14.1 技术要求

电机及其附件的质量应符合产品专用技术条件的规定。

5.14.2 试验方法

用相对精度不低于1%的衡器，称量电机及其附件的质量，电机及其附件的质量应符合5.14.1的要求。

5.15 噪声

5.15.1 技术要求

电机噪声应符合GB/T 7345中R级噪声限值的规定或产品专用技术条件的规定。

5.15.2 试验方法

电机应按GB/T 7345规定的方法进行噪声试验，其值应符合5.15.1的要求。

5.16 低温

5.16.1 技术要求

电机应能承受产品专用技术条件规定的极限低温试验。试验结束后,立即测量各绕组对机壳以及各绕组间的绝缘电阻、堵转转矩和牵入转矩,应分别符合5.6、5.9或5.10的要求。电机零部件不应断裂或产生有害变形。

5.16.2 试验方法

按GB/T 7345规定的方法进行试验,试验持续时间为2 h,结果应符合5.16.1的要求。转矩测量允许在箱外进行,测量时间应不超过5 min。

5.17 高温

5.17.1 技术要求

电机应能承受产品专用技术条件规定的极限高温试验。试验结束后,立即测量各绕组对机壳以及各绕组间的绝缘电阻、堵转转矩和牵入转矩,应分别符合5.6、5.9及5.10的要求,并按复试电压进行绝缘介电强度试验应符合5.5的要求。零部件不应产生有害变形。

5.17.2 试验方法

按GB/T 7345规定的方法进行试验,电机通电方式为电机在额定电压、额定频率下空载运行。试验持续时间为2 h。转矩测量允许在箱外进行,测量时间应不超过5 min,结果应符合5.17.1的要求。

5.18 温度变化

5.18.1 技术要求

当有要求时,电机应能承受产品专用技术条件规定的极限高、低温的温度变化试验。试验后电机外观质量应符合5.2.1的要求,各绕组对机壳以及各绕组间的绝缘电阻均应不低于100 MΩ,并测量堵转转矩、牵入转矩。按复试电压进行的绝缘介电强度试验应符合5.5的要求。

5.18.2 试验方法

按GB/T 7345的规定进行温度变化试验,结果应符合5.18.1的要求。

5.19 低气压

5.19.1 低温低气压

5.19.1.1 技术要求

当有要求时,电机应能承受产品专用技术条件规定的低温低气压试验。试验后,各绕组对机壳以及各绕组间的绝缘电阻均应不低于50 MΩ。试验中,电机电流和转速应无突变现象。

5.19.1.2 试验方法

按GB/T 7345规定的方法进行低温低气压试验,除另有规定外电机在额定电压、额定频率下空载进行,试验后应符合5.19.1.1的要求。

5.19.2 高温低气压

5.19.2.1 技术要求

当有要求时,电机应能承受产品专用技术条件规定的高温低气压试验。试验后,各绕组对机壳以及各绕组间的绝缘电阻均应不低于10 MΩ。试验中,电机电流和转速应无突变现象。

5.19.2.2 试验方法

按GB/T 7345规定的方法进行高温低气压试验,除另有规定外电机在额定电压、额定频率下空载进行,试验后应符合5.19.2.1的要求。

5.20 振动

5.20.1 技术要求

电机应能承受GB/T 7345或产品专用技术条件规定的定幅振动或高频振动试验。试验后电机零部件应无松动或损坏,电机的堵转转矩、牵入转矩应符合5.9和5.10的规定。当有要求时,电机轴向间隙和径向间隙应分别符合5.2.3和5.2.5的规定。

5.20.2 试验方法

按 GB/T 7345 规定的方法进行振动试验，除另有规定外电机在额定电压、额定频率下空载进行，试验后应符合 5.20.1 的要求。

5.21 规定脉冲冲击

5.21.1 技术要求

电机应能承受 GB/T 7345 或产品专用技术条件规定的脉冲冲击试验。试验后电机零部件应无松动或损坏，电机的堵转转矩、牵入转矩应符合 5.9 和 5.10 的规定。当有要求时，电机轴向间隙和径向间隙应分别符合 5.2.3 和 5.2.5 的规定。

5.21.2 试验方法

按 GB/T 7345 规定的方法进行脉冲冲击试验，除另有规定外电机在额定电压、额定频率下空载进行，试验后应符合 5.21.1 的要求。

5.22 稳态加速度

5.22.1 技术要求

当有要求时，电机应能承受 GB/T 7345 或产品专用技术条件规定的稳态加速度试验。试验后电机零部件应无松动或损坏，电机的堵转转矩和牵入转矩应分别符合 5.9 和 5.10 的规定。

5.22.2 试验方法

按 GB/T 7345 规定的方法进行稳态加速度试验，试验后应符合 5.22.1 的要求。

5.23 湿热

5.23.1 恒定湿热

5.23.1.1 技术要求

当有要求时，电机应能承受 GB/T 7345 或产品专用技术条件规定的恒定湿热试验。应无明显的外表质量变坏及影响正常工作的锈蚀现象。试验后，在箱内测量各绕组对机壳及各绕组间的绝缘电阻均应不低于 2 MΩ。按复试电压进行的绝缘介电强度试验应符合 5.5 的规定。

5.23.1.2 试验方法

按 GB/T 7345 规定的方法进行恒定湿热试验，试验后应符合 5.23.1.1 的要求。

5.23.2 交变湿热

5.23.2.1 技术要求

当有要求时，电机应能承受 GB/T 7345 或产品专用技术条件规定的交变湿热试验。应无明显的外表质量变坏及影响正常工作的锈蚀现象。经 24 h 恢复后，测量各绕组对机壳及各绕组间的绝缘电阻，应不低于 50 MΩ。按复试电压进行的绝缘介电强度试验应符合 5.5 的规定。

5.23.2.2 试验方法

按 GB/T 7345 规定的方法进行交变湿热试验，试验后应符合 5.23.2.1 的要求。

5.24 安全

5.24.1 技术要求

电机应具有规定的安全性。电机的安全性应符合 GB 18211 的规定。当用户有要求时，制造商应能提供与电机安全有关的证据。

5.24.2 试验方法

电机的安全试验方法按 GB 18211 的规定。电机的安全试验结果应符合 5.24.1 的规定。

5.25 寿命

5.25.1 技术要求

电机应由产品专用技术条件参照 GB/T 7345 的规定选定寿命时间。试验后，电机的堵转转矩和牵入转矩应分别符合 5.9 和 5.10 的要求。

5.25.2 试验方法

电机安装在标准支架上，在额定电压、额定频率下空载运行，除另有规定外，电机应按表6所规定的条件进行试验，在每一轴伸位置，电机正反方向旋转的时间各为50%，试验后应符合5.25.1的要求。

表6

安装位置	时间分配
轴伸向上	寿命时间的1/4
轴伸向下	寿命时间的1/4
轴伸水平	寿命时间的1/2

5.26 盐雾

5.26.1 技术要求

当有要求时，电机所用材料及其防护层应具有抗盐雾腐蚀能力。应按GB/T 7345或产品专用技术条件的规定选取盐雾试验持续时间。试验后应符合产品专用技术条件的要求。

5.26.2 试验方法

按GB/T 7345规定的方法进行盐雾试验，结果应符合5.26.1的规定。

5.27 试验条件

5.27.1 气候条件

试验的气候条件按GB/T 7345的规定。

5.27.2 试验电源

5.27.2.1 电压幅值稳定度

电压幅值允差为电压额定值的±1%。

5.27.2.2 频率稳定度

频率允差：50 Hz时为频率额定值的±1%；400 Hz时为频率额定值的±0.1%。当转速有精度要求时，频率稳定度由产品专用技术条件规定。

5.27.2.3 波形失真度

电压的总谐波含量应不超过基波电压幅值的3%，波形失真度不大于1%。

5.27.2.4 相位角

电机电压基波间的相位角误差不超过±3°。

5.27.3 试验仪表和试验线路

5.27.3.1 电气测量仪表精度

A组检验时测量仪表的精度应不低于1级；鉴定检验及C组检验时测量仪表的精度应不低于0.5级。

5.27.3.2 转速测量装置的误差

转速测量装置的误差应不大于±1%。有转速精度要求时，转速测量装置的误差由产品专用技术条件规定。

5.27.3.3 转矩测量装置的误差

转矩测量装置的误差应不大于3%。

5.27.3.4 基本试验线路

基本试验线路如图2所示。

注1：试验时应选用低功率因数瓦特表。

注2：单相电机试验所用的电容器，其容量误差不超过±5%。

5.27.4 安装支架

若无特殊规定，电机应轴向水平安装在GB/T 7345规定的标准试验支架上进行试验。

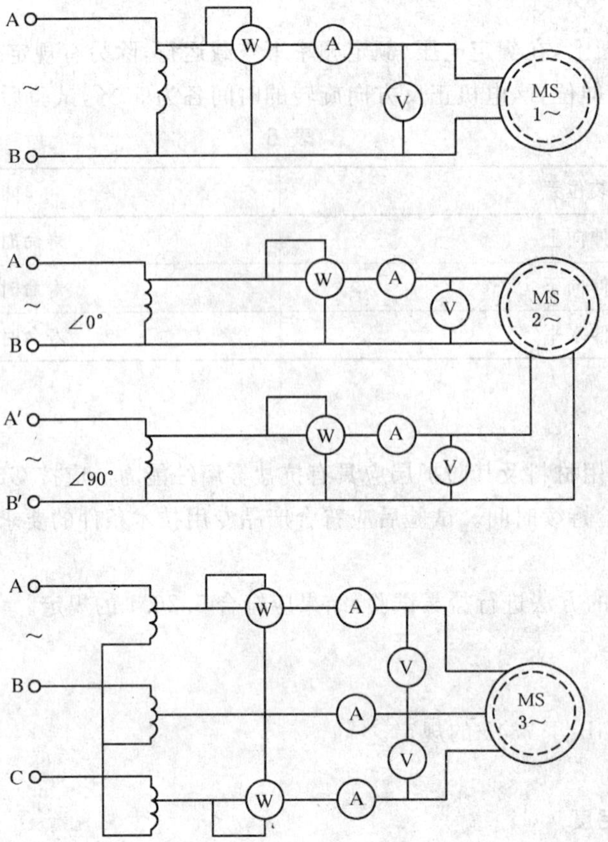

图 2

6 检验规则

6.1 检验分类

a） 鉴定检验；

b） 质量一致性检验。

6.2 鉴定检验

6.2.1 鉴定检验时机和条件

当有要求时，鉴定检验应在国家认可的实验室按通用技术条件规定进行。

有下列情况之一时，应进行C组检验：

a） 新产品设计确认前；

b） 已鉴定产品设计或工艺变更时；

c） 已鉴定产品关键原材料、原器件变更时；

d） 产品制造场所改变时。

6.2.2 样机数量

从批产品中随机抽取六台样机，其中四台供鉴定检验用，另外两台保存备用。

注：定型批产品数量不足六台时，应全数提交鉴定检验。但供鉴定检验样机数量不得少于两台。

6.2.3 检验程序

鉴定检验项目、基本顺序和样机编号由各类电机通用技术条件参照表7规定进行。

6.2.4 检验结果的评定

6.2.4.1 合格

鉴定检验用样机的全部项目检验符合要求，则鉴定检验合格。

6.2.4.2 不合格

只要有一台样机的任一项目不符合要求，则鉴定检验不合格。

6.2.4.3 偶然失效

当鉴定部门确定电机某一不合格项目属于孤立性质的偶然失效时，允许在每次提交的样机中取一台备用样机代替失效样机，并补做失效发生前（包括失效时）的所有项目。然后继续试验，若再有一台样机的任一个项目不符合要求，则鉴定检验不合格。

6.2.4.4 性能降低

样机经环境试验后，允许出现不影响其使用的性能降低，性能降低的允许值由通用技术条件规定。

6.2.4.5 环境试验期间和试验后的性能严重降低

样机在环境试验期间和试验后，出现影响其使用的性能严重降低时，鉴定部门可以采取两种方式：或者认为鉴定不合格，或者当一台样机出现失效时，允许用新的两台样机代替，并补做失效发生前（包括失效时）的所有试验，然后补足原样机数量继续试验，若再有一台样机的任一个项目不合格，则鉴定检验不合格。

6.2.4.6 同类型产品鉴定检验

当某一类同机座号的两个及两个以上型号的电机同时提交鉴定检验时，每种型号均应提交四台样机，所有样机应通过质量一致性中的A组检验，然后选取四台有代表性的不同型号的样机进行其余项目的试验。试验结果评定按6.2.3规定。任一台样机的任一项目不合格，则鉴定检验不合格。本检验不允许样机替换。

若鉴定检验合格，则同时提交的所有型号的电机均鉴定检验合格。

对此后制造的同类同机座电机或对原型号设计更改的电机应进行差异性鉴定检验，差异性鉴定检验合格，则认为该型号电机鉴定检验合格。

6.3 质量一致性检验

质量一致性检验分为A组和C组检验。

a) A组检验是为了证实电机产品是否满足常规质量要求所进行的出厂检验。

b) C组检验是周期性检验。

6.3.1 A组检验

A组检验项目及基本顺序按表7规定进行。

A组检验可以抽样或逐台进行。抽样按GB/T 2828.1—2003中检验水平Ⅱ，一次抽样方案进行，接收质量限（AQL值），由用户和制造商协商选定。

逐台检验中，电机若有一项或一项以上不合格，则该电机为不合格品。

A组检验合格，则除抽样中的不合格电机之外，用户应整批接收。

若A组检验不合格，则整批拒收，由制造商消除缺陷并剔除不合格品后，再次提交A组检验。

注：表7所列项目，由制造商根据电机特点和质量控制要求程度选择使用。所选项目应满足法律法规和用户要求。

6.3.2 C组检验

C组检验项目及基本顺序按表7规定进行。

6.3.2.1 检验时机和周期

有下列情况之一时，一般应进行C组检验：

a) 相关项目检验；

b) A组检验结果与鉴定检验结果发生较大偏差时；

c) 周期检验；

d) 政府或行业监管产品质量或用户要求时。

C组检验周期除另有规定，每两年应至少进行一次。

6.3.2.2 **检验规则**

C组检验项目及基本顺序按表7规定进行。

C组检验样机从已通过A组检验的产品中抽取，对未做过A组检验的样机应补做A组检验项目的试验，待合格后方能进行C组检验。

C组检验样机数量及检验结果评定按6.2.1和6.2.3的规定。

若C组检验不合格，由制造商消除不合格原因后，重新进行C组检验。

表7

序号	检验项目	技术要求和试验方法条款	鉴定检验样机编号	质量一致性检验	
				A组检验	C组检验
1	标记	5.1.2	1、2、3、4	√	√
2	接线端或引出线强度[a]	5.1.3	1、2、3、4	—	√
3	外观和装配质量	5.2	1、2、3、4	√	—
4	直流电阻	5.4	1、2、3、4	√	—
5	绝缘介电强度	5.5	1、2、3、4	√	—
6	绝缘电阻	5.6	1、2、3、4	√	—
7	匝间绝缘	5.7	1、2、3、4	√	—
8	额定输入功率、额定电流	5.8	1、2、3、4	√	—
9	堵转转矩	5.9	1、2、3、4	√	—
10	牵入转矩	5.10	1、2、3、4	√	—
11	最大同步转矩	5.11	1、2、3、4	√	—
12	电压敏感性	5.12	1、2、3、4	√	—
13	温升	5.13	1、2、3、4	—	√
14	质量	5.14	1、2	—	—
15	噪声	5.15	1、2、3、4	—	√
16	低温	5.16	3、4	—	√
17	高温	5.17	3、4	—	√
18	温度变化[b]	5.18	3、4	—	√
19	低气压[b]	5.19	1、2	—	√
20	振动	5.20	1、2、3、4	—	√
21	规定脉冲冲击	5.21	1、2、3、4	—	√
22	稳态加速度[b]	5.22	1、2、3、4	—	√
23	湿热[b]	5.23	3、4	—	√
24	安全[c]	5.24	1、2	—	—
25	寿命	5.25	1、2	—	√
26	盐雾[b]	5.26	1、2	—	—

注："√"表示进行该项目检验，"—"表示不进行该项目检验。

[a] 引出线或接线端A组检验时不检测其强度。

[b] 根据电机用途和环境条件，当有要求时才进行的C组检验项目。

[c] 制造商可通过间接方式提供满足检验项目要求的证据并获得用户同意。

7 交付准备

7.1 总则

除非另有规定，交付的电机应是通过设计确认后制造的，且A组检验合格的产品。

7.2 包装

电机包装应符合JB/T 8162—1999的规定，制造商应确保产品通过包装能得到有效防护。

7.3 运输

包装的电机在运输过程中应小心轻放，避免碰撞和敲击，严禁与酸碱等腐蚀性物质放在一起。制造商应将通过标识和协议方式将运输条件告知用户承运商。

7.4 储存

电机应储存在环境温度为－10 ℃～35 ℃，相对湿度不大于85％清洁、通风良好的库房内，空气中不得含有腐蚀性气体。储存期分为一年、三年和五年，由制造商规定。制造商应将储存条件和储存期告知用户。

7.5 保证期

保证期系制造商就电机正确储存和使用期限而向用户的承诺。

保证期是从产品出厂之日算起的存放期(包括运输期)与保用期之和。

保用期从电机包装启封开始计算，分为一年和两年半两种。由电机产品专用技术条件规定。

在正确存放和使用电机的情况下，制造商应保证电机在保用期(不超过使用寿命时间)内正常工作。如在保用期内电机因制造质量不良而发生损坏或不能正常工作时，制造商应负责维修或更换。

8 用户服务

制造商应对电机交付后的技术服务作出规定，当用户有需求时，应能及时提供技术服务。

附 录 A
（资料性附录）
产 品 型 号

A.1 型号命名

电机型号按 GB/T 10405 的规定，由机座号、产品名称代号、性能参数代号、派生代号四部分组成。型号组成如下：

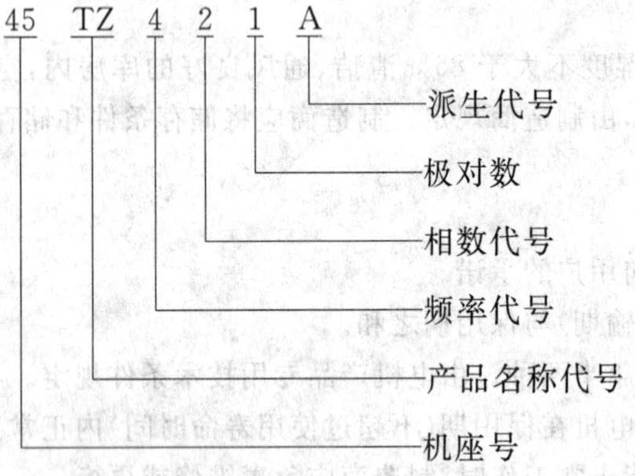

A.2 机座号

机座号以电机机座外圆直径表示（mm），若外圆直径基本尺寸非整数时，应取整数部分。

A.3 产品名称代号

a) 内转子式磁滞同步电动机 TZ；
b) 外转子式磁滞同步电动机 TZW；
c) 双速磁滞同步电动机 TZS；
d) 多速磁滞同步电动机 TZD；
e) 磁阻式磁滞同步电动机 TZC；
f) 永磁式磁滞同步电动机 TZY。

A.4 性能参数代号

磁滞同步电动机的性能参数代号应符合 GB/T 10405 的规定。

A.5 派生代号

派生代号用大写汉语拼音字母 A、B……表示，但不得使用 I、O 字母。

ICS 29.120.20
K 30

中华人民共和国国家标准

GB 13140.1—2008/IEC 60998-1:2002
代替 GB 13140.1—1997

家用和类似用途低压电路用的连接器件 第1部分:通用要求

Connecting devices for low-voltage circuits for household and similar purposes—Part 1:General requirements

(IEC 60998-1:2002,IDT)

2008-12-30 发布　　2010-02-01 实施

中华人民共和国国家质量监督检验检疫总局
中国国家标准化管理委员会　发布

前　言

GB 13140 的本部分的全部技术内容为强制性。

GB 13140《家用和类似用途低压电路用的连接器件》分为两部分：

第 1 部分：通用要求（GB 13140.1）

第 2 部分：特殊要求（GB 13140.2～13140.5）

——作为独立单元的带螺纹型夹紧件的连接器件的特殊要求

——作为独立单元的带无螺纹型夹紧件的连接器件的特殊要求

——作为独立单元的带刺穿绝缘型夹紧件的连接器件的特殊要求

——扭接式连接器件的特殊要求

本部分为第 1 部分：通用要求。

本部分等同采用 IEC 60998-1:2002《家用和类似用途低压电路用的连接器件　第 1 部分：通用要求》。

本部分代替 GB 13140.1—1997《家用和类似用途低压电路用的连接器件　第 1 部分：通用要求》。

本部分与 GB 13140.1—1997 的主要变化如下：

1）　第 1 章：额定连接容量范围从“0.5 mm^2～35 mm^2”变化为“0.2 mm^2～35 mm^2”，要求符合的标准有变化，从“IEC 60228”变化为“GB/T 3956—2008 或 GB/T 18213—2000”。

2）　第 1 章：第二段“除扭接式连接器件外，符合本部分要求的……。”变化为“除扭接式连接器件和带刺穿绝缘型连接器件外，符合本部分要求的……。”

3）　第 6 章：额定绝缘电压优选值有变化。

4）　第 7 章：删去“7.7 按端子的种类分类”一条。

5）　第 8 章：增加了 f）。

6）　第 9 章：删去原第二段“通常，无外壳的连接器件可视为无防触电保护的器件，如有防触电保护者，则下述规定适用”的内容。

7）　第 13 章：删去原第一段“通常，无外壳的连接器件没有防触电保护功能。对于有防触电保护功能的连接器件，除 13.1 适用外，还要增加下述要求”的内容。

8）　第 14 章：“滚筒试验”和“冲击试验”的试验方法直接应用相关标准，本部分删去方法要求和相应的图 1～图 4。

9）　第 15 章：15.1 中“其温升不会超过第 2 部分规定的值”变化为“其温升不会超过 15.4 规定的值”。

10）　第 16 章：“球压试验”的试验方法直接应用相关标准，球压试验温度有变化；本部分删去方法要求和相应的图 5。

11）　第 17 章：标题有变化。

12）　第 18 章：灼热丝试验的标准从 GB 5169.4 改为 GB/T 5169.10，并在该章的最后增加“如有怀疑，可在另外两个试样上重复试验，并均应符合本试验的要求。”一段。

13）　增加“第 20 章 电磁兼容（EMC）要求”一章。

本部分的附录 A、附录 B 为资料性附录。

本部分由中国电器工业协会提出。

本部分由全国电器附件标准化技术委员会（SAC/TC 67）归口。

本部分起草单位：中国电器科学研究院、天基电气（深圳）有限公司、浙江跃华电讯有限公司、宁波速普电子有限公司、中国家用电器研究院、江门市汇聪电器厂有限公司、广州威凯检测技术研究所。

本部分主要起草人：徐艳容、安桂龙、王圣、马定国、贾玉霖、饶小坡。

本部分所代替标准的历次版本发布情况为：

——GB 13140.1—1990；GB 13140.1—1997。

IEC 前言

1) 国际电工委员会(IEC)是由各个国家电工委员会(IEC 国家委员会)组成的世界性标准化组织。IEC 的宗旨是促进在与电工和电子领域标准化有关问题上的国际合作。为此目的,IEC 除了开展其他活动外,还出版国际标准。这些标准的制定是委托各技术委员会来完成的。IEC 的成员国家委员会,只要对制定的标准感兴趣,均可参加其制定工作。与 IEC 联络的国际、政府和非政府组织亦可参加标准制定工作。IEC 和世界标准化组织(ISO)遵照双方协议规定的条件密切合作。
2) 由所有对该问题特别关切的国家委员会都参加的技术委员会所制定的 IEC 有关技术问题的正式决议或协议,尽可能地表达了对所涉及的问题在国际上的一致意见。
3) 这些正式决议或协议以标准、技术报告或导则的形式出版并推荐给国际上使用,并在此意义上为各国家委员会所接受。
4) 为了促进国际上的统一,IEC 各国家委员会应明确地、最大限度地将 IEC 国际标准转化为国家或地区性标准。IEC 标准和相应的国家或地区性标准之间如有任何差异应在国家标准或地区性标准中清楚地注明。
5) 要注意本国际标准的某些成分可能是专利权的对象。IEC 应没有责任确认任何或所有这样的专利权。
6) IEC 并未制定任何认可标志的程序,当某一设备宣称其符合 IEC 的某一项标准时,IEC 对此不负任何责任。

IEC 60998-1 由 IEC 第 23(电器附件)技术委员会的 23F(连接器件)分技术委员会制定。

本部分的第二版取代 1990 的第一版,构成一个技术的修订本。

本部分根据 IEC 104 导则具有安全标准系列。

本部分以下列文件为基础:

FDIS	表决报告
23F/141/FDIS	23F/147/RVD

本部分表决的详情,请见上表所列的表决结果的报告。

本部分已根据 ISO/IEC 导则 部分 2 进行起草。

本部分构成 IEC 60998 系列标准的第 1 部分,系列标准的通用名称为家用和类似用途低压电路用的连接器件。这个系列由本第 1 部分(通用要求)和各个第 2 部分(特殊要求)组成。

当本部分标准出版时,下述部分的标准已经出版:

——第 1 部分:通用要求;

——第 2-1 部分:作为独立单元的带螺纹型夹紧件的连接器件的特殊要求;

——第 2-2 部分:作为独立单元的带无螺纹型夹紧件的连接器件的特殊要求;

——第 2-3 部分:作为独立单元的带刺穿绝缘型夹紧件的连接器件的特殊要求;

——第 2-4 部分:扭接式连接器件的特殊要求。

在本部分中采用下列印刷体:

——要求:罗马字体;

——试验规范:斜体;

——注释:小罗马字体。

本委员会决定本部分的内容在2010年以前将维持不变，届时本部分将会：

- 重新确认；
- 废止；
- 由修订版代替；或者
- 增补。

家用和类似用途低压电路用的连接器件 第1部分:通用要求

1 范围

GB 13140 的本部分适用于作为独立单元的家用和类似用途的连接器件。这些连接器件的交流额定电压应不超过 1 000 V,频率不大于 1 000 Hz;直流额定电压应不超过 1 500 V;在电气上应能连接两根或多根横截面积为 0.2 mm^2～35 mm^2(含 35 mm^2)或相应的 AWG 线规的硬铜导线(实心或绞合)或软铜导线。这些硬或软铜导线应符合 GB/T 3956—2008 或 GB/T 18213—2000 的要求。

注:额定连接容量小于 0.5 mm^2 的导线参照 GB/T 18213—2000,额定连接容量大于或等于 0.5 mm^2 的导线则参照 GB/T 3956—2008。

除扭接式连接器件和带刺穿绝缘型连接器件外,符合本部分要求的连接器件应不需使用特殊工具来进行连接。

本部分为通用要求,应与第 2 部分特殊要求(以下简称"第 2 部分")配合使用:

——带螺纹型夹紧件的器件(GB 13140.2)

——带无螺纹型夹紧件的器件(GB 13140.3)

——带刺穿绝缘型夹紧件的连接器件(GB 13140.4)

——扭接式的器件(GB 13140.5)

2 规范性引用文件

下列文件中的条款通过 GB 13140 的本部分的引用而成为本部分的条款。凡是注日期的引用文件,其随后所有的修改单(不包括勘误的内容)或修订版均不适用于本部分,然而,鼓励根据本部分达成协议的各方研究是否可使用这些文件的最新版本。凡是不注日期的引用文件,其最新版本适用于本部分。

GB/T 2423.8—1995 电工电子产品环境试验 第 2 部分:试验方法 试验 Ea:自由跌落(IEC 60068-2-32:1990,IDT)

GB/T 2423.55—2006 电工电子产品环境试验 第 2 部分:试验方法 试验 Eh:锤击试验(IEC 60068-2-75:1997,IDT)

GB/T 3956—2008 电缆的导体(IEC 60228:2004,IDT)

GB/T 4207—2003 固体绝缘材料在潮湿条件下相比电痕化指数和耐电痕化指数的测定方法(idt IEC 60112:1979)

GB 4208 外壳防护等级(IP 代码)(GB 4208—2008 IEC 60529:2001,IDT)

GB/T 5169.10—2006 电工电子产品着火危险试验 第 10 部分:灼热丝/热丝基本试验方法灼热装置和通用试验方法(IEC 60695-2-10:2000,IDT)

GB/T 9797—2005 金属覆盖层 镍+铬和铜+镍+铬电镀层(ISO 1456:2003,IDT)

GB/T 9799—1997 金属覆盖层 钢铁上的锌电镀层(eqv ISO 2081:1986)

GB/T 12599—2002 金属覆盖层 锡电镀层 技术规范和试验方法(ISO 2093:1986,MOD)

GB/T 16842—2008 外壳对人和设备的防护 检验用试具(IEC 61032:1997,IDT)

GB/T 18213—2000 低频电缆和电线无镀层和有镀层铜导线电阻计算导则(idt IEC 60344:1980)

IEC 60695-10-2:1995 着火危险试验 第 10 部分:电子技术产品着火反常造成最小效应指南和试验方法 第 2 节:使用球压试验的非金属材料耐热性试验方法

3 术语和定义

下列术语和定义适用于本部分：

3.1

连接 connection

两根或多根导线之间的电气连接或者一导电部件与一根或多根导线之间的电气连接。

3.2

端接 junction

两个或多个导线端点之间的连接。

3.3

分接 tapping

一根导线(分接导线)的端点与另一根导线(主导线)上的任何点的连接。

3.4

连接器件 connecting device

由一个或多个端子及绝缘和/或附件(必要时)组成的能连接两根或多根导线的器件(参见附录A)。

3.5

端子 terminal

由一个或多个夹紧件及绝缘(必要时)组成的一个极的导电部件(参见附录A)。

3.6

夹紧件 clamping unit

在端子中对导线进行机械夹紧和电气连接所必须的部件,包括保证正常接触压力所必须的部件(参见附录A)。

3.7

辅件 ancillary part

在连接器件中提供电气和机械保护和/或安装的部件,如底座、外壳、安装条等(参见附录A)。

3.8

额定连接容量 rated connecting capacity

由连接器件制造商规定的可连接的硬线最大横截面积。对于仅使用软线的连接器件,其额定连接容量就是可连接的软线最大横截面积。

3.9

额定绝缘电压 rated insulation voltage

参考电介质电压试验和爬电距离而定的元件、器件或设备部件的电压。

3.10

额定电流 rated current

制造商给器件规定的电流。

3.11

电气间隙 clearance

两个导电部件之间在空气中的最短距离。

3.12

爬电距离 creepage distance

两个导电部件之间沿绝缘材料表面测得的最短距离。

3.13

环境温度 ambient temperature

连接器件及其外壳(如果有的话)四周的空气温度。

3.14

温升　temperature rise

在试验规范规定的负载下测得的受试部件及其外壳(如果有的话)的温度与环境温度之差值。

3.15

多路端子器件　multiway terminal device

装在同一绝缘材料基座上的由互相绝缘的多个端子组成的连接器件。这种器件可由使用者分成一个或多个端子组成的连接器件。

3.16

未经特别处理的导线　unprepared conductor

为插入端子而剪断并剥去一定长度绝缘层的导线。

注：插入端子前对导线进行的整形或对绞股导线端头的绞纽，都可认为是未经特别处理的导线。

4　一般要求

连接器件的设计和制造应使其在正常使用中性能可靠，对使用者和周围环境没有危险。

是否合格，可通过全部规定的试验来检验。

5　试验中的一般说明

5.1　本部分规定的试验，均为型式试验。

5.2　除另有规定外，试样应按交货状态及按正常使用要求安装好后，在环境温度为 20 ℃±5 ℃下进行试验。

5.3　各项试验应按本部分条文的顺序进行。

5.4　除另有规定外，应送交三个试样进行所有的试验，只有所有试验均合格，才认为该试样符合本部分要求。如果只有一个试样由于装配或制造上的缺陷，在一项试验中不合格，则应在另一组三个试样上重复该项试验以及对该项试验结果有影响的前面一些试验，并按要求的顺序进行随后的试验，所有这组三个试样均应符合要求。

注：可以同时提交与 5.4 要求相同数量的附加试样，以备万一有一个试样不合格时所需。这样，试验站无需等再次提出要求，即可对附加试样进行试验，并只有再一次出现不合格项目时才判为不合格，如果不同时提交附加试样，则只要有试样不合格即判为不合格。

6　主要特性

6.1　连接器件的额定绝缘电压优选值为：

交流：125 V、250 V、300 V、400 V、500 V、600 V、690 V、800 V、1 000 V；

直流：125 V、250 V、300 V、400 V、500 V、600 V、690 V、800 V、1 000 V、1 500 V。

6.2　标准的额定连接容量为：[1)]

0.2 mm^2、0.34 mm^2、0.5 mm^2、0.75 mm^2、1 mm^2、1.5 mm^2、2.5 mm^2、4 mm^2、6 mm^2、10 mm^2、16 mm^2、25 mm^2、35 mm^2。

注 1：在一些国家可能暂时使用线规表示方法(例如，美国和加拿大的 AWG)，取代了用平方厘米表达横截面积的方法(参见附录 B)。

注 2：英国使用的标准连接容量为 1.25 mm^2。

6.3　环境温度高于 40 ℃者，要求 T 标志。

1)　该条的注仅给出国外的相关信息。

优选值为:55 ℃、85 ℃、110 ℃、140 ℃,和 200 ℃。如果使用其他值,则应是 5 ℃的倍数。

7 分类

作为独立单元的连接器件应按如下分类:

7.1 按端子的数目分类:

——单路端子器件;

——多路端子器件。

7.2 按功能分类:

——端接器件;

——分接器件;

——端接和分接器件。

7.3 按防触电保护分类:

——无保护器件;

——有保护器件。

7.4 按固定装置分类:

——无固定装置器件(仅靠与之连接的导线硬度来定位);

——有固定装置器件(靠器件本体的固定装置或辅助装置,如螺钉、固定杆、支架及类似物来定位)。

7.5 按连接器件的最高使用环境温度(即额定温度)分类:

——环境温度不高于 40 ℃的无 T 标志的器件;

——环境温度高于 40 ℃的有 T 标志的器件。

7.6 按防水的有害进入、防潮和防固体异物进入的保护分类:

对 IP 等级的规定,请见 GB 4208。

8 标志

8.1 在连接器件的主要部件上,应有下列标志:

a) 额定连接容量,mm^2(见 6.2 和 8.3);

b) 额定绝缘电压,V(如果有的话);

c) 如果最高使用环境温度高于 40 ℃,则用 T 标志(见 6.3 和 8.3);

d) 型号(例如:产品目录的编号);

e) 制造商名或代理商名、商标或识别标志;

f) IP 代码,如果大于 IP20 时。

如器件很小,其表面不足以容纳标志者,则仅要求标出 d)和 e)项的内容,但必须在最小的包装单元上标出全部规定的标志。

8.2 对于多路端子器件,则至少应在相邻的两个器件上,标出全部规定的标志。

8.3 使用符号时,应采用下列符号:

V——伏;

mm^2——以平方毫米表示的额定连接容量;

T——最高环境温度,例如:T55。

注:如没有额定连接容量的符号(即 mm^2)者,则表示使用的是 AWG 导线。

8.4 产品上的标志应经久耐用,清晰明了。

是否合格,可通过视检和在器件上进行下述试验来确定:手持浸过水的棉纱擦拭标志 15 s,随后再用浸过汽油的棉纱擦拭标志 15 s。经过两次擦拭后,标志仍应清晰明了。

注 1:用模压、冲压或雕刻等方法制成的标志不进行此项试验。

注 2:试验使用的汽油是溶剂正己烷,其最大芳香烃含量为 0.1%(体积),贝壳松脂丁醇(溶液溶解)值为 29,初馏点约为 65 ℃,干点约为 69 ℃,密度约为 0.68 g/cm³。

9 防触电保护

防触电保护的连接器件的结构应符合相应的第 2 部分的规定。在正确安装并接上最小和/或最大横截面积的绝缘导线后,带电部件应不可触及。

连接器件的每个夹紧件应接上规定的最小和最大横截面积的导线或夹紧件所能容纳的最小和最大的组合导线。

除非在第 2 部分另有规定,否则对带有防触电保护附件的连接器件应通过进行下述试验来确定是否合格:

如连接器件是 *T* 标志的器件,则应使该器件的温度升到 *T* 值±2 ℃。

用 10 N 的力将符合 GB/T 16842—2008 要求的标准试具向连接器件的任何开口推插,如果标准试具能部分或全部进入,则应将标准试具放置在每一个可能的位置上。应在加热室(箱)里取出后立即用标准试具对连接器件进行推插。

在标准试具和带电部件之间串接一个适当的指示灯,并供以大于 40 V 而小于 50 V 的特低电压。对于仅涂有清漆或油漆的导电部件、或者通过氧化层或类似的工艺保护的导电部件,应用金属箔包覆,并与在正常使用时带电的那些部件作电气连接。

如果灯不亮,则认为防触电保护合格。

10 导线的连接

连接器件应能使导线正确接入,具体要求见第 2 部分的有关章节。

11 结构

11.1 结构的要求由第 2 部分给出。

11.2 除符合第 2 部分要求的特定情况外,夹紧件在设计和结构上应能做到将导线牢牢地夹在金属表面之间。

是否合格,可通过视检和第 2 部分规定的有关试验来确定。

11.3 连接器件在设计和结构上应能做到:连接导线时任何导线的绝缘都不会与连接到不同极性的另一导线的带电部件相接触。

是否合格,可通过视检来确定。必要时,还可通过给连接器件接上最不利的导线或组合导线来检查确定。

11.4 绝缘衬垫、挡板及类似部件应有足够的机械强度,并应以可靠的方式固定。

是否合格,可在第 14 章的试验之后,通过视检来确定。

11.5 载流部件,包括所有端子,均应用金属制成,该金属在设备中出现的各种状态下,应具有满足预期用途的机械强度、导电率和耐腐蚀性能。

是否合格,可通过视检来确定。必要时,还可通过化学分析来检查确定。

在允许的温度范围内和在正常的化学污染条件下适用的金属有:

——铜。

——含铜量至少为 58%的合金,对经过冷加工的部件;含铜量至少为 50%的合金,对其他部件。

——铬含量至少为13%、碳含量不大于0.09%的不锈钢。

——具有符合GB/T 9799—1997规定的镀锌层的钢，其镀层厚度至少为：

- 5 μm(ISO使用条件1)，对普通设备；
- 8 μm(ISO使用条件2)，对防滴型和防溅型设备；
- 12 μm(ISO使用条件3)，对防喷型设备。

——具有符合GB/T 9797—2005规定的镍铬镀层的钢，其镀层厚度至少为：

- 10 μm(ISO使用条件1)，对普通设备；
- 20 μm(ISO使用条件2)，对防滴型和防溅型设备；
- 30 μm(ISO使用条件3)，对防喷型设备。

——具有符合GB/T 12599—2002规定的镀锡层的钢，其镀层厚度至少为：

- 12 μm(ISO使用条件1)，对普通设备；
- 20 μm(ISO使用条件2)，对防滴型和防溅型设备；
- 30 μm(ISO使用条件3)，对防喷型设备。

对于有可能受到机械磨损的载流部件，不得使用带镀层的钢来制造。

在潮湿环境下，不得使用彼此间化学电势差大的金属来制造相互接触的零部件。

试验方法在考虑中。

注1：弹簧、弹性零件、夹紧件、夹紧螺钉及类似物，均不视为主要用作载流的部件。

注2：用铝合金制成的载流部件要进行IEC 61545[2)]的附加试验。

11.6 端子应能根据其额定连接容量，连接由制造厂规定的根数和横截面积的、符合GB/T 3956—2008中第5类或GB/T 18213—2000要求的硬(实心或绞合)和软导线或者相应的AWG导线。

是否合格，可通过接上相应的导线和视检来确定。

11.7 底座的固定装置不得用作其他用途。

是否合格，可通过视检来确定。

12 耐老化、防潮、防固体异物进入及防水的有害进入

12.1 连接器件应具有耐老化性能。

除非在第2部分另有规定，否则应进行下述试验。

凡绝缘材料不是陶瓷或热固性材料的连接器件应在具有环境空气的成分和压力的大气并通风的加热室(箱)内进行试验。

注1：可以通过加热室(箱)壁上的孔进行自然循环来实现通风。

试样要在加热室(箱)内存放7 d(168 h)，对无T标志的连接器件，加热室(箱)的温度应为70 ℃±2 ℃；对T标志的连接器件，加热室(箱)的温度应为(T+30 ℃)±2 ℃，例如：T=85 ℃，则加热室(箱)的温度应为115 ℃±2 ℃。

注2：推荐使用电热加热室(箱)。

经过上述处理后，将试样从加热室(箱)中取出，并在室温下存放至少4 h。

在无附加放大的情况下，试样不得有正常或校正视力能看见的裂痕，其材料也不得发粘变腻。判断方法如下：

把试样放在天平的一个盘里，在另一个盘里加上砝码，砝码质量等于试样的质量加上500 g，然后用干的粗布包着手指按试样，使天平恢复平衡。

2) IEC 61545:1996 连接器件 用于连接任何材料夹紧件中的铝导线和铝本体夹紧件中的铜导线的连接器件。

试验后，试样不得出现会导致不符合本部分要求的损坏。

12.2 连接器件应经受在正常使用中可能出现的潮湿条件。

除非在第 2 部分另有规定，否则应进行下述的试验。

用下述的潮湿处理方法进行试验后，立即按第 13 章的规定测量绝缘电阻和进行电气强度试验。

潮湿处理应在潮湿室(箱)内进行，潮湿室(箱)内空气的相对湿度要维持在 91%～95%之间，在室(箱)内所有能放置试样的地方，其空气温度应维持在 20 ℃～30 ℃之间的任一方便值 t 上，其波动范围在±1 ℃以内。试样在放入潮湿室(箱)之前，其温度应在 t 与 $t+4$ ℃之间。

试样在潮湿室(箱)内的存放时间为：

——对按第 2 部分的规定，防水进入等级高于 IPX2 的连接器件为 168 h；

——对其他连接器件为 48 h。

注：要获得 91%～95%之间的相对湿度，可在潮湿室(箱)里放置硫酸钠(Na_2SO_4)或硝酸钾(KNO_3)的饱和水溶液，并且使溶液与空气有足够大的接触面。

为了达到潮湿室(箱)的规定条件，需要保证室(箱)内空气恒定循环，一般使用绝热箱体。

经过上述试验后，试样不应出现导致不符合本部分要求的损坏。

12.3 连接器件应具备与其分类相应的防水有害进入的 IP 防护等级。

是否合格，可通过在接有设计要求的电缆的连接器件上，进行 GB 4208 中相应的试验来确定。在此项试验后，试样应立即经受 13.4 的电气强度试验。试验后观察的结果应表明：水没有明显地进入试样，没有浸到带电部件。

13 绝缘电阻和电气强度

13.1 连接器件应有足够的绝缘电阻和良好的电气强度。

除非在第 2 部分另有规定，否则应通过进行 13.3 和 13.4 的试验来确定是否合格。上述试验是在完成 12.2 试验后立即在潮湿室(箱)或者在使试样维持在规定温度的房间里进行。

13.2 对于连接器件按设计要求连接的所有导线的组合，所连接的导线与连接器件外表面之间的绝缘应是足够的。

是否合格，可通过 13.3 的试验来确定。

13.3 连接器件的每个夹紧件均应先后连接最小和最大横截面积的导线。

然后，在施加约 500 V 的直流电压 1 min 后测量绝缘电阻。

测量应在下述部位依次进行：

a) 所有连接在一起的夹紧件与无固定装置的连接器件本体或所有连接在一起的夹紧件与有固定装置的连接器件的安装底座上的夹紧件之间；

b) 每一个夹紧件与所有连接到无固定装置的连接器件上的夹紧件之间或每一个夹紧件与所有连接到有固定装置的连接器件安装底座上的夹紧件之间；

c) 如果金属外壳的内绝缘衬垫是确保带电部件与下述部件之间符合电气间隙要求所必须的话，则在与该衬垫的内表面相接触的金属箔与本体之间。

——无绝缘衬垫的金属盖和外壳；

——安装底座的表面。

注：“本体”一词包括所有易触及的金属部件，与绝缘材料外部部件的外表面相接触的金属箔、底座或盖的固定螺钉和外部装配螺钉。

进行 a)和 b)项测量时，要使用金属箔，以使能对密封材料(如果有的话)有效地进行试验。

绝缘电阻不得小于 5 MΩ。

13.4 将频率为 50 Hz，其值如表 1 所示的基本正弦波电压施加在 13.3 所指的部件之间，进行电气强度试验，为时 1 min。

表 1 额定绝缘电压与试验电压之间的关系

单位为伏

额定绝缘电压	试验电压
≤130	1 250
>130～250	2 000
>250～450	2 500
>450～750	3 000
>750	3 500

试验开始时，施加的电压应不大于规定值的一半，然后迅速升至规定值。

试验期间，不得出现闪络或击穿。

注：试验用的高压变压器应这样设计：当在输出电压已经调至相应的试验电压之后发生输出端子短路时，输出电流至少应为 200 mA。

输出电流小于 100 mA 时，过流继电器不应跳闸。

测量试验电压有效值(r. m. s. 值)的误差应在±3%之内。

不会产生电压降的辉光可忽略不计。

14 机械强度

14.1 连接器件应有足够的机械强度，尤其是防护外壳，应能经受得住安装和使用过程中出现的应力。

除非在第 2 部分另有规定，否则，对于质量不足 50 g 的连接器件应通过 14.2 的试验或对于质量等于或大于 50 g 的连接器件应通过 14.3 的试验来确定是否合格。试验时，除非在第 2 部分另有规定，否则连接器件不接导线。

14.2 试样在 GB/T 2423.8—1995 规定的滚筒中进行试验。

如有螺钉，则要用第 2 部分规定的力矩拧紧。

使滚筒翻转，试样跌落 50 次。

试验后，试样不应出现导致不符合本部分要求的损坏，尤其是该器件不应出现任何导致带电部件不能继续保持在位或不能确保有效防触电的破碎、开裂或变形。

注：不影响防触电能力的小块脱落现象可以忽略。

14.3 对带绝缘的试样要用 GB/T 2423.55—2006 的摆动锤进行冲击试验。

冲击元件的质量为 150 g±1 g。

进行冲击前，底座和盖的固定螺钉要用第 2 部分规定的力矩拧紧。

把试样按正常使用状态安装在胶合板上，使得冲击点处在穿过枢轴线的垂直面内。

冲击元件的跌落高度为：

——7.5 cm，对盖子中凹进尺寸至少为凹陷部分最大尺寸的 1/6 深的部位；

——10 cm，对暗装式连接器件的盖板的平坦表面；

——20 cm，对暗装式连接器件的盖板中突出安装表面的部位(例如，突出墙壁 20 mm 的边缘)和对明装式连接器件的外壳；

——25 cm，对任何其他类型器件的外壳。

注 1：对于某些器件，如预定装进具有机械保护性能的外壳内的多路端子连接器件，应采用跌落高度为 7.5 cm 来进行冲击试验。

跌落高度是指摆动锤被释放时检测点的位置与在冲击瞬间该冲击点的位置之间的垂直距离。检测点应标在冲击元件的表面上，即标在穿过摆动锤钢管的轴线与冲击元件的轴线相交点并垂直于通过上述两轴线的平面的线与冲击元件表面相交处。

注 2：从理论上讲，冲击元件的重心就是检测点，但实际上，重心是很难确定的，所以选用上述办法来确定。

对试样进行 10 次冲击，这些冲击点要均匀分布在试样上。

通常，按下述办法进行其中五次的冲击：

——对于暗装式连接器件，在中心处冲击一次，在盖板深孔的上部表面的每一靠边侧各冲击一次，余下的两次就在前述冲击点之间的近似中心处（最好在隆起部位，如果有的话）冲击，试样应水平移动；

——对于其他连接器件，在中心处冲击一次，接着把试样绕垂直轴尽量旋转但旋转角度不应超过 60°，然后在试样的两侧各冲击一次，余下的两次就在前述冲击点之间的近似中心处（最好在隆起部位，如果有的话）冲击。

其余的 5 次冲击应在试样绕垂直于胶合板的轴线旋转 90°后，用上述同样办法进行。

盖板按相应数目的单个盖子来处理，但对任何一点只冲击一次。

试验后，试样不应出现导致不符合本部分要求的损坏，尤其是带电部件不应成为易触及的部件。

如有怀疑，可通过拆卸和更换外部部件，如接线盒、外壳、盖子和盖板，检查这些部件或它们的绝缘衬垫是否破裂来确定。

如果由内盖支撑的盖板破裂，则应在内盖上重复进行试验，试验后，内盖应仍然不破裂。

对浅表面护层的损伤、不致使爬电距离或电气间隙减少到第 17 章规定值以下的小凹痕和不会影响防触电保护的小片屑均可忽略不计。

在无附加放大的情况下，正常或校正视力看不见的裂缝和在增强纤维模压部件上的表面裂缝等可忽略不计。

如果即使忽略试样的某一部分，这个试样也能符合本部分要求，那么这个试样任何部分外表面的裂缝或孔可忽略不计。如果装饰性盖子是由内盖支撑，当装饰性盖子移走后内盖仍能经受得起试验，则装饰性盖子的破裂可忽略不计。

15 温升

15.1 连接器件在结构上应能做到：在正常使用时，其温升不会超过 15.4 规定的值。

是否合格，可通过按第 2 部分要求进行试验来确定。

15.2 带有一个或多个夹紧件的单路端子连接器件（见图 1）应以预定的方式和最不利的条件去连接导线。

横截面积在 10 mm^2（含 10 mm^2）以内的导线长度应为 1 m，横截面积在 10 mm^2 以上的导线长度应为 2 m。导线长度可缩短至与制造厂的规定一致。

15.3 在多路端子连接器件中，将最多三个相邻的端子串接起来。如果单极连接器件是设计用于并排安装者，则将三个单极连接器件按预定方式放置并连接在一起（见图 2）。

横截面积在 10 mm^2（含 10 mm^2）以内的导线长度应为 1 m，横截面积在 10 mm^2 以上的导线长度应为 2 m。导线长度可缩短至与制造厂的规定一致。

15.4 用与夹紧件相应的最大横截面积的新的软线或硬线进行连接，夹紧件则根据第 2 部分的规定连接。对于有 T 标志的连接器件，应在温度等于 $T\pm2$ ℃的情况下进行试验。

温升的试验应在受试连接器件已经达到热平衡状态的情况下进行。通常，当受试部件的温度在 1 h 内增加不超过 1 K 时，则认为温度达到稳定。在整个试验期间，应给连接器件施加表 2 所示的交流负载。

表 2 额定连接容量与试验电流之间的关系

额定连接容量/ mm^2	试验电流/ A
0.2	4
0.34	5
0.5	6
0.75	9
1	13.5
1.5	17.5
2.5	24
4	32
6	41
10	57
16	76
25	101
35	125

通过变色指示器或热电偶来测量温度，变色指示器或热电偶的选择和放置应使得它们对需测量的温度(例如，对与导线接触的金属部件上的温度)的影响可忽略不计。

夹紧件的载流部件温升不应超过45K。如果连接器件是被完全绝缘的，则应尽可能靠近夹紧件测量导线的温升。

对于额定温度不大于40 ℃的连接器件，应在温度为20 ℃±5 ℃的条件下进行温升的试验，对于额定温度高于40 ℃的有 T 标志的连接器件，应在温度为 T±2 ℃的条件下进行温升的试验。

注：在美国，使用较高的试验电流值，而且允许更高的温升。[3)]

16 耐热

16.1 带有绝缘材料零(部)件的连接器件应能耐热。

除非在第2部分另有规定，否则应通过16.2和16.3的试验来确定是否合格。

16.2 将第2部分规定的试样或试样的部件放置在温度为85 ℃或 T+45 K(取其较大者)的加热室(箱)内1 h，温度允许偏差为±5 ℃。

试验期间，试样不应有任何影响其继续使用的变化；如有密封胶，则密封胶不应流失到使带电部件外露的程度。

试验后，让试样冷却至接近环境温度。这时，即使将标准试具向试样施加不大于5 N的力，标准试具也不应触及到当试样按正常使用状态安装时通常不易触及的带电部件。

试验后，标志仍应清晰明了。

16.3 保持载流部件和接地电路部件在位所必须的绝缘材料部件要在IEC 60695-10-2:1995所示的设备上经受球压试验。

当无法在受试试样上进行试验时，则应在试样上切割一块最小厚度为2 mm、平滑的塑料部件进行试验。如果不可能，则在试样上切块叠起，最多四层，最小总厚度为2.5 mm，或可用厚度至少为2 mm的原材料试样。

将受试试样的表面水平放置在厚度至少为3 mm的钢板座上。

试验应在温度为125 ℃±2 ℃或 T+45 ℃(取其较大者)的加热室(箱)内进行，1 h之后，将钢球从

3) 该条的注仅给出国外的相关信息。

试样上取走，然后把试样浸入冷水中，使之在 10 s 内冷却至接近环境温度。

测量钢球压痕直径，此值不应大于 2 mm。

虽然与载流部件和接地电路部件相接触，但不用作保持载流部件和接地电路部件在位的绝缘材料部件，应按上述方法进行球压试验，但试验温度要在 70 ℃±2 ℃或 40 ℃±2 ℃加上在第 15 章试验期间测得的有关部件的最高温升值两者中选较大者进行。

17 电气间隙和爬电距离

除非在第 2 部分另有规定，否则，爬电距离、电气间隙和穿通密封胶的距离不应小于表 3 所示的值。

表 3 电气间隙和爬电距离

额定绝缘电压/ V	电气间隙和爬电距离[a]/ mm
≤130	1.5
>130～250	3.0
>250～450	4.0
>450～750	6.0
>750	8.0

[a] 这些值正在考虑中。

是否合格，可通过测量下述部件之间的距离来确定。

对于爬电距离和电气间隙：

——不同极性的带电部件之间；

——带电部件与

- 无绝缘衬垫的金属盖和外壳之间；
- 安装底座的表面之间。

对于穿通密封胶的距离：

——用密封胶覆盖的带电部件与安装底座的表面之间。

对于多路端子连接器件和无固定装置但有保护的端子，其距离应在带电部件与任何孔口之间测量，在这里，孔口代表当端子接上最大横截面积导线时易于碰触到任何其他部件的最近点。

18 绝缘材料的耐非正常热和耐燃

除非在第 2 部分另有规定，否则应通过进行灼热丝试验来确定是否合格。

灼热丝试验应在下述条件下，根据 GB/T 5169.10—2006 中第 4 章～第 10 章的要求进行。

——保持载流部件和接地电路部件在位的绝缘材料部件，其试验温度为 850 ℃；

——不保持载流部件和接地电路部件在位的绝缘材料部件(即使这些绝缘材料与它们相接触)以及仅保持接地夹紧装置在位的外壳，其试验温度为 650 ℃。

如果在同一试样上有多于一个位置需做灼热丝试验，则应小心确保前次试验所引起的损坏不影响本次试验的结果。

注 1：部件(如垫圈)不必经受本试验。

注 2：陶瓷材料部件不做本试验。

进行灼热丝试验以确保在规定的试验条件下，电热灼热丝不会引起绝缘材料部件着火；或者应确保绝缘材料部件在规定条件下被灼热丝点着火后，在一个限定的燃烧时间，没有因火焰或从受试部件上落到绢纸盖的松木板的燃烧物或颗粒而引起火势蔓延。

试验试样应尽可能是完整的连接器件。

如果试验不能在完整的连接器件上进行，则应根据试验的目的，从试样上割下适当的部分进行试验。

试验在一个试样上进行。

如有怀疑，可在另外两个试样上重复试验，并均应符合本试验的要求。

灼热丝加在试样上的持续时间应不大于 5^{+1}_{0} s。

试验期间，试样应以其预期使用的最不利位置放置，且被试表面与灼热丝应垂直。

考虑到发热或灼热元件可能与试样接触的使用条件，灼热丝的顶部应施加到试样规定的表面上。

如果符合下列两种情况之一，则认为该试样经受得住灼热丝试验。

——无火焰和无持续灼热，或：

——如果在移去灼热丝后 30 s 内，试样上的火焰或灼热熄灭。

绢纸不应起火，松木板不应烧焦。

如有怀疑，可在另外两个试样上重复试验，并应符合本试验的要求。

19 绝缘材料的耐电痕化

除非另有规定，否则保持带电部件在位的绝缘材料部件应是由耐电痕化的材料制成。

对于非陶瓷材料和在爬电距离小于本部分第 17 章规定值两倍的场合下使用的材料，应通过在三个试样上进行下述试验来确定是否符合耐电痕化要求。

试验根据 GB 4207—2003 的要求进行。

将试样水平放置在装置的支板上，试样至少有尺寸为 15 mm×15 mm 的平整表面，厚度至少应为 3 mm。

受试材料应通过耐电痕化试验，其中，耐电痕化指数为 175 V，使用溶液 A，液滴滴落的时间间隔为 30 s±5 s。

注：如果需试验的部件不符合尺寸要求，允许堆叠试样，使其厚度达到 3 mm；或者使用厚度为 3 mm 的相同材料的板。

如有疑问，可在一组新的试样上重复这项试验，并应符合本试验要求。

20 电磁兼容(EMC)要求

除非在第 2 部分另有规定，否则下述抗扰度和辐射要求适用。

20.1 抗扰度

本部分范围内的连接器件在正常使用中应不受电磁骚扰的影响。

20.2 辐射

本部分范围内打算连续使用的连接器件在正常使用中不应产生电磁辐射。

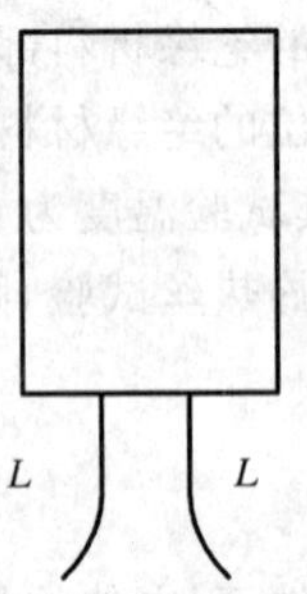

对横截面积≤10 mm² 者，L 为 1 m；

对横截面积>10 mm² 者，L 为 2 m。

图 1 单路端子器件

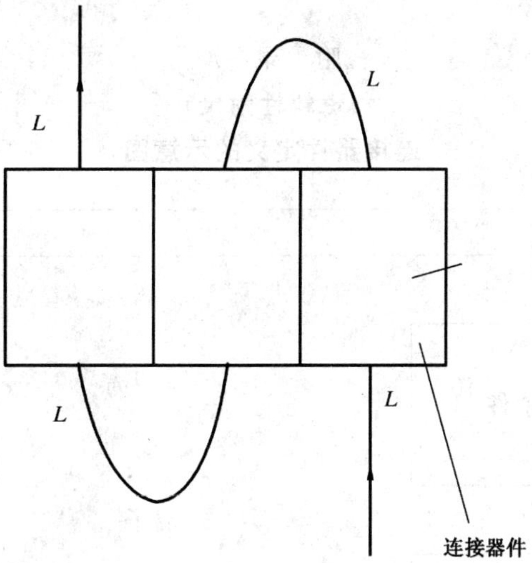

对横截面积≤10 mm^2 者,L 为 1 m;

对横截面积>10 mm^2 者,L 为 2 m。

图 2 多路端子器件

附 录 A
（资料性附录）
连接器件定义的示意图

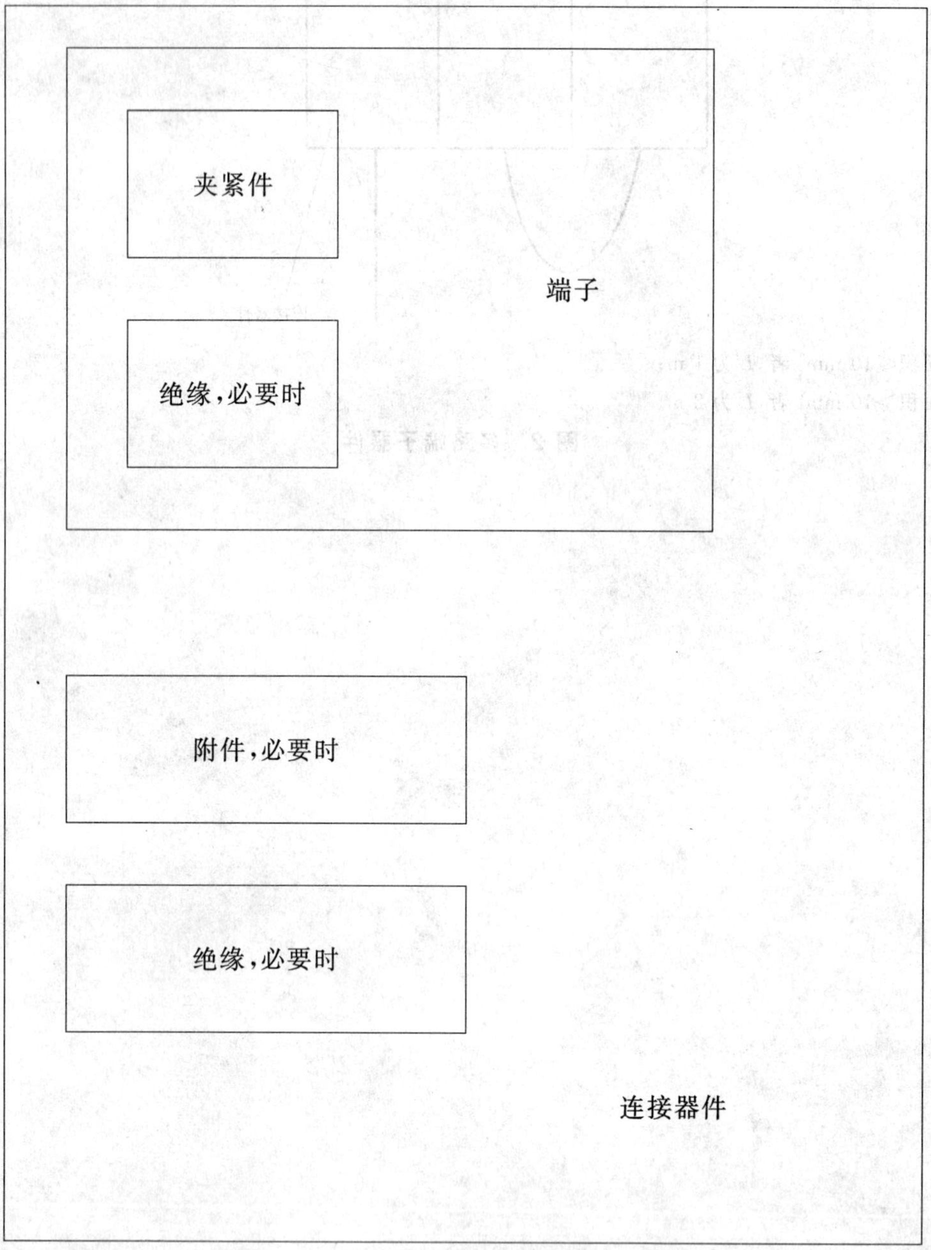

附 录 B
（资料性附录）
导线的横截面积 mm² 与北美国家所用的 AWG 线规之间的大致关系

表 B.1 导线尺寸 mm² 与 AWG 的比较

横截面积/mm²	AWG 线规
0.2	24
0.34	22
0.5	20
0.75	18
1.0	—
1.5	16
2.5	14
4	12
6	10
10	8
16	6
25	4
—	3
35	2

ICS 29.120.20
K 30

中华人民共和国国家标准

GB 13140.2—2008/IEC 60998-2-1:2002
代替:GB 13140.2—1998

家用和类似用途低压电路用的连接器件 第2部分:作为独立单元的带螺纹型夹紧件的连接器件的特殊要求

Connecting devices for low-voltage circuits for household and similar purposes—Part 2:Particular requirements for connecting devices as separate entities with screw-type clamping units

(IEC 60998-2-1:2002,IDT)

2008-12-30 发布　　2010-02-01 实施

中华人民共和国国家质量监督检验检疫总局
中国国家标准化管理委员会　发布

前 言

GB 13140的本部分的全部技术内容为强制性。

GB 13140《家用和类似用途低压电路用的连接器件》分为2部分：

第1部分：通用要求(GB 13140.1)

第2部分：特殊要求(GB 13140.2～13140.5)

——作为独立单元的带螺纹型夹紧件的连接器件的特殊要求

——作为独立单元的带无螺纹型夹紧件的连接器件的特殊要求

——作为独立单元的带刺穿绝缘型夹紧件的连接器件的特殊要求

——扭接式连接器件的特殊要求

本部分为GB 13140第2部分中的“作为独立单元的带无螺纹型夹紧件的连接器件的特殊要求”部分，编号为GB 13140.2。

本部分应与GB 13140.1配合使用。

本部分等同采用IEC 60998-2-1:2002《家用和类似用途低压电路用的连接器件　第2部分：作为独立单元的带螺纹型夹紧件的连接器件的特殊要求》。

本部分代替GB 13140.2—1998《家用和类似用途低压电路用的连接器件　第2部分：作为独立单元的带螺纹型夹紧件的连接器件的特殊要求》。

本部分与GB 13140.2—1998的主要内容变化如下：

1) 去掉第2章引用标准中引用IEC出版物228A(1982)。
2) 去掉第3章中未经特别处理的导线的定义。
3) 增加8.101。
4) 表101、表102、表103、表104增加0.2 mm^2、0.34 mm^2两种导线规格以及相对应的试验要求。
5) 10.104中增加连接不同种类导线的试验。
6) 10.102中增加了c)、d)。
7) 10.103、10.104、10.105、10.106、第15章进行试验时所选取的力矩值不同，表BB.1试验样品组数改变。
8) 第17章：标题有变化。
9) 增加第20章[电磁兼容(EMC)要求]。
10) 增加附录DD.1、附录DD.2和附录EE。

本部分的附录AA、附录BB为规范性附录，附录CC、附录DD、附录EE都是资料性附录。

本部分由中国电器工业协会提出。

本部分由全国电器附件标准化技术委员会(SAC/TC 67)归口。

本部分起草单位：中国电器科学研究院、浙江跃华电讯有限公司、宁波速普电子有限公司。

本部分起草人：吕国伟、王圣、林春芳。

本部分所代替标准的历次版本发布情况为：

—— GB 13140.2—1998。

IEC 前言

1） 国际电工委员会(IEC)是由各个国家电工委员会(IEC 国家委员会)组成的世界性标准化组织。IEC 的宗旨是促进在与电工和电子领域标准化有关问题上的国际合作。为此目的,IEC 除了开展其他活动外,还出版国际标准。这些标准的制定是委托各技术委员会来完成的。IEC 的成员国家委员会,只要对制定的标准感兴趣,均可参加其制定工作。与 IEC 联络的国际、政府和非政府组织亦可参加标准制定工作。IEC 和世界标准化组织(ISO)遵照双方协议规定的条件密切合作。

2） 由所有对该问题特别关切的国家委员会都参加的技术委员会所制定的 IEC 有关技术问题的正式决议或协议,尽可能地表达了对所涉及的问题在国际上的一致意见。

3） 这些正式决议或协议以标准、技术报告或导则的形式出版并推荐给国际上使用,并在此意义上为各国家委员会所接受。

4） 为了促进国际上的统一,IEC 各国家委员会应明确地、最大限度地将 IEC 国际标准转化为国家或地区性标准。IEC 标准和相应的国家或地区性标准之间如有任何差异应在国家标准或地区性标准中清楚地注明。

5） 要注意本国际标准的某些成分可能是专利权的对象。IEC 应没有责任确认任何或所有这样的专利权。

6） IEC 并未制定任何认可标志的程序,当某一设备宣称其符合 IEC 的某一项标准时,IEC 对此不负任何责任。

IEC 60998-2-1 标准由 IEC 第 23(电器附件)技术委员会的 23F(连接器件)分技术委员会制定。

本部分的第二版取代 1990 的第一版,构成一个技术的修订本。

本部分根据 IEC 104 导则具有安全标准系列。

本部分以下列文件为基础:

FDIS	表决报告
23F/142/FDIS	23F/148/RVD

本部分表决的详情,请见上表所列的表决结果的报告。

本部分已根据 ISO/IEC 导则第 2 部分进行起草。

本部分构成 IEC 60998 系列标准的第 2-1 部分,系列标准的通用名称为家用和类似用途低压电路用的连接器件。这个系列由本第 1 部分(通用要求)和各个第 2 部分(特殊要求)组成。

当本部分出版时,下述的部分已经出版:

——第 1 部分:通用要求;

——第 2-1 部分:作为独立单元的带螺纹型夹紧件的连接器件的特殊要求;

——第 2-2 部分:作为独立单元的带无螺纹型夹紧件的连接器件的特殊要求;

——第 2-3 部分:作为独立单元的带刺穿绝缘型夹紧件的连接器件的特殊要求;

——第 2-4 部分:扭接式连接器件的特殊要求。

本部分应与 IEC 60998-1 配合使用。构成标准的第 2 版(2002)。

补充或修改 IEC 60998-1 的相应的条款,从而使之成为 IEC 标准:作为独立单元的带螺纹型夹紧件的连接器件的特殊要求。

凡在本部分中没有特别提到的第 1 部分的章条均适用。凡在本标准中注明为:“增加”、“修改”、“替代”的内容,则第 1 部分中的有关技术要求、试验规范或注释应做相应的改动。

a) 在本部分中采用下列印刷体:

——要求:罗马字体;

——试验规范:斜体;

——注:小罗马字体。

b) 相对于第一部分增加条款和图形被限定为从 101 开始编号,附录用字母 AA、BB 等表示。

本委员会决定本部分的内容在 2010 年以前将维持不变,届时本部分将会:

- 重新确认;
- 废止;
- 由修订版代替;或者
- 增补。

家用和类似用途低压电路用的连接器件 第2部分：作为独立单元的带螺纹型夹紧件的连接器件的特殊要求

1 范围

GB 13140.1—2008 的该章做下述变动后适用。

增加：

GB 13140 的本部分亦适用于连接未经特别处理的导线的带螺纹型夹紧件的连接器件。

2 规范性引用文件

下列文件中的条款通过 GB 13140 的本部分的引用而成为本部分的条款。凡是注日期的引用文件，其随后所有的修改单(不包括勘误的内容)或修订版均不适用于本部分，然而，鼓励根据本部分达成协议的各方研究是否可使用这些文件的最新版本。凡是不注日期的引用文件，其最新版本适用于本部分。

GB 13140.1—2008 该章适用。

3 术语和定义

GB 13140.1—2008 该章做下述变动后适用。

增加：

3.101

螺纹型端子 screw-type terminal

通过螺纹型夹紧件连接两根或多根导线的端子。

3.101.1

柱型端子 pillar terminal

将导线插入孔或槽中并夹紧在螺钉端部之下的端子。夹紧压力可以直接由螺钉端部施加或通过受到螺钉端部压力的中间夹紧件来施加。

注：柱型端子的例子由图 101 示出。

3.101.2

螺钉端子 screw terminal

将导线夹紧在一个或多个螺钉头下面的端子。夹紧压力可以直接由螺钉头施加，或通过一个中间夹紧件，如垫圈、夹紧板或防松部件之类来施加。

注：螺钉端子的例子由图 102 示出。

3.101.3

螺栓端子 stud terminal

将导线夹紧在螺母下面的端子，夹紧压力可以由经过适当加工成形的螺母直接施加或通过一个中间夹紧件，如垫圈、夹紧板或防松部件之类来施加。

注：螺栓端子的例子由图 102 示出。

3.101.4

鞍型端子 saddle terminal

由两个或多个螺钉或螺母将导线夹紧在鞍型片之下的端子。

注：鞍型端子的例子由图 103 示出。

3.101.5

罩式端子　mantle terminal

通过螺母将导线夹紧在螺栓槽底部的端子。在这种端子中，通过螺母下面的，形状经过适当加工的垫圈或中心销（如螺母是帽式螺母）或通过能将螺母的压力传递到槽内导线上的等效部件将导线夹在螺栓槽底。

注：罩式端子的例子由图 104 示出。

4　一般要求

GB 13140.1—2008 该章适用。

5　试验中的一般说明

GB 13140.1—2008 的该章做下述变动后适用。

5.3　代替：

试验应按照附录 BB 列出每组试样的试验顺序进行。

5.4　第一句用下述内容代替：

试验应按为每组试样规定的顺序进行。

附录 BB 的分组试样做全部相关项目的试验，如果所有试验都满足，则符合标准要求。

6　主要特性

GB 13140.1—2008 该章适用。

7　分类

GB 13140.1—2008 该章适用。

8　标志

GB 13140.1—2008 该章做下述变动后适用。

8.1　增加：

如果适用，端子应按 10.103 的标志。

增加：

8.101　如果制造商声明，端子可以超过 10.101 和 10.102 的最小要求，应在技术资料或产品目录或包装件上清楚地注明所能接的最大和最小横截面积的导线，以及每个夹紧件所能接的导线最多根数。

9　防触电保护

GB 13140.1—2008 该章适用。

10　导线的连接

GB 13140.1—2008 的该章做下述变动后适用。

增加：

10.101　端子应能连接两根或多根相同或不同标称截面或成分的导线。端子应能连接硬的和/或未经特别处理的软导线。

10.102　每个端子应能连接表 101 中为有关的额定连接容量值而规定的截面积和类似的导线。此外，端子还应能连接两种相邻的更小横截面积的导线，例如：

a） 额定连接容量为 1 mm^2 的端子应能可靠地连接一根 0.5 mm^2、0.75 mm^2 和 1 mm^2 的硬和/或软导线。

b） 额定连接容量为 10 mm^2 的端子应能可靠地夹紧 4 mm^2、6 mm^2 和 10 mm^2 的硬导线和/或 4 mm^2 和 6 mm^2 的软导线。

表 101 额定连接容量和可连接的导线

额定连接容量/mm^2	可连接的导线及其理论直径				
	硬导线			软导线	
	导线横截面积/mm^2	单实心 Φ/mm	绞合线 Φ/mm	导线横截面积/mm^2	Φ/mm
0.2	0.2	0.51	0.53	0.2	0.61
0.34	0.34	0.63	0.66	0.34	0.8
0.5	0.5	0.9	1.1	0.5	1.1
0.75	0.75	1.0	1.2	0.75	1.3
1.0	1.0	1.2	1.4	1.0	1.5
1.5	1.5	1.5	1.7	1.5	1.8
2.5	2.5	1.9	2.2	2.5	2.3[a]
4.0	4.0	2.4	2.7	4.0	2.9[a]
6.0	6.0	2.9	3.3	4.0	2.9[a]
10.0	10.0	3.7	4.2	6.0	3.9
16.0	16.0	4.6	5.3	10.0	5.1
25.0	25.0	—	6.6	16.0	6.3
35.0	35.0	—	7.9	25.0	7.8

注 1：最大硬导线和软导线的直径以 GB/T 3956—1997 和 GB/T 18213—2000 的表 1 为基础。而对 AWG 导线，则是以 ASTM B172-71，ICEA 出版物 S-19-81，ICEA 出版物 S-66-524 和 ICEA 出版物 S-65-516 为基础。[1)]

注 2：相应的 AWG 在附录 DD 的表 DD.2 中给出。[2)]

[a] 根据 GB/T 3956—1997，这些仅为 5 类软导线的尺寸。

c） 额定连接容量为 25 mm^2 的端子应能可靠地夹紧 10 mm^2、16 mm^2 和 25 mm^2 的硬导线和/或 6 mm^2、10 mm^2 和 16 mm^2 的软导线。

d） 额定连接容量为 25 mm^2 软导线的端子应能可靠地夹紧 10 mm^2、16 mm^2 和 25 mm^2 的软导线。

10.103 除非制造商另有规定，否则，端子应能连接表 101 中“可连接的导线”一栏中相应于其额定连接容量的硬导线和软导线，在这种情况下，不需要任何标志。如果端子仅能连接一种类型的导线[例如，硬导线(r)或软导线(f)][3)]，那么为了连接起见，应在最终产品上清晰地用字母“r”或“f”标示出来，或在最小包装件上或技术资料和产品目录上清楚地注明。

通过观察和以下试验来检验是否符合 10.101～10.103 的要求。

试验在连接 10.102 中规定的铜导线的端子上进行，将最大和最小直径的导线交替地接在每个夹紧件里。

用适当的螺钉旋具或扳手将螺钉和螺母拧紧和拧松各 5 次，拧紧所用的力矩等于表 102 相应栏给

1)、2） 本注仅给出国外相关信息。

3） IEC 标准原文中无字母 r、f，此处用字母“r”标示硬导线，“f”标示软导线。

出的值或生产厂规定的力矩值,二者中取较大的值。

每次拧松螺钉或螺母后,均需插入新的导线。

表 102 力矩和螺钉的标称直径

螺钉的标称直径/mm		力矩/Nm				
		Ⅰ 	Ⅱ 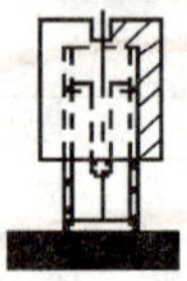	Ⅲ 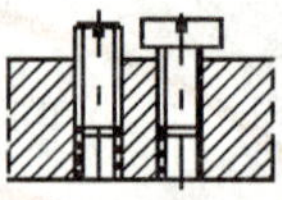	Ⅳ 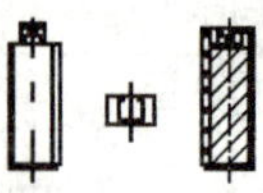	Ⅴ 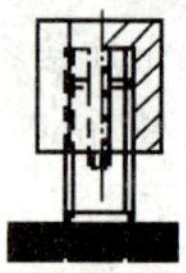
大于	小于或等于					
—	1.6	0.05	—	0.1	0.1	—
1.6	2.0	0.1	—	0.2	0.2	—
2.0	2.8	0.2	—	0.4	0.4	—
2.8	3.0	0.25	—	0.5	0.5	—
3.0	3.2	0.3	—	0.6	0.6	—
3.2	3.6	0.4	—	0.8	0.8	—
3.6	4.1	0.7	1.2	1.2	1.2	1.2
4.1	4.7	0.8	1.2	1.8	1.8	1.8
4.7	5.3	0.8	1.4	2.0	2.0	2.0
5.3	6.0	1.2	1.8	2.5	3.0	3.0
6.0	8.0	2.5	2.5	3.5	6.0	4.0
8.0	10.0	—	3.5	4.0	10.0	6.0
10.0	12.0	—	4.0	—	—	8.0
12.0	15.0	—	5.0	—	—	10.0

注:Ⅰ栏适用于拧紧后螺钉不冒出螺钉孔的无头螺钉,也适用于不能用宽于螺钉直径的螺钉旋具拧紧的其他螺钉。

Ⅱ栏适用于螺钉旋具拧紧的罩式端子的螺母。

Ⅲ栏适用于用螺钉旋具拧紧的端子的其他螺钉。

Ⅳ栏适用于用非螺钉旋具以外的工具拧紧的除罩式端子之外的螺钉和螺母。

Ⅴ栏适用于用除螺钉旋具以外的工具拧紧的罩式端子的螺母。

凡螺钉是带槽的六角螺钉头,而且Ⅲ栏和Ⅳ栏的值又不同者,该试验要进行两次,先在一组的 3 个试样上进行,给六角螺钉头施加Ⅳ栏规定的力矩,然后,在另一组的 3 个试样上进行,用螺钉旋具施加Ⅲ栏规定的力矩。如果Ⅲ栏和Ⅳ栏的值是相同的,则只需进行用螺钉旋具做的试验。

夹紧导线的螺钉和螺母应具有公制螺纹或类似螺距的螺纹和机械强度。

注:目前,SI(国际单位制)螺纹、BA(美国协会)螺纹和 UN(统一标准)螺纹均视为在螺矩上和机械强度上均可与米制 ISO 螺纹相似的螺纹。[4)]

试验期间,不得有会影响端子再度使用的损坏,诸如螺钉断裂或螺钉头槽、螺纹、垫圈或 U 型卡等的损坏。

罩式端子的规定标称直径,即是带槽螺栓的标称直径。

试验用的螺钉旋具刀口形状必须适合于被试的螺钉头。应用平稳的力矩扭紧螺钉和螺母。

10.104 试验在 3 个新样品上进行,每个夹紧件接上生产厂规定导线的根数、截面积和导线类型,并装

4) 本注仅给出国外相关信息。

在图 105 所示的设备上。

在每个新样品上进行以下的试验：

a) 截面积最细的最少根数的导线；

b) 截面积最粗的最少根数的导线；

如适用：

c) 截面积最细的最多根数的导线；

d) 截面积最粗的最多根数的导线；

e) 截面积最细的最多根数的导线和截面积最粗的导线同时连接到夹紧件中。

表 103 重物质量、高度和导线横截面积之间的关系

导线横截面积/ mm^2	套管孔径[a]/ mm	高度[b]/ mm	与导线对应的重物/ kg
0.2	6.4	260	0.2
0.34	6.4	260	0.2
0.5	6.5	260	0.3
0.75	6.5	260	0.4
1.0	6.5	260	0.4
1.5	6.5	260	0.4
2.5	9.5	280	0.7
4.0	9.5	280	0.9
6.0	9.5	280	1.4
10.0	9.5	280	2.0
16.0	13.0	300	2.9
25.0	13.0	300	4.5
35.0	14.5	300	6.8
注 1：附录 DD 给出了 mm^2 与 AWG 的大致关系。 注 2：在美国，使用较高的重量值。[5]			
a 如果套管孔径太小，不把线芯拧为一束，导线便不能穿过的话，可选用大一号孔径的套管。 b 高度 H 的公差：±15 mm。			

注 1：c)，d)，e)与 a)，b)所示的导线截面积可能不同。

注 2：与设备成一体的夹紧件，不必提供整个设备。

试验用的导线长度应比表 103 中规定的高度(H)长 75 mm。然后，将试验导线连接到夹紧件中，用 10.103 规定的力矩将夹紧螺钉或螺母拧紧。

将一根导线端部穿过紧固板中相应尺寸的套管，紧固板位于试验装置下在表 103 规定的高度(H)平面处。套管位于水平平面中，使其中心线能作出直径为 75 mm 的与夹紧件同心的同心圆，紧固板在水平面上以(10±2)r/min 的速率旋转。

夹紧件的口与套管的上表面之间的距离应在表 103 规定高度的 15 mm 范围之内。套管可加润滑油以防止绝缘导线打结，绞扭或旋转。

在导线的末端悬挂表 103 规定的重物，试验持续 15 min。

试验期间，导线既不得滑出夹紧件也不得在夹紧件附近断裂，而且还不得损伤到本标准意义范围内的“不能再用”的程度。

5) 本注仅给出国外相关信息。

10.105　10.104的试验之后，在经受试验的每根导线上施加表104所示的拉力。如有夹紧螺钉或螺母，不得因本试验而拧紧。平稳缓慢的朝导线的轴向施力1 min。试验期间，导线不应从端子中脱出。

表104　拉力和横截面积之间的关系

导线横截面积/ mm^2	拉力/ N	导线横截面积/ mm^2	拉力/ N	导线横截面积/ mm^2	拉力/ N
0.2	10	1.5	40	10	90
0.34	15	2.5	50	16	100
0.5	20	4	60	25	135
0.75	30	6	80	35	190
1.0	35	—	—	—	—
注1：附录DD给出了 mm^2 与AWG的大致关系。 注2：在美国，使用较高的拉力值。[6]					

10.106　将端子与表101规定的类型和额定截面积的导线连接，导线线芯的组成应符合表CC.1(符合GB/T 3956—1997)。

导线插入端子之前，应将绞合硬导线和软导线的线丝重新整形。允许使用工具。

应不需要过度用力便能将导线插进端子里。

将导线插进端子里，应尽可能插至从端子的另一侧伸出，而且处于最易使线丝脱出的位置。

按10.103规定的力矩将夹紧螺钉拧紧。

试验之后，导线的线丝没有从端子中脱出。

11　结构

GB 13140.1—2008的该章做下述变动后适用。

11.2　代替：

夹紧件在设计和结构上应能做到将导线牢牢地夹紧在金属表面之间。

通过视检和10.101和10.103来检查。

增加：

11.101　标明接地端的螺钉或螺母应充分锁定，以免意外松动，而且应该是不用工具便无法使之松动。一般说来，图101～图104所示的夹紧件只要本部分的试验合格，就符合本条要求。

注：如果最终产品预计要受到振动或周期性温度变化的话，则需要装一个弹性零件(例如：压力板)。

11.102　夹紧导线的螺钉和螺母，即使能将端子定位或防止其转动，也不得用来固定任何其他元件。

通过视检检查是否合格。

螺钉不应是软的或易变形的金属，如锌或铝。

注：在铝合金端子中若使用铝合金螺钉，则要进行附加试验，该附加试验参考IEC 61545[7]。

11.103　端子的设计和结构应能做到不论是对于绞合导线的硬线丝还是软导线的线丝均应使之无法滑出。

通过10.106试验来检查。

11.104　端子的设计和结构应能够插入10.102规定的最粗导线。

通过如下试验来检验是否合格。

最粗导线能否插入，可通过附录AA进行的试验或通过如下方法来检查，将最粗导线剥掉绝缘并将

---

6)　本注仅给出国外相关信息。

7)　IEC 61545:1996 连接器件　用于连接任何材料夹紧件中的铝导线和铝本体夹紧件中的铜导线的连接器件。

硬绞合导线或软导线的端头重新整形之后插入。

无须过度用力就能将去掉绝缘的导线端部插入到夹紧件进线孔的最尽头。

12 耐老化、防潮、防固体异物进入及防水的有害进入

GB 13140.1—2008 该章适用。

13 绝缘电阻和电气强度

GB 13140.1—2008 该章适用。

14 机械强度

GB 13140.1—2008 该章适用。

15 温升

GB 13140.1—2008 的该章做下述变动后适用。

15.1 增加：

试验应在一组已接新导线的新试样上进行。

15.2～15.4 增加：

施加到拧紧螺钉的力矩值由 10.103 给出。

15.4 增加：

当连接器件被设计成带有不同额定接线容量夹紧件时，试验要以相应于最大导线的电流进行，此最大导线与根据选择电流通道为最小额定连接容量的部件连接。

注：看附录 EE 的示例。

16 耐热

GB 13140.1—2008 该章适用。

17 电气间隙和爬电距离

GB 13140.1—2008 该章适用。

18 绝缘材料的耐非正常热和耐燃

GB 13140.1—2008 的该章做下述变动后适用。

增加：

试验在进行过 10.104 试验的一个样品上进行。

19 绝缘材料的耐电痕化

GB 13140.1—2008 的该章做下述变动后适用。

增加：

试验在进行过 10.105 试验的一个样品上进行。

20 电磁兼容(EMC)要求

GB 13140.1—2008 该章适用。

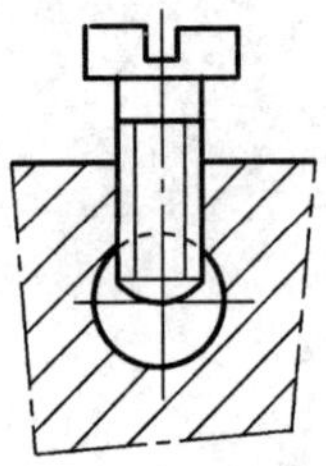

无压板

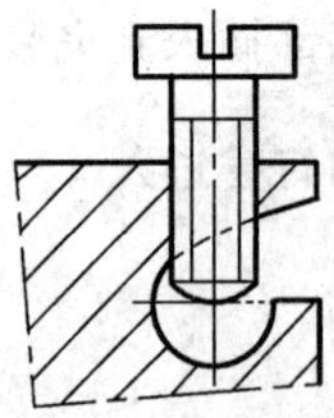

直接施加压力的连接器件

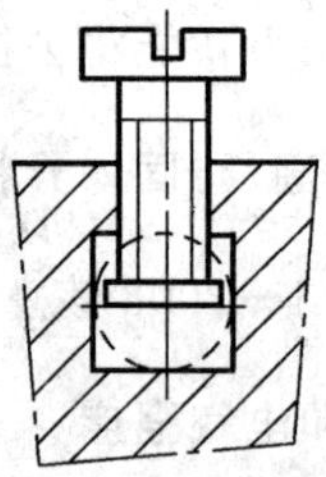

有压板

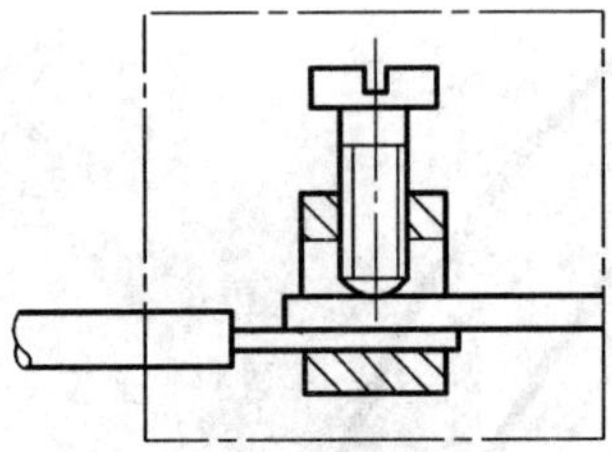

间接施加压力的连接器件

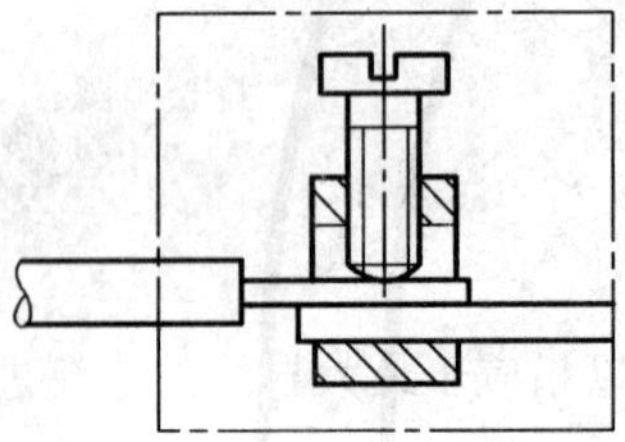

直接施加压力的连接器件

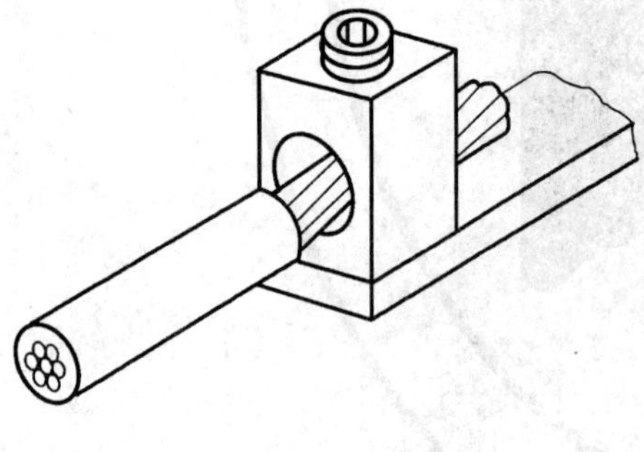

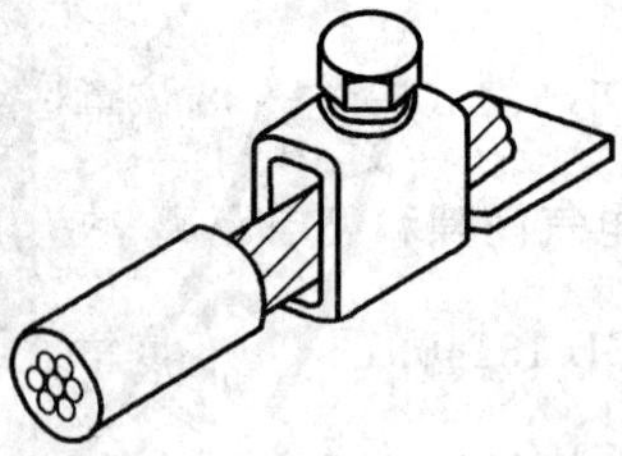

直接施加压力的连接器件

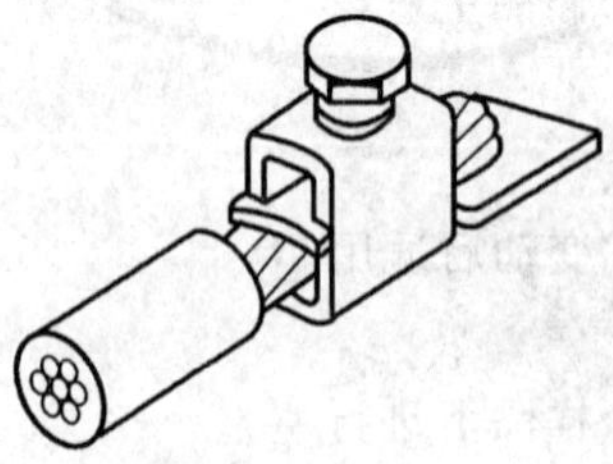

间接施加压力的连接器件

图 101　柱型端子的示例

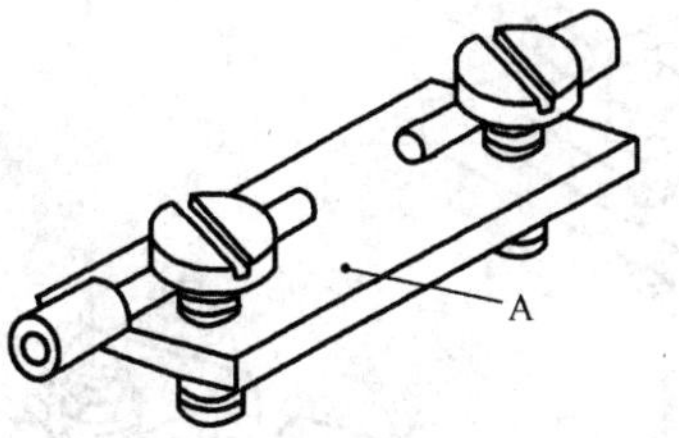

由螺钉头直接施加压力的螺钉端子

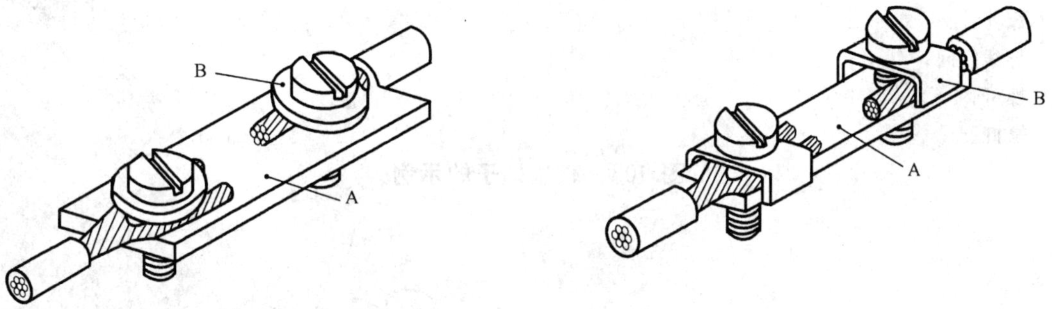

通过夹紧件间接施加压力的螺钉端子

螺钉端子的示例

螺栓端子的示例

A——被固定部件；
B——垫圈或夹紧板；
C——防松件；
D——螺栓。

图 102　螺钉和螺栓端子的示例

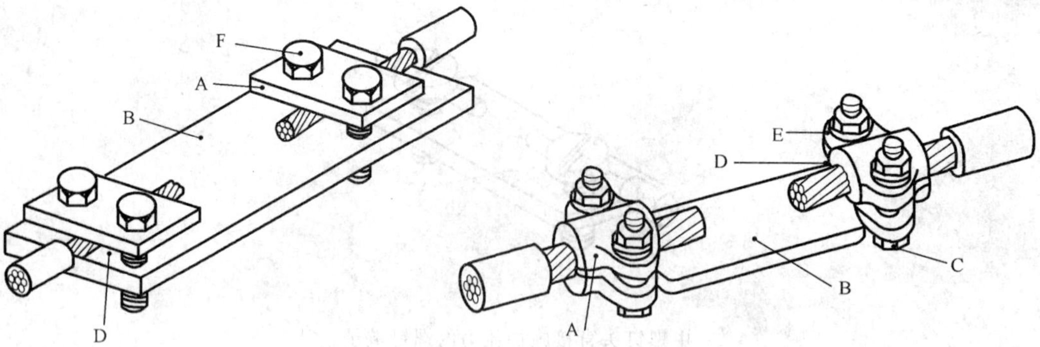

A——鞍架；

B——被固定部件；

C——螺栓；

D——导线空间；

E——螺母；

F——螺钉。

图 103 鞍型端子的示例

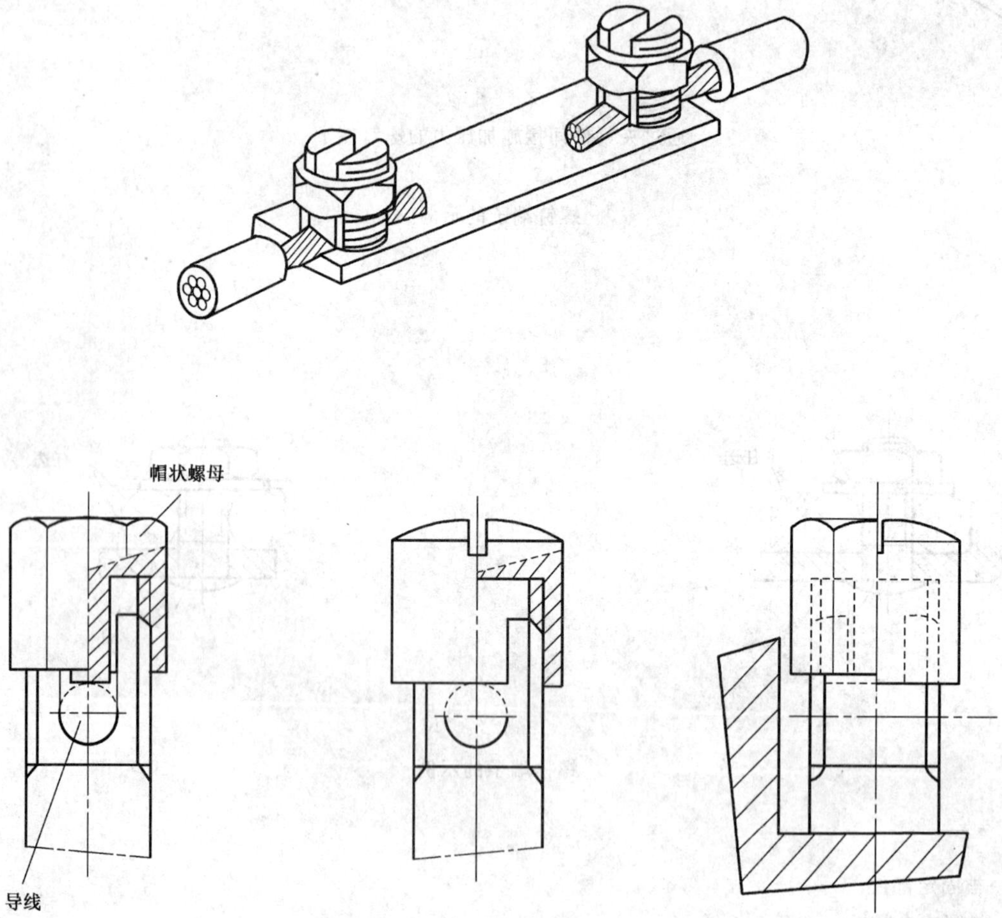

图 104 罩式端子的示例

单位为毫米

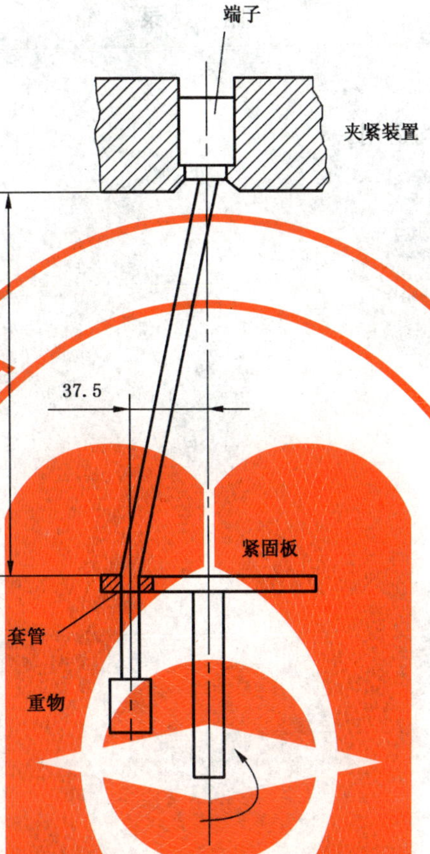

图 105　10.104 的试验装置

附　录

第 1 部分的附录除以下外均适用。

增加：

附　录　AA
（规范性附录）
导线横截面积和试验用的量规

表 AA.1　导线横截面积和对应的量规

横截面积/mm^2	最大导线的理论直径			量规			a,b,Φ 的允许偏差
	硬导线		软导线	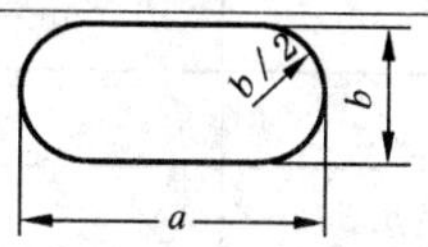 			
	单芯 mm	绞合 mm	mm	a mm	b mm	Φ mm	mm
0.2	0.51	0.53	0.61	—	—	0.7	0/−0.05
0.34	0.63	0.66	0.8	—	—	0.9	
	0.9					1.0	
0.5		1.1		2.0	1.2	1.2	
			1.1			1.2	
	1.0					1.1	
0.75		1.2		2.0	1.2	1.3	
			1.3			1.4	
	1.2					1.3	
1.0		1.4		2.0	1.2	1.5	
			1.5			1.6	
	1.5					1.6	
1.5		1.7		2.4	1.5	1.8	
			1.8			1.9	
	1.9					2.0	
2.5		2.2		2.8	2.0	2.3	
			2.3			2.4	
	2.4			2.8	2.4	2.5	
4.0		2.7		2.8	2.4	2.8	0/−0.06
			2.9	3.6	3.1	3.0	
	2.9			3.6	3.1	3.0	
6.0		3.3		3.6	3.1	3.4	
			3.9	4.3	4.0	4.0	
	3.7			4.3	4.0	3.8	
10.0		4.2		4.3	4.0	4.3	
			5.1	—	—	5.2	

表 AA.1（续）

横截面积/mm^2	最大导线的理论直径			量规 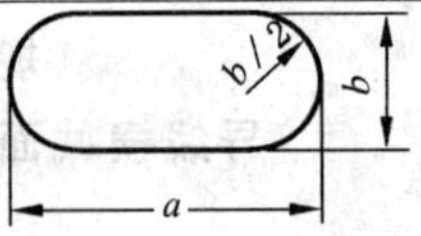			a,b,Φ 的允许偏差
	硬导线		软导线				
	单芯	绞合		a	b	Φ	
	mm	mm	mm	mm	mm	mm	mm
16.0	4.6			—	—	4.7	0/−0.06
		5.3				5.4	
			6.3			6.4	0/−0.07
25.0	—			—	—	—	
		6.6				6.7	
			7.8			7.9	
35.0	—			—	—	—	
		7.9				8.0	

试验方法：试验根据生产厂的说明用上述量规中的一个规进行。

量规的测量部分应能依靠量规自身的重量自由地插进夹紧件的孔里。

量规的结构：量规应按照规定的尺寸用钢来制成。

注 1：量规的尺寸主要是以市场上通常能买到的导线的最大外尺寸的百分率增加，而不是以 GB/T 3956—1997 的尺寸百分率增加为基础的。

注 2：在北美，相对于量规，人们更多地使用导线。

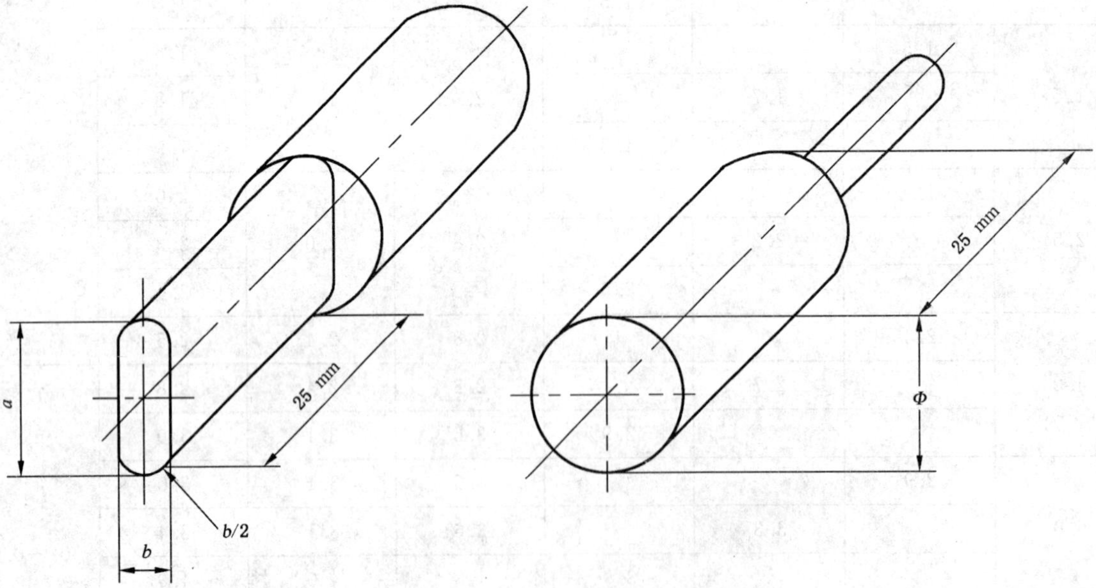

图 AA.1　检查夹紧件的量规

附　录　BB
（规范性附录）
试验要用的三个一组的试样组数及每组试样的试验顺序

表 BB.1　试样组数

章节或条款	名　　称	第 1 组	第 2 组	第 3 组
8.4	标志	X		
9	防触电保护	X		
10.101～10.103	导线的连接	X		
10.104	旋转试验		X[a]	
10.105	拉力试验		X[a]	
11.106	被夹导线的试验	X		
11.102	导线的夹紧	X		
11.103	夹紧试验	X		
12	耐老化和防潮	X		
13	绝缘电阻和电气强度	X		
14	机械强度	X		
15	温升			X
16	耐热	X		
17	电气间隙和爬电距离	X		
18	绝缘材料耐非正常热和耐燃		X	
19	绝缘材料的耐电痕化		X	

[a] 可能需要增加试样(见 10.104)。

附　录　CC
（资料性附录）
试验所用导线的根数

表 CC.1　绞合线丝的根数和横截面积的直径

横截面积/mm^2	绞合线	软导线
	未压实的圆形导线线丝的最小根数	导线线丝的最大直径/mm
0.2	7	0.21
0.34	7	0.25
0.5	7	0.21
0.75	7	0.21
1.0	7	0.21
1.5	7	0.26
2.5	7	0.26
4.0	7	0.31
6.0	7	0.31
10.0	7	0.41
16.0	7	0.41
25.0	7	0.41
35.0	7	0.41

附 录 DD
（资料性附录）
导线的横截面积（mm²）和北美线规 AWG 之间的关系导线的横截面积（mm²）和北美线规规格（AWG）之间的近似关系

表 DD.1 导线尺寸与 AWG 的对应关系

导线的横截面	
mm²	AWG
0.2	24
0.34	22
0.5	20
0.75	18
1.0	—
1.5	16
2.5	14
4.0	12
6.0	10
10.0	8
16.0	6
25.0	4
—	3
35.0	2

表 DD.2 额定接线容量和可连接的导线

额定连接容量/mm²	可连接的导线及其理论直径 AWG				
	硬导线			软导线	
	线规	单芯线[a] Φ/mm	B 类绞合线[a] Φ/mm	线规	I,K,M 类[b] Φ/mm
0.2	24	0.54	0.61	24	0.64
0.34	22	0.68	0.71	22	0.80
0.5	20	0.85	0.97	20	1.02
0.75	18	1.07	1.23	18	1.28
1.0	—	—	—	—	—
1.5	16	1.35	1.55	16	1.60
2.5	14	1.71	1.95	14	2.08
4.0	12	2.15	2.45	12	2.70
6.0	10	2.72	3.09	—	—
10.0	8	3.43	3.89	10	3.36
16.0	6	4.32	4.97	8	4.32
25.0	4	5.45	6.18	6	5.73
35.0	2	6.87	7.78	4	7.26

注：最大硬导线和软导线的直径以 GB/T 3956—1997 和 GB/T 18213—2000 的表 1 为基础。而对 AWG 导线，则是以 ASTM B172-71，ICEA 出版物 S-19-81，ICEA 出版物 S-66-524 和 ICEA 出版物 S-65-516 为基础。

[a] 标称直径＋5％。

[b] 对 I、K、M 三类中任一类的最大直径＋5％。

附 录 EE
（资料性附录）
15.4 温升试验的示例

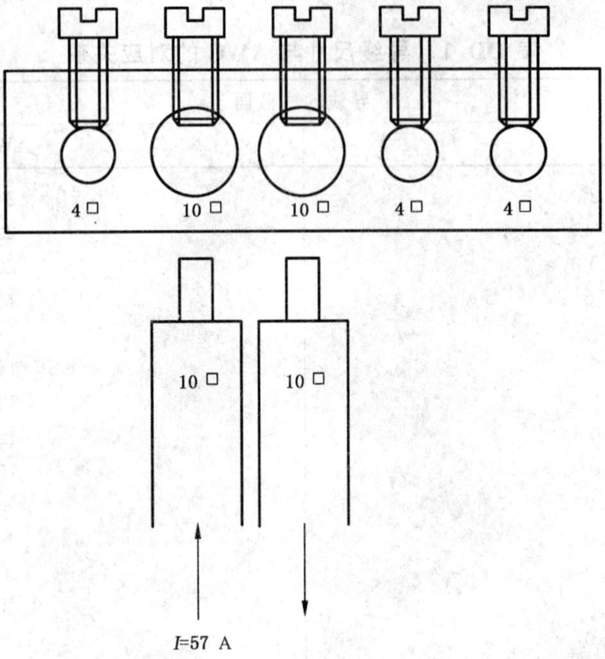

例 1

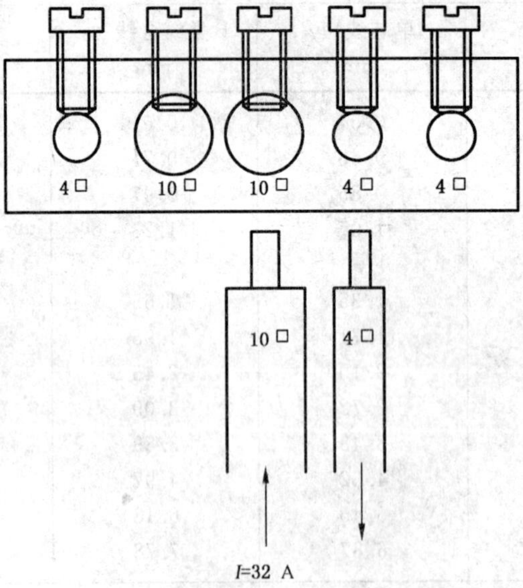

例 2

图 EE.1 15.4 温升试验的示例

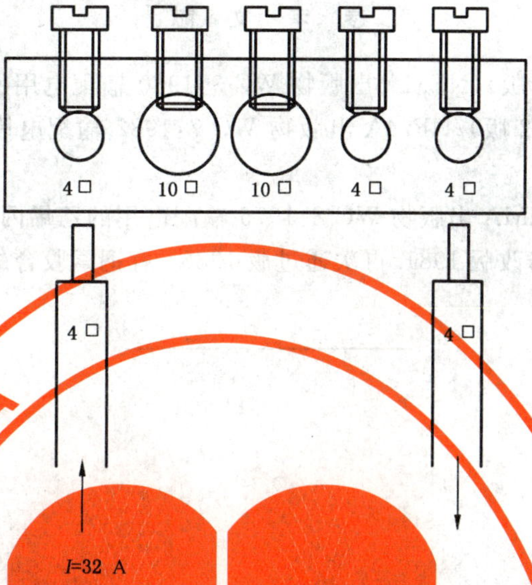

例 3

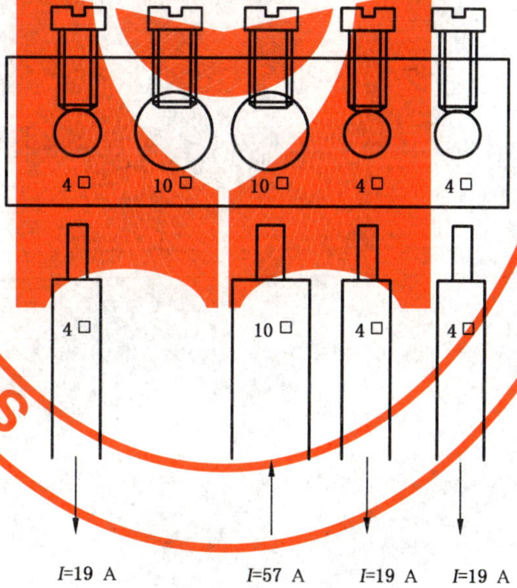

例 4

图 EE.1（续）

参考文献

[1] ICEA S-19-81(第 6 版)/NEMA 出版物 WC 3:1980 输配电用的橡胶绝缘的电线和电缆

[2] ICEA S-66-524(第 2 版)/NEMA 出版物 WC 7:1982 输配电用的热固性交联聚乙烯绝缘电线和电缆

[3] ICEA S-65-516/NEMA 出版物 WC 8:1976 输配电用的乙烯丙烯橡胶绝缘电缆

[4] ASTM B 172-71(修改版 1981.再次通过版 1985) 有钢索胶合的铜导线的标准技术规范

ICS 29.120.20
K 30

中华人民共和国国家标准

GB 13140.3—2008/IEC 60998-2-2:2002
代替 GB 13140.3—1998

家用和类似用途低压电路用的连接器件 第2部分:作为独立单元的带无螺纹型夹紧件的连接器件的特殊要求

Connecting devices for low-voltage circuitsfor household and similar purposes—Part 2:Particular requirements for connecting devices as separate entities with screwless-type clamping units

(IEC 60998-2-2:2002,IDT)

2008-12-30 发布

2010-02-01 实施

中华人民共和国国家质量监督检验检疫总局
中国国家标准化管理委员会
发布

前　言

GB 13140 的本部分的全部技术内容为强制性。

GB 13140《家用和类似用途低压电路用的连接器件》分为两部分：

第 1 部分：通用要求(GB 13140.1)

第 2 部分：特殊要求(GB 13140.2～13140.5)

——作为独立单元的带螺纹型夹紧件的连接器件的特殊要求；

——作为独立单元的带无螺纹型夹紧件的连接器件的特殊要求；

——作为独立单元的带刺穿绝缘型夹紧件的连接器件的特殊要求；

——扭接式连接器件的特殊要求。

本部分为 GB 13140 第 2 部分中的"作为独立单元的带无螺纹型夹紧件的连接器件的特殊要求"部分，编号为 GB 13140.3。

本部分应与 GB 13140.1 配合使用。

本部分等同采用 IEC 60998-2-2:2002《家用和类似用途低压电路用的连接器件　第 2-2 部分：作为独立单元的带无螺纹型夹紧件的连接器件的特殊要求》。

本部分代替 GB 13140.3—1998《家用和类似用途低压电路用的连接器件　第 2-2 部分：作为独立单元的带无螺纹型夹紧件的连接器件的特殊要求》。本部分与 GB 13140.3—1998 的主要变化如下：

1)　本部分的额定连接容量范围为"0.2 mm^2～35 mm^2"，1998 版标准的额定连接容量范围为"0.5 mm^2～35 mm^2"；要求符合的标准有变化，从"IEC 60228"变化为"GB/T 3956—2008 或 GB/T 18213—2000"。

2)　本部分中，部分内容进行前后调整，如把端子的标志从第 7 章移至第 8 章，把 14.101 和14.102 移至 10.105 和 10.106。

3)　表 101 中，把与北美国家所用的 AWG 线规之间的比较独立出来，在附录 BB 中列出。

4)　第 14 章：增加了"弯曲试验"。

5)　增加 15.4，给出温升试验的示例。

6)　15.101 中增加了对试验电流的施加时间要求。

7)　第 17 章：删去了"穿通密封胶的距离"的内容。

8)　增加"第 20 章 电磁兼容(EMC)要求"一章。

9)　增加了两个资料性附录，即附录 BB(导线的横截面积 mm^2 与北美国家所用的 AWG 线规之间的大致关系)和附录 CC(15.4 的温升试验示例)。

本部分的附录 AA 是规范性附录，附录 BB 和附录 CC 是资料性附录。

本部分由中国电器工业协会提出。

本部分由全国电器附件标准化技术委员会(SAC/TC 67)归口。

本部分起草单位：中国电器科学研究院、宁波速普电子有限公司、浙江跃华电讯有限公司、万可电子(天津)有限公司、广州威凯检测技术研究所。

本部分主要起草人：徐艳容、马定国、王圣、毛用志。

本部分所代替标准的历次版本发布情况为：

——GB 13140.3—1998。

IEC 前言

1) 国际电工委员会(IEC)是由各个国家电工委员会(IEC 国家委员会)组成的世界性标准化组织。IEC 的宗旨是促进在与电工和电子领域标准化有关问题上的国际合作。为此目的,IEC 除了开展其他活动外,还出版国际标准。这些标准的制定是委托各技术委员会来完成的。IEC 的成员国家委员会,只要对制定的标准感兴趣,均可参加其制定工作。与 IEC 联络的国际、政府和非政府组织亦可参加标准制定工作。IEC 和世界标准化组织(ISO)遵照双方协议规定的条件密切合作。
2) 由所有对该问题特别关切的国家委员会都参加的技术委员会所制定的 IEC 有关技术问题的正式决议或协议,尽可能地表达了对所涉及的问题在国际上的一致意见。
3) 这些正式决议或协议以标准、技术报告或导则的形式出版并推荐给国际上使用,并在此意义上为各国家委员会所接受。
4) 为了促进国际上的统一,IEC 各国家委员会应明确地、最大限度地将 IEC 国际标准转化为国家或地区性标准。IEC 标准和相应的国家或地区性标准之间如有任何差异应在国家标准或地区性标准中清楚地注明。
5) 要注意本国际标准的某些成分可能是专利权的对象。IEC 应没有责任确认任何或所有这样的专利权。
6) IEC 并未制定任何认可标志的程序,当某一设备宣称其符合 IEC 的某一项标准时,IEC 对此不负任何责任。

IEC 60998-2-2 由 IEC 第 23(电器附件)技术委员会的 23F(连接器件)分技术委员会制定。

本部分的第二版取代 1991 的第一版,构成一个技术的修订本。

本部分根据 IEC 104 导则具有安全标准系列。

本部分以下列文件为基础:

FDIS	表决报告
23F/143/FDIS	23F/149/RVD

本部分表决的详情,请见上表所列的表决结果的报告。

本部分已根据 ISO/IEC 导则第 2 部分进行起草。

本部分构成 IEC 60998 系列标准的第 2-2 部分,系列标准的通用名称为家用和类似用途低压电路用的连接器件。这个系列由本第 1 部分(通用要求)和各个第 2 部分(特殊要求)组成。

当本部分标准出版时,下述部分的标准已经出版:

——第 1 部分:通用要求;

——第 2-1 部分:作为独立单元的带螺纹型夹紧件的连接器件的特殊要求;

——第 2-2 部分:作为独立单元的带无螺纹型夹紧件的连接器件的特殊要求;

——第 2-3 部分:作为独立单元的带刺穿绝缘型夹紧件的连接器件的特殊要求;

——第 2-4 部分: 扭接式连接器件的特殊要求。

本 2-2 部分要与 IEC 60998-1 结合使用,它是在 IEC 60998-1 的第 2 版(2002)的基础上建立起来的。

本第 2 部分增补或修改了 IEC 60998-1 的相应章条,从而将其转化为 IEC 标准:作为独立单元的带无螺纹型夹紧件的连接器件的特殊要求。

如果“第1部分”中的某特殊条款在本“第2部分”中没有提及，则该条款可以合理地使用。如果在本部分中标明“增加”、“修改”或“代替”，则“第2部分”中对应的内容都要做相应的修改。

在本部分中：

a) 采用下列印刷体：

——要求：罗马字体；

——试验规范：*斜体*；

——注释：小罗马字体。

b) 对“第1部分”增加的条、图从101开始编号；增加的附录编号为AA、BB等。

本委员会决定本部分的内容在2010年以前将维持不变，届时本部分将会：

- 重新确认；
- 废止；
- 由修订版本取代；或
- 被修改。

家用和类似用途低压电路用的连接器件 第2部分:作为独立单元的带无螺纹型夹紧件的连接器件的特殊要求

1 范围

GB 13140.1—2008 的该章适用。

增加:

GB 13140 的本部分适用于主要用以连接未经特别处理的导线的带无螺纹型夹紧件的连接器件。

在本部分中,无螺纹型端子简称为端子。

注:本部分不包括刺穿绝缘式连接器件(GB 13140.4),扭接式连接器件(GB 13140.5)和扁形快速连接端头(GB 17196)。

2 规范性引用文件

下列文件中的条款通过 GB 13140 的本部分的引用而成为本部分的条款。凡是注日期的引用文件,其随后所有的修改单(不包括勘误的内容)或修订版均不适用于本部分,然而,鼓励根据本部分达成协议的各方研究是否可使用这些文件的最新版本。凡是不注日期的引用文件,其最新版本适用于本部分。

GB 13140.1—2008 的该章适用。

3 术语和定义

GB 13140.1—2008 的该章做下述变动后适用。

增加:

3.101

无螺纹型端子 screwless-type terminal

可直接或间接通过弹簧、楔块或类似物进行接、拆两根或多根导线的端子。

注:无螺纹型端子的示例由图 102 给出。

3.101.1

通用端子 universal terminal

能接、拆所有类型(硬或软)导线的端子。

3.101.2

非通用端子 non-universal terminal

仅能接、拆某一种类型导线(例如:仅是实心导线或仅是硬(实心和绞合)导线)的端子。

3.101.3

推线端子 push-wire terminal

将硬(实心或绞合)导线推进端子里进行连接的非通用端子。

4 一般要求

GB 13140.1—2008 的该章适用。

5 试验中的一般说明

GB 13140.1—2008 的该章做下述变动后适用。

5.3 代替：

试验应按附录 AA 为每组样品规定的顺序进行。

5.4 用下述内容代替第一句话：

待试的新样品所需数量及分组方法见附录 AA，如果所有试验合格则认为满足本部分要求。

6 主要特性

GB 13140.1—2008 的该章适用。

7 分类

GB 13140.1—2008 的该章做下述变动后适用。

增加：

7.101 按端子所能接纳的导线类型分类：

7.101.1 通用端子

7.101.2 非通用端子：

——实心导线专用端子；

——硬导线专用端子；

——软导线专用端子。

8 标志

GB 13140.1—2008 的该章做下述变动后适用。

增加：

8.101 按 7.101.2 规定分类的非通用端子应给出下述标志：

——实心导线专用端子应标出字母“s”或“sol”；

——硬导线专用端子应标出字母“r”；

——软导线专用端子应标出字母“f”。

标志应标在产品上或最小的包装单元上，或者在技术资料和/或样品目录里说明。

8.102 要有指示出导线插入端子前需剥去的绝缘长度的相应标志，该标志应标在产品上或标在最小的包装单元上，或者在技术资料和/或样品目录里说明。

9 防触电保护

GB 13140.1—2008 的该章适用。

10 导线的连接

GB 13140.1—2008 的该章做下述变动后适用。

增加：

10.101 导线的接或拆：

——应使用通用工具或使用与端子成一整体的便利装置打开端子并辅助将导线插入或拔出(例如通用端子)；

——或使用简单插入的方法。在拆导线时，应采用除拽拉导线外的操作手段(例如推线端子)。

10.102 端子应能接入两根或多根标称横截面积或结构(如适用)相同或者不相同的导线。

通用端子应能接入硬(实心或绞合)和软的未经特别处理的导线。

非通用端子应能接入由制造厂规定的类型的导线。

夹紧件的额定连接容量与可连接的导线之间的关系，以及导线直径的数值等由表 101 给出。

10.103 每个端子应允许连接如表 101 所示的、与额定连接容量相对应的横截面积和类型的导线，此外，端子还应至少能连接两个相邻的更小横截面积的导线，例如：

a) 额定连接容量为 1 mm^2 的端子，应可靠地夹紧一根 0.5 mm^2、0.75 mm^2 和 1 mm^2 的硬和/或软的导线；

b) 额定连接容量为 10 mm^2 的端子，应可靠地夹紧 4 mm^2、6 mm^2 和 10 mm^2 的硬导线和/或 4 mm^2 和 6 mm^2 的软导线；

c) 额定连接容量为 25 mm^2 的端子，应可靠地夹紧 10 mm^2、16 mm^2 和 25 mm^2 的硬导线和/或 6 mm^2、10 mm^2 和 16 mm^2 的软导线；

d) 仅连接软导线且额定连接容量为 25 mm^2 的端子，应可靠地夹紧 10 mm^2、16 mm^2 和 25 mm^2 的软导线。

（例外情况：特殊类型的端子可以接入比制造厂规定的横截面积范围更小的导线。）

表 101 额定连接容量和可连接的导线

额定连接容量/mm^2	可连接的导线及其理论直径				
	硬导线			软导线	
	导线横截面积/mm^2	实心 Φ/mm	绞合 Φ/mm	导线横截面积/mm^2	Φ/mm
0.2	0.2	0.51	0.53	0.2	0.61
0.34	0.34	0.63	0.66	0.34	0.8
0.5	0.5	0.9	1.1	0.5	1.1
0.75	0.75	1.0	1.2	0.75	1.3
1.0	1.0	1.2	1.4	1.0	1.5
1.5	1.5	1.5	1.7	1.5	1.8
2.5	2.5	1.9	2.2	2.5	2.3[a]
4.0	4.0	2.4	2.7	4.0	2.9[a]
6.0	6.0	2.9	3.3	6.0	2.9[a]
10.0	10.0	3.7	4.2	6.0	3.9
16.0	16.0	4.6	5.3	10.0	5.1
25.0	25.0	—	6.6	16.0	6.3
35.0	35.0	—	7.9	25.0	7.8

注 1：在附录 BB 的表 BB.2 中给出与 AWG 的对应值。

注 2：硬导线和软导线的最大直径以 GB/T 3956—2008 和 GB/T 18213—2000 的表 1 为基础，而 AWG 导线则是以 ASTM B 172-71，ICEA 出版物 S-19-81，ICEA 出版物 S-66-524 和 ICEA 出版物 S-65-516 为基础。[1)]

a 根据 GB/T 3956—2008 的规定，这些仅是 5 类软导线的尺寸。

10.104 是否符合 10.101～10.103 的要求，可通过视检和下述试验来确定。

10.104.1 取三个新的端子进行试验，端子要接上符合表 101 规定的类型和横截面积的铜导线，把最小和最大直径的导线接入每个夹紧件。

先将最小直径的导线接、拆各 5 次，然后再将最大直径的导线接、拆各 5 次。

每次均要用新的导线，但第 5 次除外。第 5 次时，用第 4 次使用过的导线，并要求夹在第 4 次被夹的相同位置上。

每次插入时，应将导线尽可能地推进端子里，或插入至能明显看到充分连接为止。

1) 该注仅给出国外的相关信息。

上述试验后，端子不得有影响其继续使用的损坏。

10.104.2 取三个新的端子，接上符合表 101 规定的类型和横截面积的新导线。在插入端子之前，绞合硬导线和软导线应整形。

对于通用端子，应无需用太大的力便可以把导线插进端子里；对于推线端子，应用手就能把导线推进端子里。

应把导线尽可能地推进端子里或插入至能明显看到充分连接为止。

试验后，应没有导线的金属丝遗留在端子的外面。

10.105 取三个新的夹紧件，在图 101 所示的设备上接上制造厂规定的横截面积和类型（软或硬绞合）的新导线。

每次应使用新的样品进行下述试验：

a) 接上最小横截面积的导线；

b) 接上最大横截面积的导线。

试验导线的长度应为 75 mm 加上表 102 规定的高度 H。

把试验导线按规定的方法接进夹紧件里。

导线应经受如下试验：

将导线末端穿过紧固板上一个对应尺寸的套管，该紧固板位于装置的下方，与装置的距离为表 102 给出的高度 H。套管应位于水平面上，使其中心线能在水平面上作直径为 75 mm 且与夹紧件同轴的圆周运动。然后，使紧固板以(10±2)r/min 的速度旋转。

夹紧件的夹口和套管上表面之间的距离在表 102 所示高度的 15 mm 范围之内，为防止绝缘导线的绞扭、缠绕或旋转，套管可加润滑油，把表 102 规定的重物悬挂在导线的末端，试验应持续 15 min。

注：当固定端子时，应注意避免因在端子上用力过度而影响连接。

试验期间，导线不得从夹紧件中滑出，不得在夹紧件附近断裂，也不得有影响其继续使用的损坏。

表 102 重物质量、高度和导线横截面积之间的关系

导线横截面积/mm^2	套管孔径[a]/mm	高度 H[b]/mm	与导线对应的重物质量/kg
0.2	6.4	260	0.2
0.34	6.4	260	0.2
0.5	6.5	260	0.3
0.75	6.5	260	0.4
1.0	6.5	260	0.4
1.5	6.5	260	0.4
2.5	9.5	280	0.7
4.0	9.5	280	0.9
6.0	9.5	280	1.4
10.0	9.5	280	2.0
16.0	13.0	300	2.9
25.0	13.0	300	4.5
35.0	14.5	300	6.8

注 1：在附录 BB 中给出 mm^2 和 AWG 之间的大致关系。

注 2：在美国，导线对应的重物更重些[2)]。

[a] 如果套管孔的直径太小，不足以容纳没有紧束的导线，那么，可以改用尺码大一号的套管孔。

[b] 高度 H 的公差：±15 mm。

2) 该注仅给出国外的相关信息。

10.106 在10.105试验后，应对每根经受过10.105试验的导线施加表103给出的拉力。拉力应以导线的轴线方向平稳连续地施加，为时1 min。试验期间导线不应从端子滑出。

表103 拉力与横截面积之间的关系

横截面积/mm^2	0.2	0.34	0.5	0.75	1.0	1.5	2.5	4	6	10	16	25	35
拉力/N	10	15	20	30	35	40	50	60	80	90	100	135	190

注1：在附录BB中给出mm^2和AWG之间的大致关系。

注2：在美国，导线对应的重物更重些[3]。

11 结构

GB 13140.1—2008的该章做下述变动后适用。

11.2 代替：

夹紧件在设计和结构上应能做到：能夹紧导线但不会过分损坏导线。

是否合格，可通过视检及10.105和10.106的试验来确定。

对于导线不是夹在两金属表面之间的端子，其试验正在考虑中。

11.5 增加：

试验见15.101。

代替：

注：弹簧、弹性零件、夹紧装置及类似物，均不视为主要用作载流的部件。

增加：

11.101 夹紧件在设计和结构上应能做到：其接触压力不通过除陶瓷或纯云母之外的其他绝缘材料来传递，除非金属部件有足够的回弹力，能补偿所用绝缘材料的任何可能的收缩或变形。横截面积不大于0.75 mm^2导线用的夹紧件可以有一个表面是由除陶瓷或纯云母之外的其他绝缘材料制成。

使用非金属材料来补偿任何可能的变形(例如收缩等)的可行性正在考虑中。

是否合格，可通过视检来确定。

回弹力的试验正在考虑中。

11.102 导线的插入或拔出应按制造商的规定进行。

供辅助导线插入或拔出的工具用的孔，应与供导线用的孔明显区分开。

是否合格，可通过视检来确定。

11.103 端子在设计和结构上应能做到：

——将每根导线分别夹紧；

——在接、拆导线时，既可以同时把导线接、拆，也可分别接、拆。

在规定其要夹紧的最多根数的导线中，端子应能牢固地夹紧其中的任何根数的导线。

是否合格，可通过视检及10.105和10.106的试验来确定。

11.104 端子在设计和结构上应能避免导线不适当的插入。

是否合格，可通过视检来确定。

11.105 无螺纹端子在设计上应使得：在正常使用期间，即使连接的导线已经被弯曲，端子也仍然能夹紧连接的导线。

注：这个试验是模拟在安装期间从导线传递到夹紧件的弯曲力。

是否合格，可通过14.101的试验来确定。

12 耐老化、防潮、防固体异物进入及防水的有害进入

GB 13140.1—2008的该章适用。

---

3) 该注仅给出国外的相关信息。

13 绝缘电阻和电气强度

GB 13140.1—2008 的该章适用。

14 机械强度

GB 13140.1—2008 的该章做下述变动后适用。

增加：

14.101 取三个新的样品进行弯曲试验。

根据图 103a)所示的原理，试验设备的结构应：

——允许完全插入到连接器件的夹紧件的试验导线能向 12 个方向(每个方向与相邻方向差 30°±5°弯曲(偏斜)；

——从原始点可以以 10°和 20°地变化到起动点。

注：不规定参考方向和起动点。

应通过适当的装置对导线施加一个如表 104 所规定的力，力的施加位置在距连接器件的夹紧件有一定距离的导线上，使导线从其水平位置向试验位置弯曲。

弯曲装置的设计应使得：

——以与导线垂直的方向施加力；

——使夹紧件内的导线在没有扭转的情况下完成弯曲；

——当进行规定的电压降测量时要保持力的施加。

弯曲导线的力应按表 104 的规定，距离 d 应从连接器件的末端，包括导线的导管(如果有)到对导线施加力的点之间来测量。

表 104 弯曲试验的力

试验导线的横截面积/mm^2	试验导线的弯曲力[a]/N	距离 d/mm
≤0.5	0.09	100
0.75	0.16	100
1.0	0.25	100
1.5	0.5	100
2.5	1.0	100
4	2.0	100
注：在附录 BB 的表 BB.3 中给出与 AWG 之间的大致关系。		
[a] 力的选择应使得导线承受的力接近弹力限度。		

装置应保证：当导线如图 103b)所示连接时，能测量试验中跨接夹紧件之间的电压降。

把样品安装在试验装置的固定部件上，使试验导线能随意弯曲。

试验导线的表面应无有害污染或腐蚀。

按正常使用要求给夹紧件接入符合 10.103 规定的最小横截面积的实心硬导线，经受第一顺序的试验；除非第一顺序的试验不合格，否则，在相同的夹紧件上用最大横截面积的导线进行第二顺序的试验。

试验应在有电流流动的情况下进行(即在试验期间不能有电流接通和关断操作)，使用合适的电源以使电流偏差保持在±5%。

应使根据 GB 13140.1—2008 表 2 对连接导线而规定的试验电流的十分之一电流流过连接器件，对 12 个方向中的其中一个方向施加一个如图 103a)所示的弯曲力，并测量跨接这个夹紧件的电压降。

然后依次对如图 103a)所示的余下 11 个方向的每个方向施加弯曲力，进行相同的试验过程。

如果 12 个方向中的任何一个方向的电压降大于 2.5 mV，则在这个方向的力应维持直至电压降减少到 2.5 mV 以下的值，但为时不能超过 1 min。在电压降已经减少到 2.5 mV 以下的值时，这个力应在同一方向维持一个 30 s 的另外的周期，在这个周期内电压降应没有增加。

同组试验的另外两个样品应根据相同的试验过程进行试验，但改变力的 12 个方向位置以使每个样品有大约 10°的差别。

如果一个样品有其中某个方向在施加试验力时不合格，则应在另外一组样品上重复进行试验，所有这组样品均应符合重复试验的要求。

15 温升

GB 13140.1—2008 的该章做下述变动后适用。

15.1 增加：

试验应在一组已接上新导线的新样品上进行。

15.4 增加：

当连接器件的设计带有不同额定连接容量的夹紧件时，试验要以相应于最大尺寸导线的电流进行，此最大尺寸导线与根据选择电流通道为最小额定连接容量的部件相连接。

注：见附录 CC 的示例。

增加：

15.101 无螺纹型端子的电气性能应通过下述试验来检验。该试验要在未通过任何其他试验的新样品上进行。

试验要用表 101 规定的最小和最大横截面积的新铜导线进行。

——供硬(实心或绞合)和软导线用的通用端子：对每种导线 6 个样品；

——仅供实心导线用的非通用端子：6 个样品；

——供硬(实心和绞合)导线用的非通用端子：对每种导线 6 个样品；

——仅供软导线用的非通用端子：6 个样品。

注 1：若是不大于 10 mm² 的硬导线，应采用实心导线(如果该国家没有某些横截面积的实心导线，可使用绞合导线[4])。

将最小横截面积的导线，按正常使用要求分别接至 3 个端子；将最大横截面积的导线，按正常使用要求，分别接至另 3 个端子，每组 3 个端子要串联连接。

注 2：串接的方法如 GB 13140.1—2008 的图 1 和图 2 所示。

把整个试验装置连同导线一起，放置在初始温度保持在 20 ℃±2 ℃的加热室(箱)里。

在下述所有电压降试验完成前，应避免移动试验装置。为此，建议把端子固定在共同的支架上。

除冷却期外，应给电路施加试验电流。试验电流应在每个周期的前 30 min 内持续施加，该试验电流的大小根据串联电路中的导线横截面积来确定，并应与 GB 13140.1—2008 表 2 规定的、根据额定连接容量而确定的试验电流完全相同。

然后，按下述方法，使端子经受 192 个温度周期试验，每个周期持续时间约为 1 h：

将加热室(箱)内的空气温度在约 20 min 内升至 40 ℃或 T 标志的值。

将 40 ℃±5 ℃或 T±5 ℃这个温度维持约 10 min，然后，使端子在约 20 min 内冷却至 30 ℃左右，允许强迫冷却，并把这个温度维持约 10 min。如果需要测量电压降，允许将这个温度进一步冷却至 20 ℃±2 ℃。

在第 192 个周期结束时，给电路施加 GB 13140.1—2008 表 2 规定的试验电流，测量每个夹紧件的最大容许电压降，其值不得超过下列两个值中的较小值：

——22.5 mV；或

——在第 24 个周期后测得的值的 1.5 倍。

测量点应尽可能地靠近夹紧件的连接点。

---

4) 该注给出了国外的相关信息。

如果测量点不能靠近连接点,则应从测得的电压降中减去理想测量点和实际测量点之间导线的电压降。

加热室(箱)内的温度应在距样品至少 50 mm 的地方测量。

此项试验后,在无附加放大的情况下,用正常或校正的视力检查,样品不应出现明显影响其继续使用的变化,如裂缝、变形等。

16 耐热

GB 13140.1—2008 的该章适用。

17 电气间隙和爬电距离

GB 13140.1—2008 的该章适用。

18 绝缘材料的耐非正常热和耐燃

GB 13140.1—2008 的该章适用。

19 绝缘材料的耐电痕化

GB 13140.1—2008 的该章适用。

20 电磁兼容(EMC)要求

GB 13140.1—2008 的该章适用。

单位为毫米

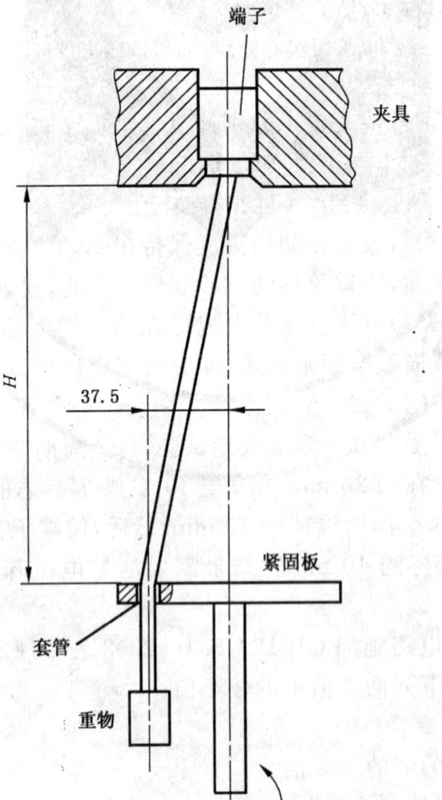

图 101 10.105 的试验装置

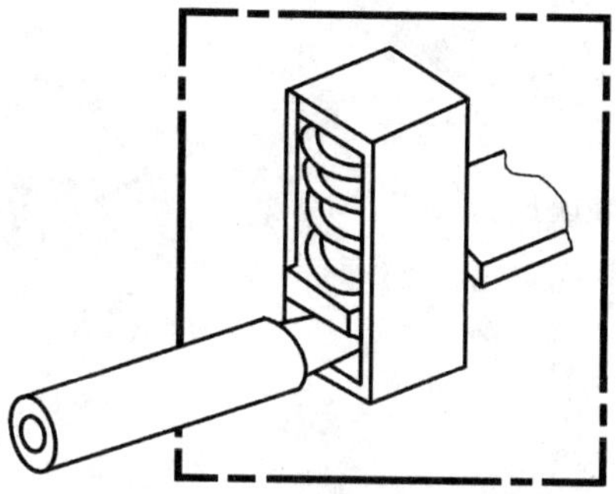

a）间接施加压力的无螺纹型夹紧件

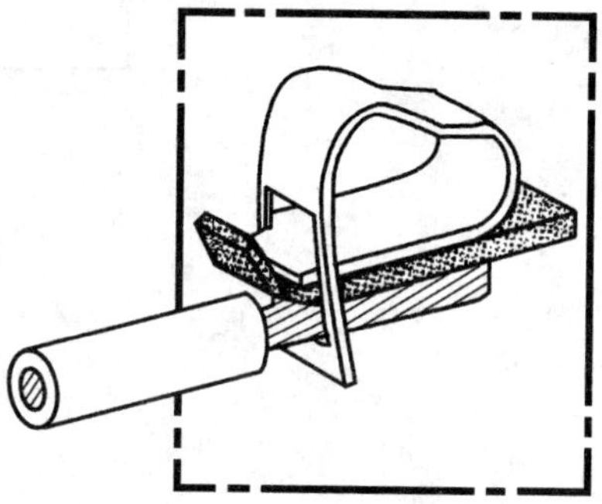

b）直接施加压力的无螺纹型夹紧件

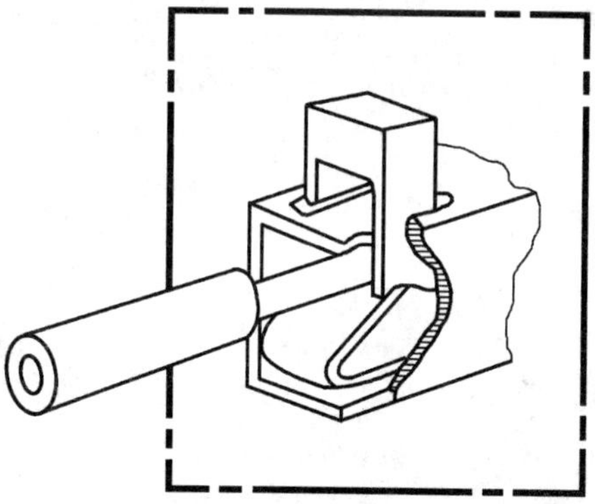

c）带辅助元件的无螺纹型夹紧件

图 102　无螺纹型夹紧件的例子

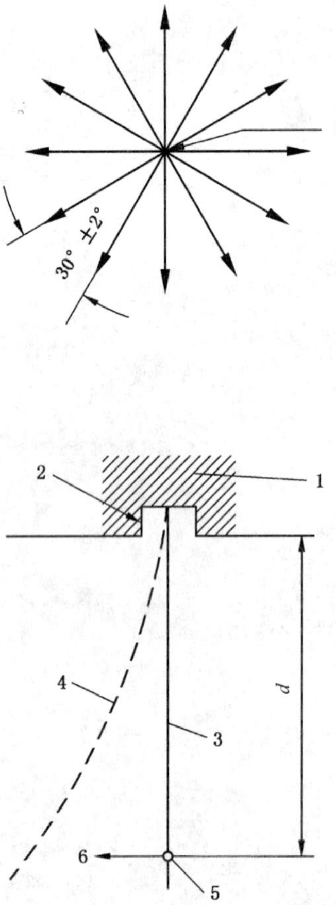

a）在无螺纹端子上进行弯曲
试验的试验装置原理

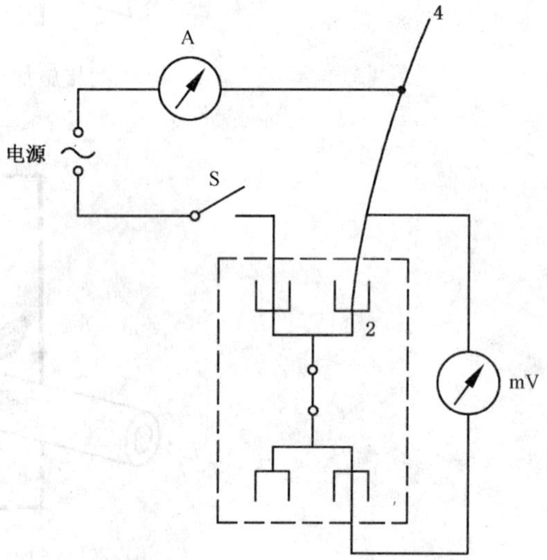

b）在无螺纹端子进行弯曲试验期间
测量电压降的试验电路示例

A——电流表；
mV——毫伏表；
S——开关；
d——距离(表 104)；
1——样品；
2——连接器件；
3——试验导线；
4——试验导线，弯曲；
5——导线弯曲力的施加点；
6——弯曲力(垂直于直导线)。

图 103 弯曲试验信息

附　录

GB 13140.1—2008 的附录均适用。

增加附录：

附　录　AA
（规范性附录）
提交试验的样品组数

表 AA.1　样品组数和试验顺序

样品组数	导线横截面积	样品数	章或条	试验顺序
1	（相对于所在的章或条）	3	8.4	标志
			9	防触电保护
			11.101～11.104	结构
			12	耐老化和耐潮
			13	绝缘电阻和电气强度
			16	耐热
			17	电气间隙和爬电距离
2	最大和最小	3	10.104.1	连接试验
3	最大	3	10.104.2	导线的夹紧
4	（相对于所在的章或条）	（相对于所在的章或条）	15.101	电气性能试验
5	最大	3	10.105 10.106	旋转试验 拉力
6	最小	3	10.105 10.106	旋转试验 拉力
7	最大	3	15	温升
8	—		18	灼热丝
9	—		19	耐电痕化
10	最大和最小	3	14.101	弯曲

附 录 BB
（资料性附录）
导线的横截面积 mm^2 与北美国家所用的 AWG 线规之间的大致关系

表 BB.1 导线尺寸 mm^2 与 AWG 的比较

导线横截面积	
mm^2	AWG
0.2	24
0.34	22
0.5	20
0.75	18
1.0	—
1.5	16
2.5	14
4.0	12
6.0	10
10.0	8
16.0	6
25.0	4
—	3
35.0	2

表 BB.2 额定连接容量和可连接的导线

额定连接容量/mm^2	可连接的导线及其理论直径 AWG				
	硬导线			软导线	
	线规	实心[a] Φ/mm	B 类绞合[a] Φ/mm	线规	I,K,M 类绞合[b] Φ/mm
0.2	24	0.54	0.62	24	0.64
0.34	22	0.68	0.71	22	0.80
0.5	20	0.85	0.97	20	1.02
0.75	18	1.07	1.23	18	1.28
1.0	—	—	—	—	—
1.5	16	1.35	1.55	16	1.60
2.5	14	1.71	1.95	14	2.08
4.0	12	2.15	2.45	12	2.70
6.0	10	2.72	3.09	—	—
10.0	8	3.43	3.89	10	3.36
16.0	6	4.32	4.91	8	4.32

表 BB.2（续）

额定连接容量/mm²	可连接的导线及其理论直径 AWG				
	硬导线			软导线	
	线规	实心[a] Φ/mm	B类绞合[a] Φ/mm	线规	I,K,M类绞合[b] Φ/mm
25.0	4	5.45	6.18	6	5.73
35.0	2	6.87	7.78	4	7.26

注：硬导线和软导线的最大直径以 GB/T 3956—2008 的表 1 和 GB/T 18213—2000 为基础，而 AWG 导线则是以 ASTM B 172-71，ICEA 出版物 S-19-81，ICEA 出版物 S-66-524 和 ICEA 出版物 S-65-516 为基础。

a 标称直径＋5%。

b 对 I、K、M 三类中任一类，最大直径＋5%。

表 BB.3　弯曲试验的力

试验导线的横截面积 AWG	试验导线的弯曲力[a] N	距离 d mm
20	0.09	100
18	0.16	100
—	0.25	100
16	0.5	100
14	1.0	100
12	2.0	100

a 力的选择应使得导线承受的力接近弹力限度。

附 录 CC
（资料性附录）
15.4 的温升试验示例

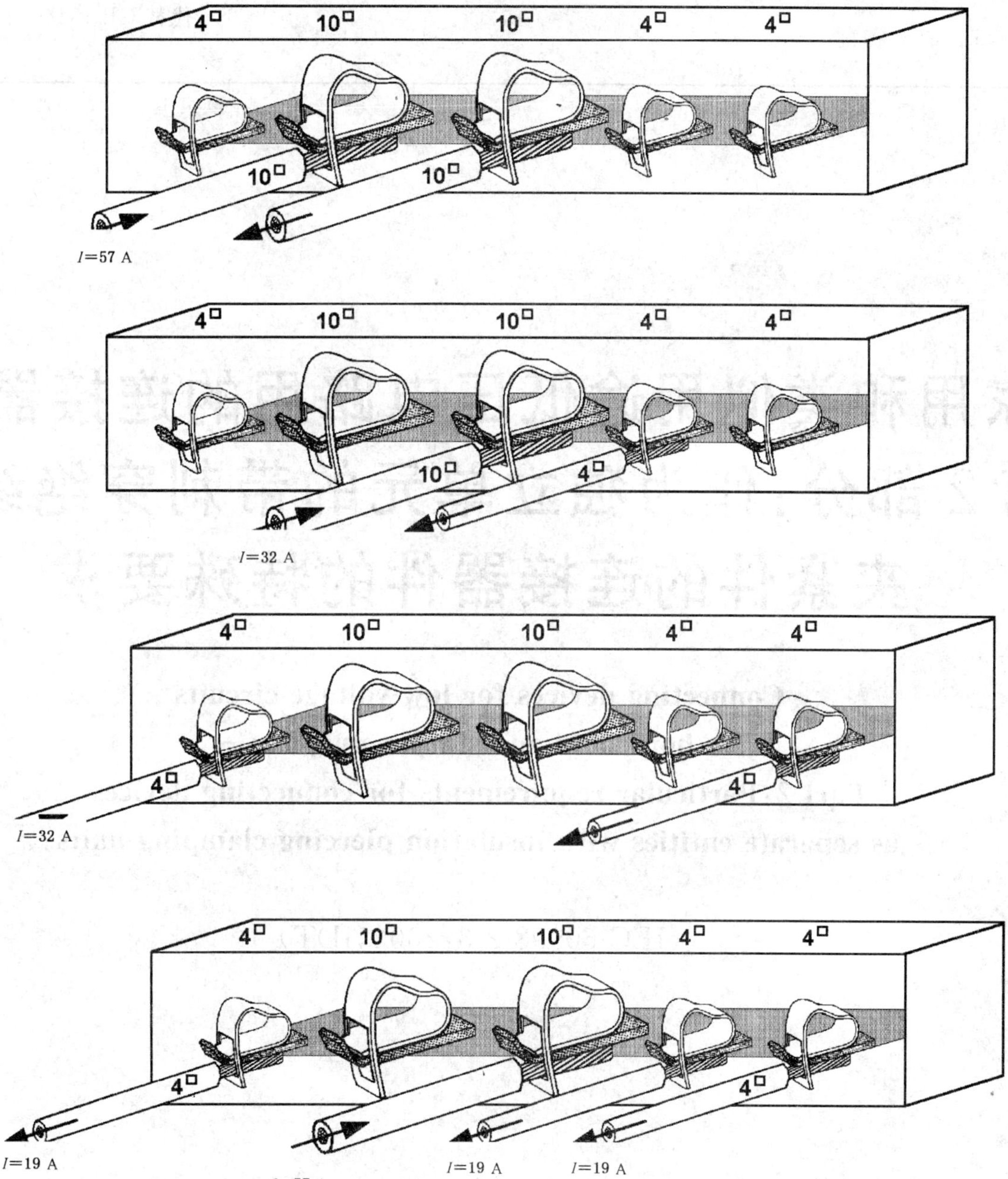

图 CC.1 温升试验示例

ICS 29.120.20
K 30

中华人民共和国国家标准

GB 13140.4—2008/IEC 60998-2-3:2002
代替 GB 13140.4—1998

家用和类似用途低压电路用的连接器件 第2部分:作为独立单元的带刺穿绝缘型夹紧件的连接器件的特殊要求

Connecting devices for low-voltage circuits for household and similar purposes— Part 2:Particular requirements for connecting devices as separate entities with insulation piercing clamping units

(IEC 60998-2-3:2002,IDT)

2008-12-30 发布　　2010-02-01 实施

中华人民共和国国家质量监督检验检疫总局
中国国家标准化管理委员会　发布

前　言

GB 13140的本部分全部技术内容为强制性。

GB 13140《家用和类似用途低压电路用的连接器件》分为2部分：

第1部分：通用要求(GB 13140.1)

第2部分：特殊要求(GB 13140.2～13140.5)

——作为独立单元的带螺纹型夹紧件的连接器件的特殊要求

——作为独立单元的带无螺纹型夹紧件的连接器件的特殊要求

——作为独立单元的带刺穿绝缘型夹紧件的连接器件的特殊要求

——扭接式连接器件的特殊要求

本部分为GB 13140第2部分中的"作为独立单元的带刺穿绝缘型夹紧件的连接器件的特殊要求"部分，编号为GB 13140.4。

本部分应与GB 13140.1配合使用。

本标准等同采用IEC 60998-2-3:2002《家用和类似用途低压电路用的连接器件　第2部分：作为独立单元的带刺穿绝缘型夹紧件的连接器件的特殊要求》。

本部分代替GB 13140.4—1998《家用和类似用途低压电路用的连接器件　第2部分：作为独立单元的带刺穿绝缘型夹紧件的连接器件的特殊要求》。本部分与GB 13140.4—1998的主要变化如下：

1) 将GB 13140.4—1998的额定连接容量范围0.5 mm^2～35.0 mm^2改为0.2 mm^2～35.0 mm^2。
2) 在第8章中增加8.102要求。
3) 把表101中的AWG部分的内容移到附录BB。
4) 在表102中，标准直径范围有变化、增加标题和图例。
5) 删除GB 13140.4—1998中14.101的内容。
6) GB 13140.4—1998中14.104.1～14.101.2.2的排序调整为10.106～10.107的内容。
7) 在表103中，增加标题。
8) 第10章拉力的计算公式作相应修改。
9) 在第11章中增加11.104要求。
10) 因要与GB 13140.1新版协调并配合，第17章标题改为"电气间隙和爬电距离"，内容也有相应变化。
11) 增加20章[电磁兼容(EMC)的要求]。
12) 因要与GB 13140.1新版协调并配合，附录AA的内容作相应的修改。
13) 增加附录BB的内容。

本部分的附录AA是规范性附录，附录BB是资料性附录。

本部分由中国电器工业协会提出。

本部分由全国电器附件标准化技术委员会(SAC/TC 67)归口。

本部分起草单位：中国电器科学研究院、浙江跃华电讯有限公司、南海出入境检验检疫局、广州威凯检测有限公司。

本部分主要起草人：刘静、王圣、唐念恩、罗时明。

本部分所代替标准的历次版本发布情况为：

——GB 13140.4—1998。

IEC 前言

1） 国际电工委员会(IEC)是由各个国家电工委员会(IEC国家委员会)组成的世界性标准化组织。IEC的宗旨是促进在与电工和电子领域标准化有关问题上的国际合作。为此目的,IEC除了开展其他活动外,还出版国际标准。这些标准的制定是委托各技术委员会来完成的。IEC的成员国家委员会,只要对制定的标准感兴趣,均可参加其制定工作。与IEC联络的国际、政府和非政府组织亦可参加标准制定工作。IEC和世界标准化组织(ISO)遵照双方协议规定的条件密切合作。

2） 由所有对该问题特别关切的国家委员会都参加的技术委员会所制定的IEC有关技术问题的正式决议或协议,尽可能地表达了对所涉及的问题在国际上的一致意见。

3） 这些正式决议或协议以标准、技术报告或导则的形式出版并推荐给国际上使用,并在此意义上为各国家委员会所接受。

4） 为了促进国际上的统一,IEC各国家委员会应明确地、最大限度地将IEC国际标准转化为国家或地区性标准。IEC标准和相应的国家或地区性标准之间如有任何差异应在国家标准或地区性标准中清楚地注明。

5） 要注意本国际标准的某些成分可能是专利权的对象。IEC应没有责任确认任何或所有这样的专利权。

6） IEC并未制定任何认可标志的程序,当某一设备宣称其符合IEC的某一项标准时,IEC对此不负任何责任。

本部分由IEC第23(电器附件)技术委员会的23F(连接器件)分技术委员会制定。

本部分为IEC 60998-2-3的第二版,并取代IEC 60998-2-3:1991。

本部分以下列文件为基础:

最后的国际标准草案	表决报告
23F/144/FDIS	23F/150/RVD

本部分表决详情,请见上表所列的表决结果的报告。

本部分已根据ISO/IEC导则　第2部分　进行起草。

本部分构成IEC 60998系列标准的第2-3部分,系列标准的通用名称为家用和类似用途低压电路用的连接器件。这个系列由本第1部分(通用要求)和各个第2部分(特殊要求)组成。

当本部分标准出版时,下述部分的标准已经出版:

——第1部分:通用要求;

——第2-1部分:作为独立单元的带螺纹型夹紧件的连接器件的特殊要求;

——第2-2部分:作为独立单元的带无螺纹型夹紧件的连接器件的特殊要求;

——第2-3部分:作为独立单元的带刺穿绝缘型夹紧件的连接器件的特殊要求;

——第2-4部分:扭接式连接器件的特殊要求。

本部分应与IEC 60998-1配合使用。构成标准的第2版(2002)。

补充或修改IEC 60998-1的相应的条款,从而使之成为IEC标准:作为独立单元的带刺穿绝缘型夹紧件的连接器件的特殊要求。

凡在本部分中没有特别提到的第1部分的章条均适用。凡在本部分中注明为:“增加”、“修改”、“替代”的内容,则第1部分中的有关技术要求、试验规范或注释应做相应的改动。

a） 在本部分中使用下述印刷字体：

——正文要求：罗马字体；

——试验规范：斜体字；

——注：小罗马字体。

b） 技术委员会决定本部分内容的出版物至2010保持不变，到期后出版物将：

- 重新确认；
- 废止；
- 由修订版代替；或者
- 增补。

家用和类似用途低压电路用的连接器件 第2部分:作为独立单元的带刺穿绝缘型夹紧件的连接器件的特殊要求

1 范围

GB 13140.1—2008 的该章做下述变动后适用。

增加:

GB 13140 的本部分适用于主要用以连接未经特别处理导线的带刺穿绝缘型夹紧件的连接器件。

在接线过程中,通过对一个或多个连接点处导线的绝缘层进行穿孔、打眼、切穿、剥开、移位或其他的方法使绝缘失效。

注:在本部分的下文中,带刺穿绝缘型夹紧件的连接器件简写为 IPCD(insulation piercing connecting devices)

2 规范性引用文件

下列文件中的条款通过 GB 13140 的本部分的引用而成为本部分的条款。凡是注日期的引用文件,其随后所有的修改单(不包括勘误的内容)或修订版均不适用于本部分,然而,鼓励根据本部分达成协议的各方研究是否可使用这些文件的最新版本。凡是不注日期的引用文件,其最新版本适用于本部分。

GB 13140.1—2008 的该章作下述变动后适用。

增加:

GB 5013(所有部分),额定电压 450/750 V 及以下橡皮绝缘软电缆(IEC 60245,IDT)

GB 5023(所有部分),额定电压 450/750V 及以下聚氯乙烯绝缘电缆(IEC 60227,IDT)

3 术语和定义

GB 13140.1—2008 的该章做下述变动后适用。

增加:

3.101

刺穿绝缘式连接器件(IPCD)　insulation piercing connecting device

能接、拆一根导线或者互连两根或多根导线;对未预先剥除的导线绝缘层通过穿孔、打眼、切穿、剥开、移位或其他使绝缘失效的方法来进行连接的一种连接器件。

注1:必要时,可剥去电缆护套,这种做法不视作"预先剥除"。

注2:IPCD 的示例参照图 103。

3.102

可再用的刺穿绝缘式连接器件　reusable IPCD

可多次使用的 IPCD。

3.103

不可再用的刺穿绝缘式连接器件　non reusable IPCD

仅供一次性使用的 IPCD。

3.104

不可拆的刺穿绝缘式连接器件　non-removable IPCD

仅可以使用一次,而且只有剪断导线才能从电路上拆下来的 IPCD。

4 一般要求

GB 13140.1—2008 的该章适用。

5 试验中的一般说明

GB 13140.1—2008 的该章做下述变动后适用。

5.3 代替：

试验应按附录 AA 中为每一组试样规定的顺序进行。

5.4 代替：

按附录 AA 来确定待试的新试样数及试样的分组方法，如果所有试验都满足，则符合标准要求。

6 主要特性

GB 13140.1—2008 的该章适用。

7 分类

GB 13140.1—2008 的该章做下述变动后适用。

增加：

7.101 按是否可再用及是否可拆分类：

——可再用的 IPCD；

——不可再用的 IPCD；

——不可拆的 IPCD。

7.102 按连接方式分类：

——用通用工具接线的 IPCD；

——用专用工具接线的 IPCD；

——用手接线的 IPCD。

7.103 按导线的类型分类：

——仅能接硬的实心导线的 IPCD；

——仅能接硬(实心或绞合)导线的 IPCD；

——仅能接软导线的 IPCD；

——既能接硬(实心和/或绞合)导线、又能接软导线的 IPCD。

7.104 按导线的绝缘分类：

——连接符合 GB 5023 规定的导线的 IPCD；

——连接符合 GB 5013 规定的导线的 IPCD；

——连接制造商规定的特殊导线的 IPCD。

7.105 按待接导线里的线芯数分类：

——连接单芯导线的 IPCD；

——连接多芯电缆或软线的 IPCD。

8 标志

GB 13140.1—2008 的该章做下述变动后适用。

增加：

8.101 应在最小的包装单元上标出：

——是不可再用的 IPCD 还是不可拆的 IPCD(7.101)(没有标志的则表示该 IPCD 是可再用的)；

——如有必要，应标出接、拆程序(例如，拧紧螺钉的力矩大于表 102 所示值时)；

——按 IPCD 的设计，即 7.103、7.104 和 7.105 的分类，标出导线的类型及横截面积的组合情况(如有必要，应标出 7.102 的连接方式)。

如果接触压力是由该导线的绝缘来传递的话，则制造商应给出适用于其器件的电缆及绝缘的类型。

8.102 依据 7.103 分类的 IPCD 应给出下列标志：

- 用字母"s"或"sol"表示实心导线端子。
- 用字母"r"表示硬导线端子。
- 用字母"f"表示软导线端子。
- 硬(实心和/或绞合)导线和软导线端子不需要标志。

这个标志应标在产品上或最小的包装单元上，或者在技术资料和/或样品目录里说明。

9 防触电保护

GB 13140.1—2008 的该章适用。

10 导线的连接

GB 13140.1—2008 的该章做下述变动后适用。

增加：

10.101 IPCD 应符合制造商的设计要求，能接入一根或多根标称横截面积相同或不同的、硬(实心或绞合)和软的未经特别处理的导线。

10.102 夹紧件的额定连接容量与可连接的导线之间的关系，以及导线直径的数值等由表 101 给出。

表 101 额定连接容量和可连接的导线

额定连接容量/mm^2	可连接的导线及其理论的直径				
	硬导线			软导线	
	导线横截面积/mm^2	实心 Φ/mm	绞合 Φ/mm	导线横截面积/mm^2	Φ/mm
0.2	0.2	0.51	0.53	0.2	0.61
0.34	0.34	0.63	0.66	0.34	0.8
0.5	0.5	0.9	1.1	0.5	1.1
0.75	0.75	1.0	1.2	0.75	1.3
1.0	1.0	1.2	1.4	1.0	1.5
1.5	1.5	1.5	1.7	1.5	1.8
2.5	2.5	1.9	2.2	2.5	2.3[a]
4.0	4.0	2.4	2.7	4.0	2.9[a]
6.0	6.0	2.9	3.3	4.0	2.9[a]
10.0	10.0	3.7	4.2	6.0	3.9
16.0	16.0	4.6	5.3	10.0	5.1
25.0	25.0	—	6.6	16.0	6.3
35.0	35.0	—	7.9	25.0	7.8

注 1：在附录 BB 里的表 BB.2 中给出与 AWG 的对应值。

注 2：硬导线和软导线的最大直径以 GB/T 3956—2008 和 GB/T 18213—2000 的表 1 为基础，而 AWG 导线则是以 ASTM B 172-71，ICEA 出版物 S-19-81、S-66-524 和 S-65-516 为基础。[1)]

[a] 根据 GB/T 3956—2008 的规定，这些仅是 5 类软导线的尺寸。

1) 本注仅给出国外相关信息。

10.103 要将导线从可再用或不可再用的 IPCD 中拆下，应采用除拽拉导线外的操作手段，即应用手或用合适的工具，通过预定的操作，才能把导线拆下。

是否合格，可通过 10.106 和 10.107 的试验来确定。

10.104 应使 IPCD 充分锁定，以防意外松脱。

是否合格，可通过视检及进行 10.106 和 10.107 的试验来确定。

10.105 如果 IPCD 使用螺钉来接线，则应在每项试验前进行下述试验。

用合适的工具，按表 102 所示的力矩，把可再用的 IPCD 的螺钉拧紧和拧松各五次，每次把螺钉拧松后再拧紧时，均要用新的导线端。

不可再用和不可拆的 IPCD 的螺钉要按表 102 所示的力矩拧紧一次。

如果 IPCD 的制造商在提供的有关资料中说明可以用更高的力矩值的话，则可以用更大的力矩值。

表 102 力矩和螺钉的标称直径

螺钉的标称直径/mm	力矩/N·m				
	Ⅰ 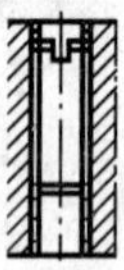	Ⅱ 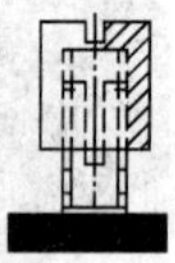	Ⅲ 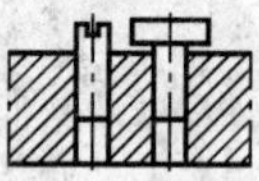	Ⅳ 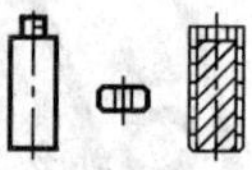	Ⅴ 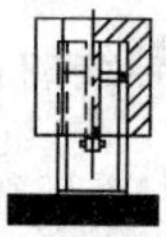
≤1.6	0.05	—	0.1	0.1	—
>1.6~2.0	0.1	—	0.2	0.2	—
>2.0~2.8	0.2	—	0.4	0.4	—
>2.8~3.0	0.25	—	0.5	0.5	—
>3.0~3.2	0.3	—	0.6	0.6	—
>3.2~3.6	0.4	—	0.8	0.8	—
>3.6~4.1	0.7	1.2	1.2	1.2	1.2
>4.1~4.7	0.8	1.2	1.8	1.8	1.8
>4.7~5.3	0.8	1.4	2.0	2.0	2.0
>5.3~6.0	1.2	1.8	2.5	3.0	3.0
>6.0~8.0	2.5	2.5	3.5	6.0	4.0
>8.0~10.0	—	3.5	4.0	10.0	6.0
>10.0~12.0	—	4.0	—	—	8.0
>12.0~15.0	—	5.0	—	—	10.0

Ⅰ栏适用于拧紧后螺钉不冒出螺钉孔的无头螺钉，也适用于不能用宽于螺钉直径的螺钉旋具拧紧的其他螺钉。

Ⅱ栏适用于螺钉旋具拧紧的罩式端子的螺母。

Ⅲ栏适用于用螺钉旋具拧紧的端子的其他螺钉。

Ⅳ栏适用于用非螺钉旋具以外的工具拧紧的螺钉和螺母，且除罩式端子之外的螺钉和螺母。

Ⅴ栏适用于用除螺钉旋具以外的工具拧紧的罩式端子的螺母。

试验期间，可再用的 IPCD 不应有影响其继续使用的损坏，如：螺钉断裂或者螺钉头槽、螺纹、垫圈或 V 形卡等的损坏。

试验用螺钉旋具的刀口形状应适合被试验的螺钉头。应用平稳和连续施加的力矩拧紧螺钉。

10.106 取新的 IPCD，接上符合制造商规定的类型及最小和最大横截面积的新单芯导线，然后在图 101 所示的装置上进行试验。

该试验应在6个试样上进行：其中3个试样接上最小横截面积的导线，另外3个试样接上最大横截面积的导线。

试验导线的长度应为75 mm加上表103规定的高度H。

把试验导线按制造商的分类(7.102)连接到夹紧件里。

如果有夹紧螺钉，则应用10.105规定的力矩拧紧。

每根导线均应经受如下的试验：

将导线末端穿过紧固板上一个对应尺寸的套管，该紧固板位于装置的下方，与装置的距离为表103给出的高度H。套管应位于水平面上，使其中心线能在水平面上作直径为75 mm，且与夹紧件同轴的圆周运动。然后，使紧固板以(10±2)r/min的速度旋转。

夹紧件的夹口和套管上表面之间的距离应在表103所示高度的15 mm范围之内。为防止绝缘导线的绞扭、缠绕或旋转，套管可以加润滑油，把表103规定的重物悬挂在导线的末端，试验应持续15 min。

试验期间，导线不得从夹紧件中滑出，也不得在夹紧件附近断裂。

对于可再用和不可再用的IPCD，在试验期间，导线不得有影响其继续使用的损坏。

设计仅与多芯电缆或软线一起使用的IPCD不经受本条试验。

表103 重物质量、高度和导线横截面积之间的关系

导线横截面积/mm^2	套管孔的直径[a]/mm	高度H[b]/mm	与导线对应的重物质量/kg
0.2	6.4	260	0.2
0.34	6.4	260	0.2
0.5	6.5	260	0.3
0.75	6.5	260	0.4
1.0	6.5	260	0.4
1.5	6.5	260	0.4
2.5	9.5	280	0.7
4.0	9.5	280	0.9
6.0	9.5	280	1.4
10.0	9.5	280	2.0
16.0	13.0	300	2.9
25.0	13.0	300	4.5
35.0	14.5	300	6.8

注1：在附录BB资料中显示mm^2和AWG之间的近似关系。

注2：美国使用的较高重量值。[2)]

a 如果套管孔的直径太小，不足以容纳没有紧束的导线，那么，可以改用尺码大一号的套管孔。

b 高度H的公差：±15 mm。

10.107 IPCD应按如下的规定进行拉出试验：

——单芯导线专用的IPCD，按10.107.1的要求；

——多芯电缆或软线专用的IPCD，按10.107.2的要求。

10.107.1 单芯导线专用IPCD的拉出试验：

10.106的试验后，在同一组试样上施加表104给出的拉力，应以导线轴线方向平稳和连续地施加，为时1 min。

2) 本注仅给出国外相关信息。

试验期间,导线不得从 IPCD 中滑出。

表 104　横截面积和拉力之间的关系

横截面积/mm²	0.2	0.34	0.5	0.75	1.0	1.5	2.5	4	6	10	16	25	35
拉力/N	10	15	20	30	35	40	50	60	80	90	100	135	190
注 1：在附录 BB 资料中显示 mm² 和 AWG 之间的近似关系。 注 2：美国使用的较大拉力值。[3]													

10.107.2　多芯电缆或软线专用 IPCD 的拉出试验：

多芯电缆或软线专用 IPCD 应按 10.107.1 的规定进行拉出试验,但拉力应向多芯电缆或软线的整体施加而不是向每一根线芯分别施加。

拉力按下列公式计算：

$$F = F(X)n$$

式中：

F——要施加的总拉力；

n——线芯数目；

$F(X)$——根据一根导线的横截面积所对应的一根线芯的力(见表 104)。

在试验期间,电缆或软线不得从 IPCD 中滑出。

11　结构

GB 13140.1—2008 的该章做下述变动后适用。

11.3　不适用

增加：

11.101　通过非陶瓷的绝缘材料来传递接触压力的 IPCD,在正常使用条件下应是固定的。

判断通过金属部件来传递接触压力的 IPCD 是否合格,可通过视检和 15.101 的试验来确定。

用非金属材料传递接触压力的 IPCD 应经受 15.102 的试验。

11.102　用以产生接触压力的螺钉不得用来固定任何其他的元件,尽管这些螺钉可以把 IPCD 固定在正常位置上或防止其转动。

螺钉不应用软的或易蠕变的金属来制造。

注：使用铝合金螺钉和用铝合金作本体的 IPCD 需要依照 IEC 61545[4] 进行附加试验,

是否合格,可通过视检来确定。

11.103　不可再用的 IPCD 在设计和结构上应能做到：当从导线上拆下时,IPCD 本身也已经损坏。损坏的迹象应十分明显。

注：如果 IPCD 再次进行安装时,必须使用新的部件或材料而不能用原来的,则认为该 IPCD 已经永久损坏。

11.104　IPCD 将进行一个安全的机械连接是否合格,可通过 10.106 和 10.107 的试验来确定。

12　耐老化、防潮、防固体异物进入及防水的有害进入

GB 13140.1—2008 的该章适用。

13　绝缘电阻和电气强度

GB 13140.1—2008 的该章适用。

---

3)　本注仅给出国外相关信息。

4)　IEC 61545:1996 连接器件　用于连接任何材料夹紧件中的铝导线和铝本体夹紧件中的铜导线的连接器件。

14 机械强度

GB 13140.1—2008 的该章适用。

15 温升[5)]

GB 13140.1—2008 的该章做下述变动后适用。

增加：

15.101 对于通过金属部件传递接触压力的 IPCD，其电气性能是否合格，应通过在 6 个(12 个)新试样上进行下述试验来确定。

试验要用制造厂规定的最小和最大横截面积的新铜导线进行。

根据导线的类型，试样的数目如下：

——对仅能接实心导线的 IPCD：6 个试样；

——对仅能接硬导线的 IPCD：6 个试样；

——对仅能接软导线的 IPCD：6 个试样；

——对能接所有类型导线的 IPCD：12 个试样。

按正常使用方法，把最小横截面积的导线分别接至 3 个 IPCD，把最大横截面积的导线分别接至另外 3 个 IPCD。

每组的 3 个 IPCD 要串接。

对能接所有类型导线的 IPCD，本试验要进行两次，一次用硬导线，另一次用软导线(总共 12 个 IPCD)。

对设计接某一特定类型或某单一横截面积导线的 IPCD，仅用 3 个试样进行试验。

如果有螺钉，则用 10.105 规定的力矩拧紧。

每个 IPCD 要按图 102 所示进行连接。

然后，IPCD 要经受下述试验 A 或试验 B。

如果对试验 B 的结果有怀疑，则要在一组新试样上进行试验 A。

对于这两种试验方法，最好使用交流(a. c.)，但用直流(d. c.)亦可以。

此项试验后，在无附加放大的情况下，用正常或校正视力检查，样品不应出现明显影响其继续使用的变化，如裂缝、变形或诸如此类。

15.101.1 试验 A：将整个试验装置连同导线一起放置在初始温度保持在 20 ℃±2 ℃的加热室(箱)内。

除冷却过程外，应给串联电路通以 GB 13140.1—2008 表 2 规定的试验电流。试验电流应在每个周期的前 30 min 内持续施加。

如果所连接的导线横截面积不同，则要通以相应于横截面积最小的导线的试验电流。

然后，按下述方法使 IPCD 经受 192 个温度周期试验，每个周期持续时间约为 1 h。

将加热室(箱)内的空气温度在约 20 min 内升至 40 ℃或 T 标志的值。

将 40 ℃±5 ℃或 T±5 ℃这个温度维持约 10 min，然后，使 IPCD 在约 20 min 内冷却至 30 ℃左右，允许强迫冷却，并把这个温度维持约 10 min。如果需要测量电压降，允许将这个温度进一步冷却至 20 ℃±2 ℃。

在老化试验期间，电压降应在环境冷却状态至稳定时测量。

在第 24 和第 192 个周期完成后测量 IPCD 里的电压降，并作好记录。

在通以 GB 13140.1—2008 表 2 规定的电流的情况下，每个夹紧件的最大容许电压降应不超过下列两个值中的较小值：

---

5) 该标题的 IEC 原文是“温升和电气性能”，为了统一我国该系列的标准，改为“温升”。

——22.5 mV;或

——在第24个周期后测得值的1.5倍。

测量点应尽量靠近IPCD的夹紧件,如不可能,则测得的值应减去两个测量点之间的那段导线的电压降值。

测量点的示例见图102。

加热室(箱)内的温度应在距试样至少50 mm的地方测量。

15.101.2 试验B:使试验装置在室温环境下经受一激励电流,该电流要在尽可能靠近IPCD上的夹紧件和导线接口处产生一个40 ℃±5 ℃的温度。如果有关产品标准要求的话,这个温度可以更高。

该激励试验电流应周期性变化,即30 min接通,30 min关断。

亦应在第24个周期和第192个周期完成后,在环境冷却条件下用GB 13140.1—2008表2规定的电流来测量电压降。电压降应不超过在试验A给定的值。

15.102 对通过绝缘材料传递接触压力的IPCD,电气性能要通过15.102.1和15.102.2的试验来检查。

15.102.1 温度周期试验

试验程序与15.101所述的一样,但下列除外:

——周期数由192增加至384;

——应在第48和第384个周期后测量每个IPCD的电压降,每次均应在IPCD的温度为20 ℃±2 ℃下测量,测得的电压降应不超过下列两个值中的较小值:

a) 22.5 mV,或

b) 在第48个周期后测得值的1.5倍。

15.102.2 短时耐电流试验

取3个新的IPCD,接上最大横截面积的硬(实心或绞合)或软的新导线,如果该IPCD既能接硬(实心或绞合)导线又能接软导线,那么应接上软导线。

如果主导线和分接导线的尺寸不同,则IPCD应选用较小尺寸的导线的试验电流值来进行试验。

如果有螺钉,则用10.105规定的力矩拧紧。

IPCD应经受一次通以所接导线的横截面积×120 A/mm^{2}的电流,为时1 s。

在IPCD达到正常环境温度后测量电压降,电压降应不超过在试验前测得的值的1.5倍。

为了避免达到热平衡,用以测量试验前和试验后的电压降的电流,可以是GB 13140.1—2008表2给出值的1/10。

试验后,用无附加放大的正常或校正的视力进行视检,试样不应有明显影响其再度使用的损坏,如裂缝、变形等等。

16 耐热

GB 13140.1—2008的该章适用。

17 电气间隙和爬电距离

GB 13140.1—2008的该章适用。

18 绝缘材料的耐非正常热和耐燃

GB 13140.1—2008的该章适用。

19 绝缘材料的耐电痕化

GB 13140.1—2008的该章适用。

20 电磁兼容(EMC)要求

GB 13140.1—2008的该章适用。

单位为毫米

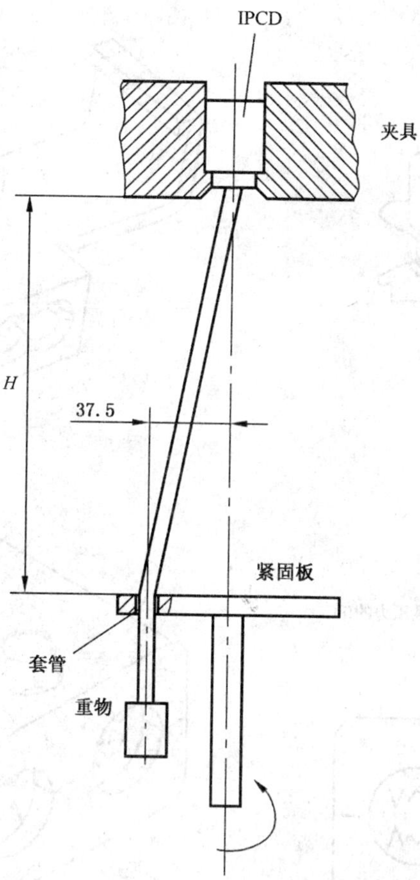

固定 IPCD 时，必须小心避免因加在 IPCD 上的力过大而影响连接的效果。

图 101 试验设备

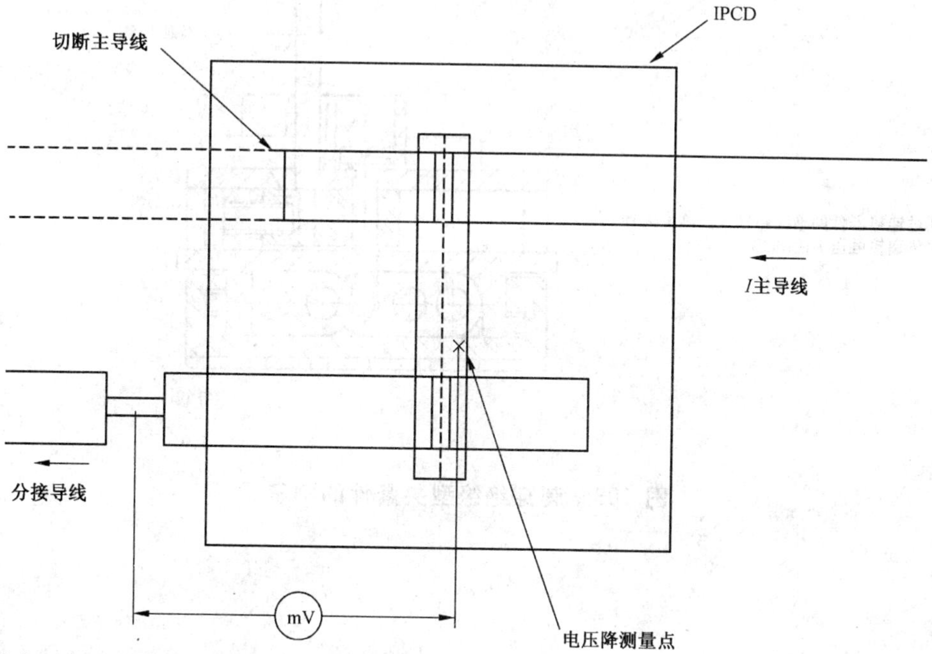

I——以较小尺寸的主导线或分接导线为基础的试验电流。

图 102 测量点的例子

通过金属部件传递接触压力的IPCD

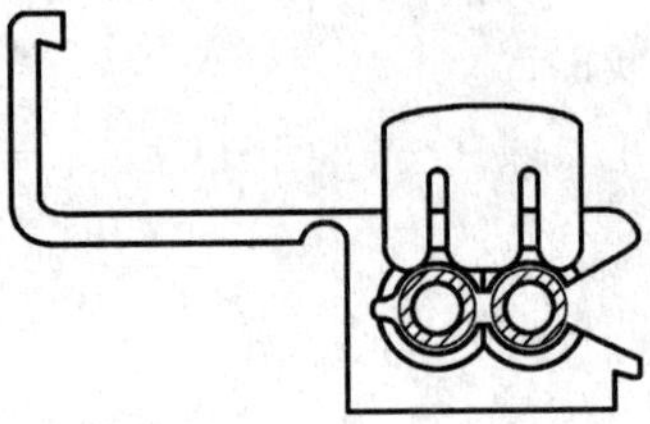

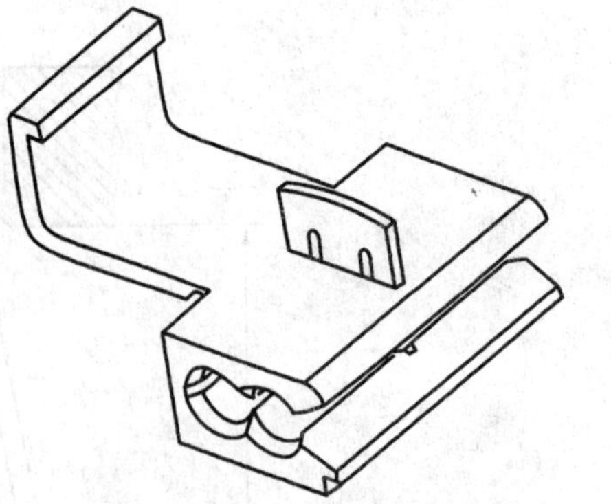

通过连接器件的绝缘传递接触压力的IPCD

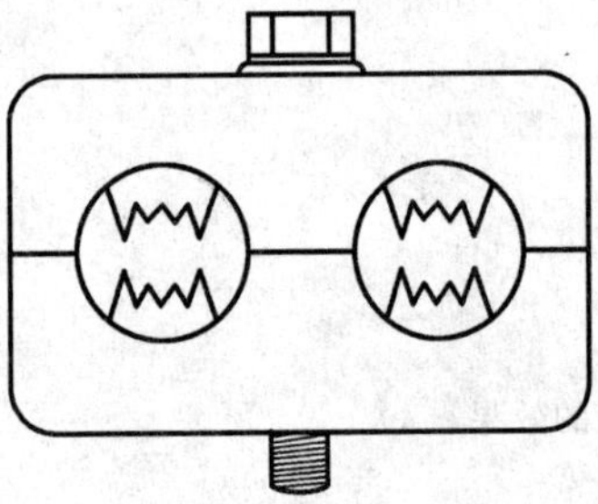

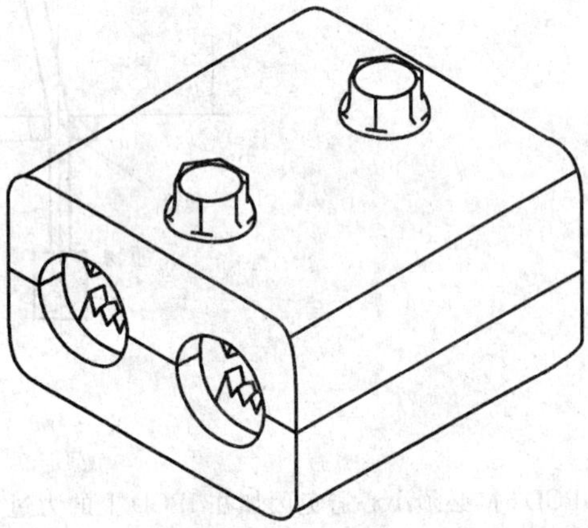

通过连接器件的绝缘和导线的绝缘两者来传递接触压力的IPCD

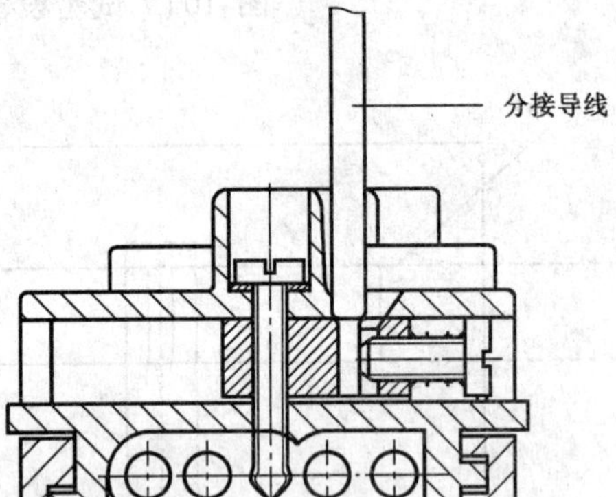

图 103　刺穿绝缘型夹紧件的例子

附 录

GB 13140.1 的附录均适用。

增加：

附 录 AA
（规范性附录）

表 AA.1 试样组数和试验顺序

组	每组的新试样数	章或条	试验顺序
1	3	8 9 12 13 16 17	标志 防触电保护 耐老化、防潮、防固体异物进入及防水的有害进入 绝缘电阻和电气强度 耐热 电气间隙和爬电距离
2	6	10.106 10.107.1 或 10.107.2	夹紧的牢固强度及对导线的损坏试验 拉出试验
3	3	14.2 或 14.3	机械强度
4	3	15	温升试验
5	6 或 12	15.101 或 15.102.1	温度周期试验
6	3	15.102.2	短时耐电流试验
7	3	18	耐非正常热和耐燃
8	3	19	耐电痕化

附　录　BB
（资料性附录）
导线的横截面积 mm² 与北美国家所用的 AWG 线规之间的大致关系

表 BB.1　导线尺寸 mm² 与 AWG 对应关系

导线横截面积/mm²	AWG 线规
0.2	24
0.34	22
0.5	20
0.75	18
1.0	—
1.5	16
2.5	14
4.0	12
6.0	10
10.0	8
16.0	6
25.0	4
—	3
35.0	2

表 BB.2　额定连接容量和可连接的导线

额定连接容量/mm²	可连接的导线及其理论直径 AWG				
	硬导线			软导线	
	线规	实心[a] Φ/mm	B类绞合[a] Φ/mm	线规	I. K. M 类 Φ/mm
0.2	24	0.54	0.61	24	0.64
0.34	22	0.68	0.71	22	0.80
0.5	20	0.85	0.97	20	1.02
0.75	18	1.07	1.23	18	1.28
1.0	—	—	—	—	—
1.5	16	1.35	1.55	16	1.60
2.5	14	1.71	1.95	14	2.08
4.0	12	2.15	2.45	12	2.70
6.0	10	2.72	3.09	—	—
10.0	8	3.43	3.89	10	3.36
16.0	6	4.32	4.91	8	4.32
25.0	4	5.45	6.18	6	5.73
35.0	2	6.87	7.78	4	7.26

注：硬导线和软导线的最大直径以 GB/T 3956—2008 和 GB/T 18213—2000 的表 1 为基础，而 AWG 导线则是以 ASTM B 172-71，ICEA 出版物 S-19-81、S-66-524 和 S-65-516 为基础。

[a] 标称直径＋5％。

[b] 对 I，K，M，三类中任一类，最大直径＋5％。

ICS 29.120.20
K 30

中华人民共和国国家标准

GB 13140.5—2008/IEC 60998-2-4:2004
代替 GB 13140.5—1998

家用和类似用途低压电路用的连接器件 第2部分:扭接式连接器件的特殊要求

Connecting devices for low-voltage circuits for household and similar purposes—Part 2: Particular requirements for twist-on connecting devices

(IEC 60998-2-4:2004,IDT)

2008-12-30 发布　　2010-02-01 实施

中华人民共和国国家质量监督检验检疫总局
中国国家标准化管理委员会　发布

前言

GB 13140 的本部分全部技术内容为强制性。

GB 13140《家用和类似用途低压电路用的连接器件》分为 2 部分：

第 1 部分：通用要求（GB 13140.1）

第 2 部分：特殊要求（GB 13140.2～13140.5）

——作为独立单元的带螺纹型夹紧件的连接器件的特殊要求

——作为独立单元的带无螺纹型夹紧件的连接器件的特殊要求

——作为独立单元的带刺穿绝缘型夹紧件的连接器件的特殊要求

——扭接式连接器件的特殊要求

本部分为 GB 13140 第 2 部分中的“扭接式连接器件的特殊要求”部分，编号 GB 13140.5。

本部分标准应与 GB 13140.1 配合使用。

本部分等同采用 IEC 60998-2-4：2004《家用和类似用途低压电路用的连接器件　第 2 部分：扭接式连接器件的特殊要求》。

本部分代替 GB 13140.5—1998《家用和类似用途低压电路用的连接器件　第 2 部分：扭接式连接器件的特殊要求》。本部分与 GB 13140.5—1998 的主要变化如下：

1）　在第 2 章引用标准里删除引用标准 GB 17464—1998。

2）　表 101 增加标题。

3）　在第 7 章分类中，改为“GB 13140.1—2008 该章除 7.5 外，其余不适用”。

4）　在第 9 章中，改为“GB 13140.1—2008 该章的第二段用以下内容替代”。

5）　在第 13 章中，电压值的计算公式改为“$U_t = 4\ U_i + 1\ 000$(V)”。

6）　表 102、表 103、表 104 增加标题。

7）　第 17 章的标题改为“电气间隙和爬电距离”。内容也相应变化。

8）　增加第 20 章的内容。

9）　图例序号有变动，例：原图 104 改为图 101。

10）　增加附录 AA。

11）　增加参考文献。

12）　在本部分中凡 GB 13140.1 没有的章、条和图。从 101 开始编号。

本部分附录 AA 为资料性附录。

本部分由中国电器工业协会提出。

本部分由全国电器附件标准化技术委员会(SAC/TC 67)归口。

本部分起草单位：中国电器科学研究院、浙江跃华电讯有限公司、南海出入境检验检疫局、广州威凯检测有限公司。

本部分主要起草人：刘静、王圣、唐念恩、罗时明。

本部分所代替标准的历次版本发布情况为：

——GB 13140.5—1998。

IEC 前言

1) 国际电工委员会(IEC)是由各个国家电工委员会(IEC 国家委员会)组成的世界性标准化组织。IEC 的宗旨是促进在与电工和电子领域标准化有关问题上的国际合作。为此目的,IEC 除了开展其他活动外,还出版国际标准。这些标准的制定是委托各技术委员会来完成的。IEC 的成员国家委员会,只要对制定的标准感兴趣,均可参加其制定工作。与 IEC 联络的国际、政府和非政府组织亦可参加标准制定工作。IEC 和世界标准化组织(ISO)遵照双方协议规定的条件密切合作。
2) 由所有对该问题特别关切的国家委员会都参加的技术委员会所制定的 IEC 有关技术问题的正式决议或协议,尽可能地表达了对所涉及的问题在国际上的一致意见。
3) 这些正式决议或协议以标准、技术报告或导则的形式出版并推荐给国际上使用,并在此意义上为各国家委员会所接受。
4) 为了促进国际上的统一,IEC 各国家委员会应明确地、最大限度地将 IEC 国际标准转化为国家或地区性标准。IEC 标准和相应的国家或地区性标准之间如有任何差异应在国家标准或地区性标准中清楚地注明。
5) 要注意本国际标准的某些成分可能是专利权的对象。IEC 应没有责任确认任何或所有这样的专利权。
6) IEC 并未制定任何认可标志的程序,当某一设备宣称其符合 IEC 的某一项标准时,IEC 对此不负任何责任。
7) IEC 不负责 IEC 领导、雇员、服务人员或代理商包括专家个人和技术委员会成员以及 IEC 国家委员会关于任何个人损伤、财产损失或其任何自然损害,不管是直接还是间接的,或花费(包括法律费用)和出版物以外的费用。
8) 注意本出版物正确引用规范性参考标准,在正确使用本标准时,参考标准是独立的。
9) 注意 IEC 出版物中可能涉及到个人专利权的内容,IEC 不负责确认任何或所有个人专利权问题。

IEC 60998-2-4 由 IEC 第 23(电器附件)技术委员会的 23F(连接器件)分技术委员会制定。

本部分是 IEC 60998-2-4 第二版,并取代 IEC 60998-2-4(1993)。此版本对周期性温度试验得出附加说明。

本部分的正文以下述文件为依据:

最后的国际标准草案	表决报告
23F/162/FDIS	23F/164/RVD

本部分表决的详情,见上表所列的表决报告。

本部分已根据 ISO/IEC 导则第 2 部分进行起草。

本部分构成 IEC 60998 系列标准的第 2-4 部分,系列标准的通用名称为家用和类似用途低压电路用的连接器件。这个系列由本第 1 部分(通用要求)和各个第 2 部分(特殊要求)组成。

当本部分标准出版时,下述部分的标准已经出版:

——第 1 部分:通用要求;

——第 2-1 部分:作为独立单元的带螺纹型夹紧件的连接器件的特殊要求;

——第 2-2 部分:作为独立单元的带无螺纹型夹紧件的连接器件的特殊要求;

——第2-3部分：作为独立单元的带刺穿绝缘型夹紧件的连接器件的特殊要求；

——第2-4部分：扭接式连接器件的特殊要求。

本部分应与IEC 60998-1配合使用。构成标准的第2版(2002)。

补充或修改IEC 60998-1的相应的条款，从而使之成为IEC标准：扭接式连接器件的特殊要求。

凡在本部分中没有特别提到的第1部分的章条均适用。凡在本部分中注明为："增加"、"修改"、"替代"的内容，则第1部分中的有关技术要求、试验规范或注释应做相应的改动。

在本部分中：

a) 使用下述印刷字体：

——正文要求：罗马字体；

——试验规范：斜体字；

——注：小罗马字体。

b) 对"第1部分"增加的条、图从101开始编号；增加的附录编号为AA、BB等。

委员会决定出版物和增补的内容直到IEC网站公布相关的出版物时保持不变，到期后出版物将：

- 重新确认；
- 废止；
- 由修订版代替；或者
- 增补。

家用和类似用途低压电路用的连接器件 第2部分：扭接式连接器件的特殊要求

1 范围

GB 13140.1—2008 该章用下述内容代替：

GB 13140 的本部分适用于连接两根或多根未经处理的硬和/或软铜导线的扭接式连接器件(简写为 TOCD,下同),所接导线应符合 GB 3956—1997 的要求,导线截面积从 0.5 mm^2～16 mm^2(含 16 mm^2),截面积之和不超过 35 mm^2。

本部分中的 TOCD 适用于家用和类似用途的、电压不超过 1 000 V(a.c.)和 1 500 V(d.c.)的低压电路。

本部分中的 TOCD 设计主要用手操作,但某种 TOCD,例如,连接导线截面积大的 TOCD,可以要求使用专用工具。

注：在英国,TOCD 的 2 管接头或一些无装备软电缆,包括 1.25 mm^2 可交叉的软线电缆一定适当遵从 BS 6500；在美国的电线和电缆目前不遵从 IEC 60228。[1)]

2 规范性引用文件

下列文件中的条款通过 GB 13140 的本部分的引用而成为本部分的条款。凡是注日期的引用文件,其随后所有的修改单(不包括勘误的内容)或修订版均不适用于本部分,然而,鼓励根据本部分达成协议的各方研究是否可使用这些文件的最新版本。凡是不注日期的引用文件,其最新版本适用于本部分。

GB 13140.1—2008 该章适用。

3 术语和定义

GB 13140.1—2008 的该章作下述变动后适用。

增加：

3.101

扭接式连接器件　twist-on connecting device(TOCD)

扭接在两根或多根导线末端的端子。

3.102

TOCD 的连接容量范围　range of TOCD's connecting capacity

制造商规定的能安全连接使用一对相同尺寸的导线及单根导线的最小截面与最大截面范围(以 mm^2 或 AWG 表示)。这并非禁止用 TOCD 连接两根以上的导线或连接截面超出连接容量范围之外的导线。

3.103

夹紧尺寸　gripping dimension

TOCD 进线孔直径最大尺寸(见图 101)。

4 一般要求

GB 13140.1—2008 该章适用。

---

1) 本注仅给出国外相关信息。

5 试验中的一般说明

GB 13140.1—2008 的该章做下述变动后适用。

5.4 替代：

试验所需的新试样及分组办法按表 101 的规定。

每组试样按规定的顺序进行试验。

表 101 新试样组数和试验顺序

试验组	每组的新试样数	章 条	试验顺序
A	3	8 9	标志 防触电保护
B	3～48	10 14.102 与 14.103	导线的连接 力矩与拉力试验
C	12 或 24	12 13	耐老化与防潮 绝缘电阻与电气强度
D	6	14.101	导线受损程度
E	6	14.101.1	减少导线数后再夹紧
F	3	14.2	机械强度(滚筒)
G	6	15.101	温升
H	6 或 12	15.102.1	周期性温度试验
I	3	15.102.2	短时耐电流试验
K	3	16 18	耐热 耐非正常热与耐燃

若试样数不足表 101 所规定的数目，B 和 C 项可合并一起做，但应先进行第 13 章的试验。

6 主要特性

GB 13140.1—2008 的该章做下述变动后适用。

增加：

6.101 增加额定绝缘电压优选值：300 V 和 600 V。

7 分类

GB 13140.1—2008 该章除 7.5 外，其余不适用。

增加：

7.101 按导线的类型与组合分类

——连接硬(实心或绞合)导线的 TOCD；

——连接软导线的 TOCD；

——连接硬(实心或绞合)与软导线组合的 TOCD。

8 标志

GB 13140.1—2008 的该章做下述变动后适用。

8.1 替代：

每个TOCD应有下列标志：

1） 在TOCD上应标出以下标志：

a） 制造商或经销商的名称、商标或识别标志；

b） 型号或产品目录中的编号；

c） TOCD的连接容量范围；

d） 额定绝缘电压。

注：在美国，不硬性规定要在TOCD上标出额定绝缘电压。[2]

例如：

一个设计用于连接至少两根导线的TOCD，若两根导线的截面积在2.5 mm^2～6 mm^2（含6 mm^2）范围内，那么应在TOCD上标出2.5 mm^2～6 mm^2。

对细小的TOCD，如果没有足够的表面标出所有标志，则只需标出a）和b）。

2） 此外，在最小包装单元上或在最小包装单元里的说明书或资料中，应标出如下标志：

a） 制造商或有关经销商的名称、商标或识别标志；

b） 型号或产品目录中的编号；

c） 允许的导线组合与TOCD的连接容量范围（mm^2或AWG线规号[3]）；

d） TOCD所适用的导线类型；

e） 若最高环境温度高于40 ℃，应标出最高环境温度（见GB 13140.1—2008的7.5）；

f） 额定绝缘电压；

g） 剥除绝缘长度；

h） 如有需要，连接方法，包括工具的正确使用方法。

8.2 不适用。

8.3 第三行改为：

n mm^2 或 n……………TOCD的连接容量范围。

注：若用AWG线规号表示TOCD的连接容量范围，可只标出数字。[4]

9 防触电保护

GB 13140.1—2008的该章做下述变动后适用。

第二段用以下内容替代：

TOCD应接上其连接容量范围内最小截面积的两根导线。

10 导线的连接

GB 13140.1—2008的该章做下述变动后适用。

增加：

10.101 TOCD应能连接制造商规定的根数及截面的硬（单根或多股）和/或软导线。

10.102 只需将导线捆成一束插入TOCD再行拧动，即可正确地连接导线。

用手或按制造商的规定，将14.101要求的组合导线连接到TOCD后，通过观察检验是否符合10.101和10.102的要求。为了将导线插进TOCD，可将待连接的导线束成一束，但不得预绞拧。

如有怀疑，可施加14.103要求的力矩来检验。在任何情况下均使用新导线和试样。本试验可与14.101的试验结合进行。

10.103 若将导线从TOCD中取出时，仅靠拉动导线应不能取出，而应采用其他操作才能将导线取出。

2）、4） 本注仅给出国外相关信息。

3） 国内不采用这种标准。

通过14.101与14.102的试验来检验是否合格。

11 结构

GB 13140.1—2008的该章做下述变动后适用。

11.2～11.5不适用。

11.6 增加：

虽然TOCD里的金属件不一定是载流部件，但本条应将它们视为带电部件。

增加：

11.101 TOCD内孔的形状应能保证在完成导线的连接后，TOCD有足够长度的绝缘材料将导线绝缘完全覆盖住，以确保有可靠的外部绝缘。

通过第13章的试验检验是否合格。

11.102 即使在断开连接的过程中，绝缘部件也不应与带电部件或导线末端意外分离。

通过手工及第14章检验是否合格。

12 耐老化、防潮、防固体异物进入及防水的有害进入

GB 13140.1—2008的该章做下述变动后适用。

12.1 增加：

在注1的后面增加以下试验规范：

用12个试样进行试验，其中6个连接根数最多截面最细的导线，另6个连接根数最多截面最粗的导线。导线用14.103规定的力矩以预定的方式进行连接。

该试验还应该用另一组不连接导线的12个试样进行。

12.2 增加：

该条第二段后增加以下试验规范：

用与12.1相同的试样进行试验。

同样要用12个有陶瓷绝缘材料或热固性材料的试样进行本试验。

该条第四段用以下内容替代：

将TOCD放入潮湿室(箱)内存放48 h。

在该条注2后增加以下试验规范：

经潮湿处理后，趁试样仍放在潮湿室(箱)内，将12.1老化试验期间未连接导线的12个试样及陶瓷或热固性材料的12个TOCD与导线连接，其中6个试样连接根数最多且截面最细的导线，另6个试样连接根数最多且截面最粗的导线。

12.3 不适用。

13 绝缘电阻和电气强度

GB 13140.1—2008该章用以下内容替代：

13.1 TOCD应用足够的绝缘电阻和电气强度。

通过13.2、13.3及13.4的试验检验试样是否合格。试验是在经过12.1的老化试验并且刚做过12.2的潮湿试验的试样上进行，试验时，试样仍应在潮湿室(箱)内或在使试样达到预定温度的房间里。

13.2 绝缘电阻试验正在考虑中。

13.3 将每个试样埋进直径为1.0 mm～1.5 mm的铅丸堆里，或包在金属箔内，用铅丸或金属箔作为电极。TOCD应置于外电极里，至边缘为止，使所有绝缘材料都埋进外电极里。但应注意，不得将金属

箔压进 TOCD 内。

在导体与外电极之间施加交流试验电压 1 min。电压值由下式求得：

$$U_t = 4U_i + 1\ 000(\mathrm{V})$$

式中：

U_t——试验电压；

U_i——额定绝缘电压。

在试验过程中，TOCD 不应发生绝缘击穿。不引起电压下降的辉光放电可忽略。

13.4 用做过老化试验且不接导线的 12 个试样做以下试验：

在导体与外电极之间施加的试验电压 1 min，然后在 3 s 之内升至最高电压后立即断电。电压值由下面公式求得：

$$U_t = 4U_i + 1\ 000\ (\mathrm{V})$$

$$U_{max} = 10U_i + 1\ 000\ (\mathrm{V})$$

式中：

U_t——试验电压(1 min)；

U_i——额定绝缘电压；

U_{max}——最高电压。

试验中，导体与外电极之间不应出现闪络现象。

这些试验亦用于检验是否符合第 12 章和第 17 章的要求。

14 机械强度

GB 13140.1—2008 的该章做下述变动后适用。

14.1 第二段改为：

陶瓷或热固性材料的 TOCD，通过 14.2 的试验检验是否合格。

注：热塑性材料的 TOCD 由于自身的材料和结构的原因，不需进行试验即可视为合格。

14.3 不适用。

增加：

14.101 TOCD 的设计与结构应既能夹紧导线，又不会过度损伤导线。

通过以下试验来检验是否合格：

用能同时夹紧根数最少截面最细导线的三个新试样进行试验，按 14.103 的要求施加力矩。另外，用能同时夹紧根数最多和截面最粗导线的三个试样进行试验。

导线长度应比表 102 及图 104 规定的高度(H)长 75 mm。

每根导线应进行如下试验：

将一根导线的一端穿过一个适当尺寸的套管，套管放在试验装置下面某一高度(H)的平板上，H 值由表 102 给出。套管位于一个水平面中，使其中心线能作出直径为 75 mm 的与夹紧件同心的同心圆，紧固板在水平面上以(10±2)r/min 的速率旋转。

TOCD 的口与套管的上表面之间的距离应在表 102 中给出高度的 15 mm 范围之内，套管可加润滑剂以防止绝缘导线打结、绞扭或旋转，将表 102 所规定的重物挂在导线的末端，试验持续 15 min，平板的旋转方向应与拧松 TOCD 的方向相反。

在试验过程中，导线既不应从 TOCD 脱落，也不应在 TOCD 附近断裂。

导线从 TOCD 拆下后，其末端不应有影响继续使用的损坏。

表 102　重物质量、套管高度和导线截面积之间的关系

导线截面积/mm^2	套管孔径[a]/mm	套管高度 H[b]/mm	与导线对应的重物质量/kg
0.5	6.5	260	0.3
0.75	6.5	260	0.4
1.0	6.5	260	0.4
1.5	6.5	260	0.4
2.5	9.5	280	0.7
4.0	9.5	280	0.9
6.0	9.5	280	1.4
10.0	9.5	280	2.0
16.0	13.0	300	2.9
注：在英国，应用下列的面积为 1.25 mm^2 的附加行：1.25 6.5 260 0.4。5)			
a 若套管孔径不够大，要将 1.5 mm^2 和 10.0 mm^2 的导线绞拧才能插进套管，可改用孔径大一尺码的套管。 b 高度 H 的偏差为±15 mm。			

用 14.103 规定的力矩将最多根数最细截面的单心导线接到三个新的 TOCD 上，然后卸下 TOCD，按表 103 规定从每个 TOCD 中拆下一根或二根导线，然后再将这些 TOCD 连接余下的导线，并用 14.103 规定的力矩拧紧，紧接着用这些 TOCD 做 14.103 的拉力试验。

表 103　拆离导线的根数

最细截面实心导线的最多根数	拆下的导线根数
3～7(包括 7 在内)	1
8 和 8 以上	2

14.102　根据标志或制造商的说明，按如下组合，将三个新的 TOCD 接上新的硬(实心或绞合)或软导线，每一种导线组合要用新的试样。

试验 A～J 用硬导线。

A——根数最少的最细导线。

B——根数最多的最粗导线。

C——根数最少的最细导线与根数最少的最粗导线。

D——根数最少的最细实心导线与根数最少的最粗实心导线。

E——根数最多的最细实心导线。

F——根数最多的最细导线。

G——根数最少的最粗导线。

H——根数最少的最粗导线，且导线的线径相等。

I——根数最少的最细实心导线，且导线的线径相等。

J——由一根最粗与一根最细导线组合而成的导线。

试验 K～P 用软(和硬)导线。

K——根数最少的最细软导线。

L——根数最多的最粗软导线。

5)　本注仅给出国外相关信息。

M——由一根最细的软导线与一根最粗的实心导线组合而成的导线。

N——由一根最粗的软导线与一根最细的实心导线组合而成的导线。

O——最大总截面积的组合导线，且软导线与实心导线的根数尽量相等。

P——根数最少的最细软导线与实心导线。

每个 TOCD 均要经受 14.103 的力矩(见图 102)。然后，每根导线均要承受一个沿连接器件轴线方向施加的非冲击拉力(见图 103)，时间为 1 min。

14.103 施加的力矩值应取以下 A、B 中的较小值。

(A) 0.11 N·m/mm² 乘以受试组合导线的总截面积；

(B) 0.055 N·m/mm² 乘以夹紧直径；

计算实例如图 102 所示。

拉力值由表 104 规定。

表 104 导线的横截面积和拉力之间的关系

导线横截面积/mm²	拉　力/N
0.5	35
0.75	45
1	55
1.5	65
2.5	110
4	150
6	180
10	200
16	220
注：在英国，应用下列的面积为 1.25mm² 的附加行： 1.25 60。[6]	

在试验过程中，导线不应在 TOCD 里明显移动。

当施加拉力时，TOCD 不应松动，内部零件不应从 TOCD 里脱出。

注：上表所列的拉力值都高于本标准系列第 2 部分的其他标准及 GB 17464 所列的拉力值，这是由于 TOCD 较独特而特意规定的，也是在北美经多年实践而得出的结论。

14.104 对制造厂声明要用工具拧动的 TOCD，要用三个新的 TOCD 连接根数最多最细的单心导线，以 0.22 N·m 乘以受试导线总面积的力矩拧紧。

试验后，用无附加放大的正常或校正的视力进行视检，试样不应有明显影响其再度使用的损坏，如裂缝、变形等。

15 温升

GB 13140.1—2008 的该章做下述变动后适用。

15.2 和 15.3 不适用

增加：

15.101

a) 将三个新的 TOCD 分别连接两根最大截面积相同的绝缘硬(实心或绞合)导线，并用 14.103 规定的相应力矩拧紧；

b) 按制造商列出的组合，将三个新的 TOCD 分别连接一根最粗的绝缘硬导线和多根最细的绝缘

6) 本注仅给出国外相关信息。

硬导线，并用 14.103 规定的相应力矩拧紧。从组合中选用的最细导线的根数应能使这些导线的总电流等于但不大于最粗导线的电流。

试样由与之相连接的导线支承。

截面不大于 10 mm^2 的试验导线，长度为 1 m；截面为 16 mm^2 的试验导线，长度为 2 m。

试验电流应该是 GB l3140.1—2008 的 15.4 中选取 a)项连接最粗导线的相应截面所规定的电流，并应以 b)项为最细导线而规定的电流之和为基础。

然后，按 GB 13140.1—2008 中 15.4 的规定进行试验。

15.102　通过绝缘部件传递接触压力的 TOCD 和与软导线一起使用的 TOCD 电气性能通过 15.102.1 及 15.102.2 的试验来验证。进行这两项试验时，两根导线之间通过的电流等于通过受试的 TOCD 内部的试验电流。

15.102.1　周期性温度试验

试验在 6 个(12 个)连接铜导线的试样上进行。新导线最小和最大截面积应符合制造商的规定。

——对只能连接硬导线的 TOCD(6 个试样)，接硬(实心或绞合)导线；

——对只能连接软导线的 TOCD(6 个试样)，接软导线；

——对能连接所有导线的 TOCD(12 个试样)，接硬(实心或绞合)或软导线。

最细的软导线以正常使用的方式分别连接到三个 TOCD 上，最粗的导线以正常的方式分别连接到另三个 TOCD 上。如果两条导线被连接，依照商家的规定，其余的 TDCD 在连接后切割. 每组三个 TOCD 串接在一起。

对能连接所有类型导线的 TOCD，要进行两次连接：一次接硬导线，一次接软导线，共接 12 个 TOCD。

注 1：看附录 AA 示例。

对设计连接特定的型式和特定截面积的导线的 TOCD，只需试验三个试样。

将包括导线在内的整个试验装置放进一个初始温度为(20±2)℃的加热室(箱)内。

注 2：试验亦可在环境温度下进行，但要适当地加大试验电流，以使 TOCD 能达到下文规定的建议加热温度。如有怀疑，要在加热室(箱)内用一组新试样进行试验。

试验过程中，除冷却阶段外，TOCD 应通以 GB 13140.1—2008 表 2 所规定的试验电流。

若所连接的导线截面不同，应根据最细的导线来选择试验电流。

然后，使 TOCD 承受 384 个温度周期，每个周期约持续 1 h，过程如下。

注 3：在美国，用 500 个温度周期。[7]

在 20 min 之内，将加热箱内空气温度升至 40 ℃或 T 标志值。

将此温度维持在±5 ℃之内约 10 min。然后，允许用强迫冷却的方式将 TOCD 在 20 min 内降温至约 30 ℃，使 TOCD 保持此温度近 10 min。必要时，为了测量电压降，允许将 TOCD 温度进一步降至(20±2)℃。

用 GB 13140.1—2008 表 2 所规定的电流来测量允许的最大电压降。

每经过 48 个温度周期，直至第 384 个温度周期之后，测出每个 TOCD 的电压降，每次测量应在 TOCD 处于(20±2)℃的温度下进行。任何一次测得的电压降不得超过第 48 个温度周期后测得的电压降的 1.5 倍，并且包括起始的测量值在内的所有电压降均不能超过 22.5 mV。

测量点应尽量靠近 TOCD，否则，应将测得的电压降减去两个测量点之间的导线的电压降。

加热室(箱)内的温度应在离试样至少 50 mm 处测量。

试验后，用无附加放大的正常或校正的视力进行视检，试样不应有明显影响其再度使用的损坏，如裂缝、变形等。

---

7)　本注仅给出国外相关信息。

15.102.2 短时耐电流试验

将三个新的 TOCD 连接最粗的硬(实心或绞合)或软导线。若 TOCD 能连接硬(实心或绞合)或软导线,则应连接软导线。

如果主导线与分接导线的线径不同,TOCD 的试验电流值应按最细导线来选取。

TOCD 应承受 1 s 的试验电流,试验电流值等于其连接导线截面积乘以 120 A/mm^2。本试验只做一次。

经过试验,并且在 TOCD 达到正常环境温度后,所测得的电压降应不超过试验前测得的电压降的 1.5 倍。

试验后,用无附加放大的正常或校正的视力进行视检,试样不应有明显影响其再度使用的损坏,如裂缝、变形等。

16 耐热

GB 13140.1—2008 该章适用。

17 电气间隙和爬电距离

GB 13140.1—2008 该章由以下内容替代:

应有足够的电气间隙和爬电距离。

通过第 13 章的试验来检验是否合格。

18 绝缘材料的耐非正常热和耐燃

GB 13140.1—2008 该章适用。

19 绝缘材料的耐电痕化

GB 13140.1—2008 该章不适用。

注:若试验站有数据表明材料有足够的安全系数,则不必进行此项试验。本注释有效期至 GB 13140.1—2008 修改为止。

20 电磁兼容(EMC)要求

GB 13140.1—2008 该章适用。

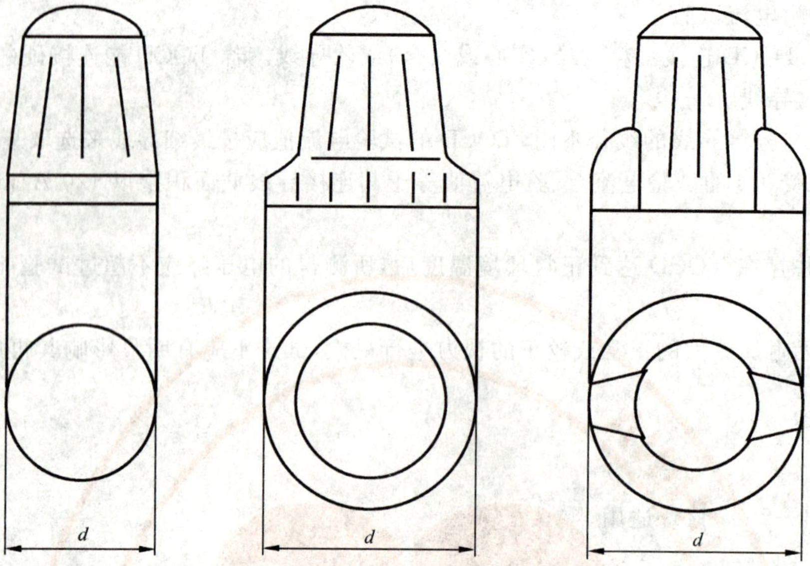

d——直径。

图 101　夹紧尺寸

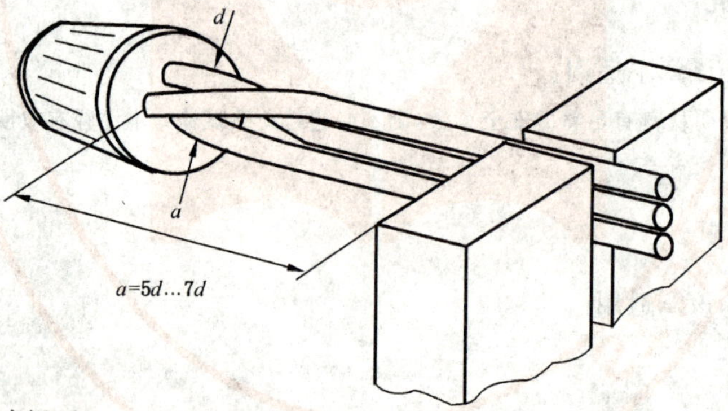

以导线组合为基准计算力矩(A)

2×1.5 mm^2:0.11×2×1.5=0.33 N·m

3×1.5 mm^2:0.11×3×1.5=0.50 N·m

以夹紧直径为基准计算力矩(B)

d=8.6 mm:0.055×8.6=0.47 N·m

图 102　14.103 的力矩计算示例

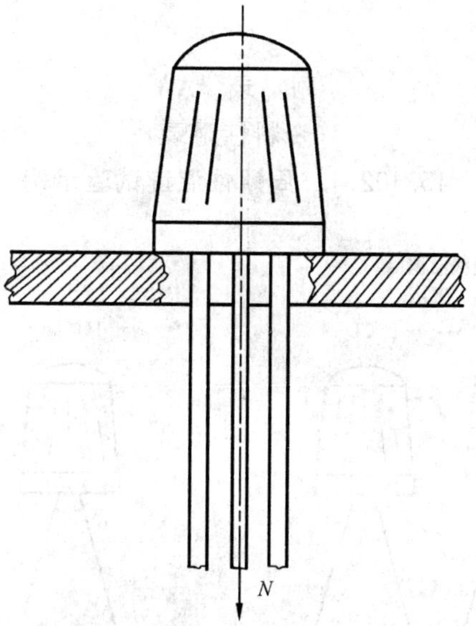

图 103　沿 TOCD 轴线方向施加拉力的示例

单位为毫米

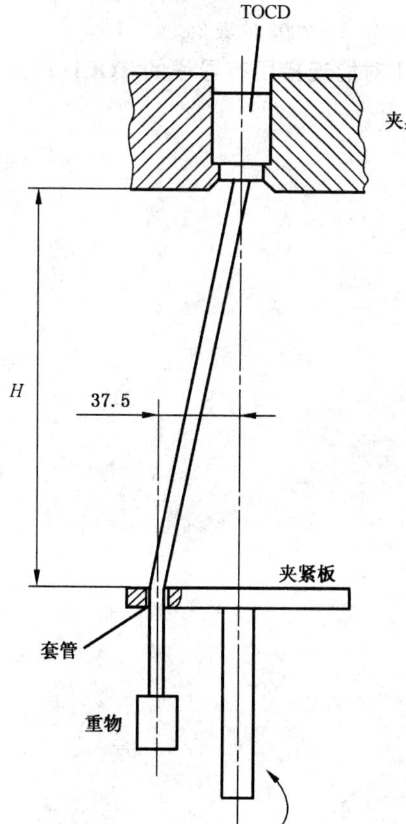

注：固定 TOCD 时，必须小心避免 TOCD 受到过大的拉力，否则会影响连接。

图 104　14.101 的试验装置

附 录 AA
（资料性附录）
15.102.1 周期性温度试验示例

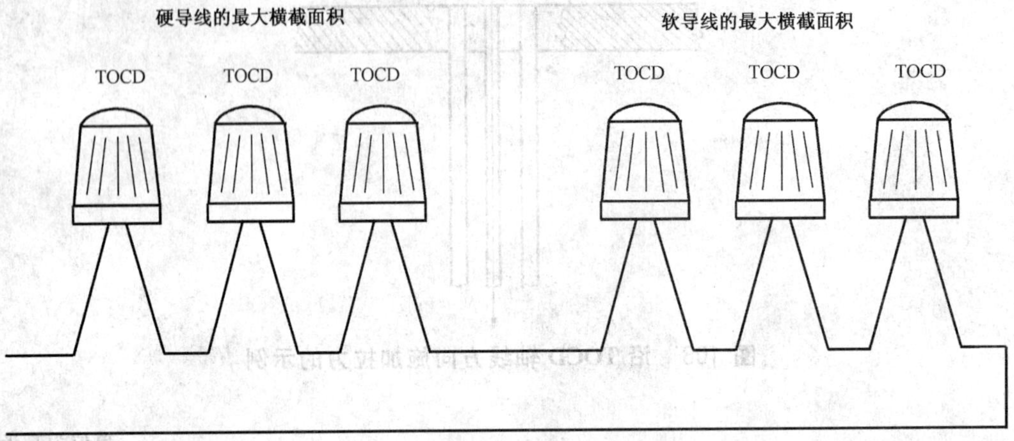

注：电流(*I*)应用的详细说明见 GB 13140.1—2008 的表 2。

图 AA.1 15.102.1 对能连接所有导线的 TOCD 的温度周期试验示例

参 考 文 献

[1] IEC 60999-1:1999(GB 17464)连接器件 铜导线 有螺纹式和无螺纹式夹紧装置的安全要求 第1部分:从0.2 mm^2～35 mm^2(包括35 mm^2)导线用的夹紧装置的一般要求和特殊要求

[2] BS 6500:2000,电缆 家庭、办公室和类似环境用的装置和设备使用的额定电压在300/500 V以下的柔性电缆。

ICS 55.020
A 82

中华人民共和国国家标准

GB/T 13144—2008
代替 GB/T 13144—1991

包装容器　竹胶合板箱

Packaging containers—Cases with plybamboo

2008-07-18 发布　　2009-01-01 实施

中华人民共和国国家质量监督检验检疫总局
中国国家标准化管理委员会　发布

前　言

本标准代替 GB/T 13144—1991《包装容器　竹胶合板箱》。

本标准与 GB/T 13144—1991 相比，主要变化如下：

——在竹胶合板箱分级的规定中，增加了对 C、D 型箱分级的内容；

——在对材料的规定中，修改了木材、金属件的内容，增加了对木材熏蒸或热处理的要求；

——删除了竹菱镁砼箱的有关内容；

——增加了防护方法的有关内容；

——删除了检验规则与包装、标志、运输、贮存的内容；

——删除了附录 C 中滑木、枕木尺寸的计算公式，规定滑木、枕木尺寸参照 GB/T 7284 的有关内容。

本标准的附录 A、附录 B、附录 C 均为资料性附录。

本标准由全国包装标准化技术委员会(SAC/TC 49)提出并归口。

本标准起草单位：机械科学研究总院、中机生产力促进中心、中国包装联合会。

本标准主要起草人：黄雪、张晓建、刘萍、余临明、朱婧、司维新。

本标准所代替标准的历次版本发布情况为：

——GB/T 13144—1991。

包装容器　竹胶合板箱

1　范围

本标准规定了竹胶合板箱的类型与分级、要求、防护方法与试验方法等内容。

本标准适用于运输包装用竹胶合板包装箱。

2　规范性引用文件

下列文件中的条款通过本标准的引用而成为本标准的条款。凡是注日期的引用文件，其随后所有的修改单(不包括勘误的内容)或修订版均不适用于本标准，然而，鼓励根据本标准达成协议的各方研究是否可使用这些文件的最新版本。凡是不注日期的引用文件，其最新版本适用于本标准。

GB/T 41　六角螺母 C级(GB/T 41—2000,eqv ISO 4034:1999)

GB/T 95　平垫圈 C级(GB/T 95—2002,eqv ISO 7091:2000)

GB/T 102　六角头木螺钉

GB/T 153　针叶树锯材

GB/T 700　碳素结构钢(GB/T 700—2006,ISO 630:1995,NEQ)

GB/T 897　双头螺柱 $b_m = 1d$

GB/T 953　等长双头螺柱　C级

GB/T 4768　防霉包装(GB/T 4768—1995,neq IEC 68:1988)

GB/T 4817　阔叶树锯材

GB/T 4857(所有部分)　包装　运输包装件基本试验

GB/T 4879　防锈包装

GB/T 4892　硬质直方体运输包装尺寸系列(GB/T 4892—2008,ISO 3394:1984,NEQ)

GB/T 5048　防潮包装

GB/T 5398　大型运输包装件试验方法(GB/T 5398—1999,neq ASTM D1083:1991)

GB/T 5780　六角头螺栓　C级(GB/T 5780—2000,eqv ISO 4016:1999)

GB/T 5781　六角头螺栓　全螺纹　C级(GB/T 5781—2000,eqv ISO 4018:1999)

GB/T 6170　1型六角螺母(GB/T 6170—2000,eqv ISO 4032:1999)

GB/T 7284　框架木箱

GB/T 7350　防水包装

GB/T 13123　竹编胶合板

GB/T 18926　包装容器　木构件(GB/T 18926—2008,ASTM D 6199—2007,NEQ)

GB/T 18927　包装容器　金属辅件(GB/T 18927—2002,JIS E 1407:1989,NEQ)

YB/T 5002　一般用途圆钢钉

3　术语和定义

下列术语和定义适用于本标准。

3.1

竹胶合板箱　case with plybamboo

用竹胶合板与木材或型钢等材料制成的包装箱。

4 类型与分级

4.1 类型

4.1.1 按其材料分两类：

a) Ⅰ类箱——竹木箱；

b) Ⅱ类箱——竹钢箱。

4.1.2 按其结构分为表1和图1、图2所示的几种型式。

表1 竹胶合板箱的类型

种类	型式	结构特征	适用范围
Ⅰ类	Ⅰ-A型	普通箱型	适用于内装物质量200 kg以下的包装箱
	Ⅰ-B型	滑木箱型	适用于内装物质量500 kg以下的包装箱
	Ⅰ-C型	内框架箱型	适用于内装物质量400 kg～10 000 kg以下的包装箱
	Ⅰ-D型	外框架箱型	
Ⅱ类	Ⅱ-B型	普通滑木箱型	适用于内装物质量500 kg以下的包装箱
	Ⅱ-C型	内框架箱型	适用于内装物质量10 000 kg以上或内装物质量10 000 kg以下，但底座需周转使用的包装箱
	Ⅱ-D型	外框架箱型	
注：Ⅰ-A型中的单中档箱[见图1中a)]适用于内装物质量50 kg以下。			

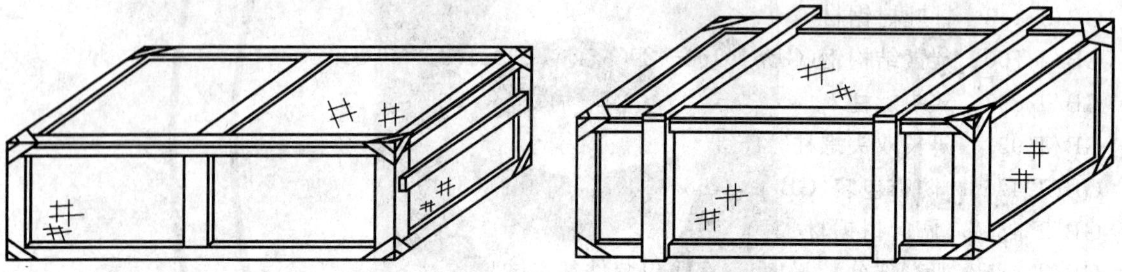

单中档箱　　　　双中档箱

a) Ⅰ-A型箱

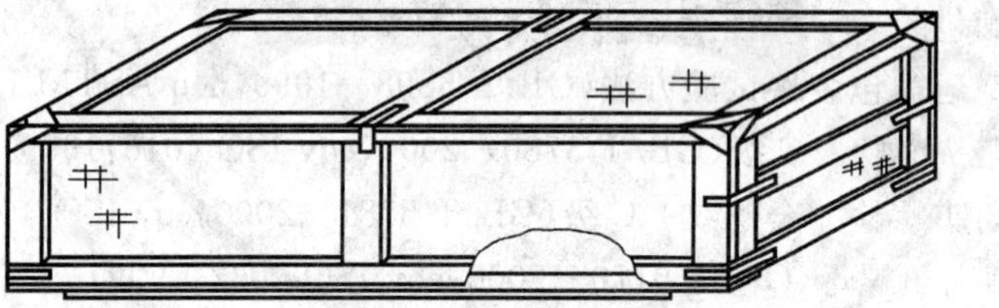

b) Ⅰ-B型箱

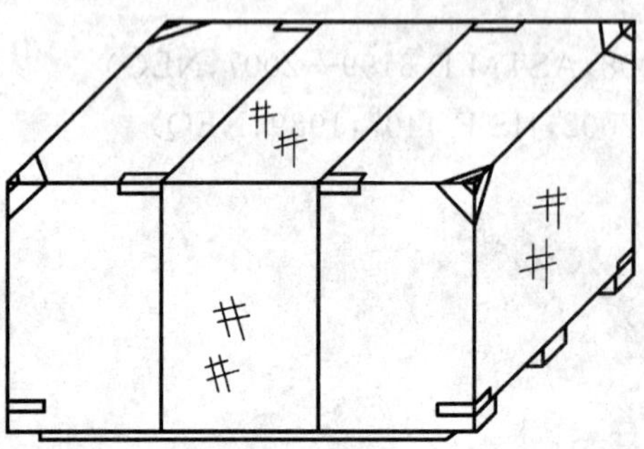

c) Ⅰ-C型箱

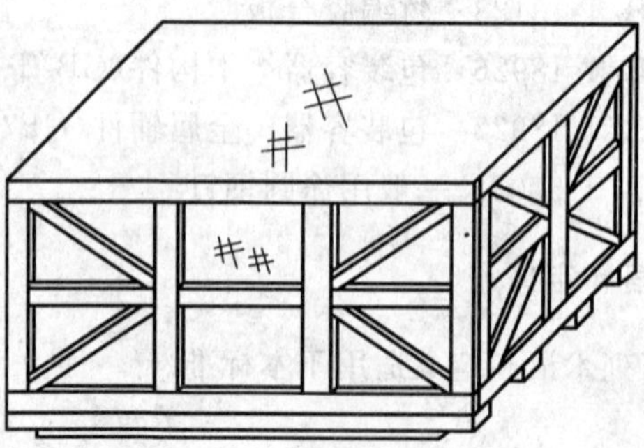

d) Ⅰ-D型箱

图1 Ⅰ类箱

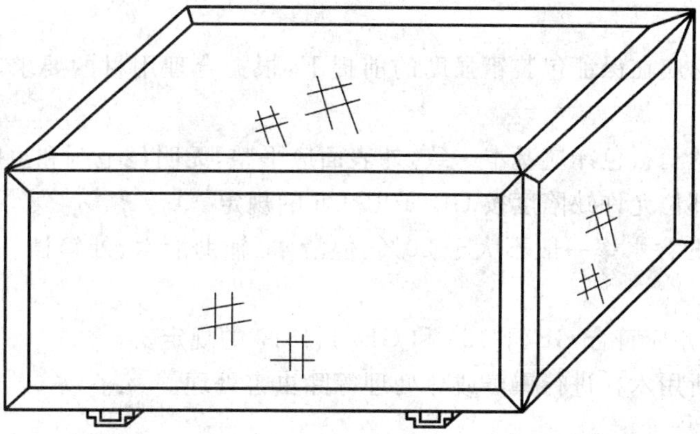

a) Ⅱ-B 型箱

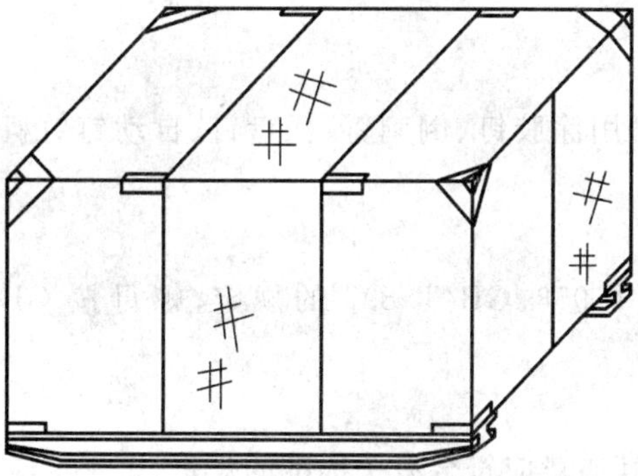

b) Ⅱ-C 型箱

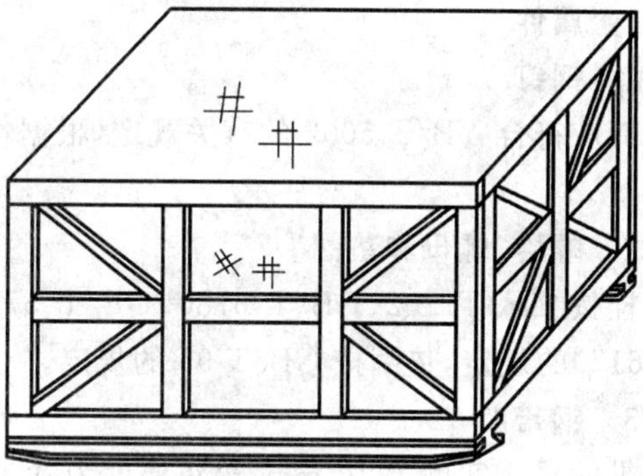

c) Ⅱ-D 型箱

图 2 Ⅱ类箱

4.2 分级

按其内装物的防护要求和用途分为三级，如表 2 所示。

表 2 竹胶合板箱的分级

分级	适用范围
一级	主要用于流通环境比较恶劣、内装物防护要求高的包装箱
二级	主要用于流通环境一般、内装物有一定防护要求的包装箱
三级	主要用于流通环境较好、内装物防护要求不高的包装箱
注 1：A、B 型箱分一、二两个等级。 注 2：C、D 型箱分一、二、三三个等级。	

5 要求

5.1 材料

5.1.1 竹胶合板

5.1.1.1 使用的竹胶合板必须符合 GB/T 13123 的规定。

5.1.1.2 各级箱使用的竹胶合板按表 3 的规定。

表 3 各级箱使用竹胶合板的要求

分级	竹胶合板
一级	使用Ⅰ类竹胶合板二等品以上，或Ⅱ类竹胶合板一等品并在其外表面涂刷防护层
二级	使用Ⅱ类竹胶合板二等品以上
三级	使用Ⅱ类竹胶合板

5.1.2 木材

5.1.2.1 包装箱用木材应在保证包装箱强度的前提下，根据合理用材的要求，按 GB/T 18926 的规定选用适当的树种。

5.1.2.2 同一包装箱的箱板色泽应基本一致，外表面应平整，无明显毛刺和虫眼(已修补的虫眼例外)。

5.1.2.3 制箱木材各部位允许缺陷度按 GB/T 18926 的规定。

5.1.2.4 制箱时木材的含水率一般不大于20%，但滑木、辅助滑木、外箱档和花格木箱用木材的含水率可以在25%以下。

5.1.2.5 木材尺寸、公差应符合 GB/T 153 和 GB/T 4817 的规定。

5.1.2.6 需要时应对所用木材进行熏蒸或热处理等除虫害处理。

5.1.3 型钢

Ⅱ类箱使用的型钢应符合 GB/T 700 的规定。

5.1.4 金属件

5.1.4.1 钢钉

钢钉应符合 YB/T 5002 的有关规定，根据情况还可用涂胶钉、倒刺钉、托盘钉、自动钉钉机用钉及U形钉等。

5.1.4.2 螺栓、螺母和垫圈

螺栓按 GB/T 102、GB/T 5780、GB/T 5781、GB/T 953、GB/T 897 的规定；螺母按 GB/T 41、GB/T 6170的规定，垫圈按 GB/T 95 的规定。

5.1.4.3 钢带

钢带的最小宽度为 16 mm，最小厚度为 0.45 mm，其质量应符合有关标准的规定。

5.1.4.4 金属辅件

金属辅件应符合 GB/T 18927 的规定。

5.2 制箱

5.2.1 竹胶合板箱的长宽尺寸应符合 GB/T 4892 的规定，当箱长大于 1 200 mm，箱宽大于 1 000 mm时，其尺寸应符合运输工具装载尺寸的要求。

5.2.2 箱档之间及框架构件之间结合处的缝隙不得大于 3 mm，试验后不得大于 5 mm；型钢框架及型钢底座试验后焊缝处不开裂。

5.2.3 相邻各棱及相邻各面应相互垂直，各面两对角线之差，当面的长边小于 1 200 mm 时，不得大于对角线长度的 0.4%，试验后不得大于对角线的 0.6%，当面的长边大于 1 200 mm 时，不得大于对角线长度的 0.3%，试验后不得大于对角线的 0.5%。

5.2.4 A 型和 B 型箱的竹胶合板箱板不允许拼接。箱长大于 1 200 mm 的Ⅱ-B 型箱可以拼接，但接缝应安排在中档处。

5.2.5 C 型和 D 型箱竹胶合板箱板的拼接可通过对接和搭接两种方式。

5.2.5.1 端板和侧板一般采用对接，对接接口间隙不得大于 5 mm，接口应尽量安排在立柱或平撑处，否则应增设附加立柱或附加平撑。

5.2.5.2 顶板应搭接，搭接宽度不得小于 50 mm，搭接方向要有利于排水，接口应尽量安排在横梁或梁撑处，否则应增设附加横梁或附加梁撑。

5.2.5.3 底板根据情况可对接，也可搭接，对接接口间隙不得大于 8 mm，搭接宽度不得小于 40 mm，并安排在枕木或滑木处。

5.2.6 棱、角处应钉上护棱铁和护角铁，包装件质量大于 3 000 kg 时，在起吊点处应钉上滑木保护铁，在吊绳与上框木接触处应钉上起吊保护铁，一、二级箱的各种金属保护件必须齐全。

5.2.7 需要通风的 C 型箱、D 型箱，应在箱的两端面上方开设通风孔(口)，通风孔(口)外壁应钉设窗纱和通风罩。

5.2.8　外观要求按表 5 规定。

表 5　竹胶合板箱外观缺陷要求

<table>
<tr><th>竹胶合板缺陷</th><th>一　级</th><th>二　级</th><th>三　级</th></tr>
<tr><td>色泽不一致</td><td rowspan="6">不允许</td><td>—</td><td>—</td></tr>
<tr><td>腐朽</td><td rowspan="5">不允许</td><td>不允许</td></tr>
<tr><td>霉斑</td><td>应清除</td></tr>
<tr><td>凹陷压痕</td><td>—</td></tr>
<tr><td>开裂</td><td>不允许</td></tr>
<tr><td>表面污染</td><td>—</td></tr>
</table>

5.2.9　竹胶合板箱的结构尺寸、构件选用及组箱方法参见附录 A、附录 B 及附录 C。

6　防护方法

6.1　防潮包装

防潮包装应符合 GB/T 5048 的规定。

6.2　防水方法

防水包装应符合 GB/T 7350 的规定。

6.3　防霉方法

防霉包装应符合 GB/T 4768 的规定。

6.4　防锈方法

防锈包装应符合 GB/T 4879 的规定。

6.5　内装物的固定

内装物应用螺栓等紧固件或压杠、档块、钢丝等固牢。内装物与加固材料的接触部分应用缓冲材料保护，固定部位的选择应考虑对内装物的影响。

7　试验方法

7.1　内装物质量不大于 200 kg 的竹胶合板箱，适当选做 GB/T 4857 有关项目的试验。其主要试验项目是压力试验和跌落试验。

7.2　内装物质量大于 200 kg 的竹胶合板箱，按 GB/T 5398 有关项目进行试验。

附 录 A
（资料性附录）
Ⅰ-A、Ⅰ-B 型箱的结构、尺寸和组箱方法

A.1 一般要求

内装物应采取衬垫或固定措施，以防止移动。

A.2 箱档

A.2.1 箱档截面尺寸按表 A.1 选用。

表 A.1 箱档截面尺寸

内装物质量/kg	分级	
	一级	二级
	箱档截面尺寸/mm	
50	60×15	50×15
100	75×15	65×15
150	75×18	75×18
200	80×21	80×18
300	80×25	80×21
400	80×30	80×25
500	80×35	80×30

A.2.2 单中档箱[见图 1a)]中档箱面尺寸与组成箱面的箱档截面尺寸相同。
A.2.3 双中档箱[见图 1a)]的中档截面尺寸，在表 A.1 基础上厚度至少增大 10 mm，或者在每道中档处用钢带进行加固中档至端面的距离不应大于 150 mm，两中档之间的距离不应大于 600 mm。
A.2.4 箱宽大于 400 mm 时，两端面应各增加一根斜档或立档，其截面尺寸与箱档截面尺寸相同，两端面斜档应交错布置，立档应设置于端面中间。

A.3 箱板

箱板的厚度按表 A.2 选用。

表 A.2 箱板厚度

内装物质量/kg	分级	箱宽/mm			
		400	600	800	1 000
50	一级	5	5	5	5
	二级	3	4	4	4
100	一级	5	5	6	6
	二级	4	4	5	5
200	一级	6	6	6	6
	二级	5	5	5	5
300	一级	6	6	7	7
	二级	5	5	6	6

表 A.2（续）

内装物质量/kg	分　　级	箱宽/mm			
		400	600	800	1 000
400	一级	6	7	7	7
	二级	5	6	6	6
500	一级	7	8	8	8
	二级	6	7	7	7

A.4　滑木

Ⅰ-B 型箱的滑木按本标准附录 C 确定其截面尺寸。

A.5　组箱

A.5.1　竹胶合板与箱档用钢钉连接，钢钉成两行错列布置，同行钉距不得大于 70 mm，钉尖应至少打弯 15 mm 并盘实。

A.5.2　组箱时，钢钉从薄材向厚材上钉，钢钉应进入厚材五分之四左右，但不能钉穿。根据情况也可用六角头木螺钉组箱。

附 录 B
（资料性附录）
Ⅱ-B 型箱的结构、尺寸和组箱方法

B.1 Ⅱ-B 型箱的结构

Ⅱ-B 型箱的结构型式如图 B.1 所示。

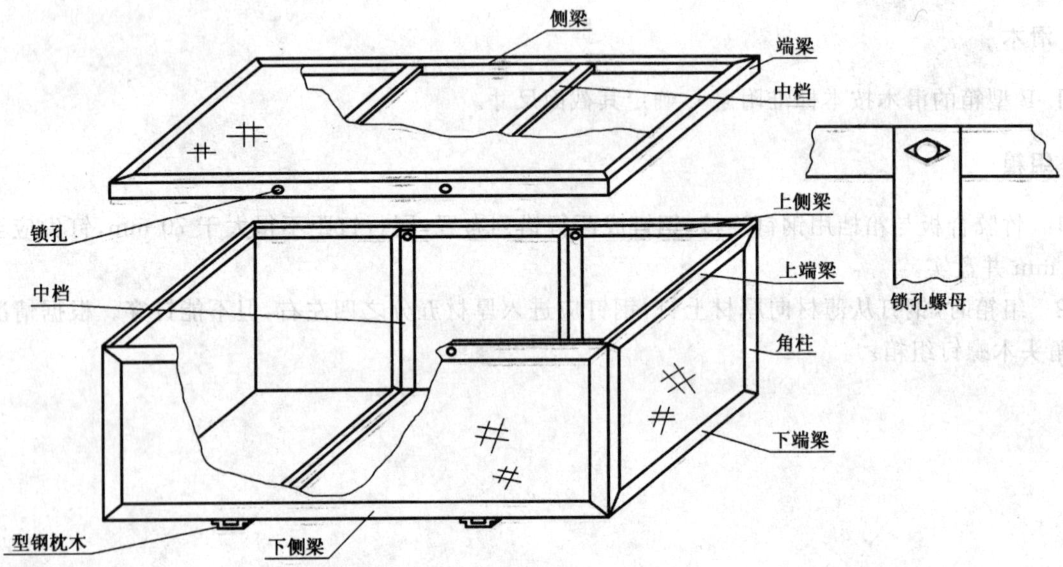

图 B.1 Ⅱ-B 型箱结构图

B.2 型钢框架

B.2.1 箱体框架的上下端、侧梁及角立柱的截面尺寸按表 B.1 选用。

B.2.2 箱盖框架的端、侧梁截面尺寸亦按表 B.1 选用。

表 B.1 型钢框架截面尺寸

<table>
<tr><td rowspan="3">内装物质量/kg</td><td colspan="4">箱宽/mm</td></tr>
<tr><td>400</td><td>600</td><td>800</td><td>1 000</td></tr>
<tr><td colspan="4">截面尺寸/mm</td></tr>
<tr><td>50</td><td rowspan="2">40×1.3</td><td rowspan="3">40×1.3</td><td rowspan="4">40×1.5</td><td rowspan="3">40×1.5</td></tr>
<tr><td>80</td></tr>
<tr><td>100</td><td rowspan="3">40×1.5</td></tr>
<tr><td>150</td><td rowspan="3">40×1.5</td><td rowspan="2">40×1.8</td></tr>
<tr><td>200</td><td rowspan="3">40×1.8</td></tr>
<tr><td>300</td><td rowspan="2">40×1.8</td><td rowspan="3">40×2.0</td></tr>
<tr><td>400</td><td rowspan="2">40×1.8</td></tr>
<tr><td>500</td><td>40×1.8</td><td>40×2.0</td></tr>
</table>

B.2.3 箱体框架的上端、侧梁应根据选用的竹胶合板厚度进行卷边，卷边深度以卡住竹胶合板箱板 10 mm～20 mm 为宜。表 B.1 规定的截面宽度不包括上端、侧梁的卷边宽度。

B.3 型钢枕木和中档

B.3.1 型钢枕木和中档的数量根据内装物质量和箱的长度，按表B.2选用，当箱长大于1 200 mm时，型钢枕木和中档数量应相应增加。

表B.2 型钢枕木和中档数量

内装物质量/kg	箱宽/mm			
	600	800	1 000	1 200
100	2/2	2/2	2/2	3/3
150	2/2	2/2	3/3	3/3
200	2/2	2/2	3/3	3/3
300	2/2	3/3	3/3	4/4
400	3/3	3/3	4/4	4/4
500	3/3	3/3	4/4	4/4
注：分子为中档道数，分母为型钢枕木个数。				

B.3.2 型钢枕木的高度不得小于45 mm。

B.3.3 中档的截面尺寸不得小于50×2 mm，可置于箱板内侧，也可置于箱板外侧。置于箱板内侧的中档可制成角钢形或压延出凸筋以卡住内装物。

B.4 箱板

箱板的厚度按表B.3选用。

表B.3 Ⅱ-B型箱竹胶合板箱板厚度

内装物质量/kg	分级	箱宽/mm			
		400	600	800	1 000
		竹胶合板厚度/mm			
100	一级	5	5	4	4
	二级	4	4	3	3
200	一级	5	5	4	4
	二级	4	4	3	3
300	一级	6	6	5	4
	二级	5	4	4	3
400	一级	6	6	5	5
	二级	5	5	4	4
500	一级	7	7	5	5
	二级	6	5	4	4

B.5 组箱

B.5.1 型钢组成框架后，在接合处用焊接方法焊牢。

B.5.2 一级箱的型钢框架必须作防锈处理，二级箱的型钢框架根据内装物的要求确定其防护方法。

B.5.3 箱板用铆接、螺栓或冲孔等连接方式固定在型钢框架上。

B.5.4 箱盖盖扣在箱体上，并用螺栓、螺母锁闭，螺母固定在箱体中档上端，箱盖侧梁上应设锁孔根据需要也可采用其他锁闭或固定方式。

附 录 C
（资料性附录）
C、D型箱构件的选用和组箱方法

C.1 一般要求

C.1.1 内装物应牢固地固定在底座上。

C.1.2 为防止内装物因接触框架引起的损伤，应在其间充填缓冲材料或留出 30 mm～50 mm 的间隙。

C.2 底座

C.2.1 底座的结构型式如图 C.1 和图 C.2 所示。

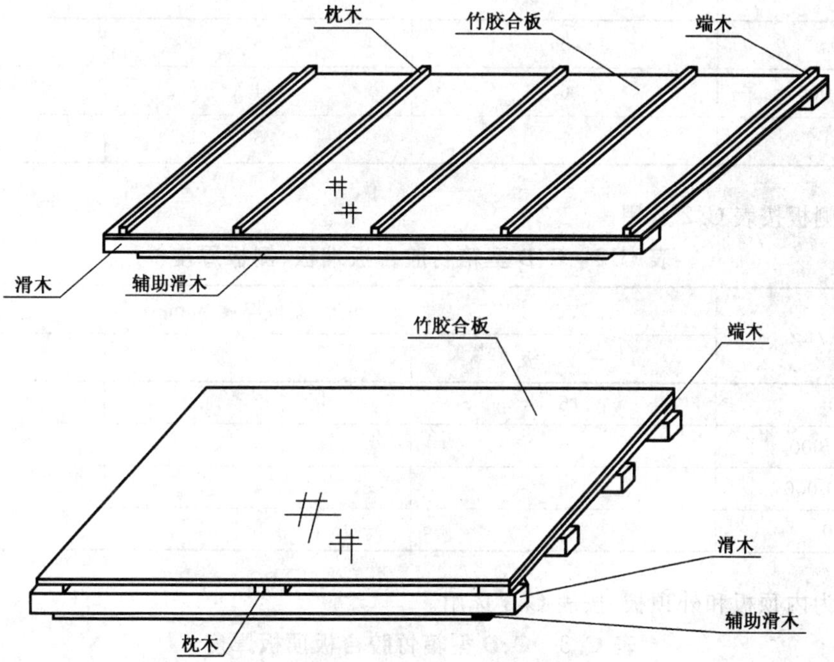

图 C.1 滑木底座

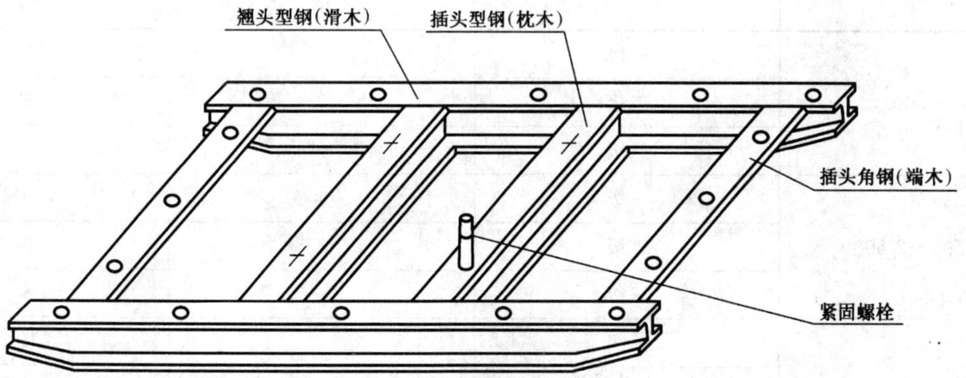

图 C.2 型钢底座

C.2.2 视底座为独立受力构件并根据其受力状况进行计算，按 GB/T 7284 的有关规定确定其滑木、枕木的截面尺寸或型钢的规格。

C.2.3 辅助滑木按 GB/T 7284 规定选用和安装。

C.3 端木

按 GB/T 7284 规定选用(根据情况可以提高一档选用)和安装。

C.4 框架

按 GB/T 7284 规定选用和安装。

C.5 箱板

C.5.1 底板按表 C.1 选用。

表 C.1 C、D 型箱竹胶合板底板厚度

内装物质量/kg	底板厚度/mm		
	一 级	二 级	三 级
<1 000	5	3	2
1 000～10 000	6	4	3
>10 000	7	5	4

C.5.2 端板和侧板按表 C.2 选用。

表 C.2 C、D 型箱竹胶合板端板、侧板厚度

内装物质量/kg	端板、侧板厚度/mm		
	一 级	二 级	三 级
<1 000	5	2	2
≥1 000～5 000	6	3	2
≥5 000～10 000	6	4	3
>10 000	7	5	4

C.5.3 顶板分为内顶板和外顶板，按表 C.3 选用。

表 C.3 C、D 型箱竹胶合板顶板厚度

箱宽/mm	分 级	顶板厚度/mm	
		内 顶 板	外 顶 板
<1 500	一级	4	7
	二级	2	6
	三级	—	6
≥1 500～2 500	一级	4	9
	二级	3	8
	三级	—	8
>2 500	一级	4	10
	二级	3	9
	三级	—	9

注 1：根据内装物防护要求应在外顶板的下面增加防水材料。

注 2：运输及贮存过程中，不承受堆码负荷的竹胶合板箱可将顶板厚度适当减薄。

C.6 组箱

C.6.1 侧面和端面与底座的组装：

C.6.1.1 将侧面下框木放在底座之上，用钢钉将侧板固定在滑木上，同时将侧板和下框木钉固在枕木和端木上。

C.6.1.2 将端面下框木放在端木之前，用钢钉将端板和下框木钉固在端木上。

C.6.2 顶盖与侧面和端面的组装：

将顶盖安放在侧面和端面之上用钢钉将顶盖固定在侧面和端面的上框木上。

C.6.3 侧面和端面用钢钉钉固。

C.6.4 组箱用钢钉、六角头木螺钉、螺栓，螺母、钢带及加固保护件按5.1.4的规定。

端板和侧板一般采用对接，对接接口间隙不得大于5 mm，接口应尽量安排在立柱或平撑处，否则应增设附加立柱或附加平撑。

顶板应搭接，搭接宽度不得小于50 mm，搭接方向要有利于排水，接口应尽量安排在横梁或梁撑处，否则应增设附加横梁或附加梁撑。

底板根据情况可对接，也可搭接，对接接口间隙不得大于8 mm，搭接宽度不得小于40 mm，并安排在枕木或滑木处。

ICS 47.020.01
U 05

中华人民共和国国家标准

GB/T 13148—2008
代替 GB/T 13148—1991

不锈钢复合钢板焊接技术要求

Specification for welding of stainless steel clad plates

2008-07-30 发布　　2009-02-01 实施

中华人民共和国国家质量监督检验检疫总局
中国国家标准化管理委员会　发布

前　言

本标准代替 GB/T 13148—1991《不锈钢复合钢板焊接技术条件》。

本标准与 GB/T 13148—1991 相比，主要变化如下：

——标准名称改为“不锈钢复合钢板焊接技术要求”；

——调整了规范性引用文件；

——表 1 改为资料性附录 A“不锈钢复合钢板焊接材料”；

——增加了两种不锈钢复合钢对接坡口型式、四个基层钢牌号和一个复层钢牌号；

——修改了不锈钢复合钢板对接接头在室温下的弯曲试验规定；

——修改了先焊复层时基层焊接材料的选用；

——删除了长期没有生产和订货量的基层钢 22 g、15MnVR 和可以用与母材相同成分的焊丝或母材板的剪条作焊丝的说明；

——安全防护改为按 GB 9448《焊接与切割安全》的规定。

本标准的附录 A 为资料性附录。

本标准由中国船舶重工集团公司提出。

本标准由全国海洋船舶标准化技术委员会船用材料应用工艺分技术委员会归口。

本标准起草单位：中国船舶重工集团公司第七二五研究所、中国船舶工业综合技术经济研究院、锦西化工机械(集团)有限责任公司。

本标准主要起草人：王小华、武晶、辛宝、郝文生、曹伟翔、徐明林、吴道文。

本标准所代替标准的历次版本发布情况为：

——GB/T 13148—1991。

不锈钢复合钢板焊接技术要求

1 范围

本标准规定了不锈钢复合钢板焊接的材料、焊工、焊前准备、焊接工艺、焊接质量检验及焊接缺陷返修等技术要求。

本标准适用于以不锈钢为复层,以碳素钢或低合金钢为基层的总厚度不小于 4 mm 的不锈钢复合钢板的焊接。

2 规范性引用文件

下列文件中的条款通过本标准的引用而成为本标准的条款。凡是注日期的引用文件,其随后所有的修改单(不包括勘误的内容)或修订版均不适用于本标准,然而,鼓励根据本标准达成协议的各方研究是否可使用这些文件的最新版本。凡是不注日期的引用文件,其最新版本适用于本标准。

GB 150 钢制压力容器

GB/T 983 不锈钢焊条

GB/T 2650 焊接接头冲击试验方法(GB/T 2650—2008,ISO 9016:2001,IDT)

GB/T 2651 焊接接头拉伸试验方法(GB/T 2651—2008,ISO 4136:2001,IDT)

GB/T 2653 焊接接头弯曲试验方法(GB/T 2653—2008,ISO 5173:2000,IDT)

GB/T 3323 金属熔化焊焊接接头射线照相

GB/T 4241 焊接用不锈钢盘条

GB/T 4334.5 不锈钢硫酸-硫酸铜腐蚀试验方法

GB/T 4842 氩

GB/T 5117 碳钢焊条

GB/T 5118 低合金钢焊条

GB/T 5293 埋弧焊用碳钢焊丝和焊剂

GB/T 6052 工业液体二氧化碳

GB/T 6396 复合钢板力学及工艺性能试验方法

GB/T 8165 不锈钢复合钢板和钢带

GB 9448 焊接与切割安全

GB/T 12470 埋弧焊用低合金钢焊丝和焊剂

GB/T 13305 奥氏体不锈钢中 α-相面积含量金相测定法

GB/T 14957 熔化焊用钢丝

GB/T 16957 复合钢板焊接接头力学性能试验方法

JB 4708 钢制压力容器焊接工艺评定

JB/T 4730.2～4730.5 承压设备无损检测

JB 4733 压力容器用爆炸不锈钢复合钢板

SJ/T 10743 惰性气体保护电弧焊和等离子焊接、切割用钨铈电极

YB/T 5092 焊接用不锈钢丝

《锅炉压力容器压力管道焊工考试与管理规则》 国家质量监督检验检疫总局 2002 年版

3 术语和定义

下列术语和定义适用于本标准。

3.1

过渡层　buttering

为防止基层成分对复层焊缝金属的不利影响，以保证接头质量和性能，预先在基层焊缝金属表面熔敷一层规定成分的金属层。

4　材料

4.1　不锈钢复合钢板及其配套使用的焊接材料，应具有出厂质量证明书。如质量保证书不全或者认为必要时，应按有关标准对材料进行复验。

4.2　不锈钢复合钢板应分别符合 GB/T 8165 或 JB 4733 及供需双方协议的要求。

4.3　焊条应分别符合 GB/T 983、GB/T 5117 或 GB/T 5118 及供需双方协议的要求。

4.4　焊丝应分别符合 GB/T 14957、GB/T 4241 或 YB/T 5092 及供需双方协议的要求。

4.5　焊剂应分别符合 GB/T 5293 或 GB/T 12470 及供需双方协议的要求。

4.6　氩气应符合 GB/T 4842 的要求；二氧化碳应符合 GB/T 6052 或供需双方协议的要求。

4.7　用钨氩弧焊方法焊接时，推荐采用铈钨电极，并符合 SJ/T 10743 及供需双方协议的要求。

5　焊工

5.1　焊工应经技术培训，并考试合格，经有关部门认可，取得合格证书后，持证上岗。

5.2　焊工考试规则，可根据产品的技术要求，按《锅炉压力容器压力管道焊工考试与管理规则》执行；或由施工单位焊工考试委员会自行制定，并取得相应质量监督部门的认可。

5.3　焊工的施焊项目应与其资格证书核准的项目相符。

5.4　焊工应遵守焊接工艺规程。

6　焊前准备

6.1　下料

不锈钢复合钢板的下料宜采用机械加工方法，也可采用等离子弧切割、氧熔剂切割、气割（从基层表面起割）等方法。采用这些方法下料时，均应留有适当的加工余量。

6.2　接头型式

不锈钢复合钢板焊接接头主要采用对接和角接两种型式。

6.3　坡口型式、尺寸及加工

6.3.1　常用对接接头和角接接头的坡口型式及尺寸见图 1 和图 2。

6.3.2　焊接坡口一般应采用机械加工方法制成。若采用等离子弧切割、气割等方法加工坡口，则应除去坡口表面的氧化层和过热层。

单位为毫米

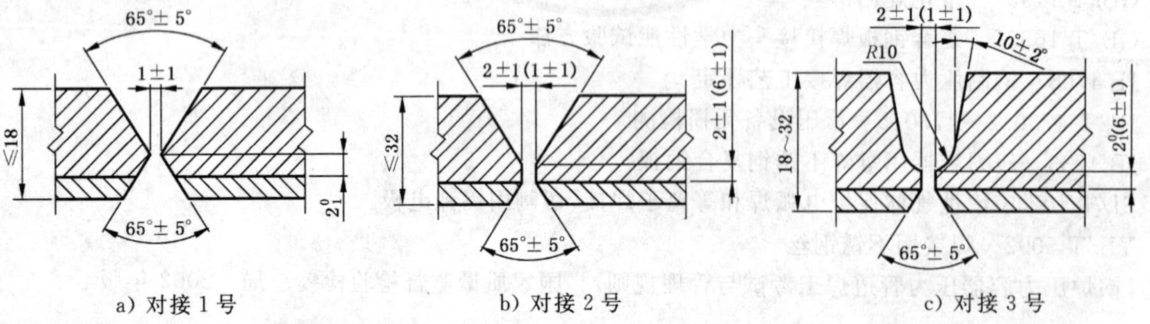

a) 对接 1 号　　b) 对接 2 号　　c) 对接 3 号

注：括号中的尺寸供埋弧焊用。

图 1　常用对接接头坡口型式与尺寸

单位为毫米

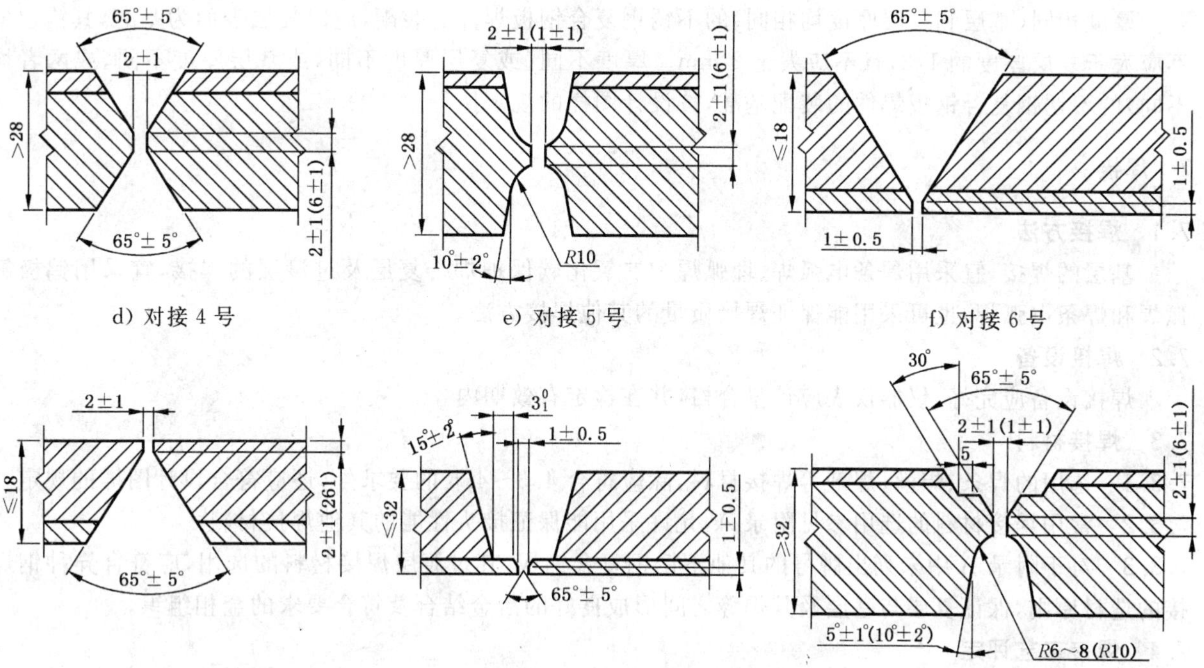

d) 对接 4 号　e) 对接 5 号　f) 对接 6 号

g) 对接 7 号　h) 对接 8 号　i) 对接 9 号

图 1（续）

单位为毫米

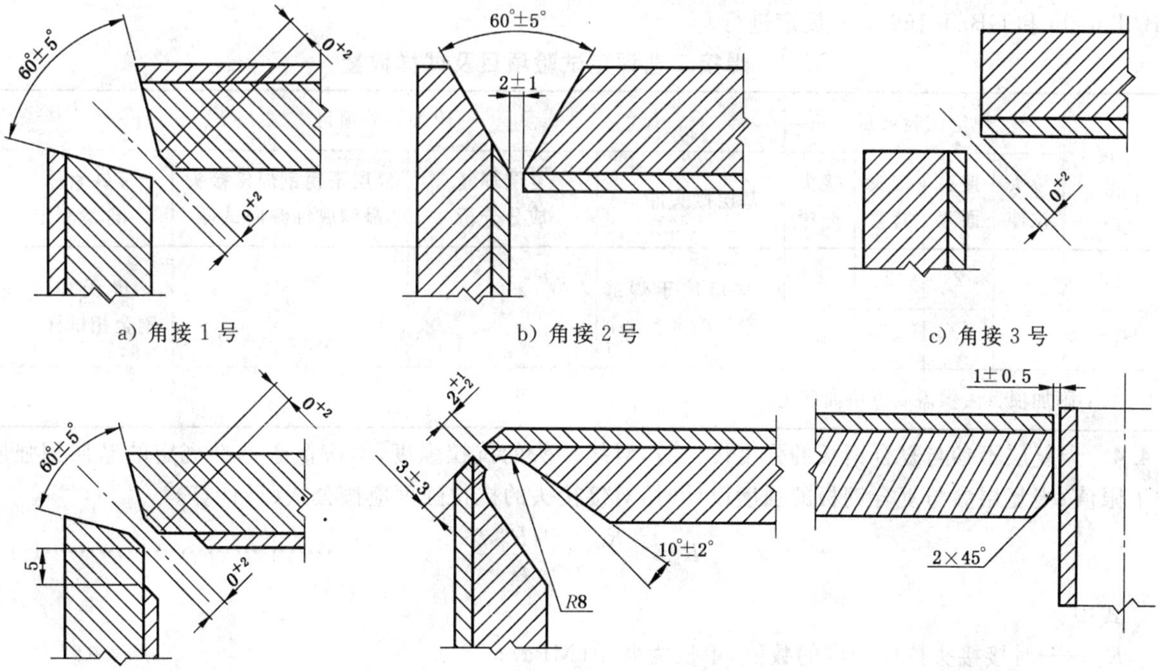

a) 角接 1 号　b) 角接 2 号　c) 角接 3 号

d) 角接 4 号　e) 角接 5 号　f) 角接 6 号

图 2　常用角接接头坡口型式与尺寸

6.4　焊前清理

焊前应采用机械方法及有机溶剂(如丙酮、酒精、香蕉水等)清除焊丝表面和焊接坡口两侧应不小于20 mm 范围内的油污、锈迹、金属屑、氧化膜及其他污物。多层多道焊时,应清除前道焊缝表面的熔渣和缺陷等。

6.5 焊件装配

厚度相同(基层和复层厚度均相同)的不锈钢复合钢板焊件的装配，应以复层表面为基准，其错边量不应大于复层厚度的1/2，且不应大于2 mm。厚度不同(或复层厚度不同，或基层厚度不同，或两者均不同)的不锈钢复合钢板焊件的装配基准，按设计图样的规定执行。

7 焊接

7.1 焊接方法

基层的焊接，宜采用焊条电弧焊、埋弧焊和二氧化碳保护焊。复层及过渡层的焊接，宜采用钨极氩弧焊和焊条电弧焊，也可采用能保证焊接质量的其他焊接方法。

7.2 焊接设备

焊接设备应完好，仪器仪表应计量合格，并在检定有效期内。

7.3 焊接材料

7.3.1 选用的焊条、焊丝、焊剂等焊接材料，除应符合4.3～4.5的要求外，还应符合设计图样的规定。

7.3.2 常用焊接材料的选用参见附录A，允许采用能保证接头性能的其他焊接材料。

7.3.3 对于附录A中未列出牌号的其他不锈钢复合钢板，其过渡层焊接材料的选用，应符合异种钢焊接的选材原则，保证复层与基层及其焊缝之间形成良好的冶金结合及符合要求的金相组织。

7.4 焊接工艺评定

7.4.1 当产品技术条件要求进行焊接工艺评定时，应在施焊前进行焊接工艺评定。

7.4.2 焊接工艺评定办法，由施工单位根据产品结构特点及技术要求，按照JB 4708制定，并取得有关质量监督部门的认可。

7.4.3 焊接工艺评定试验项目及取样数量见表1。其方法可按GB/T 2650、GB/T 2651、GB/T 2653、GB/T 6396和GB/T 16957的规定进行。

表1 焊接工艺评定试验项目及试样数量

总厚度/mm	规定试验项目				附加试验项目			
	接头拉伸	接头面弯	接头背弯	接头侧弯	基层接头冲击	复层焊缝成分分析	复层不锈钢焊接接头晶间腐蚀倾向试样	铁素体含量测定
<20	2	2	2	—	缺口位于焊缝及热影响区各3个	1	2	奥氏体不锈钢金相试样1个
≥20		—	—	4				
注：附加项目由供需双方协商确定。								

7.4.4 当复层不参与复合钢板的强度设计时，对接接头的抗拉强度，不应低于标准规定的基层钢强度的下限值；当复层参与复合钢板的强度设计时，对接接头的抗拉强度应按公式(1)计算。

$$R_m \geqslant \frac{R_{m1}t_1 + R_{m2}t_2}{t_1 + t_2} \qquad \cdots\cdots(1)$$

式中：

R_m——对接接头抗拉强度的数值，单位为兆帕(MPa)；

R_{m1}——标准规定的基层抗拉强度的下限值，单位为兆帕(MPa)；

R_{m2}——标准规定的复层抗拉强度的下限值，单位为兆帕(MPa)；

t_1——基层厚度的数值，单位为毫米(mm)；

t_2——复层厚度的数值，单位为毫米(mm)。

7.4.5 对接接头在室温下的弯曲试验应符合表2的要求或供需双方协议。

表 2 不锈钢复合钢板对接接头弯曲试验

弯曲试样类别	试样厚度 t/mm	弯心直径 D/mm	弯曲角度/(°)
侧弯试样	10	40	180
面弯、背弯试样	t	$4t$	

7.4.6 附加试验项目的合格标准，由供需双方协商确定。

7.5 焊接工艺规程

焊前应根据产品的结构特点、技术要求及评定合格的焊接工艺等，制定出焊接工艺规程。焊接施工应遵守焊接工艺规程。

7.6 焊接工艺参数

产品焊接工艺参数，可根据焊缝的具体情况、技术要求、焊接方法及焊接工艺评定的参数，由施工单位自行确定。原则上应采用较小的焊接线能量，避免焊件的过热。

7.7 定位焊

定位焊应在基层上进行，并采用与正式焊接相同的焊接材料及焊接工艺。其间距和长度，可根据焊件的具体情况自行确定。发现定位焊缝出现裂纹或其他不允许存在的缺陷时，应予铲除，并移位再焊。

7.8 焊接程序

7.8.1 焊接时，宜先焊基层，经清根及规定的质量检验项目检验合格后，再焊过渡层，最后焊复层。

7.8.2 若不能按 7.8.1 的程序进行焊接时，也可以先焊复层，再焊过渡层，最后焊基层。但在这种情况下，基层的焊接，宜用性能不低于过渡层焊接的奥氏体焊条或焊丝。

7.9 基层的焊接

焊接基层时，其焊道不应触及和熔化复层。先焊基层时，其焊道根部或表面，应距复合界面1 mm～2 mm。是否采取预热措施，视基层厚度、钢种及结构等因素而定。

7.10 过渡层的焊接

焊接过渡层时，应采用较小直径的焊条或焊丝及较小的焊接线能量。过渡层的厚度应不小于 2 mm。

7.11 复层的焊接

复层焊缝表面，应尽可能与复层表面保持平整、光顺。对接焊缝的余高，应不大于 1.5 mm。角接焊缝的凹凸度及焊脚高度，应符合设计图样的规定。对奥氏体不锈钢，其道间温度应不高于 100 ℃，并尽可能采用较小的焊接线能量。

7.12 产品焊接试板

当产品有要求时，应焊制产品焊接试板。产品焊接试板的工艺条件，应与该产品的相同，并应由焊接该产品的焊工与该产品同步焊成。产品焊接试板的焊接质量、检验项目及合格标准，应符合产品设计技术要求或其他有关规定。

7.13 焊后热处理及焊接残余应力的消除

焊后热处理按设计要求进行。焊接残余应力，可采用热处理或机械方法消除。当采用热处理时，宜在过渡层焊接之前进行。当复层不锈钢有晶间腐蚀倾向时，应注意敏化问题。

7.14 复层的表面质量保护

应采取适当措施，防止焊接飞溅损伤复层表面；不应在复层表面随意引弧、焊接卡兰、吊环及临时支架等。

7.15 焊后清理

焊后应清除焊件表面的焊渣、焊瘤、飞溅及其他污物。

7.16 焊工印记

清理完毕，应在基层焊缝附近的明显部位打上焊工印记(包括焊接基层与复层的焊工印记)。

8 焊接质量检验

8.1 检验人员

焊接质量检验人员应经技术培训，能正确掌握不锈钢复合钢板的焊接质量评定标准及检验方法。无损检测人员，应具有有关部门认可的相应资格。

8.2 检验程序及项目

焊接质量检验应包括工序检验和成品检验。焊接工序之间应经质检人员认可后，方可转入下道工序施工。成品检验项目一般包括外观检验、无损检测、焊接接头力学性能试验、压力试验与密性试验、晶间腐蚀倾向试验和金相检验等。

8.3 外观检验

8.3.1 外观检验采用目视或4倍～8倍放大镜检查。焊缝外观检查率为100%。

8.3.2 焊缝外观几何尺寸应符合设计图样的规定。

8.3.3 焊缝及热影响区表面不应有裂纹、未焊透、未熔合及超过允许范围的咬边、凹坑、夹渣等缺陷。

8.3.4 当产品设计图样及技术条件无明确规定时，焊缝的咬边深度不应大于板材厚度(复层与基层分计)的10%，且不大于0.5 mm。咬边的连续长度不应大于100 mm，且焊缝两边的咬边总长度不应大于该焊缝总长度的10%，或按供需双方协议的规定执行。

8.4 无损检测

8.4.1 射线检测按照GB/T 3323或JB/T 4730.2规定的方法进行。

8.4.2 超声波检测和磁粉检测分别按照JB/T 4730.3和JB/T 4730.4规定的方法进行。

8.4.3 复层焊缝渗透检测按照JB/T 4730.5规定的方法进行。

8.4.4 8.4.1～8.4.3的无损检测方法、检测范围及合格标准，应符合设计图样和技术条件的规定，或按供需双方协议的要求。

8.5 焊接接头力学性能试验

8.5.1 焊接接头力学性能试验方法应按GB/T 2650、GB/T 2651、GB/T 2653、JB 4708和GB/T 16957的规定进行。

8.5.2 当产品设计图样及技术条件无明确规定时，焊接接头的力学性能试验项目及合格标准，应符合7.4.3～7.4.6的要求。

8.6 压力试验与密性试验

当产品设计图样及技术条件有要求时，应进行压力试验和密性试验。试验方法按GB 150规定的方法进行。

8.7 晶间腐蚀倾向试验

对复层不锈钢焊接接头有晶间腐蚀倾向试验要求时，按GB/T 4334.5规定的方法进行试验和评定。

8.8 金相检验

若需进行金相检验，试验方法可按照GB/T 13305的规定进行，试样数量见表2。

9 焊接缺陷返修

9.1 当焊缝上发现有不允许的缺陷，应清除后进行返修。基层、过渡层和复层焊缝的返修应按复合板焊接接头的施焊程序分别依次进行。

9.2 焊缝同一部位的返修次数不宜超过两次。超过两次时应由施工单位技术总负责人批准，或由有关部门协商解决。返修后，应将返修的原始记录记入质量档案。

10 焊接施工环境和安全防护

焊接施工环境和安全防护分别按GB 150和GB 9448及其他有关规定执行。

附 录 A
（资料性附录）
不锈钢复合钢板焊接材料

A.1 不锈钢复合钢板焊接材料选用见表 A.1。

表 A.1 焊接材料

母材			焊条电弧焊	埋弧焊		气体保护焊	
类别		牌号		焊丝	焊剂	焊丝	气体
基材A	A_1	Q235B、Q235C、20、Q245R、CCS-A、CCS-B	E4303、E4315、E4316	H08A、H08MnA	HJ431、SJ101	H10Mn2、H08Mn2SiA	CO_2 或 Ar
	A_2	Q345、Q345R	E5003、E5015、E5016	H08MnA、H10Mn2、H10MnSi、H08Mn2SiA、H08Mn2MoA	HJ431、HJ430、HJ350、SJ101、SJ301、SJ501	H08Mn2SiA、H08Mn2MoA、H10MnSi	
	A_3	Q390、Q420	E5003、E5015、E5016、E5501-G、E5515-G、E5516-G				
	A_4	13MnNiMoR	E6016-D1、E6015-D1	H08Mn2MoA	HJ350、SJ101	H08Mn2MoA	
	A_5	14Cr1Mo、14Cr1MoR	E5515-B2	—	—	—	
		15CrMo、15CrMoR	E5515-B2	H13CrMoA、H08CrMoA	HJ350、SJ101	H13CrMoA、H08CrMoA	
复材B	B_1	06Cr13	E308-15、E308-16	—		—	—
	B_2	06Cr13Al					
	B_3	06Cr19Ni10、12Cr18Ni9				H0Cr21Ni10	Ar
	B_4	06Cr18Ni11Ti	E347-15、E347-16			H0Cr20Ni10Ti、H0Cr20Ni10Nb	
	B_5	022Cr19Ni10	E308L-16			H00Cr21Ni10	
	B_6	06Cr17Ni12Mo2	E316-16			H0Cr19Ni12Mo2	
		06Cr19Ni13Mo3	E317-16			H0Cr20Ni14Mo3	
	B_7	06Cr17Ni12Mo2Ti	E318-16			H0Cr19Ni12Mo2	
	B_8	022Cr17Ni12Mo2	E316L-16			H00Cr19Ni12Mo2	
		022Cr19Ni13Mo3	E317L-16			—	
过渡层异种钢		$(A_1 \sim A_3)+(B_1 \sim B_5)$	E309-15、E309-16、E310-15、E310-16			H1Cr24Ni13、H0Cr26Ni21、H1Cr26Ni21、H1Cr24Ni13Mo2	
过渡层异种钢		$(A_1 \sim A_5)+(B_6 \sim B_8)$	E309Mo-16、E310Mo-16			H1Cr24Ni13Mo2	
		$(A_4 \sim A_5)+(B_1 \sim B_5)$					

ICS 33.060.01
M 34

中华人民共和国国家标准

GB/T 13159—2008
代替 GB/T 13159—1991

数字微波通信系统进网技术要求

Networking specifications for digital radio systems

2008-10-29 发布　　　　2009-05-01 实施

中华人民共和国国家质量监督检验检疫总局
中国国家标准化管理委员会　发布

前　言

本标准代替 GB/T 13159—1991《数字微波接力通信系统进网技术要求》。

本标准与 GB/T 13159—1991 相比，主要修改内容如下：

——修改标准名称，删除原标题中的“接力”，并对应修改英文名称；

——将原标准中的附加说明纳入到前言部分；

——将原标准第 1 章标题修改为“范围”；

——将原标准第 2 章标题修改为“规范性引用文件”，并更新了引用文件的编号和名称；

——原标准第 5 章存在悬置段，新增 5.1“容量定义和分类”，将原标准中容量分类的相关内容纳入 5.1；

——将原标准 5.2 和 5.3 合并，标题为“工作频段和射频波道配置”，具体技术指标根据设备实际使用情况和国家相关规定进行更新；

——6.1 标题中增加“64 kbit/s”；

——第 7 章中增加对 FE/GE 接口的建议；

——第 8 章中，删除原有子章节，增加“干线数字微波系统的中频频率宜为 70 MHz 或 140 MHz”。

本标准由中华人民共和国工业和信息化部提出。

本标准由中国通信标准化协会负责归口。

本标准起草单位：信息产业部电信研究院。

本标准主要起草人：董晓鲁、张莉。

本标准所代替标准的历次版本发布情况为：

——GB/T 13159—1991。

数字微波通信系统进网技术要求

1 范围

本标准规定了大、中、小容量数字微波通信系统进入国家公用电话网和专用网时，所必须满足的技术要求，也规定了 4 GHz 和 6 GHz 频段为国家公用电话网的干线频段及最低容量系列限制。

本标准适用于大、中、小容量数字微波通信系统。

本标准适用于国内干线、支线及交换端局与 64 kbit/s 用户间的数字传输和国际数字传输。

2 规范性引用文件

下列文件中的条款通过本标准的引用而成为本标准的条款。凡是注日期的引用文件，其随后所有的修改单(不包括勘误的内容)或修订版均不适用于本标准，然而，鼓励根据本标准达成协议的各方研究是否可使用这些文件的最新版本。凡是不注日期的引用文件，其最新版本适用于本标准。

GB/T 7611 数字网系列比特率电接口特性

3 假设参考数字通道和假设参考数字段

3.1 假设参考连接的电路质量等级划分

图 1 示出 27 500 km 的 64 kbit/s 假设参考连接的五个组成部分。按照每一部分的误码性能，可以分成三种级别的数字电路，即高级、中级和用户级电路。

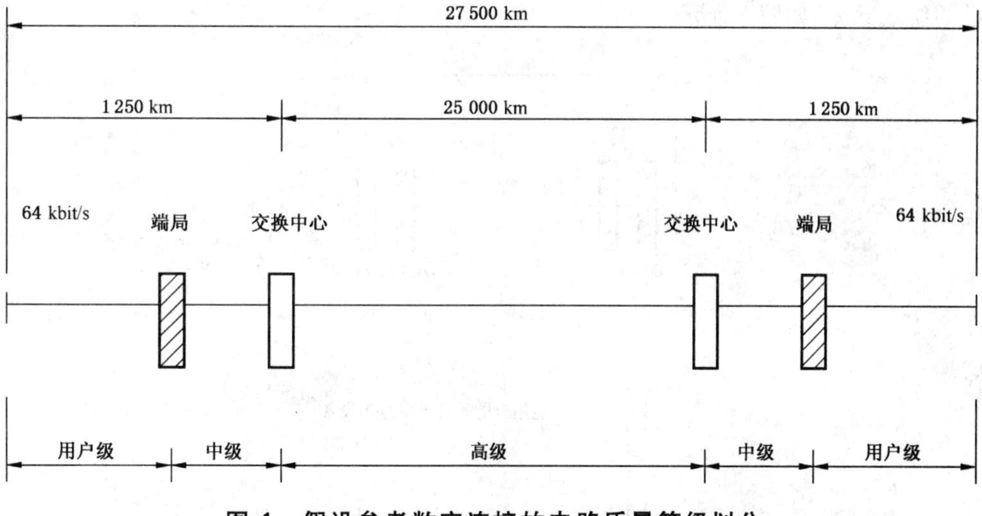

图 1 假设参考数字连接的电路质量等级划分

数字微波通道是适用于构成这些数字电路的传输通道之一，也是未来 ISDN 数字连接的组成部分。依据数字微波通道在假设参考连接中的位置，分别称其为高级、中级和用户级数字微波通道。高级数字微波通道主要用于国际数字传输和国内干线数字传输；中级数字微波通道主要用于国内中短距离数字传输；用户级数字微波通道主要用于本地数字交换端局与 64 kbit/s 用户间的数字传输。

3.2 用于构成高级部分的 2 500 km 假设参考数字通道

容量在二次群以上的满足高级性能要求的假设参考数字通道的长度为 2 500 km。

该通道的每个传输方向包含 9 组标准系列的数字复用(复接和分接)设备。

该通道包含 9 段等长的完全相同的微波数字段。

该通道的组成情况，如图 2 所示。

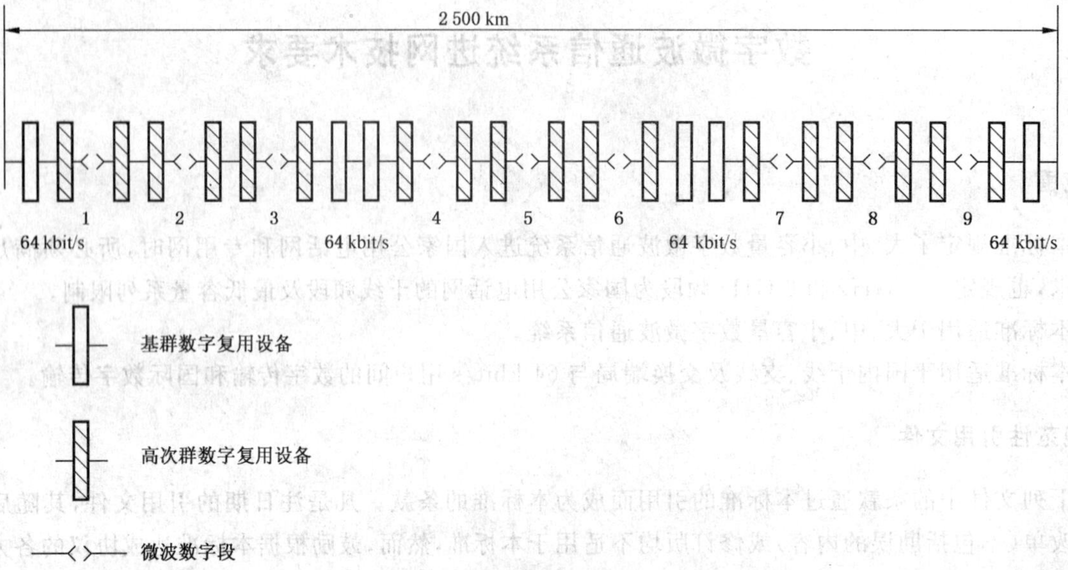

图 2 高级假设参考数字通道

3.3 中级部分的数字微波通道

假设参考连接的每一中级部分的数字微波通道其最大长度为 1 250 km，可由传输质量不同的四类假设参考字段构成，第一类和第二类假设参考数字段的长度为 280 km，第三类和第四类假设参考数字段的长度为 50 km。

3.4 用户级部分假设参考数字通道

用户级部分假设参考数字通道的长度为 50 km。

该通道的组成部分，如图 3 所示。

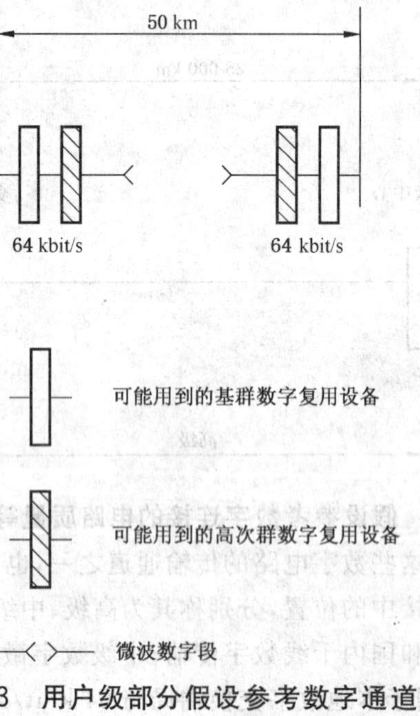

图 3 用户级部分假设参考数字通道

4 误码性能

4.1 3.2 规定的 2 500 km 假设参考数字通道的 64 kbit/s 输出端的误码性能指标

在衰落、干扰和其他能引起性能恶化的各种因素的影响下，3.2 规定的 2 500 km 假设参考数字通道的 64 kbit/s 输出端的误码性能指标如下：

a) 任何月份内，1 min 平均比特差错率大于 1×10^{-6} 的时间率不大于 0.4%；

b) 任何月份内，1 s 平均比特差错率大于 1×10^{-3} 的时间率不大于 0.054%；

c) 任何月份误码秒累计时间率不大于 0.32%。

4.2 3.3 规定的数字通道的 64 kbit/s 输出端的误码性能指标

在衰落、干扰和其他能引起性能恶化的各种因素的影响下，3.3 规定的数字通道的 64 kbit/s 输出端的误码性能指标如下：

a) 任何月份内，1 min 平均比特差错率大于 1×10^{-6} 的时间率不大于 1.5%；

b) 任何月份内，1 s 平均比特差错率大于 1×10^{-3} 的时间率不大于 0.04%；

c) 任何月份误码秒累计时间率不大于 1.2%。

在衰落、干扰和其他能引起性能恶化的各种因素的影响下，假设参考数字段的 64 kbit/s 输出端的误码性能指标，如表 1 所示，其中第 1 类假设参考数字段亦适用于组成 2 500 km 假设参考数字通道。

表 1 假设参考数字段误码性能指标

时间率（任何月份） / 数字段类别（长度） / 误码性能项目	第 1 类（280 km）	第 2 类（280 km）	第 3 类（50 km）	第 4 类（50 km）
恶化分	≤0.045%	≤0.2%	≤0.2%	≤0.5%
严重误码秒	≤0.006%	≤0.007 5%	≤0.002%	≤0.005%
误码秒（最少含有一个误比特的秒）	≤0.036%	≤0.16%	≤0.16%	≤0.4%

4.3 3.4 规定的用户级假设参考数字通道的 64 kbit/s 输出端的误码性能指标

在衰落、干扰和其他能引起性能恶化的各种因素的影响下，3.4 规定的用户级假设参考数字通道的 64 kbit/s 输出端的误码性能指标如下：

a) 任何月份内，1 min 平均比特差错率大于 1×10^{-6} 的时间率不大于 0.75%；

b) 任何月份内，1 s 平均比特差错率大于 1×10^{-3} 的时间率不大于 0.007 5%；

c) 任何月份误码秒累计时间率不大于 0.6%。

4.4 实际数字微波通道的误码性能

实际数字微波通道（包括规划与设计中的）在长度和组成等方面很可能与假设参考数字通道有很大不同，其输出端的误码性能指标如下：

a) 当实际数字微波通道作为数字连接的高级通道，且长度 L 为 280 km～2 500 km 时：

1) 任何月份内，1 min 平均比特差错率大于 1×10^{-6} 的时间率不大于(0.4×L/2 500)%；

2) 任何月份内，1 s 平均比特差错率大于 1×10^{-3} 的时间率不大于(0.054×L/2 500)%；

3) 任何月份误码秒累计时间率不大于(0.32×L/2 500%；

4) 残余误码率(*RBER*)为：$RBER\leqslant L\times5.0\times10^{-9}/2\ 500$；

5) 当 L 小于 280 km 时，按 L=280 km 规定其误码性能指标和残余误码率。

b) 当数字连接的某一中级部分全部由实际数字微波通道（长度约为 1 250 km）组成时，响应的误码性能指标应符合 4.2a)、4.2b)和 4.2c)的规定。

1) 当实际微波数字段长度不大于对应类别的假设参考数字段的长度时，相应的误码性能指标应符合表 1 的规定。

2) 当实际微波数字段长度 L 与相应类别的假设参考数字段的长度 L_s 有下列关系时：$nL_s<L<(n+1)L_s$，其 64 kbit/s 输出端的性能，应按对应类别的假设参考数字段的性能指标

的$(n+1)$倍来规定。

c) 当实际数字微波通道作为数字连接的用户级通道，且其长度不大于50 km时，响应的误码性能指标应符合4.3的规定。当实际只有数字微波通道一种传输手段作为本地端局至64 kbit/s用户间的数字通道时，其相应的误码性能指标可以放宽到4.3规定的2倍。

d) 在通信网路规划设计中，中级部分和用户级部分的误码性能指标，允许加起来一并考虑，可以相互调剂使用。

5 容量系列、工作频段及射频波道配置

5.1 容量定义和分类

数字微波系统的容量是指每一射频波道传输的标称比特率。实际每一射频波道传输的比特率可因业务管理比特、性能控制比特及路旁业务比特等的插入而有所增大。

一般容量在10 Mbit/s以下的系统，通称为小容量数字微波系统；容量大于10 Mbit/s而小于100 Mbit/s的系统，通称为中容量数字微波系统；容量大于100 Mbit/s的系统，称为大容量数字微波系统。

5.2 容量系列

5.2.1 准同步数字系列微波系统的容量系列

a) 2.048 Mbit/s：容量为2.048 Mbit/s的准同步数字系列。

b) 2×2.048 Mbit/s：容量为二倍的2.048 Mbit/s的准同步数字系列。

c) 8.448 Mbit/s：容量为8.448 Mbit/s的准同步数字系列。

d) 2×8.448 Mbit/s：容量为二倍的8.448 Mbit/s的准同步数字系列。

e) 34.368 Mbit/s：容量为34.368 Mbit/s的准同步数字系列。

f) 2×34.368 Mbit/s：容量为二倍的34.368 Mbit/s的准同步数字系列。

g) 139.264 Mbit/s：容量为139.264 Mbit/s的准同步数字系列。

5.2.2 同步数字系列微波系统的容量系列

a) 51.840 Mbit/s(STM-0或STM-RR)：容量为51.840 Mbit/s的同步数字系列，即传送微波接力系统的零阶同步传送模块(STM-0)的标称速率。

b) 155.52 Mbit/s(STM-1)：容量为155.52 Mbit/s的同步数字系列，即传送微波接力系统的一阶同步传送模块(STM-1)的标称速率。

c) 2×155.52 Mbit/s(2×STM-1)：容量为2×155.52 Mbit/s的同步数字系，即传送二倍的微波接力系统的一阶同步传送模块(2×STM-1)的标称速率。

d) 4×155.52 Mbit/s(4×STM-1)：容量为4×155.52 Mbit/s的同步数字系列，即传送四倍的微波接力系统的一阶同步传送模块(4×STM-1)的标称速率。

e) 622.080 Mbit/s(STM-4)：容量为622.080 Mbit/s的同步数字系列，即传送微波接力系统的四阶同步传送模块(STM-4)的标称速率。

5.3 工作频段和射频波道配置

5.3.1 符号

f_0——所占用频段的中心频率(MHz)。

f_r——参考频率(MHz)。

f_n——下半频带某射频波道的中心频率(MHz)。

f'_n——上半频带某射频波道的中心频率(MHz)。

n——射频波道序号。

XS——在同一极化面上和在同一传输方向上，相邻射频波道的中心频率之间的频率间隔(MHz)。

YS——最近的去向与来向射频波道的中心频率之间的频率间隔(MHz)。

ZS——最外边的那一个射频波道的中心频率与频带边缘之间的频率间隔(MHz);在下面和上面的间隔数值不同的情况下,ZS_1 称下频率间隔,ZS_2 称上频率间隔。

DS——对每一对去向与来向射频波道的中心频率(如 f_n 和 f'_n)之间的频率间隔(MHz)。

5.3.2 工作频段

数字微波接力通信系统的工作频段有 1.5 GHz、4 GHz、5 GHz、6 GHz、7 GHz、8 GHz、11 GHz、13 GHz、14 GHz、15 GHz,18 GHz 及 23 GHz,其中 4 GHz、6 GHz 为国家公用电话网的干线频段。

5.3.3 射频波道配置

5.3.3.1 1.5 GHz 频段微波接力系统射频波道配置

1.5 GHz 频段的微波接力系统射频波道配置仅用于点对多点。

1.5 GHz 频段微波接力系统射频波道应按照表 2 的要求进行配置。

表 2 1.5 GHz 频段微波接力系统射频波道配置表

工作频段/GHz	频率范围/MHz	传输容量/Mbit/s(举例)	中心频率 f_0/MHz	占用频带/MHz	工作波道数(对)*N*	相邻波道间隔/MHz	最近的去向与来向波道中心频率间隔 *YS*/MHz	同一序号去向与来向波道中心频率间隔 *DS*/MHz	各射频波道中心频率 f_n 和 f'_n 的表达式/MHz
1.5	1 427～1 525	2.048	1 476	98	48	1	2	49	$f_n=f_0-49+n$ $f'_n=f_0+n$ $n=1,2,3,\cdots,48$
1.5	1 427～1 525	2.048	1 476	98	24	2	3	49	$f_n=f_0-49.5+2n$ $f'_n=f_0-0.5+2n$ $n=1,2,3,\cdots,24$
1.5	1 427～1 525	2×2.048	1 476	98	12	4	5	49	$f_n=f_0-50.5+4n$ $f'_n=f_0-1.5+4n$ $n=1,2,3,\cdots,12$
1.5	1 427～1 525	8.448	1 476	98	6	8	9	49	$f_n=f_0-52.5+8n$ $f'_n=f_0-3.5+8n$ $n=1,2,3,\cdots,6$

5.3.3.2 4.0 GHz 频段微波接力系统射频波道配置表

4.0 GHz 频段微波接力系统射频波道应按照表 3 的要求进行配置。

模拟设备使用至 2002 年底止,频率范围 3 800 MHz～4 200 MHz 的配置同时停用。

表 3 4.0 GHz 频段微波接力系统射频波道配置表

工作频段/GHz	频率范围/MHz	传输容量/Mbit/s(举例)	中心频率 f_0/MHz	占用频带/MHz	工作波道数(对)*N*	相邻波道间隔/MHz	最近的去向与来向波道中心频率间隔 *YS*/MHz	同一序号去向与来向波道中心频率间隔 *DS*/MHz	各射频波道中心频率 f_n 和 f'_n 的表达式/MHz
4.0	3 600～4 200	2×155.52; 155.52; 139.264	3 900	600	9	30	80	320	$f_n=f_0-310+30n$ $f'_n=f_0+10+30n$ $n=1,2,3,\cdots,9$

表 3（续）

工作频段/GHz	频率范围/MHz	传输容量/Mbit/s（举例）	中心频率 f_0/MHz	占用频带/MHz	工作波道数（对）N	相邻波道间隔/MHz	最近的去向与来向波道中心频率间隔 YS/MHz	同一序号去向与来向波道中心频率间隔 DS/MHz	各射频波道中心频率 f_n 和 f'_n 的表达式/MHz
4.0	3 600～4 200	4×155.52； 2×155.52； 155.52； 139.264	3 900	600	7	40	80	320	$f_n=f_0-320+40n$ $f'_n=f_0+40n$ $n=1,2,3,\cdots,7$
4.0	3 800～4 200	2×155.52； 155.52； 139.264	4 003.5	400	6	29	68	213	$f_n=f_0-208+29n$ $f'_n=f_0+5+29n$ $n=1,2,3,\cdots,6$

5.3.3.3　5.0 GHz 频段微波接力系统射频波道配置

5.0 GHz 频段微波接力系统射频波道应按照表 4 的要求进行配置。

表 4　5.0 GHz 频段微波接力系统射频波道配置表

工作频段/GHz	频率范围/MHz	传输容量/Mbit/s（举例）	中心频率 f_0/MHz	占用频带/MHz	工作波道数（对）N	相邻波道间隔/MHz	最近的去向与来向波道中心频率间隔 YS/MHz	同一序号去向与来向波道中心频率间隔 DS/MHz	各射频波道中心频率 f_n 和 f'_n 的表达式/MHz
5.0	4 400～5 000	4×155.52； 2×155.52； 155.52； 139.264	4 700	600	7	40	60	300	$f_n=f_0-310+40n$ $f'_n=f_0-10+40n$ $n=1,2,3,\cdots,7$

5.3.3.4　6.0 GHz 频段[低段(L)]微波接力系统射频波道配置

6.0 GHz 频段[低段(L)]微波接力系统射频波道应按照表 5 的要求进行配置。

表 5　6.0 GHz 频段[低段(L)]微波接力系统射频波道配置表

工作频段/GHz	频率范围/MHz	传输容量/Mbit/s（举例）	中心频率 f_0/MHz	占用频带/MHz	工作波道数（对）N	相邻波道间隔/MHz	最近的去向与来向波道中心频率间隔 YS/MHz	同一序号去向与来向波道中心频率间隔 DS/MHz	各射频波道中心频率 f_n 和 f'_n 的表达式/MHz
6.0(L)	5 925～6 425	2×155.52； 155.52； 139.264； 2×34.368	6 175	500	8	29.65	44.49	252.04	$f_n=f_0-259.45+29.65n$ $f'_n=f_0-7.41+29.65n$ $n=1,2,3,\cdots,8$

5.3.3.5　6.0 GHz 频段[高段(U)]微波接力系统射频波道配置

6.0 GHz 频段[高段(U)]微波接力系统射频波道应按照表 6 的要求进行配置。

表 6　6.0 GHz 频段[高段(U)]微波接力系统射频波道配置表

工作频段/GHz	频率范围/MHz	传输容量/Mbit/s(举例)	中心频率 f_0/MHz	占用频带/MHz	工作波道数(对)N	相邻波道间隔/MHz	最近的去向与来向波道中心频率间隔 YS/MHz	同一序号去向与来向波道中心频率间隔 DS/MHz	各射频波道中心频率 f_n 和 f'_n 的表达式/MHz
6.0(U)	6 425～7 110	4×155.52; 2×155.52; 155.52; 139.264	6 770	685	8	40	60	340	$f_n=f_0-350+40n$ $f'_n=f_0-10+40n$ $n=1,2,3,\cdots,8$
6.0(U)	6 425～7 110	2×155.52; 155.52; 139.264; 51.840	6 770	685	11	30	45	345	$f_n=f_0-355+30n$ $f'_n=f_0-10+30n$ $n=1,2,3,\cdots,11$

5.3.3.6　7.0 GHz 频段[低段(L)和高段(U)]微波接力系统射频波道配置

7.0 GHz 频段[低段(L)和高段(U)]微波接力系统射频波道应按照表 7 的要求进行配置。

表 7　7.0 GHz 频段[低段(L)和高段(U)]微波接力系统射频波道配置表

工作频段/GHz	频率范围/MHz	传输容量/Mbit/s(举例)	中心频率 f_0/MHz	占用频带/MHz	工作波道数(对)N	相邻波道间隔/MHz	最近的去向与来向波道中心频率间隔 YS/MHz	同一序号去向与来向波道中心频率间隔 DS/MHz	各射频波道中心频率 f_n 和 f'_n 的表达式/MHz
7.0(L)	7 125～7 425	2×155.52; 155.52; 139.264; 51.840	7 275	300	5	28	42	154	$f_n=f_0-161+28n$ $f'_n=f_0-7+28n$ $n=1,2,3,\cdots,5$
7.0(U)	7 425～7 725	2×155.52; 155.52; 139.264; 51.840	7 575	300	5	28	42	154	$f_n=f_0-161+28n$ $f'_n=f_0-7+28n$ $n=1,2,3,\cdots,5$

5.3.3.7　8.0 GHz 频段[低段(L)和中段(M)]微波接力系统射频波道

8.0 GHz 频段[低段(L)和中段(M)]微波接力系统射频波道应按照表 8 的要求进行配置。

表 8　8.0 GHz 频段[低段(L)和中段(M)]微波接力系统射频波道配置表

工作频段/GHz	频率范围/MHz	传输容量/Mbit/s(举例)	中心频率 f_0/MHz	占用频带/MHz	工作波道数(对)N	相邻波道间隔/MHz	最近的去向与来向波道中心频率间隔 YS/MHz	同一序号去向与来向波道中心频率间隔 DS/MHz	各射频波道中心频率 f_n 和 f'_n 的表达式/MHz
8.0(L)	7 725～8 275	2×155.52；155.52；139.264；2×34.368	8 000	550	8	29.65	103.77	311.32	$f_n=f_0-281.95+29.65n$ $f'_n=f_0+29.37+29.65n$ $n=1,2,3,\cdots,8$
8.0(L)	7 725～8 275	51.840；34.368；2×8.448；8.448	8 000	550	16	14.825	88.945	311.32	$f_n=f_0-281.95+14.825n$ $f'_n=f_0+29.37+14.825n$ $n=1,2,3,\cdots,16$
8.0(M)	8 275～8 500	51.840；34.368；2×8.448；8.448	8 387.5	225	6	14	49	119	$f_n=f_0-108.5+14n$ $f'_n=f_0+10.5+14n$ $n=1,2,3,\cdots,6$
8.0(M)	8 275～8 500	8.448；2×2.048；2.048	8 387.5	225	12	7	49	126	$f_n=f_0-108.5+7n$ $f'_n=f_0+17.5+7n$ $n=1,2,3,\cdots,12$

5.3.3.8　11.0 GHz 频段微波接力系统射频波道

11.0 GHz 频段微波接力系统射频波道应按照表 9 的要求进行配置。

表 9 11.0 GHz 频段微波接力系统射频波道配置表

工作频段/GHz	频率范围/MHz	传输容量/Mbit/s（举例）	中心频率 f_0/MHz	占用频带/MHz	工作波道数（对）N	相邻波道间隔/MHz	最近的去向与来向波道中心频率间隔 YS/MHz	同一序号去向与来向波道中心频率间隔 DS/MHz	各射频波道中心频率 f_n 和 f'_n 的表达式/MHz
11.0	10 700～11 700	2×155.52；155.52；139.264；51.840	11 200	1 000	12	40	90	530	$f_n=f_0-525+40n$ $f'_n=f_0+5+40n$ $n=1,2,3,\cdots,12$
11.0	10 700～11 700	51.840；34.368	11 200	1 000	23	20	90	530	$f_n=f_0-505+20n$ $f'_n=f_0+25+20n$ $n=1,2,3,\cdots,23$

5.3.3.9 13.0 GHz 频段微波接力系统射频波道配置

13.0 GHz 频段微波接力系统射频波道配置应按照表 10 的要求进行配置。

表 10 13.0 GHz 频段微波接力系统射频波道配置表

工作频段/GHz	频率范围/MHz	传输容量/Mbit/s（举例）	中心频率 f_0/MHz	占用频带/MHz	工作波道数（对）N	相邻波道间隔/MHz	最近的去向与来向波道中心频率间隔 YS/MHz	同一序号去向与来向波道中心频率间隔 DS/MHz	各射频波道中心频率 f_n 和 f'_n 的表达式/MHz
13.0	12 750～13 250	155.52；139.264；51.840；34.368	12 996	500	8	28	70	266	$f_n=f_0-259+28n$ $f'_n=f_0+7+28n$ $n=1,2,3,\cdots,8$
13.0	12 750～13 250	51.840；34.368；2×8.448；8.448	12 996	500	16	14	56	266	$f_n=f_0-245+14n$ $f'_n=f_0+21+14n$ $n=1,2,3,\cdots,16$
13.0	12 750～13 250	8.448；2×2.048；2.048	12 996	500	32	7	49	266	$f_n=f_0-248.5+7n$ $f'_n=f_0+17.5+7n$ $n=1,2,3,\cdots,32$
13.0	12 750～13 250	2×2.048；2.048	12 996	500	64	3.5	45.5	266	$f_n=f_0-245+3.5n$ $f'_n=f_0+21+3.5n$ $n=1,2,3,\cdots,64$

5.3.3.10　14.0 GHz 频段微波接力系统射频波道配置

14.0 GHz 频段微波接力系统射频波道应按照表 11 的要求进行配置。

表 11　14.0 GHz 频段微波接力系统射频波道配置表

工作频段/GHz	频率范围/MHz	传输容量/Mbit/s（举例）	参考频率 f_r/MHz	占用频带/MHz	工作波道数（对）N	相邻波道间隔/MHz	最近的去向与来向波道中心频率间隔 YS/MHz	同一序号去向与来向波道中心频率间隔 DS/MHz	各射频波道中心频率 f_n 和 f'_n 的表达式/MHz
14.0	14 249～14 501	155.52；139.264；51.840；34.368	11 701	250	4	28	56	140	$f_n=f_r+2\,534+28n$ $f'_n=f_r+2\,674+28n$ $n=1,2,3,4$
14.0	14 249～14 501	51.840；34.368；2×8.448	11 701	250	8	14	42	140	$f_n=f_r+2\,541+14n$ $f'_n=f_r+2\,681+14n$ $n=1,2,3,\cdots,8$
14.0	14 249～14 501	8.448；2×2.048；2.048	11 701	250	16	7	35	140	$f_n=f_r+2\,544.5+7n$ $f'_n=f_r+2\,684.5+7n$ $n=1,2,3,\cdots,16$
14.0	14 249～14 501	2×2.048；2.048	11 701	250	32	3.5	31.5	140	$f_n=f_r+2\,546.25+3.5n$ $f'_n=f_r+2\,686.25+3.5n$ $n=1,2,3,\cdots,32$

5.3.3.11　15.0 GHz 频段微波接力系统射频波道配置

15.0 GHz 频段微波接力系统射频波道应按照表 12 的要求进行配置。

表 12　15.0 GHz 频段微波接力系统射频波道配置表

工作频段/GHz	频率范围/MHz	传输容量/Mbit/s（举例）	参考频率 f_r/MHz	占用频带/MHz	工作波道数（对）N	相邻波道间隔/MHz	最近的去向与来向波道中心频率 YS/MHz	同一序号去向与来向波道中心频率间隔 DS/MHz	各射频波道中心频率 f_n 和 f'_n 的表达式/MHz
15.0	14 500～15 350	155.52；139.264；51.840；34.368	11 701	850	15	28	28	420	$f_n = f_r + 2\,786 + 28n$ $f'_n = f_r + 3\,206 + 28n$ $n=1,2,3,\cdots,15$
15.0	14 500～15 350	51.840；34.368；2×8.448	11 701	850	30	14	14	420	$f_n = f_r + 2\,800 + 14n$ $f'_n = f_r + 3\,220 + 14n$ $n=1,2,3,\cdots,30$
15.0	14 500～15 350	8.448；2×2.048；2.048	11 701	850	60	7	7	420	$f_n = f_r + 2\,796.5 + 7n$ $f'_n = f_r + 3\,216.5 + 7n$ $n=1,2,3,\cdots,60$
15.0	14 500～15 350	2×2.048；2.048	11 701	850	120	3.5	3.5	420	$f_n = f_r + 2\,798.25 + 3.5n$ $f'_n = f_r + 3\,218.25 + 3.5n$ $n=1,2,3,\cdots,120$

5.3.3.12　18.0 GHz 频段微波接力系统射频波道配置

18.0 GHz 频段微波接力系统射频波道应按照表 13 的要求进行配置。

表 13 18.0 GHz 频段微波接力系统射频波道配置表

工作频段/GHz	频率范围/MHz	传输容量/Mbit/s（举例）	中心频率 f_0/MHz	占用频带/MHz	工作波道数（对）N	相邻波道间隔/MHz	最近的去向与来向波道中心频率间隔 YS/MHz	同一序号去向与来向波道中心频率间隔 DS/MHz	各射频波道中心频率 f_n 和 f'_n 的表达式/MHz
18.0	17 700～19 700	622.080；4×155.52；2×155.52；155.52；139.264	18 700	2 000	4	220	460	1 120	$f_n = f_0 - 1\,110 + 220n$ $f'_n = f_0 + 10 + 220n$ $n = 1,2,3,4$
18.0	17 700～19 700	622.080；4×155.52；2×155.52；155.52；139.264	18 700	2 000	7	110	460	1 120	$f_n = f_0 - 1\,000 + 110n$ $f'_n = f_0 + 120 + 110n$ $n = 1,2,3,\cdots,7$
18.0	17 700～19 700	2×155.52；155.52；139.264	18 700	2 000	15	55	350	1 120	$f_n = f_0 - 1\,000 + 55n$ $f'_n = f_0 + 120 + 55n$ $n = 1,2,3,\cdots,15$
18.0	17 700～19 700	155.52；139.264；51.840；34.368	18 700	2 000	32	27.5	240	1 092.5	$f_n = f_0 - 1\,000 + 27.5n$ $f'_n = f_0 + 92.5 + 27.5n$ $n = 1,2,3,\cdots,32$

5.3.3.13 23.0 GHz 频段微波接力系统射频波道配置

23.0 GHz 频段微波接力系统射频波道应按照表 14 的要求进行配置。

表 14　23.0 GHz 频段微波接力系统射频波道配置表

工作频段/GHz	频率范围/MHz	传输容量/Mbit/s（举例）	中心频率 f_0/MHz	占用频带/MHz	工作波道数（对）N	相邻波道间隔/MHz	最近的去向与来向波道中心频率间隔 YS/MHz	同一序号去向与来向波道中心频率间隔 DS/MHz	各射频波道中心频率 f_n 和 f'_n 的表达式/MHz
23.0	21 200～23 600	622.080；4×155.52；2×155.52；155.52	22 400	2 400	10	112	224	1 232	$f_n=f_0-1\,232+112n$ $f'_n=f_0+112n$ $n=1,2,3,\cdots,10$
23.0	21 200～23 600	2×155.52；155.52；139.264；51.840	22 400	2 400	40	28	140	1 232	$f_n=f_0-1\,190+28n$ $f'_n=f_0+42+28n$ $n=1,2,3,\cdots,40$
23.0	21 200～23 600	51.840；34.368；2×8.448；8.448	22 400	2 400	80	14	126	1 232	$f_n=f_0-1\,183+14n$ $f'_n=f_0+49+14n$ $n=1,2,3,\cdots,80$
23.0	21 200～23 600	8.448；2×2.048；2.048	22 400	2 400	160	7	119	1 232	$f_n=f_0-1\,179.5+7n$ $f'_n=f_0+52.5+7n$ $n=1,2,3,\cdots,160$
23.0	21 200～23 600	2×2.048；2.048	22 400	2 400	320	3.5	115.5	1 232	$f_n=f_0-1\,177.75+3.5n$ $f'_n=f_0+54.25+3.5n$ $n=1,2,3,\cdots,320$

5.3.4　在网路节点或城市地区需要时，可采用插入波道配置。插入波道的中心频率比相应的主波道中心频率低半个波道间隔（$XS/4$）。

6　可用性

6.1　数字微波通道 64 kbit/s（或数字段）可用性定义

6.1.1　公式定义

可用性＝1－不可用性

＝可用时间/（可用时间＋不可用时间）×100%

6.1.2　不可用时间

在至少一个传输方向上，只要下述 a）和 b）两个条件中有一个连续出现 10 s，即认定该通道不可用时间开始，且这 10 s 计入其不可用时间。

a）　数字信道阻断（即帧定位或位定时丧失）；

b）　每秒平均比特差错率大于 10^{-3}。

6.1.3 可用时间

在两个传输方向上，下述a)和b)两个条件同时连续出现10 s，即认定该通道可用时间开始，且这10 s计入其可用时间。

a) 数字信号恢复(即帧定位或位定时恢复)；

b) 每秒平均比特差错率小于10^{-3}。

6.2 可用性指标

2 500 km假设参考数字通道(双向)的年可用性指标为1—0.3%。

假设参考连接的每一中级部分数字微波系统(双向)的年可用性指标为1—0.3%。

3.4规定的用户级假设参考数字通道(双向)的年可用性指标为1—0.2%。

6.3 假设参考数字段的可用性指标

各类假设参考数字段(双向)的年可用性指标，为表15中的规定值。

表15 假设参考数字段的可用性指标

数字段类别	可 用 性
第1类(280 km)	1—0.033%
第2类(280 km)	1—0.05%
第3类(50 km)	1—0.05%
第4类(50 km)	1—0.1%

7 接口参数

7.1 数字微波系统的网路接口点

数字微波系统的网路接口点的选择，应参照图4进行。

数字微波系统和网路接口点为图4中的T、T′点，其中T为微波数字段的基带输出口，T′为微波数字段的基带输入口。

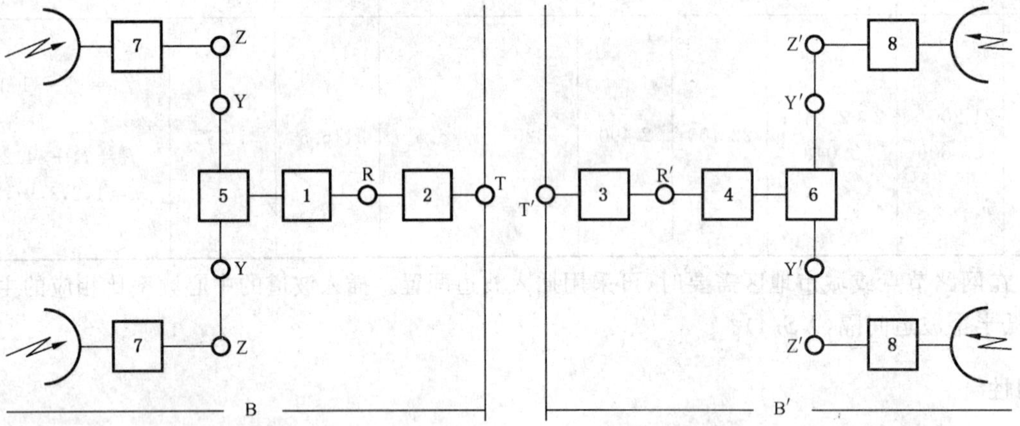

B、B′：微波数字段；

R、R′：微波数字段内系统间的可能连接点；

T、T′：数字段输出端和输入端；

Y、Y′：收端倒换设备的输入端和发端倒换设备的输出端；

Z、Z′：收、发信机的输出、输入端；

1、4：可能用到的信号处理单元；

2、3：可能用到的信号处理机和接口单元；

5、6：可能用到的保护倒换设备的收端和发端；

7、8：收、发信机(包括调制、解调器)和可能用到的信号处理单元。

图4 网路接口点的选择

7.2 接口参数

数字微波系统与数字网路的接口，均在标称数字速率上实现，即在 2 048 kbit/s、8 488 kibt/s、34 368 kbit/s、139 264 kbit/s 和 155.520 Mbit/s 上实现，并宜支持 FE/GE(fast ethernet/gigabit ethernet)接口。各种速率接口的接口参数，应符合 GB/T 7611 的规定。

在需要和可能条件下，经有关部门协商，数字微波系统间的接口，可在中频进行，其接口参数由协商确定。

8 中频频率

干线数字微波系统的中频频率宜为 70 MHz 或 140 MHz。

9 系统间干扰容限

来自地面通信系统、卫星通信系统及广播电视系统的干扰，均能引起数字微波系统的误码性能及可用性恶化；其恶化量不应超过第 4 章和第 6 章所规定时间率门限的 15%～20%，其中来自卫星通信系统的干扰引起的恶化为 10%，其他来自地面通信系统及广播电视的干扰引起的恶化为 5%～10%。

ICS 71.100.40
Y 43

中华人民共和国国家标准

GB/T 13173—2008
代替 GB/T 12030—1989，GB/T 12031—1989，GB/T 13173.1—1991 等

表面活性剂　洗涤剂试验方法

Surface active agents—Detergents—Testing methods

（ISO 607:1980，ISO 2996:1974，ISO 4313:1976，
ISO 4325:1990，ISO 697:1981，MOD；
ISO 4321:1977，IDT）

2008-05-28 发布　　2008-12-01 实施

中华人民共和国国家质量监督检验检疫总局
中国国家标准化管理委员会　发布

前　言

本标准的第 4 章、第 5 章、第 6.1 条、第 12 章、第 13 章及第 16 章分别为等同或修改采用相对应的 ISO 标准。对于修改采用 ISO 标准的内容，将其与 ISO 标准所存在的技术性差异用垂直线标识在它们所涉及条款的页边右侧空白处，并在附录 B 中给出了技术性差异及其原因一览表。

本标准是对 GB/T 12030—1989，GB/T 12031—1989，GB/T 13173.1—1991，GB/T 13173.2—2000，GB/T 13173.3～13173.6—1991，GB/T 13173.7—1993，GB/T 13175—1991，GB/T 13176.1～13176.3—1991 的整合修订并增加了测定洗涤剂中 4A 沸石含量、碱性蛋白酶相对酶活力或含量、有效氯含量等三项常见组分的分析方法。

本标准代替下列国家标准：

GB/T 12030—1989　粉状洗涤剂颗粒度的测定；

GB/T 12031—1989　洗涤剂中总五氧化二磷含量的测定　磷钼酸喹啉重量法；

GB/T 13173.1—1991　洗涤剂样品分样方法；

GB/T 13173.2—2000　洗涤剂中总活性物含量的测定；

GB/T 13173.3—1991　洗涤剂中非离子表面活性剂含量的测定(离子交换法)；

GB/T 13173.4—1991　洗涤剂中各种磷酸盐的分离测定(离子交换柱色谱法)；

GB/T 13173.5—1991　洗涤剂中甲苯磺酸盐含量的测定；

GB/T 13173.6—1991　洗涤剂发泡力的测定(Ross-Miles 法)；

GB/T 13173.7—1993　肥皂和洗涤剂中 EDTA(螯合剂)含量的测定　滴定法；

GB/T 13175—1991　粉状洗涤剂表观密度的测定(给定体积称量法)；

GB/T 13176.1—1991　洗衣粉白度的测定；

GB/T 13176.2—1991　洗衣粉中水分及挥发物含量的测定(烘箱法)；

GB/T 13176.3—1991　洗衣粉中活性氧含量的测定(滴定法)。

修订后的本标准主要变化如下：

——是对上述 13 项国家标准相关的重复规定进行了整理合并；

——修订整合后的内容构成了本标准的第 4 章～第 16 章，修订的同时更正了原标准中一些编辑性错误；

——参考英国标准 BS 3762-3.10:1989、美国标准 ASTM D 2023:1989(2003)，对洗涤剂中甲苯磺酸盐含量测定方法(GB/T 13173.5—1991)进行了修订；

——参考了有关文献资料后，制定了测定洗涤剂中 4A 沸石含量、碱性蛋白酶相对酶活力或含量、有效氯含量等三项常见组分的分析方法，构成了本标准第 17、18、19 章的内容；

——标准中有关条款与替代标准的对应关系及资料来源列于本标准的附录 A 中。

本标准的附录 A、附录 B 为资料性附录。

本标准由中国轻工业联合会提出。

本标准由全国表面活性剂和洗涤用品标准化技术委员会归口。

本标准起草单位：国家洗涤用品质量监督检验中心(太原)、中国日用化学工业研究院、诺维信(中国)投资有限公司。

本标准主要起草人：姚晨之、赵媛媛、李晓辉、郑娓。

本标准所代替标准的历次版本发布情况为：

——GB/T 12030—1989、GB/T 12031—1989、GB/T 13173.1—1991、GB/T 13173.2—2000、GB/T 13173.3～13173.6—1991、GB/T 13173.7—1993、GB/T 13175—1991、GB/T 13176.1～13176.3—1991。

表面活性剂　洗涤剂试验方法

1 范围

本标准规定了表面活性剂和洗涤剂的分样、颗粒度、总五氧化二磷、总活性物、非离子表面活性剂、各种不同形式的磷酸盐、甲苯磺酸盐、发泡力、螯合剂(EDTA)、表观密度、白度、水分及挥发物、4A沸石含量、活性氧、碱性蛋白酶活力、有效氯等16项指标的测试方法。

本标准适用于表面活性剂和洗涤剂产品的指标测定。使用本标准规定的方法测定样品时,应结合具体样品的特性选择合适的方法。

2 规范性引用文件

下列文件中的条款通过本标准的引用而成为本标准的条款。凡是注日期的引用文件,其随后所有的修改单(不包括勘误的内容)或修订版均不适用于本标准,然而,鼓励根据本标准达成协议的各方研究是否可使用这些文件的最新版本。凡是不注日期的引用文件,其最新版本适用于本标准。

GB/T 6003.1—1997　金属纺织试验筛

GB/T 9087　用于色度和光度测量的粉体标准白板

QB/T 2623.1—2003　肥皂中游离苛性碱含量的测定

QB/T 2739—2005　洗涤用品常用试验方法　滴定分析(容量分析)用试验溶液的制备

JB/T 9327　白度计

JJG 512　白度计检定规程

3 术语和定义

下列术语和定义适用于本标准。

3.1

表面活性剂　surface active agent

一种具有表面活性的化合物,它溶于液体特别是水中,由于在液/气表面或其他界面的优先吸附,使表面张力或界面张力显著降低。

3.2

洗涤剂　detergent

通过洗净过程用于清洗的专门配制的产品。

3.3

大批样品　bulk sample

不保持其独特性的汇集批样品。

3.4

混合的大批样品　blended bulk sample

汇集的批样掺合在一起得到的均一大批样。

3.5

分样　reduced sample

在不改变组成的条件下,通过减少样品的量而得到的样品。

注:在减少样量的同时,也可能需要减小样品颗粒。

3.6

最终样品　final sample

为了试验、参考或保存的目的，按照能够再分成相同份样的取样方法得到或制备的样品。

3.7

实验室样品　laboratory sample

为了送至实验室检验或试验用而制备的样品。

3.8

参考样品　reference sample

与实验室样品同时制备，并与之等同的样品。此样品可被有关各方接受并保留为在有异议时，用作实验室样品。

3.9

保存样品　storage sample

与实验室样品同时制备，并与之等同的样品。此样品将来可被用作实验室样品。

3.10

试验样品　test sample

由实验室样品制得，从中可直接称取试验份。

3.11

活性物（洗涤剂用）　active matter(for detergents)

在配方中显示规定活性的全部表面活性剂。

非离子表面活性剂　non-ionic surface active agent

在水溶液中不产生离子的表面活性剂。非离子表面活性剂在水中的溶解度是由于分子中存在具有强亲水性的官能团。

3.12

发泡力　foaming power

产品产生泡沫的能力。

3.13

螯合剂　chelating agent

具有几个电子给予体基团分子结构，能够通过螯合作用与金属离子结合的物质。

3.14

表观密度　apparent density

单位表观体积的质量。

3.15

白度　whiteness

在可见光区域内，物体表面相对完全白物体（标准白）漫反射辐射能的大小的比值，用百分数表示。

3.16

酶制剂　enzyme

一种特殊的蛋白质。洗涤剂中常用的酶制剂为蛋白酶、脂肪酶、淀粉酶和纤维素酶，主要用于水解某些特殊结构的污渍，以便将其从所附着的织物上去除，起到辅助洗涤的功能。

3.17

酶活力　enzyme activity

用于表征酶制剂的反应活性，表示具有活性的酶的数量，单位为活力单位。

3.18

相对酶活力　relatively enzyme activity

以某一特定酶制剂(称为参比酶)的活力为基本单位表示其他酶制剂的活力大小,单位为"GBU"。

4　样品的分样

注:由于以下原因需要对样品进行分样:

a)　由 500 g 以上的混合大批样品制备 250 g 以上的最终样品或实验室样品;

b)　由最终样品制备若干份相同的实验室样品或参考样品或保存样品,每份样品质量都在 250 g 以上;

c)　由实验室样品制备试验样品。

4.1　原理

用机械方法将大批样品分样,直到获得小份样品。

4.2　程序

4.2.1　粉状产品分样

此规定程序适用于粉状产品,包括喷雾干燥产品,特别包括在干燥过程后再配入添加剂的产品。

注 1:粉体中含有干燥后加入的添加剂时,所得到的物理混合物有分离倾向。

注 2:对洗衣粉,建议在通风橱内取样,需要时应带上面罩。

4.2.1.1　装置

可以用任何符合要求的装置。本标准规定使用锥形分样器。

锥形分样器(见图 1 和图 2)具有的构造应该使每次分样操作所得的两份样品在数量上差不多。在性质上可代表原样。

能满足这些条件的锥形分样器(见图 1),主要包括加料斗(A)、锥体(B)和转换料斗(C)。锥体(B)的顶部正好位于加料斗(A)下开口的中心,转换料斗(C)位于锥体(B)的底部。各个受器排列在转换料斗(C)的周围并交替地连接到转换料斗底部的两个出口。被分样样品经加料斗(A)流过锥体(B)表面,转至转换料斗(C),被分至各个受器,再交替地经两个出口流出,以给出两组类似的分样样品。

4.2.1.2　分样的制备

4.2.1.2.1　最终样品的制备

在锥形分样器两个出口的下面各放一个接受器,将加料斗的阀门关闭,样品放入加料斗中,将阀门开至最大,使大批样品流过锥体,被分成两部分,各置于一个接受器内。

保留两份样品中的一份,将另一份弃去。再将一份新的大批样品通过锥形分样器,重复操作,直至所有大批样品被分样。

弄干净装置,再将保留的相当于一半大批样品如上述通过设备,重复操作,直至得到需要量的分样。

4.2.1.2.2　几个相同样品的制备

若所需样品数超过一个,应制备足够分样以得到 $2n$ 个相同样品,此处 $2n$ 等于或超过所需样品数。

采用本分样器将分样分成 $2n$ 个相等份。立即把每份全部放入密封瓶或烧瓶内。

4.2.1.2.3　试验样品的制备

如从实验室样品取试验样品,需将实验室样品按 4.2.1.2.1 和 4.2.1.2.2 的规定处理。

试验样品量最少不应少于 10 g,否则试验样品可能不能真正代表大批样品,从而不适合用作分析。

4.2.2　浆状产品

4.2.2.1　装置

4.2.2.1.1　取样勺或刮勺。

4.2.2.1.2　适宜的混合器,装有混合用打浆器。

采用适宜设计的打浆器,要求有足够的功率,使大批样品能被全部混合并在 5 min 内呈奶油状。在混合过程中应尽量避免大量的气泡混入。

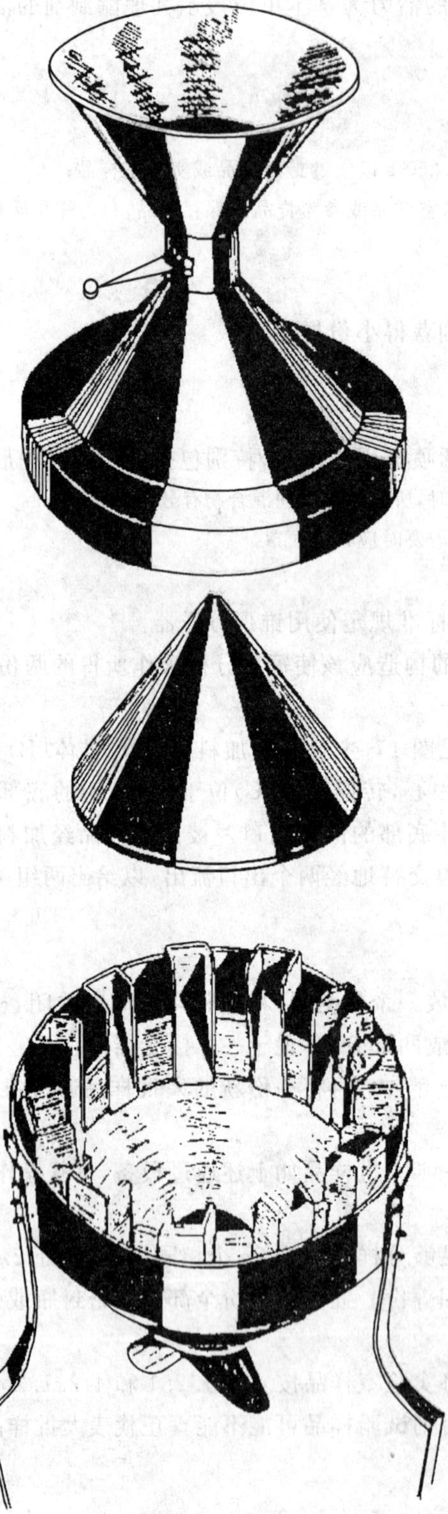

图 1 锥形分样器剖视图

单位为毫米

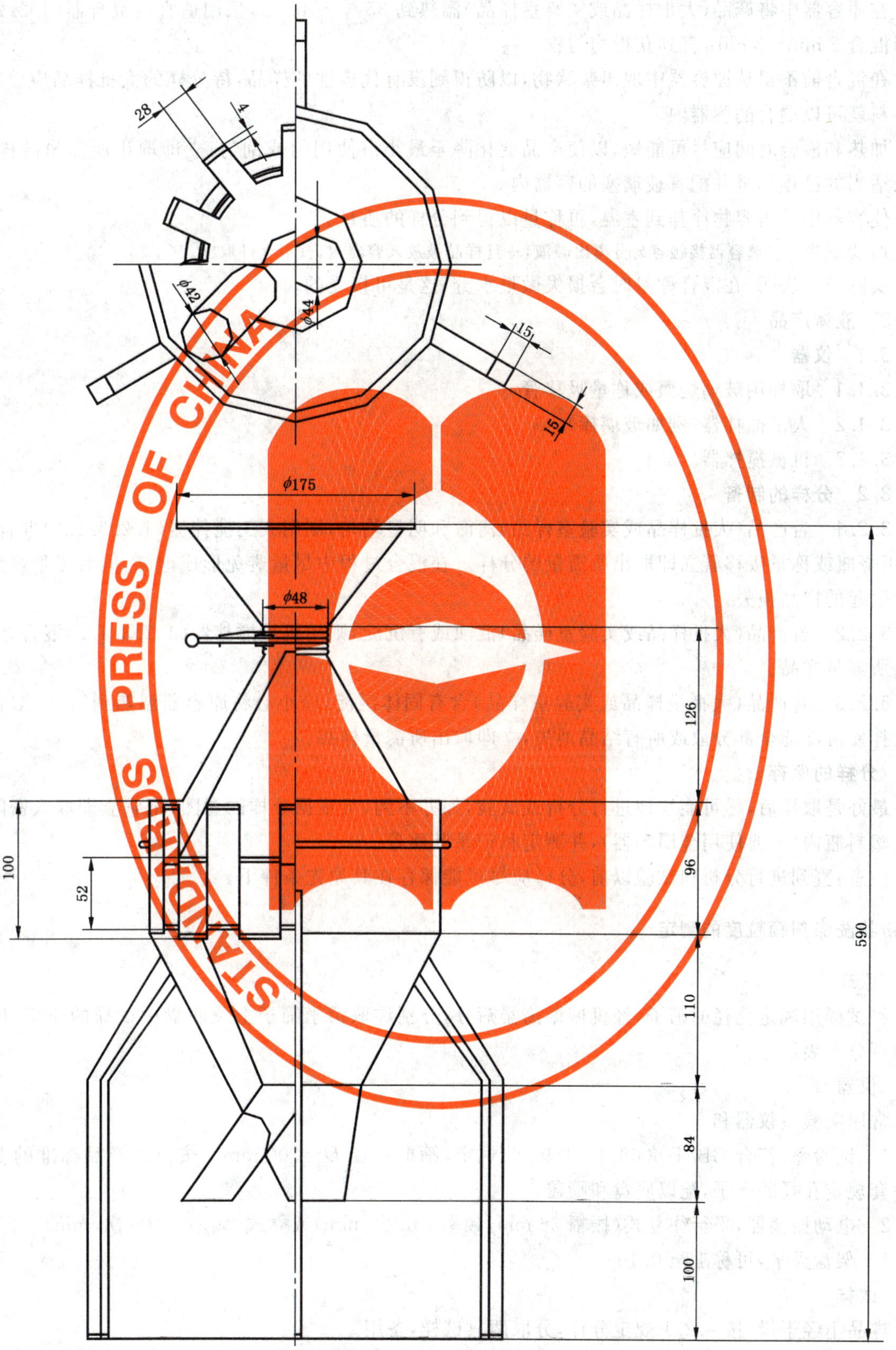

图2　锥形分样器总图

4.2.2.2 **分样的制备**

在原容器中将产品(大批样品或实验室样品)温热到35 ℃～40 ℃,采用适宜的混合器(4.2.2.1.2)立即混合2 min～3 min,直到获得均匀物。

在混合前不得从原容器中取出浆状物,以防得到没有代表性的样品,待分样的大批样品应放在不取出物料就可以混合的容器内。

加热和混合时间应尽可能短,以使产品变化降至最小。使用勺或刮勺,立即取出所需量的样品,并转入适当的已预称量并配有玻璃塞的容器内。

使容器中的内容物冷却到室温,再称量以得到分样的质量。

注:浆状物与玻璃容器接触容易分离出碱液,一旦样品被放入容器内,就不允许取出。

实际经验表明,在混合称量时会损失微量水分,这是可接受的。

4.2.3 **液体产品**

4.2.3.1 **仪器**

4.2.3.1.1 取样用玻璃烧瓶或称量吸移管。

4.2.3.1.2 人工搅拌器(例如玻璃棒)。

4.2.3.1.3 机械搅拌器。

4.2.3.2 **分样的制备**

4.2.3.2.1 若产品(大批样品或实验室样品)清澈和明显均匀,则用人工搅拌器(4.2.3.1.2)混合之,然后,用烧瓶或称量吸移管立即取出所需量的分样。在混合过程中尽量避免形成泡沫,同时尽量避免由于蒸发引起的样品损失。

4.2.3.2.2 若产品(大批样品或实验室样品)混浊或有沉淀,则用机械搅拌器(4.2.3.1.3)混合之,立即取出所需量样品。

4.2.3.2.3 若产品(大批量样品或实验室样品)含有固体沉淀,应小心将原容器温热到约30 ℃直到通过搅拌使沉淀能全部分散或所有结晶消失,立即取出所需量样品。

4.3 **分样的保存**

最好是取样后,尽可能快地进行分析或试验,如办不到,可根据分样的意图,把它立即放入密闭的玻璃或塑料瓶内(不要使用金属容器),并测定和记录其质量。

注意:直到进行分析和试验以前,分样应尽可能保存在其原先条件下。

5 粉状洗涤剂颗粒度的测定

5.1 **原理**

将试样用规定孔径的筛子,经机械振荡器筛分,分别称取留于筛子上及底盘中试样的质量,以对试样的百分率表示之。

5.2 **仪器**

常用实验室仪器和

5.2.1 试验筛,符合GB/T 6003.1—1997的规定,筛框直径D=200 mm。按待测产品标准的要求选取一套规定孔径的筛子,配以底盘和筛盖。

5.2.2 电动振荡器,平行往复式(振幅36 mm,频率243次/min)或立式(频率1 400次/min)。

5.2.3 架盘天平,可称准至0.1 g。

5.3 **试样**

样品不经干燥,按4.2.1规定分样,分取两只试样,备用。

5.4 **程序**

5.4.1 把按要求选取的一套规定孔径的清洁、干燥的筛子(5.2.1),按孔径从小到大的顺序,从下而上重叠为一筛组,将筛组置于底盘之上,一起装在电动振荡器上。

5.4.2 称取经分样器分样的试样 100 g(称准至 0.1 g),置于上层筛中,加筛盖。

5.4.3 开动振荡器,筛振 4 min±30 s;若用立式振荡器时,筛振 8 min±30 s。停止振荡后取下底盘和筛组,分别收集并称取各筛子及底盘中的试样质量(附着于筛面上的粒子用刷子仔细拂下)。

5.4.4 另取一只经分样器分样的试样,重复进行上述试验。

5.5 结果计算

根据筛盘上残留的试验份质量,按式(1)计算颗粒通过百分率:

$$A_i = \frac{\sum B_i}{m} \times 100\% \qquad \cdots\cdots(1)$$

式中:

A_i——经 i 筛层的通过率,%;

$\sum B_i$——i 筛层以下各层(不包括 i 筛层)和底盘上试验份质量之和,单位为克(g);

m——试验份的质量,单位为克(g)。

以两次平行测定结果的算术平均值表示至小数点后一位作为测定结果。

5.6 精密度

进行颗粒度试验时,各层筛上和底盘中残留试验份的质量之和($\sum B_i$),与投入试验份的质量(m)相比,减少量$\left(\frac{m-\sum B_i}{m} \times 100\right)$应不大于1%,否则须重新测定。

在重复性条件下获得的两次独立测定结果的绝对差值不大于 1.5%,以大于 1.5%的情况不超过5%为前提。

6 洗涤剂中总五氧化二磷的测定

6.1 磷钼酸喹啉重量法

6.1.1 原理

用硝酸水解聚磷酸盐。在丙酮溶液中磷酸盐以磷钼酸喹啉形式沉淀出来。将沉淀过滤、洗涤、干燥并称量。

6.1.2 试剂

除非另有说明,在分析中仅使用确认为分析纯的试剂和蒸馏水或去离子水或相当纯度的水。

注:适用于本标准所有试验。

6.1.2.1 硝酸(GB/T 626):密度约 1.4 g/mL,约 68%(质量分数)溶液。

6.1.2.2 柠檬酸钼酸钠试剂(即喹钼柠酮沉淀剂):

溶解 70 g 二水合钼酸钠($Na_2MoO_4 \cdot 2H_2O$)于 150 mL 水中(溶液 A)。

溶解 60 g 一水合柠檬酸($C_6H_8O_7 \cdot H_2O$)(GB/T 9855)于 150 mL 水和 85 mL 硝酸(6.1.2.1)的混合液中(溶液 B)。

在搅拌下,将溶液 A 加入到溶液 B 中(溶液 C)。

溶解 5 mL 喹啉(不含还原剂)于 100 mL 水和 35 mL 硝酸(6.1.2.1)的混合液中(溶液 D);

缓慢地把溶液 D 注入溶液 C 中并混匀。放入聚乙烯瓶中,置于暗处放置 24 h,用玻璃过滤坩埚(6.1.3.2)抽滤。量取 280 mL 丙酮(GB/T 686)注入滤液中,用水稀释至 1 000 mL,混匀,贮存于另一洁净的聚乙烯瓶中。此溶液在避光下保存不超过一周。

6.1.3 仪器

常用实验室仪器和

6.1.3.1 慢速定性滤纸,ϕ11 cm。

6.1.3.2 玻璃过滤坩埚,有烧结玻璃板,孔径 4 μm~10 μm。

6.1.3.3 烘箱,能控温(180±2)℃。

6.1.4 程序

6.1.4.1 试验份

样品混匀后，称取含125 mg～500 mg五氧化二磷的洗涤剂试样（称准至2 mg）于250 mL烧杯中。

6.1.4.2 测定

向盛有试验份的烧杯中加入95%乙醇（GB/T 679）至80 mL（对液体和膏状样品，加无水乙醇至乙醇浓度为95%），用玻璃棒轻搅后，盖上表面皿，置电热板上微沸10 min，取下冷却，用慢速定性滤纸（6.1.3.1）过滤，尽量使固体物留在烧杯中。然后用水洗涤滤纸两次，滤液收入保留有固体物的原烧杯中。

注：如遇水洗难以过滤时，可将滤纸底用针刺一个小孔，加速洗涤。

向原烧杯中补加水至80 mL，用玻璃棒轻搅后，盖上表面皿，置电热板上加热，使固体物溶解。取下冷却，移入500 mL容量瓶中，用水稀释至刻度，摇匀。用滤纸（6.1.3.1）过滤容量瓶中液体（前10 mL滤液弃去）。移取20.0 mL滤液于400 mL烧杯中，加水使总体积达到100 mL，加入8 mL硝酸（6.1.2.1），放入一玻璃棒，盖上表面皿，置电热板上煮沸40 min。趁热小心加入50 mL喹钼柠酮沉淀剂（6.1.2.2），再微沸1 min。取下静置、冷却。

用预先在（180±2）℃干燥恒重过的玻璃过滤坩埚（6.1.3.2）真空抽滤。用倾泻法过滤、洗涤烧杯中的沉淀约6次，每次用水约30 mL。然后用洗瓶将沉淀定量冲洗至玻璃过滤坩埚，再洗涤4次，每次用水20 mL～30 mL。洗涤时要待前一次洗涤用水完全滤干后再加下一份水。取下玻璃过滤坩埚，放入已控温于（180±2）℃的烘箱（6.1.3.3）中，待温度稳定后计时45 min。取出玻璃过滤坩埚，置于干燥器中冷却30 min后，称量。

重复加热、冷却、称量操作，至两次称量相差不超过0.001 g。

注：每次称量前在干燥器中冷却的时间应相同。

6.1.4.3 空白试验

用同样量的全部试剂，但不加试样，用同样方法进行空白试验。得到沉淀的质量应不大于1.5 mg，如果大于1.5 mg，应更新试剂。

6.1.5 结果计算

洗涤剂中总五氧化二磷（P_2O_5）含量以质量分数X表示，按式（2）计算：

$$X=\frac{(m_1-m_2)\times 0.032\,07}{m_0\times \frac{V}{500}}\times 100\% \qquad \cdots\cdots(2)$$

式中：

m_1——测定（6.1.4.2）中获得的沉淀质量，单位为克（g）；

m_2——空白试验（6.1.4.3）得到的沉淀质量，单位为克（g）；

m_0——试验份（6.1.4.1）的质量，单位为克（g）；

V——用于测定的所取试验溶液体积，单位为毫升（mL）；

0.032 07——磷钼酸喹啉$[(C_9H_7N)_3H_3(PO_4\cdot 12MoO_3)]$换算为五氧化二磷的系数。

以两次平行测定结果的算术平均值表示至小数点后一位作为测定结果。

6.1.6 精密度

对五氧化二磷含量在18%～30%的洗涤剂样品分析结果的重复性和再现性规定如下：

6.1.6.1 重复性

在重复性条件下获得的两次独立测试结果的绝对差值不大于0.5%，以大于0.5%的情况不超过5%为前提。

6.1.6.2 再现性

在再现性条件下获得的两次独立测试结果的绝对差值不大于1.1%，以大于1.1%的情况不超过5%为前提。

6.2　磷钼蓝比色法

6.2.1　原理

试样溶液滤去沸石等水不溶物后，取一定体积试液加入钼酸铵-硫酸溶液和抗坏血酸溶液，在沸水浴中加热 45 min，聚磷酸盐水解成正磷酸盐并生成磷钼蓝，用分光光度计在波长 650 nm 下测定吸光度 A，由标准曲线上求出相应吸光度的五氧化二磷(P_2O_5)量，计算相对样品的含量。

6.2.2　试剂

6.2.2.1　硫酸(GB/T 625)，$c(H_2SO_4)=5$ mol/L 溶液。

6.2.2.2　钼酸铵-硫酸溶液：将 7.2 g 四水合钼酸铵[$(NH_4)_6Mo_7O_{24}\cdot 4H_2O$](GB/T 657)溶解于水中，加入 400 mL 硫酸溶液(6.2.2.1)，用水稀释至 1 000 mL。此溶液中硫酸浓度为 $c(H_2SO_4)=2$ mol/L，含三氧化钼(MoO_3)约 6 g/L。

6.2.2.3　抗坏血酸，25 g/L 溶液。

将 2.5 g 抗坏血酸溶解于 100 mL 水中，该溶液过 2 d～3 d 需重新配制。

6.2.2.4　五氧化二磷标准溶液(1.00 mg/mL)：将磷酸二氢钾(KH_2PO_4)(GB/T 1274)在 110 ℃烘箱内干燥 2 h，在干燥器中冷却后称取 1.917 g(称准至 0.000 5 g)，加水溶解，移入 1 000 mL 容量瓶中，用水稀释至刻度，混匀。

6.2.2.5　五氧化二磷标准使用溶液(10 μg/mL)：准确移取 10.0 mL 五氧化二磷标准溶液(6.2.2.4)于 1 000 mL 容量瓶中，用水稀释至刻度，混匀。

6.2.3　仪器

常用实验室仪器和

6.2.3.1　分光光度计，波长范围 350 nm～800 nm，附有 20 mm 比色皿。

6.2.3.2　烧杯，150 mL。

6.2.3.3　容量瓶，100 mL、500 mL、1 000 mL。

6.2.3.4　移液管，10 mL、15 mL、20 mL、25 mL。

6.2.3.5　刻度移液管，10 mL。

6.2.3.6　硬质玻璃试管，ϕ25 mm×200 mm。

6.2.3.7　慢速定性滤纸，ϕ110 mm。

6.2.4　程序

6.2.4.1　标准曲线的制作

分别移取五氧化二磷标准使用溶液(6.2.2.5)0 mL、2.0 mL、4.0 mL、6.0 mL、8.0 mL、10.0 mL、15.0 mL、20.0 mL 至试管(6.2.3.6)中，加水至 25 mL，依次加入 10 mL 钼酸铵-硫酸溶液(6.2.2.2)和 2 mL抗坏血酸溶液(6.2.2.3)，置于沸水浴中加热 45 min，冷却，再分别转移至 100 mL 容量瓶(6.2.3.3)中，用水稀释至刻度，混匀。用分光光度计以 20 mm 比色池，水作参比，于 650nm 波长处测定此系列溶液的吸光度。以净吸光度为纵坐标，五氧化二磷的量(μg)为横坐标，绘制标准曲线。

注：净吸光度是指各含五氧化二磷标准使用溶液试验液的吸光度分别扣减 0 mL 五氧化二磷标准使用溶液试验液的吸光度。

6.2.4.2　测定

称取 1 g 试样(称准至 0.001 g)于 150 mL 烧杯中(6.2.3.2)，加水溶解并转移至 500 mL 容量瓶中，再加水至刻度，混匀。将溶液通过干的慢速定性滤纸(6.2.3.7)过滤，用干烧杯收集滤液，弃去前 10 mL，然后收集约 50 mL 滤液备用。

对于总五氧化二磷含量较低的产品(如低磷或无磷洗衣粉)，移取 25.0 mL 滤液至试管(6.2.3.6)中，按 6.2.4.1 中"依次加入……"测定该溶液的吸光度，同时作一空白试验(不加试样)。

对于总五氧化二磷含量较高的产品(如含磷洗衣粉)，移取 10.0 mL(V)滤液，定容于 1 000 mL 容量瓶中，摇匀，再移取 25.0 mL 至试管中，与上述同样程序测定该溶液的吸光度。

由净吸光度从标准曲线上查得相应的五氧化二磷量 $m(\mu g)$。

注：如果试验溶液的吸光度超过标准曲线上吸光度最大值，应减小试验溶液移取体积 V，重新测定。

6.2.5 结果计算

洗衣粉中总五氧化二磷含量以质量分数 X 计，数值以％表示，选择下式之一计算：

总五氧化二磷含量较低的产品：

$$X=\frac{m}{m_0}\times\frac{500}{25}\times10^{-4} \quad\cdots\cdots(3)$$

总五氧化二磷含量较高的产品：

$$X=\frac{m}{m_0}\times\frac{500\times1\,000}{25\times V}\times10^{-4} \quad\cdots\cdots(4)$$

式中：

m ——试验溶液净吸光度相当的五氧化二磷质量，单位为微克(μg)；

m_0——试样的质量，单位为克(g)；

V——用于测定吸光度的溶液体积，单位为毫升(mL)。

以两次平行测定的算术平均值表示至小数点后一位为测定结果。

6.2.6 精密度

在重复性条件下获得的两次独立测定结果的相对差值不大于 3％，以大于 3％的情况不超过 5％为前提。

7 洗涤剂中总活性物含量的测定

7.1 原理

用乙醇萃取试验份，过滤分离，定量乙醇溶解物及乙醇溶解物中的氯化钠，产品中总活性物含量用乙醇溶解物含量减去乙醇溶解物中的氯化钠含量算得。需在总活性物含量中扣除水助溶剂时，可用三氯甲烷进一步萃取定量后的乙醇溶解物，然后扣除三氯甲烷不溶物而算得。

7.2 试剂

7.2.1 95％乙醇(GB/T 679)，新煮沸后冷却，用碱中和至对酚酞呈中性。

7.2.2 无水乙醇(GB/T 678)，新煮沸后冷却。

7.2.3 硝酸银(GB/T 670)，$c(AgNO_3)=0.1$ mol/L 标准滴定溶液，按 QB/T 2739 中 4.5 配制和标定。

7.2.4 铬酸钾(HG/T 3440)，50 g/L 溶液。

7.2.5 酚酞(GB/T 10729)，10 g/L 溶液。

7.2.6 硝酸(GB/T 626)，0.5 mol/L 溶液。

7.2.7 氢氧化钠(GB/T 629)，0.5 mol/L 溶液。

7.2.8 三氯甲烷(GB/T 682)。

7.3 仪器

常用实验室仪器和

7.3.1 吸滤瓶，250 mL、500 mL 或 1 000 mL。

7.3.2 古氏坩埚：25 mL～30 mL，铺石棉滤层。

铺石棉滤层，先在坩埚底与多孔瓷板之间铺一层快速定性滤纸圆片，然后倒满经在水中浸泡24 h，浮选分出的较粗的酸洗石棉稀淤浆，沉降后抽滤干，如此再铺两层较细酸洗石棉，于(105±2)℃烘箱内干燥后备用。

7.3.3 沸水浴。

7.3.4 烘箱，能控温于(105±2)℃。

7.3.5 烧杯，150 mL、300 mL。

7.3.6　干燥器，内盛变色硅胶或其他干燥剂。

7.3.7　量筒，25 mL、100 mL。

7.3.8　三角烧瓶，250 mL。

7.3.9　玻璃坩埚，孔径 16 μm～30 μm，约 30 mL。

7.4　取样

根据样品特点，按本标准第 4 章处理和制备试验样品。

7.5　程序

7.5.1　定量乙醇溶解物和氯化钠含量测定总活性物含量（结果包含水助溶剂）（A 法）

7.5.1.1　乙醇溶解物的萃取

a)　称取试验样品（粉、粒状样品约 2 g，液、膏体样品约 5 g），准确至 0.001 g，置于 150 mL 烧杯（7.3.5）中，加入 5 mL 蒸馏水，用玻璃棒不断搅拌，以分散固体颗粒和破碎团块，直到没有明显的颗粒状物。加入 5 mL 无水乙醇（7.2.2），继续用玻璃棒搅拌，使样品溶解呈糊状，然后边搅拌边缓缓加入 90 mL 无水乙醇（7.2.2），继续搅拌一会儿以促进溶解。静置片刻至溶液澄清，用倾泻法通过古氏坩埚（7.3.2）进行过滤[用吸滤瓶（7.3.1）吸滤]。将清液尽量排干，不溶物尽可能留在烧杯中，再以同样方法，每次用 95%热乙醇（7.2.1）25 mL 重复萃取、过滤，操作四次。将吸滤瓶中的乙醇萃取液小心地转移至已称量的 300 mL 烧杯（7.3.5）中，用 95%热乙醇（7.2.1）冲洗吸滤瓶三次，滤液和洗液合并于 300mL 烧杯中（此为乙醇萃取液）。

b)　将盛有乙醇萃取液的烧杯（7.3.5）置于沸腾水浴中，使乙醇蒸发至尽，再将烧杯外壁擦干，置于（105±2）℃烘箱（7.3.4）内干燥 1 h，移入干燥器（7.3.6）中，冷却 30 min 并称重（m_1）。

注：测定液体或膏体样品时，称样后直接加入 100 mL 无水乙醇（7.2.2），加热、溶解、静置，用倾泻法通过古氏坩埚（7.3.2）进行过滤，以后步骤同上。

7.5.1.2　乙醇溶解物中氯化钠含量的测定

将已称量的烧杯中的乙醇萃取物分别用 100 mL 水、95%乙醇（7.2.1）20 mL 溶解洗涤至 250 mL 三角烧瓶（7.3.8）中，加入酚酞溶液（7.2.5）3 滴，如呈红色，则以 0.5 mol/L 硝酸溶液（7.2.6）中和至红色刚好退去；如不呈红色，则以 0.5 mol/L 氢氧化钠溶液（7.2.7）中和至微红色，再以 0.5 mol/L 硝酸溶液（7.2.6）回滴至微红色刚好退去。然后加入 1 mL 铬酸钾指示剂（7.2.4），用 0.1 mol/L 硝酸银标准滴定溶液（7.2.3）滴定至溶液由黄色变为橙色为止。

7.5.1.3　结果计算

7.5.1.3.1　乙醇溶解物中氯化钠的质量（m_2）以克计，按式（5）计算：

$$m_2 = 0.0585 \times V \times c \qquad (5)$$

式中：

0.058 5——氯化钠的毫摩尔相对分子质量，单位为克每毫摩尔（g/mmol）；

V——滴定耗用硝酸银标准滴定溶液的体积，单位为毫升（mL）；

c——硝酸银标准滴定溶液的浓度，单位为摩尔每升（mol/L）。

7.5.1.3.2　样品中总活性物含量以质量分数 X_1 表示，按式（6）计算：

$$X_1 = \frac{m_1 - m_2}{m} \times 100\% \qquad (6)$$

式中：

m_1——乙醇溶解物的质量，单位为克（g）；

m_2——乙醇溶解物中氯化钠的质量，单位为克（g）；

m——试验份的质量，单位为克（g）。

7.5.1.4 **精密度**

在重复性条件下获得的两次独立测定结果的绝对差值不大于0.3%,以大于0.3%的情况不超过5%为前提。

7.5.2 **定量乙醇溶解物测定总活性物含量(结果不包括水助溶剂)(B法)**

7.5.2.1 **操作步骤**

将80 mL三氯甲烷(7.2.8)以冲洗烧杯壁的方式加入7.5.1.1得到的乙醇溶解物(m_1)的烧杯。盖上表面皿,置烧杯于50℃左右的水浴中加热至溶解。稍澄清后,将上部清液通过已恒重并称准至0.001 g的玻璃坩埚(7.3.9)过滤(用250 mL吸滤瓶吸滤)。

每次再用20 mL三氯甲烷(7.2.8)如此洗涤烧杯内壁及残余物和滤埚两次。将滤埚和烧杯置于(105±2)℃烘箱内干燥1 h,移入干燥器(7.3.6)内冷却30 min后称量,得三氯甲烷不溶物(m_3)。

样品中总活性物含量(结果不包括水助溶剂)以质量分数X_2表示,按式(7)计算:

$$X_2 = \frac{m_1 - m_3}{m} \times 100\% \qquad \cdots\cdots(7)$$

式中:

m_1——乙醇溶解物的质量,单位为克(g);

m_3——乙醇溶解物中三氯甲烷不溶物的质量,单位为克(g);

m——试验份的质量,单位为克(g)。

7.5.2.2 **精密度**

在重复性条件下获得的两次独立测定结果的绝对差值不大于1.0%,以大于1.0%的情况不超过5%为前提。

8 洗涤剂中非离子表面活性剂含量的测定(离子交换法)

本方法用于测定洗涤剂中聚乙氧基化脂肪醇(AEO)和聚乙氧基化烷基酚(APE)、聚醚(PE)以及烷酰二乙醇胺等非离子表面活性剂含量。洗涤剂中常见的阴离子表面活性剂、羧甲基纤维素钠、氯化钠、硫酸钠、三聚磷酸钠、硅酸钠、硼酸钠等组分不干扰测定,但石油醚可溶物使结果相应偏高。

8.1 **原理**

用阴、阳离子交换树脂与离子型表面活性剂进行离子交换,使其保留在离子交换柱上,非离子表面活性剂则不被交换,而随溶剂流出。蒸除溶剂后,用重量法测定非离子表面活性剂的含量。

8.2 **试剂**

8.2.1 强酸性阳离子交换树脂(GB/T 13659):氢型,0.30 mm~1.00 mm,001×7型。

8.2.2 强碱性阴离子交换树脂(GB/T 13660):氯型,0.30 mm~1.00 mm,201×7型。

8.2.3 95%乙醇(GB/T 679)。

8.2.4 盐酸(GB/T 622):1 mol/L溶液。

8.2.5 盐酸(GB/T 622):4 mol/L溶液。

8.2.6 盐酸(GB/T 622):0.5 mol/L的95%乙醇溶液。

8.2.7 盐酸(GB/T 622):2 mol/L的95%乙醇溶液。

8.2.8 硝酸(GB/T 626):6 mol/L溶液。

8.2.9 氢氧化钠(GB/T 629):1 mol/L溶液。

8.2.10 硝酸银(GB/T 670):0.1 mol/L溶液。

8.2.11 脱脂棉。

8.2.12 广范围pH试纸。

8.3 仪器

常用实验室仪器和

8.3.1 离子交换柱：内径 10 mm～15 mm，长度 400 mm～500 mm，下端收缩带有旋塞或带弹簧夹的橡皮管。

8.3.2 分液漏斗：250 mL。

8.3.3 锥形烧瓶：1 000 mL。

8.3.4 低型烧杯：100 mL，150 mL，500 mL。

8.3.5 古氏坩埚：30 mL，底部铺有石棉过滤层。

8.3.6 吸滤瓶：1 000 mL。

8.4 程序

8.4.1 树脂的处理

8.4.1.1 阳离子交换树脂的处理

将阳离子交换树脂(8.2.1)用 3 倍体积的 4 mol/L 盐酸溶液(8.2.5)浸泡过夜，用水以倾泻法洗涤 3 次。再用 3 倍体积的 4 mol/L 盐酸溶液(8.2.5)浸泡并搅拌 10 min，用水以倾泻法洗涤 3 次。然后倒入柱中，用水洗至中性[用广范围 pH 试纸(8.2.12)测定，pH≈7]。

8.4.1.2 阴离子交换树脂的处理

将阴离子交换树脂(8.2.2)用 3 倍体积的 0.5 mol/L 盐酸乙醇溶液(8.2.6)浸泡过夜，用水以倾泻法洗涤 3 次，再用 3 倍体积的 1 mol/L 氢氧化钠溶液(8.2.9)浸泡并搅拌 10 min，用水以倾泻法洗涤 3 次。将树脂倒入柱中，用 1 mol/L 氢氧化钠溶液(8.2.9)洗至无氯离子[1 滴流出液加 3 滴 6 mol/L 硝酸溶液(8.2.8)，再加 1 滴 0.1 mol/L 硝酸银溶液(8.2.10)，与空白对照，应不混浊]，再用水洗至中性[用广范围 pH 试纸(8.2.12)测定，pH≈7]。

8.4.2 交换柱的填充与安装

在离子交换柱下端收缩部分铺填约 10 mm 厚的玻璃棉。将上述处理好的阳离子交换树脂和阴离子交换树脂分别倒入烧杯中，各用 95%乙醇(8.2.3)50 mL 置换水后，再分别装柱，树脂床高度约 30 cm，设法除去树脂床中的空气泡。

将阳离子柱在上，阴离子柱在下，阳离子柱顶置一 250 mL 分液漏斗(8.3.2)，三者用橡皮塞或磨砂玻璃接头串联起来，在阴离子柱下置一 1 000 mL 锥形烧瓶(8.3.3)。

8.4.3 试验份

称取 5 g 试样于 150 mL 烧杯(8.3.4)中，准确至 0.001 g。

8.4.4 测定

按 7.5.1.1 分离乙醇溶解物。将所得乙醇溶解物倒入 500 mL 烧杯(8.3.4)中，在蒸汽浴上浓缩至约 100 mL，定量转移到交换柱上的 250 mL 分液漏斗中。打开分液漏斗和两离子交换柱上的旋塞或弹簧夹，并调节开关使试样溶液以 2 mL/min～3 mL/min 的流速流出。待分液漏斗中的溶液流尽，立即用 10 mL 热的 95%乙醇(8.2.3)淋洗漏斗壁，并使淋洗液进入离子交换柱。然后将 95%乙醇(8.2.3)250 mL倒入分液漏斗，洗提离子交换柱。流出液收集于锥形瓶中。蒸发流出液之溶剂，至残余20 mL～30 mL 时将残余液定量转移到预先经恒重并称量过的 100 mL 烧杯(8.3.4)中，在蒸汽浴上蒸干后，于 105℃烘箱内干燥 1 h，再于干燥器内冷却 30 min，称量。

8.5 离子交换树脂的再生

测定两个平行试样后，阴阳离子交换树脂可以分别再生处理后，重复使用。

8.5.1 阳离子交换树脂的再生

用 1 mol/L 盐酸溶液(8.2.4)150 mL 以 2 mL/min～3 mL/min 流速，洗提阳离子交换柱，再用水洗

至中性[用广范围 pH 试纸(8.2.12)测定,pH≈7]。再按 8.4.2 所述,用 95%乙醇(8.2.3)置换水。

8.5.2 阴离子交换树脂的再生

用 2 mol/L 盐酸乙醇溶液(8.2.7) 200 mL 以 2 mL/min~3 mL/min 流速,洗提阴离子交换柱。再用水洗至中性[用广范围 pH 试纸(8.2.12)测定,pH≈7]。然后用 1 mol/L 氢氧化钠溶液(8.2.9)洗至无氯离子[按 8.4.1.2 中所述检验],再用水洗至中性[用广范围 pH 试纸(8.2.12)测定,pH≈7]。再按 8.4.2 所述,用 95%乙醇(8.2.3)置换水。

8.6 结果计算

试样中的非离子表面活性剂含量以质量分数 X 表示,按式(8)计算:

$$X = \frac{m_1}{m_0} \times 100\% \qquad \cdots\cdots\cdots(8)$$

式中:

m_0——试验份的质量,单位为克(g);

m_1——经离子交换柱流出残余物的质量,单位为克(g)。

注:结果中包括有不是非离子表面活性剂的石油醚可溶物,一般情况可忽略不计,必要时应减去。

8.7 精密度

在重复性条件下获得的两次独立测定结果的相对差值不大于 10%,以大于 10%的情况不超过 5%为前提。

9 洗涤剂中各种磷酸盐的分离测定(离子交换柱色谱法)

9.1 原理

试样溶液注入阴离子交换树脂柱后,先用水洗脱阳离子和非离子表面活性剂,再用递增浓度的氯化钾溶液依次洗提分离出正、焦、三聚、三偏和多聚磷酸盐,经水解后,以磷钼蓝比色法测定。

9.2 试剂

9.2.1 强碱性阴离子交换树脂(GB/T 13660):201×7 氯型,ϕ0.07 mm~0.16 mm。在 4 mol/L 盐酸中浸泡一星期,用蒸馏水以倾泻法洗至洗液澄清,保存于水中备用。

注:商品化离子交换树脂的粒度通常不在 0.07 mm~0.16 mm 范围之内,可选择粒度略大的同种型号树脂经研磨过筛后使用。

9.2.2 缓冲溶液(pH=4.3):溶解 51 g 三水合乙酸钠($CH_3COONa \cdot 3H_2O$)(GB/T 693)和 46 mL 乙酸(GB/T 676)于水中,用水稀释至 1 000 mL。

9.2.3 钼酸铵-硫酸溶液(7.2 g/L),同 6.2.2.2。

9.2.4 抗坏血酸,25 g/L 溶液,同 6.2.2.3。

9.2.5 盐酸(GB/T 622),约 2 mol/L 溶液。

9.2.6 氯化钾(GB/T 646),0.15 mol/L、0.25 mol/L、0.50 mol/L 和 0.75 mol/L 溶液,每种溶液 1 L 中含缓冲溶液(9.2.2)10 mL。

9.2.7 五氧化二磷标准溶液(1.00 mg/mL),同 6.2.2.4。

9.2.8 五氧化二磷标准使用溶液(10 μg/mL),同 6.2.2.5。

9.3 仪器

常用实验室仪器和

9.3.1 分光光度计,波长范围 350 nm~800 nm,附有 20 mm 比色皿。

9.3.2 离子交换柱,玻璃管内径 10 mm,长 400 mm,管底收缩,配一玻璃活塞(25 mL 滴定管可适用),见图 3。

单位为毫米

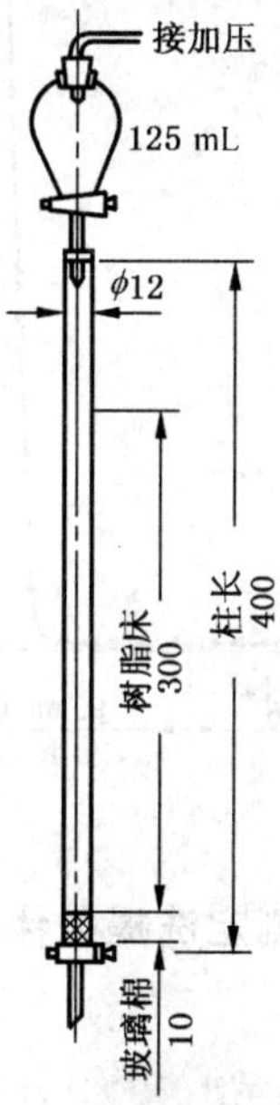

图3 离子交换柱

9.3.3 分液漏斗，125 mL，固定在铁环上，配备橡皮塞与交换柱顶部连接。

9.3.4 硬质玻璃试管，φ25 mm×200 mm。

9.3.5 玻璃棉。

9.4 程序

9.4.1 准备工作

9.4.1.1 离子交换柱的准备

将离子交换柱(9.3.2)固定在架子上，其柱底装填10 mm厚的玻璃棉(9.3.5)，将处理好的树脂(9.2.1)装入柱内，控制树脂床高为300 mm，用盐酸(9.2.5)浸泡过夜，用前按9.4.1.2树脂再生步骤中使用前的处理程序处理后，即可进样。

9.4.1.2 树脂的再生

每次样品洗提分离完毕后，用200 mL盐酸(9.2.5)流过树脂床且浸泡过夜使树脂再生。使用前用50 mL盐酸(9.2.5)流过柱，关闭交换柱旋塞，将柱充满水，塞上橡皮塞，倒转几次使树脂松动，排出空气泡。将柱竖直固定在架上，连接好分液漏斗(如图3)用水先慢速洗树脂，然后以5.5 mL/min～6.0 mL/min流速洗至流出液pH为4.5～5.0(用水约80 mL)。保持液面高于树脂层约10 mm，关闭交换柱和分液漏斗的旋塞，备用。

9.4.1.3 选择最佳色谱分离条件

各种磷酸盐彼此分离与离子交换树脂的性能、交换柱参数、树脂床高、洗提液浓度、pH值和流速等因素有关。因此，对选用的交换柱、离子交换树脂，制备好的离子交换柱，应按9.4.2分离测定程序，先用已知磷酸盐组分的样品，每5 mL流出液收作一份，按9.4.1.4分别测定吸光度，绘制流出体积曲线，从而确定最佳分离条件。

典型分离条件示范图见图4。

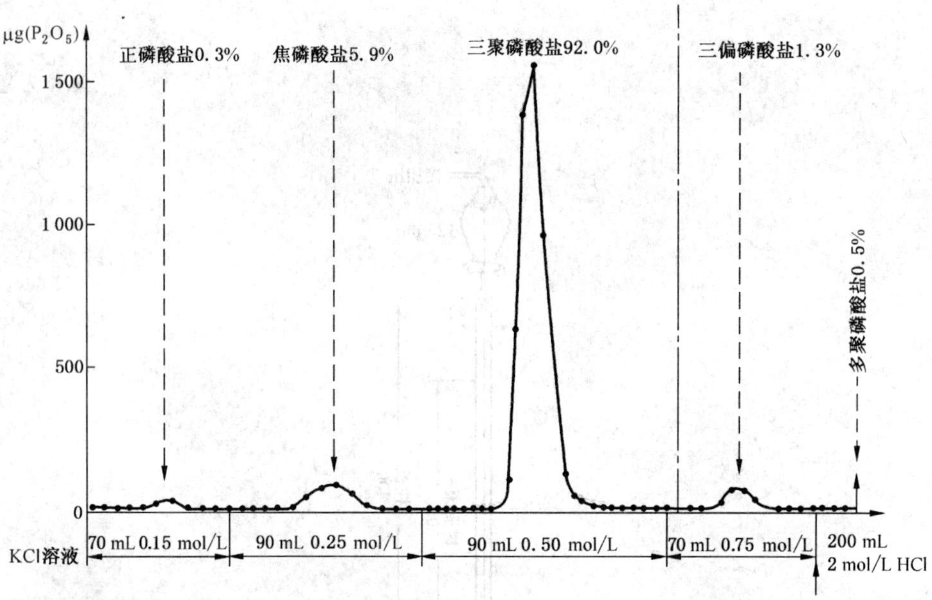

图 4 测定洗提条件的示范图

9.4.1.4 标准曲线的制作

操作步骤同 6.2.4.1。

9.4.2 分离测定

称取 1 g 洗涤剂样品(称准至 0.000 2 g),用水溶解并转移至 500 mL 容量瓶中,加入 10 mL 缓冲溶液(9.2.2),用水稀释至刻度,混匀,用干的慢速定性滤纸过滤。移取 10.0 mL 滤液于离子交换柱上端的分液漏斗中,依次打开分液漏斗和离子交换柱的旋塞,使样品溶液流入树脂床,用 10 mL 水冲洗分液漏斗,随后再加 60 mL 水,加压,控制流速 5.5 mL/min～6.5 mL/min,洗脱阳离子和非离子表面活性剂等组分,弃去流出液。接着依次用 0.15 mol/L 氯化钾溶液(9.2.6)70 mL,0.25 mol/L 氯化钾溶液(9.2.6)90 mL,0.5 mol/L 氯化钾溶液(9.2.6)90 mL,0.75 mol/L 氯化钾溶液(9.2.6)70 mL,分别洗提正磷酸、焦磷酸、三聚磷酸、三偏磷酸根离子,并分别收集流出液于 100 mL、250 mL、250 mL、100 mL 容量瓶中,用水稀释至刻度,混匀。分别移取 10 mL～25 mL 按 9.4.1.4 程序测定各组分的吸光度,同时进行空白试验,以试样溶液的净吸光度从标准曲线查得相应的五氧化二磷的量(μg)。根据流出液的定容体积和移取的量计算不同形式磷酸盐含量 m_i。

9.5 结果计算

洗衣剂中各种形式磷酸钠的含量以质量分数 X 表示,按式(9)计算:

$$X = \frac{m_i}{m_0} \times F_i \times 100\% \qquad \cdots\cdots(9)$$

式中:

m_i——由 i 种流出液中测得的五氧化二磷质量,单位为克(g);

m_0——试验份(9.4.2)的质量,单位为克(g);

F_i——从五氧化二磷计算相应磷酸钠的换算系数,分别如下:

正磷酸钠(Na_2HPO_4)	$F_i=2.000$
焦磷酸钠($Na_4P_2O_7$)	$F_i=1.873$
三聚磷酸钠($Na_5P_3O_{10}$)	$F_i=1.728$
三偏磷酸钠[$(NaPO_3)_3$]	$F_i=1.437$

以两次平行测定结果的算术平均值表示至小数点后一位作为测定结果。

9.6 精密度

在重复性条件下获得的正磷酸钠、焦磷酸钠、三聚磷酸钠和三偏磷酸钠组分两次独立测定结果的绝对差值分别不大于0.1%、0.5%、1.0%、0.1%，以大于0.1%、0.5%、1.0%、0.1%的情况不超过5%为前提。

在重复性条件下获得的各种形式磷酸钠之和的两次独立测定结果的绝对差值不大于1.0%，以大于1.0%的情况不超过5%为前提。

10 洗涤剂中甲苯磺酸盐含量的测定

10.1 原理

用乙醇溶解法从洗涤剂样品中萃取出可溶有机物及表面活性剂，蒸出乙醇至干，用乙醚/水溶液萃取法将残留物中表面活性剂分离，用紫外吸收法测定水相中甲苯磺酸含量(在特征吸收波长下)。

10.2 试剂

10.2.1 95%乙醇(GB/T 679)：新煮沸后冷却，酸度应小于0.2 mmol/L，如酸度大于0.2 mmol/L，应中和后蒸馏。

10.2.2 无水乙醇(GB/T 678)：新煮沸后冷却。

10.2.3 乙醚(GB/T 12591)。

10.2.4 氯化钠(GB/T 1266)。

10.2.5 盐酸(GB/T 622)，密度1.19 g/mL。

10.2.6 盐酸，(1+3)溶液。

10.2.7 甲苯磺酸：分析纯，甲苯磺酸含量不小于99.0%。

10.3 仪器

常用实验室仪器和

10.3.1 紫外分光光度计：扫描范围200 nm～400 nm，带有10 mm石英吸收池。

10.3.2 分析天平，精度0.000 1 g。

10.3.3 烧杯：150 mL，300 mL。

10.3.4 吸滤瓶：250 mL，1 000 mL。

10.3.5 古氏坩埚：25 mL～30 mL，铺石棉滤层。

铺石棉滤层：先在坩埚底与多孔瓷板之间铺一层快速定性滤纸圆片，然后倒满经在水中浸泡24 h，浮选分出的较粗的酸洗石棉稀淤浆，沉降后抽滤干，如此再铺两层较细酸洗石棉，于(105±2)℃烘箱内干燥后备用。

10.3.6 恒温水浴。

10.3.7 烘箱：能控制温度于(105±2)℃。

10.3.8 量筒：100 mL。

10.3.9 分液漏斗：250 mL。

10.3.10 容量瓶：250 mL，100 mL，50 mL。

10.3.11 移液管：50 mL，25 mL，10 mL，5 mL。

10.4 程序

10.4.1 取样

按第4章制备试样。

10.4.2 甲苯磺酸浓度(c)-吸光度(A)标准曲线制作

a) 称取0.250 g甲苯磺酸(10.2.7)(称准至0.000 1 g)于100 mL容量瓶(10.3.10)中，用水溶解，并稀释到刻度，摇匀。

b) 吸取50.0 mL溶液a)于250 mL容量瓶(10.3.10)内，加入2.5 g氯化钠(10.2.4)，60 mL盐酸

(10.2.5)，用水稀释到刻度，摇匀。

c) 分别吸取 10.0 mL、20.0 mL、25.0 mL、30.0 mL，35.0 mL、45.0 mL 溶液 b)于六个 100 mL 容量瓶(10.3.10)内，用水稀释至刻度摇匀。所配六个溶液中甲苯磺酸浓度分别为：0.050 g/L、0.100 g/L、0.125 g/L、0.150 g/L、0.175 g/L、0.225 g/L。

d) 称取 0.25 g 氯化钠(10.2.4)于 100 mL 容量瓶中，加入 6 mL 盐酸(10.2.5)，用蒸馏水稀释至刻度摇匀，用作紫外分光光度计测定时的空白参比。

e) 开启紫外分光光度计，待仪器稳定后，选择特征吸收波长 261 nm，用 10 mm 石英比色皿，以溶液 d)作参比，测定六个甲苯磺酸溶液 c)的吸光度(A)，绘制出甲苯磺酸的浓度(c)-吸光度(A)工作曲线。

10.4.3 测定

10.4.3.1 试验份

称取 5 g 均匀试样(10.4.1)放于 250 mL 烧杯中，称准至 0.001 g。

10.4.3.2 乙醇溶解物的分离

按 7.5.1.1 进行(蒸干乙醇后不必进行干燥称量即可进行下一步试验)。

10.4.3.3 乙醚的不溶物的分离

将 7.5.1.1 的乙醇溶解物溶解于约 75 mL 热水中，转移至 250 mL 分液漏斗内，加入 40 mL 盐酸(10.2.5)摇动，冷却后，加入 100 mL 乙醚(10.2.3)，激烈摇动，静置分层，分出乙醚相。再用 50 mL 乙醚重复萃取操作两次，合并乙醚萃取液，并用(1+3)盐酸每次 25 mL 洗涤乙醚萃取液三次。合并各次萃取中的酸性水溶液并再次用 100 mL 乙醚萃取，使其沉降 15 min～30 min，变透明，将水层放入一烧杯中蒸去乙醚，转移残留物至 250 mL 容量瓶中以水定容。(如果溶液不澄清，则过滤此溶液，最好用玻璃过滤器)再次移取 10.0 mL 此溶液于容积适当的容量瓶内(V)，用蒸馏水稀释到刻度，摇匀待测。

10.4.3.4 测定样品中甲苯磺酸含量

用紫外分光光度计在波长 261 nm 下，用 10 mm 石英比色皿，以(10.4.2.d)溶液作参比，测定 10.4.3.3 得到的溶液吸光度(A)，从甲苯磺酸的浓度(c)-吸光度(A)工作曲线查出样品中甲苯磺酸浓度。

10.5 结果计算

洗涤剂中甲苯磺酸含量以质量分数 X 表示，按式(10)计算：

$$X=\frac{25\times c\times V}{m}\times 100\% \qquad \cdots\cdots(10)$$

式中：

c——从工作曲线查得甲苯磺酸的浓度，单位为克每升(g/L)；

m——试验份的质量，单位为克(g)；

V——10 mL 乙醚不溶物水溶液(10.4.3.3)稀释到的体积，单位为升(L)。

注：如结果要求甲苯磺酸盐含量，则需要根据分子式进行相应的换算。

10.6 精密度

在重复性条件下获得的两次独立测定结果的绝对差值不大于 0.20%，以大于 0.20%的情况不超过 5%为前提。

11 洗涤剂发泡力的测定(Ross-Miles 法)

11.1 原理

将样品用一定硬度的水配制成一定浓度的试验溶液。在一定温度条件下，将 200 mL 试液从 90 cm 高度流到刻度量筒底部 50 mL 相同试液的表面后，测量得到的泡沫高度作为该样品的发泡力。

11.2 试剂

11.2.1 氯化钙($CaCl_2$)。

11.2.2 硫酸镁($MgSO_4 \cdot 7H_2O$)(GB/T 671)。

11.3 **仪器**

常用实验室仪器和

11.3.1 泡沫仪

11.3.1.1 **滴液管(见图5)**

由壁厚均匀耐化学腐蚀的玻璃管制成,管外径(45±1.5)mm,两端为半球形封头,焊接梗管。上梗管外径8 mm,带有直孔标准锥形玻璃旋塞,塞孔直径2 mm。下梗管外径(7±0.5)mm,从球部接点起,包括其端点焊接的注流孔管长度为(60±2)mm;注流孔管内径(2.9±0.02)mm,外径与下梗管一致,是从精密孔管切下一段,研磨使两端面与轴线垂直,并使长度为(10±0.05)mm,然后用喷灯狭窄火焰牢固地焊接至下梗管端,校准滴液管使其20℃时的容积为(200±0.2)mL,校准标记应在上梗管旋塞体下至少15 mm,且环绕梗管一整周。

单位为毫米

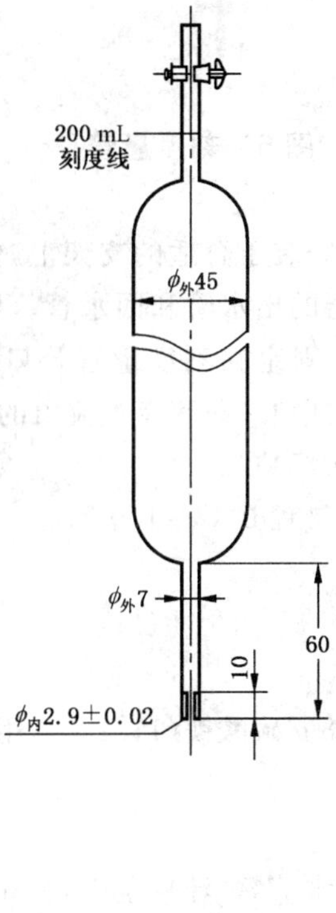

图5 滴液管

11.3.1.2 **刻度量管(见图6)**

由壁厚均匀耐化学腐蚀的玻璃管制成,管内径(50±0.8)mm,下端收缩成半球形,并焊接一梗管直径为12 mm的直孔标准锥形旋塞,塞孔直径6 mm。量管上刻三个环线刻度:第一个刻度应在50 mL(关闭旋塞测量的容积)处,但应不在收缩的曲线部位;第二个刻度应在250 mL处;第三个刻在距离50mL刻度上面(90±0.5)cm处。在此90 cm内,以250 mL刻度为零点向上下刻1 mm标尺。刻度量管安装在一壁厚均匀的玻璃水夹套管内,水夹套管的外径不小于70 mm,带有进水管和出水管。水夹套管与刻度量管在顶和底可用橡皮塞连接或焊接,但底部的密封应尽量接近旋塞。

单位为毫米

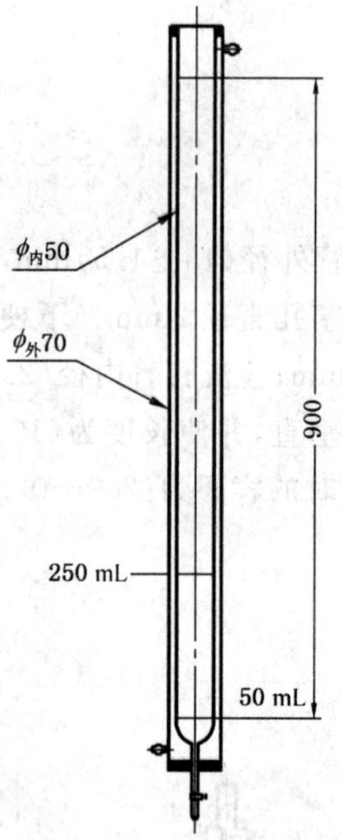

图6　刻度量管

11.3.1.3　**泡沫仪的安装**

将组装好的刻度量管和夹套管牢固地安装于合适的支架上，使刻度量管呈垂直状态。将夹套管的进水管、出水管用橡皮管连接至超级恒温器的出水管和回水管。用可调式活动夹或用与滴液管及刻度量管管口相配的木质或塑料塞座将滴液管固定在刻度量管管口，使滴液管梗管下端与刻度量管上部(90 cm)刻度齐平并严格地对准刻度量管的中心(即滴液管流出的溶液正好落到刻度量管的中心)。

11.3.2　超级恒温器：可控制水温于(40±0.5)℃。

11.3.3　温度计：分度小于或等于 0.5 ℃，量程 0 ℃～100 ℃。

11.3.4　容量瓶：1 000 mL。

11.4　**程序**

11.4.1　**150 mg/kg 硬水的配制**

称取 0.099 9 g 氯化钙(11.2.1)，0.148 g 硫酸镁(11.2.2)，用蒸馏水溶解于 1 000 mL 容量瓶中，并稀释至刻度，摇匀。

11.4.2　**试验溶液的配制**

称取试验样品 2.5 g，用 150 mg/kg 硬水溶解，转移至 1 000 mL 容量瓶中，并稀释到刻度，摇匀。再将溶液置于(40±0.5)℃恒温水浴中陈化，从加水溶样开始总时间 30 min。

11.4.3　**发泡力的测定**

在试液陈化时，即启动水泵使循环水通过刻度管夹套，使水温稳定在(40±0.5)℃。刻度管内壁预先用铬酸硫酸洗液浸泡过夜，用蒸馏水冲洗至无酸。试验时先用蒸馏水冲洗刻度量管内壁，然后用试液冲洗刻度量管内壁，冲洗应完全，但在内壁不应留有泡沫。

自刻度量管底部注入试液至 50 mL 刻度线以上，关闭刻度量管旋塞，静止 5 min，调节旋塞，使液面恰好在 50 mL 刻度处。将滴液管用抽吸法注满 200 mL 试液，按 11.3.1.3 的要求安放到刻度量管上口。打开滴液管的旋塞，使溶液流下，当滴液管中的溶液流完时，立即开启秒表并读取起始泡沫高度(取泡沫边缘与顶点的平均高度)，在 5 min 末再读取第二次读数。用新的试液重复以上试验 2 次～3 次，每次试验前应将管壁用试液洗净。

注：试验中规定的水硬度、试液浓度、测定温度可按产品标准的要求予以改变，但应在试验报告中说明。

11.5 结果表示

试样的发泡力用起始或 5 min 的泡沫高度毫米表示，取至少三次误差在允许范围的结果平均值作为最后结果。

11.6 精密度

在重复性条件下获得的两次独立试验结果之间的绝对差值不大于 5 mm，以大于 5 mm 的情况不超过 5% 为前提。

12 洗涤剂中螯合剂(EDTA)含量的测定(滴定法)

12.1 原理

将样品溶液的整分份用盐酸溶液调节 pH 至 4.6 左右，以 1-(2-吡啶偶氮)-2-萘酚作指示剂，用硫酸铜标准溶液滴定所含螯合剂，以相当的乙二胺四乙酸或其钠盐(EDTA)计算试样中螯合剂的含量。

12.2 试剂

12.2.1 盐酸(GB/T 622)：$c(HCl)=5$ mol/L 溶液。

12.2.2 乙酸盐缓冲溶液：pH=4.65。

混合等体积的乙酸(GB/T 767)溶液[$c(CH_3COOH)=0.4$ mol/L]和氢氧化钠(GB/T 629)溶液[$c(NaOH)=0.2$ mol/L]。

12.2.3 1-(2-吡啶偶氮)-2-萘酚(PAN)：1 g/L 乙醇溶液。

12.2.4 硫酸铜(GB/T 665)：$c(CuSO_4)=0.0100$ mol/L 标准滴定溶液。

称取 2.497 g 硫酸铜五水合物($CuSO_4 \cdot 5H_2O$)，称准至 0.001 g。用水溶解并定量地转移至 1 000 mL 单刻度容量瓶中，稀释至刻度混匀。制得的硫酸铜溶液用乙二胺四乙酸二钠标准溶液[$c(EDTA)=0.02$ mol/L]按 12.5.2 标定其准确的浓度，所用的乙二胺四乙酸二钠标准溶液按 QB/T 2739—2005 中 4.16 配制和标定。

12.3 仪器

常用实验室仪器和

12.3.1 pH 计：配有玻璃电极和甘汞电极及磁力搅拌器。

12.3.2 微量滴定管：容量 2 mL，最小分度 0.01 mL。

12.4 取样

粉状、液体、膏状实验室样品应按第 4 章的规定制备和贮存。块状肥皂的实验室样品按照 QB/T 2623.1—2003 中 3.4 的规定制备和贮存。

12.5 程序

12.5.1 试验溶液的制备

称取约 10 g 试样，称准至 0.001 g，于 250 mL 烧杯中，用水溶解并定量转移至 500 mL 单刻度容量瓶中，稀释至刻度，充分混匀。

如果产品组成中螯合剂含量低于 0.1% 时，可省略上述稀释步骤。直接称取试样 5 g，称准至 0.001 g，于 150 mL 烧杯中，进行测定。

如溶液中有沉淀或悬浮物，将溶液通过干的快速定性滤纸过滤，弃去前 20 mL，收集清液供测定用。如此操作，可排除存在的 4A 沸石对螯合剂测定的干扰。

12.5.2 测定

吸取含有 0.003 g～0.005 g EDTA 的试验溶液(12.5.1)的整分份(滴定消耗的硫酸铜标准溶液体积应在 0.80 mL～1.40 mL)到 150 mL 烧杯中，加水至 80 mL，置磁力搅拌器上。插入已预先校准的 pH 计的电极，在搅拌下加盐酸溶液(12.2.1)调整 pH 至 4.6±0.5。将电极抬起，冲洗后移开。

肥皂脂肪酸含量低对测定无干扰，但在必要时，可将 80 ℃热溶液通过湿滤纸过滤，除去脂肪酸。用 50 mL 热水分三次洗涤烧杯及滤器，洗涤液并入滤液。

加入 5 mL 乙酸盐缓冲溶液(12.2.2),加水至 130 mL。加热溶液至约 60 ℃。加 5 滴～6 滴 PAN 指示剂(12.2.3),在搅拌下从微量滴定管(12.3.2)滴加硫酸铜标准滴定溶液(12.2.4),当滴定至溶液由黄色变红色,并保持 1 min 不变时,即为终点。

12.6 **结果计算**

试样中螯合剂以乙二胺四乙酸二钠二水合物计的含量以质量分数 X_1 计,数值以%表示,按式(11)计算:

$$X_1 = \frac{cV_1 \times 372 \times 50}{mV_0} \quad \cdots\cdots\cdots\cdots (11)$$

试样中螯合剂以乙二胺四乙酸计的含量以质量分数 X_2 计,数值以%表示,按式(12)计算:

$$X_2 = \frac{cV_1 \times 292 \times 50}{mV_0} \quad \cdots\cdots\cdots\cdots (12)$$

式中:

V_0——用于测定的试验溶液整分份的体积,单位为毫升(mL);

V_1——滴定所消耗的硫酸铜标准滴定溶液的体积,单位为毫升(mL);

c——硫酸铜标准滴定溶液的浓度,单位为摩尔每升(mol/L);

m——试样的质量,单位为克(g);

372——乙二胺四乙酸二钠二水合物的相对分子质量,单位为克每摩尔(g/mol);

292——乙二胺四乙酸的相对分子质量,单位为克每摩尔(g/mol)。

12.7 **精密度**

12.7.1 **重复性**

在重复性条件下获得的两次独立测定结果的绝对差值,当 EDTA 含量不超过 2%(质量分数)时,应不大于 0.01%,以大于 0.01%的情况不超过 5%为前提。

12.7.2 **再现性**

在再现性条件下获得的两次独立测定结果的绝对差值,对于 EDTA 含量不超过 2%(质量分数)的液体皂应不大于 0.06%(质量分数);对于 EDTA 含量不超过 2%(质量分数)的洗涤剂应不大于 0.04%(质量分数),以分别大于 0.06%或 0.04%的情况不超过 5%为前提。

13 粉状洗涤剂表观密度的测定(给定体积称量法)

粉体的表观密度可用占有一定体积的粉体质量,或一定质量粉体所占的体积来评价。在这两种形式中,都包括把粉体从原容器转移到测量容器这一过程。由于产品易碎,其流动性或结块性,其粒子的几何形状的变化,加之测定时,由于倾注至测量容器而造成的不可避免的压缩,因此一般所测得的表观密度不同于产品在原容器或包装中的密度。所以,测定的结果仅是一个与所用方法有关的惯用值。

本方法适用于自由流动的粉体,当使用合适的漏斗时,也适用于有结块趋势的粉体。若粉体中带有团块,则只有当这些团块易于松散,且又不致使粉体的颗粒破碎的情况下,本方法才是适用的。

13.1 **原理**

在规定条件下,将试样从一个具有规定形状的漏斗中漏下,装满一个已知容积的受器后,测定此粉体的质量。

13.2 **装置(见图 7)**

13.2.1 漏斗,可用不锈钢、塑料、木质材料或其他合适的材料制成。

和流动粉体接触的所有表面应该光滑,且不允许由于粉体的流动而产生静电。

测定自由流动的粉体时,漏斗下口的内径采用 40 mm,上口内径采用 108 mm,高度采用 130 mm;而测定有结块趋势的粉体时,下口内径采用 60 mm,上口内径采用 112 mm,高度采用 100 mm。

13.2.2 受器,容量为 500 mL,用与漏斗类似材料制做。

将受器体积按 13.4.1 规定校准至 500 mL±0.5 mL。

13.2.3 支架，能使漏斗和受器对应定位，漏斗可借助漏斗法兰及支架顶板的孔，用定位销或螺钉固定。受器可用定位销或其他适当的方式固定在漏斗下面的正中央。

13.2.4 截止板，110 mm×70 mm。

13.2.5 直尺，长度为 150 mm。

13.2.6 玻璃板，100 mm×100 mm×7 mm。

单位为毫米

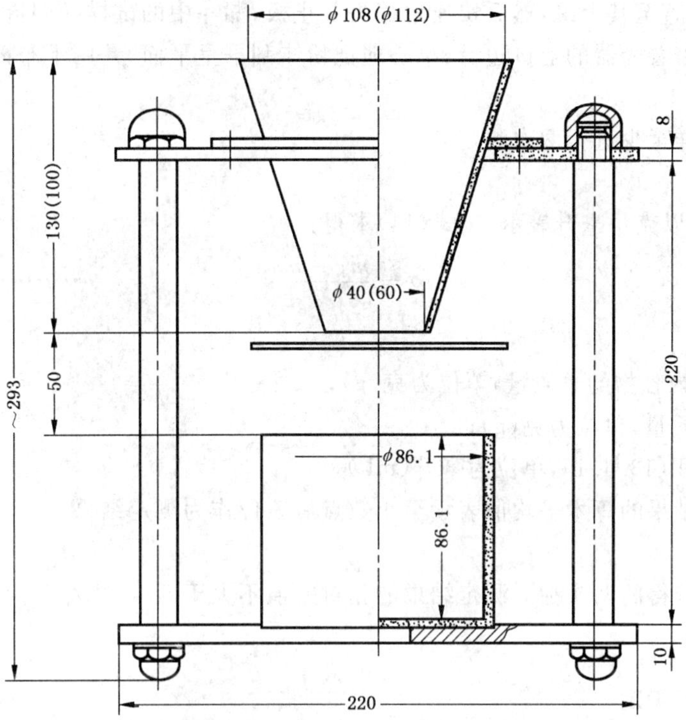

图 7 用于测定粉体或颗粒的表观密度的仪器

13.3 试样的制备

试样应按照 4.2.1 规定的方法准备及贮存。

13.4 程序

13.4.1 受器的校准

按下法测定容积，校准受器。

把空的干净受器称准至 0.1 g，置于一个水平面上，用刚煮沸过冷却至 20 ℃的蒸馏水充满受器，并轻轻敲打器壁以除去在倒水的过程中聚集起来的任何气泡。将已称量的玻璃板(13.2.6)水平地放到受器边缘上，慢慢移动玻璃板使之通过水表面。当将要通过时，再加 1mL～2mL 蒸馏水到受器中去，移动此板，使之完全覆盖该受器。小心用滤纸擦干露在受器外面的玻璃板下面及受器外壁的水，然后称量，精确到 0.1 g。

容器的容积(V)以毫升计，按式(13)计算：

$$V = \frac{m_2 - (m_0 + m_1)}{\rho} \qquad \cdots\cdots(13)$$

式中：

m_2——充满水并盖有玻璃板的受器质量，单位为克(g)；

m_0——空受器的质量，单位为克(g)；

m_1——玻璃板的质量，单位为克(g)；

ρ——水的密度，ρ=1 g/mL。

13.4.2 **试验样品的制备**

轻轻摇晃存放实验室样品的容器，以使任何团块松散，注意勿使粉体的颗粒破碎。按4.2.1规定进行缩分样品，使之均匀。

13.4.3 **测定**

将漏斗(13.2.1)放到支架(13.2.3)上，称量过的受器(13.2.2)放在下底板的定位槽内。

用截止板(13.2.4)遮住漏斗的下口，握住此板并使之轻轻地紧贴着漏斗。

把试样倒入漏斗，直至其上缘，然后快速地移去截止板，漏斗中的试样随即流入受器并溢出。

用直尺(13.2.5)沿着受器的上口边缘，小心地把粉体刮平呈平面，并用干布擦净受器外壁。称量受器及内容物，精确到0.1 g。

用不同的试验份样至少进行两次测定。

13.5 **结果计算**

粉体表观密度(ρ)以克每毫升表示，按式(14)求得：

$$\rho=\frac{m_3-m_0}{V} \quad \cdots\cdots(14)$$

式中：

m_3——受器及其内容物的总质量，单位为克(g)；

m_0——空受器的质量，单位为克(g)；

V——受器的体积(13.4.1)，单位为毫升(mL)。

以两次平行测定结果的算术平均值表示至小数点后三位作为测定结果。

13.6 **精密度**

在重复性条件下获得的两次独立测定结果的相对差值不大于5%，以大于5%的情况不超过5%为前提。

14 粉状洗涤剂白度的测定

白色或近白色粉状洗涤剂(包括含荧光增白剂)的试样白度反映了粉状洗涤剂的表观特性。

14.1 原理

用白度计以D_{65}光源照射，经用标准白板校准白度计后测得试样的三刺激值X、Y、Z，由甘茨(Ganz)白度公式计算白度。

14.2 试样处理

按4.2.1制备试验样品。供给测定白度的样品应是均匀有代表性的且不少于200 g。

14.3 仪器

14.3.1 测定洗衣粉的白度可以用光谱光度计，色差计或能给出三刺激值X、Y、Z且符合JB/T 9327的仪器。所用的仪器具备如下条件：

a) 仪器的光学几何条件可以是垂直照射漫射探测(0/d)、漫射照射垂直探测(d/0)、垂直照射45°探测(0/45)、45°照射垂直探测(45/0)中的任何一种；

b) 仪器光源应该是D_{65}或模拟D_{65}光源；

c) 仪器的读数精度应达到小数点后一位；

d) 仪器的稳定性、重复性及示值误差应符合JB/T 9327或JJG 512中二级或二级以上的要求。

14.3.2 标准白板与工作白板

14.3.2.1 **标准白板**

本标准选用GSB A 67001氧化镁白度实物标准规定的氧化镁或自行选定优级纯或分析纯的氧化镁经国家计量标准测试部门给定白度数据的标准粉末，在有效期内用压样器压制成标准白板，作为白度量值传递标准校准仪器。

14.3.2.2 工作白板

a) 为了测定方便，可用表面平整、无刻痕、无裂纹的白色瓷板作为日常测定白度的工作白板，工作白板应常用标准白板标定。

b) 工作白板应置于干燥器中避光处保存，如有污染，须用绒布或脱脂棉蘸无水乙醇擦净。然后置于 105 ℃～110 ℃干燥箱中烘 30 min 取出，置于干燥器中冷至室温，用标准白板标定。

14.4 程序

14.4.1 按使用说明书接通电源，预热和调整仪器。

14.4.2 取待测试样于 HY-3 型压样器样盒中，压制成表面平整、无裂纹和污点的试样板。每个样品同时压制两块。

注：HY-3 型压样器系 GB/T 9087 推荐使用压样器。

14.4.3 用标准白板或工作白板校准仪器至显示稳定的标准量值。

14.4.4 仪器经校准并稳定后，分别测定、记录每个试样的三刺激值 X、Y、Z。

注：若仪器配有微机和打印器，则可直接打印出 X、Y、Z 或 W_{10}、$T_{w,10}$ 等值。

14.5 结果计算

14.5.1 本标准采用国际照明委员会(CIE)于 1986 年公布推荐的甘茨白度公式为计算白度的公式，且应与淡色调公式并用。

白度公式：

$$W_{10}(\text{或 } W_g) = Y_{10} + 800(x_{n,10} - x_{10}) + 1\,700(y_{n,10} - y_{10}) \quad \cdots\cdots(15)$$

淡色调公式：

$$T_{w,10} = 900(x_{n,10} - x_{10}) - 650(y_{n,10} - y_{10}) \quad \cdots\cdots(16)$$

$$x_{10} = \frac{X_{10}}{X_{10} + Y_{10} + Z_{10}} \quad \cdots\cdots(17)$$

$$y_{10} = \frac{Y_{10}}{X_{10} + Y_{10} + Z_{10}} \quad \cdots\cdots(18)$$

式中：

W_{10}(或 W_g)——被测试样的白度；

$T_{w,10}$——被测试样的淡色调系数；

$x_{n,10}$、$y_{n,10}$——完全反射漫射体面对 10°标准观察者的色品坐标值。对于 10°视场 D_{65} 光源，$x_{n,10}=0.313\,8$；$y_{n,10}=0.331\,0$；

x_{10}、y_{10}——被测样品对 10°标准观察者实测结果计算得到的色品坐标值；

X_{10}、Y_{10}、Z_{10}——测得试样的三刺激值。

14.5.2 根据 14.5.1 所列公式计算，取两次平行测得的白度的算术平均值(保留至个位)作为测定结果。

14.5.3 精密度

在重复性条件下获得的两次独立测定结果的绝对差值不大于 1.0%，否则需要重新测定。

14.6 试验报告应注明所用仪器型号、光源及几何条件等。

注 1：14.5.1 所列甘茨白度公式只可应用于下列极限范围值之内的被测试样。W_{10} 大于 40 和小于 $5Y-280$；$T_{w,10}$ 大于 -3 和小于 $+3$。

注 2：对于带明显颜色的被测试样，使用 14.5.1 所列甘茨白度公式评价白度是没有意义的。

注 3：评价有色产品的色度，需要采用三维色度空间(LAB)方式，应参考相关的仪器使用说明。

15 洗涤剂中水分及挥发物含量的测定(烘箱法)

15.1 原理

通过对试样在一定温度下干燥后的质量损失，测量试样中水分及挥发物的含量。

15.2 仪器

常用实验室仪器和

15.2.1 干燥器,内放变色硅胶。

15.2.2 称量瓶:50 mm×30 mm,带盖。

15.2.3 烘箱:能控制温度于(105±2)℃。

15.3 程序

15.3.1 准确称取试验样品约 2 g(称准至 0.001 g),放于已恒重的称量瓶(15.2.2)中。

15.3.2 将盛有试样的称量瓶放入(105±2)℃烘箱(15.2.3)中干燥 4 h。

15.3.3 取出称量瓶,置于干燥器(15.2.1)中冷却 30 min 后加盖,称量。

15.4 结果的计算

水分及挥发物含量以质量分数 X 表示,按式(19)计算:

$$X = \frac{m_1}{m_0} \times 100\% \quad \cdots\cdots(19)$$

式中:

m_0——试验样品的质量,单位为克(g);

m_1——试验样品干燥后减少的质量,单位为克(g)。

15.5 精密度

两次平行试验结果绝对值之差不超过 0.3%,以大于 0.3%的情况不超过 5%为前提。

16 洗涤剂中活性氧含量的测定(滴定法)

本方法适用于测定洗涤剂中过氧水合物,如过硼酸钠、过碳酸钠;不适用于分析除含过氧水合物外,还含有在分析条件下能与酸性高锰酸盐反应的化合物的洗涤剂。

含有乙二胺四乙酸(EDTA)或其他同类螯合剂时,如其浓度不超过 1%(质量分数),此法仍适用。

16.1 原理

过氧水合物的水溶液释出的过氧化氢和高锰酸钾在酸性溶液中共还原,伴有氧释出。

注 1:加入硫酸锰可以避免某些洗涤剂可能发生相对长的诱导期。

注 2:硝酸铋能与 EDTA 或其他乙酸盐基胺的螯合剂相络合,因此排除了任何可能的干扰。

注 3:若加入硫酸铝,使先与缩合磷酸盐反应,可以避免在某些情况下,因与锰离子生成络合物而使终点不明显。

16.2 试剂

16.2.1 硫酸铝十八水合物(HG/T 3442)[$Al_2(SO_4)_3 \cdot 18H_2O$]。

16.2.2 硫酸(GB/T 625),含铋和锰的溶液:溶解 2 g 硝酸铋五水合物[$Bi(NO_3)_3 \cdot 5H_2O$]和 4 g 硫酸锰一水合物($MnSO_4 \cdot H_2O$)(GB/T 15899)[或相当量四或五水合物($MnSO_4 \cdot 4H_2O$ 或 $MnSO_4 \cdot 5H_2O$)]于 1 000 mL 的 $c(1/2H_2SO_4)=5$ mol/L 硫酸溶液中。

16.2.3 硫酸(若需要),含铝、铋和锰溶液:溶解 50 g 硫酸铝(16.2.1),5 g 硝酸铋五水合物和 5 g 硫酸锰一水合物于 1 000 mL 的 $c(1/2H_2SO_4)=5$ mol/L 硫酸溶液中。

16.2.4 高锰酸钾(GB/T 643),$c(1/5KMnO_4)=0.1$ mol/L 标准滴定溶液,按 QB/T 2739—2005 中 4.20配制且新近标定。

16.3 仪器

常用实验室仪器和

16.3.1 单刻度容量瓶:1 000 mL。

16.3.2 锥型瓶:500 mL。

16.3.3 机械搅拌器。

16.4 取样

按第4章制备和贮存实验室样品。

16.5 程序

称取约10 g样品(称准至0.01 g)的试验份,移入一2 000 mL烧杯中,将单刻度容量瓶(16.3.1)充注35 ℃～40 ℃的水至刻度并加至试验份中,排尽需几秒钟。用搅拌器(16.3.3)激烈搅拌3 min,使试验份溶解,可能存在有少量不溶性的硅酸盐等可不必除去(即溶液A)。

在溶解操作时,将50 mL硫酸溶液(16.2.2)置于锥形瓶(16.3.2)中,并在不停的摇动下,逐滴加入高锰酸钾标准滴定溶液(16.2.4),直到出现不褪的淡粉红色。

用移液管移取100 mL溶液A至锥形瓶。用高锰酸钾标准滴定溶液(16.2.4)滴定至淡粉红色。至少15 s不褪。

若终点不明显,可以加1 g硫酸铝(16.2.1)或20 mL硫酸溶液(16.2.3)重复测定。

注1:在试样溶解后应尽快进行测定。

注2:关于溶解试验份的规定程序,未考虑使用常规的容量玻璃器皿,允许按样品的性质采用适当方式溶解试验份。

16.6 结果计算

洗涤剂中活性氧含量以质量分数X计,数值以%表示,按式(20)计算:

$$X=\frac{V\times c\times 8.0}{m} \qquad \cdots\cdots(20)$$

式中:

V——测定耗用高锰酸钾标准溶液(16.2.4)的体积,单位为毫升(mL);

c——所用高锰酸钾标准溶液(16.2.4)的准确浓度,单位为摩尔每升(mol/L);

m——试验份的质量,单位为克(g)。

16.7 精密度

16.7.1 重复性

在重复性条件下获得的两次独立测定结果的相对差值不大于1.3%[活性氧含量约2%(质量分数)],以大于1.3%的情况不超过5%为前提。

16.7.2 再现性

在再现性条件下获得的两次独立测定结果的相对差值不大于5%[活性氧含量约2%(质量分数)],以大于5%的情况不超过5%为前提。

17 洗涤剂中4A沸石含量的测定(滴定法)

17.1 原理

沸石在无机酸中易溶解并分解出铝离子。铝离子在pH3～3.5时与乙二胺四乙酸二钠(EDTA)形成络合物,以二甲酚橙为指示剂,用乙酸锌回滴过量的EDTA,定量铝离子(回滴定法)。到等当点后,在氟离子存在下煮沸,铝离子的EDTA络合物被选择性地解离,游离出等当量的EDTA,同样可以用乙酸锌滴定(氟化钠解离法),而准确地求出铝离子的含量。根据所得的铝离子含量计算出洗涤剂中4A沸石的含量。

17.2 试剂

17.2.1 乙二胺四乙酸二钠(EDTA)(GB/T 1401),c(EDTA)=0.01 mol/L标准滴定溶液,按QB/T 2739—2005中4.16配制和标定。

17.2.2 乙酸锌,$c[Zn(CH_3CO_2)_2]$=0.01 mol/L标准滴定溶液:按QB/T 2739—2005中4.17配制和标定。

17.2.3 二甲酚橙指示液,1 g/L,参照QB/T 2739—2005中5.8配制,一个月内有效。

17.2.4 硝酸(GB/T 626),1 mol/L溶液:量取70 mL浓硝酸,搅拌下慢慢倒入900 mL水中,稀释至1 000 mL。

17.2.5 氢氧化钠(GB/T 629),200 g/L 溶液:称取 20 g 固体氢氧化钠,加 100 mL 水溶液。

17.2.6 乙酸钠(GB/T 693),1 mol/L 溶液:称取 13.6 g 乙酸钠($CH_3COONa \cdot 3H_2O$),加水溶解并稀释至 100 mL。

17.2.7 乙酸铵(GB/T 1292),1 mol/L 溶液:称取 77 g 乙酸铵(CH_3COONH_4),加水溶解并稀释至1 000 mL。

17.2.8 硝酸(GB/T 626),密度约 1.4 g/mL,约 65%(质量分数)溶液。

17.2.9 氟化钠(GB/T 1264)。

17.2.10 精密 pH 试纸:pH2.7～4.7 和 pH1.4～3.0 两种范围或适合 pH2.0～2.5 和 pH3.0～3.5 范围的其他精密 pH 试纸。

17.3 仪器

常用实验室仪器和

17.3.1 烧杯,50 mL ,250 mL,400 mL。

17.3.2 容量瓶,500 mL。

17.3.3 移液管,10 mL,25 mL。

17.3.4 具塞滴定管,25 mL。

17.4 程序

17.4.1 回滴定法

称取 1.5 g～2.0 g 洗涤剂(称准至 0.000 1 g,约含 4A 沸石 200 mg)于 250 mL 烧杯(17.3.1)中,加入 50 mL 水和 20 mL 硝酸(17.2.8),加热煮沸 10 min,冷却后将溶液移至 500 mL 容量瓶(17.3.2)中,用水稀释至刻度并混匀。用移液管(17.3.3)吸取 25.0 mL 试样溶液于 400 mL 烧杯(17.3.1)中,加 50 mL水,用氢氧化钠溶液(17.2.5)调节至 pH2～2.5,然后用乙酸钠溶液(17.2.6)调节至 pH3～3.5。准确加入 0.01 mol/L EDTA 标准滴定溶液(17.2.1)10.0 mL,煮沸 30 min。冷却后,加入乙酸铵溶液(17.2.7)20 mL,将溶液 pH 缓冲至5～6,加水使总体积为 150 mL,加 4 滴～5 滴二甲酚橙指示液,用 0.01 mol/L乙酸锌标准滴定溶液(17.2.2)进行回滴定,溶液颜色由黄色变为红色即为终点。用同样操作进行空白试验。

17.4.2 氟化钠解离滴定法

按回滴定法(17.4.1)滴定至终点后,在试样溶液中加入 0.5 g 氟化钠(17.2.9),煮沸到溶液的红色消失。放冷后,用 0.01 mol/L 乙酸锌标准滴定溶液(17.2.2)滴定从铝离子的 EDTA 络合物中游离出来的 EDTA,溶液由黄色转为红色即为终点。

17.5 结果计算

17.5.1 洗涤剂中 4A 沸石含量以质量分数 X 表示,回滴定法测定结果按式(21)计算:

$$X = \frac{(V_0 - V_1) \times c \times 0.026\,98 \times 6.77 \times 20}{m} \times 100\% \qquad \cdots\cdots(21)$$

17.5.2 洗涤剂中 4A 沸石含量以质量分数 X 表示,氟化钠解离法测定结果按式(22)计算:

$$X = \frac{V_2 \times c \times 0.026\,98 \times 6.77 \times 20}{m} \times 100\% \qquad \cdots\cdots(22)$$

式中:

V_0——空白试验耗用乙酸锌标准滴定溶液的体积,单位为毫升(mL);

V_1——试样测定耗用乙酸锌标准滴定溶液的体积,单位为毫升(mL);

c——乙酸锌标准滴定溶液的浓度,单位为摩尔每升(mol/L);

0.026 98——铝的毫摩尔相对原子质量,单位为克每毫摩尔(g/mmol);

6.77——铝换算为 4A 沸石$\{Na_{96}[(AlO_2)_{96} \cdot (SiO_2)_{96}] \cdot 216H_2O\}$的系数;

V_2——氟化钠处理后滴定所耗用的乙酸锌标准滴定溶液的体积，单位为毫升(mL)；

m——洗衣粉试样的质量，单位为克(g)。

17.6 精密度

在重复性条件下获得的两次独立测定结果的相对差值不大于2%，以大于2%的情况不超过5%为前提。

注：测定洗衣粉中4A沸石含量一般可按回滴定法，但是在洗衣粉中重金属离子含量足以影响测定结果时，应采用氟化钠解离滴定法。

18 洗涤剂中蛋白酶的相对酶活力或含量的测定

本方法用于对含蛋白酶的洗涤剂产品，及蛋白酶与其他酶类的混合样品中蛋白酶的相对酶活力或含量的测定。方法略加改动，也可用于对蛋白酶产品的测定。

18.1 原理

蛋白酶可以将偶氮酪素水解为小分子多肽，未降解的偶氮酪素分子遇三氯乙酸产生沉淀，而已水解的产物保留在上层清液中，并在390 nm波长处有特征吸收峰。在确定的温度、pH和时间下，所形成的产物浓度与蛋白酶的含量及活性有关，因此通过测量水解液的吸光度，即可推算出原试样中蛋白酶的含量或活力高低。

18.2 试剂

18.2.1 硫酸（GB/T 625），0.1 mol/L溶液。

18.2.2 氢氧化钠（GB/T 629），0.1 mol/L溶液。

18.2.3 三羟甲基氨基甲烷缓冲溶液，2 mol/L溶液。

溶解242.0 g±0.5 g三羟甲基氨基甲烷于700 mL～800 mL水中，用硫酸或氢氧化钠调节pH为8.5±0.1后，定容至1 000 mL。此溶液可于室温下保存3个月。

18.2.4 尿素（GB/T 696），50%溶液。

溶解500.0 g±0.5 g尿素于500 mL热水中，搅拌溶解，冷却后定容至1 000 mL。此溶液可于室温下保存3个月。

18.2.5 三氯乙酸，10%溶液。

称取三氯乙酸100.0 g±0.5 g，以200 mL水溶解后，定容至1 000 mL。此溶液可于室温下保存3个月。

18.2.6 偶氮酪素（进口），橘红色，片状，0.6%溶液。

称取0.600 g偶氮酪素（称准至0.000 1 g），于250 mL烧杯中，缓慢滴加50%尿素溶液（18.2.4）10 mL润湿并促进溶解，然后加入10 mL三羟甲基氨基甲烷缓冲溶液（18.2.3）及30 mL～50 mL蒸馏水，搅拌直至完全溶解。加水定容至100 mL。该溶液需临用前配制，并在当天使用。

18.2.7 原料酶

添加于洗涤剂中，用以改善产品的使用性能的酶制剂。如不测量试样中该酶制剂的含量，则不需要原料酶。

18.2.8 参比酶

作为衡量试样中酶制剂活力的参考物质。参比酶由本标准技术归口单位委托定点生产厂家用统一规格的原料和工艺生产，要求活力均匀一致，并有明确的保质期，且对活力单位进行必要的认定。

18.2.9 质控酶

与参比酶相同种类的酶制剂，作为次级参考物质用于酶活力测定中验证分析中过程的准确度。质控酶的活力由参比酶确定，可选择质量较好活力均匀的酶制剂产品。必要时，由本标准技术归口单位统一订制。

18.3 仪器

常用实验室仪器和

18.3.1 超级恒温水浴。

18.3.2 酸度计,分度值0.1pH。

18.3.3 分光光度计,波长范围360 nm～800 nm,附5 mm或10 mm玻璃比色皿。

18.3.4 涡旋试管振荡器。

18.3.5 磁力搅拌器。

18.3.6 试管,ϕ16 mm×160 mm(薄壁)。

18.4 程序

18.4.1 试验溶液的配制

18.4.1.1 试验份:试验样品若是颗粒产品,取样时应先在瓶内多点取样后混合以获得有代表性的样品。试验样品依品种和活性大小的不同,有不同的取样量(m),通常称量范围建议如下(称准至0.000 1 g):

含酶固体洗衣粉:20 g　　含酶洗衣液或其他液体产品:20 g

注:试验样品的称样量应使测定中溶液的吸光度值在以后所做的标准曲线范围内,通常在0.1～0.7之间,否则需调整称样量重新测定。

18.4.1.2 将准确称量的试样(18.4.1.1)加入约300 mL水搅拌溶解15 min,加入50 mL三羟甲基氨基甲烷缓冲溶液(18.2.3),测定溶液pH值,如果不在8.5±0.1范围内,则用0.1 mol/L硫酸(18.2.1)(或浓度更高些的硫酸)或0.1 mol/L氢氧化钠(18.2.2)调节溶液的pH至8.5±0.1范围内,转移至500 mL容量瓶(V)中,用水定容至刻度。

注:应使最终试验溶液的pH为8.5±0.1,且溶液的酶活力在标准曲线范围内。必要时调整称样量或对试样溶液进行稀释。

18.4.2 基液的配制

称取与18.4.1.1相当量的洗涤剂试样(称准至0.01 g),放入250 mL高型烧杯中,加入适量水,搅拌约15 min以充分溶解。在微波炉中85 ℃～90 ℃(或带搅拌电磁炉)快速加热,煮沸后保持沸腾10 min,需注意防止泡沫溅出。冷却至室温,用0.1 mol/L硫酸(18.2.1)或0.1 mol/L氢氧化钠(18.2.2)调节溶液的pH至8.5±0.1,以水定容至200 mL,备用。

注1:如可获得无酶基粉,则可用基粉按本条直接配制基液,省略煮沸加热的操作。

注2:如果确认洗涤剂组分对酶的测定没有干扰,或不需考虑洗涤剂组分的影响则不必配制此基液。

18.4.3 参比酶溶液的配制

18.4.3.1 参比酶工作溶液的配制(溶液的酶活力 $c\approx1$ GBU/mL)

按式(23)称取一定量参比酶(X)(称准至0.000 1 g)(18.2.8),先加入60 mL水,后加入10 mL三羟甲基氨基甲烷缓冲溶液(18.2.3),充分搅拌约15 min,用水定容至100 mL(V)。

$$X=\frac{V\times c}{\mathrm{EA}} \qquad \cdots\cdots(23)$$

式中:

X——称取参比酶的质量,单位为克(g);

V——定容体积,单位为毫升(mL);

c——配制溶液中的酶活力,单位为相对酶活力单位(GBU/mL);

EA——参比酶制剂的相对酶活力,单位为相对酶活力单位(GBU/g)。

18.4.3.2 系列参比酶溶液的配制

按表1配制不同浓度的系列参比酶溶液。每个溶液定容后应充分搅拌约10 min。

表 1　不同浓度的系列参比酶溶液配制表

序　　号	1[a]	2	3	4	5	6	7
水/mL	10	10	10	10	10	10	10
移取参比酶溶液(18.4.3.1)/mL	0	0.5	1.0	1.5	2.0	2.5	3.0
三羟甲基氨基甲烷缓冲溶液(18.2.3)/mL	5	5	5	5	5	5	5
基液(18.4.2)/mL	20	20	20	20	20	20	20
加水定容至最终体积/mL	50	50	50	50	50	50	50
参比酶溶液活力/GBU/mL×10^{-2}	0	1.0	2.0	3.0	4.0	5.0	6.0
[a] 空白试验。							

18.4.4　质控酶溶液的配制

18.4.4.1　质控酶母液的配制(溶液的酶活力 $c\approx 1$ GBU/mL)

按式(24)称取一定量质控酶(Y)(称准至 0.000 1 g)(18.2.9),先加入 60 mL 水,后加入 10 mL 三羟甲基氨基甲烷缓冲溶液(18.2.3),充分搅拌约 15 min,用水定容至 100 mL(V)。

$$Y=\frac{V\times c}{\mathrm{EA}} \qquad \cdots\cdots(24)$$

式中:

Y——称取质控酶的质量,单位为克(g);

V——定容体积,单位为毫升(mL);

c——配制溶液中的酶活力,单位为相对酶活力单位(GBU/mL);

EA——质控酶制剂的相对酶活力,单位为相对酶活力单位(GBU/g)。

18.4.4.2　质控酶工作液的配制

移取质控酶母液(18.4.4.1)2 mL 于 50 mL 容量瓶中,先加水约 10 mL,再加入 5 mL 三羟甲基氨基甲烷缓冲溶液(18.2.3)20 mL 基液(18.4.2),用水定容至刻度,充分摇匀。

18.4.5　原料酶溶液的配制(如果仅测定相对酶活力,不测洗涤剂中酶含量,本条可省略)

18.4.5.1　原料酶母液的配制(溶液的酶活力 $c\approx 1$ GBU/mL)

按式(25)称取一定量原料酶(Z)(称准至 0.000 1 g)(18.2.7),先加入 60 mL 水,后加入 10 mL 三羟甲基氨基甲烷缓冲溶液(18.2.3),充分搅拌约 15 min,用水定容至 100 mL(V)。

$$Z=\frac{V\times c}{\mathrm{EA}} \qquad \cdots\cdots(25)$$

式中:

Z——称取原料酶的质量,单位为克(g);

V——定容体积,单位为毫升(mL);

c——配制溶液中的酶活力,单位为相对酶活力单位(GBU/mL);

EA——原料酶制剂的相对酶活力,单位为相对酶活力单位(GBU/g)。

18.4.5.2　原料酶工作液的配制

移取原料酶母液(18.4.5.1)2 mL 于 50 mL 容量瓶中,先加水约 10 mL,再加入 5 mL 三羟甲基氨基甲烷缓冲溶液(18.2.3)20 mL 基液(18.4.2),用水定容至刻度,充分摇匀。

18.4.6　测定

a)　启动恒温水浴(18.3.1),温度设定于($n\pm 0.5$)℃,反应前将 0.6%偶氮酪素溶液(18.2.6)置于水浴中预热 5 min。

b)　室温下,依次移取 1 mL 表 1 中配制的各种系列浓度的参比酶溶液(18.4.3.2)、试样溶液(18.4.1.2)(平行样两个)、质控酶工作液(18.4.4.2)(平行样两个)、原料酶工作液

(18.4.5.2)(平行样两个。如不测定酶含量则省略),加入不同的 ϕ16 mm×160 mm 试管(18.3.6)中。

c) 室温下依次以固定时间间隔向上述各试管中加入 0.6%偶氮酪素溶液(18.2.6)5 mL,同时开始反应计时。用涡旋试管振荡器(18.3.4)混匀 5 s 后立即放入(n±0.5)℃水浴,记录反应时间 30 min。

d) 精确反应 30 min 后,依前次顺序及同样时间间隔向各管加入 10%三氯乙酸溶液(18.2.5)5 mL终止反应,用涡旋振荡器混匀,转移至室温放置。

e) 约 5 min 后,用滤纸过滤上述反应后的溶液到另一组试管(18.3.6)中。在 40 min 内,用可见光分光光度计在 390 nm 波长处测定滤液的吸光度值 A。

注 1:如参比酶溶液空白吸光度值大于 0.16,需采用新鲜底物重新分析。

注 2:测定中应使各溶液的吸光度值在 0.1~0.7 之间,否则需调整试样溶液的浓度。

注 3:反应温度 n 通常设为 40℃或 25℃,如需测量不同温度下酶制剂活力,则选择该温度进行反应。

f) 以各参比酶溶液的吸光度值(A)对参比酶溶液的活力(GBU/mL)作图,并进行线性回归拟合。回归系数应保证在 0.990 以上。质控酶的检测结果与标称活力值的差别应不大于±10%。

18.5 结果计算

18.5.1 试样的相对酶活力

从标准曲线上根据试样溶液的吸光度值,以及试样溶液浓度按式(26)计算在给定温度 n 下,试样中的酶制剂相对于参比酶的活力(EA^n)。

$$EA^n = \frac{EA_0^n \times V}{m} \qquad \cdots\cdots(26)$$

式中:

EA^n——在给定温度 n 下,酶制剂相对于参比酶的活力,单位为相对酶活力单位(GBU/g);

EA_0^n——从标准曲线上查得的试样液酶活力,单位为相对酶活力单位(GBU/mL);

V——试验份的定容体积(18.4.1.2),单位为毫升(mL);

m——试验份的质量(18.4.1.1),单位为克(g)。

注:如果测试中试样溶液经过相应的稀释,则计算式(26)需作相应的变动。

18.5.2 试样中的酶含量

按 18.5.1 根据试样溶液和原料酶工作液的吸光度,分别计算出在给定温度 n 下,试样和原料酶的相对酶活力,按式(27)计算试样中的酶制剂的质量分数(X),以百分含量表示。

$$X = \frac{EA^n_{试样}}{EA^n_{原料酶}} \times 100\% \qquad \cdots\cdots(27)$$

式中:

$EA^n_{试样}$——在给定温度 n 下,试样中的相对酶活力,单位为相对酶活力单位(GBU/g);

$EA^n_{原料酶}$——在给定温度 n 下,原料酶的相对酶活力,单位为相对酶活力单位(GBU/g)。

注:试样中的酶含量也可用原料酶代替参比酶,参照 18.4.3 配制系列工作溶液,以原料酶溶液的浓度值代替参比酶溶液的活力值作浓度与吸光度曲线,直接测定。此时可不使用参比酶。

18.6 精密度

在重复性条件下所获得的两次独立测定结果的相对差值不大于 10%,以大于 10%的情况不超过 5%为前提。

注:不同种类的蛋白酶,水解偶氮酪素的方式和水解产物不同,因此相对于参比酶测定的酶活力的本质含义不一样,数值之间没有可比性,两者活力值与去污效果无关。

同种类蛋白酶,相对于参比酶测定的酶活力越高,说明酶制剂的有效成分越高,去污效果相对越好。

19 洗涤剂中有效氯的测定(滴定法)

19.1 原理

洗涤剂中有效氯在酸性溶液中与碘化钾起氧化作用,释放出一定量的碘,再以硫代硫酸钠标准滴定溶液滴定碘，根据硫代硫酸钠标准滴定溶液的消耗量计算出有效氯含量。

19.2 试剂

19.2.1 硫代硫酸钠(GB/T 637)，$c(Na_2S_2O_3)$=0.05 mol/L 标准滴定溶液，按 QB/T 2739—2005 中 4.12 配制和标定。

19.2.2 硫酸(GB/T 625)，2 mol/L 溶液。

19.2.3 碘化钾(GB/T 1272)，100 g/L 溶液。

19.2.4 淀粉指示液(5 g/L)。

19.3 程序

a) 称取含氯洗涤剂 1 g(精确到 0.001 g)，用蒸馏水溶解后，转入 250 mL 容量瓶中，向容量瓶加水至刻度、混匀。

注：应根据有效氯含量的大小调整称取样品的量。

b) 向碘量瓶中加硫酸(19.2.2)10 mL，碘化钾溶液(19.2.3)10 mL，混匀的洗涤剂[19.3.a)] 5.0 mL，溶液即出现棕色，盖上瓶盖，摇匀后，加水于碘量瓶缘封口，置暗处放 5 min(作平行样)。

c) 用硫代硫酸钠标准滴定溶液(19.2.1)滴定游离碘，边滴边摇匀，待溶液呈淡黄色时加入淀粉指示液(19.2.4)10 滴(溶液立即变蓝色)，继续滴定至蓝色消失，记录所用硫代硫酸钠的总量，重复 3 次取平均值计算。

19.4 结果计算

洗涤剂中以 Cl 计的有效氯含量以质量分数 X 计，数值以%表示，按式(28)计算：

$$X=\frac{c\times V\times 35.45}{10m} \qquad \cdots\cdots(28)$$

式中：

c——硫代硫酸钠标准滴定溶液的浓度，单位为摩尔每升(mol/L)；

V——滴定消耗的硫代硫酸钠标准滴定溶液的体积，单位为毫升(mL)；

35.45——氯的相对原子质量，单位为克每摩尔(g/mol)；

m——碘量瓶中洗涤剂试样的质量，单位为克(g)。

以两次平行测定的算术平均值表示至小数点后一位作为测定结果。

19.5 重复性和再现性

在重复性条件下获得的两次独立测试结果的相对差值不大于 1.3%，以大于 1.3%的情况不超过 5%为前提。

在再现性条件下获得的两次独立测试结果的相对差值不大于 5%，以大于 5%的情况不超过 5%为前提。

20 试验结果报告要求

试验结果报告应包括以下内容：

a) 所用测定方法(本国家标准编号的引用)；

b) 结果和所用的表示方法；

c) 测定过程中出现的任何异常现象；

d) 本标准未包括的任何操作或自选操作；

e) 试验日期及环境条件；

f) 其他需要说明的事项。

附 录 A
(资料性附录)
标准有关条款与替代标准的对应关系或资料来源

本标准条款的内容及所替代的标准或资料来源见表 A.1。

表 A.1 本标准条款与有关替代标准或资料来源信息一览表

本标准章条编号	标 准 内 容	替代的标准或资料来源	采标/制定理由
4	样品的分样	替代 GB/T 13173.1—1991	ISO 607:1980,MOD
5	粉状洗涤剂颗粒度的测定	替代 GB/T 12030—1989	ISO 2996:1974,MOD
6.1	洗涤剂中总五氧化二磷的测定 磷钼酸喹啉重量法	替代 GB/T 12031—1989	ISO 4313:1976,MOD
6.2	洗涤剂中总五氧化二磷的测定 磷钼蓝比色法	参考 GB/T 13171—2004《洗衣粉》附录 A 制定	本方法较 6.1 快速,测量结果精度相当,故增设此法
7	洗涤剂中总活性物含量的测定	替代 GB/T 13173.2—2000	
8	洗涤剂中非离子表面活性剂含量的测定(离子交换法)	替代 GB/T 13173.3—1991	
9	洗涤剂中各种磷酸盐的分离测定(离子交换柱色谱法)	替代 GB/T 13173.4—1991	
10	洗涤剂中甲苯磺酸盐含量的测定	替代 GB/T 13173.5—1991	
11	洗涤剂发泡力的测定(Ross-Miles 法)	替代 GB/T 13173.6—1991	
12	洗涤剂中螯合剂(EDTA)含量的测定(滴定法)	替代 GB/T 13173.7—1993	ISO 4325:1990,MOD
13	粉状洗涤剂表观密度的测定(给定体积称量法)	替代 GB/T 13175—1991	ISO 697:1981,MOD
14	粉状洗涤剂白度的测定	替代 GB/T 13176.1—1991	
15	洗涤剂中水分及挥发物含量的测定(烘箱法)	替代 GB/T 13176.2—1991	
16	洗涤剂中活性氧含量的测定(滴定法)	替代 GB/T 13176.3—1991	ISO 4321:1977,IDT
17	洗涤剂中 4A 沸石含量的测定(滴定法)	参考 GB/T 13171—1997《洗衣粉》附录 A 制定	GB/T 13171—2004 取消了该附录内容,但实际测定仍然需要相关方法
18	洗涤剂中碱性蛋白酶活力的测定	参考 QB/T 1803—1993 附录 A_3 及原专业标准 ZBY 40018《加酶洗涤剂中碱性蛋白酶活力的测定》内容制定	增加本项目测定内容代替所废止专业标准
19	洗涤剂中有效氯的测定(滴定法)	参考 GB 14930.2《食品工具、设备用洗涤消毒剂卫生标准》附录内容制定	增加洗涤剂中杀菌成分测试的方法,便于今后相关功能产品的开发应用

附 录 B
（资料性附录）
本标准章条与有关 ISO 标准的对应信息

B.1 本标准章条与有关的 ISO 标准对应信息

本标准章条中有 6 条分别为等同或修改采用了不同的 ISO 标准，对应信息见表 B.1。

表 B.1 本标准条款与有关 ISO 标准对应信息一览表

本标准章条编号	ISO 标准编号	ISO 标准名称	采标程度
4	ISO 607:1980	表面活性剂和洗涤剂　样品分样方法	修改采用
5	ISO 2996:1974	工业用三聚磷酸钠和焦磷酸钠　用机械筛测定粒度分布	修改采用
6.1	ISO 4313:1976	洗衣粉　总五氧化二磷含量的测定　磷钼酸喹啉重量法	修改采用
12	ISO 4325:1990	肥皂和洗涤剂　螯合剂含量的测定　滴定法	修改采用
13	ISO 697:1981	表面活性剂　洗衣粉　表观密度的测定　给定体积称量法	修改采用
16	ISO 4321:1977	洗衣粉　活性氧含量的测定　滴定法	等同采用

B.2 本标准第 4 章与 ISO 607:1980 对比

本标准第 4 章为修改采用 ISO 607:1980，具体技术性差异及其原因对比见表 B.2。

表 B.2 本标准第 4 章与 ISO 607:1980 技术性差异及其原因

本标准章条编号	本标准第 4 章内容	ISO 章条编号	ISO 607:1980 内容	原　因
4	对于粉状、浆状、液体产品的分样均用锥形分样器分样，同 ISO 607:1980 中 5.1.2 的操作	5.1.2 5.1.3	用锥形分样器制备分样 用回转分样器制备分样	采用 ISO 607:1980 的锥形分样器制备分样即可满足试验需要，故不采用回转分样器制备分样

B.3 本标准第 5 章与 ISO 2996:1974 对比

本标准第 5 章为修改采用 ISO 2996:1974，具体技术性差异及其原因对比见表 B.3。

表 B.3 本标准第 5 章与 ISO 2996:1974 技术性差异及其原因

本标准章条编号	本标准第 5 章内容	ISO 章条编号	ISO 2996:1974 内容	原　因
5.2.1	试验筛，符合 GB/T 6003.1—1997《金属丝编织网试验筛》的规定，筛框直径 $D=200$ mm。按待测产品标准的要求选取一套规定孔径的筛子，配以底盘和筛盖	3.1	圆形系列筛，带有金属架，直径约 200 mm，能够严密地装配在一起，并有底和盖。根据待测产品的特性由以下系列选择各孔径筛：0.063 mm～0.125 mm～0.250 mm～0.500 mm～1.0 mm～2.0 mm～4.0 mm	未规定选用的筛子孔径，要求依据测试产品对象的标准要求具体选择，与 ISO 要求实质相同，但更方便产品标准采用

表 B.3（续）

本标准章条编号	本标准第5章内容	ISO 章条编号	ISO 2996:1974 内容	原　因
5.2.2	电动振荡器，平行往复式（振幅 36 mm，频率 243 次/min）或立式（频率 1 400 次/min）	3.2	自动装置，能配四个筛，包括下底和上盖，并能以水平和沿纵轴碰撞作复合运动者。……	ISO 的设备价格较高，不易购买。本标准选择一款国内较易获得的替代设备
5.4.2	称取经分样器分样的试样 100 g（称准至 0.1 g），置于上层筛中，加筛盖	4.1	于 105℃±2℃ 的烘箱中干燥试验样品 1 h 并在干燥器中冷却。……	试验样品不要求干燥，可以更直观地反映样品的实际状态
5.4.3	开动振荡器，筛振 4 min±30 s；若用立式振荡器时，筛振 8 min±30 s。……	4.2	…… 筛分 30 min。 ……	因设备不同，故振荡时间要求不一致
5.6	精密度	—	—	使标准更科学、更严谨

B.4　本标准的 6.1 与 ISO 4313:1976 对比

本标准 6.1 与修改采用 ISO 4313:1976 的具体技术性差异及其原因对比见表 B.4。

表 B.4　本标准 6.1 与 ISO 4313:1976 技术性差异及其原因

标准章条编号	本标准 6.1 内容	ISO 章条编号	ISO 4313:1976 内容	原　因
6.1.4.1	试验份 样品混匀后，称取含 125 mg～500 mg 五氧化二磷的洗涤剂样品（称准至 2 mg）于 250 mL 烧杯中	7.1	试验份 称取约 10 g 实验室样品，称准至 0.01 g	针对样品中五氧化二磷含量的高低，规定试验份的大小，有利于减小试验误差
6.1.4.2 第一段	测定 向盛有试验份的烧杯中加入 95% 乙醇（GB/T 679）至 80 mL（对液体和膏状样品，加无水乙醇至乙醇浓度为 95%），用玻璃棒轻搅后，盖上表面皿，置电热板上微沸 10 min，取下冷却，用慢速定性滤纸（6.1.3.1）过滤，尽量使固体物留在烧杯中。然后用水洗涤滤纸两次，滤液收入保留有固体物的原烧杯中。 注：如遇水洗难以过滤时，可将滤纸底用针刺一个小孔，加速洗涤。……	7.2	测定 —	ISO 4313 中现将样品配成水溶液，但因泡沫太多难以过滤，故改为先用乙醇萃取，过滤去除活性物再进行测定。本段内容为乙醇萃取的具体过程

表 B.4（续）

标准章条编号	本标准 6.1 内容	ISO 章条编号	ISO 4313:1976 内容	原　因
6.1.4.2 第二段	……加入 8mL 硝酸(6.1.2.1)，放入一玻璃棒，盖上表面皿，置电热板上煮沸 40 min。……	7.2 第四段	……加入 15 mL 硝酸溶液(4.1)，……置电热板上煮沸 40 min。……	ISO 4313 加入硝酸偏多，经试验比对，硝酸加入量减半，煮沸时间延长 10 min，可保证试验效果
6.1.4.2 第三段	…… 用预先在(180±2)℃干燥恒重过的玻璃过滤坩埚(6.1.3.2)真空抽滤。用倾泻法过滤、洗涤烧杯中的沉淀约 6 次，每次用水约 30 mL。……取下玻璃过滤坩埚，放入已控温于(180±2)℃的烘箱(6.1.3.3)中，待温度稳定后计时 45 min。取出玻璃过滤坩埚，置于干燥器中冷却 30 min 后，称量。 ……	7.2	…… 倾泻法转移溶液至滤埚，尽可能使沉淀留在烧杯中。用倾析法洗涤沉淀 6 次，每次用水约 30 mL。……将滤埚放入已控温于(260±20)℃的烘箱中，加热 1h。取出滤埚，置于干燥器中冷却后，称量。 ……	ISO 4313 规定干燥沉淀在(260±20)℃下，加热 1 h。但玻璃坩埚在此温度下易破裂，故本标准改为(180±2)℃，加热 45 min。实验证明效果相同

B.5　本标准第 12 章与 ISO 4325:1990 对比

本标准第 12 章与修改采用 ISO 4325:1990 的具体技术性差异及其原因对比见表 B.5。

表 B.5　本标准第 12 章与 ISO 4325:1990 技术性差异及其原因

本标准章条编号	本标准第 12 章内容	ISO 章条编号	ISO 4325:1990 内容	原　因
12.5.1	试验溶液的制备 称取约 10 g 试样，称准至 0.001 g，于 250 mL 烧杯中，用水溶解并定量转移至 500 mL 单刻度容量瓶中，稀释至刻度，充分混匀。 如果产品组成中螯合剂含量低于 0.1% 时，可省略上述稀释步骤。直接称取试样 5 g，称准至 0.001 g，于 150 mL 烧杯中，进行测定。 如溶液中有沉淀或悬浮物，将溶液通过干的快速定性滤纸过滤，弃去前 20 mL，收集清液供测定用。如此操作，可排除存在的 4A 沸石对螯合剂测定的干扰	7.1	试验份 称取 10 g 实验室样品，称准至 0.1 g，至一烧杯或锥形瓶中	与 ISO 标准直接称样测定不同，增加了针对试验样在测试前的进行溶液配制过程，有利于对不同配方的具体产品进行测定

B.6　本标准第 13 章与 ISO 697:1981 对比

本标准第 13 章与修改采用 ISO 697:1981 的具体技术性差异及其原因对比见表 B.6。

表 B.6　本标准第 13 章与 ISO 697:1981 技术性差异及其原因

本标准章条编号	本标准第 13 章内容	ISO 章条编号	ISO 697:1981 内容	原　因
13.3	试样的制备 试样应按照 4.2.1 规定的方法准备及贮存	8.2	试验样品的制备 通过摇晃容器来使实验室样品中的任何团块松散。 务必避免破碎粉体的颗粒。 借助如 ISO 607 所述的锥形分样器分样，并使试样变均匀	本标准 4.2.1 为等效采用 ISO 607:1980 的锥形分样器部分

ICS 71.100.40
Y 43

中华人民共和国国家标准

GB/T 13174—2008
代替 GB/T 13174—2003,GB/T 15815—1995

衣料用洗涤剂去污力及循环洗涤性能的测定

Determination of detergency and cycle of washing property for laundry detergents

2008-12-30 发布　　　　2009-09-01 实施

中华人民共和国国家质量监督检验检疫总局
中国国家标准化管理委员会　发布

前 言

本标准代替 GB/T 13174—2003《衣料用洗涤剂去污力和抗污渍再沉积能力的测定》和 GB/T 15815—1995《衣料洗涤剂性能比较试验　循环洗涤白棉对照布法》。

本标准与 GB/T 13174—2003 和 GB/T 15815—1995 相比主要变化如下：

——改变了标准名称；

——整合了 GB/T 13174—2003 和 GB/T 15815—1995 的主要内容；

——取消了 GB/T 15815—1995 中 Launder-o-meter 型去污试验机，仅保留 Terg-o-Tometer 型；

——取消了 GB/T 13174—2003 中有关白度保持的测定方法、评价方式等内容；

——原标准中的资料性附录 B～附录 E，改为规范性附录，本标准在引用时更改了附录顺序，并修改了部分试验过程；

——增加了规范性附录 E、附录 F 和资料性附录 G，给出了 Q 值检验法的使用指导。

本标准的附录 A、附录 B、附录 C、附录 D、附录 E、附录 F、附录 H 为规范性附录，附录 G 为资料性附录。

本标准由中国轻工业联合会提出。

本标准由全国表面活性剂和洗涤用品标准化技术委员会归口。

本标准起草单位：国家洗涤用品质量监督检验中心（太原）、中国日用化学工业研究院。

本标准主要起草人：姚晨之、严方、杜志平、梁红艳、由维山、李晓辉。

本标准所代替标准的历次版本发布情况为：

——GB/T 13174—1991、GB/T 13174—2003；

——GB/T 15815—1995。

引　言

本标准是在整合 GB/T 13174—2003 和 GB/T 15815—1995 的基础上进行修订。修订中参考了 ISO 2267:1986《表面活性剂　某些洗涤效应的评价　未染污棉对照布的制备和使用方法》、ISO 4312:1989《表面活性剂　某些洗涤效应的评价　未染污棉对照布的分析和试验方法》中的有关内容，结合我国具体条件和行业特点，完善并细化了测试中的一些具体步骤，并对 ISO 2267 和 ISO 4312 标准中一些原则性要求，以及在实际应用中很少使用又难以统一掌握的问题予以简化。由于洗涤剂性能评价结果受仪器设备、试验方法、测试材料和试剂、环境条件等多种因素影响，且某些因素不能重复，因此造成试验结果重现困难，相对于常规的分析方法试验误差较大。本标准应用各方应进一步探索协调测定条件的一致性，尽可能保证各方实际测定结果的一致。

本标准在统一了测试试验的常规条件，如：去污试验机型、洗涤温度和时间、水的硬度、标准洗衣粉浓度等的基础上，为了给未来技术发展提供框架，引入了参比蛋白酶、JB 系列污布等，并对它们的使用提出了指导性建议用于对不同用途的洗涤剂产品检测应用。也正是出于这一初衷，标准对被测洗涤剂产品在测定条件下的使用浓度，以及 JB 系列污布数量、品种仅给出了指导性意见，不作明确的限制。另外，标准以规范性附录的方式给出了常用六种 JB 污布的制备过程，同时为统一测定结果和方便标准应用者使用，还针对测试中用到的 JB 污布、标准洗衣粉、参比蛋白酶等专用材料，提出建议由标准归口管理部门统一向有关企业定制。

衣料用洗涤剂去污力及循环洗涤性能的测定

1 范围

本标准规定了用人工污布进行去污试验来评价洗涤剂去污力，用棉白布对照循环洗涤的方式评价洗涤剂抗污渍再沉积能力。

本标准适用于衣料用洗涤剂，包括粉状、液体及膏状产品去污力和抗污渍再沉积能力的评价。

2 规范性引用文件

下列文件中的条款通过本标准的引用而成为本标准的条款。凡是注日期的引用文件，其随后所有的修改单(不包括勘误的内容)或修订版均不适用于本标准，然而，鼓励根据本标准达成协议的各方研究是否可使用这些文件的最新版本。凡是不注日期的引用文件，其最新版本适用于本标准。

GB/T 6379.2—2004 测量方法与结果的准确度(正确度与精密度) 第2部分：确定标准测量方法重复性与再现性的基本方法

GB/T 13173—2008 表面活性剂 洗涤剂试验方法

QB/T 1806—1993 洗涤剂用碱性蛋白酶制剂

JB/T 9327 白度计

JJG 512 白度计检定规程

3 术语和定义、符号和缩略语

3.1 术语和定义

下列术语和定义适用于本标准。

3.1.1

污布 test cloths

将原白布用规定种类的污渍经一定程序处理后制成的人工染污布片，用于测定洗涤剂去除该类污渍的能力。以污渍的种类决定污布的类别。

3.1.2

试片 pieces of test cloths

将污布按要求裁成 6 cm×6 cm 或 8 cm×8 cm 大小，用于去污试验的污布块。

3.1.3

白度值 whiteness index

在规定波长下污布或试片对光波的反射率，用白度计在 457 nm 下读取。

3.1.4

洗前白度值 whiteness index before washing

试片在用洗涤剂洗涤前的白度值。

3.1.5

洗后白度值 whiteness index after washing

试片在用洗涤剂洗涤后的白度值。

3.1.6

试片白度差　difference of the whiteness index

洗后白度值与洗前白度值之差。

3.1.7

去污力　detergency

洗涤剂去除污渍的能力，为表征洗涤剂的洗涤性能的指标之一。

3.1.8

去污值　value of detergency

洗涤剂去污力的数字化表征，以试片白度差表示。

3.1.9

去污比值　rate of the value of detergency

样本洗涤剂去污值与标准洗衣粉去污值的比值。

3.1.10

抗污渍再沉积能力　anti-soil-redeposition property

在洗涤过程中洗涤剂悬浮水中的污渍，抑制其吸附到织物表面的能力，为表征洗涤剂的洗涤性能的指标之一。可以采用白度保持和沉积灰分两项指标综合评价。

3.1.11

白度保持　whiteness preserved

白色织物在污染的洗涤液中洗涤后，织物白色下降情况，表征洗涤过程中洗涤剂悬浮污渍的能力。通常采用多次重复循环洗涤的方式。

3.1.12

白度保持值　value of whiteness preserved

洗涤剂洗涤白度保持的数字化表征，以试片洗涤前后的白度之比表示。

3.1.13

白度保持比值　rate of the value of whiteness preserved

样本洗涤剂洗涤白度保持值与标准洗衣粉洗涤白度保持值的比值。

3.1.14

沉积灰分　ash deposition

经多次洗涤后，织物上吸附的无机固体物。同白度保持一样，同样表征了洗涤剂在洗涤中悬浮污渍的能力。

3.1.15

沉积灰分比值　rate of ash deposition

样本洗涤剂沉积灰分与标准洗衣粉沉积灰分的比值。

3.1.16

循环洗涤性能　cycle of washing property

织物经多次重复循环洗涤后，洗涤剂功效在织物上的整体作用情况。可由白度保持、沉积灰分、感官评判等方面综合评价。

3.1.17

标准洗衣粉　reference detergent

用一定规格的原料制备的特定配方的洗衣粉。常用作对照基准，比较检测其他洗涤剂的洗涤性能。

3.1.18

参比蛋白酶　reference proteases

特定规格的蛋白酶，在洗涤剂去污力测定中加入标准洗衣粉中，以增加其对JB-02试片的去污力。

3.2 符号和缩略语

下列符号和缩略语适用于本标准。

JB-00——白布；

JB-01——碳黑油污布；

JB-02——蛋白污布；

JB-03——皮脂污布；

JB-04——食用油污布；

JB-05——淀粉类污布；

F_1——洗前白度值；

F_2——洗后白度值；

R——去污值；

P——去污比值；

T——白度保持；

B——白度保持比值；

S——沉积灰分；

H——沉积灰分比值。

4 试验原理

在去污试验机内于规定温度和洗涤时间下，用一定硬度的水配制成确定浓度的洗涤剂溶液，对各类污渍试片进行洗涤，并用白度计在选定波长下测定试片洗涤前后的白度值。以试片白度差评价洗涤剂的去污作用。

在去污试验机内于规定温度和洗涤时间下，用一定硬度的水配制成确定浓度的洗涤剂溶液，配加一定量的污液，对一定数量的白布片进行洗涤。取出晾干后，以规定的次数重复洗涤过程（一般需20次以上），感官评价洗涤后白布片的外观（粗糙度）、柔软度、感官白度，并测定沉积灰分（灼烧法）及白度保持（由洗涤前后的白度计算）。比较这些判据来评价洗涤剂的抗污渍再沉积能力。

5 试剂与材料

除非另有说明，在分析中仅使用确认为分析纯的试剂和蒸馏水或去离子水或纯度相当的水。

5.1　氯化钙（$CaCl_2$）。

注：也可使用含一定水合数的氯化钙，但在具体使用时需要根据7.1规定的$CaCl_2$用量进行折算。

5.2　氯化镁（$MgCl_2 \cdot 6H_2O$）（GB/T 672）。

注：也可使用无水或水合数的氯化镁，但在具体使用时需要根据7.1规定的$MgCl_2 \cdot 6H_2O$用量进行折算。

5.3　污布：JB系列。用前裁成6 cm×6 cm的大小（JB-00裁成8 cm×8 cm大小，并进行锁边后用于循环洗涤试验），称为试片。其中JB-00（白布，按附录A制备）为用于评价洗涤剂抗污渍再沉积能力，其余种类污布用于去污力的评价，分别为JB-01（碳黑油污布，按附录B制备）、JB-02（蛋白污布，按附录C制备）、JB-03（皮脂污布，按附录D制备）、JB-04（食用油污布，按附录E制备）、JB-05（淀粉类污布，按附录F制备）。污布可由标准归口单位委托相关单位统一制作提供。

注：每张污布四周边缘不均匀处，可裁去。

5.4　标准洗衣粉。

5.5　参比蛋白酶。

6　仪器和设备

普通实验室仪器及设备和以下各项。

6.1　立式去污试验机，外形见图1。

6.1.1　立式去污试验机：转速范围 30 r/min～200 r/min，温度误差±0.5 ℃。

6.1.2　去污用浴缸：ϕ120 mm，高 170 mm。

图1　**RHLQ型立式去污试验机**

6.1.3　去污用搅拌叶轮：三叶状波轮，ϕ80 mm，结构见图2。

单位为毫米

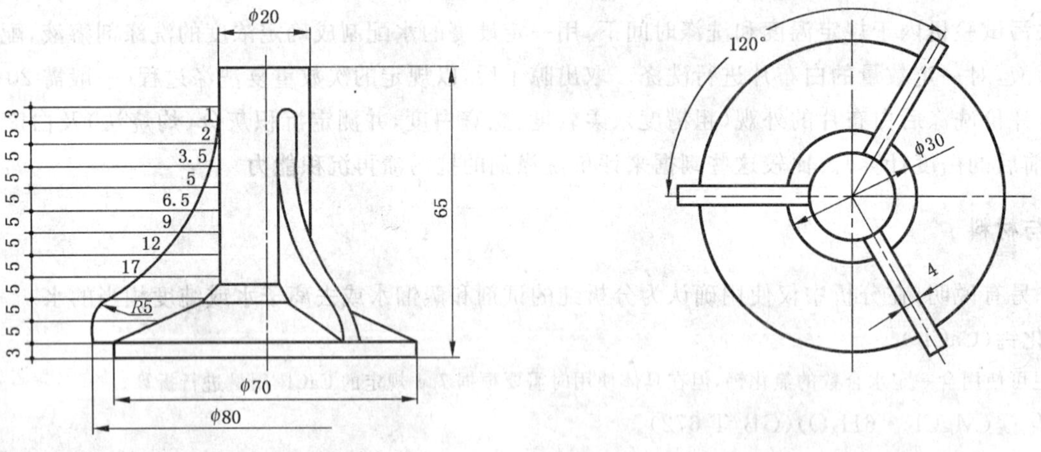

a) 搅拌叶轮主视图　　　　b) 搅拌叶轮俯视剖面图

图2　**去污用搅拌叶轮**

6.2　白度计：符合 JB/T 9327 及 JJG 512 的规定。

6.3　大搪瓷盘：46 cm×36 cm。

6.4　瓷坩埚：50 mL，带盖。

6.5　高温炉：能控温度于 800 ℃±10 ℃。

6.6　漂洗器，结构见图3和图4(构造同市售的蔬菜脱水器)。

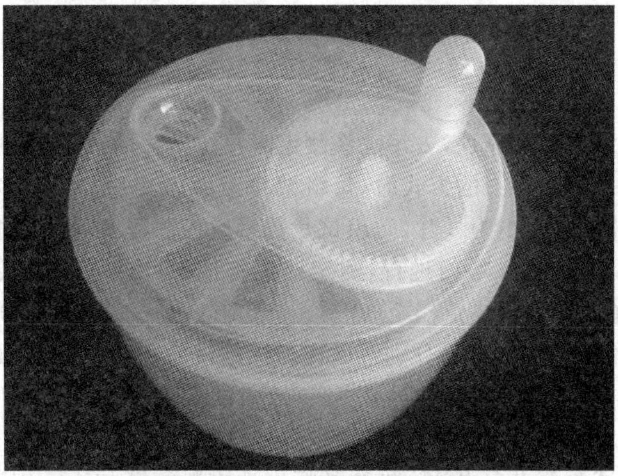

图 3　漂洗器外桶

图 4　漂洗器内桶

7　试验程序

7.1　硬水配制

洗涤试验中配制洗涤剂溶液采用 250 mg/kg(以 $CaCO_3$ 表示,下同)硬水,Ca^{2+} 与 Mg^{2+} 摩尔比为 6∶4,配制方法如下:称取 16.70 g 氯化钙(5.1)和 20.37 g 氯化镁(5.2),配制 10.0 L,即为 2 500 mg/kg 硬水。使用时取 1.0 L 冲至 10.0 L 即为 250 mg/kg 硬水。

7.2　白度的测量

白度的测量应按如下步骤进行:

a)　根据洗涤剂性能测试的要求,选择所需的 JB 系列试片品种。将用于测定的污布(5.3)裁成试片,按类别分别搭配成平均黑度相近的六组,若试片是 JB-00 则每组中应有试片 6 片,其他 JB 种类试片则至少为 4 片,同时作好编号记录,每组试片用于一个样品的性能试验。

注 1:每组试片用于一个样品的性能试验,根据测定产品的数量确定需要的试片组数目,六组试片为 RHLQ 型立式去污机-车试验的最大量。

注 2:去污洗涤测定中,依照 JB 系列试片品种的不同,可以分别对不同污渍测试洗涤剂的去污力,给出测试结果。也可以多种污布合并一起测试去污力,然后分别比较给出测试结果。试验结果报告中需注明测试方式。

b)　将试片按同一类别相叠,用白度计在 457 nm 下逐一读取洗涤前后的白度值。洗前白度以试片正反两面各取两个点(每一面的两点应中心对称),测量白度值,以四次测量的平均值为该试片的洗前白度 F_1;洗后白度则在试片的正反两面各取两个点(每一面的两点应中心对称),

测量白度值，以四次测量的平均值为该试片的洗后白度 F_2。

7.3 去污洗涤试验

去污洗涤试验应按如下步骤进行：

a) 为保证比较试验结果的可靠性，去污洗涤测定时每组试片的数量、品种应相同。当对不同污渍采用分别测试洗涤剂去污力的方式时，每组试片至少为 6 片。当对多种污布合并一起测试去污力时，每种污渍试片至少为 3 片，每组试片数量应控制在 8 片～12 片之内。

b) 洗涤试验在立式去污机(6.1)内进行，测定前先将搅拌叶轮、工作槽、去污浴缸一一编号固定组成一个"工作单元"，并预热仪器至 30 ℃±1 ℃下稳定一段时间。试验时用 250 mg/kg 硬水(事先应预热至约 30 ℃时使用)分别将试样与标准洗衣粉(5.4)配制成一定浓度(未特别说明时，标准洗衣粉与试样溶液浓度均为 0.2%)的测试溶液 1 L 倒入对应的去污浴缸内，将浴缸放入所对应的位置并装好搅拌叶轮，调节仪器使洗涤试验温度保持在 30 ℃±1 ℃，准备测定。

c) 可以根据样品的试验要求向去污浴缸中的标准洗衣粉溶液加入一定浓度的参比蛋白酶(5.5)溶液 1 mL，同时启动搅拌 30 s 后停止。

注 1：参比蛋白酶的规格和配制使用方法见本标准第 10 章。是否应用参比蛋白酶及蛋白酶溶液的使用浓度可根据产品指标或客户的要求具体掌握。当不应用参比蛋白酶时，本步骤省略。

d) 将 7.2 测定过白度的各组试片分别投入各浴缸中，启动搅拌，并保持搅拌速度 120 r/min(角速度 220 π/min)，洗涤过程持续 20 min 后停止。

注 2：向浴缸中加入试片要展开，必要时将试片一片片放入，以免试片贴在一起。

注 3：从配制试样溶液至洗涤完毕的整个试验过程 30 min 内完成。

e) 将各去污浴缸中试片合并倒入漂洗器(6.6)的内桶中，控干水分，放进漂洗器，倒入 1 500 mL 自来水，盖上盖子，转动盖子上手柄，使内桶转动约 30 s 后停止(期间应使内桶充分转动，但需避免因转动过快造成容器内漂洗水的溢出)。放掉漂洗后的水，再次加入 1 500 mL 自来水，重复进行第二次漂洗。放掉漂洗水，对试片进行手工脱水 15 s(转速约 1 800 r/min)。取出漂洗完成后的试片，悬挂室温下晾干后，按 7.2 测定白度 F_2。

f) 以一一对应的方式，计算每个试片洗涤前后的白度差(F_2-F_1)，并对每组试片，分别在置信度 90%下，进行 Q 值检验，对可疑值进行取舍(参见附录 G)。每组试片中超出极限范围，需要舍去的数据不超过 1 个，否则该组试验作废，需重作试验。确认有效的白度差和试片数量 n 后，按 8.1 计算去污力。

7.4 循环洗涤性能试验

7.4.1 循环洗涤与白度保持的测定

应按如下步骤进行测定：

a) 按 7.2 准备 JB-00 试片，进行循环洗涤测定。为保证比较试验结果的可靠性，每组试片的数量应相同，且控制在 6 片～10 片之内。

b) 洗涤试验在立式去污机(6.1)内进行，测定前先将搅拌叶轮、工作槽、去污浴缸一一编号固定组成一个"工作单元"。试验时用 250 mg/kg 硬水(事先应预热至约 30 ℃时使用)分别将试样与标准洗衣粉(5.4)配制成一定浓度(未特别说明时，标准洗衣粉及试样溶液浓度均为 0.2%)的测试溶液 1 L 倒入对应的去污浴缸内，将浴缸放入所对应的位置并装好搅拌叶轮，调节仪器使洗涤试验温度保持在 30 ℃±1 ℃，准备测定。

c) 向每个浴缸中加入油污液 3 mL，同时启动搅拌 30 s 后停止。

注 1：油污液的制备方式按本标准附录 B 中 B.3.2 进行。

d) 将 7.2 测定过白度的各组 JB-00 试片分别投入各浴缸中，启动搅拌，并保持搅拌速度 120 r/min(角速度 220 π/min)，洗涤过程持续 20 min 后停止。将各去污浴缸中试片合并倒入漂洗器(6.6)的内桶中，控干水分，放进漂洗器，倒入 1 500 mL 自来水，盖上盖子，转动盖子上手柄，使内桶转动约30s后停止(期间应使内桶充分转动，但需避免因转动过快造成容器内漂洗水的溢出)。放掉漂洗后的水，再次加入1 500 mL自来水，重复进行第二次漂洗。放掉漂洗水，对试片进行手工脱水15 s(转速约1 800 r/min)。取出漂洗完成后的试片，悬挂室温下晾干。完成一次洗涤。

e) 对洗涤后的试片重复7.4.1b)～7.4.1d)步骤，期间每5次循环洗涤完毕后，对干燥试片的白度按7.2进行测定，观察试验结果变化是否正常。如此，连续循环洗涤20次结束。按8.2.1计算白度保持，同时继续进行下面试验。

注2：若循环洗涤期间结果存在异常，则应中断试验，重新进行。

7.4.2 沉积灰分的测定

应按如下步骤进行测定：

a) 循环洗涤完成后，将同车试验中样品及标准洗衣粉的各平行去污缸中得到的试片，每缸各取出2片留作感官评价用(见8.2.3)，其余作沉积灰分测量。

b) 预先标记洁净的瓷坩埚(6.4)，于800 ℃高温炉(6.5)中灼烧2 h后，移入干燥器中冷却至室温后称量。

c) 将同一去污缸内得到的剩余试片作为一组，去掉试片边上易脱落的纤维，放入105 ℃烘箱内干燥4 h，移入干燥器中，冷却后取出，放入一个已知质量的小塑料袋内，称量(因干试片极易吸潮，不如此则难以称准)，照此重复干燥、冷却称量，取试片最低质量 m_1(扣除塑料袋质量)。

d) 用洁净的玻璃棒夹住已称量的试片，在已称量的坩埚(6.4)上方点燃炭化，使燃烧后的炭化物毫无损失的落入坩埚中，再将坩埚于800 ℃±10 ℃高温炉(6.5)中灼烧6 h后，移入干燥器中冷却至室温后称量，得灰分质量 m_2(扣除空坩埚质量)。

8 结果判定

8.1 去污试验结果的计算及判定

对于7.3的测试结果，按照不同种类的污布试片分别计算、判定洗涤剂在各类污布上的去污值 R 和去污比值 P，方法如下。

8.1.1 污布去污值的计算

某种污布的去污值(R_i)按式(1)计算。

$$R_i = \sum(F_{2i} - F_{1i})/n \qquad \cdots\cdots(1)$$

式中：

i——第 i 种类污布试片；

F_{1i}——第 i 种类污布试片洗前光谱反射率，%；

F_{2i}——第 i 种类污布试片洗后光谱反射率，%。

n——经Q值检验后，每组污布试片的有效数量。

结果保留到小数点后一位。

8.1.2 污布去污比值的计算

相对标准洗衣粉在第 i 种污布的去污比值(P_i)按式(2)计算。

$$P_i = R_i^s / R_i^o \qquad \cdots\cdots(2)$$

式中：

R_i^o——标准洗衣粉的去污值，%；

R_i^s——试样的去污值，%。

结果保留到小数点后一位。

8.1.3 洗涤剂去污力的判定

当 $P_i \geqslant 1.0$ 时，则判定结论为“样品对第 i 种污布去污力相当或优于标准洗衣粉”，简称“第 i 种污布去污力合格”；

当 $P_i<1.0$ 时，则判定结论为“样品对第 i 种污布去污力劣于标准洗衣粉”，简称“第 i 种污布去污力不合格”。

要比较样品与标准洗衣粉的去污力大小，应将标准洗衣粉与样品的洗涤溶液置于相同条件下，各用相同数量的同种试片为一组做同机去污洗涤试验。当 $0.90<P_i<1.10$ 时（此处 P_i 可多取一位进行比较），为确保测试结果的正确性，消除工作单元的误差因素，应按 7.3 步骤重复测定，并适当增加测定的总次数。测定总次数以及样品与标准洗衣粉的去污比值 P_i 的最终确定应依据附录 H 进行计算。

注：重复测定时，应注意将测试样品和标准洗衣粉在两个工作单元之间对调试验，测定的总次数应是偶数次（通常需要做四次），以确保测试样品和标准洗衣粉在相同的工作单元中进行相同次数的测定。

8.2 循环洗涤性能的评价

8.2.1 白度保持试验结果的计算及判定

8.2.1.1 根据 7.4.1 的测试结果按式(3)计算白度保持值(T)：

$$T(k\text{次}) = \sum F_2^k / \sum F_1 \times 100\% \quad \cdots\cdots(3)$$

式中：

$\sum F_1$——同组 JB-00 试片洗前的光谱反射率之和，%；

$\sum F_2^k$——k 次循环洗涤后同组 JB-00 试片洗后的光谱反射率之和，%；

k——洗涤循环次数，取 20。

结果保留到小数点后一位。

8.2.1.2 样品相对标准洗衣粉对白布的白度保持比值(B)按式(4)计算：

$$B = T^s / T^o \quad \cdots\cdots(4)$$

式中：

T^s——样品对白布的白度保持；

T^o——标准洗衣粉对白布的白度保持。

结果保留到小数点后一位。

注：以循环洗涤完成后，最终的白度保持值计算。

8.2.1.3 洗涤剂白度保持的判定依据以下规定：

a) 当 $B\geqslant 1.0$ 时，则判定结论为“样品的白度保持相当或优于标准洗衣粉”，简称“样品白度保持合格”；

b) 当 $B<1.0$ 时，则判定结论为“样品的白度保持劣于标准洗衣粉”，简称“样品白度保持不合格”。

8.2.2 沉积灰分试验结果的计算

8.2.2.1 根据 7.4.2 的测试结果按式(5)计算沉积灰分(S)：

$$S = (m_2/m_1) \times 100\% \quad \cdots\cdots(5)$$

式中：

m_1——7.4.2c)得到的干试片的质量，单位为克(g)；

m_2——7.4.2d)得到的灰分质量，单位为克(g)。

结果保留到小数点后一位。

8.2.2.2 样品相对标准洗衣粉的沉积灰分比值(H)按式(6)计算：

$$H = S^s / S^o \quad \cdots\cdots(6)$$

式中：

S^s——样品的沉积灰分；

S°——标准洗衣粉的沉积灰分。

结果保留到小数点后一位。

8.2.3 感官评判

由五名以上有经验的评判者，对7.4.2留下的两块试片做目测、手摸比较，评判样品洗涤剂循环洗涤后的试片白度(黑白)、外观(粗糙/平滑)及柔软性是优于或劣于经标准洗衣粉洗涤同样次数后的试片。

8.2.4 循环洗涤性能的判定

从比较样品和标准洗衣粉循环洗涤后白度保持比值、沉积灰分比值及感官评判，综合评判样品洗涤剂性能优于、相当或劣于标准洗衣粉。

9 标准洗衣粉

9.1 标准洗衣粉配方

烷基苯磺酸钠15份，三聚磷酸钠17份，硅酸钠10份，碳酸钠3份，羧甲基纤维素钠(CMC)1份，硫酸钠58份。

注：上述各成分份数之和为104份。

标准洗衣粉原料规格如下：

a) 烷基苯磺酸钠为工业直链烷基苯(溴指数≤20，色泽≤10Hazen，脱氢工艺烷基苯)经三氧化硫磺化，碱中和之单体(不皂化物以100%活性物计不超过2%)；
b) 三聚磷酸钠(GB/T 9983—2004中的一级品)；
c) 硫酸钠(GB/T 6009—2003中的一等品)；
d) CMC(GB/T 12028—2006)；
e) 碳酸钠(GB/T 210.1—2004中的一等品)；
f) 硅酸钠[GB/T 4209—2008中的一类四型一等品(液体)]。

9.2 标准洗衣粉的配制

标准洗衣粉宜用统一规格的原料和工艺加工生产，必要时由本标准归口单位统一定制。

9.3 标准洗衣粉溶液的配制与使用

标准洗衣粉在使用时按洗涤试验要求配成确定浓度的溶液，宜以干基计。使用前需取一定量标准洗衣粉按GB/T 13173—2008中第15章的规定测定水分，经折算后，称量配制基础对比溶液。

10 参比蛋白酶

10.1 参比蛋白酶的规格

参比蛋白酶宜用统一规格的原料和工艺生产，要求活力均匀一致，并有明确的保质期，产品技术要求见QB/T 1806—1993的优等品指标，并对酶活力进行必要的认定。必要时由本标准归口单位统一定制。

注：酶活力的测定方法参见GB/T 13173—2008中第18章，参比蛋白酶的酶活力由本标准归口部门根据相关技术单位的测试结果确定。

10.2 参比蛋白酶溶液的配制与使用

当样品的去污力试验需加入参比蛋白酶时，则称取一定量该蛋白酶(以标准归口单位认定的酶活力为依据，根据产品测试要求添加的活力单位折算成使用重量)，加入少量去离子水，在电磁搅拌下搅拌崩解10 min，以水定容至100 mL。移取1 mL加入至1 L标准洗衣粉溶液的去污浴缸中，其余弃去。

11 试验报告

试验报告应包括下列各项内容：

a） 试验样品编号、名称、生产厂家；

b） 试验条件；

c） 所用的试验方法（本国家标准的引用）；

d） 结果和所用的表示方法；

e） 本标准中未包括的或任选的任何操作，以及其他会影响结果的情况说明。

附 录 A
（规范性附录）
JB-00白棉布的制备

A.1 材料

棉白布（HG/T 2609—1994）。

A.2 仪器

A.2.1 洗涤温度可达60 ℃的滚筒洗衣机。

A.2.2 连续式焙烘机（可控温、能调速）。

A.2.3 白度计：符合JB/T 9327及JJG 512的规定。

A.3 试验程序

将棉白布沿经纬线裁成27 cm×44 cm的长方形布块，加入滚筒洗衣机（A.2.1）中，用自来水按洗衣机标准洗涤模式进行洗涤，甩干后，再用去离子水加热洗涤30 min，洗涤温度为60 ℃左右，甩干后经烘干机（A.2.2）展平烘干，用于循环洗涤能力的测定。

注：可根据洗衣机的洗涤容量确定一次处理白布的数量，通常一次洗涤的白布块以不超过洗衣机洗涤最大量的三分之一为宜。

A.4 白布的质量检验

对于每一批次的白布质量，其检验方法如下：以20%的比例随机抽取染好的白布，将每块白布折叠为8层，读取白度值。每块白布上读8个点，所读8个点的白度值的标准偏差应≤2.0，不同布块上的平均白度值之差≤5.0。

A.5 白布的保存与使用

将白布密封在塑料袋内，置于阴凉干燥处保存，使用时按标准要求裁成试验用尺寸。

附　录　B
（规范性附录）
JB-01（碳黑油污布）的制备

B.1　试剂与材料

B.1.1　95%乙醇。

B.1.2　阿拉伯树胶粉：工业 A 级。

B.1.3　碳黑：甲级中色素，粒度 20 μm 左右。

B.1.4　蓖麻油（中华人民共和国药典 2005 年版，一部）。

B.1.5　液体石蜡：试剂级。

B.1.6　羊毛脂（中华人民共和国药典 2005 年版，二部）。

B.1.7　磷脂：规格含油量为 35%～37%，丙酮不溶物 63%～65%。

B.1.8　棉白布（HG/T 2609—1994）。

B.1.9　FS-02：脂肪醇醚磺化物，分散匀染剂。

B.2　仪器

B.2.1　洗涤温度可达 60 ℃的滚筒洗衣机。

B.2.2　立式胶体磨：8 000 r/min，加工细度（以浸泡黄豆为参照物）5 μm～20 μm。搅拌器直流马达：3 000 r/min。

B.2.3　磁力搅拌器。

B.2.4　连续式焙烘机（可控温、能调速）。

B.2.5　小轧车（带有污液槽、可调压、可调速）。

B.2.6　白度计：符合 JB/T 9327 及 JJG 512 的规定。

B.3　试验程序

B.3.1　棉白布的处理

将棉白布（B.1.8）沿经纬线裁成 27 cm×44 cm 的长方形布块，加入滚筒洗衣机（B.2.1）中，洗涤温度设定为 60 ℃左右，用自来水按洗衣机标准洗涤模式进行洗涤甩干后，再用去离子水加热洗涤 30 min 后甩干，经连续式焙烘机（B.2.4）烘干备用。

注：可根据洗衣机的洗涤容量确定一次处理白布的数量，通常一次洗涤的白布块以不超过洗衣机洗涤最大量的三分之一为宜。

B.3.2　油污液制备

在 300 mL 的烧杯中称取 100 g 水，95%乙醇 30 g，在磁力搅拌器（B.2.3）上边搅拌边缓慢加入 4 g 阿拉伯树胶粉（B.1.2），搅拌 20 min～30 min 至阿拉伯树胶粉完全溶解后，继续搅拌并缓慢加入 12 g 磷脂（B.1.7），提高搅拌速度，待磷脂溶解至外观均一、无粒状物后，加入 FS-02（B.1.9）10 g，继续搅拌 10 min，再慢慢加入 6 g 预先按 1∶1∶1 比例配制好的蓖麻油（B.1.4）、液体石蜡（B.1.5）和羊毛脂（B.1.6）制成的混合油，搅拌 10 min～20 min，然后加入经 95%乙醇 10 mL 润湿后的碳黑（B.1.3）2.0 g，搅拌 10 min～20 min，最后转移至立式胶体磨（B.2.2）中乳化 3 min，补加 95%乙醇 55 g 和适量水至污液总质量为 400 g，搅匀备用。

B.3.3 油污布的染制

调整小轧车(B.2.5)压力至0.3 MPa,调整好污液槽,将上述油污液用100 μm滤布过滤,倒入轧车污液槽中,取白棉布浸压一遍后,再将所染污布反向浸压一遍,悬挂晾干即成。

B.4 油污布的质量检验

对于每一批次的污布在使用前均应进行检验。以20%的比例随机抽取染好的污布,将每块污布折叠为8层,读取白度值,每块污布上读8个点,所读8个点的白度值的标准偏差应≤1.0,不同布块上的平均白度值之差应≤2.0。

B.5 油污布的保存与使用

按第B.3章染好的污布置于电冰箱中,在3 ℃ ~5 ℃冷藏保存,经24 h老化方可进行去污力测定使用,使用时应按标准要求裁成试验用尺寸。

此油污布保质期为三个月。

附 录 C
（规范性附录）
JB-02（蛋白污布）的制备

C.1 试剂与材料

C.1.1 新鲜鸡蛋。

C.1.2 全脂奶粉（GB 5410—2008）：蛋白质含量19%～22%。

C.1.3 阿拉伯树胶粉：工业A级。

C.1.4 碳黑：甲级中色素，粒度20 μm左右。

C.1.5 棉白布（HG/T 2609—1994）。

C.2 仪器

C.2.1 高剪切混合乳化器：0.3 kW。

C.2.2 小轧车（带有污液槽）：电动传动单色印花，工作幅度450 mm，承压辊ϕ160 mm橡胶辊。

C.2.3 瓷研钵：内径7 cm。

C.2.4 塑料杯：500 mL。

C.2.5 玻璃烧杯：100 mL、200 mL。

C.2.6 量筒：100 mL、250 mL。

C.2.7 连续式焙烘机（可控温、能调速）。

C.2.8 洗涤温度可达60 ℃的滚筒洗衣机。

C.2.9 白度计：符合JB/T 9327及JJG 512的规定。

C.3 试验程序

C.3.1 棉白布的处理

同B.3.1。

C.3.2 蛋白污液的制备

称取2.4 g阿拉伯树胶粉（C.1.3）用少量水溶解后，加入到1.6 g碳黑（C.1.4）中，研磨约2 min，转移此碳黑污液至盛有120 mL含13.8 g奶粉（C.1.2）水溶液的塑料杯中，另加入120 mL蒸馏水，用乳化器（C.2.1）以4 000 r/min～5 000 r/min的速度均质30 min，然后缓缓加入已准备好的含25 g鸡蛋液[蛋清：蛋黄（3+2）]的水溶液120 mL，继续均质1 h后，备用。此污液量一次可染制20块白布（每块27 cm×44 cm）。

C.3.3 蛋白污布的染制

调节已配好的蛋白污液（C.3.2）温度至40 ℃后，用两层纱布过滤污液至污液槽（C.2.2）内，控制左、右压力表压力0.3 MPa，将白布（C.1.5）浸入槽内污液中，拉起，贴于轧染机（C.2.2）轴上，并滚压1次后，自然晾干即成。

C.4 蛋白污布的质量检验

对于每一批次的污布在使用前应进行检验。以20%的比例随机抽取染好的污布，将每块污布折叠为8层，读取白度值，每块污布上读8个点，所读8个点的白度值的标准偏差应≤1.0，不同布块上的平均白度值之差应≤2.0。

C.5 蛋白污布的保存与使用

按第C.3章染好的污布置于电冰箱中，在3 ℃ ～5 ℃冷藏保存。新染制的污布应放置3 d后，方可进行去污力测定使用，使用时应按标准要求裁成试验用尺寸。

此污布保质期暂定为两个月。

附 录 D
（规范性附录）
JB-03（皮脂污布）的制备

D.1 试剂与原料

D.1.1 棕榈酸：试剂级。

D.1.2 硬脂酸：工业级（一级）。

D.1.3 椰子油：工业级。

D.1.4 液体石蜡：试剂级。

D.1.5 橄榄油：试剂级，进口分装。

D.1.6 角鲨烯：色谱级。

D.1.7 胆固醇：分析级。

D.1.8 棉油酸：工业级，碘价 123。

D.1.9 三乙醇胺：试剂级。

D.1.10 油酸：试剂级，碘价 80～100。

D.1.11 阿拉伯树胶：工业 A 级。

D.1.12 碳黑：甲级中色素，粒度 20 μm 左右。

D.1.13 黏土：300 目。

D.1.14 氧化铁黄：300 目，工业级。

D.1.15 氧化铁黑：300 目，工业级。

D.1.16 棉白布（HG/T 2609—1994）。

D.1.17 95%乙醇（GB/T 679）。

D.2 仪器

D.2.1 搅拌器直流马达：3 000 r/min。

D.2.2 叶片搅拌桨：不锈钢制。

D.2.3 圆底三口烧瓶：1 000 mL。

D.2.4 瓷研钵：内径 18 cm。

D.2.5 搪瓷盘：46 cm×36 cm。

D.2.6 小型印染机：手摇传动单色印花，工作幅度 450 mm，承压辊 ϕ160 mm 橡胶辊。

D.2.7 电加热套：1 000 W、1 000 mL。

D.2.8 1 000 mL 搪瓷烧杯。

D.2.9 白度计：符合 JB/T 9327 及 JJG 512 的规定。

D.3 试验程序

D.3.1 棉白布的处理

同 B.3.1，只是所裁布块尺寸改为 40 cm×44 cm。

D.3.2 污液的制备

D.3.2.1 混合油的制备

依次称取棕榈酸(D.1.1)30 g,硬脂酸(D.1.2)15 g,椰子油(D.1.3)45 g,液体石蜡(D.1.4)30 g,橄榄油(D.1.5)60 g,角鲨烯(D.1.6)15 g,胆固醇(D.1.7)15 g,棉油酸(D.1.8)45 g 于搪瓷烧杯(D.2.8)内,加热充分融化后,搅拌均匀放入一容器中,密闭贮存于阴凉干燥处备用。

D.3.2.2 灰尘碳黑污垢的制备

D.3.2.2.1 称取碳黑(D.1.12)2.5 g 于研钵(D.2.4)中,加入乙醇(D.1.17)10 mL,研磨 10 min。加入氧化铁黄(D.1.14)1 g,氧化铁黑(D.1.15)2 g,再研磨 10 min,此过程中加入蒸馏水 15 mL。

D.3.2.2.2 加入用 10 mL 蒸馏水溶解的阿拉伯树胶(D.1.11)3.8 g,用蒸馏水 5 mL 洗杯,并入研钵(D.2.4)中,研磨 10 min。

D.3.2.2.3 加入黏土(D.1.13)44.5 g,加蒸馏水 50 mL 研磨 30 min,转入磨口瓶中,用 35 mL 蒸馏水洗研钵,并入磨口烧瓶内,用玻璃棒搅拌均匀,整个制备过程共用水 115 mL。密封贮存于阴凉干燥处备用。

D.3.2.3 皮脂污液的制备

称取三乙醇胺(D.1.9)4.8 g,油酸(D.1.10)2.4 g,灰尘碳黑污垢(D.3.2.2)10.2 g 于三口烧瓶(D.2.3)中,再加入 60 mL 融化的混合油(D.3.2.1),最后加蒸馏水至 600 mL。于 60 ℃左右,转速 3 000 r/min搅拌 1 h 后备用。

D.3.3 皮脂污布的染制

将配制好的皮脂污液(D.3.2.3)加热至 50 ℃,用两层纱布过滤后,倒入搪瓷盘(D.2.5)中,将棉白布(D.3.1)放入污液中完全浸透,拉起贴于印染机(D.2.6)的滚筒上,滚压 8 圈,用架子固定在铁丝上自然晾干。待干后重复上述步骤进行第二次染污,自然晾干后置于 60 ℃烘箱中老化 4 h 即可使用。此量可染制 8 块白布(40 cm×44 cm)。

D.4 皮脂污布的质量检验

对于每一批次的污布在使用前应进行检验。以 20%的比例随机抽取染好的污布,将每块污布折叠为 8 层,读取白度值,每块污布上读 8 个点,所读 8 个点的白度值的标准偏差应≤1.0,不同布块上的平均白度值之差应≤2.0。

D.5 皮脂污布的保存与使用

按第 E.3 章染好的污布用于去污力测定时,应按标准要求裁成试验用尺寸。

将染好的污布置于冰箱中,在 3 ℃~5 ℃下冷藏保存。污布保质期暂定为两个月。

附 录 E
（规范性附录）
JB-04（食用油污布）的制备

E.1 试剂与材料

E.1.1 一级大豆油（GB 1535）。

E.1.2 苏丹红（Ⅳ型）。

E.1.3 莱卡棉布（棉/涤纶：95/5）。

E.2 实验仪器

E.2.1 超级恒温水浴。

E.2.2 100 μL 微量注射器或移液管。

E.2.3 温度计，0 ℃～100 ℃。

E.2.4 烘箱，可控温度在 75 ℃±2 ℃。

E.2.5 分析天平。

E.3 试验程序

E.3.1 莱卡棉布的处理

在莱卡棉布上面用铅笔划出 6.5 cm×6.5 cm 的方格。

E.3.2 大豆油污液的制备

将大豆油与苏丹红按照质量比 1 000：0.5 配成油污液，搅拌均匀，放置在 70 ℃±0.1 ℃恒温水浴中，保持恒温。

E.3.3 大豆油污布的制备

用微量注射器（E.2.2）取上述 70 ℃的油污液 75 μL 滴加在布片的每个 6.5 cm×6.5 cm 的方格中央。在室温下静置 10 min，使大豆油污液在莱卡棉布上自然扩散。之后，将油污布在控温烘箱中于 75 ℃±2 ℃老化 20 min 后，放置室温过夜。

E.4 污布的保存与使用

每片 JB-04 污布之间以铝箔纸相隔，放于 4 ℃冷藏，避光保存，保质期两个月。

附 录 F
（规范性附录）
JB-05（淀粉类污布）的制备

F.1 试剂与材料

F.1.1 紫米。
F.1.2 棉白布（HG/T 2609—1994）。

F.2 实验仪器

F.2.1 家用食品搅拌机。
F.2.2 家用微波炉（1 300 W）。
F.2.3 100 μm 框式涂布器。
F.2.4 搅拌器直流马达：12 000 r/min。

F.3 制作程序

F.3.1 棉白布的处理

在棉白布上面用铅笔画出 6 cm×6 cm 的方格。

F.3.2 紫米粥污液的制备

F.3.2.1 将紫米在家用食品搅拌机内打碎。
F.3.2.2 在有盖容器（可用于微波炉）内称取 60 g 紫米与 440 mL 纯水。
F.3.2.3 将容器放入家用微波炉（1 300 W）中，以 80%火力加热 6 min，取出，打开盖子，将冷凝水倒回容器中，用勺子搅拌，再盖上盖子。
F.3.2.4 用微波炉以 20%火力加热 60 min，取出后将冷凝水倒回容器中。
F.3.2.5 在 250 mL 烧杯中称量 100 g 米粥，再加入纯水 50 g，用高速搅拌机将米粥搅匀，在 12 000 r/min 转速下至少搅拌 2 min。
F.3.2.6 让米粥在室温下自然冷却，至少放置 1 h。

F.3.3 紫米粥污布的制备

取一定量的紫米粥于白棉布 6 cm×6 cm 方格的上方，用 100 μm 框式涂布器缓慢匀速下拉至 6 cm×6 cm 方格内，修剪棉布成 6 cm×6 cm 布片，去除 6 cm×6 cm 方格外的粥液。污布片放置室温下，过夜晾干。

F.4 淀粉类污布的保存与使用

每片 JB-05 污布之间以硫酸纸相隔，放于 4 ℃冷藏，避光保存，保质期两个月。

附 录 G
（资料性附录）
Q值检验法

Q值检验法步骤：

a) 将一组需要检验的测试数据按数值大小顺序排列（由大到小或由小到大）。

b) 确定极端值差，即最大和最小值之差。

c) 算出可疑值与其邻近值的差。

d) 计算 c）步骤所得的差值与 b）步骤差值的比，此值称为 Q 值。

e) 查一定置信度下的 $Q_{表}$ 值表，见表 G.1。

f) 将 d）步骤计算得到的 Q 值与对应次数 n 下查表得到的 $Q_{表}$ 值比较。当 $Q>Q_{表}$ 时，则该端值在给定的置信度下可以舍去。接着可以重复上述步骤进行下一个数据的检验。

表 G.1 置信度为 90%的 $Q_{表}$ 值

n	3	4	5	6	7	8	9	10
Q值	0.94	0.76	0.64	0.56	0.51	0.47	0.44	0.41

附 录 H
（规范性附录）
去污比值测试结果的检查和确定

H.1 两个初始测试结果

在重复条件下得到两个测试结果，如果两个结果之差的绝对值不大于 0.10，则最终测试结果 $\hat{u}$ 为两结果的平均值。

H.2 多次重复测试结果

在重复条件下如果两个结果之差的绝对值大于 0.10，应再做两次测试。如果四个结果的极差（$X_{max}-X_{min}$）等于或小于 $n=4$ 的临界极差 $CR_{95}(4)$，则取四个结果的平均值作为最终测试结果 $\hat{u}$。临界极差的表达式见式(H.1)。

$$CR_{95}(n)=f(n)\sigma \qquad \cdots\cdots(H.1)$$

式(H.1)中的 $f(n)$ 值见表 H.1。

表 H.1 临界极差系数 f(n)

n	$f(n)$	n	$f(n)$
2	2.8	12	4.6
3	3.3	13	4.7
4	3.6	14	4.7
5	3.9	15	4.8
6	4.0	16	4.8
7	4.2	17	4.9
8	4.3	18	4.9
9	4.4	19	5.0
10	4.5	20	5.0
11	4.6		

注：临界极差系数是（$X_{max}-X_{min}$）/σ 分布的 95%分位数，X_{max} 和 X_{min} 分别是来自标准差为 σ 的正态分布总体，样本量为 n 的样本中的最大值和最小值。

如果四个结果的极差大于重复性临界极差，则取四个结果的中位数作为最终测试结果。

上述判断过程进一步详细的表述见 GB/T 6379.2—2004。图 H.1 为上述结果的图示。

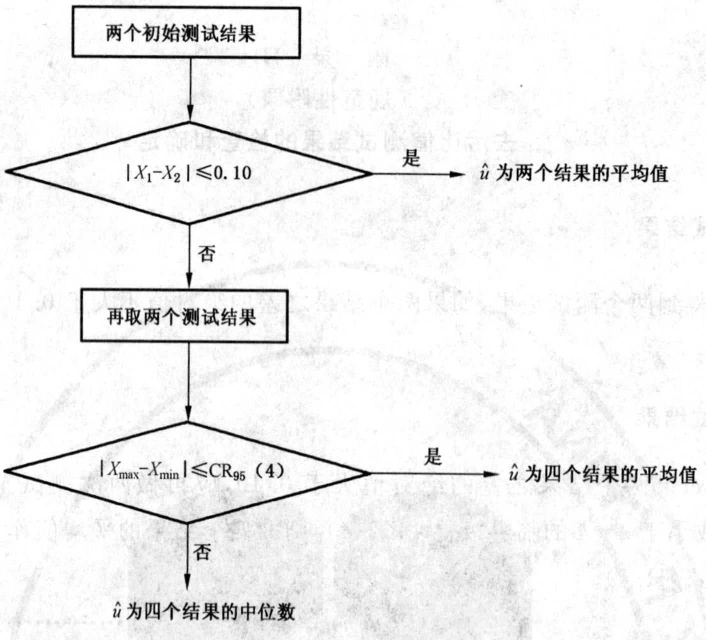

图 H.1 测试结果检查框图

H.3 去污比值或白度保持比值测试结果的确定

对第 H.1 章或第 H.2 章的比较判定，取小数点后两位进行，最终结果修约后取小数点后一位。

ICS 27.120.20
F 83

中华人民共和国国家标准

GB/T 13177—2008
代替 GB/T 13177—2000

核电厂优先电源

Preferred power supply for nuclear power plants

2008-09-19 发布 2009-08-01 实施

中华人民共和国国家质量监督检验检疫总局
中国国家标准化管理委员会 发布

前 言

本标准修改采用美国标准 IEEE Std 765:2006《核电厂优先电源》(英文版),技术内容等同,仅在格式上做少量编辑性修改。

本标准代替 GB/T 13177—2000《核电厂优先电源》。

本标准与 GB/T 13177—2000 相比主要有以下变化:

——修改了 4.4、5.1.2、5.1.4.1、5.3.3.3、5.3.4.4、6.3.2、7.2 的部分内容;

本标准由中国核工业集团公司提出。

本标准由全国核仪器仪表标准化技术委员会归口。

本标准起草单位:核工业标准化研究所。

本标准主要起草人:高丽艳、王根生。

本标准所代替标准的历次版本发布情况为:

——GB/T 13177—1991,GB/T 13177—2000。

核电厂优先电源

1 范围

本标准规定了核电厂优先电源(PPS)和优先电源与安全级(1E级)电力系统、开关站、输电系统以及替代交流电源(AAC)接口的设计准则。

本标准适用于核电厂优先电源。

图1是PPS与有关电力系统的一种典型接口。

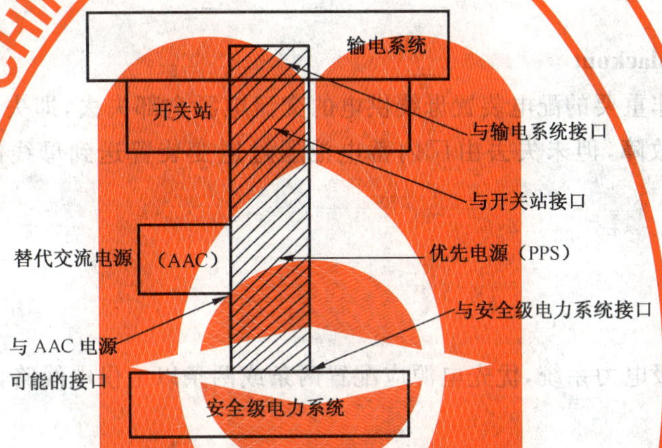

注：AAC与PPS以外的电源的接口不属于本标准范围。

图1 PPS接口图

2 规范性引用文件

下列文件中的条款通过本标准的引用而成为本标准的条款。凡是注日期的引用文件，其随后所有的修改单(不包括勘误的内容)或修订版均不适用于本标准，然而，鼓励根据本标准达成协议的各方研究是否可使用这些文件的最新版本。凡是不注日期的引用文件，其最新版本适用于本标准。

GB/T 12788 核电厂安全级电力系统准则(GB/T 12788—2008,IEEE Std308:2001,MOD)

EJ/T 639 核电厂安全级电力系统及设备保护准则(IEEE Std741,MOD)

3 术语和定义

下列术语和定义适用于本标准。

3.1

可接受的 acceptable

通过核电厂安全分析证明是适宜的。

3.2

替代交流电源(AAC) alternate ac source

设置在核电厂内或其附近的一种交流电源且满足下述要求：

a) 它可以接到(但通常不连接)厂外或厂内应急交流电力系统；

b) 与优先电源或厂内应急交流电源共模故障概率最少；

c) 全厂断电后能及时供电；

d) 有足够的容量和可靠性使全厂断电时所需要的所有系统运行，并保证安全停堆和维持安全停堆时限内用电(超设计基准事故)。

3.3

安全级(1E级) safety class (Class 1E)

反应堆或核电厂电气设备和系统的一个安全级别。这些设备和系统是完成反应堆紧急停堆、安全壳隔离、堆芯冷却以及从安全壳和反应堆排出热量所必需的，或是防止放射性物质向环境大量排放所必需的。

3.4

优先电源 preferred power supply (PPS)

在事故和事故后工况下，从输电系统优先给安全级电力系统供电的电源。

3.5

全厂断电 station blackout

核电厂内给重要和非重要的配电装置母线供电的交流电源全部失去，即失去厂外电源同时汽机脱扣和厂内应急交流电源故障，但未失去由厂内蓄电池通过逆变装置送到母线的交流电源或替代交流电源。

4 一般设计准则

4.1 总则

从输电系统到安全级电力系统，优先电源应配置两条或两条以上供电线路，一些可接受的设计实例见图2～图4。

4.2 安全等级

优先电源不属于安全级电力系统，可以不采用与安全级设备相应的要求(如冗余、独立性、隔离、单一故障准则、抗震和设备质量鉴定等)。

4.3 功能

在需要时，优先电源为安全停堆和安全系统运行供电。优先电源可以在核电厂所有运行方式下向安全级母线和非安全级母线供电。

4.4 容量和能力

优先电源的每条线路都应有足够的容量和能力给所要求的设备供电，以保证：

a) 预计运行事件的后果不会超过规定的可接受的燃料元件设计限值和反应堆冷却剂压力边界设计条件；

b) 在核电厂设计基准事故中堆芯被冷却，并且保持安全壳的完整性和其他必要功能。

在核电厂正常运行工况下，每路优先电源都应能给预计同时出现的安全级最大负荷和非安全级负荷供电。

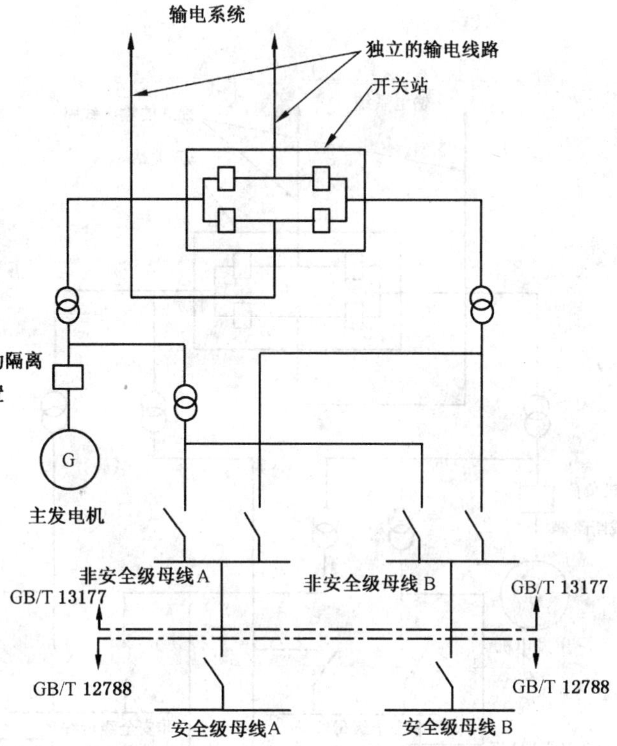

图 2 可接受的 PPS 设计示例之一

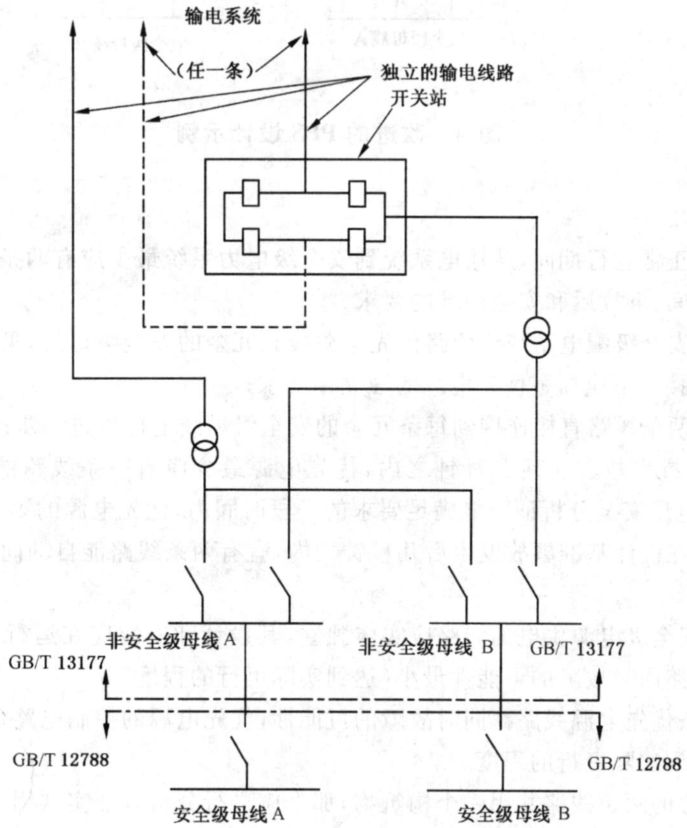

图 3 可接受的 PPS 设计示例之二

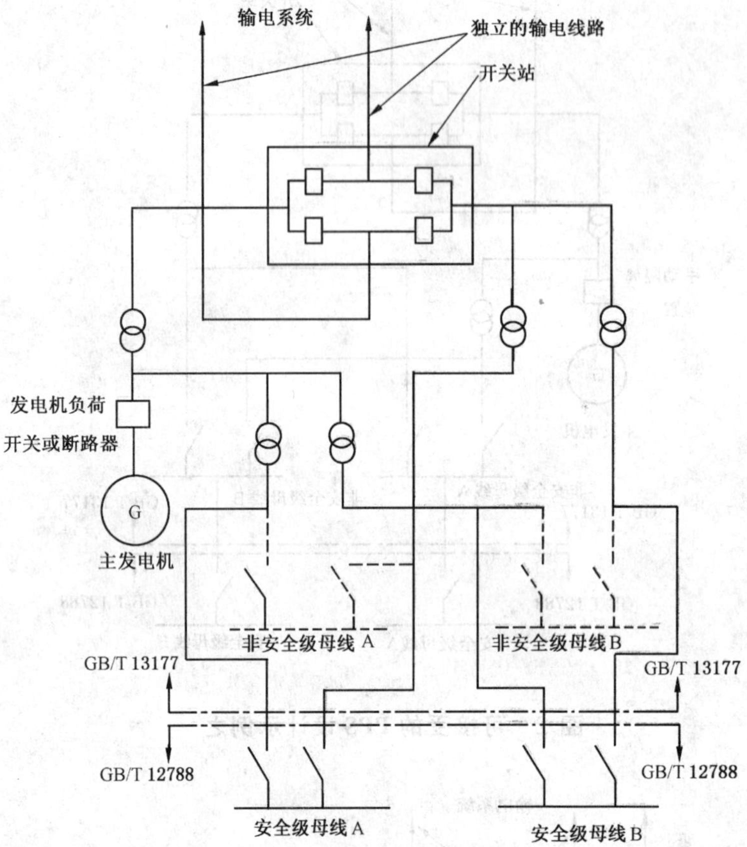

图 4　改进的 PPS 设计示例

4.5　可用性

在核电厂启动和正常运行期间，从输电系统到安全级电力系统最少应有两条线路可以使用，以便按下述规定满足事故期间、事故后和安全停堆的要求：

a)　可以通过非安全级配电系统将两路优先电源接到冗余的安全级母线，见图 2 和图 3；

b)　非安全级的接线不应损害优先电源的独立性要求；

c)　优先电源的两条线路直接连接到每条冗余的安全级母线上可以进一步改善可用性，见图 4；

d)　某一设计基准事故发生后几秒钟之内，优先电源最少应有一条线路能自动给安全级母线供电；在根据电厂安全分析证明能满足要求的一段时间内，优先电源的第二条线路应可用；

e)　改进的设计在设计基准事故发生后几秒钟之内，宜有两条线路能自动向安全级母线供电。

4.6　独立性

4.6.1　优先电源向安全级电源供电的线路应实体独立，其设计和安装应在运行、假[illegible]环境条件下使两条优先电源线路同时故障的可能性最小(达到实际可行的程度)。

4.6.2　为了减少两条优先电源线路都同时故障的可能性，优先电源的控制电路彼此之间[illegible]及与电力线路之间应实体独立达到实际可行的程度。

4.6.3　如果优先电源的两条线路共用一个构筑物，那么应进行分析以证实共用设备的可靠性不低于该优先电源其余部分的整体可靠性。

4.7 设计基准

每个核电厂对优先电源系统都应有特定的设计基准，最少应包括4.7.1～4.7.10。

4.7.1 设计基准应包括电厂在启动、正常运行、安全停堆、事故和事故后运行期间，由优先电源供电的厂用电负荷和电气系统，包括所要求的通断顺序和通电持续时间。

4.7.2 设计基准应包括优先电源工作时可能要遇到的环境条件，例如：

a) 风；

b) 雷击；

c) 冰冻；

d) 温度变化；

e) 雪；

f) 洪水。

4.7.3 设计基准应包括可能引起优先电源性能下降的电厂设计基准事件和运行事件，例如：

a) 设备维修停役；

b) 火灾；

c) 水的影响；

d) 设备故障。

4.7.4 设计基准应包括鉴别优先电源工作时可能遇到的输电系统状况，稳态和瞬态工况，例如：

a) 开关切换和雷击电涌；

b) 电压范围——轻、重负荷下的最大值和最小值；

c) 频率变化；

d) 稳定度限值。

4.7.5 设计基准应包括对优先电源设备应有的性能和工作特性要求，例如：

a) 承受短路的能力；

b) 设备容量；

c) 对电压和频率变化的瞬态响应；

d) 电压调节限值；

e) 承受负荷阶跃变化的能力；

f) 继电保护的配合；

g) 接地。

4.7.6 设计基准应包括优先电源内部的独立程度和冗余度，例如：

a) 塔架和线路走廊的隔离；

b) 直流系统；

c) 控制和保护电路；

d) 电缆敷设；

e) 开关站的布置。

4.7.7 设计基准应包括优先电源与开关站、输电系统、安全级电力系统、替代交流电源之间接口的详细说明。

4.7.8 设计基准应包括定期试验的能力，例如：

a) 保护继电器的试验；

b) 断路器的操作试验；

c) 切换程序的试验。

4.7.9 设计基准应包括除了安全停堆、事故期间和事故后工况下使用之外优先电源的使用。

4.7.10 设计基准应包括优先电源失去后重新恢复的方法。

5 具体的设计准则

5.1 与输电系统的接口

5.1.1 说明

优先电源与输电系统的接口至少应包括两条实体独立的输电线路，但路径不一定分开。

如果输电系统有两条以上的线路可用，只要满足本标准要求，其中任意两条的组合都可以作为优先电源的供电线路。

5.1.2 可靠性

应利用分析或模拟技术确定优先电源供电系统的可靠性，以保证在考虑了未来规划的输电和发电装置的情况下满足核电厂优先电源的要求。

5.1.3 独立性

输电系统向安全级电力系统提供优先电源的两条线路的设计应使下述故障引起它们同时失电的可能性减到最小：

a) 任一输电铁塔故障或交叉输电线故障；

b) 单一断路器、开关站母线、配电装置母线或电缆故障。

5.1.4 输电系统研究

5.1.4.1 应进行输电系统研究，以证明下列意外事件的后果不会引起优先电源性能下降到对核安全系统造成不必要威胁的程度：

a) 核发电机组停机；

b) 最大(或最重要)的发电机组停机；

c) 失去容量最大(或最重要)的输电线路或联络线；

d) 失去最大(或最重要)的负荷。

5.1.4.2 应根据输电、发电和系统负荷变化情况定期审查系统状态，以保证优先电源的设计基准对于所有合理预期的系统条件仍然有效。

5.2 与开关站的接口

5.2.1 说明

与安全级电力系统有关的优先电源的线路与开关站的接口(见图1)所需电气设备和构筑物应按本标准设计。开关站用于其他功能的其余部分不受这些准则的限制。

5.2.2 独立性

开关站实体设计宜使单一设备故障引起优先电源两条线路同时或先后失电的概率减到最小。

5.2.3 电气故障

开关站的设备应设计得足以承受最严重故障产生的应力。

5.2.4 保护系统

为了将失去优先电源的概率减到最小应提供保护系统，建议采用如下设计措施：

a) 主继电保护和后备继电保护系统；

b) 断路器故障的继电保护；

c) 采用两套蓄电池系统；

d) 断路器使用双重跳闸线圈。

5.3 与安全级电力系统接口

5.3.1 说明

优先电源到安全级电力系统最少应有两条线路。

5.3.2 独立性

优先电源的任一条线路都可以向两条冗余的安全级母线供电，见图2、图3和图4。

5.3.3 与安全级电力系统的连接

5.3.3.1 优先电源和安全级电力系统之间的连接应在安全级电路断路器的输入端。按GB/T 12788的规定，安全级电路断路器应置于安全级构筑物中。

5.3.3.2 当采用切换方案时，为了从优先电源的一条线路切换到另一条线路，可以通过下述方法操作安全级断路器（见图4）或非安全级断路器（见图2和图3）：

a） 手动切换；

b） 带电母线自动切换；

c） 不带电母线自动切换。

采用母线自动切换时应证明切换方案的适宜性。

5.3.3.3 在母线切换期间，当优先电源的两条线路瞬间并联到一条安全级母线上时，故障电流有效值可能超过设备的额定值。此时要求设备承受很高的故障电流或尽可能降低并联运行时间。

5.3.4 优先电源电压下降

5.3.4.1 优先电源电压的下降应在与其连接的安全级母线处探测。

5.3.4.2 优先电源电压下降及其时间延迟的选择应符合EJ/T 639的规定。

5.3.4.3 优先电源电压下降的监测应在主控室设置状态报警。

5.3.4.4 在监测到优先电源电压下降到低于为保证所有为减轻设计基准事件所需的电力负荷正常运行所设定电压的最低值时，该优先电源受到影响的线路应自动与安全级母线脱开。

5.4 与替代交流电源的接口

替代交流电源可以与优先电源接口，这种接口应：

a） 除了需要替代交流电源执行其预定功能或者进行试验期间以外，应保持电气开路状态。

b） 避免出现可能使替代交流电源和优先电源都不能工作的气候有关事件或单一能动故障的薄弱环节。例如：替代交流电源和优先电源共用一个开关站就可以认为是一个单点薄弱环节。

c） 对优先电源可用性的不利影响最少。

6 监督、控制和试验要求

6.1 监督要求

在主控制室里应：

a） 显示优先电源电路遮断装置的状态（分闸或合闸）；

b） 设置与优先电源电路遮断装置相关联的直流系统低压报警；

c） 设置5.3.4要求的电压下降报警；

d） 显示优先电源的电压和频率。

6.2 控制要求

在主控室里应能控制优先电源和电厂厂用母线之间的电路遮断装置。

6.3 试验要求

6.3.1 优先电源系统运行前试验

应在所有部件都已安装好的条件下进行系统的运行前试验，证实设备和系统都能工作并且证实：

a） 能从指定的优先电源向所有必需的安全级和非安全级负荷供电；

b） 可以检验优先电源失电；

c） 优先电源线路之间可以互相切换；

d） 与优先电源相连的直流供电系统（如蓄电池组和充电器）能满足其设计负荷的要求。

6.3.2 设备定期试验

应在实际可行的范围内对设备进行定期试验以探测该设备性能是否下降到不能执行缓解设计基准事件的程度。

6.3.3 系统定期试验

应参考系统运行前试验(见6.3.1)对系统进行定期试验。

7 多机组核电厂的考虑

7.1 共用优先电源

在多机组核电厂里,两台或两台以上的机组可以共用优先电源。

7.2 共用电源的容量

在核电厂设计和许可证审批依据所包含的可信运行范围内,多机组共用的优先电源应能同时向共用该电源的每一机组所同时需要的负荷供电。

7.3 监督

应在每个机组的主控室里都显示共用的优先电源电路遮断装置的状态。

7.4 保护系统

应设置保护系统使共用优先电源失电的概率最小(达到实际可行的程度)。设计保护系统应使一台机组的事件对其余机组的影响最小。

7.5 设计基准

设计基准应具体指出每台机组优先电源的独立程度。设计基准应说明共用的主要设备及其失效对每台机组的影响、机组间的相互影响,以及每个机组的预计运行事件和扰动。

7.6 共用的控制和显示

在每台机组的控制室里都应能监视优先电源的可用性。一台机组从其优先电源断开的能力不应影响优先电源对其余机组的可用性。当优先电源与输电系统断开时,应在每台机组的控制屏上给出显示。如果控制器装置在多处,那么就应提供连锁以保证在指定时刻动作只来自一处,同时在接近控制器的地方设置合适的显示。

ICS 27.120
F 88

GB

中华人民共和国国家标准

GB/T 13178—2008
代替 GB/T 13178—1991

金硅面垒型探测器

Partially depleted gold silicon surface barrier detectors

2008-07-02 发布　　　　2009-04-01 实施

中华人民共和国国家质量监督检验检疫总局
中国国家标准化管理委员会　发布

前言

本标准参考了 IEC 60333:1993《核仪器　半导体带电粒子探测器　测试程序》。

本标准代替 GB/T 13178—1991《金硅面垒型探测器》(以下简称原标准)。

本标准保留 GB/T 13178—1991 的大部分内容,对其的主要修改如下:

——增加前言;

——引用新的规范性文件;

——产品的外形及结构尺寸仅保留 A 型,删去原标准的 B 型和 C 型;

——部分耗尽金硅面垒型探测器的分类仅保留最小耗尽层深度为 300 μm 一类,而主要性能增加“允许最大噪声”。

本标准由中国核工业集团公司提出。

本标准由全国核仪器仪表标准化技术委员会归口。

本标准起草单位:中核(北京)核仪器厂。

本标准主要起草人:李志勇。

本标准所代替标准的历次版本发布情况为:GB/T 13178—1991。

金硅面垒型探测器

1 范围

本标准规定了部分耗尽金硅面垒型探测器(简称探测器)的产品分类、技术要求、测试方法、检验规则等。

本标准适用于部分耗尽金硅面垒型探测器(不包括位置灵敏探测器)。锂漂移金硅面垒型探测器也可参照执行。

2 规范性引用文件

下列文件中的条款通过本标准的引用而成为本标准的条款。凡是注日期的引用文件,其随后所有的修改单(不包括勘误的内容)或修订版均不适用于本标准,然而,鼓励根据本标准达成协议的各方研究是否可使用这些文件的最新版本。凡是不注日期的引用文件,其最新版本适用于本标准。

GB/T 5201 带电粒子半导体探测器测试方法(GB/T 5201—1994,neq IEC 60333:1993)

GB/T 10257—2001 核仪器和核辐射探测器质量检验规则

3 术语和定义以及符号

3.1 术语和定义

下列术语和定义适用于本标准。

3.1.1

面垒型半导体探测器 surface barrier semiconductor detector

由表面上的反型层产生的结形成势垒的半导体探测器。

3.1.2

耗尽层(灵敏层) depletion layer

半导体探测器中对辐射灵敏的那一层半导体材料,粒子在其中损耗的能量可转换成电信号。

3.1.3

部分耗尽 partial depletion

耗尽层深度小于半导体材料基片的厚度。

3.1.4

灵敏面积 sensitive area

探测器中辐射最易进入耗尽层的那部分表面。

3.1.5

半高宽(FWHM) full width at half maximum

在谱线中,由单峰构成的分布曲线上,峰值一半处两点间横坐标之差。

3.1.6

能量分辨力 energy resolution

探测器分辨入射粒子能量的能力。通常以规定能量射线谱线的半高宽表示。

3.2 符号和代号

下列符号和代号适用于本标准。

3.2.1

α 分辨力

对^{241}Am 源 5.486 MeV 的 α 粒子，使用标准电子学设备，成形时间常数常为 0.5 μs 时，所测出的整个系统的分辨力(keV)。

3.2.2

β 分辨力

在 3.2.1 同样条件下，由脉冲产生器信号峰的半高宽(FWHM)模拟 β 粒子的分辨力(keV)。

3.2.3

E_1、E_2

分别代表能量为 5.486 MeV 及 5.443 MeV。

3.2.4

N_1、N_2

分别代表能量 E_1、E_2 所对应的道址。

3.2.5

ΔN_α

以道址表示的^{241}Am 源 5.486 MeV 的 α 粒子峰的半高宽。

3.2.6

ΔN_β

以道址表示的产生器信号峰的半高宽。

4 产品的结构

4.1 产品的外形及结构尺寸

产品的外形见图 1，结构尺寸见表 1。

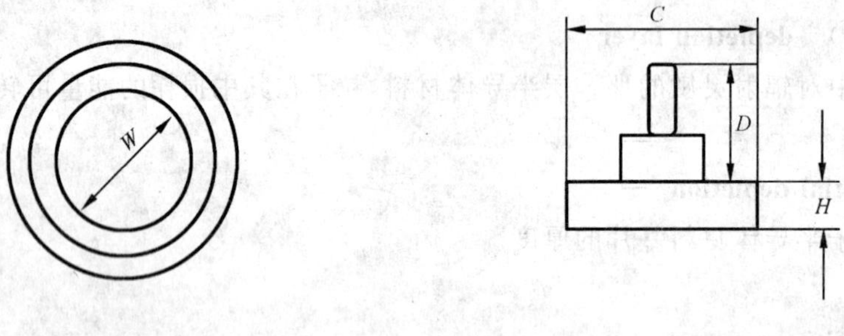

W——半导体探测器的有效直径 mm；

C——探测器的外径 mm；

D——引线电极高度 mm；

H——探测器外壳高度 mm。

图 1 部分耗尽金硅面垒型探测器

表 1　部分耗尽金硅面垒型探测器结构尺寸

单位为毫米

灵敏直径	标称值			
	W	*C*	*H*	*D*
5	5	12	6	16.5
8	8	15	6	16.5
12	12	19	6	16.5
20	20	29	6	16.5
26	26	37	7.5	16.5
30	30	42	7.5	16.5
40	40	52	7.5	16.5
50	50	66	10	16.5
60	60	76	10	16.5

注：*W* 公差为±0.5 mm，*C*、*H*、*D* 公差为±0.3 mm。

4.2　探测器的标记

探测器的标记由型号及技术特性代号两部分组成，其表示方法如下：

GM - ×× - ××× - ××× - ×××

- ××× —— 出厂日期
- ××× —— 能量分辨力
- ××× —— 电阻率
- ×× —— 灵敏区直径
- GM —— 表示部分耗尽金硅面垒型探测器

注：技术特性代号中的位数可根据实际情况扩展。

4.3　探测器的规格及系列

部分耗尽金硅面垒型探测器系列由圆型和环型部分耗尽金硅面垒型探测器系列组成。探测器按不同的灵敏面积，耗尽层深度及对 α 粒子的分辨而分类，探测器的分类分别列于表 2。

表 2　圆形部分耗尽金硅面垒型探测器的分类和主要性能

灵敏直径/mm	保证的最大分辨力 keV			最小耗尽层深度/μm
	α	β	N	300
5	15	7	9	GM-15-005-300
8	17	9	10	GM-15-008-300
12	18	10	11	GM-15-012-300
20	22	15	15	GM-15-020-300
26	25	18	19	GM-15-026-300
30	26	20	21	GM-15-030-300
40	42	30	34	GM-15-040-300
50	55	40	50	GM-15-050-300
60	70	55	65	GM-15-060-300

注：N 为允许最大噪声。

5 技术要求

5.1 外形、尺寸与外观要求

外形、尺寸与外观要求如下：

a) 探测器的外形、尺寸应符合4.1。

b) 探测器的灵敏面应光滑平整，所涂胶环应均匀美观，不应有拉丝，胶环宽度应不影响有效面积。金层要完整、无划痕，灵敏面上应有保护盖。

c) 探测器软引线应完整，焊点要牢固，无虚焊、脱焊。硬引出电极应清洁光亮并配有固定螺丝。

5.2 主要技术性能

主要技术性能如下：

a) 圆形部分耗尽金硅面垒型探测器在参考条件下的主要技术性能见表2。

b) 探测器的电流-电压特性、电容-电压特性、噪声、死层能量损耗、灵敏层厚度等性能由各制造厂家给出。

5.3 探测器对环境条件的适应性

5.3.1 探测器工作的温度范围

探测器工作的温度范围为−20 ℃～+30 ℃，在此温度范围内分辨力α值不超过参考条件下的20%。

5.3.2 探测器的真空性能

探测器可在1.4×10^{-4} Pa条件下工作，分辨力α值不超过参考条件下的20%。

5.3.3 探测器在非工作状态下的稳定性

探测器在非工作状态下，一般经下列环境条件之后，仍能稳定工作：

a) 温度：在—30 ℃和+50 ℃下，分别放置4 h；

b) 湿度：在湿度为(85^{+2}_{-3})%，温度为30 ℃下放置24 h。包膜、灌封的探测器的湿度可提高到(95^{+2}_{-3})%；

c) 振动：加速度10 g，频率50 Hz，试验时间20 min；

d) 冲击：加速度10 g，频率50 Hz，试验时间2 min；

e) 运输：探测器经包装运输在三级公路的路面上，以25 km/h～40 km/h的车速行驶，行驶距离150 km～350 km，或利用运输颠振试验台模拟上述条件在实验室内进行。

6 测试方法

6.1 测试环境

若无特殊规定，探测器各项技术性能的测试均在参考条件和标准试验条件（见表3）下进行。在试验不产生疑义时，测量可在大气环境条件下进行。

表3 测试探测器性能的参考条件和标准试验条件

影响量	参考条件	标准试验条件	正常大气条件
环境温度/℃	20	18～22	15～35
相对湿度/%	65	50～75	45～75
真空度[a]/Pa	1.33	6.65～0.665	
环境γ辐射/(μGy/h)(空气吸收剂量率)	0.1	<0.25	
外磁场干扰	可忽略	小于引起干扰的最低值	
外界磁感应	可忽略	小于地磁场引起干扰的2倍	
放射性污染	可忽略	可忽略	

[a] 表中真空度的基准值适用于能量分辨力的测量。

6.2 能量分辨力的测量

6.2.1 仪器设备

能量分辨力测量的仪器设备见图 2,其说明如下:

a) 测量部分耗尽金硅面垒型探测器的能量分辨力规定用^{241}Am 源的 5.486 MeV 的 α 射线。此源要求用电镀法制备,均匀、单色性好。自吸收对测量结果的影响可忽略。源活性面直径在 10 mm~20 mm 之间,活度为 1×10^3 Bq~2×10^3 Bq;

b) 放射源与被测探测器置于真空室内,其真空度好于 6.65 Pa。源与探测器之间的距离应不小于被测探测器灵敏面直径的 1.5 倍;

c) 供探测器用的偏压电源,输出电压应在 0 kV~1 kV 范围内连续可调,稳定性要好于 0.1%,纹波≤15 mV(有效值);

d) 所用低噪声电荷灵敏前置放大器,零外接电容噪声不大于 3 keV(FWHM,Si),噪声斜率不大于 10 eV/pF;

e) 所用成形放大器应具有准高斯成形器,时间常数为 0.5 μs;

f) 精密脉冲产生器,输出应是上升时间小于 0.1 μs 的指数衰减信号。衰减时间常数应保证在等于成形放大器微分时间的时间内,脉冲幅度下降小于 2%;

g) 检验电容 C_c 应小于前置放大器等效输入电容的 1%;

h) 多道脉冲幅度分析器的道数不少于 4 096 道。

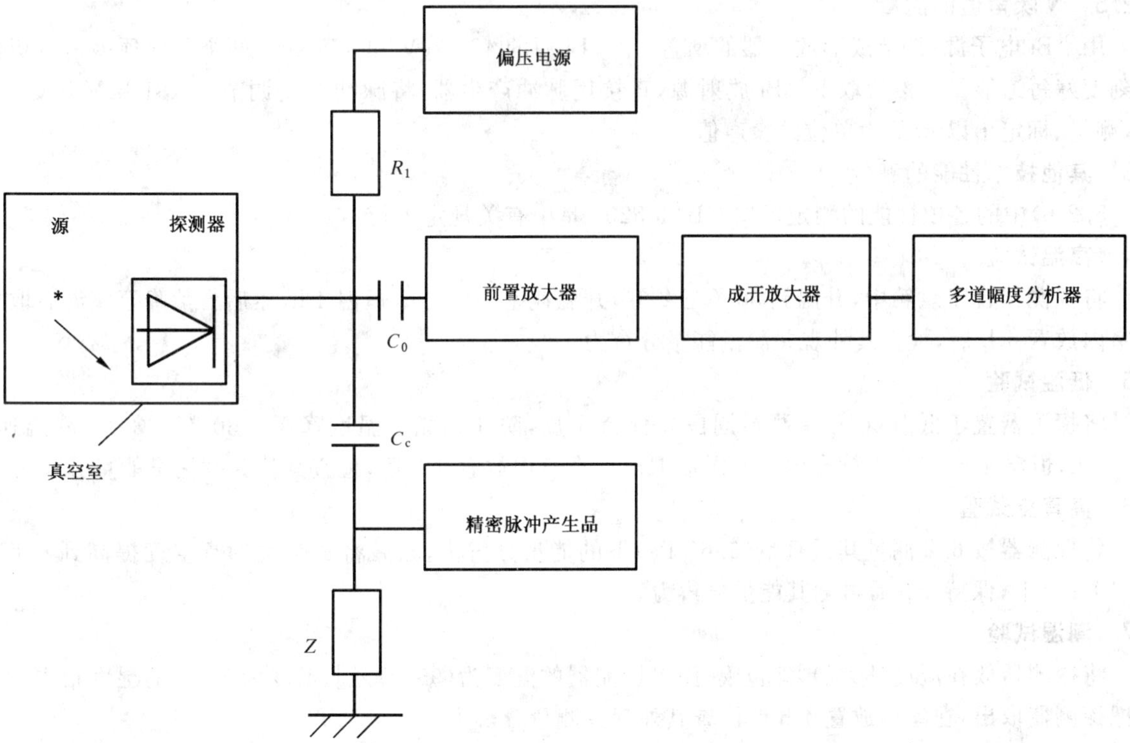

R_1——负载电阻;
C_0——隔直流电容;
C_c——检验电容;
Z——匹配阻抗。

图 2 测量能量分辨力的仪器设备方框图

6.2.2 测量步骤

测量步骤如下：

a) 将被测探测器装在真空室内的测量架上，^{241}Am 放射源置于离探测器距离为探测器灵敏面直径的一倍半处，启动机械泵，使真空室的真空度达到 6.65 Pa 以上；

b) 按图 2 接好系统，开启仪器。精密脉冲产生器为关闭状态；

c) 调节探测器偏压，使之达到需用值；

d) 调节成形放大器的极零补偿，使输出信号波形达到最佳状态；

e) 调节成形放大器的增益，使能量为 5.486 MeV 的谱峰半高宽(FWHM)大于 6 道；

f) 累积谱，当 5.486 MeV 的 α 射线的峰值计数大于 4 000 时，停止累积，并记录整个谱的数据；

g) 记录测量时的室内温度。

6.2.3 **α 值的计算**

对 α 的能量分辨力 α 按式(1)计算：

$$\alpha = \frac{E_1 - E_2}{N_1 - N_2} \Delta N_\alpha \qquad \cdots\cdots(1)$$

6.2.4 **β 值的测量与计算**

开启精密脉冲产生器，调节其脉冲幅度使其在多道脉冲幅度分析器上的峰位道址比 ^{241}Am 放射源的信号道址略高，其谱线相重叠。对 β 的能量分辨力 α 按式(2)计算：

$$\beta = \frac{E_1 - E_2}{N_1 - N_2} \Delta N_\beta \qquad \cdots\cdots(2)$$

6.2.5 ***N* 噪声值的测量**

用 ^{207}Bi 电子源，调节成形放大器的增益，用 ^{207}Bi 源的 481 keV 和 976 keV 两个风标顶多道分析器，即刻度好每道能量。然后取下 ^{207}Bi 放射源，直接用脉冲产生器，将脉冲幅度调节至 481 keV 所处的道址，测量、标定出以 keV 为单位的噪声值。

6.3 其他技术性能的测量

5.2 b)中的各项性能的测定可按 GB/T 5201 是中有关规定进行。

6.4 高温试验

将探测器置于烘箱中，升温到 50 ℃±2 ℃，升温速率 10 ℃/h，恒温 4 h，然后自然降至室温后取出，在室内放置 4 h 后，检查其外观并测量能量分辨力。

6.5 低温试验

将探测器置于低温箱内，探测器周围要保持干燥，防止结霜。温度降至 −30 ℃±3 ℃，降温速率 10 ℃/h，恒温 4 h，然后自然升温到室温后取出。在室内放置 4 h 后，检查其外观并测量能量分辨力。

6.6 高真空试验

将探测器按 6.2 测量其低真空(6.65 Pa)下的能量分辨力，然后将真空室的真空度提高到 6.65×10^{-3} Pa 以上，保持 1 h 后再测其能量分辨力。

6.7 潮湿试验

将探测器放在湿度(85^{+2}_{-3})%[包膜、灌封探测器的湿度为(95^{+2}_{-3})%]、温度为 30 ℃的湿度箱内，24 h 后把探测器取出，在室内放置 4 h 后检查其外观并测量分辨力。

6.8 振动、冲击试验

将探测器用夹具固定在试验台上，按 5.3.3c)和 5.3.3d)的要求进行振动、冲击试验。试验完毕后检查其外观并测其能量分辨力。

6.9 包装运输试验

将包装好的探测器置于运输汽车的中、后部，在三级公路的路面上按 5.3.3e)要求进行。

7 检验规则

除本标准规定的具体要求外，金硅面垒探测器的检验均按 GB/T 10257 的有关规定执行。

7.1 检验的分类及检验项目的分组

检验的分类及检验项目的分组见表 4。

7.2 鉴定检验

鉴定检验的范围、实施与总的要求见 GB/T 10257—2001 中 6.3.1 的规定。

鉴定检验的项目、顺序及其他要求见表 4。

7.3 交收检验

交收检验的范围、实施与总的要求见 GB/T 10257—2001 中 6.3.2 的规定。

交收检验的项目、顺序及其他要求见表 4。

7.4 质量一致性检验

质量一致性检验的实施与要求见 GB/T 10257—2001 中 6.3.3 的规定。

质量一致性检验的项目、顺序及其他要求见表 4。

表 4 探测器检验项目的分组和要求

组别	试验顺序	检验试验项目	鉴定检验	质量一致性检验	交收检验	抽样方案类型及严格性	检查水平	*AQL*	检查周期
A	1	外型、尺寸、外观	●			（全检剔除不合格品）			
	2	电流-电压特性		●	●	二次正常	一般水平Ⅱ	2.5	—
	3	能量分辨力							
	4	噪声							
B	5	电容-电压特性	●	○	○	二次正常	一般水平Ⅱ	6.5	—
	6	死层能量损耗							
	7	灵敏层厚度							
C_1	8	高温试验	●	●	○	二次正常	S—2	4.0	一般为一年
	9	低温试验							
C_2	10	高真空试验		●	○	二次正常	S—2	10	
	11	潮湿试验							
D	12	振动、冲击试验							
	13	包装运输试验							
E	14	辐射损伤试验	●	○	○	—	—	—	—
注：●为必做项目，○为选做项目。									

8 标志、包装、运输、贮存

8.1 标志

8.1.1 探测器上的标志

在探测器的侧面应打印 GM1 及编号。

8.1.2 性能卡

探测器应有性能卡，在性能卡上标有：

a） 探测器的名称、标记、编号；

b) 性能测试的日期；

c) 探测器的主要参数和性能：如探测器的灵敏面积、耗层深度、电流-电压特性、能量分辨力及性能测试时的条件（放射源的种类、名称和能量、时间常数、真空度、温度、工作偏压等）。

8.1.3 合格证

探测器应有合格证，在其合格证上有：探测器的标记、编号、制造厂家、检验日期及检验部门印章。

8.2 包装

8.2.1 探测器包装的基本要求

a) 每个探测器均应有保护罩，防止碰伤金面；

b) 探测器的包装要防潮、防震。

8.2.2 探测器包装时随带的文件及附件

a) 性能卡、合格证；

b) 如需要还可附有说明书。

8.3 运输

a) 探测器外运出厂时（自提者可酌情处理）应有防潮、防震外包装，包装箱外表面应有“防潮”、“轻放”等标志；

b) 运输中应避免“曝晒”、“雨淋”，搬运时要轻放、严防摔碰。

8.4 贮存

贮存探测器应存放于相对湿度不大于75%的常温库房内，高温不宜超过35 ℃，低温不能低于−30 ℃。周围空气中应无酸、无碱、无有机溶剂的气体。最好置于充满空气的密闭容器中，贮存时间不宜超过一年。

ICS：27.120
F 88

中华人民共和国国家标准

GB/T 13179—2008
代替 GB/T 13179—1991

硅(锂)X射线探测器系统

Si(Li)X-ray detector system

2008-07-02 发布 2009-04-01 实施

中华人民共和国国家质量监督检验检疫总局
中国国家标准化管理委员会 发布

前　言

本标准参照了 IEC 60759:1983《半导体 X 射线能谱仪标准测试程序》。

本标准代替 GB/T 13179—1991《硅(锂)X 射线探测器系统》。

本标准与 GB/T 13179—1991 相比主要差异如下：

——增加了"硅(锂)X 射线探测器系统"和"峰谷比"等 19 个术语以及"C_c"等 12 个符号(见本标准第 3 章)；

——产品的特征代号增加了两位表示灵敏体直径(见本标准的 4.1)；

——在表 1"硅(锂)X 射线探测器系统产品规格表"中，增加了一栏灵敏直径的条目(见本标准的 4.2)；

——表 1 中的能量分辨率每档均降低 5 eV(见本标准的 4.2)；

——充实了试验方法的内容(见本标准第 6 章)。

本标准附录 A 为资料性附录。

本标准由中国核工业集团公司提出。

本标准由全国核仪器仪表标准化技术委员会归口。

本标准起草单位:中核(北京)核仪器厂。

本标准主要起草人:殷国利。

本标准所替代标准的历次版本发布情况为:GB/T 13179—1991 。

硅(锂)X射线探测器系统

1 范围

本标准规定了硅(锂)X射线探测器系统的产品分类、技术要求、试验方法和检测规则等。

本标准适用于带有液氮贮存容器的室内用硅(锂)X射线探测器系统,但不适用于扫描电镜的、便携式或非液氮冷却硅(锂)X射线探测器系统。

2 规范性引用文件

下列文件中的条款通过本标准的引用而成为本标准的条款。凡是注日期的引用文件,其随后所有的修改单(不包括勘误的内容)或修订版均不适用于本标准,然而,鼓励根据本标准达成协议的各方研究是否可使用这些文件的最新版本。凡是不注日期的引用文件,其最新版本适用于本标准。

GB/T 4960.6 核科学技术术语 核仪器仪表

GB/T 10257—2001 核仪器和核辐射探测器质量检验规则

3 术语和定义以及符号

3.1 术语和定义

GB/T 4960.6确立的以及下列术语和定义适用于本标准。

3.1.1

硅(锂)探测器 Si(Li) detector

通常利用核辐射在半导体中产生的过剩自由电荷载流子的运动来探测入射辐射的探测器。

注:本标准中的术语“探测器”若无特别说明均指硅锂Si(Li)X射线探测器。

3.1.2

(探测器的)铍窗 Be window(of detector)

探测器中便于让被测辐射穿透过去的部分。

3.1.3

真空保温液氮容器(杜瓦瓶) Dewar

用来冷却半导体探测器的液氮(LN_2)真空容器。

3.1.4

能量分辨率 energy resolution(of semiconductor detector)

半导体探测器对能谱的半高宽(FWHM)的贡献(包括探测器的漏电流噪声),通常用能量单位表示。

3.1.5

半高宽(FWHM) full width at half maximum(FWHM)

在单峰构成的分布曲线上,峰值一半处,曲线上两点的横坐标间的距离。

注:如果该曲线由几个峰组成,则每个峰都有一个半高宽。

3.1.6

十分之一高宽(FWTM) full width at tenth maximum(FWTM)

在单峰构成的分布曲线上,峰值十分之一处,曲线上两点横坐标间的距离。

3.1.7

峰谷比 peak to valley ratio

给定的两个谱峰间的峰谷比是较大峰的高度与两峰间谷的最小高度之比。

3.1.8

峰尾比　peak to tail ratio

对于^{55}Fe标准源在5.9 keV峰位处计数与5.4 keV、4.5 keV和1 keV能量处的平均计数之比值。

3.1.9

硅(锂)X射线探测器系统　Si(Li) X-Ray detector system

利用对X射线灵敏的半导体探测器产生与X射线能量成正比的电信号(电子-空穴对的数目)的原理以测量X射线的系统。它通常由半导体X射线探测器、低噪声前置放大器和低温真空装置三部分组成,以下简称探测器系统。

3.1.10

硅(锂)X射线能谱仪　Si(Li) X-ray energy spectrometer

由探测器系统、探测器偏压电源、主放大器和多道分析器(包括计算机化的多道分析器)组成以测量X射线能量分布的仪器(以下简称能谱仪)。

3.1.11

主放大器(成形放大器)　main amplifier (shaping amplifier)

在放大器系统中,跟在前置放大器之后且包含有脉冲成形网络的放大器。

3.1.12

成形网络　shaping network

由(一个或几个微分器组成的)高通网络和(几个积分器组成的)低通网络组成的网络。它可以减少(改变)前置放大器输出的脉冲宽度,从而提高其时间分辨率和信号噪声比。

3.1.13

多道分析器(MCA)　multi-channel analyzer (MCA)

多于一道的分析器,通常包含有足够多的道数。按照输入信号的一个或多个特性(幅度、时间等)对信号进行分类计数,从而测定其分布函数。

3.1.14

谱线　spectrum line

表示一个入射辐射特性的谱的尖峰部分,通常是指单能辐射的全能峰。

3.1.15

(单能峰的)尾　tail (of mono-energetic spectral peak)

由待测的单能辐射引起的而又不遵守全能峰谱形(准高斯形)限制的任何峰形畸变。

3.1.16

峰位　peak position

在脉冲幅度谱中一个峰(谱线)的矩心处的能量或等效量。

3.1.17

积分非线性(INL)　integral non-linearity(INL)

以最大额定输出脉冲幅度(或多道分析器道数)的百分数表示的、实际响应曲线与理想响应直线间的最大偏差。

3.1.18

噪声线宽　noise line-width

噪声对谱峰宽度的贡献。

3.1.19

(半导体X射线能谱仪的)标准工作轴线　standard working axis (of semiconductor X-ray energy spectrometer)

通过探测器入射窗中心,且垂直于入射窗的一条直线。

3.1.20

工作距离　working distance

X 射线放射源与探测器(入射)最外层窗之间沿标准工作轴线的距离。

3.2　符号

本章列出与探测器系统和能谱仪有关的符号,但不包括第 3 章中已定义的符号和第 6 章的公式中将说明的符号:

C_c——测量时脉冲产生器与电路耦合用的校准电容;

C_f——前置放大器积分环中的反馈电容;

e_{no}——均方根噪声电压;

E_F——对应能谱仪最大能量;

m——多道分析器所测能谱的道(道址);

m_P——多道分析器所测能谱的峰位道(或最高计数道);

N_m——多道分析器所测能谱中 m 道的计数;

N_P——多道分析器所测能谱中峰位道 m_P 的计数;

R——能量分辨率;

R_f——前置放大器中用于释放 C_f 上的电荷以免前置放大器工作点超出动态范围的电阻;

V_P——脉冲产生器加在 C_c 上的电压;

Z_0——特性阻抗;

λ——与 X 射线光子相对应的特征波长;

τ——时间常数。

4　产品分类

4.1　产品型号与标记

产品标记由产品型号及特征代号组成。

4.1.1　产品型号为

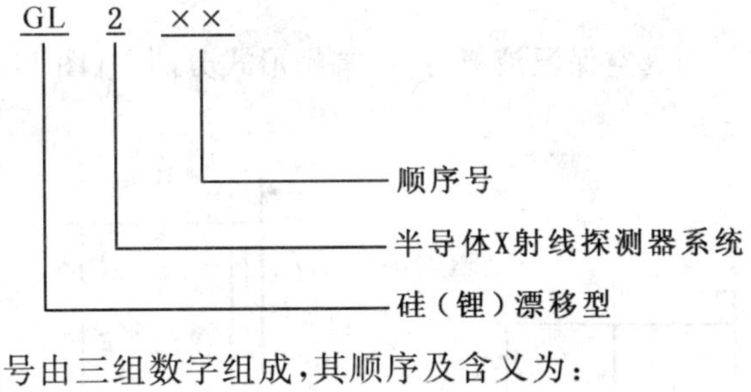

4.1.2　型号后的特征代号由三组数字组成,其顺序及含义为:

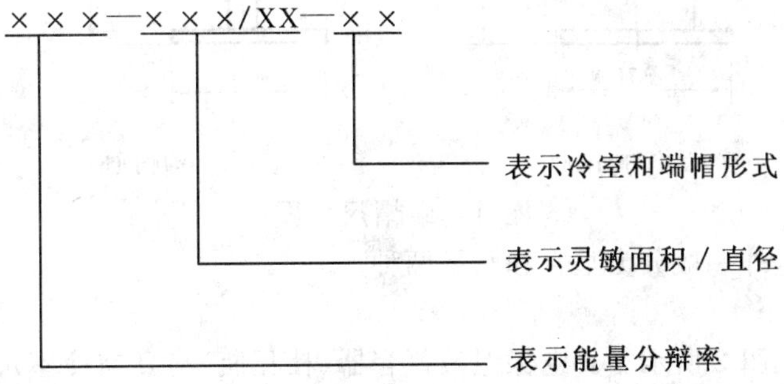

4.2 产品规格

4.2.1 产品规格按灵敏面积及能量分辨率划分见表1。

表1 硅(锂)X射线探测器系统产品规格表

标　　记	灵敏面积/mm^2	灵敏直径/mm	能量分辨率[a]/eV
GL2××-155-012/4-××	12	4	$R\leqslant155$
GL2××-160-012/4-××	12	4	$155<R\leqslant160$
GL2××-165-012/4-××	12	4	$160<R\leqslant165$
GL2××-160-030/6-××	30	6	$R\leqslant160$
GL2××-165-030/6-××	30	6	$160<R\leqslant165$
GL2××-170-030/6-××	30	6	$165<R\leqslant170$
GL2××-165-050/8-××	50	8	$R\leqslant165$
GL2××-170-050/8-××	50	8	$165<R\leqslant170$
GL2××-175-050/8-××	50	8	$170<R\leqslant175$
GL2××-175-080/10-××	80	10	$R\leqslant175$
GL2××-180-080/10-××	80	10	$175<R\leqslant180$
GL2××-185-080/10-××	80	10	$180<R\leqslant185$
GL2××-215-200/16-××	200	16	$R\leqslant215$
GL2××-225-200/16-××	200	16	$215<R\leqslant225$
GL2××-245-200/16-××	200	16	$225<R\leqslant245$

a 所列的能量分辨率系指对放射源^{55}Fe(5.89 keV——MnK_{α})而言。

4.2.2 产品的外型结构

产品配有30 L或35 L容积的真空保温液氮容器，端帽形式分两种(图1)，通用型及细幅型。

单位为毫米

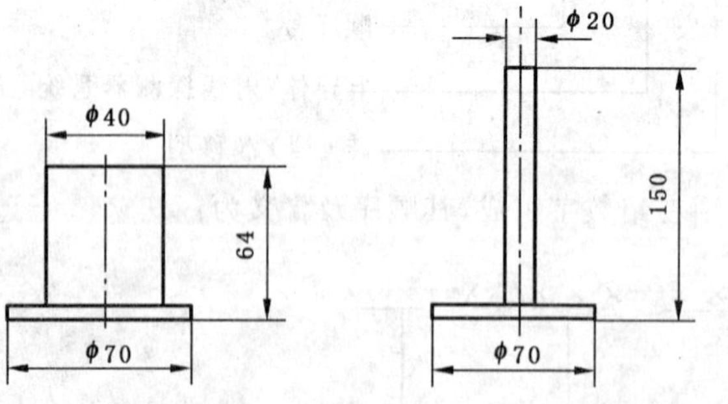

a) 通用型　　b) 细帽型

图1 端帽尺寸图

真空冷室除特殊规定外一般分为垂直和水平两种。

4.2.3 产品外形结构

产品总体外型结构如图2所示。真空保温液氮容器(杜瓦瓶)与真空冷室尺寸暂不作规定，真空冷室及端帽分类见表2。

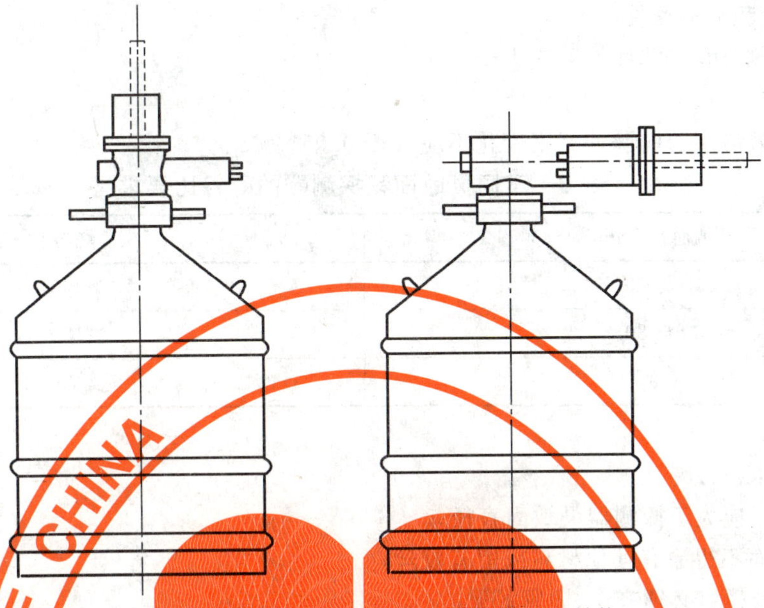

a) 垂直冷室结构　　　b) 水平冷室结构

图 2　总体外型结构图

表 2　(真空)冷室及端帽分类

型号中最后一组数	类　型
01	垂直冷室,通用端帽
02	垂直冷室,细帽
11	水平冷室,通用端帽
12	水平冷室,细帽

5　技术要求

5.1　额定工作条件

额定工作条件为:

a)　温度 5 ℃～35 ℃;

b)　相对湿度不大于 75%;

周围空气中无酸、碱及有机溶剂等气体。

5.2　主要性能

5.2.1　能量分辨率

不同灵敏面积探测器系统的能量分辨率应符合表 1 规定。

5.2.2　系统噪声

系统噪声的大小由制造厂家规定。

5.2.3　峰尾比

5.9 keV 的峰与 1 keV 处的峰尾比不小于 1 000 : 1。

5.2.4　峰谷比

系统的峰谷比应符合表 3 中的规定。

5.2.5　长时间漂移

系统的 8 h 峰位漂移应小于 0.5%。

5.2.6　液氮消耗量

液氮消耗量不应大于 1.2 L/d。

5.2.7 能量刻度积分非线性

系统的能量刻度积分非线性不应大于 0.1%。

5.2.8 温度效应

系统的温度效应引起的脉冲高度变化不应大于 0.05%/℃。

表 3 不同灵敏面积探测器的峰谷比要求

灵敏面积/mm^2	峰谷比
12 与 30	>140∶1
50 与 80	>120∶1
200	>70∶1

5.2.9 其他要求

其他要求如下：

a) 铍窗直径应大于探测器灵敏面直径；

b) 铍窗表面不得涂有其他材料或留有胶丝；

c) 各连接处螺钉必须齐全、固紧；

d) 前置放大器上各插座必须安装牢固并标有用途；

e) 应配有温度传感器，以便与液氮水平监测器连接使用。当探测器升温时，能自动切断偏压，保护探测器不致损坏。

6 试验方法

6.1 测量条件

6.1.1 环境条件

测量应在参考条件或标准试验条件下进行；在对环境条件不产生异议时，也可在正常大气条件下进行。测量电源变化影响或温度效应时，仅该影响量在给定范围变化，其他条件仍保持在参考条件或标准试验条件下。参考条件、标准试验条件和正常大气条件见表 4。

表 4 参考条件和标准试验条件

影响量	参考条件	标准试验条件	正常大气条件
环境温度/℃	20	18～22	15～35
相对湿度/%	65	50～75	45～75
大气压强/kPa	101.3	86～106	86～106
交流供电电压/V	U_N[a]	$U_N(1\pm1\%)$	
交流供电频率/Hz	50[b]	50(1±1%)	
交流供电波形	正弦波	波形总畸变<5%	
环境 γ 辐射/(μGy/h)(空气吸收剂量率)	0.1	<0.25	
外磁场干扰	可忽略	小于引起干扰的最低值	
外界电磁感应	可忽略	小于地磁场引起干扰的 2 倍	
放射性污染	可忽略	可忽略	

[a] U_N 为单相电源 220 V 或三相电源 380 V。当用电池供电时，其电压的变化为额定值的±1%，不考虑纹波。

[b] 交流供电频率，特殊情况按产品标准处理。

6.1.2 放射源

应选用容易得到、具有简单能谱和尽量包括整个感兴趣能量范围的放射源。推荐表5中的X射线放射源,必要时可补充其他X射线能量的放射源。放射源中的杂质不应对测量结果产生明显影响。

6.1.3 测量系统

完成一项特性测量时,被测对象和测量设备(包括放射源)总是连接(布置)在一起,构成完整的系统,称为测量系统,例如,图3所示的系统。

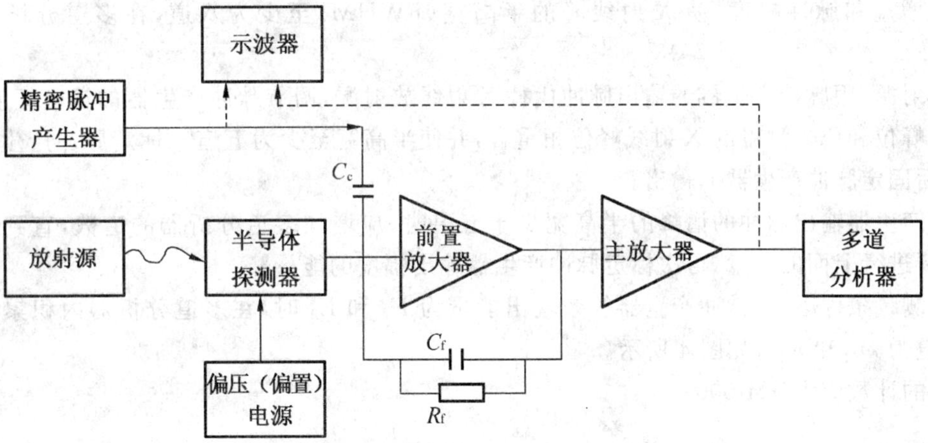

注1:用探测器电容代替检验电容,可降低输入端的分布电容。

注2:图中的半导体探测器即硅(锂)探测器。

图3 被测特性的基本测量系统

由于探测器系统的输出应通过主放大器输入多道分析器、然后在多道分析器上获取X射线能谱方能观察和确定其性能特性,所以探测器系统和能谱仪基本上采用相同的测量方法。测量探测器系统时,探测器偏压电源、主放大器和多道分析器等是测量设备的一部分。测量能谱仪时,组成能谱仪的所有部件(包括多道分析器)均属于被测对象。

根据实际情况,探测器系统的测量与能谱仪的测量在细节上略有差别。

6.1.4 其他条件

应说明脉冲成形类型和时间常数、探测器偏压、计数率等有关的测量条件。

6.2 测量要求

6.2.1 测量被测对象的性能特性时,半导体探测器和前置放大器的第一级场效应管(FET)等元件应保持在各自规定的低温下。

示例:半导体探测器和前置放大器的第一级场效应管(FET)等元件应封装在冷指中,测量各项性能特性时,冷指应保持在液氮的低温下。第一次注入液氮后与开始测量之间应有24 h以上的时间(由室温到低温的平衡)。以后每次加注液氮,一般需2 h后方可测量。

6.2.2 测量时应按规定极性在探测器上加偏压,且不应超过最大偏压和偏压的变化率。另外,不应超过照射量和照射量率的额定值、探测器的最高温度及规定的其他技术条件的极限。

6.2.3 在任何一项特性测量前应按产品标准等技术文件进行预热。在任何一项或全部特性测量后,测量结果应能在测量精密度范围内重复。

6.2.4 应确保电源噪声、接地回路噪声和机械震动等对测量结果无明显影响。

6.2.5 不同操作条件或形式下测得的特性不允许出现在同一条曲线或同一张表格中,表达时应以操作条件或形式为参数,用一族曲线来表示。当同一系统在不同操作条件或形式下测量时,其结果可用于进行对比。

6.3 电噪声的测量

6.3.1 脉冲幅度分布法测电噪声线宽

6.3.1.1 测量系统

脉冲幅度分布法测量噪声的测量系统见图 3。图中的耦合电容器 C_c 可用探测器自身电容 C_d 代替，以降低前置放大器输入端的分布电容。测量时，系统的所有部件都应工作在线性范围内。

6.3.1.2 测量程序

将探测器加上规定的偏压并置于合适的 X 射线放射源（如 ^{55}Fe 的 5.9 keV 锰 K_α 线）的辐照下；调节测量系统增益和脉冲幅度，使 X 射线峰的半高宽（FWHM）至少为八道，在多道分析器上累计一个谱。

移去放射源，用脉冲产生器的输出脉冲代替 X 射线放射源，调节脉冲产生器的输出幅度，使多道分析器得到的峰位和原先测得的 X 射线峰位相重合，并使半高宽至少为五道。标定脉冲产生器输出幅度的能量，然后固定脉冲产生器的输出。

当脉冲产生器输出脉冲的谱峰的半高宽少于五道时，应增加多道分析器的道数，直到满足要求为止，然后重新进行上面的测量，再次标定脉冲产生器输出幅度的能量。

在上述测量条件下，当脉冲产生器等效输出能量为 E_1 和 E_2 时，在多道分析器内积累对应的两个峰，其峰位道为 m_{P1} 和 m_{P2}，如图 4 所示。

峰位道的计数应大于 4 000。

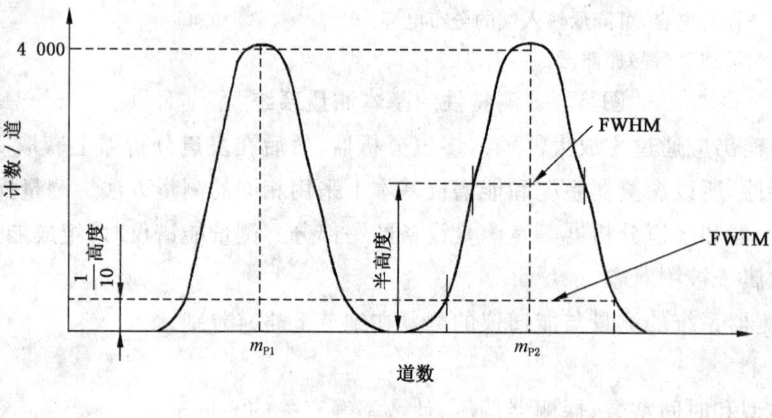

图 4 典型的噪声测量脉冲幅度谱

6.3.1.3 数据处理

电噪声线宽是电子学线路和探测器等对能量分辨率的贡献，即以能量为单位的半高宽或十分之一高宽。

首先按式(1)计算多道分析器的每道等效能量 S（能量单位/道）：

$$S = \frac{E_2 - E_1}{m_{P2} - m_{P1}} \quad \cdots\cdots(1)$$

电噪声线宽 Δ_E^T（以能量单位表示的半高宽）按式(2)定义：

$$\Delta_E^T = S \times \Delta_m^T = \left(\frac{E_2 - E_1}{m_{P2} - m_{P1}}\right)\Delta_m^T \quad \cdots\cdots(2)$$

式中：

Δ_m^T——以道数表示的能谱峰的半高宽 FWHM，由制造商给定的内插法求得（见图 4）。

电噪声线宽 δ_m^T（以能量单位表示的十分之一高宽）按式(3)定义：

$$\delta_m^T = S \times \delta_m^T = \left(\frac{E_2 - E_1}{m_{P2} - m_{P1}}\right)\delta_m^T \quad \cdots\cdots(3)$$

式中：

δ_m^T——以道数表示的能谱峰的十分之一高宽 FWTM，由制造商给定的内插法求得(见图 4)。

当本底较大时，在求能谱峰的半高宽和十分之一高宽前应先扣除本底。

在说明总噪声线宽时，应给出脉冲成形(包括全脉冲宽度)的全部数据(例如 2 μsCR-RC 成形电路，或具有四个 2 μsCR 积分和一个 2 μsRC 微分的准高斯型电路)。若使用基线恢复和(或)门技术，则应说明它们的性能。

6.3.2 用示波器和均方根电压表测电噪声

6.3.2.1 测量系统

用示波器和均方根电压表测量电噪声的测量系统如图 5 所示，在均方根电压表上显示均方根电噪声电压。

该均方根电压表的频率响应要求平坦，带宽应扩展到至少为放大器脉冲成形网络频带中心频率的 10 倍；另外，无论其噪声水平降低到何等程度，放大器的增益均应保持恒定。

本测量方法仅适用于一般的能谱仪，不适用于对带有偏置放大器、基线恢复或门控等放大电路的能谱仪；也不适用于测量探测器系统的电噪声。

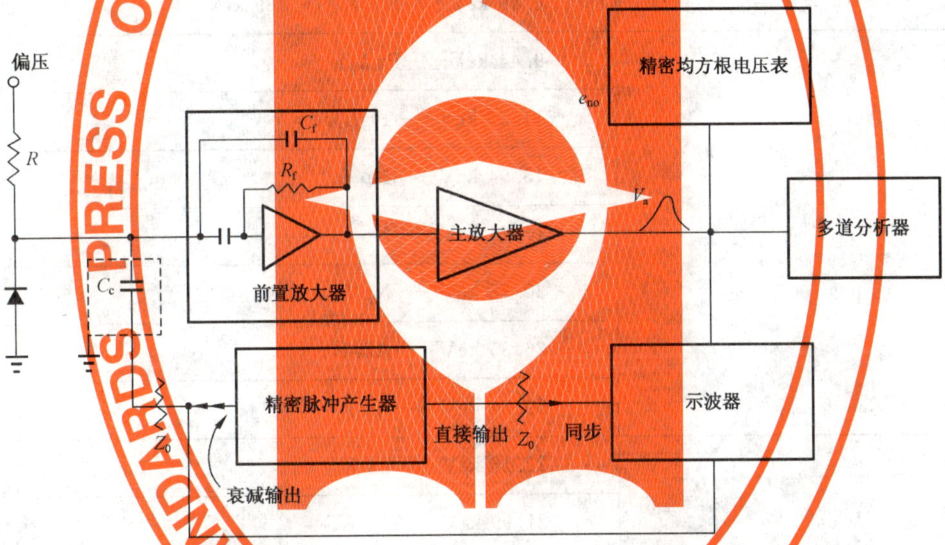

图 5 用示波器和均方根电压表测噪声的测量系统

6.3.2.2 测量程序

测量应按 6.3.1 规定的操作条件和技术要求进行。除了用示波器比较放射源与脉冲产生器的脉冲幅度外，脉冲产生器的归一控制与 6.3.1 相同。加入来自脉冲产生器的等效于能量为 E_P 的脉冲，用示波器测量放大器的输出脉冲幅度为 V_a。然后关闭脉冲产生器，从电压表中读出均方根噪声电压 e_{no}(单位同 V_a)。

6.3.2.3 数据处理

电噪声线宽 Δ_E^T(能量单位表示的半高宽)由式(4)计算：

$$\Delta_E^T = 2.35 \times a \times e_{no}\left(\frac{E_P}{V_a}\right) \quad\cdots\cdots(4)$$

式中：

a——对于正弦波刻度的平均读数电压表为 1.11；而对真正均方根电压表为 1。

6.3.3 从 X 能量分辨率计算电噪声的近似值

从 X 能量分辨率计算电噪声近似值的方法参见附录 A。

6.3.4 作为放大器时间常数函数的噪声线宽

由噪声线宽对放大器时间常数所作的曲线，可得到有关噪声贡献的数据。这条曲线将给出兼顾计数率和能量分辨率的重要信息。

用成形时间常数可调的放大器，按6.3.1所述的方法可进行本测量。测得的结果用噪声线宽对脉冲成形时间常数(以基线恢复之类的其他可能变数为参变量)曲线表示。

6.4 能量分辨率测量

6.4.1 X射线放射源

能量分辨率的测量推荐使用表5中放射源的一种。

若只在一种能量下测定分辨率，最好用^{55}Fe放射源。5.9 keV的锰X射线在放大器噪声展宽与探测器的其他分辨率展宽效应之间将呈现一种合理的兼顾。大于30 keV的谱线主要用于锗探测器。为了防止来自反散射辐射的谱畸变，源的衬垫材料的厚度和原子序数应尽可能小。

表5 测量常用放射源

放射源	能量
^{55}Fe	5.89 keV——Mn K_α[a](5.894 keV)
	6.49 keV——Mn K_β[a](6.489 keV)
^{241}Am	9.44 keV——Pt L_β
	11.25 keV——Pt L_β
	13.94 keV——Np L_α
	17.74 keV——Np L_β
	20.78 keV——Np L_γ
	26.35 keV——Am γ
	59.54 keV——Amγ
^{109}Cd	22.16 keV——Cd $K_{\alpha 1}$
	21.99 keV——Ag $K_{\alpha 2}$
	88.00 keV——Cd γ
^{57}Co[b]	6.4 keV——Fe K_α
	14.4 keV——γ
	122.0 keV——γ
	136.0 keV——γ

a ^{55}Fe源在作能量宽度和分辨率测量时，应准确到小数点后3位。

b 测量计数率效应时，不采用^{57}Co源。

6.4.2 测量系统

能量分辨率的测量即用脉冲幅度分布法测X射线能谱的总线宽，测量系统如图3所示。

测量时关断脉冲产生器。放射源应置于标准工作轴线上，放射源到探测器系统窗的距离不应小于制造商规定的工作距离。标准源的直径不应明显超过探测器的有效直径。放大器时间常数应选择为总噪声最小时的值。

6.4.3 测量程序

调节放射源与探测器的距离，使 K_α 谱线的计数率为 1 000 s^{-1}。半高宽不应小于10道，在峰位道或最高计数道内的计数不应少于40 000。

当放射源发出的是真正的特征X射线时，K_α 和 K_β 峰位可用来刻度多道分析器的每道等效能量 S，具体计算见式(1)。在其他情况下，或当 K_α 和 K_β 无法分辨开时，可采用6.3.1的脉冲幅度分布法校准。

6.4.4 数据处理

能量分辨率的测量结果用半高宽和(或)十分之一高宽(能量单位)表示。

半高宽 Δ_E^S 由式(5)计算：

$$\Delta_E^S = S \times \Delta_m^S = \left(\frac{E_2 - E_1}{m_{P2} - m_{P1}}\right)\Delta_m^S \quad \cdots\cdots(5)$$

式中：

Δ_m^S——能谱峰以道数表示的半高宽FWHM(在内插的分数道内，内插法由制造商给出)。

十分之一高宽 δ_E^S 由式(6)计算：

$$\delta_E^S = S \times \delta_m^S = \left(\frac{E_2 - E_1}{m_{P2} - m_{P1}}\right)\delta_m^S \quad \cdots\cdots(6)$$

式中：

δ_m^S——谱能峰以道数表示的十分之一高宽(在内插的分数道内，内插法由制造商给出)。

对高斯型的能谱峰，$\delta_m^S = 1.78(\Delta_m^S)$，因此 $\delta_E^S = 1.78(\Delta_E^S)$。

在能量分辨率测量的报告中应说明：

a) 入射X射线放射源及其能量；

b) 测量所用的计数率；

c) 放射源—探测器的几何条件(工作距离和放射源的直径)；

d) 探测器的详细参数(如：硅或锗半导体、探测器的工作偏压、探测器的形状、面积、耗尽层的厚度等)；

e) 准直器的使用情况和参数；

f) 同样工作条件下的系统噪声线宽；

g) 放大器脉冲成形参数(包括全脉冲宽度和基线恢复参数)。

6.4.5 数据校验

除电噪声外，其他所有因素(统计涨落和电荷收集问题)引起的谱线展宽，以能量单位表示的半高宽 Δ_E^0 和十分之一高宽 δ_E^0 可用正交法(平方差的平方根)从能量分辨率中扣除电噪声(线宽)后得到，由式(7)和式(8)，计算：

$$\Delta_E^0 = \sqrt{(\Delta_E^S)^2 - (\Delta_E^T)^2} \quad \cdots\cdots(7)$$

$$\delta_E^0 = \sqrt{(\delta_E^S)^2 - (\delta_E^T)^2} \quad \cdots\cdots(8)$$

仅仅由统计涨落贡献的能量分辨率(能量单位表示的半高宽 Δ_E^0)极限由式(9)计算：

$$\lim(\Delta_E^0) = 2.25\sqrt{F\varepsilon E} \quad \cdots\cdots(9)$$

式中：

E——X射线的能量；

ε——探测器中形成1对电子-空穴对所需的平均能量；

F——法诺因子，硅和锗的法诺因子 F 值尚未准确测定，常用的估计值为0.1。

6.5 峰谷比和峰尾比

6.5.1 概述

两个紧挨着的峰(例如来自 ^{55}Fe 放射源的锰 K_α 和 K_β)的峰谷比(6.5.2)以及峰尾比(6.5.3)，能非常灵敏地反映从探测器(或它的部分死层窗)中的电荷收集问题到电子学仪器中的基线不稳定性以及其他有关计数率效应等各种因素引起的谱畸变。峰尾比亦能灵敏地指示被测对象的谱线-本底比性能。

当引用峰谷比或峰尾比时,应详尽说明测量条件,包括放射源-探测器几何条件(工作距离和源直径)、放大器时间常数的设置、输入计数率和其他能明显影响测量的主要变量。测量峰谷比或峰尾比时,测量设备的参数应与测量半高宽等特性时的参数相同。

6.5.2 峰谷比

给定的两个谱峰间的峰谷比是较大峰的高度与两峰间谷的最小高度之比。

应根据足够的统计信息(例如峰谷中的每道计数)说明峰谷比,以保证其最大统计误差小于5%。

当所测能谱中锰的 K_α 谱线和 K_β 谱线之间的最低计数大于 400 时,首先记录能谱曲线,其次计算 K_α 谱线最高计数道的计数 N_P 和 K_α 与 K_β 谱线之间的最低计数道邻近 5 道计数的平均值 C_V,系统的峰谷比 P_0 由式(10)计算:

$$P_0 = \frac{N_P}{C_V} \qquad \cdots\cdots(10)$$

6.5.3 峰尾比

将^{55}Fe标准源的活性面垂直且对中置于标准工作轴线上,工作距离为制造商所规定的距离,调节系统增益使半高宽至少为 10 道,在 5.9 keV 能量对应的峰位道或最高计数道内累积计数,当 N_P 超过 20 000 时记录能谱曲线。分别以围绕 5.4 keV、4.5 keV 和 1 keV 能量为中心的连续 5 道为一组,对每组计数分别取平均值 C_1、C_2 和 C_3,则峰尾比 P_1、P_2 和 P_3 可由式(11)计算:

$$\left.\begin{aligned} P_1 &= N_P/C_1 \\ P_2 &= N_P/C_2 \\ P_3 &= N_P/C_3 \end{aligned}\right\} \qquad \cdots\cdots(11)$$

由于周围或源衬底的反散射、高计数率、系统噪声(接地回路、交流噪声等)、设备调节不当(极-零相消网络调节不当、非最佳成形时间等)或者在附近有其他的放射源等因素都会引起被测对象性能变坏,进而导致峰尾比下降。为了使上述测量具有意义,除了^{55}Fe放射源外,其他原因引起的本底应足够小,以致可以忽略不计。

假如在放射源中存在对尾部事件有贡献的其他放射性核素(杂质),用上述测峰尾比的方法可能产生错误结果。在^{55}Fe放射源与探测器之间插入一个吸收片后再测峰尾比,即可测出放射源中杂质所引起的误差。

6.6 积分非线性

6.6.1 脉冲幅度分析法

6.6.2 测量系统

脉冲幅度分析法测积分非线性的测量系统如图 3 所示。用一组能量范围适当的特征 X 射线照射探测器。通常,为了较好地测量积分非线性,至少采用 10 条谱线,这 10 条谱线应在感兴趣的能量范围内尽可能均匀分布。谱线的最低能量应小于感兴趣能量范围下限的 110%,而谱线的最高能量应大于感兴趣能量范围上限的 90%。若表 6 中的放射源不能完全满足要求时,它们可用 X 射线、γ 射线或带电粒子激发的二次荧光产生。

积分非线性的测量应在与测量能量分辨率相同的条件下进行。应使用特征能量已精确标定的谱线,尽量避免使用那些无法分辨的多重谱线,它会造成谱线的明显展宽。

另外,为了避免由计数率引起的测量设备的增益偏移或漂移误认为是被测对象的非线性,最妥当的办法是全部谱线都在低计数率下在同一时间获取。假如这些谱线不是同时获取而是逐个获取或分组获取时,测量应确保计数率低,且各谱线计数应累计到可以进行相互比较的水平。

6.6.3 **数据处理**

从前面已测量的 X 射线谱，在用能量作横坐标、多道分析器的道数作纵坐标的直角坐标上画出每个峰的峰位道对该峰的 X 射线能量的曲线，然后用最小二乘法(或作图法)拟合得到该曲线的理想直线，如图 6 所示。

用百分数表示的积分非线性 INL 由式(12)计算：

$$INL = \frac{\Delta E_{max}}{E_F} \times 100\% \quad \cdots\cdots(12)$$

式中：

$|\Delta E_{max}|$——能量的实际值与理想响应值之间最大偏差的绝对值，单位为千电子伏(keV)；

E_F——对应能谱仪最大能量，单位为千电子伏(keV)。

当使用单一非直接测定的数值来表征积分非线性时，在被测对象规定的整个工作范围内都不应超过这个数值。

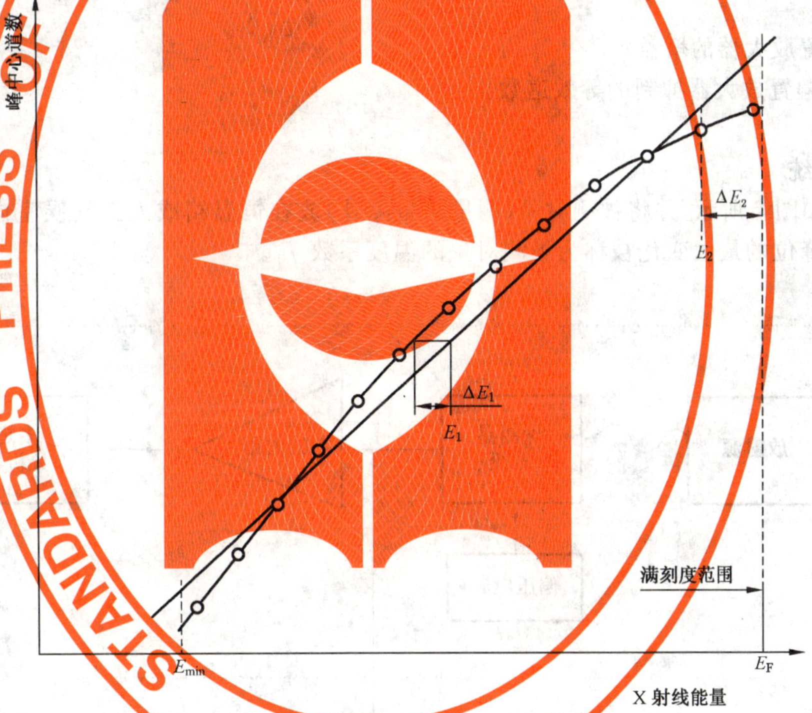

图 6 线性的测量和表示

6.7 **电压变化影响**

6.7.1 **概述**

对被测对象，在多道分析器上测得的 X 射线能谱峰位将受交流供电电压变化的影响和温度变化的影响(温度效应)，长期工作峰位也将漂移(长时间不稳定性)。电压和温度的变化范围，长期工作的时间范围均由产品标准等技术文件规定。

6.7.2 **交流供电电压变化的影响**

6.7.2.1 **主放大器测量法**

测量系统如图 3 所示，放射源可用^{55}Fe。测量时，测量设备的供电电压保持不变，而被测对象的交流供电电压是可调的。

将交流电电压置于标称值，把主放大器增益调到最大，调节产生器的输出，使峰位 m_{P0} 位于多道分析器满刻度的90%处。在其他影响量保持不变的条件下，使交流供电电压在规定的额定范围内变化，并测量峰位随电压变化的若干值 m_{Pi}。则给定交流供电电压变化对被测对象的影响 $E_{ac,1}$ 由式(13)计算(用百分数表示)。

$$E_{ac,1} = \frac{|m_{Pi} - m_{P0}|_{max}}{m_{P0}} \times 100\% \qquad \cdots\cdots(13)$$

式中：

$|m_{Pi} - m_{P0}|_{max}$——m_{Pi} 中偏离 m_{P0} 的绝对值中的最大值。

6.7.2.2 偏置放大器测量法

测量系统与6.7.2.1相同。测量时，将偏置放大器设置到所需的增益和偏置电平，调节脉冲产生器和主放大器的增益，使偏置放大器的输出电压为其最大额定输出电压的90%。在交流供电电压的标称值、所规定额定范围的最低值和最高值各取一个谱，其峰位为 m_{P0}、m_{P1} 和 m_{P2}。给定交流供电电压变化对被测对象的影响 $E_{ac,2}$ 由式(14)计算(用百分数表示)。

$$E_{ac,2} = \frac{|m_{P2} - m_{P1}|}{m_{P0} + G_B m_B} \times 100\% \qquad \cdots\cdots(14)$$

式中：

G_B——偏置放大器的增益；

m_B——被偏置放大器抑制的等效道数。

6.8 温度效应

6.8.1 测量系统

测量系统如图7所示，并将被测对象(测量设备除外)放在恒温箱或人工气候室内。环境温度每变化1 ℃所引起峰位的最大变化被称为被测对象的温度系数 f_T。

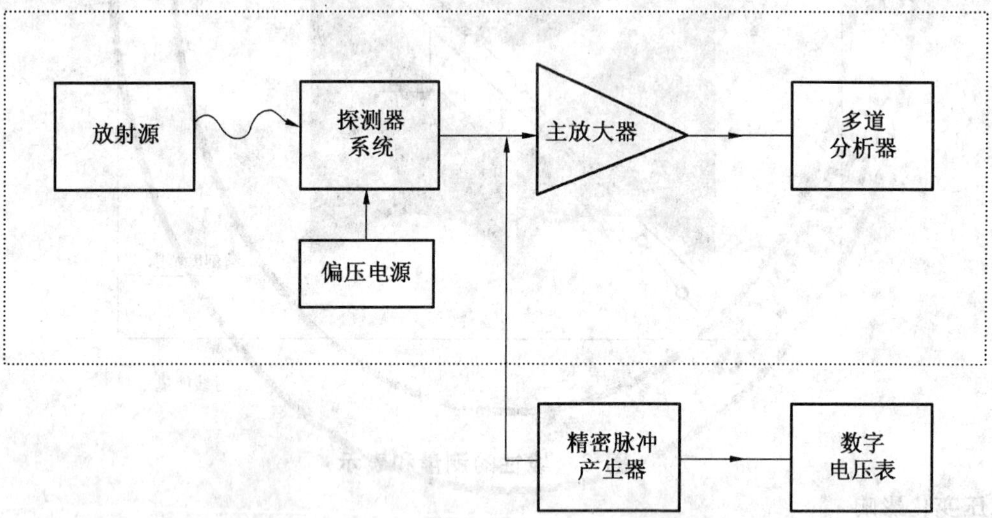

注：当测量探测器系统时，只将探测器系统放在恒温箱内，其他测量设备应保持在标准实验条件下。

图7 温度效应的测量系统(以能谱仪为例)

当给出被测对象的温度系数时，应说明该技术性能的使用范围。测量应覆盖所规定的温度范围，温度变化增量每次不应大于10 ℃，其确定的温度系数应对规定温度范围内所有增量都能涵盖。测量时不应超出制造商规定的工作温度范围。

6.8.2 测量程序

6.8.2.1 探测器系统

为降低精密脉冲产生器和主放大器等测量设备对被测对象温度效应的影响，必要时，可随温度变化适当调整精密脉冲产生器的输出幅度和主放大器等的增益，使它们的输出和增益不受温度的影响。

将恒温箱的温度调至标准试验条件温度(20 ℃±2 ℃),并按有关标准规定的时间保持热平衡。调节主放大器和多道分析器的增益,使锰的 K_α 谱线峰位在多道分析器满刻度的80%处。调节脉冲产生器的信号幅度,使其在多道分析器上产生的峰位比锰的 K_α 谱线峰位偏高,用数字电压表监测脉冲产生器直流输出电平,并记录其指示值。按 6.3.1 的方法测得 K_α 谱线峰位 $m_{P,T0}$ 和脉冲产生器的输出脉冲幅度。

将恒温箱每隔 10 ℃一个梯度,从标准试验条件温度升高(或降低)至最高(或最低)温度,但在升温(或降温)过程中,每隔 10 ℃均应保持热平衡,并在热平衡后的温度下进行测量。每次测量时均应调节脉冲产生器幅度,使数字电压表的指示与标准试验条件温度时的指示相同;还应调节主放大器的增益,使脉冲产生器信号在多道分析器上的峰位与标准试验条件温度时的峰位一致;再测出锰的 K_α 谱线峰位 $m_{P,Ti}$,并计算每隔 10 ℃的两峰位之差 $\Delta m_{P,Ti}$,直到完成全部测量。系统的温度系数 f_T 由式(15)计算:

$$f_T = \frac{|\Delta m_{P,Ti}|_{max}}{10 m_{P,T0}} \times 100\% \qquad \cdots\cdots (15)$$

式中:

$|\Delta m_{P,Ti}|_{max}$——$\Delta m_{P,Ti}$ 中绝对值的最大值。

6.8.2.2 能谱仪

能谱仪温度系数的测量采用与 6.8.2.1 相同的方法,但在测量过程中不调节主放大器和多道分析器的增益。

6.9 长时间不稳定性

被测对象长时间不稳定性的测量系统和测量程序与 6.8 基本相同,只是测量系统置于标准试验条件下,在系统通电预热后测量第一个数据 $m_{P,t0}$,接着每隔 1 h 测量一个数据 $m_{P,ti}$,直到规定的长期工作时间(例如 8 h 或 24 h)为止。

系统的长时间不稳定性 IS_t 按式(16)计算:

$$IS_t = \frac{|m_{P,ti} - m_{P,t0}|_{max}}{m_{P,t0}} \times 100\% \qquad \cdots\cdots (16)$$

当测量探测器系统的长时间不稳定性时,每测量一个数据 $m_{P,ti}$ 前,应通过精密脉冲产生器调整主放大器和多道分析器的增益,使其不随时间变化,以避免它们对探测器系统长时间不稳定性的影响。

6.10 液氮消耗量测量

利用磅秤称量系统的液氮消耗量。每隔 24 h 测量一次系统总重量。以相邻的两次测量值之差为一天液氮消耗量数据。连续测得五组数据,以其平均值作为该系统的液氮消耗量。

6.11 运输试验(运输台)

将按 8.2 中规定包装好的系统置于运输台上,用绳子固定牢。相当于在二级公路上,以 25 km/h～40 km/h 的车速行驶,行驶距离为 150 km～350 km。

7 检验规则

除本标准规定的具体要求外,按 GB/T 10257 中的有关规定进行检验。

7.1 检验的分类与检验项目的分组

检验的分类与检验项目分组见表 6。

7.2 鉴定检验

7.2.1 鉴定检验的实施与要求见 GB/T 10257—2001 中 6.3.1 的有关规定。批量小于 280 个时,抽样方案见表 7。当不合格品超过合格判定数而低于不合格判定数时,应采用表 7 所示的第二次抽样。

7.2.2 鉴定检验的项目及要求见表 6。

表 6　检验项目分类及要求

组别	序号	检验项目	鉴定检验	质量一致性检验	交收检验	抽样方案及严格性	检查水平	*AQL*
A	1	外形、尺寸、外观	●	●	●	全检剔除不合格品	—	—
	2	能量分辨率						
	3	液氮消耗量						
	4	峰尾比						
B	6	系统总噪声	●	○	○	一次正常	一般水平Ⅱ	4.0
C	7	峰谷比	●	○	○	一次正常	S—3	6.5
	8	脉冲高度线性						
	9	长时间漂移						
	10	包装运输						
注：●为必做项目；○为选做项目。								

表 7　抽样方案表

组别	批量大小	样本大小	合格判定数	不合格判定数	第二次样本数	样本总数	合格判定数	不合格判定数
A	1～7	100%[a]	0	1				
	8～280	5	0	2	3	8	1	2
B	1～7	100%[a]	0	1				
	8～280	5	0	2	3	8	1	2
C	1～4	100%[a]	0	1				
	5～280	3	0	2	2	5	1	2

[a] 检验的样品应不少于 2 个。

7.3　质量一致性检验

质量一致性检验如下：

a)　质量一致性检验的实施与要求见 GB/T 10257—2001 中 6.3.3 的有关规定；

b)　质量一致性检验的项目及其要求见表 6。

7.4　交收检验

交收检验如下：

a)　交收检验的实施与要求执行见 GB/T 10257—2001 中 6.3.2 的有关规定；

b)　交收检验的项目及其要求见表 6。

8　标识、包装、运输、贮存

8.1　标识

8.1.1　系统上的标识

产品上应有标识牌，标识牌上印有产品型号、名称、编号、制造厂家及商标。

8.1.2　性能卡

产品应带有性能卡，卡上标有：

a） 产品名称、标记及编号；

b） 产品主要性能(如能量分辨率、灵敏面直径、液氮消耗量等)；

c） 铍窗厚度；

d） 检测日期。

8.1.3 **合格证**

合格证上应有产品标记、编号、制造厂家、检验日期及检验部门的印章。

8.2 包装

8.2.1 包装要求如下：

a） 端帽上应带有铍窗保护帽；

b） 端帽和前置放大器一起用塑料布包住。内部装防潮干燥剂；

c） 包装箱的上盖与系统端帽间距不小于 10 cm；

d） 外包装应符合固定、防震、防潮要求。包装箱外应有“不得倾斜”、“防潮”、“轻放”标识。

8.2.2 包装时随带的文件及附件如下：

a） 说明书、合格证、性能卡；

b） 前置放大器电源线、信号输出线、高压输入线及检验信号线。

8.3 运输

运输中产品要防压、防雨淋和避免激烈振动。搬运时要轻拿轻放，不得摔、碰、倾斜角不得超过 30°。

8.4 贮存

探测器应存放于相对湿度不大于 75%的常温库房内，不得堆放。室温温度不应高于 35 ℃或低于 5 ℃。周围空气中不能有酸、碱及有机溶剂等气体。存放时要将端帽及前置放大器部分用塑料布包紧，内装干燥剂。

贮存中要按时加注液氮，不得使系统由于液氮不足而升温。

附 录 A
（资料性附录）
从X能量分辨率计算电噪声近似值的方法

从作为能量函数的X射线峰宽的变化，可近似地算出电噪声对能量分辨率的贡献，电噪声线宽Δ_E^T（能量单位表示的半高宽）由式（A.1）计算：

$$\Delta_E^T=\sqrt{\frac{(\Delta_{E1}^S)^2E_2-(\Delta_{E2}^S)^2E_1}{E_2-E_1}} \qquad \cdots\cdots(A.1)$$

式中：

Δ_{E1}^S、Δ_{E2}^S——分别为能量E_1和E_2时峰的所有谱展宽效应引起的单能入射辐射的总线宽，即系统总的能量分辨率，以能量单位的半高宽表示，见6.4。

使用式（A.1）应特别小心，由于存在下列原因，很容易出错：

a) 该式可能是两个大项相减求一个小差额，误差的扩展问题很明显；
b) 该式在电荷相对损耗效应与粒子能量无关的假设下成立，但是当粒子能量低于3 keV或覆盖一个大的能区时，这一假设是有问题的；

X射线峰是多重谱线（如$K_{\alpha1}$或$K_{\alpha2}$），不管峰是K,L或M谱线，这些多重谱线的间距是能量的函数，但该式只把它作为一个峰来处理，没有考虑这种可变的峰展宽因素。

参 考 文 献

[1] IEC 60759:1983《Standard test procedures for semiconductor X-ray energy spectrometers》。

[2] GB/T 4833《多道脉冲幅度分析器　主要性能、技术要求和测试方法》(GB/T 4833—1997,eqv IEC 61342:1995,Nuclear instrumentation—Multichannel pulse height analyzers—Main characteristics,technical requirements and test methods)。

[3] GB/T 5201《带电粒子半导体探测器测试方法》(GB/T 5201—1994,IEC 60333:1993,Nuclear instrumentation—Semiconductor charged-particle detector—Test procedures,NEQ)。

ICS 27.120
F 88

中华人民共和国国家标准

GB/T 13180—2008
代替 GB/T 13180—1991

X、γ射线GM计数管

G-M counter tubes for detecting X、γ radiation

2008-07-02 发布　　2009-04-01 实施

中华人民共和国国家质量监督检验检疫总局
中国国家标准化管理委员会　发布

前　言

本标准代替 GB/T 13180—1991《γ射线计数管》。

本标准与 GB/T 13180—1991 相比主要差异如下：

——标准名称改为“X、γ射线 GM 计数管”；

——修改了第 3 章“名词和术语”中的部分术语，如“计数管”、“使用寿命”等；

——增加了名词和术语“极限工作电压”、“绝缘电阻”、“角响应”；

——修改了 GM 计数管的分类(4.2)；

——修改了“技术要求”的内容(第 5 章)；

——增加了“计数管的外观和尺寸测试”(6.2)和“计数管的绝缘电阻测试”(6.3)；

——修改了表 1“GM 计数管技术性能参数”、表 2“GM 计数管极限工作环境下的性能参数”和表 4“检验、试验项目的分组”；

——修改了“标志”中的内容(8.1)。

本标准由中国核工业集团公司提出。

本标准由全国核仪器仪表标准化技术委员会归口。

本标准起草单位：中核(北京)核仪器厂、南京华东电子集团有限公司。

本标准主要起草人：杨继明、刘斌、李继源、吴其华、龙良淑、钱志萍。

本标准所代替标准的历次版本发布情况为：

——GB/T 13180—1991。

X、γ射线GM计数管

1 范围

本标准规定了盖革-米勒计数管的产品分类、技术要求、试验方法、检验规则以及标志、包装、运输、贮存方法。

本标准适用于探测X、γ射线的有机计数管(简称有机管)和卤素计数管(简称卤素管)。

2 规范性引用文件

下列文件中的条款通过本标准的引用而成为本标准的条款。凡是注日期的引用文件,其随后所有的修改单(不包括勘误的内容)或修订版均不适用于本标准,然而,鼓励根据本标准达成协议的各方研究是否可使用这些文件的最新版本。凡是不注日期的引用文件,其最新版本适用于本标准。

GB/T 9588—2008 盖革-米勒计数管测试方法

GB/T 10263—2006 辐射探测器环境条件与试验基本要求与方法

GB/T 12057—2001 核仪器与核辐射探测器质量检验规则

3 术语和定义

GB/T 9588确立的以及下列术语和定义适用于本标准。

3.1

计数管 counter tube

工作在正比区或盖革-米勒区的脉冲电离探测器。

3.2

盖革-米勒区 Geiger-Müller region

计数管所加的电压范围,在此范围内气体放大因子大到足以使脉冲幅度基本上与计数管灵敏体积内最初生成的离子对总数无关。

3.3

盖革-米勒计数管 Geiger-Müller counter tube

工作在雪崩区(盖革-米勒区)的计数管。

注:在下文中的"计数管"若无特别说明均指盖革-米勒计数管。

3.4

自猝灭计数管 self-quenched counter tube

仅靠所充气体而不采取其他措施就能猝灭的盖革-米勒计数管。

注:例如:

——卤素计数管;

——有机蒸气计数管。

3.5

有机猝灭计数管 organic-quenched counter tube

所充气体中含有少量有机气体的盖革-米勒计数管。

3.6

卤素猝灭计数管 halogen-quenched counter tube

所充气体中含有少量卤素气体的盖革-米勒计数管。

3.7

坪特性曲线　plateau characteristic curve

在恒定的辐照下，计数管的计数率与所加电压之间的关系曲线。

3.8

起始电压　starting voltage

用一个规定特性的系统开始检测到计数管输出信号时加到计数管上的最低电压。

3.9

坪　plateau

辐射探测器特性曲线的一部分，在此区间测得的电流或计数率与外加电压无关。

3.10

坪斜　plateau slope

坪区的斜率，表示外加电压每变化 100 V 计数率变化的百分数。

3.11

极限工作电压　ultimate operate voltage

高于坪区电压的某一电压，在该电压下计数率明显上升但计数管能够工作，尚未连续放电的最高电压。

3.12

辐射灵敏度　radiation sensitivity

单位剂量率所产生的计数率或电流。

3.13

死时间　dead time

由单次致电离事件对盖革-米勒计数管引起脉冲后的一段时间间隔，在此间隔内，它对后继的电离事件不能响应。

3.14

本底　background

在没有辐射源存在的条件下，测量装置的固有计数。

3.15

灵敏体积　sensitive volume

计数管中(对辐射灵敏且用于探测的那部分体积)电离事件能使计数管产生脉冲的那部分体积。

3.16

绝缘电阻　insulation resistance

计数管电极之间所具有的电阻值。

3.17

能量响应　energy response

计数管的辐射灵敏度与射线能量之间的关系。

3.18

角响应　polar response

计数管辐射灵敏度与射线入射角度的关系。

3.19

使用寿命　using life

在限定的辐射和环境条件下，GM 计数管的特性能保持在规定的容差范围内的最长使用时间或最大累计计数。它通常用累计工作到规定的脉冲计数或连续工作到规定的小时数等来表示。超过使用寿命后，GM 计数管就不能保证满足规定的性能指标。

4 产品分类

4.1 型号构成

型号构成如下：

```
GJ  ××  ××  ×
│   │   │   │
│   │   │   └──→表示探测对象的射线种类
│   │   │
│   │   └──────→表示同类产品的顺序号
│   │
│   └──────────→前一位表示不同的外形结构
│                1—— 圆柱式有机管
│                2—— 圆柱式卤素管
│                后一位表示不同的阴极材料
│                1—— 铜阴极
│                2—— 钨阴极
│                3—— 氧化膜阴极
│                4—— 不锈钢阴极
│                5—— 石墨阴极
│                6—— 镍阴极
│                7—— 钼阴极
│                8—— 铂阴极
│
└──────────────→表示 GM 计数管
```

4.2 GM 计数管尺寸系列

4.2.1 圆柱式卤素管按其阴极有效直径(单位为毫米)分为(1)、1.2、2、3、5、5、8、10、16、18、20、23、(24)等十个系列。

4.2.2 圆柱式有机管按其阴极有效直径(单位为毫米)分为 18、23、37 等三个系列。

5 技术要求

5.1 外观和尺寸

外观和尺寸应符合下列要求：

a) 计数管的外部零部件应无锈蚀；

b) 计数管的外涂覆层应牢固、稳定；

c) 计数管可见部分的外观清洁、无污物、无磨损、无伤痕；

d) 外形尺寸由产品说明书规定。

5.2 绝缘电阻

计数管阳极对阴极的绝缘电阻应大于 10^9 Ω。

5.3 计数管在标准适用环境条件下的性能指标

计数管在标准适用环境条件下的性能指标应符合表 1 的有关要求。

表 1　GM 计数管技术性能参数

类别	产品系列	阴极有效直径/mm	阴极有效长度/mm	起始电压/V	坪区范围/V	坪斜/(%/100 V)	极限工作电压/V	本底/min^{-1}	死时间/μs	辐射灵敏度/(Gy/h)	能量响应	角响应	外形图	备注
有机管	18	18	110	<1 200	1 300～1 500	<5	1 650	<30	<100	—	待定	待定	图 1	—
	23	23	110	<1 200	1 300～1 500	<5	1 650	<180	<150	—	待定	待定	图 2	—
	37	25	25	<1 200	1 250～1 450	<5	1 600	<380	<200	—	待定	待定	图 3	—
卤素管	1.2	1.2	3	<350	380～460	<20	600	<2	<10	0.12	待定	待定	图 6	—
	2	2	10	<350	380～460	<20	600	<5	<15	>0.5	待定	待定	图 6	—
	3.5	3.5	30	<350	380～460	<15	600	<5	<15	>2.5	待定	待定	图 4	—
	5	5	6.5	<330	360～440	<30	600	<5	<15	>2	待定	待定	图 8	—
		5	10	<420	450～550	<15	700	<5	<15	>2.5	待定	待定	图 8	—
		5	36	<350	360～440	<15	600	<10	<20	>5	待定	待定	图 8	—
		5	80	<350	380～460	<15	600	<10	<20	>12	待定	待定	图 4	—
	8	8	60～150	<620	650～800	<8	950	<25	<80	>13	待定	待定	图 10	—
	10	10	50～80	<350	380～460	<15	600	<25	<80	>12	待定	待定	图 9	—
		10	50～80	<350	360～440	<15	600	<25	<80	>12	待定	待定	图 7	—
	16	16	140～150	<350	380～460	<15	600	<50	<100	>80	待定	待定	图 9	—
		16	140～150	<350	360～440	<15	600	<50	<70	>50	待定	待定	图 7	—
	18	18	140	<350	380～460	<12.5	600	<130	<120	>52	待定	待定	图 9	—
		18	150～200	<350	380～460	<12.5	600	<130	<120	>100	待定	待定	图 7	—
	20	20	100～250	<400	450～550	<10	700	<150	<150	>75	待定	待定	图 10	—
	23	23	40	<400	450～550	<8	700	<25	<100	>72	待定	待定	图 10	—
		23	100～250	<400	450～550	<10	700	<200	<200	>80	待定	待定	图 10	—

注："待定"指产品技术说明书规定。

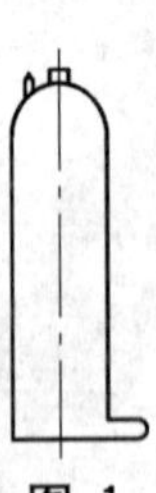
图 1

图 2

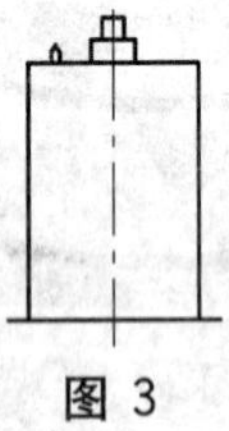
图 3

图 4

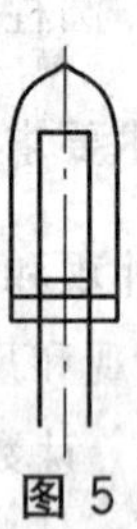
图 5

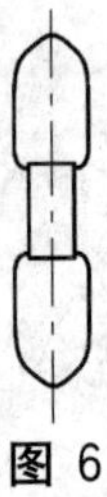
图 6

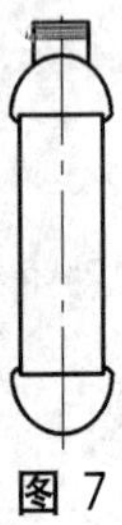
图 7

图 8

图 9

图 10

注：外形图为推荐选用图形。

5.4 计数管对环境条件的适应性

5.4.1 计数管在高温环境条件下，仍能稳定工作，其性能参数应符合表2所列有关规定。

5.4.2 计数管在低温环境条件下，仍能稳定工作，其性能参数应符合表2所列有关规定。

表2 GM计数管工作环境下的性能参数

类别	产品系列	阴极有效直径/mm	阴极有效长度/mm	试验温度/℃	极限温度参数			寿命终止参数		
					试验时间/h	允许坪斜变化偏差/%	允许辐射灵敏度偏差/%	寿命（脉冲数）	允许坪斜变化偏差/%	允许辐射敏度偏差/%
有机管	18	18	110	−20/+55	4	±20	±20	10^8	±20	±20
	23	23	110	−20/+55	4	±20	±20	2×10^8	±20	±20
	37	25	25	−20/+55	4	±20	±20	2×10^8	±20	±20
卤素管	1.2	1.2	3	−40/+70	4	±20	±20	10^9	±20	±20
	2	2	10	−40/+70	4	±20	±20	10^9	±20	±20
	3.5	3.5	30	−40/+50	4	±20	±15	5×10^9	±20	±20
	5	5	6.5	−40/+70	4	±20	±10	10^{10}	±20	±20
		5	10	−40/+70	4	±20	±10	10^{10}	±20	±20
		5	36	−40/+70	4	±20	±10	10^{10}	±20	±20
		5	80	−40/+55	4	±20	±10	10^{10}	±20	±20
	8	8	60～150	−40/+175	4	±20	±10	5×10^9	±20	±20
	10	10	50～80	−40/+55	4	±20	±10	10^9	±20	±20
		10	50～80	−40/+70	4	±20	±10	10^{10}	±20	±20
	16	16	140～150	−40/+55	4	±20	±10	10^9	±20	±20
		16	140～150	−40/+70	4	±20	±10	10^{10}	±20	±20
	18	18	140	−40/+50	4	±20	±10	10^{10}	±20	±20
		18	150～200	−40/+70	4	±20	±10	10^9	±20	±20
	20	20	100～250	−40/+70	4	±20	±10	10^{10}	±20	±20
	23	23	40	−40/+70	4	±20	±10	10^{10}	±20	±20
		23	100～250	−40/+70	4	±20	±10	10^{10}	±20	±20

5.4.3 计数管在相对湿度为(95^{+2}_{-3})%，温度为40 ℃±3 ℃的条件下放置24 h后，仍能稳定的工作，其外观、起始电压、坪长、坪斜应符合5.1和表1的要求。

5.4.4 计数管在经19.6 m/s^2的加速度，扫描频率为30 Hz～55 Hz。在与计数管轴线平行、垂直两个方向振动各20 min的试验后，仍能稳定的工作，其外观、起始电压、坪长、坪斜应符合5.1和表1的要求。

5.4.5 计数管在经39.2 m/s^2的加速度，0.3 mm的振幅，脉冲持续时间为6 ms±1 ms在与计数管轴线平行、垂直两个方向各冲击100次的试验后，仍能稳定的工作，其外观、起始电压、坪长、坪斜应符合5.1和表1的要求。

5.4.6 计数管经包装后在三级公路上，以25 km/h～40 km/h的车速行驶150 km以上（或相当的模拟条件）的试验后，仍能稳定的工作，其外观、起始电压、坪长、坪斜应符合5.1和表1的要求。

5.5 寿命

寿命指标见表2。寿命终止时，其性能参数应符合表2所列有关规定。

6 试验方法

6.1 测试环境条件

各项性能指标测试的基准条件见表3。

表3 测试环境的基准条件

影 响 量	基 准 数 值	偏差(范围)
环境温度/℃	20	±2
相对湿度/%	65	55～75
大气压强/kPa	101.3	86～106
交流供电电压/V	220	±2.2
交流供电频率/Hz	50	±0.5
交流供电波形	正弦波	波形总畸变<5%
环境γ辐射	空气吸收剂量 0.2 μGy·h^{-1} (20 μrad·h^{-1})	空气吸收剂量 0.25 μGy·h^{-1} (25 μrad·h^{-1})
外磁场干扰	可忽略	小于引起干扰的最低值
外界电磁感应	可忽略	小于地磁引起干扰的2倍
放射性沾染	可忽略	可忽略

注：在检验、试验结果不产生疑义时，可在室温条件下进行。

6.2 计数管的外观和尺寸测试

计数管的外观和尺寸测试方法有产品标准规定。

6.3 计数管的绝缘电阻测试

计数管的绝缘电阻测试方法见GB/T 9588—2008的5.4。

6.4 计数管在标准适用环境条件下性能指标的测试

计数管在标准适用环境条件下性能指标的测试方法见GB/T 9588—2008的第5章。

6.5 计数管的环境试验方法

6.5.1 高温试验见GB/T 10263—2006的6.2。

6.5.2 低温试验见GB/T 10263—2006的6.1。

6.5.3 恒定湿度试验见GB/T 10263—2006的6.3。

6.5.4 振动试验见GB/T 10263—2006的6.4。

6.5.5 冲击试验见GB/T 10263—2006的6.5。

6.5.6 包装运输试验见GB/T 10263—2006的6.6。

6.6 计数管的寿命试验

计数管的寿命试验方法见GB/T 9588—2008的5.20。

7 检验规则

7.1 检验的分类和检验、试验项目的分组

检验的分类和检验、试验项目的分组见表4。

7.2 鉴定检验

鉴定检验的范围见表4。

鉴定检验的实施与要求见GB/T 10257—2001的6.3.1的规定。

7.3 **质量一致性的检验**

质量一致性检验的范围见表 4。

质量一致性检验的实施与要求见 GB/T 10257—2001 的 6.3.3 的规定。

7.4 **交收检验**

交收检验的范围和实施要求见表 4 和 GB/T 10257—2001 的 6.3.2 的规定。

表 4 检验、试验项目的分组

组别	序号	检验、试验项目名称	鉴定检验	质量一致性检验	交收检验	抽样方案类型及严格性	检查水平	AQL	检查周期
A1	1	外观和尺寸	●	●	●	全检、剔除不合格品			—
A2	2 3 4 5	起始电压 坪区范围 坪斜 极限工作电压				二次、正常	Ⅱ	1.5	—
A3	6 7 8 9	死时间 本底 绝缘电阻 辐射灵敏度						6.5	—
B	10 11 12	高温 低温 恒定湿度					S-3		一季(1 000 支以上)半年(200 支~1 000 支)一年(200 支以下)
C	13 14 15	振动 冲击 包装运输		○	○		S-2	10	一般为一年
D1	16	能量响应 角响应		●		一次、正常	S-1	6.5	
D2	17	寿命		○					
注：●为必做项目。○为选做项目。									

8 标志、包装、运输、贮存

8.1 标志

8.1.1 在每一个出厂的计数管的侧面应有下列标志：

a) 计数管型号；

b) 制造商或商标；

c) 生产日期；

d) 其他(如：极性)。

8.1.2 每一个出厂的计数管外包装盒上应有：

a) 计数管的型号；

b) 制造商或商标；

c) 生产日期。

8.2 包装

8.2.1 包装的基本要求：

计数管采用塑料或纸盒包装，盒内有软泡沫塑料做衬垫。包装应防震、防潮。

8.2.2 计数管包装时随带的文件：

a) 产品合格证；

b) 产品说明书。

8.3 **运输**

8.3.1 经包装后的计数管能符合汽车、火车、轮船、飞机等运输工具的要求。

8.3.2 计数管出厂外运时，应该用木箱或纸箱做外包装。箱内要衬有防震纸屑或软泡沫塑料，并填满塞紧。箱外表面应标有“小心”、“防潮”、“轻放”等字样。

8.3.3 运输中搬运时要轻放，防摔。

8.4 **贮存**

计数管应存放于相对湿度不大于80％的常温库房内，周围空气中应无酸、碱及有机溶剂的气体。

ICS 67.080.20
X 77

中华人民共和国国家标准

GB/T 13208—2008
代替 GB/T 13208—1991

芦 笋 罐 头

Canned asparagus

(CODEX STAN 56—1981,NEQ)

2008-09-10 发布 2009-06-01 实施

中华人民共和国国家质量监督检验检疫总局
中国国家标准化管理委员会 发布

前言

本标准对应于 CAC CODEX STAN 56—1981《芦笋罐头》，与 CAC CODEX STAN 56—1981 的一致性程度为非等效。

本标准代替 GB/T 13208—1991《芦笋罐头》。

本标准与 GB/T 13208—1991 相比主要变化如下：

——修改了标准的适用范围；

——产品质量分级由"优级品"、"一级品"和"合格品"修订为"优级品"和"一级品"；

——修订了感官要求、净含量、固形物含量要求。

本标准由全国食品工业标准化技术委员会罐头分技术委员会提出并归口。

本标准起草单位：中国罐头工业协会、中国食品发酵工业研究院、福建紫山集团有限公司。

本标准主要起草人：梁仲康、洪坤山、涂顺明、仇凯。

本标准所代替标准的历次版本发布情况为：

——GB/T 13208—1991。

芦 笋 罐 头

1 范围

本标准规定了芦笋罐头的产品分类及代号、技术要求、试验方法、检验规则、标签以及包装、运输和贮存要求。

本标准适用于芦笋罐头的生产、销售和监督检查。

2 规范性引用文件

下列文件中的条款通过本标准的引用而成为本标准的条款。凡是注日期的引用文件，其随后所有的修改单(不包括勘误的内容)或修订版均不适用于本标准，然而，鼓励根据本标准达成协议的各方研究是否可使用这些文件的最新版本。凡是不注日期的引用文件，其最新版本适用于本标准。

GB/T 4789.26 食品卫生微生物学检验 罐头食品商业无菌的检验

GB 5461 食用盐

GB 5749 生活饮用水卫生标准

GB 7718 预包装食品标签通则

GB/T 10786 罐头食品的检验方法

GB 11671 果、蔬罐头卫生标准

GB/T 12457 食品中氯化钠的测定

QB/T 1006 罐头食品检验规则

QB/T 3600 罐头食品包装、标志、运输和贮存

定量包装商品计量监督管理办法 (中华人民共和国国家质量监督检验检疫总局第75号令)

3 术语和定义

下列术语和定义适用于本标准。

3.1

芦笋罐头 canned asparagus

以符合芦笋(*Asparagus officinalis* L.)特性的各品种芦笋的嫩芽茎(去皮或不去皮)为主要原料，以水、氯化钠等为辅料，经清洗、装罐、杀菌加工而制成的罐头食品。

4 产品分类及代号

4.1 产品分类

4.1.1 按长度分类

4.1.1.1 长条芦笋(spears)：95 mm以上，分去皮和不去皮两种。

4.1.1.2 中条芦笋(tips)：70 mm～95 mm，分去皮和不去皮两种。

4.1.1.3 短条芦笋(points)：70 mm以下，为不去皮一种。

4.1.2 按直径分类

分成巨大、特大、大、中、小等五个级别，其直径分别为：

a) 巨大：21 mm～26 mm；

b) 特大：16 mm～21 mm；

c) 大：12 mm～16 mm；

d) 中：9 mm～10 mm；

e) 小：7 mm～10 mm。

注：直径是指某一横断面长径和短径的平均值。长度大于 127 mm 者，以离笋尖端 127 mm 处的横断面计；长度小于 127 mm 者，以芦笋基部计。

4.2 代号

芦笋罐头用四位数表示品种代号。金属罐打代号，玻璃瓶不打代号。

4.2.1 第一位：A，表示芦笋。

4.2.2 第二位：表示形态。

a) 整装白芦笋：W；

b) 整装绿头白芦笋：WG；

c) 段装白芦笋：C；

d) 笋尖白芦笋：P；

e) 整装绿芦笋：G。

4.2.3 第三位：1，代表带皮芦笋，去皮芦笋此位可以不打。

4.2.4 第四位：表示粗细。

a) 巨大：G；

b) 特大：E；

c) 大号：L；

d) 中号：M；

e) 小号：S。

段装芦笋此位不打。

5 技术要求

5.1 原辅材料

5.1.1 芦笋

采用鲜嫩，形态完整良好，呈白色、乳白色、淡青色或紫色的笋尖，不带泥沙，无开裂、畸形、病害、锈斑等[允许极小空心(基部空心直径不超过 2 mm)和笋尖下部(离笋尖 40 mm 以下部位)轻微机械伤]。

5.1.2 食用盐

应符合 GB 5461 的要求。

5.1.3 水

应符合 GB 5749 的要求。

5.2 感官要求

产品的感官要求应符合表 1 的要求。

表 1

项目			优级品	一级品
色泽	整条	全白	整条芦笋呈白色、乳白色或淡黄色	整个芦笋呈白色、乳白色或黄色，允许不超过 15%(以条数计)带有淡绿色或黄绿色笋尖，但长度不超过整条的 1/5
		白尖	整条芦笋呈白色、乳白色或淡黄色，允许不超过 10%(以条数计)带有淡绿色或黄绿色笋尖，但长度不超过整条的 1/5	
		绿尖	整条芦笋呈白色、乳白色或淡黄色；笋尖带绿色、淡紫色或黄绿色，带色部分长度不超过 1/3，允许不超过 10%(以条数计)的笋尖带色部分长度超过整条的 1/3 但不超过 1/2	整条芦笋呈白色、乳白色或淡黄色；笋尖带绿色、淡紫色或黄绿色，带色部分长度不超过 1/3，允许不超过 15%(以条数计)的笋尖带色部分长度超过整条的 1/3

表 1（续）

<table>
<tr><th colspan="3">项　目</th><th>优级品</th><th>一级品</th></tr>
<tr><td rowspan="3">色泽</td><td>整条</td><td>全绿</td><td>整条芦笋呈绿色、淡紫色或黄绿色，允许不超过 20%（以条数计）的基部呈乳白色或淡黄色，长度不超过整条的 1/3</td><td>整条芦笋呈绿色、淡紫色或黄绿色，允许不超过 25%（以条数计）的基部呈乳白色或淡黄色，长度不超过整条的 1/2</td></tr>
<tr><td rowspan="2">段条</td><td>带笋尖</td><td>段条呈白色、乳白色或淡黄色，笋尖色泽不限</td><td rowspan="2">呈白色、乳白色或淡黄色、淡紫色</td></tr>
<tr><td>无笋尖</td><td>呈白色、乳白色或淡黄色</td></tr>
<tr><td colspan="3">滋味、气味</td><td>具有芦笋罐头应有的滋味和较浓香气，略带苦味，无异味</td><td>具有芦笋罐头应有的滋味和香气，略带苦味，无异味</td></tr>
<tr><td rowspan="2">组织形态</td><td colspan="2">整条</td><td>同一罐中长短粗细均匀，去皮笋的去皮部分应不少于整条笋长度的 1/3，去皮良好，基本上保持原形，无明显棱角，笋尖较嫩，笋茎软硬适度，切口整齐，允许带有部分鳞片，略有粗纤维及少量修整和缺陷笋，但不允许有畸形和木质化笋，含粗纤维通不过嫩度计者不得超过每罐笋总条数的 20%，每罐选定的级别允许混入上下邻笋，但不得超过每罐笋总条数的 20%。汤汁较清，允许有轻微混浊和碎屑</td><td>同一罐中长短粗细均匀，去皮笋的去皮部分应不少于整条笋长度的 1/4，去皮后基本保持原形，允许有轻微棱角，带有少量鳞片和少量粗纤维及修整和缺陷笋，但不允许有畸形和木质化笋，含粗纤维通不过嫩度计者不得超过每罐笋总条数的 25%，每罐选定的级别允许混入上下邻笋，但不超过全罐笋总条数的 25%。汤汁较清，允许有轻微混浊和少量碎屑</td></tr>
<tr><td colspan="2">段条</td><td>去皮，直径 6 mm～26 mm，每罐粗细大致均匀，同一罐中粗细直径之差应不大于 1 倍，含粗纤维通不过嫩度计者不得超过每罐笋总条数的 30%，带笋尖的每罐笋尖量不少于全罐笋质量的 20%，其长度为 30 mm～60 mm，无笋尖的长度为 20 mm～40 mm。汤汁较清，允许有轻微混浊和碎屑</td><td>去皮，直径 6 mm～26 mm，每罐粗细大致均匀，同一罐中粗细直径大于 1 倍者不超过三倍，含粗纤维通不过嫩度计者不得超过每罐笋总条数的 35%，带笋尖的每罐笋尖量不少于全罐笋质量的 15%，其长度为 30 mm～60 mm，无笋尖的长度为 20 mm～40 mm。汤汁较清，允许有轻微混浊和少量碎屑</td></tr>
</table>

5.3 理化要求

5.3.1 净含量

产品的净含量应符合中华人民共和国国家质量监督检验检疫总局第 75 号令《定量包装商品计量监督管理办法》的规定。

5.3.2 固形物含量

产品的固形物含量不得低于 53%，其中白芦笋罐头固形物含量不得低于 58%。

5.3.3 氯化钠含量

产品的氯化钠含量为 0.8%～1.5%（包含 0.8%和 1.5%）。

5.4 锡、总砷、铅的限量

产品的锡、总砷、铅含量应符合 GB 11671 的要求。

5.5 微生物指标

产品的微生物指标应符合罐头食品商业无菌要求。

5.6 缺陷

产品的感官要求和理化要求如不符合要求，应记作缺陷。缺陷按表2分类。

表 2

类　别	缺　　陷
严重缺陷	有明显异味； 硫化铁明显污染内容物； 有有害杂质，如碎玻璃、毛发、昆虫、金属屑等
一般缺陷	有一般极少杂质，如：棉线、畜禽毛、合成纤维丝等； 感官要求明显不符合技术要求； 净含量超过允许负偏差； 固形物含量超过允许负偏差

6 试验方法

6.1 感官要求

按 GB/T 10786 规定的方法测定。

6.2 净含量

按 GB/T 10786 规定的方法测定。

6.3 固形物含量

按 GB/T 10786 规定的方法测定。

6.4 粗纤维

将芦笋放在一条有 1 mm 空隙的支架上，以一条直径 0.8 mm 的不锈钢丝挂以 1.36 kg 的重锤，轻轻横放在空隙上面的笋上（整条以离基部三分之一长度处为准；段条以中间为准），在 5 s 内观察笋是否被切断的情况，切不断者为通不过。

6.5 汤汁中碎屑

将汤汁全部倒入量筒（按汤汁多少选用适当容量的量筒）内，经 10 min 沉淀后，测量沉淀物体积。

6.6 氯化钠含量

按 GB/T 12457 规定的方法测定。

6.7 锡、总砷、铅的限量

按 GB 11671 规定的方法分别测定。

6.8 微生物指标

按 GB/T 4789.26 规定的方法测定。

7 检验规则

按照 QB/T 1006 执行。其中，感官要求、净含量、固形物含量、微生物指标为出厂检验必检项目。

8 标签

8.1 应符合 GB 7718 的有关规定。

8.2 标签上应标明固形物含量（以克计）。罐头固形物含量在 245 g 以下的允许偏差为±11%，固形物含量在 246 g～500 g 时的允许偏差为±8.9%，固形物含量在 1 600 g 以上的允许偏差为±4%。每批产品平均固形物含量不低于标示值。

9 包装、运输和贮存

应符合 QB/T 3600 的有关规定。

ICS 67.080.10
X 74

中华人民共和国国家标准

GB/T 13211—2008
代替 GB/T 13211—1991

糖水洋梨罐头

Canned bartlett pears in syrup

2008-09-10 发布 2009-06-01 实施

中华人民共和国国家质量监督检验检疫总局
中国国家标准化管理委员会 发布

前　言

本标准代替 GB/T 13211—1991《糖水洋梨罐头》。

本标准与 GB/T 13211—1991 相比主要变化如下：

——修改了标准的适用范围；

——产品质量分级由“优级品”、“一级品”和“合格品”修订为“优级品”和“一级品”；

——修订了感官指标、净含量、固形物含量要求；

——修订了糖水浓度指标。

本标准由全国食品工业标准化技术委员会罐头分技术委员会提出并归口。

本标准起草单位：中国罐头工业协会、中国食品发酵工业研究院、浙江丰岛食品有限公司。

本标准主要起草人：梁仲康、葛双林、仇凯。

本标准所代替标准的历次版本发布情况为：

——GB/T 13211—1991。

糖水洋梨罐头

1 范围

本标准规定了糖水洋梨罐头的产品分类及代号、技术要求、检验方法、检验规则、标签以及包装、运输和贮存要求。

本标准适用于糖水洋梨罐头的生产、销售和监督检查。

2 规范性引用文件

下列文件中的条款通过本标准的引用而成为本标准的条款。凡是注日期的引用文件，其随后所有的修改单(不包括勘误的内容)或修订版均不适用于本标准，然而，鼓励根据本标准达成协议的各方研究是否可使用这些文件的最新版本。凡是不注日期的引用文件，其最新版本适用于本标准。

GB 317 白砂糖(GB 317—2006，Codex Stan 212—1999，NEQ)

GB 1987 食品添加剂 柠檬酸

GB/T 4789.26 食品卫生微生物学检验 罐头食品商业无菌的检验

GB 5749 生活饮用水卫生标准

GB 7718 预包装食品标签通则

GB/T 10786 罐头食品的检验方法

GB 11671 果、蔬罐头卫生标准

QB/T 1006 罐头食品检验规则

QB/T 3600 罐头食品包装、标志、运输和贮存

定量包装商品计量监督管理办法(中华人民共和国国家质量监督检验检疫总局第75号令)

3 术语和定义

下列术语和定义适用于本标准。

3.1

糖水洋梨罐头 canned bartlett pears in syrup

以新鲜洋梨为原料，以水、白砂糖、柠檬酸等为辅料，洋梨经后熟、去皮、去籽巢、装罐、密封、杀菌加工而制成的罐头食品。

3.2

过度修整 over trimmed

洋梨经修整后有明显刀痕，失去原有形态或修整部分超过正常块三分之一。

3.3

破损 broken

梨块裂成几部分，但仍然能拼成原来的基本形状(只限于对开梨块)。

3.4

毛边 ground border

梨块边缘不整齐，露出纤维。

3.5

对开梨块 halves

将梨块去皮后纵切成二分之一的梨块。

3.6

碎梨块　slice

将洋梨去皮后切成块形不拘、大小在 30 mm～50 mm 之间的梨块。

3.7

洋梨丁　dice

将洋梨去皮后切成 10 mm～20 mm 的梨丁。

4　产品分类及代号

4.1　产品分类

糖水洋梨罐头按内容物分为对开梨块罐头、碎梨块罐头和洋梨丁罐头三类。

4.2　糖水洋梨罐头产品代号

4.2.1　对开梨块罐头:产品代号为 612。

4.2.2　碎梨块罐头:产品代号为 612 2。

4.2.3　洋梨丁罐头:产品代号为 612 3。

5　技术要求

5.1　原辅材料

5.1.1　洋梨

果实新鲜、饱满、成熟适度。果肉质细,无明显石细胞,呈黄绿色、黄色、青白色。无霉烂、病虫害及机械伤等。果实横径大于 60 mm。

5.1.2　白砂糖

应符合 GB 317 的要求。

5.1.3　水

应符合 GB 5749 的要求。

5.1.4　柠檬酸

应符合 GB 1987 的要求。

5.2　感官要求

产品的感官要求应符合表 1 要求。

表 1

项　目	优　级　品	一　级　品
色泽	果肉呈白色或黄白色,色泽较一致;糖水澄清较透明	果肉色泽正常,允许 30%的果块带轻微的粉红色(以块数计)
滋味、气味	具有糖水洋梨罐头浓郁的风味,甜酸适口,无异味	具有糖水洋梨罐头较好的风味,甜酸适口,无异味
组织及形态	质地柔软,块形完整,咀嚼时无粗石细胞感觉;同一罐内果块(丁)大小均匀,允许有轻微毛边;允许有极少量果肉碎屑	质地柔软,块形基本完整,轻微裂口,过度修整、破损、过硬的果块(丁)不得超过总块数的 25%,咀嚼时允许有轻微粗石细胞感觉;同一罐内果块(丁)大小大致均匀;允许有少量果肉碎屑,但不混浊

5.3　理化要求

5.3.1　净含量

产品的净含量应符合中华人民共和国国家质量监督检验检疫总局第 75 号令《定量包装商品计量监

督管理办法》的规定。

5.3.2 固形物含量

对开梨块罐头固形物含量不得低于53%,碎梨块罐头固形物含量不得低于58%,洋梨丁罐头固形物含量不得低于60%。

5.3.3 糖水浓度

产品的糖水浓度按折光计,浓度为12%~18%。

5.4 锡、总砷、铅的限量

产品的锡、总砷、铅含量应符合GB 11671的规定。

5.5 微生物指标

产品的微生物指标应符合罐头食品商业无菌要求。

5.6 缺陷

产品的感官要求和理化要求如不符合技术要求,应记作缺陷。缺陷按表2分类。

表2

项　　目	缺　　陷
严重缺陷	有明显异味; 有有害物质,如碎玻璃、毛发、昆虫、金属屑等
一般缺陷	有一般极少杂质,如棉线、合成纤维丝等; 感官要求明显不符合技术要求; 净含量超过允许负偏差; 固形物含量超过允许负偏差; 糖水浓度不符合要求

6 检验方法

6.1 感官要求

按GB/T 10786的方法执行。

6.2 净含量

按GB/T 10786规定的方法测定。

6.3 固形物含量

按GB/T 10786规定的方法测定。

6.4 糖水浓度

按GB/T 10786规定的方法测定。

6.5 锡、总砷、铅的限量

按GB 11671规定的方法测定。

6.6 微生物学指标

按GB/T 4789.26规定的方法测定。

7 检验规则

应符合QB/T 1006的规定。其中,感官要求、净含量、固形物含量、微生物指标为出厂检验必检项目。

8 标签

8.1 应符合GB 7718的有关规定。产品名称可标注为"糖水洋梨"。

8.2 标签上应标明固形物含量(以克计)。罐头固形物含量在245 g以下的允许偏差为±11%,固形物含量在246 g~500 g时的允许偏差为±8.9%,固形物含量在1 600 g以上的允许偏差为±4%。每批产品平均固形物含量不低于标示值。

9 包装、运输和贮存

应符合QB/T 3600的有关规定。

ICS 71.080.70
Y 43

中华人民共和国国家标准

GB/T 13216—2008
代替 GB/T 13216.1～13216.13—1991

甘油试验方法

Test methods for glycerine

(ISO 1615:1976,ISO 1616:1976,ISO 2096:1972,ISO 2099:1972,
ISO 2211:1973,ISO 2879:1975,MOD)

2008-05-28 发布　　2008-12-01 实施

中华人民共和国国家质量监督检验检疫总局
中国国家标准化管理委员会　发布

前　言

本标准第 4 章、第 7 章、第 8 章、第 9.3 条、第 11 章、第 12 章的内容分别修改采用 ISO 2096:1972，ISO 2211:1973，ISO 2099:1972，ISO 2879:1975，ISO 1616:1976，ISO 1615:1976，所存在的技术性差异用垂直线标示在它们所涉及调控的页边右侧空白处，并在附录 A 中给出了本标准与有关 ISO 标准的对应信息、技术性差异及其原因一览表。

本标准是对 GB/T 13216.1～13216.13—1991 的整合修订。

本标准代替下列国家标准：

GB/T 13216.1—1991《甘油试验方法　桶装甘油取样方法》；

GB/T 13216.2—1991《甘油试验方法　透明度的测定》；

GB/T 13216.3—1991《甘油试验方法　气味的测定》；

GB/T 13216.4—1991《甘油试验方法　色泽的测定(Hazen 单位　铂-钴色度)》；

GB/T 13216.5—1991《甘油试验方法　20℃时密度的测定》；

GB/T 13216.6—1991《甘油试验方法　甘油含量的测定》；

GB/T 13216.7—1991《甘油试验方法　氯化物的限量试验》；

GB/T 13216.8—1991《甘油试验方法　硫酸化灰分的测定(重量法)》；

GB/T 13216.9—1991《甘油试验方法　酸度或碱度的测定(滴定法)》；

GB/T 13216.10—1991《甘油试验方法　皂化当量的测定》；

GB/T 13216.11—1991《甘油试验方法　砷的限量试验》；

GB/T 13216.12—1991《甘油试验方法　重金属的限量测定》；

GB/T 13216.13—1991《甘油试验方法　还原性物质的试验》。

本标准与 GB/T 13216.1～13216.13—1991《甘油试验方法》相比，主要变化如下：

——将 GB/T 13216.1～13216.13—1991 的整合修订后，分别作为第 4 章、第 5 章、第 6 章、第 7 章、第 8 章、第 9 章、第 10 章、第 11 章、第 12 章、第 13 章、第 14 章、第 15 章、第 16 章的内容；

——增加了各章节测定结果精密度要求；

——增加了使用标准比色储备液的要求；

——补充了滴定法测定甘油含量的化学方程式；

——增加了试验结果报告要求；

——修订了原标准中一些编辑性错误。

本标准的附录 A 为资料性附录。

本标准由中国轻工业联合会提出。

本标准由全国表面活性剂和洗涤用品标准化技术委员会归口。

本标准起草单位：国家洗涤用品质量监督检验中心(太原)、杭州油脂化工有限公司。

本标准主要起草人：梁红艳、靳英。

本标准所代替标准的历次版本发布情况为：

——GB/T 13216.1～13216.13—1991。

甘油试验方法

1 范围

本标准规定了桶装甘油取样方法及其透明度、气味、色泽、20℃时密度、含量、氯化物的限量、硫酸化灰分、酸度或碱度、皂化当量、砷的限量、重金属的限量、还原性物质的测定方法。

2 规范性引用文件

下列文件中的条款通过本标准的引用而成为本标准的条款。凡是注日期的引用文件，其随后所有的修改单(不包括勘误的内容)或修订版均不适用于本标准，然而，鼓励根据本标准达成协议的各方研究是否可使用这些文件的最新版本。凡是不注日期的引用文件，其最新版本适用于本标准。

QB/T 2739—2005 洗涤用品常用试验方法 滴定分析(容量分析)用试验溶液的制备

3 术语和定义

下列术语和定义适用于本标准。

3.1

Hazen 色泽单位 colour and lustre unit for Hazen

每升溶液含铂(以氯铂酸计)1 mg 及氯化钴六水合物 2 mg 时的色泽。

3.2

20℃时密度 density at 20℃

20℃时单位体积物料的质量，以克每毫升表示。

4 桶装甘油取样方法

4.1 总则

本方法适用于桶内无固体沉淀或悬浮物的精制甘油。对因受冷冻结，温热后能恢复到原状的桶装精制甘油也可适用。

实验室测定用样品均按本方法制备和贮存。

4.2 原理

用取样管从塞孔插入至桶底，从桶的整个深度采取样品，每个样桶采取等量样品。合并同批的所有样品，混合均匀，分样成需要份数的实验室样品。

4.3 仪器

4.3.1 取样管

如图 1。由两个不锈钢或其他耐化学品材质的圆筒构成，内筒与外筒严密相配。两筒上各有两排交错断续的纵向槽，槽宽度占筒圆周长的四分之一，槽长度在筒的全长上四等分分布。内筒和外筒上的槽可由转动带有指针的内筒手柄而恰好重合或密封，指针指示配在外筒上的标尺位置表明内筒和外筒上槽的相对位置。在“灌装”位置时，内外槽形成两排交错断续的开口，使桶内所有深度的样品同时进入取样管内。

内外筒底均钻有孔，当指针在“放空”位置时，底孔重合形成开口，而纵向槽保持密闭。

取样管的长度应与待取样物料的深度成比例，其有效容积应约为桶容积的 0.1%。

4.3.2 擦拭塞

与待取样桶的塞孔相配。

4.3.3 圆筒形收集器

用与取样管相同的材料制成,但最好是玻璃的,配备密封盖,容积约 1.5 L,可适用于每吨待取样产品。

4.3.4 样品瓶

具有磨砂玻璃塞或带聚乙烯垫密封盖的玻璃瓶,容积恰为制备的实验室样品注满。

单位为毫米

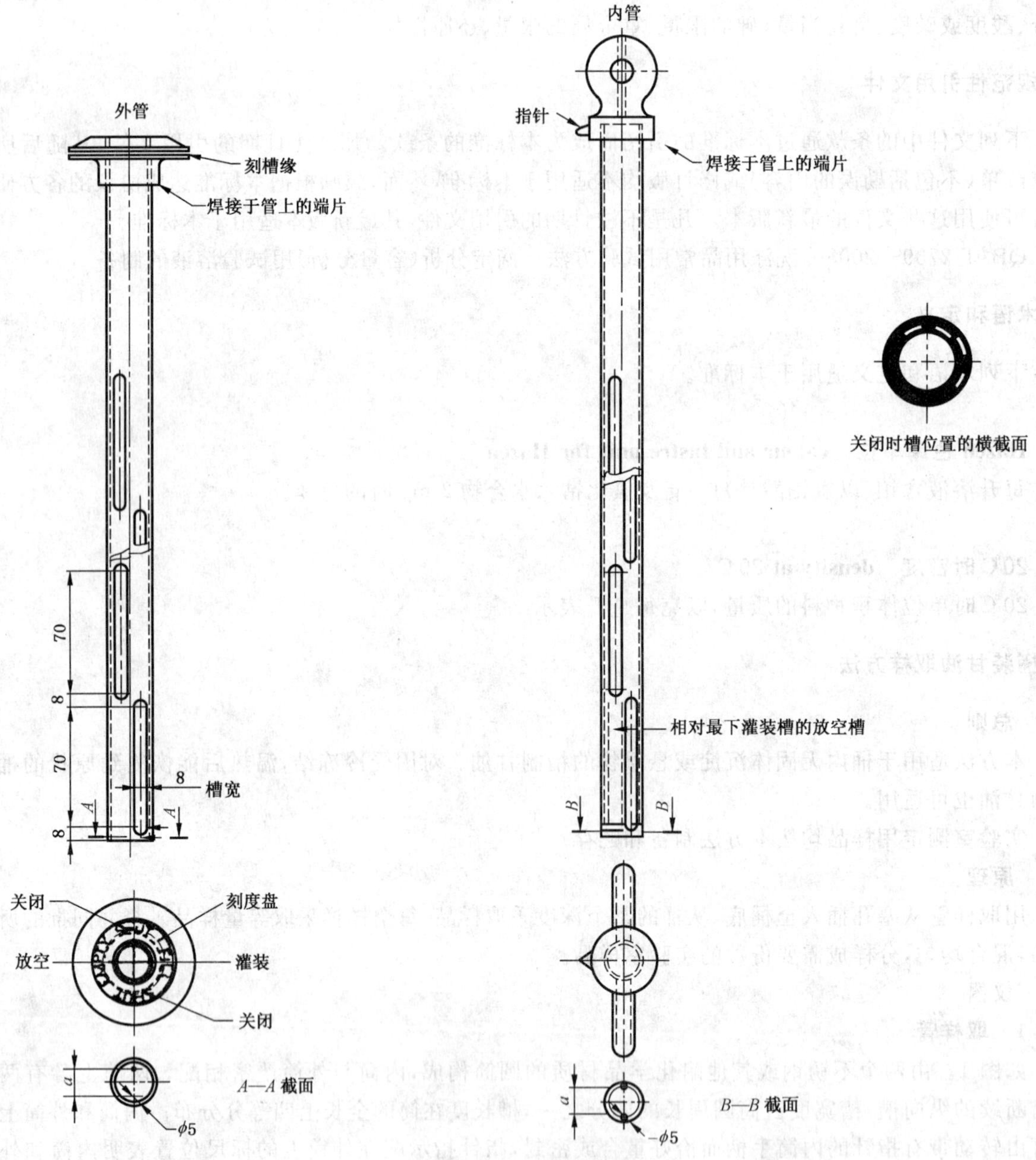

图 1 甘油取样管

4.4 程序

4.4.1 预防措施

由于甘油的吸水性很强,在取样、分析和贮存样品时均应遵守如下预防措施,使样品避免湿气。

4.4.1.1 用于混合和贮存样品的容器应为密封的,在灌装和采取各个样品的操作空间均应保持容器密闭。

4.4.1.2 取样时应尽可能遮蔽容器，尤其要防雨和其他意外的污染。

4.4.1.3 所有仪器和容器在使用时应清洁干燥。

4.4.1.4 由混合样分样得到的实验室样品应完全灌满样品瓶(4.3.4)。

4.4.2 样品制备

将槽孔关闭的取样管(4.3.1)通过擦拭塞(4.3.2)插至桶底，旋转手柄使指针至“灌装”位置，开启纵向槽，待取样管充满后关闭槽孔，抽出取样管，借助紧靠擦拭塞擦净管外壁。

将充满甘油的取样管插入收集器(4.3.3)，旋转手柄使指针至“放空”位置，放空取样管。以此方法从各个样桶依次采取等量样品，使总量大于需要量。两次放空操作的空间要保持收集器密闭。

将样品容器密闭，躺倒滚动，迅速混匀全部样品。立即取约 500 g(或其他需要量)样品，装入样品瓶(4.3.4)内，如此制备需要份数的相同实验室样品。盖紧瓶塞或密封盖，用封口蜡(或胶)封口。粘贴样品标签，它包括样品名称、批号、规格、取样日期和取样人签名。

如样桶内的甘油已因受冷冻结，应先缓和加热并将桶躺倒滚动，使甘油解冻混匀后再按上述进行取样。

5 透明度的测定

5.1 仪器

常用实验室仪器和

5.1.1 纳氏比色管，50 mL。

5.1.2 乳白色电灯。

5.2 程序

将甘油样品混合均匀，并用抽真空或超声波脱气，量取 50 mL，置于纳氏比色管中，在室温下向着乳白色电灯观察，再置于白色布幕前反射光观察，如均无浑浊现象即判为透明。

6 气味的测定

将少许甘油样品置于手背上涂抹后，嗅其气味，如仅有甘油的特殊气味，而无其他异味，即判定为无不良气味。

7 色泽的测定

7.1 原理

将试样的颜色与铂-钴标准比色溶液的颜色目测比较，并以 Hazen(铂-钴色度)单位表示结果。

7.2 试剂

除非另有说明，在分析中仅使用确认为分析纯的试剂和蒸馏水或去离子水或纯度相当的水。

注：适用于本标准所有试验。

7.2.1 六水合氯化钴($CoCl_2 \cdot 6H_2O$)(GB/T 1270)。

7.2.2 氯铂酸钾(K_2PtCl_6)。

7.2.3 盐酸(GB/T 622)，密度(ρ_{20})约 1.19 g/mL。

7.3 仪器

常用实验室仪器和

7.3.1 分光光度计，波长范围 420 nm～800 nm。

7.3.2 纳氏比色管，50 mL 或 100 mL，在底部以上 100 mm 处有刻线标记。

7.3.3 比色管架，通常比色管托板为白色，最好安装日光灯照明，提高观察颜色的效果。

7.4 程序

7.4.1 标准比色储备液的制备

在 1 000 mL 容量瓶中,溶解六水合氯化钴(7.2.1)1.00 g 和氯铂酸钾(7.2.2)1.245 g,加入盐酸(7.2.3)溶液 100 mL,用水稀释至刻度,混合均匀,即为标准比色储备液。

标准比色储备液用分光光度计(7.3.1)以 1 cm 的比色池按下列波长进行检查,其吸光度的范围见表 1。

表 1 标准比色贮液的吸光度范围

波长/nm	吸 光 度
430	0.110～0.120
455	0.130～0.145
480	0.105～0.120
510	0.055～0.065

7.4.2 铂-钴标准比色溶液的配制

在 15 个 100 mL 容量瓶中,分别加入如表 2 所示体积的标准比色储备液(7.4.1),用蒸馏水稀释至刻度,并摇匀。

表 2 铂-钴标准比色溶液的配制

标准比色储备液体积/mL	1.0	2.0	3.0	4.0	5.0	6.0	7.0	8.0	9.0	10.0	12.0	14.0	16.0	18.0	20.0
Hazen 单位(铂-钴色度)	5	10	15	20	25	30	35	40	45	50	60	70	80	90	100

7.4.3 铂-钴标准比色液的贮存

标准比色储备液(7.4.1)和标准比色溶液(7.4.2)应放入具塞棕色玻璃瓶中,置于暗处。

贮存的标准比色储备液,使用前检查溶液吸光度应在 7.4.1 所示的吸光度范围内,否则应重新配制。

标准比色溶液可保存一个月,但最好应用新鲜配制的。

7.4.4 测定

向一支纳氏比色管(7.3.2)中注入试样至刻度线,向一系列纳氏比色管分别注入不同的铂-钴标准比色溶液至刻度线,置于比色管架(7.3.3)上。各管外套一黑纸筒,避免侧面光的影响。

比较试样与铂-钴标准比色溶液的颜色。比色时正对着日光或日光灯照射的白色背景,从上往下观测,选定最接近的颜色。

7.4.5 结果表示

试样的色泽以最接近于试样的铂-钴标准比色溶液的 Hazen(铂-钴色度)单位表示。如果试样的色泽界于两铂-钴标准比色溶液之间,则以色泽较深的铂-钴标准比色溶液的 Hazen 单位表示。

8 20℃时密度的测定

8.1 原理

测量空比重瓶的质量和装满 20℃水的质量以测定比重瓶的容积,再测量比重瓶装满试样的试样质量,来计算甘油 20℃时密度。

8.2 仪器设备

常用实验室仪器和

8.2.1 比重瓶,容量 25 mL～50 mL,带有温度计,如图 2。

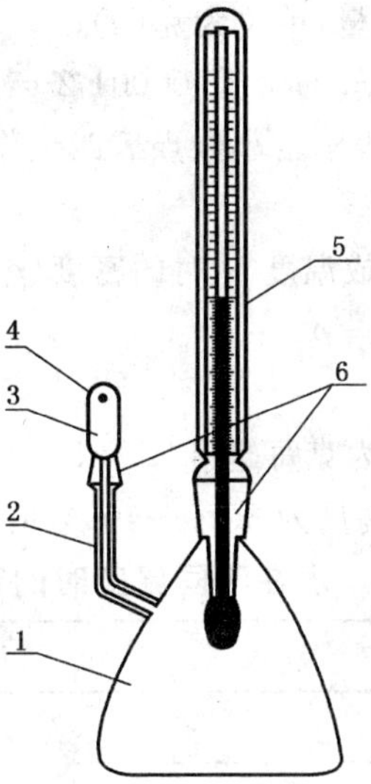

1——比重瓶主体；
2——毛细侧管；
3——帽；
4——排气孔；
5——温度计；
6——玻璃磨口接头。

图 2　比重瓶

8.2.2　恒温水浴，能保持 20℃恒温，准确至 0.1℃，容量 1 L 以上。

8.2.3　干燥器，内置变色硅胶。

8.2.4　分析天平，精度 0.2 mg。

8.3　程序

8.3.1　比重瓶校准

用重铬酸钾硫酸洗液、蒸馏水、乙醇、丙酮等依次仔细洗净比重瓶，晾干后，置于干燥器(8.2.3)内 30 min 称量，称准至 0.000 2 g。将煮沸并冷却至温度稍低于 20℃的蒸馏水装满比重瓶，避免产生气泡。插入温度计，放入 20℃恒温水浴中，保持 30 min。用滤纸迅速吸去毛细管中溢出的水，盖上小帽，取出比重瓶，仔细擦干比重瓶的外表面，置于干燥器内 30 min 称量。由质量差计算比重瓶内装满水的表观质量(m_1)。

8.3.2　测定

用同一洁净、干燥的比重瓶按 8.3.1 方法装满稍低于 20℃的甘油试样，进行测定。装注甘油试样时，应避免产生气泡。

8.4　结果计算

8.4.1　计算方法

甘油试样在 20℃时的密度(ρ_{20})，单位为 g/mL，按式(1)计算：

$$\rho_{20} = \frac{m_2 + A}{m_1 + A} \times \rho_w \qquad (1)$$

$$A = m_1 \times \rho_a \qquad (2)$$

式中：

m_2——比重瓶灌满 20℃甘油试样的表观质量，单位为克(g)；

A——空比重瓶内充空气的质量，单位为克(g)；

ρ_w——水在 20℃的密度，0.998 2 g/mL；

m_1——比重瓶灌满20℃水的表观质量,单位为克(g);

ρ_a——在标准大气压下20℃干燥空气的密度,0.001 2 g/mL。

以两次平行测定结果的算术平均值表示至小数点后四位作为测定结果。

8.4.2 不同温度时的密度换算

由温度 t_2 时的密度(ρ_{t_2},g/mL)换算成温度 t_1 时的密度(ρ_{t_1},g/mL),按式(3)计算:

$$\rho_{t_1} = \rho_{t_2} + B\rho_{wt_1} \times (t_2 - t_1) \qquad \cdots\cdots (3)$$

式中:

ρ_{wt_1}——在温度 t_1 时水的密度,单位为克每毫升(g/mL)(见表3);

B——温度校正系数,$℃^{-1}$。甘油含量为80%~100%时,B=0.000 615$℃^{-1}$。

表3 水在不同温度时的密度

温度/℃	水的密度/(g/mL)
10	0.999 73
15	0.999 13
20	0.998 23
25	0.997 07
30	0.995 67

以两次平行测定结果的算术平均值表示至小数点后四位作为测定结果。

8.5 精密度

在重复条件下获得的两次独立测试结果的绝对差值不大于0.000 5 g/mL,以大于0.000 5 g/mL情况不超过5%为前提。

9 甘油含量的测定

9.1 概述

本方法规定了测定甘油含量的密度法和滴定法。

密度法适用于高含量精制甘油产品和纯甘油的水溶液;滴定法适用于各种甘油产品,但不适用于含有相邻碳原子上多于两个羟基的有机化合物的甘油产品,如糖类,因其也能氧化产生甲酸,干扰测定。

注:甘油中的非甘油有机物会使密度法结果偏高,而滴定法不受影响。

9.2 密度法

9.2.1 原理

高含量精制甘油或纯甘油的水溶液,其甘油含量与密度呈对应关系,由测得的密度值查表或计算可得到甘油含量;在窄范围内甘油含量与密度成线形关系,可由密度值用插入法计算确切的甘油含量。

9.2.2 程序

按本标准中第8章测得甘油在20℃的密度(ρ_{20})。

9.2.3 结果计算

甘油含量(C)以质量分数(%)表示,由测得的密度值(ρ_{20})选用以下方式求得。

9.2.3.1 直接查表:若密度(ρ_{20})恰为表4给出值,则从表4直接查得密度对应的甘油含量。

9.2.3.2 若密度(ρ_{20})界于表4中同温度两给出值之间,则按式(4)计算确切的甘油含量。

$$C = C_1 + \frac{\rho_{20} - \rho_1}{\rho_h - \rho_1} \times (C_h - C_1) \qquad \cdots\cdots (4)$$

式中:

C_1——表4中对应于 ρ_1 的甘油含量,%;

ρ_{20}——甘油试样的密度测定值,单位为克每毫升(g/mL);

ρ_l——表4中邻近测定值 ρ_{20} 的较低密度值，单位为克每毫升(g/mL)；

ρ_h——表4中邻近测定值 ρ_{20} 的较高密度值，单位为克每毫升(g/mL)；

C_h——表4中对应于 ρ_h 的甘油含量，%。

9.2.3.3 若密度(ρ_{20})在1.229 9 g/mL～1.261 1 g/mL(对应甘油含量88.00%～100.00%)之间，可按式(5)计算确切的甘油含量。

$$C = 384.62\rho_{20} - 385.04 \quad \cdots\cdots(5)$$

式中：

ρ_{20}——甘油试样的密度测定值，单位为克每毫升(g/mL)。

注：系数和常数由表4给出值演算而来。

以两次平行测定结果的算术平均值表示至小数点后一位作为测定结果。

表4 甘油的密度与其质量分数(%)对照

密度(20℃)/(g/mL)	甘油/%	密度(20℃)/(g/mL)	甘油/%
1.261 10	100	1.208 50	80
1.258 50	99	1.205 75	79
1.255 90	98	1.203 05	78
1.253 35	97	1.200 30	77
1.250 80	96	1.197 60	76
1.248 10	95	1.194 85	75
1.245 60	94	1.192 15	74
1.243 00	93	1.189 40	73
1.240 35	92	1.186 70	72
1.237 70	91	1.183 95	71
1.235 10	90	1.181 25	70
1.232 45	89	1.178 50	69
1.229 90	88	1.175 75	68
1.227 10	87	1.173 00	67
1.224 45	86	1.170 25	66
1.221 80	85	1.167 50	65
1.219 15	84	1.164 75	64
1.216 50	83	1.162 05	63
1.213 80	82	1.159 30	62
1.211 15	81	1.156 55	61

9.3 滴定法(仲裁法)

9.3.1 原理

在强酸介质中，甘油被高碘酸钠冷氧化，反应产生的甲酸以pH计指示，用氢氧化钠标准滴定溶液滴定。反应式为：

$$CH_2OH—CHOH—CH_2OH + 2NaIO_4 \longrightarrow HCOOH + 2HCHO + 2NaIO_3 + H_2O$$

$$HCOOH + NaOH \longrightarrow HCOONa + H_2O$$

9.3.2 试剂

9.3.2.1 蒸馏水，煮沸至少10 min，以驱除二氧化碳。

9.3.2.2　乙二醇稀释溶液，1体积不含甘油的乙二醇，用1体积水稀释，用酚酞作指示剂中和至刚好褪色。

9.3.2.3　硫酸(GB/T 625)，$c\left(\frac{1}{2}H_2SO_4\right)=0.1$ mol/L溶液，按QB/T 2739—2005中4.4配制。

9.3.2.4　甲酸钠($NaCHO_2$)(HG 3-966)，68 g/L溶液。

9.3.2.5　高碘酸钠($NaIO_4$)(HG 3-1157)，60 g/L酸性溶液。

a)　酸性溶液的制备：

称取高碘酸钠60 g(准确至0.1 g)，溶于已加入120 mL硫酸溶液(9.3.2.3)的约500 mL水(9.3.2.1)中，边加入边冷却，转移到1 000 mL容量瓶中，用水稀释至刻度并混匀。如有必要，通过玻璃过滤器过滤。

b)　溶液的酸度校核：

空白试验(9.3.4.4)所用氢氧化钠标准滴定溶液(9.3.2.7)的体积，应不少于4.5 mL，这与基本反应(9.3.1)中产生的酸度相当。

c)　溶液的贮存：

溶液贮存在有磨口玻璃塞的棕色玻璃瓶中。

9.3.2.6　氢氧化钠(GB/T 629)，约0.05 mol/L溶液，按QB/T 2739—2005中4.1配制。

9.3.2.7　氢氧化钠(GB/T 629)，$c(NaOH)=0.125$ mol/L标准滴定溶液，无二氧化碳，按QB/T 2739—2005中4.1配制和标定。

9.3.2.8　酚酞(GB/T 10729)指示液，10 g/L乙醇溶液，按QB/T 2739—2005中5.1配制。

9.3.3　仪器

常用实验室仪器和

9.3.3.1　滴定管，50 mL。

9.3.3.2　pH计，灵敏度0.02 pH，配有玻璃测量电极和甘汞参比电极，缓冲溶液为：

a)　苯二甲酸氢钾(GB/T 6857)，$c[C_6H_4(COOK)(COOH)]=0.05$ mol/L(10.12 g/L)溶液，20℃时pH为4.00；

b)　四硼酸二钠十水合物(GB/T 6856)，$c(Na_2B_4O_7\cdot 10H_2O)=0.01$ mol/L(3.81 g/L)溶液，20℃时pH为9.22。

9.3.4　程序

二氧化碳的存在能引起误差，在放置时，最好用表面皿盖住盛有试液的容器，还应避免同时进行会增加实验室空气中二氧化碳含量的操作。

9.3.4.1　试验份

称取甘油含量不大于0.50 g的试验份(准确到0.000 1 g)。如果不知甘油的大致含量，应称取试样0.50 g预测。

如果甘油含量大于75%，最好称取试样(5.0±0.1)g(称准至0.000 1 g)，置于500 mL容量瓶中，用水(9.3.2.1)稀释至刻度，混匀后移取50.0 mL用于测定。

9.3.4.2　试验溶液的制备

对碱性试样或试样酸化出现焦油沉淀物时，可将试验份(9.3.4.1)放入配有回流冷凝器的烧瓶中，需要时稀释到50 mL，加2滴酚酞指示液(9.3.2.8)，用硫酸溶液(9.3.2.3)中和至刚好褪色，再过量5 mL，煮沸5 min，冷却。必要时过滤，并用水(9.3.2.1)洗涤滤器。将溶液定量地转入600 mL烧杯中。

无上述情况时，将试验份(9.3.4.1)直接放入600 mL烧杯中。

9.3.4.3　滴定

用水稀释试验溶液(9.3.4.2)至体积约为250 mL。在不断搅拌下，用pH计(9.3.3.2)指示，加入氢氧化钠溶液(9.3.2.6),调节 pH 至 7.9±0.1。

加高碘酸钠溶液(9.3.2.5) 50.0 mL,缓和搅匀。盖上表面皿,在温度不超过 35℃ 的暗处放置 30 min。

然后加入乙二醇稀溶液(9.3.2.2)10 mL,混合,在同样条件下再放置 20 min。

加甲酸钠溶液(9.3.2.4)5.0 mL,用 pH 计指示,以氢氧化钠标准滴定溶液(9.3.2.7)滴定至pH 7.9±0.1。

9.3.4.4 **空白试验**

在测定的同时,在同样条件下,用相同量试剂和稀释水,用 50 mL 水代替试样,作空白试验。但加入高碘酸钠溶液之前,空白溶液应调节 pH 至 6.5,加入高碘酸钠溶液之后,滴定终点至 pH 为 6.5。

9.3.5 **结果计算**

9.3.5.1 甘油含量 c 用质量分数(%)表示,按式(6)计算:

$$c=\frac{(V_1-V_2)\times c\times 0.092\,1\times 100}{m}=\frac{9.21\times c\times (V_1-V_2)}{m} \quad\cdots\cdots\cdots\cdots(6)$$

式中:

c——所用氢氧化钠标准滴定溶液的浓度,单位为摩尔每升(mol/L);

V_1——测定试样所耗用氢氧化钠标准滴定溶液的体积,单位为毫升(mL);

V_2——空白试验所耗用氢氧化钠标准滴定溶液体积,单位为毫升(mL);

0.092 1——甘油的毫摩尔质量,单位为克每毫摩尔(g/mmol);

m——被滴定的试验份质量,单位为克(g)。

以两次平行测定结果的算术平均值表示至小数点后一位作为测定结果。

9.3.5.2 精密度:在重复条件下获得的两次独立测试结果的绝对差值不大于 0.2%,以大于 0.2%的情况不超过 5%为前提。

10 氯化物的限量试验

10.1 原理

规定量甘油试样中氯化物,即氯离子(Cl^{-1})与硝酸银生成氯化银沉淀所呈现的浊度,与规定量氯离子标准溶液和硝酸银产生的氯化银沉淀的浊度进行比较,判断甘油试样氯离子含量的水平。

10.2 试剂

10.2.1 硝酸(GB/T 626),(136→1 000)稀释溶液(按体积)。

10.2.2 硝酸银(GB/T 670),17g/L 溶液。

10.2.3 氯化钠(GB/T 1253),含氯离子(Cl^{-1})5 mg/L 标准溶液。

精确称取于 500℃～600℃灼烧至恒重的氯化钠 0.084 2 g,溶于水,转移至 100 mL 容量瓶中,稀释至刻度。用移液管准确吸取此溶液 10.0 mL,转移至 1 000 mL 容量瓶中,稀释至刻度,混匀。

10.3 仪器

常用实验室仪器和

10.3.1 容量瓶,50 mL。

10.3.2 纳氏比色管,50 mL。

10.4 程序

10.4.1 称取试样 25.0 g 于容量瓶(10.3.1)中,用蒸馏水稀释至刻度,混匀。

10.4.2 分别移取甘油溶液(10.4.1) 10.0 mL 和 1.0 mL 于二支纳氏比色管(10.3.2)中,用水稀释至 15 mL,加硝酸溶液(10.2.1)1 mL,并立即加入硝酸银溶液(10.2.2)1 mL 摇匀。于避免明亮光照处保持 2 min。

10.4.3 移取氯化钠标准溶液(10.2.3)10.0 mL 于纳氏比色管中,用水稀释至 15 mL,如同 10.4.2 加入同样体积的硝酸和硝酸银溶液摇匀并放置。

10.5 结果

将试样管和标准管放置在试管架上，对着黑色背景，横向观测比较，试样溶液呈现的浊度不强于氯化物标准溶液呈现的浊度时，对移取试样溶液 10.0 mL 者，氯化物(Cl^{-1})含量小于 0.001%；对移取试样溶液 1.0 mL 者，氯化物含量小于 0.01%。

11 硫酸化灰分的测定

本方法适用于硫酸化灰分含量不大于 0.5%(质量分数)的各种甘油产品。

11.1 原理

燃烧试验份，并在硫酸存在下于 800℃～850℃灼烧残余物，称量由此得到的硫酸化灰分。

11.2 试剂

硫酸(GB/T 625)，密度 ρ_{20}=1.84 g/mL。

11.3 仪器

常用实验室仪器和

11.3.1 瓷蒸发皿，直径 70 mm～90 mm，高度 25 mm～50 mm。

11.3.2 干燥器，内置变色硅胶。

11.3.3 高温电炉，可控温 800℃～850℃。

11.4 程序

11.4.1 试验份

将瓷蒸发皿(11.3.1)放在 800℃～850℃高温炉(11.3.3)中加热数分钟，取出，置于干燥器中冷却至室温并称量，称准至 0.001 g。于已预称量的瓷蒸发皿中称取试样 50 g±1 g(称准至 0.01 g)。

11.4.2 测定

在小火焰上缓缓加热盛试验份(11.4.1)的蒸发皿，避免飞溅，引燃蒸汽，停止加热，使之燃烧，得到炭化物。

冷却后，加入数滴硫酸(11.2)润湿残余物，加热至白烟消失，除去过量的酸并使可燃物烧尽。重复此操作，然后将蒸发皿置于 800℃～850℃高温炉内烧 5 min。

取出蒸发皿置于干燥器内冷却至室温并称量，称准至 0.001 g。

11.5 结果

11.5.1 甘油的硫酸化灰分(H)以质量分数(%)表示，按式(7)计算：

$$H = \frac{m_1 - m_0}{m} \times 100\% \qquad \cdots\cdots(7)$$

式中：

m_1——含硫酸化灰分的瓷蒸发皿的质量，单位为克(g)；

m_0——空蒸发皿的质量，单位为克(g)；

m——试验份的质量，单位为克(g)。

以两次平行测定结果的算术平均值表示至小数点后三位作为测定结果。

11.5.2 精密度：在重复条件下获得的两次独立测试结果的绝对差值不大于 0.005%，以大于 0.005% 的情况不超过 5%为前提。

12 酸度或碱度的测定

12.1 原理

以酚酞作指示剂，用盐酸或氢氧化钠标准滴定溶液滴定试验份。

12.2 试剂

12.2.1 蒸馏水，煮沸至少 10 min，以驱除二氧化碳。

12.2.2 氢氧化钠(GB/T 629)，$c(NaOH)=0.01$ mol/L 标准滴定溶液，按 QB/T 2739—2005 中 4.1 配制和标定。

12.2.3 盐酸(GB/T 622)，$c(HCl)=0.01$ mol/L 标准滴定溶液，按 QB/T 2739—2005 中 4.3 配制和标定。

12.2.4 95%乙醇(GB/T 679)。

12.2.5 酚酞(GB/T 10729)指示液：溶解酚酞 1.0 g 于 95%乙醇中，配成 100 mL 溶液，滴加 0.01 mol/L氢氧化钠溶液至刚出现粉红色。

12.3 仪器

常用实验室仪器和无塞和具塞微量滴定管，分度 0.01 mL。

12.4 程序

称取试样约 30 g(称准至 0.001 g)于 250 mL 锥形瓶中。加入蒸馏水(12.2.1)100 mL，加入 3 滴酚酞指示液，摇匀。观察溶液呈现的颜色，无色时，用氢氧化钠标准滴定溶液(12.2.2)滴定酸度，至刚好出现持久的粉红色；呈红色时，用盐酸标准滴定溶液(12.2.3)滴定碱度，至粉红色刚好褪去。

12.5 结果

12.5.1 甘油的酸度或碱度(X)，以毫摩尔每 100 g(mmol/100 g)表示，按式(8)计算：

$$X=\frac{c\times V}{m}\times 100 \qquad \cdots\cdots(8)$$

式中：

c——用于滴定的氢氧化钠或盐酸标准滴定溶液的浓度，单位为摩尔每升(mol/L)；

V——用于滴定的氢氧化钠或盐酸标准滴定溶液的体积，单位为毫升(mL)；

m——试验份的质量，单位为克(g)。

酸度或碱度，以两次平行测定结果的算术平均值表示至两位有效数字。

12.5.2 精密度：在重复条件下获得的两次独立测试结果的绝对差值不大于 0.01，以大于 0.01 的情况不超过 5%为前提。

13 皂化当量的测定

13.1 原理

用过量的碱中和及皂化甘油中的酸和酯，再用酸标准滴定溶液滴定过量的碱。

13.2 试剂

13.2.1 氢氧化钠(GB/T 629)，$c(NaOH)=0.2$ mol/L 溶液，参照 QB/T 2739—2005 中 4.1 配制；

13.2.2 硫酸(GB/T 625)，$c=\left(\frac{1}{2}H_2SO_4\right)=0.2$ mol/L 标准滴定溶液，按 QB/T 2739—2005 中 4.4 配制和标定；

13.2.3 酚酞(GB/T 10729)指示液，10 g/L 乙醇溶液，按 QB/T 2739—2005 中 5.1 配制。

13.3 仪器

常用实验室仪器和

13.3.1 锥形烧瓶，500 mL，具有磨口玻璃接口；

13.3.2 冷凝器，水冷式，具有磨口玻璃接头与锥形烧瓶相配；

13.3.3 无塞和具塞滴定管，50 mL。

13.4 程序

称取试样约 100 g(称准至 0.1 g)于锥形烧瓶(13.3.1)中，加入不含二氧化碳的热水 100 mL 和酚酞指示液 1 mL。如果溶液呈碱性，先用硫酸标准滴定溶液(13.2.2)调节至刚好中性，再由无塞滴定管加入氢氧化钠溶液(13.2.1)20.00 mL。将烧瓶与冷凝管(13.3.2)连接,加热至沸腾并保持5 min。稍微冷却,用少量水冲洗冷凝管,拆下烧瓶,用带有碱石灰管的瓶塞密封并冷却。用硫酸标准滴定溶液(13.2.2)滴定,同时用140 mL水代替试样作空白试验。

13.5 **结果计算**

13.5.1 甘油的皂化当量(Y),以毫摩尔每100 g(mmol/100 g)表示,按式(9)计算:

$$Y=\frac{(V_0-V_1)\times c}{m}\times 100 \qquad \cdots\cdots(9)$$

式中:

c——硫酸标准滴定溶液的浓度,单位为摩尔每升(mol/L);

V_0——空白试验所消耗硫酸标准滴定溶液的体积,单位为毫升(mL);

V_1——滴定试样溶液所消耗硫酸标准滴定溶液的体积,单位为毫升(mL);

m——试验份的质量,单位为克(g)。

以两次平行测定结果的算术平均值表示至两位有效数字。

13.5.2 精密度:在重复条件下获得的两次独立测试结果的绝对差值不大于0.05,以大于0.05的情况不超过5%为前提。

14 砷的限量试验

14.1 **原理**

试验溶液以碘化钾、氯化亚锡将五价砷还原为三价砷,然后与锌粒和酸产生的新生态氢生成砷化氢,再与溴化汞试纸生成黄色至橙色的色斑,比较试样与标准砷斑作出判断。

14.2 **试剂**

14.2.1 盐酸(GB/T 622),$\rho_{20}\approx1.19$ g/mL。

14.2.2 碘化钾(GB/T 1272),165 g/L溶液。

14.2.3 氯化亚锡(GB/T 638)盐酸溶液:溶解氯化亚锡8 g于500 mL盐酸(14.2.1)中,保存于具塞棕色试剂瓶内,有效使用期为三个月。

14.2.4 无砷锌(GB/T 2304),粒状,粒度0.8 mm~1.8 mm。

14.2.5 氢氧化钠(GB/T 629),200 g/L溶液。

14.2.6 硫酸(GB/T 625),(60→1 000)稀释溶液(按体积)。

14.2.7 乙酸铅吸收棉:溶解乙酸铅三水合物9.5 g于水中,稀释至100 mL,贮存于玻璃瓶内,密封保存。取脱脂棉浸入该乙酸铅溶液与水等体积混合液中,浸透后沥去过量的溶液,在80℃以下的烘箱内烘干,贮存于具塞瓶中备用。

14.2.8 溴化汞(GB 1398)试纸:将溴化汞5.5 g溶解于95%乙醇,用水稀释至100 mL。将不含砷的滤纸剪成直径2 cm的圆片或边长2 cm的方片,在溴化汞溶液中浸渍1 h以上,保存于冰箱中,临用时取出滤纸片置暗处阴干备用。

14.2.9 三氧化二砷(GB/T 1256)。

14.2.10 砷标准溶液:将三氧化二砷(14.2.9)于硫酸干燥器中干燥至恒重,精确称取0.132 0 g于100 mL烧杯中,加氢氧化钠溶液(14.2.5)5 mL溶解,加硫酸(14.2.6)中和后,再加硫酸10 mL,用水转移至1 000 mL容量瓶中并稀释至刻度,混匀。此溶液为砷标准储备液,含砷0.1 mg/mL。

准确移取砷标准储备液1.0 mL至100 mL容量瓶中,加1 mL硫酸(14.2.6),用水稀释至刻度,混匀。此溶液为砷标准使用溶液,含砷1 μg/mL,需临用时配制。

14.3 **仪器**

常用实验室仪器和

14.3.1 量筒,25 mL。

14.3.2 移液管，1 mL、2 mL、5 mL、10 mL。

14.3.3 容量瓶，100 mL、100 0 mL。

14.3.4 测砷装置，如图 3，包括：

a） 锥形瓶，100 mL；

b） 橡皮塞，中间有孔与测砷管相配；

c） 玻璃测砷管，全长 18 cm，上粗下细，自管口向下至 14 cm 一段的内径约 6.5 mm，自此以下渐细，末端内径约 1 mm～3 mm。距末端 1 cm 处有一直径约 2 mm 的小孔，狭细部分紧密插入橡皮塞中，使下部小孔伸出橡皮塞至少 3 mm。顶端为圆形扁平的管口，表面磨平，对径两侧面各有一钩用以固定玻璃帽。自顶端管口 3 cm 以下的较粗部分装有 5 cm～6 cm 长的乙酸铅吸收棉；

d） 玻璃帽，下端面磨平，上面有弯月形凹槽，中央有直径 6.5 mm 的圆孔。

使用时，装入玻璃测砷管下端的橡皮塞塞入锥形瓶口；玻璃帽盖在玻璃测砷管上端管口，使圆孔相互吻合，中间夹一溴化汞试纸，用橡皮圈穿过钩套住玻璃帽与测砷管。

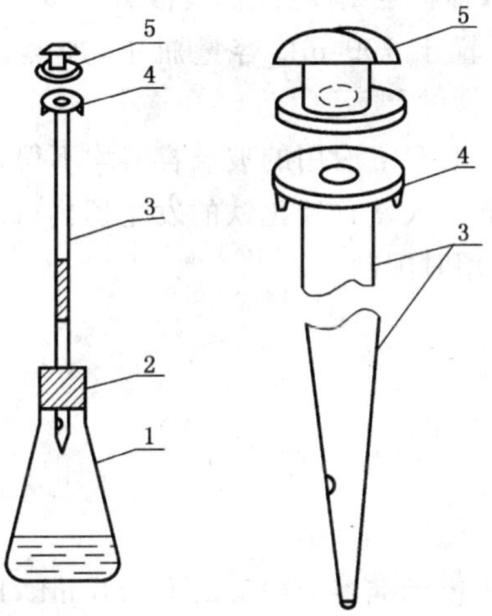

1——锥形瓶；

2——橡皮塞；

3——测砷管；

4——管口；

5——玻璃帽。

图 3 测砷装置

14.4 程序

14.4.1 试验准备

取两套测砷装置，分别标为 A 和 B，配好橡皮塞，在玻璃测砷管上部较粗部分填入 5 cm～6 cm 长度的乙酸铅吸收棉（14.2.7），在玻璃帽和测砷管上端面间夹一片溴化汞试纸（14.2.8），用橡皮圈固定玻璃帽与测砷管。

14.4.2 试验

向锥形瓶 A 中加入甘油试样 1.0 g，锥形瓶 B 中加入砷标准使用溶液 2.0 mL，各加入盐酸（14.2.1）5 mL、碘化钾溶液（14.2.2）5 mL 和氯化亚锡溶液（14.2.3）5 滴。向每个锥形瓶加水使溶液总体积约 40 mL，于室温下放置 10 min 后，各加入锌粒（14.2.4）1.5 g。迅速将玻璃测砷管下面的橡皮塞塞入锥形瓶口。将锥形瓶浸入约 25℃的水盘中，调节水的温度，控制反应速度，但水温不得超过 40℃。1 h 后，拆开玻璃帽，取出溴化汞试纸，比较试样砷斑与砷标准溶液砷斑的颜色。如试样砷斑的颜色不深于砷标准溶液砷斑的颜色，即认为甘油中含砷不高于 2 mg/kg。

14.4.3 结果报告

两次平行试验得到相同的结果，即为最后的结果。

试验报告应表明试样砷斑的颜色深于、浅于或相当于砷标准溶液砷斑的颜色。

15 重金属的限量试验

15.1 原理

甘油在乙酸溶液中，重金属与硫化氢饱和溶液生成有色的金属硫化物沉淀，沉淀悬浮在溶液中呈现的颜色与一定量的铅标准溶液在同条件下生成的颜色相比较。

15.2 试剂

15.2.1 乙酸(GB/T 676)，(58→1 000)稀释溶液(按体积)。

15.2.2 硝酸(GB/T 626)，(10→1 000)稀释溶液(按体积)。

15.2.3 硝酸铅。

15.2.4 铅标准溶液：准确称取硝酸铅 0.159 8 g，置于 1 000 mL 容量瓶中，加入含硝酸溶液(15.2.2) 1 mL的蒸馏水 100 mL，溶解后加水稀释至刻度，此储备液含铅 0.1 mg/mL。

移取硝酸铅储备液 10.0 mL，置于 100 mL 容量瓶中，加蒸馏水稀释至刻度，混匀。此溶液含铅10 μg/mL。

此溶液应在临用时稀释，配制与贮存溶液用的玻璃容器均不得含有铅。

15.2.5 饱和硫化氢溶液：以稀盐酸加入盛有硫化铁的发生器内，即得硫化氢气体，将此气体导入蒸馏水内，使成饱和溶液，此溶液应在临用时配制。

15.3 仪器

常用实验室仪器和

15.3.1 纳氏比色管，50 mL。

15.3.2 比色管架，托板为白色。

15.4 程序

取纳氏比色管两支，A 管中加入铅标准溶液(15.2.4)2.0 mL，B 管中加入甘油试样 4.0 g，两管各加入 2 mL 乙酸溶液(15.2.1)，用水稀释至 25 mL，再分别加入饱和硫化氢溶液(15.2.5)10 mL，混合，在暗处放置 10 min 后，同置于纳氏比色管架上，对着白色背景，自上向下观察，比较两管溶液呈现出的颜色。如试样溶液呈现出的颜色比铅标准溶液的颜色浅，即认为甘油中重金属含量不高于 5 mg/kg。

15.5 结果报告

两次平行试验得到相同的结果，即为最后的结果。

试验报告应表明试样试验呈现的颜色深于、浅于或相当于铅标准溶液试验呈现的颜色。

16 还原性物质的试验

16.1 原理

甘油中还原性物质(如丙烯醛)还原银氨络合物析出银，根据是否产生沉淀和银镜来鉴别甘油中还原性物质可检出量。

反应式： $RCHO + 2Ag(NH_3)_2OH \longrightarrow RCOONH_4 + 2Ag\downarrow + 3NH_3 + H_2O$

16.2 试剂

16.2.1 氨水(GB/T 631)，(40→1 000)稀释溶液(按体积)。

16.2.2 氨试液，(400→1 000)稀释溶液(按体积)。

16.2.3 硝酸银(GB/T 670)，氨化溶液。

取硝酸银 1 g，加水 20 mL 溶解后，滴加氨试液(16.2.2)，边加边搅拌，至初始的沉淀接近全溶，过滤即得。该溶液应置棕色瓶内，保存在暗处。

16.3 仪器

常用实验室仪器和 10 mL 试管。

16.4 程序

称取甘油试样 25 g，加蒸馏水 25 mL，加氨化硝酸银(16.2.3)溶液 1 mL，加氨水(16.2.1)溶液 0.15 mL，静置 15 min，应无颜色产生；在 50℃水浴中加热，保持 15 min，应不产生沉淀和银镜，但可能会出现棕色和灰色。

16.5 结果报告

试验结果报告应表明试验以后颜色及是否有沉淀和银镜出现。

17 试验结果报告要求

试验报告应至少包括以下各项：

a) 所用的测定方法(引用本国家标准的编号)；

b) 所得结果及使用的表示方法；

c) 测定时注意到的任何异常现象；

d) 本标准未规定的或任选的任何操作。

附　录　A
（资料性附录）
本标准章条与有关 ISO 标准的对应信息

A.1　本标准章条与有关的 ISO 标准对应信息

本标准条款有 6 章分别修改采用了不同的国际标准，对应的信息见表 A.1。

表 A.1　本标准条款与有关 ISO 标准对应信息一览表

本标准章条	ISO 标准编号	ISO 标准名称	采用程度
第 4 章	ISO 2096:1972	工业用甘油　取样方法	修改采用
第 7 章	ISO 2211:1973	液体化学产品色泽的测定(Hazen 单位　铂-钴色度)	修改采用
第 8 章	ISO 2099:1972	工业用精制甘油　20℃时密度的测定	修改采用
9.3	ISO 2879:1975	工业用甘油　甘油含量的测定　滴定法	修改采用
第 11 章	ISO 1616:1976	工业用甘油　硫酸化灰份的测定　重量法	修改采用
第 12 章	ISO 1615:1976	工业用甘油　酸度或碱度的测定　滴定法	修改采用

A.2　本标准第 4 章与 ISO 2096:1972 的对比

本标准第 4 章为修改采用 ISO 2096:1972，两者间具体技术性差异及其原因见表 A.2。

表 A.2　本标准第 4 章与 ISO 2096:1972 的技术性差异及其原因

本标准章条编号	本标准第 4 章内容	ISO 章条编号	ISO 2096:1972 内容	原　　因
4.1	本方法适用于桶内无固体沉淀或悬浮物的精制甘油。对因受冷冻结，温热后能恢复到原状的桶装精制甘油也可适用	1	本国际标准叙述了工业用粗甘油或精甘油在罐装时或已装入桶或贮罐的取样方法	只规定桶装甘油的取样方法
4.2	用取样管从塞孔插入至桶底，从桶的整个深度采取样品，每个样桶采取等量样品。合并同批的所有样品，混合均匀，分样成需要份数的实验室样品	5.2	用取样管经桶口插入穿过整个高度，从提交取样的每个桶中取样。各样品混合均匀后，取试验室样品。建议每批样品不超过 100 桶	它们具有等效性
4.3.1	由两个不锈钢或其他耐化学品材质的圆筒构成，内筒与外筒严密相配。两筒上各有两排交错断续的纵向槽，槽宽度占筒圆周长的四分之一，槽长度在筒的全长上四等分分布。内筒和外筒上的槽可由转动带有指针的内筒手柄而恰好重合或密封，指针指示配在外筒上的标尺位置表明内筒和外筒上槽的相对位置。在“灌装”位置时，内外槽形成两排交错断续的开口，使桶内所有深度的样品同时进入取样管内 内外筒底均钻有孔，当指针在“放空”位置时，底孔重合形成开口，而纵向槽保持密闭	5.3.1	由两个黄铜不锈钢或其任何化学稳定材料圆筒组成，内筒精确地与外筒相配，二者各有交错的纵向槽，这些槽覆盖圆周的四分之一，并四等分全长。旋转内筒上带有指针的手柄，可使内外桶上的槽重合或封闭。指针对着的外筒标尺可指示出两槽的相对位置。在灌装位置，两槽形成两个不连续的开口线，使桶内不同高度的样品能同时进入管内。 两个圆筒在底上钻孔，当指针位于放空位，纵向槽保持关闭时，此孔重合形成开口	效果相同
4.3.2	擦拭塞	5.3.2	滑动塞	效果相同

A.3 本标准第7章与ISO 2211:1973的对比

本标准第7章为修改采用ISO 2211:1973,两者间具体技术性差异及其原因见表A.3。

表A.3 本标准第7章与ISO 2211:1973的技术性差异及其原因

本标准章条编号	本标准第7章内容	ISO章条编号	ISO 2211:1973内容	原因
7.3.3	比色管架,通常比色管托板为白色,最好安装日光灯照明,提高观察颜色的效果	5.1	测量低色泽(低于50Hazen)时,刻线标记的高度一定要比测量深时的大,并且通过色泽较深的液体看时,标准Hazen比较溶液间的区别足以清晰可见	使用日光灯照明,可提高观察颜色的效果
7.4.1	在1 000 mL容量瓶中,溶解六水合氯化钴1.00 g和氯铂酸钾1.245 g,加入盐酸溶液100 mL,用水稀释至刻度,混合均匀,即为标准比色储备液。标准比色储备液用分光光度计以1 cm的比色池按下列波长进行检查,其吸光度的范围见表1。……	6.4	以2 000 mL单刻度容量瓶溶解2.00 g氯化钴或氯铂酸钾2.49 g于水中,加入200 mL盐酸溶液,稀释至刻度并混合 —	效果相同。 规定了所使用的标准比色储备液的吸光度范围
7.4.2	在15个100 mL容量瓶中,…… 表2	6.2	向10个500 mL和14个250 mL两系列单刻度容量瓶内,…… 附表	效果相同。 不相同
7.4.3	标准比色储备液和标准比色溶液应放入具塞棕色玻璃瓶中,置于暗处。 贮存的标准比色储备液,使用前检查溶液吸光度应在7.4.1所示的吸光度范围内,否则应重新配制	6.3	溶液(6.1)和(6.2)贮与具塞玻璃瓶中	利于保存。 溶液性质未变,仍可使用
7.4.4	向一系列纳氏比色管分别注入不同的铂-钴标准比色溶液至刻度线,置于比色管架(7.3.3)上。各管外套一黑纸筒,避免侧面光的影响	7	向一比色管注入样品至刻度,同时将呈现色泽相近的标准Hazen比较溶液注入另一比色管至刻度	便于比较
7.4.5	如果试样的色泽界于两铂-钴标准比色溶液之间,则以色泽较深的铂-钴标准比色溶液的Hazen单位表示	8	如果试样的色泽与任何标准Hazen比较溶液(棕-黄)均不相符,应尽可能给予估计并记录观察到的色泽	便于给出结果

A.4 本标准第8章与ISO 2099:1972的对比

本标准第8章为修改采用ISO 2099:1972,两者间具体技术性差异及其原因见表A.4。

表A.4 本标准第8章与ISO 2099:1972的技术性差异及其原因

本标准章条编号	本标准第8章内容	ISO章条编号	ISO 2099:1972内容	原因
8.1	测量空比重瓶的质量和装满20℃水的质量以测定比重瓶的容积,再测量比重瓶装满试样的试样质量,来计算甘油20℃时密度	4	测定比重瓶中所装一容积物料在20℃时的质量,该比重瓶的容积以同体积水在20℃时的质量确定。以比重瓶的容积除物料的质量计算得密度	更明了
8.2.1 8.2.3 8.2.4	比重瓶,容量25 mL～50 mL,带有温度计,…… 干燥器,内置变色硅胶。 分析天平,精度0.2 mg	5.1	比重瓶,3型(盖-吕氏)玻璃制,…… — —	更便于观察温度。有必要进行规定
8.3.1	用重铬酸钾硫酸洗液、蒸馏水、乙醇、丙酮等依次仔细洗净比重瓶,…… ……将煮沸并冷却至温度稍低于20℃的蒸馏水装满比重瓶,避免产生气泡。插入温度计,放入20℃恒温水浴中,保持30 min。用滤纸迅速吸去毛细管中溢出的水,盖上小帽,取出比重瓶,仔细擦干比重瓶的外表面,置于干燥器内30 min称量	6.1	将比重瓶洗净、干燥并带塞称准至…… 用新煮沸并冷却了的蒸馏水灌满比重瓶,…… —	有必要规定清洗方法。 有必要规定水的温度。 有必要规定擦拭细节
8.3.2	用同一洁净、干燥的比重瓶按8.3.1方法装满稍低于20℃的甘油样品,进行测定。装注甘油试样时,应避免产生气泡	6.2	将此比重瓶倒空洗净并干燥后,装满待测样品,以同样方法测定比重瓶内所含样品20℃时的表观质量	有必要规定甘油的温度、操作细节
8.4.2	不同温度时的密度换算	—	—	有必要规定
8.5	精密度	—	—	使用统计学的规定,使标准严谨、科学

A.5 本标准的9.3与ISO 2879:1975的对比

本标准的9.3为修改采用ISO 2879:1975,两者间具体技术性差异及其原因见表A.5。

表A.5 本标准的9.3与ISO 2879:1975的技术性差异及其原因

本标准章条编号	本标准的9.3条内容	ISO章条编号	ISO 2879:1975内容	原因
9.3.1	$HCOOH+NaOH \rightarrow HCOONa+H_2O$	4	—	反应式更明了
—	—	5.5.1	制品中性的确认	没必要进行规定
9.3.4.4	在测定的同时,在同样条件下,用相同量试剂和稀释水,用50 mL水代替试样,作空白试验。但加入高碘酸钠溶液之前,空白溶液应调节至pH 6.5,加入高碘酸钠溶液之后,滴定终点至pH为6.5	7.2	在与测定时相同的温度及其他条件下进行无试验份的空白试验,使用与测定时数量相同的试剂和稀释用水	规定了空白试验pH
9.3.5.2	精密度	—	—	使标准严谨、科学

A.6 本标准第 11 章与 ISO 1616:1976 的对比

本标准第 11 章为修改采用 ISO 1616:1976，两者间具体技术性差异及其原因见表 A.6。

表 A.6 本标准第 11 章与 ISO 1616:1976 的技术性差异及其原因

本标准章条编号	本标准第 11 章内容	ISO 章条编号	ISO 1616:1976 内容	原　因
11.3.1	瓷蒸发皿	5.1	铂皿或瓷皿	易得
11.3.2	干燥器，内置变色硅胶	—	—	有必要进行规定
11.5.2	精密度	—	—	使标准严谨、科学

A.7 本标准第 12 章与 ISO 1615:1976 的对比

本标准第 12 章为修改采用 ISO 1615:1976，两者间具体技术性差异及其原因见表 A.7。

表 A.7 本标准第 12 章与 ISO 1615:1976 的技术性差异及其原因

本标准章条编号	本标准第 12 章内容	ISO 章条编号	ISO 1615:1976 内容	原　因
12.4	称取试样约 30 g（称准至 0.001 g）于 250 mL 锥形瓶中	6.1	称取(10±0.1) g（称准至 0.001 g）试样	提高测定的灵敏度
12.5.2	精密度	—	无	使标准严谨、科学

ICS 87.080
Y 44

中华人民共和国国家标准

GB/T 13217.3—2008
代替 GB/T 13217.3—1991

液体油墨细度检验方法

Test method for fineness of grind of liquid ink

2008-12-30 发布　　2009-09-01 实施

中华人民共和国国家质量监督检验检疫总局
中国国家标准化管理委员会　发布

前　言

本标准代替 GB/T 13217.3—1991《凹版塑料油墨检验方法　细度检验》。

本标准与 GB/T 13217.3—1991 的主要差异如下：

——标准名称修改为《液体油墨细度检验方法》；

——对环境温度指数进行了调整，取消了湿度要求。

本标准由中国轻工业联合会提出。

本标准由全国油墨标准化技术委员会归口。

本标准起草单位：浙江永在化工有限公司、叶氏油墨（中山）有限公司、杭华油墨化学有限公司、天津东洋油墨有限公司、上海现代环境工程技术有限公司。

本标准主要起草人：吴敏、吴少棠、黄荣海、张进梅、王亚明。

本标准所代替标准的历次版本发布情况为：

——GB/T 13217.3—1991。

液体油墨细度检验方法

1 范围

本标准规定了液体油墨细度的检验方法。

本标准适用于表观粘度范围在 0.05 Pa·s～0.25 Pa·s(或涂 4 号杯测定粘度范围在 25 s～130 s)的油墨。

2 原理

以刮板细度仪测定油墨颗粒研磨程度及分散状况,以微米表示。

3 工具与材料

3.1 调墨刀。

3.2 0 μm～50 μm 刮板细度仪。

3.3 棉纱。

3.4 擦洗溶剂:不同体系液体油墨使用同系专用溶剂。

4 检验条件

检验应在温度(23±2)℃条件下进行。

5 检验步骤

5.1 将刮板细度仪的刮板及刮刀擦拭干净,用调墨刀将受试墨调匀。

5.2 用调墨刀取少量油墨,置入刮板 50 μm 处,油墨量以能充满沟槽而略有多余为宜。

5.3 双手持刮刀,将刮刀垂直横置在刮板上端(在试样边缘处),在 3 s 内,将刮刀由沟槽深的部位向浅的部位拉过,使墨样充满沟槽,而平板上不留有余墨,刮刀拉过后,立即观察沟槽中颗粒集中点(不超过 10 个颗粒),记下读数。

5.4 观察结果时应使视线与沟槽平面成 15°～30°角,在 5 s 之内迅速准确读出集中点数,读数时应精确到最小刻度值。

6 检验结果

检验应平行进行三次,结果取两次相近读数的算术平均值。两次读数的误差不应大于仪器的最小刻度值。

ICS 87.080
Y 44

中华人民共和国国家标准

GB/T 13217.4—2008
代替 GB/T 13217.4—1991

液体油墨粘度检验方法

Test method for viscosity of liquid ink

2008-12-30 发布

2009-09-01 实施

中华人民共和国国家质量监督检验检疫总局
中国国家标准化管理委员会 发布

前　言

本标准代替 GB/T 13217.4—1991《凹版塑料油墨检验方法　粘度检验》。

本标准与 GB/T 13217.4—1991 的主要差异如下：

——标准名称修改为《液体油墨粘度检验方法》；

——对环境温度指数进行了调整，取消了湿度的要求；

——增加了察恩杯和旋转粘度计的检验方法。

本标准由中国轻工业联合会提出。

本标准由全国油墨标准化技术委员会归口。

本标准起草单位：浙江永在化工有限公司、叶氏油墨(中山)有限公司、杭华油墨化学有限公司、天津东洋油墨有限公司、上海现代环境工程技术有限公司。

本标准主要起草人：吴敏、吴少棠、黄荣海、张进梅、王亚明。

本标准所代替标准的历次版本发布情况为：

——GB/T 13217.4—1991。

液体油墨粘度检验方法

1 范围

本标准规定了液体油墨粘度的检验方法。

本标准适用于表观粘度范围在 0.05 Pa·s～0.25 Pa·s(或涂 4 号杯测定粘度范围在 25 s～130 s)的油墨。

2 涂 4 号杯粘度计法

2.1 原理

一定量的油墨试样，在一定温度下，从规定直径的孔所流出的时间为该墨样粘度，用秒表示。

2.2 工具与材料

2.2.1 涂 4 号杯粘度计。

2.2.2 水银温度计：温度范围 0 ℃～50 ℃，分度值为 0.1 ℃。

2.2.3 秒表。

2.2.4 量杯：容量为 100 mL。

2.2.5 玻璃棒：ϕ7 mm，长 250 mm。

2.2.6 棉纱。

2.2.7 擦洗溶剂：不同体系液体油墨使用同系专用溶剂。

2.3 检验条件

检验应在温度(23±2)℃条件下进行。

2.4 检验步骤

2.4.1 将粘度计杯体内壁及漏嘴擦拭干净，调整支架水平螺旋，使粘度计处于水平状态。在粘度计漏嘴下面放置 100 mL 量杯，秒表归零。

2.4.2 用手堵住漏嘴孔，将搅拌均匀且调温至(23±2)℃的试样倒入粘度计中，用玻璃棒将气泡和多余的试样刮入凹槽。

2.4.3 松开手指同时开动秒表，当试样流丝中断并呈现第一滴时，停止计时。此时，秒表所指示的时间即该墨的粘度。

2.5 试验结果

检验应平行进行两次，其测定值之差不应大于 3 s，并取其算术平均值。

3 察恩杯粘度计法

3.1 原理

一定量的油墨试样，在一定温度下，从规定直径的孔所流出的时间为该墨样粘度，用秒每察恩杯号数表示。

3.2 工具与材料

3.2.1 察恩杯粘度计。

3.2.2 水银温度计：温度范围 0 ℃～50 ℃，分度值为 0.1 ℃。

3.2.3 秒表。

3.2.4 玻璃棒：ϕ7 mm，长 250 mm。

3.2.5 棉纱。

3.2.6 擦洗溶剂:不同体系液体油墨使用同系专用溶剂。

3.3 检验条件

检验应在温度(23±2)℃条件下进行。

3.4 检验步骤

3.4.1 将粘度杯内壁及漏嘴擦拭干净,水平托住粘度杯,用手指堵住漏嘴孔,将搅拌均匀且调温至(23±2)℃的试样油墨倒入粘度杯内直至与粘度杯边缘齐平为止,用玻璃棒将气泡刮去,秒表归零。

3.4.2 松开手指同时开动秒表,当试样流丝中断并呈现第一滴时,停止计时,此时,秒表所指示的时间即该墨的粘度。

3.5 试验结果

检验应平行进行两次,其测定值之差不应大于 3 s,并取其算术平均值。

4 旋转粘度计法

4.1 原理

物质在外力作用下,液层发生位移,分子间发生摩擦,对摩擦所表现的抵抗性称为绝对粘度,单位以毫帕·秒表示。

4.2 工具与材料

4.2.1 旋转粘度计:测量范围为 1 mPa·s～10^6 mPa·s。

4.2.2 恒温水浴。

4.2.3 棉纱。

4.2.4 擦洗溶剂:不同体系液体油墨使用同系专用溶剂。

4.3 检验条件

检验应在温度(23±2)℃条件下进行。

4.4 检验步骤

4.4.1 测定前检查仪器之液池是否干净,并校正零点。

4.4.2 按试样的粘度大小选择相应粘度的旋转锤,并将旋转锤放入液池中,然后将试样慢慢地注入液池内,直至液面达到锥形面下部边缘为止,注意不应太满或太浅。

4.4.3 开启恒温水浴以(25±0.5)℃保温。

4.4.4 开动仪器开关。

4.4.5 经 15 min 保温运转(挥发性液体油墨缩短至 10 min),待仪器上读数指针保持在一固定点时记录所指数据。关闭仪器上指针回到零点上,然后再用同样方法开启仪器,待指针稳定后,再记录所指数据。核对两次数据是否相同,相同即为正确数据,并进行换算。

ICS 87.080
Y 44

中华人民共和国国家标准

GB/T 13217.5—2008
代替 GB/T 13217.5—1991

液体油墨初干性检验方法

Test method for initial dryness of liquid ink

2008-12-30 发布　　2009-09-01 实施

中华人民共和国国家质量监督检验检疫总局
中国国家标准化管理委员会　发布

前　言

本标准代替 GB/T 13217.5—1991《凹版塑料油墨检验方法　初干性检验》。

本标准与 GB/T 13217.5—1991 的主要差异如下：

——标准名称修改为《液体油墨初干性检验方法》；

——对环境温度指数进行了调整。

本标准由中国轻工业联合会提出。

本标准由全国油墨标准化技术委员会归口。

本标准起草单位：浙江永在化工有限公司、叶氏油墨（中山）有限公司、杭华油墨化学有限公司、天津东洋油墨有限公司、上海现代环境工程技术有限公司。

本标准主要起草人：吴敏、吴少棠、黄荣海、张进梅、王亚明。

本标准所代替标准的历次版本发布情况为：

——GB/T 13217.5—1991。

液体油墨初干性检验方法

1 范围

本标准规定了液体油墨初干性的检验方法。

本标准适用于表观粘度范围在 0.05 Pa·s～0.25 Pa·s(或涂 4 号杯测定粘度范围在 25 s～130 s)的油墨。

2 规范性引用文件

下列文件中的条款通过本标准的引用而成为本标准的条款。凡是注日期的引用文件，其随后所有的修改单(不包括勘误的内容)或修订版均不适用于本标准，然而，鼓励根据本标准达成协议的各方研究是否可使用这些文件的最新版本。凡是不注日期的引用文件，其最新版本适用于本标准。

QB/T 1012—1991 胶版印刷纸

3 原理

在规定温度、湿度及一定时间内，油墨印迹中的溶剂以一定速度挥发，致使不同厚度的墨膜由液态变为固态，即为初干性，以毫米每 30 s 表示。

4 工具与材料

4.1 刮样纸：80 g/m^2 胶版印刷纸(符合 QB/T 1012—1991 A 等级)规格 210 mm×70 mm，顶端往下 130 mm 处有 20 mm 宽的黑色实地横道。

4.2 棉纱。

4.3 擦洗溶剂：不同体系液体油墨使用同系专用溶剂。

4.4 调墨刀。

4.5 秒表。

4.6 水银温度计：温度范围 0 ℃～50 ℃，分度值为 0.1 ℃。

4.7 米制直尺：最小刻度值为 1 mm。

4.8 胶辊：ϕ32 mm，长 100 mm，邵式硬度为 50 度。

4.9 0 μm～100 μm 刮板细度仪。

5 检验条件

5.1 检验应在温度(23±2)℃、湿度(65±5)%条件下进行。

5.2 检验时应避开风口处。

6 检验步骤

6.1 用调墨刀将已调匀且温度为(23±2)℃的试样取一定量滴于刮板 100 μm 处，使其充满槽内。

6.2 双手持刮刀，将刮刀垂直横置在刮板上端(在试样边缘处)，然后将刮刀迅速刮下，使墨样充满沟槽，立即计时。

6.3 将刮样纸一端与刮板的零刻线对齐，当 30 s 时把刮样纸放平，用胶辊由刮板下端往上推，然后立即揭下刮样纸。

7 检验结果

7.1 从 0 μm 算起，用直尺度量未着墨迹的长度，以毫米表示。

7.2 检验应平行进行两次，其测定误差不应大于 3 mm，结果取其算术平均值。

ICS 87.080
Y 44

中华人民共和国国家标准

GB/T 13217.6—2008
代替 GB/T 13217.6—1991

液体油墨着色力检验方法

Test method for relative tinting strength of liquid ink

2008-12-30 发布 2009-09-01 实施

中华人民共和国国家质量监督检验检疫总局
中国国家标准化管理委员会 发布

前言

本标准代替 GB/T 13217.6—1991《凹版塑料油墨检验方法　着色力检验》。

本标准与 GB/T 13217.6—1991 的主要差异如下：

——标准名称修改为《液体油墨着色力检验方法》；

——对环境温度指数进行了调整，取消了湿度要求；

——取消了附录 A。

本标准由中国轻工业联合会提出。

本标准由全国油墨标准化技术委员会归口。

本标准起草单位：浙江永在化工有限公司、叶氏油墨（中山）有限公司、杭华油墨化学有限公司、天津东洋油墨有限公司、上海现代环境工程技术有限公司。

本标准主要起草人：吴敏、吴少棠、黄荣海、张进梅、王亚明。

本标准所代替标准的历次版本发布情况为：

——GB/T 13217.6—1991。

液体油墨着色力检验方法

1 范围

本标准规定了液体油墨着色力的检验方法。

本标准适用于表观粘度范围在 0.05 Pa·s～0.25 Pa·s(或涂 4 号杯测定粘度范围在 25 s～130 s)的油墨。

2 规范性引用文件

下列文件中的条款通过本标准的引用而成为本标准的条款。凡是注日期的引用文件,其随后所有的修改单(不包括勘误的内容)或修订版均不适用于本标准,然而,鼓励根据本标准达成协议的各方研究是否可使用这些文件的最新版本。凡是不注日期的引用文件,其最新版本适用于本标准。

QB/T 1012—1991 胶版印刷纸

3 原理

以定量白墨将试样和标样分别冲淡,对比冲淡后油墨的浓度,以百分数表示。

4 工具与材料

4.1 刮样纸:80 g/m² 胶版印刷纸(符合 QB/T 1012—1991 中的 A 等级)规格 210 mm×70 mm,顶端往下 130 mm 处有 20 mm 宽的黑色实地横道。

4.2 同系列的白墨和黑墨。

4.3 调墨刀。

4.4 称量瓶:容量 50 mL。

4.5 分析天平:精度为 0.001 g。

4.6 刮片。

4.7 擦洗溶剂:不同体系液体油墨使用同系专用溶剂。

5 检验条件

5.1 检验应在温度(23±2)℃条件下进行。

5.2 检验应在 D65 标准照明体下进行。

6 检验步骤

6.1 在分析天平上用称量瓶称取 1 g 试样油墨和 10 g 白墨。用同样方法,相同比例,称取标样油墨和白墨,用调墨刀充分调匀。

6.2 冲淡调匀的油墨,取标样少量,置于刮样纸左上方;取试样少量,置于刮样纸右上方,两者相邻而不相连,用刮片自上而下刮至墨长 80 mm～100 mm,减少刮片内角角度,使油墨涂成较厚的墨层,如图 1 所示。

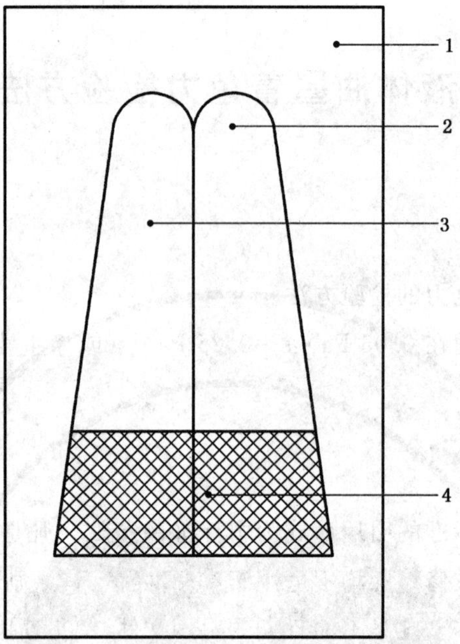

1——刮样纸；

2——冲淡试样；

3——冲淡标样；

4——厚墨层。

图 1 着色力冲淡示意图

6.3 观察试样与标样的面色、墨色是否一致，若不一致，则改变试样的白墨用量，至冲淡样与标准样达到一致，按式(1)计算，得出试样着色力的百分数。

6.4 刮样后，以 30 s 内观察所反映的墨色为准。

7 检验结果

着色力的计算公式按式(1)进行：

$$S = \frac{D}{C} \times 100 \quad \cdots\cdots(1)$$

式中：

S——着色力百分比(以标准样为 100%)；

D——冲淡试样白墨用量，单位为克(g)；

C——冲淡标样白墨用量，单位为克(g)。

注：测试白墨消色力时，则以标样和试样分别代替以上所用的白墨，但改白墨为 10 g，黑墨为 1 g 称量，操作方法同上述，计算公式同式(1)，但 C 为试样所用白墨量，D 为标样所用白墨量。

ICS 83.060
G 40

中华人民共和国国家标准

GB/T 13248—2008/ISO 7780:1998
代替 GB/T 13248—1991

橡胶和胶乳　锰含量的测定
高碘酸钠光度法

Rubber and rubber latices—Determination of manganese content—Sodium periodate photometric methodes

(ISO 7780:1998,IDT)

2008-06-04 发布　　　　2008-12-01 实施

中华人民共和国国家质量监督检验检疫总局
中国国家标准化管理委员会　发布

前言

本标准等同采用 ISO 7780:1998《橡胶和胶乳　锰含量的测定　高碘酸钠光度法》(英文版)。

本标准代替 GB/T 13248—1991《硫化橡胶中锰含量的测定　高碘酸钠光度法》。

为便于使用,本标准做了下列编辑性修改:

a) “本国际标准”一词改为“本标准”;

b) 删除了 ISO 前言;

c) 用小数点“.”代替作为小数点的逗号“,”;

d) 把文中的“警告”提到正文前。

本标准与 GB/T 13248—1991 相比主要变化如下:

——增加了适用范围(本版第 1 章,1991 版第 1 章);

——增加了四个引用文件(本版第 2 章);

——修改了原理的陈述方法(本版第 3 章,1991 版 2.1;本版 4.1,1991 版 3.1);

——增加了试验中稳定水的制备过程(本版 3.2.5;本版 4.2.6);

——增加了锰标准溶液的制备方法(本版 3.2.7a);

——增加了试样的制备(本版 3.4;本版 4.4);

——增加了试样的准备和试液的准备(本版 3.5.1、3.5.2;本版 4.5);

——将称样量由原版的 2 g 改为本版生胶的 10 g,胶乳的 10 g,混炼胶和硫化胶的 10 g(本版 3.5.1.1,3.5.1.2 和 3.5.1.3,1991 版 2.4.2;本版 4.5,1991 版 2.4.2);

——增加了试验报告的内容(本版 3.7;本版 4.7)。

本标准由中国石油和化学工业协会提出。

本标准由全国橡标委橡胶物理和化学试验方法分技术委员会(SAC/TC 35/SC 2)归口。

本标准负责起草单位:北京橡胶工业研究设计院。

本标准主要起草人:苍飞飞。

本标准所代替标准的历次版本发布情况为:

——GB/T 13248—1991。

橡胶和胶乳　锰含量的测定
高碘酸钠光度法

警告——使用本标准的人员应有正规实验室工作的实践经验，本标准并未指出所有可能的安全问题，使用者有责任采用适当的安全和健康措施，并保证符合国家有关法律法规的条件。

1　范围

本标准规定了两种用高碘酸钠光度法测定硫化橡胶、生胶、混炼胶和胶乳中的锰含量，两种方法还包括了含氯橡胶的分析测定。

本标准第3章规定了不受所含有的大量填料的影响，这些填料可以是合成或天然硅酸盐或以不同形式存在的碳酸钙，也可以是试验条件下使用的合成配料并生成了难溶的磷酸盐的配合剂。

本标准第4章规定了测定生胶、合成天然胶、异戊胶和胶乳中含有少量的填料（不超过10%）：惰性的硅酸盐填料或任何一种配合剂，如：二氧化钛在实验条件下将形成一种难溶磷酸盐的配合剂。

2　规范性引用文件

下列文件中的条款通过本标准的引用而成为本标准的条款。凡是注日期的引用文件，其随后所有的修改单（不包括勘误的内容）或修订版均不适用于本标准，然而，鼓励根据本标准达成协议的各方研究是否可使用这些文件的最新版本。凡是不注日期的引用文件，其最新版本适用于本标准。

GB/T 15340　天然、合成生胶取样及制样方法（GB/T 15340—1994，idt ISO 1795:1992）

ISO 123:2001　橡胶胶乳　取样

ISO 124:1997　橡胶胶乳　总固体物含量的测定

ISO 4793:1980　实验室烧结（烧结玻璃料）过滤器　孔隙度分级、类别和牌号

3　一般方法

3.1　原理

在氯存在的情况下，用硫酸消化备用，接着与硝酸反应。这个过程在凯氏烧瓶中发生；如果硅酸盐存在，用硫酸和氢氟酸消化试样，那么硅会以四氟化硅形式挥发掉。氯不存在的情况下，橡胶在铂坩埚中灰化，用氟硼酸钠处理。后面的过程是，加高碘酸钠煮沸，锰被氧化成高锰酸盐，锰的含量通过在525 nm处的吸光度测定。

3.2　试剂

在分析过程中，尽可能使用分析等级的试剂，适用于痕量金属元素的分析，并只用稳定水（见3.2.5）。

3.2.1　氟硼酸钠

如果没有分析纯的氟硼酸钠，可按下面的试验步骤制备。于100 mL大约35℃的热水中溶解110 g工业氟硼酸钠，通过滤纸过滤，将溶液冷却到室温，在搅拌下加入100 mL的96%（体积分数）的乙醇，用带滤纸的布氏漏斗过滤，结晶沉淀滤于滤纸上，把沉淀物转移到瓷盘或玻璃皿上，在50℃真空下干燥。

3.2.2　高碘酸钠

3.2.3　硫酸，ρ=1.84 Mg/m^3（GB/T 625）。

3.2.4　硝酸，ρ=1.42 Mg/m^3（GB/T 626）。

3.2.5　稳定水

大约1 000 mL的水中加约0.1 g的高锰酸钾及数滴硫酸溶液，通过蒸馏装置蒸馏上述液体，弃掉

50 mL 初馏和最后 50 mL 的馏分,收集中间馏分,贮藏于带玻璃塞的瓶中。

3.2.6 高锰酸钾溶液,大约 30 g/L。

3.2.7 锰标准溶液,每升标准溶液中含锰 10 mg。

溶液用下面任意一种方式制备均可:

a) 称取 0.720 g 高锰酸钾($KMnO_4$)于一个小烧杯中,用含 2 mL 硫酸的溶液(3.2.3)溶解,加入含有饱和二氧化硫的水溶液直到溶液无色为止。煮沸该溶液 15 min,冷却,转移到一个 500 mL 容量瓶中,用水稀释到标线。

b) 称取 0.770 g 硫酸锰($MnSO_4 \cdot H_2O$)到一个小烧杯中,用含 2 mL 硫酸的溶液(3.2.3)溶解,转移到一个 500 mL 容量瓶中用水稀释到标线。

这个溶液至少在一个月内应该是稳定的。

用移液管移取溶液 a)或溶液 b)10 mL 到另一个 500 mL 容量瓶中,用水稀释到标线。

1 mL 的标准溶液中含有 0.01 mg 的锰。

此溶液在使用前配制。

3.2.8 过氧化氢(体积分数),30%。

3.2.9 氢氟酸,ρ=1.12 Mg/m^3(GB/T 620)。

3.3 设备

实验室常用仪器设备加上如下设备:

3.3.1 光度计或分光光度计:可测量波长在 525 nm 的吸光度,并配有吸收池。

3.3.2 铂坩埚:容量以 30 mL 为宜。

3.3.3 耐热绝缘板:面积大约为 100 cm^2,厚为 6 mm,中心有一个孔可以支持坩埚使坩埚大约 2/3 部分在板子下面。

3.3.4 马福炉:温度可控制在(550±25)℃。

3.3.5 烧结玻璃过滤器:孔隙度分级 P40(见 ISO 4793)。

3.3.6 电加热板或沙浴。

3.3.7 凯氏烧瓶:容积 250 mL。

3.3.8 铂条:用于搅拌。

3.4 试样制备

在所有采样和试样制备阶段,小心避免橡胶的污染。

3.4.1 生胶

按照 GB/T 15340 制备试样。

3.4.2 胶乳

按照 ISO 123 的方法之一制备试样。

3.4.3 混炼胶和硫化胶

割取约 50 g 试样,如需得到有代表性的试样,应从若干块试样中取样。

3.5 操作步骤

3.5.1 试样准备

3.5.1.1 生胶

按 3.4.1 要求取样,称取 10 g 试样精确到 0.01 g。

3.5.1.2 胶乳

完全混合按 3.4.2 所取的乳胶样品,称取总液体量中大约 10 g 液体,按照 ISO 4793 要求干燥至恒定质量,并将其剪成小块。

3.5.1.3 混炼胶和硫化胶

按 3.4.3 取样,称量 10 g 试样精确到 0.01 g。

3.5.2 测试溶液的准备

3.5.2.1 在无氯存在情况下灰化试样

称量试样于一个已称重的铂坩埚(3.3.2)中,铂坩埚放到耐热绝缘板(3.3.3)上加热。同时,准备空白试验,用一个相似的铂坩埚中不放入样品,以相同的方式处理试样和空白试验。

用稳定的煤气火焰加热坩埚和其中的内容物,直到剩下含炭的剩余物,然后把坩埚转移到马福炉(3.3.4)中,马福炉保持550℃±25℃,加热试样直到炭黑完全被氧化为止。

在干燥器中冷却,称量灰分的质量。然后,用微量滴管沿着坩埚壁加入数滴硫酸(3.2.3),恰好能润湿灰分,慢慢加热坩埚至不冒烟,然后再在550℃马福炉中灼烧几分钟。

用硫酸重复处理灰分,用微量滴管如前所述加入硫酸至不冒烟,再在550℃马福炉中加热几分钟。冷却到室温后,按1份灰分8份氟硼酸钠的比例,加入坩埚约8份氟硼酸钠(3.2.1)(最多不能超过8 g),在通风橱中缓慢加热坩埚,直到完全熔融;然后增大加热强度,直到熔化干净或无反应发生,任何不溶解的物质都在熔融过程中挥发掉了。

3.5.2.2 在氯存在的情况下灰化试样

将称量的样品放置到凯氏烧瓶中(3.3.7),加10 mL硫酸(3.2.3)适当的加热直到试样完全分解,小心的加入5 mL硝酸(3.2.4)如果反应剧烈,在一个盛有冷水的大烧杯中冷却烧瓶,然后在室温下放置至少两小时后再加热。

一旦初始反应发生裂解,就要缓慢地加热混合物直到反应停止,然后再加强加热程度,直至混合物变黑。加入1 mL硝酸后加热直到颜色再次变黑。重复加入硝酸,加热,直到溶液变为无色或淡黄色,即使继续加热也不再变黑。

如果消化时间过长,应加入1 mL硫酸防止烧杯中的内容物固化。

如果有消化物从不溶物中挥发出来,冷却,加入0.5 mL过氧化氢(3.2.8)和2滴硝酸加热至发烟,重复滴入和加热直到溶液的颜色不再变化,冷却,用10 mL水稀释,加热至发烟。

转移溶液和存在的剩余物到坩埚中,蒸发至干,然后燃烧直到碳完全燃尽。

如果有消化物从不溶物中挥发出来,冷却,加入数滴硫酸和5 mL氢氟酸(3.2.9)。在电加热板(3.3.6)上蒸干,然后用铂条(3.3.8)搅拌,重复此过程两次。

如果不存在不溶物,在电加热板上蒸干。

3.5.2.3 溶解样品的准备

冷却坩埚到室温,加入12 mL稳定水和4 mL硫酸(3.2.3)。缓慢地溶解待熔化物溶解后,倒入100 mL锥形瓶中。铂坩埚用10 mL稳定水和2 mL硫酸洗涤,洗涤液并入锥形瓶中。

加入5 mL硝酸(3.2.4)到烧杯中,用烧结玻璃过滤器(3.3.5)过滤,用5 mL加热的稳定水清洗过滤器。转移滤液到另一个锥形瓶中,用稳定水清洗,使体积达到约40 mL,加入0.3 g高碘酸钠(3.2.2),加热溶液至沸。继续平稳加热10 min确保充分显色。冷却后,由沉淀的高碘酸钠引起的絮状物可以通过离心作用或经过烧结玻璃过滤器来变清。

定量转移溶液到一个50 mL容量瓶中,用20℃的稳定水定容到刻度线。充分混合后,在数小时内颜色是稳定的。任何褪色的趋势都表明了有机物或氯离子没有完全清除。如果是这样,就要重复测定,但要用另一份硫酸按3.5.2.1中处理。

过程与3.5.4相同。

3.5.3 标准曲线的绘制

3.5.3.1 标准配比溶液的制备

准备一系列标准配比溶液,每种溶液含有25 mL稳定水(3.2.5),6 mL硫酸(3.2.3)和5 mL硝酸(3.2.4)。分别加入从0 mL(补偿溶液)~10 mL标准的锰溶液(3.2.7),然后在每份溶液中加入0.3 g高碘酸钠(3.2.2)。加热沸腾10 min,以确保充分显色。最后冷却,在容量瓶中用稳定水稀释至50 mL。

3.5.3.2 光谱法的测定

首先用高锰酸钾溶液(3.2.6)冲洗光度计或分光光度计的吸收池(3.3.1),然后用稳定水冲洗,最后用相关的标准溶液清洗。在吸收池内装上标准溶液,测量在最大吸收波长下的吸收值(大约 525 nm)。

通过减去补偿溶液的吸收值校正读数。

3.5.3.3 绘制标准曲线

每种溶液对应的相应的锰含量数据可绘制出一条标准曲线,定期校准曲线(定期长短取决于当地条件和所使用的仪器)。

3.5.4 测定

首先用高锰酸钾溶液(3.2.6)冲洗光度计或分光光度计的吸收池(3.3.1),然后用稳定水(3.2.5),最后用待测溶剂冲洗。在吸收池内充满待测液,在用于绘制标准曲线的波长处测定吸收值。

通过减去补偿溶液的吸收值校正读数。

通过曲线图,根据相应的校正过的读数可以推测锰的浓缩含量,并据此计算出试验部分的锰含量。

3.6 结果表述

锰含量 X 以每千克试料中含锰的质量(以毫克计)表示(式(1)):

$$X = \frac{m_1}{m} \times 1\,000 \qquad \cdots\cdots(1)$$

式中:

m_1——从标准曲线上查到的被测溶液的锰含量,单位为毫克(mg);

m——试料质量,单位为克(g)。

用两次测定值的平均值作为试验结果。

结果表达为每千克试样中所含的锰的毫克数。

3.7 试验报告

试验报告应该包括以下内容:

a) 使用的标准名称和编号;

b) 鉴别样品所需的全部细节;

c) 使用的试验方法,如:一般方法;

d) 试验结果,计算方法参考 3.6;

e) 在试验过程中观察到的异常现象;

f) 任何与规定的分析步骤的差异,或可以选择的操作。

4 受限定的方法(限制试样的填料<10%)

4.1 原则

在没有氯存在时,橡胶在石英坩埚中灰化。对含有氯的橡胶中,需要硫酸消化,接着和硝酸反应。这个过程在凯氏烧瓶中进行。如果有硅酸盐存在,用硫酸和氢氟酸消化处理,使硅以四氟化硅形式挥发。在这些过程后,锰离子都会因与高碘酸钠共沸而被氧化成高价锰。锰的浓度通过分光光度计在 525 nm 的波长下测量。

4.2 试剂

在分析过程中,尽可能使用分析等级的试剂,适用于痕量金属元素的分析,并只用稳定水(见 4.2.6)。

4.2.1 硫酸氢钾

4.2.2 高碘酸钠

4.2.3 硫酸,$\rho = 1.84\ \mathrm{Mg/m^3}$(GB/T 625)。

4.2.4 硫酸,(1+19)溶液。

用 19 体积的稳定水(4.2.6)稀释 1 体积硫酸(4.2.3)。

4.2.5 磷酸(体积分数),85%～90%。

4.2.6 稳定水

见3.2.5。

4.2.7 高锰酸钾溶液

见3.2.6。

4.2.8 锰标准溶液,每升标准溶液中含有10 mg锰离子。

见3.2.7。

4.2.9 硝酸,ρ=1.42 Mg/m^3(GB/T 626)。

4.2.10 过氧化氢(体积分数),30%水溶液。

4.2.11 氢氟酸,ρ=1.12 Mg/m^3(GB/T 620)。

4.3 仪器

实验室常用仪器设备加上如下设备:

4.3.1 光度计或分光光度计:可测量波长大约为525 nm的吸光度,并配有吸收池。

4.3.2 石英坩埚:体积大约50 mL,用于4.5.2.1;或铂坩埚:体积80 mL,用于4.5.2.2。

4.3.3 耐热绝缘板:面积大约为100 cm^2,厚为6 mm,中心有一个孔可以支持坩埚使坩埚大约2/3的部分在板子下面。

4.3.4 马福炉:温度可控制在(550±25)℃。

4.3.5 烧结玻璃过滤器:孔隙度分级P40(见ISO 4793)。

4.3.6 电加热板或沙浴。

4.3.7 凯氏烧瓶:容积250 mL。

4.3.8 铂条:用于搅拌。

4.4 试样制备

见3.4。

4.5 操作步骤

4.5.1 试样的准备

见3.5.1。

4.5.2 测试溶液的准备

4.5.2.1 不含氯的试验样品灰化

把样品剪成小条不超过0.1 g(在还没有剪的情况下),放置到一个支撑在电加热板或隔热绝热板(4.3.3)上的50 mL石英坩埚(4.3.2)内。

同时开始制备空白溶液,用一个相似的坩埚但不放入样品,然后用相同的方式继续处理试样和空白。

用小火加热坩埚和其内容物直到只剩下含炭的剩余物,转移坩埚到马福炉(4.3.4)中保持温度在550℃±25℃,直到炭黑被完全氧化为止。

移出坩埚,冷却,用微量滴管加入浓硫酸(4.2.3)沿着坩埚壁一滴一滴的滴入,正好完全润湿灰分,缓慢加热直到发烟停止,然后把坩埚再次放入550℃±25℃马福炉中,赶走剩余的碳。

用浓硫酸重复处理灰分,用微量滴管如前所述加酸后,但是加热至烟消散是为了尽可能的保留住酸中的灰分。冷却坩埚,加入2 g～3 g硫酸氢钾(4.2.1),然后放坩埚在电加热板或隔热绝热板上加热,增大燃烧温度,直至得到清净的熔融物。冷却坩埚和内容物。

4.5.2.2 含氯试验样品的灰化

放置试样到凯氏烧瓶(4.3.7)中,加入10 mL浓硫酸(4.2.3)适度加热直到试样分解。小心地加入5 mL硝酸。如果反应剧烈,在一个盛有冷水的烧杯中冷却烧杯,在室温下保持至少2 h后再加热。

一旦初始反应发生裂解,加热混合物直到反应结束,然后加强加热使混合物变黑。加1 mL硝酸直到变黑再次发生。重复加入硝酸,加热溶液使溶液变成无色或淡黄色,如果颜色还是黑的,应继续加热。

如果消化时间过长,应加入 1 mL 浓硫酸防止烧杯中的内容物固化。

如果有消化物从不溶物中挥发出来,冷却。加入 0.5 mL 过氧化氢(4.2.10)和 2 滴硝酸,加热至生烟。重复加入试剂和加热直到溶液的颜色不再变化为止。冷却,用 10 mL 稳定水稀释,加热至生烟。

转移溶液和剩余物到一个 80 mL 石英坩埚(4.3.2)中,蒸发干燥,点燃直到炭黑燃尽。

如果在消化阶段中,有不溶物存在,冷却加入数滴浓硫酸和 5 mL 氢氟酸(4.2.11)。用铂条(4.3.8)搅拌时,在电热板(4.3.6)上蒸发干燥。重复此试验过程两次。

如果不溶物不存在,在电热板上直接蒸发干燥。

4.5.2.3 溶化样品

对按照 4.5.2.1 或 4.5.2.2 处理所得灰分,加入 20 mL 硫酸(4.2.4),在水浴上加热坩埚直到固体物质溶解或从坩埚壁上落下。清洗内容物到一个小烧杯中,用玻璃棒移走不溶解的固体,直到平缓沸腾的溶液中没有不溶物为止。让溶液通过洁净的烧结玻璃过滤器(4.3.5)进入到一个小的锥形瓶中,再用两到三份的水清洗过滤杯和不溶物。向烧杯中的溶液中加入 3 mL 磷酸(4.2.5),如果由于有铁离子的存在而使溶液变黄,则再加入 1 mL 制取的磷酸以去掉黄色。

加入 0.3 g 高碘酸钠(4.2.2),加热溶液至沸,沸腾 10 min 后。在 90℃ 以上保持 10 min 可以现出锰的颜色的全过程。冷却后,通过离心机或经过烧结玻璃器可以清除由高碘酸钠产生的絮状物。

定量的把溶液全部转移到 50 mL 容量瓶中,用稳定水(4.2.6)在 20℃ 稀释至刻度。完全混合后,颜色在数小时内是稳定的。任何褪色的趋势表明有机物质和氯离子的不完全清除。如果是这样,需要重复测定,但要用硫酸按 4.5.2.1 处理。

过程参见 4.5.4。

4.5.3 标准曲线的准备

4.5.3.1 标准配比溶液的制备

制备一系列标准配比溶液,每份都含有 25 mL 稳定水(4.2.6),20 mL 硫酸(4.2.4)和 3 mL 磷酸(4.2.5)。分别加入从 0 mL(补偿溶液)~10 mL 标准的锰溶液(3.2.7),然后在每份溶液中加入 0.3 g 高碘酸钠(3.2.2)。加热沸腾 10 min,以确保充分显色。最后冷却,在容量瓶中用稳定水稀释至 50 mL。

4.5.3.2 分光光度计法

首先用高锰酸钾溶液(4.2.7)冲洗光度计或分光光度计的吸收池(4.3.1),然后用稳定水冲洗,最后用相关的标准溶液冲洗。装上标准溶液,测量在最大吸收波长下的吸收值(大约 525 nm)。

通过减去补偿溶液的吸收值校正读数。

4.5.3.3 绘制标准曲线

每种溶液对应的相应的锰含量数据可绘制出一条标准曲线,定期校准曲线(定期长短取决于当地条件和所使用的仪器)。

4.5.4 测定

首先用高锰酸钾溶液(4.2.7)冲洗光度计或分光光度计的吸收池(4.3.1),然后用稳定水(4.2.6),最后用待测溶剂冲洗。在吸收池内充满待测液,在用于制作曲线的波长处测定吸收值。

通过减去补偿溶液的吸收值校正读数。

4.6 结果表述

锰含量 X 以每千克试料中含锰的质量(以毫克计)表示(式(2)):

$$X = \frac{m_1}{m} \times 1\,000 \qquad \cdots\cdots(2)$$

式中:

m_1——从标准曲线上查到的被测溶液的锰含量,单位为毫克(mg);

m——试料质量,单位为克(g)。

用两次测定值的平均值作为试验结果。

结果表达为每千克试样中所含的锰的毫克数。

4.7 试验报告

试验报告应该包括以下内容：

a) 使用的标准名称和编号；

b) 鉴别样品所需的全部细节；

c) 使用的试验方法，如：一般方法；

d) 试验结果，计算方法参考 4.6；

e) 在试验过程中观察到的异常现象；

f) 任何与规定分析步骤的差异；

g) 任何本标准中没有涉及到的操作，或可以选择的操作。

ICS 55.140
A 80

中华人民共和国国家标准

GB/T 13251—2008
代替 GB/T 13251—2002

包装 钢桶 嵌入式法兰封闭器

Packing—Steel drums—Iinserted flange-type closure

(ISO 15750-3:2002,NEQ)

2008-07-18 发布

2009-01-01 实施

中华人民共和国国家质量监督检验检疫总局
中国国家标准化管理委员会 发布

前　言

本标准与ISO 15750-3:2002《钢桶　第三部分:嵌入式法兰封闭器系统》一致性程度为非等效,本标准与ISO 15750-3:2002相比,主要差异如下:

——删除了A型和B型封闭器;

——修改了C型封闭器的尺寸,见6.4中A型封闭器;

——增加了一种封闭器,见6.5中B型封闭器。

本标准代替GB/T 13251—2002《包装容器　钢桶封闭器》。

本标准与GB/T 13251—2002相比,主要变化如下:

——修改了标准名称;

——删除了原标准中其他包装桶用封闭器,仅保留嵌入式法兰封闭器部分。

本标准的附录B为规范性附录,附录A为资料性附录。

本标准由全国包装标准化技术委员会(SAC/TC 49)提出并归口。

本标准起草单位:中化化工标准化研究所、南京宁容钢桶封闭器厂、国家包装产品质量监督检验中心(广州)、中华人民共和国江苏出入境检验检疫局、无锡市四方制桶有限公司、天津腾达包装有限公司、中国包装联合会。

本标准主要起草人:张有龙、王晓兵、蒋养龙、茆林凤、梅建、朱丽萍、汤礼军、孙家财、张诚志、杜庆新。

本标准所代替标准的历次版本发布情况为:

——GB/T 13251—1991、GB/T 13251—2002。

包装 钢桶 嵌入式法兰封闭器

1 范围

本标准规定了钢桶用嵌入式法兰封闭器(以下简称封闭器)的要求、设计和结构、试验方法、检验规则及包装、标志、运输和贮存。

本标准适用于封闭器的设计、制造和检验等。

2 规范性引用文件

下列文件中的条款通过本标准的引用而成为本标准的条款。凡是注日期的引用文件,其随后所有的修改单(不包括勘误的内容)或修订版均不适用于本标准,然而,鼓励根据本标准达成协议的各方研究是否可使用这些文件的最新版本。凡是不注日期的引用文件,其最新版本适用于本标准。

GB/T 191 包装储运图示标志(GB/T 191—2008,ISO 780:1997,MOD)

GB/T 912 碳素结构钢和低合金结构钢热轧薄钢板及钢带

GB/T 2828.1 计数抽样检验程序 第1部分:按接收质量限(AQL)检索的逐批检验抽样计划(GB/T 2828.1—2003,ISO 2859-1:1995,IDT)

GB/T 4956 磁性基体上非磁性覆盖层 覆盖层厚度测量 磁性法(GB/T 4956—2003,ISO 2178:1982,IDT)

GB/T 7307 55°非密封管螺纹(GB/T 7307—2001,eqv ISO 228-1:1994)

GB/T 11253 碳素结构钢和低合金结构钢冷轧薄钢板及钢带

GB/T 13040 包装术语 金属容器

3 术语

GB/T 13040 确立的以及下列术语和定义适用于本标准。

3.1

嵌入式法兰封闭器 inserted flange-type closure

采用螺纹锁紧和桶塞封闭,并由其他金属或合成的材料如合成橡胶零件确保钢桶密封的装置。

3.2

合成橡胶 elastomer

在承受一定的压力引起变形后,当压力消除,变形能快速恢复原来的尺寸和形状的高分子材料。

3.3

热塑性塑料 thermoplastics

在一定的温度范围内有能力重复,即由加热而变柔软和经过冷却变硬的塑料,在柔软的状态下,在模制、挤出或成形下能重复地变形。

4 分类

4.1 封闭器按螺纹分为 G2、G3/4 和 G4½ 三种。

4.2 封闭器按法兰型式分为 A 型封闭器和 B 型封闭器两种。

5 要求

5.1 基本要求

5.1.1 封闭器的结构尺寸应符合表 2 至表 9 的规定。

5.1.2 封闭器表面应光滑、平整,壁厚均匀无裂纹,无毛刺、无缺边角、无起皱、无变形、无锈蚀等缺陷。

5.1.3 封闭器应配套齐全,保证互换;装配后配合紧密无松动。

5.2 螺纹要求

G2、G3/4 和 G4½封闭器的公称直径和螺纹尺寸定义应符合 GB/T 7307 的规定。封闭器螺纹应光滑完整,不得有破损,保证互换,啮合不少于 3 个整牙,使之啮合良好。

5.3 法兰、桶塞表面的要求

法兰、桶塞的表面要镀锌或涂敷涂料。涂覆层应完整,无起泡现象。锌层厚度不大于 7 μm,涂层厚度不大于 20 μm,不得有影响使用的其他缺陷。如有其他要求,可由供需双方商定。

5.4 材料要求

5.4.1 封闭器法兰和桶塞所用材料应符合 GB/T 912 或 GB/T 11253 的规定,也可使用质量不低于上述标准规定的材料。

5.4.2 垫圈、衬圈所用材料由供需双方商定。

5.5 卫生要求

用于盛装食品、药品和食品添加剂桶上的封闭器应符合食品卫生法及有关标准规定。

5.6 性能要求

封闭器性能要求见表 1。

表 1 封闭器性能要求

项目		规格		
		G2	G3/4	G4½
气密试验/kPa	≥	30	30	30
液压试验/kPa	≥	250	250	250
桶塞扭力试验/Nm	≥	68	27	80

6 设计和结构

6.1 法兰

法兰应为嵌入式的,且嵌入后确保密封。

6.2 桶塞

桶塞的设计应便于用简单的工具装卸。内塞上应有能使扳手插入的位置。扳手参见附录 A。

6.3 封盖

当套上封盖之后,可以配合紧密,预防松动,加强对盖的保护。封盖设计应便于用简单工具开启。

6.4 A 型封闭器

6.4.1 A 型封闭器结构见图 1,A 型法兰装配尺寸见表 2。

表 2 A 型法兰装配尺寸

单位为毫米

规格	a_1	a_2
G2	68.5±0.50	13.5±0.50
G3/4	34±0.50	11.5±0.50
G4½	129.5	14.5

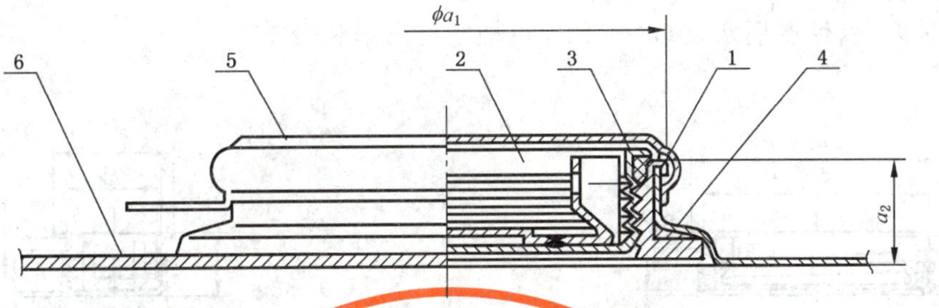

1——法兰；
2——桶塞；
3——垫圈；
4——衬圈；
5——封盖；
6——桶顶。

图 1 A型封闭器

6.4.2 法兰的结构和尺寸

法兰的结构见图 2 所示，规格尺寸见表 3，法兰结构和规格尺寸不同时由合同规定。

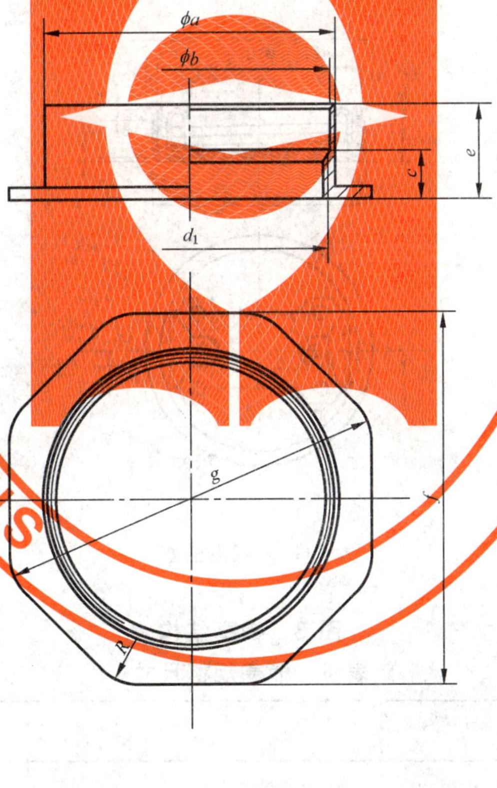

图 2 法兰结构

表 3 法兰的规格尺寸

单位为毫米

规格	a	b	c	e	f	g	R	d_1
G2	62.3±0.2	60.4±0.2	10.2±0.4	18.7±0.3	77.8±0.2	82.1±0.2	12±0.8	d_1 尺寸符合 GB/T 7307
G3/4	29.0±0.2	27.2±0.2	8.6±0.4	15.7±0.3	43.5±0.2	46.2±0.2	4±0.8	
G4½	123.6±0.2	121.4±0.2	10±0.4	20±0.3	141±0.2	150±0.2		

6.4.3 桶塞的结构和尺寸

G2 四焊点桶塞、六焊点桶塞及 G3/4 二焊点桶塞见图 3 和表 4。

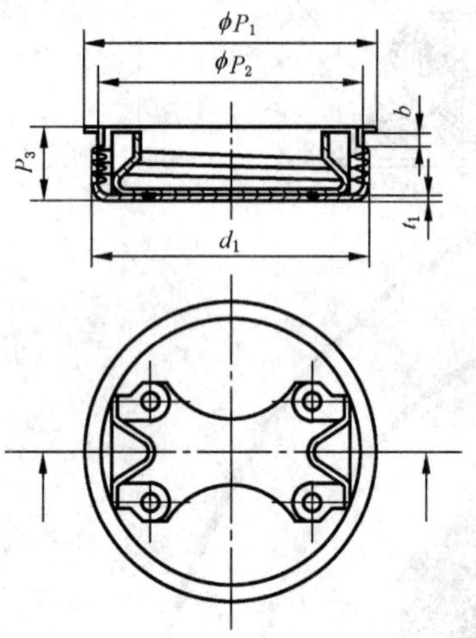

a) G2 四焊点桶塞

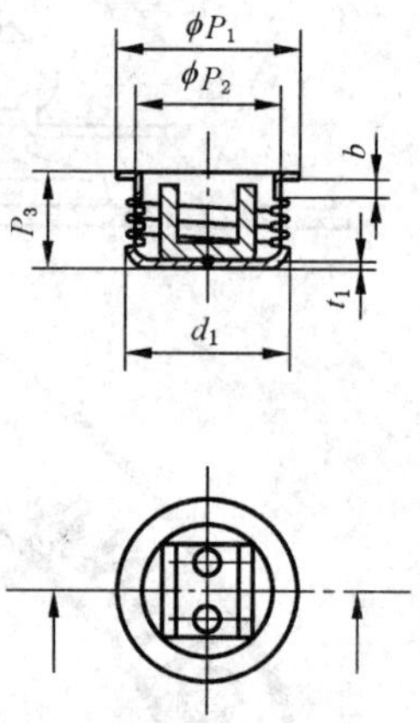

b) G3/4 二焊点桶塞

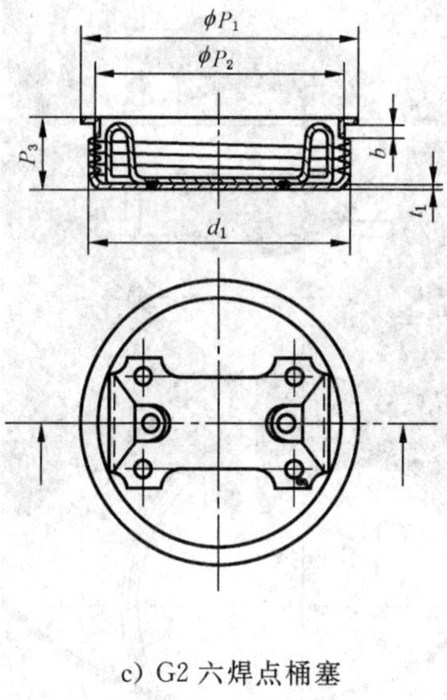

c) G2 六焊点桶塞

图 3 桶塞结构

表 4 桶塞规格尺寸

单位为毫米

规格	P_1	P_2	P_3	b	t_1	d_1
G2	61.5±0.3	56.0±0.3	15.4±0.3	3.5±0.3	1.2	d_1 尺寸符合 GB/T 7307
G3/4	28.4±0.3	22.9±0.3	13.6±0.3	3.2±0.3	1.2	
G4½	127.0±0.3	114.7±0.3	18.0±0.3	4.0±0.3	1.2	

6.5 B 型封闭器

6.5.1 B 型封闭器装配结构见图 4，B 型法兰装配尺寸与表 2 相同。

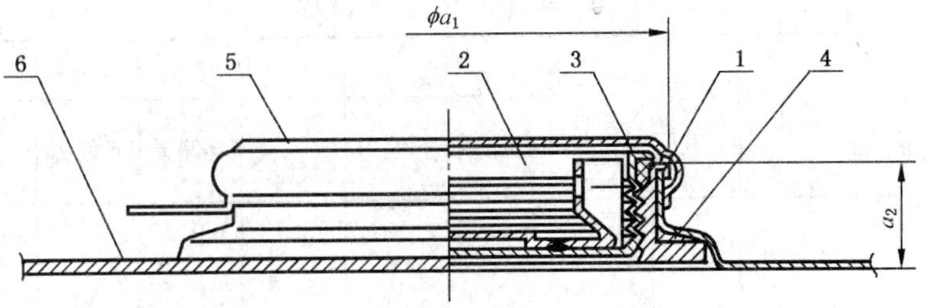

1——法兰；

2——桶塞；

3——垫圈；

4——衬圈；

5——封盖；

6——桶顶。

图 4 B型封闭器

6.5.2 法兰的结构见图 5,规格尺寸见表 5。

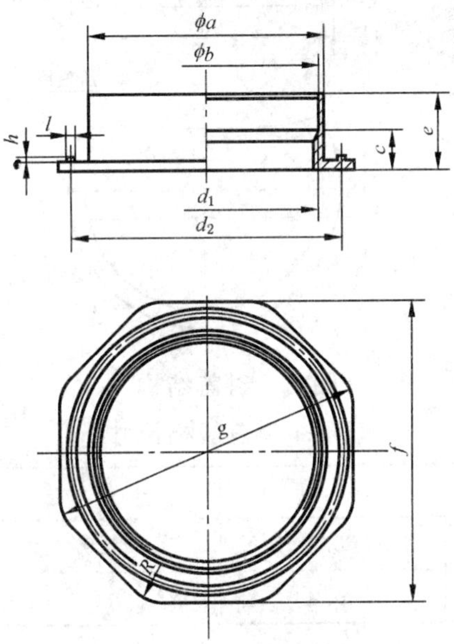

图 5 法兰结构

表 5 法兰规格尺寸

单位为毫米

规格	a	b	c	e	f	g	R	l	h	d_2	d_1
G2	62.3±0.2	60.4±0.2	10.2±0.4	18.7±0.3	77.8±0.2	82.1±0.2	12±0.8	2	$0.6^{+0.10}_{0}$	72	d_1 尺寸符合 GB/T 7307
G3/4	29.0±0.2	27.2±0.2	8.6±0.4	15.7±0.3	43.5±0.2	46.2±0.2	4±0.8	2	$0.6^{+0.10}_{0}$	37	
G4½	123.6±0.2	121.4±0.2	10±0.4	20±0.3	141±0.2	150±0.2	—	—	—	—	

6.5.3 桶塞的结构和尺寸见 A 型 6.4.3 桶塞的结构和尺寸。

6.6 封闭器螺纹

封闭器螺纹为 G,规格尺寸见表 6。

6.7 封盖的结构示意图

6.7.1 封盖结构和规格尺寸见图 6 和表 7。

表 6　封闭器螺纹规格尺寸

单位为毫米

名称	规格	25.4 mm 牙数	螺距	牙型角	大径			中径			小径		
					基本尺寸	上偏差	下偏差	基本尺寸	上偏差	下偏差	基本尺寸	上偏差	下偏差
桶塞	G2	11	2.309	55°	59.62	−0.62	−1.12	58.14	−0.40	−0.76	56.66	−0.40	—
法兰					59.62	—	0	58.14	+0.37	0	56.66	+0.94	+0.44
桶塞	G3/4	14	1.814	55°	26.44	−0.44	−0.94	25.28	−0.38	−0.65	24.12	−0.38	—
法兰					26.44	—	0	25.28	+0.26	0	24.12	+0.58	+0.08
桶塞	G4½	11	2.309	55°	121.26	−0.80	−1.65	119.78	−0.70	−1.55	118.3	−0.52	—
法兰					121.26	—	0	119.78	+0.35	0	118.3	+0.94	+0.44

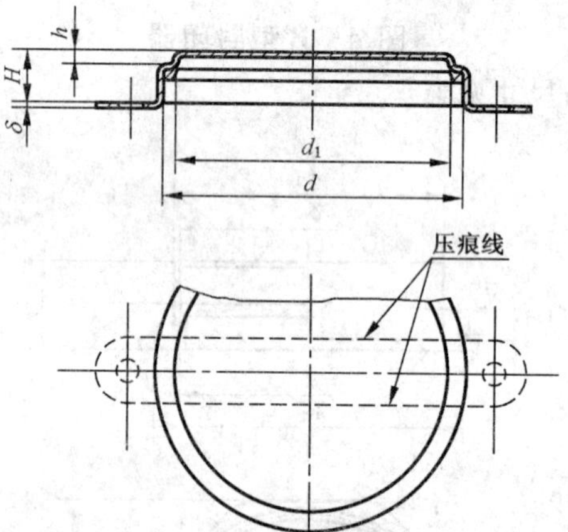

图 6　封盖结构

表 7　封盖规格尺寸

单位为毫米

规格	d	d_1	H	h	δ
G2	69.4	63.0	11.0	2.5	0.28
G3/4	34.7	30.0	9.0	1.5	0.28

6.8　法兰衬圈和桶塞垫圈

法兰衬圈和桶塞垫圈为矩形合成橡胶材料和矩形热塑性塑料材料两种，其结构和规格尺寸见图 7、表 8 和表 9。

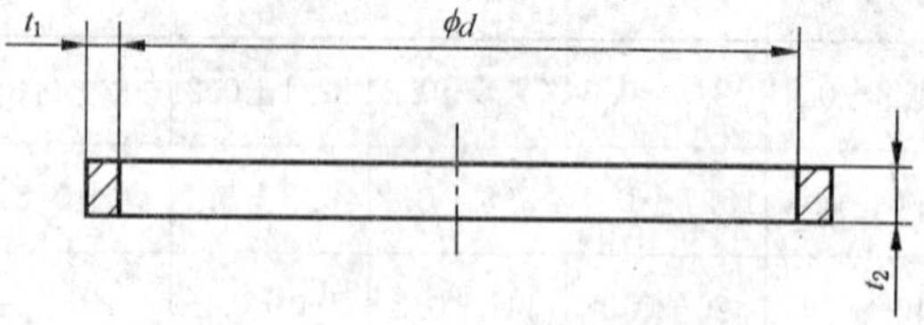

a) 矩形圈

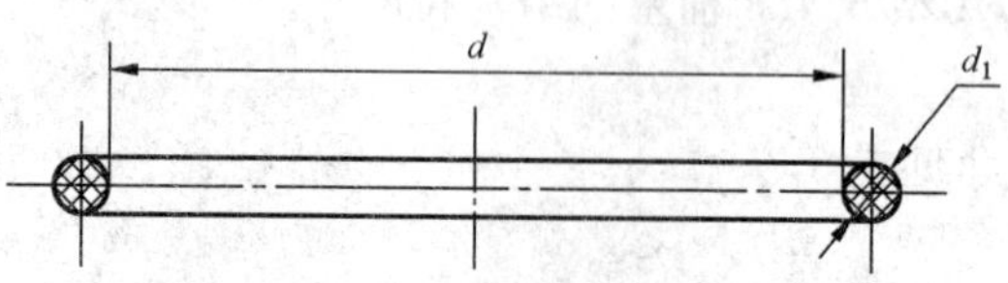

b) O 形圈

图 7　法兰衬圈和桶塞垫圈结构

表 8 法兰衬圈和桶塞垫圈(合成橡胶)规格

单位为毫米

规格名称	内径 d	矩形圈		O 形圈
		t_1	t_2	D_1
G2 垫圈	50.0±0.5	2.6±0.2	2.6±0.2	3.0±0.2
G3/4 垫圈	20.0±0.5	2.6±0.2	2.6±0.2	3.0±0.2
G2 衬圈	60.5±0.5	3.2±0.2	2.7±0.2	3.3±0.2
G3/4 衬圈	27.5±0.5	2.4±0.2	2.7±0.2	3.3±0.2
G4½衬圈	121.3±0.5	3.3±0.2	3.7±0.2	—

表 9 法兰衬圈和桶塞垫圈(热塑性塑料)规格尺寸

单位为毫米

规格名称	内径 d	矩形圈		O 形圈
		t_1	t_2	D_1
G2 衬圈	60.5±0.5	2.7±0.2	3.2±0.2	3.3±0.2
G3/4 衬圈	28.8±0.5	2.7±0.2	2.4±0.2	3.3±0.2
G2 垫圈	55.4±0.5	2.7±0.2	2.6±0.2	3.0±0.2
G3/4 垫圈	22.6±0.5	2.7±0.2	2.6±0.2	3.0±0.2
G4½垫圈	116±0.3	3.8±0.2	3.8±0.2	—

7 试验方法

7.1 结构尺寸、外观和装配质量

采用手感、目测和通用量具进行检验。

7.2 封闭器组合气密试验

按图 8 所示将试件压紧,通入压缩空气至规定值,在凹槽内注满清水,观察有无渗漏。

7.3 封闭器组合液压试验

按图 8 所示将试件压紧,通入水。压力至规定值保持 5 min,观察有无渗漏。

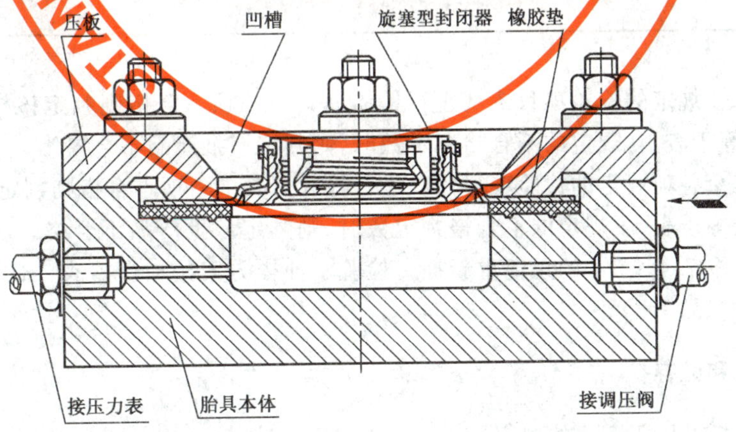

图 8 封闭器组合气密、液压试验图示

7.4 封闭器桶塞扭力检验

封闭器桶塞焊点扭力检验按表 1 扭力试验值,桶塞装配钢桶扭力值见附录 A 中表 A.2。

7.5 封闭器表面涂覆层厚度检验

按 GB/T 4956 规定的方法进行检验。

7.6 螺纹

封闭器的桶塞螺纹大径及法兰螺纹小径用通用量具进行检验，其他参数用螺纹工作量规综合检测。螺纹工作量规的制造尺寸和允许偏差见附录B。

8 检验规则

8.1 生产厂质量监督部门应按本标准的规定对产品进行检验。

8.2 封闭器应逐批检查。生产厂以每天生产量为一批，用户以交货量为一批。检查批应由同型号、同等级、同种类且生产条件基本相同的单位产品组成。

8.3 按GB/T 2828.1抽样方案选择正常检查一次抽样方案。

8.4 对5.1和5.6规定的检验项目，检查水平规定为特殊检查水平S-2，合格质量水平为2.5，抽取样本数量符合表10的规定。

表10 检查水平S-2和AQL2.5抽取样本数量

批量范围	正常一次抽检			加严一次抽检		
	IL=S-2 AQL=2.5			IL=S-2 AQL=2.5		
	样本数	合格判定数	不合格判定数	样本数	合格判定数	不合格判定数
1～35 000	5	0	1	8	0	1
≥35 001	20	1	2	32	1	2

8.5 对第5章中其余各项规定的检验项目，检验水平规定为特殊检查水平S-2，合格质量水平为6.5，抽取样本数量符合表11的规定。

表11 检查水平S-2和AQL6.5抽取样本数量

批量范围	正常一次抽检			加严一次抽检		
	IL=S-2 AQL=6.5			IL=S-2 AQL=6.5		
	样本数	合格判定数	不合格判定数	样本数	合格判定数	不合格判定数
1～150	2	0	1	3	0	1
151～35 000	8	1	2	13	1	2
≥35 001	13	2	3			

8.6 判定规则

8.6.1 对5.1和5.6规定的检验项目依次进行检验。其中一项不合格则判定该样品为不合格品。当不合格品数大于或等于表10规定的不合格判定数时，则判定该批产品不合格。

8.6.2 对第5章其余各项规定的检验项目依次进行检验。其中一项不合格则判定该样品为不合格品。当不合格品数大于、等于表11规定的不合格判定数时，则判定该批产品不合格。对不合格批可将不合格品剔除或修复后，按7.4～7.6的规定重新提交检验。抽样方案按加严检查一次抽样方案进行，仍不合格时，该批为不合格品。

9 标志、包装、运输和贮存

9.1 封闭器的标志按GB/T 191的规定。

9.2 封闭器运输中应有外包装箱或袋，应防止碰磕和变形。

9.3 封闭器存放时，应注意防雨、防潮湿、防锈蚀。

附 录 A
（资料性附录）
桶塞扳手示意图

A.1 用于封闭器的桶塞扳手

用于封闭器的桶塞扳手的示例见图 A.1、图 A.2，规格尺寸见表 A.1；G4½桶塞扳手按供需双方的要求。

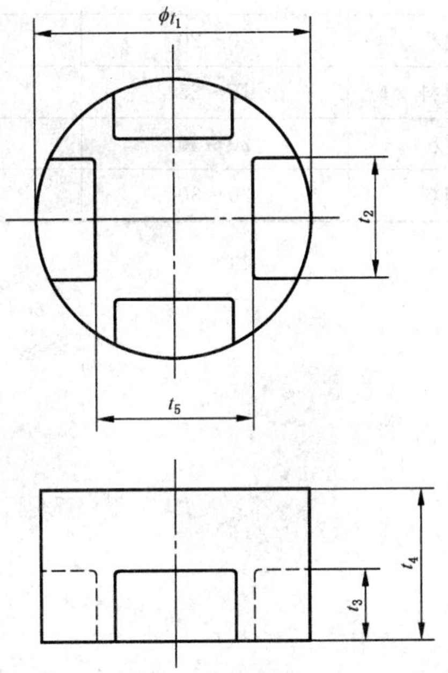

图 A.1 桶塞扳手（用于 G2）示意图

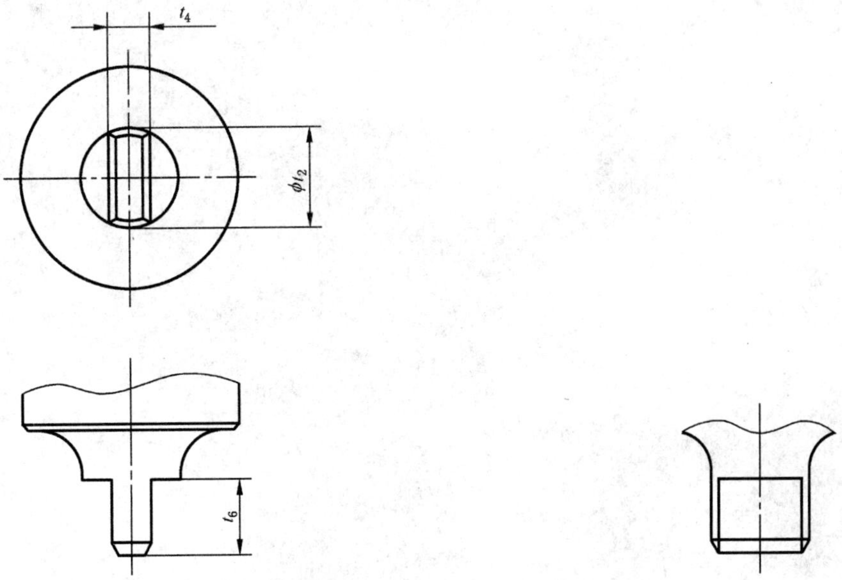

图 A.2 桶塞扳手（用于 G3/4）示意图

表 A.1 桶塞扳手规格、尺寸

单位为毫米

规格	尺寸					
	$t_1 \pm 0.3$	$t_2 \pm 0.2$	$t_3 \pm 0.3$	$t_4 \pm 0.2$	$t_5 \pm 0.3$	$t_6 \pm 0.3$
G3/4	—	15.8	—	8.5	—	10
G2	52	23	13	(28)	30	28

A.2 在桶塞旋入法兰过程中，桶塞扳手与标定合格的扭力扳手配合，桶塞装配钢桶扭力值见表 A.2。

表 A.2 桶塞装配钢桶扭力值

项目	桶塞垫圈	G2/Nm	G3/4/(Nm)	G4½/(Nm)
钢桶制造出厂标准	合成橡胶	10～20	10～20	15～25
	热塑性塑料	15～25	15～25	20～30
钢桶灌装出厂标准	合成橡胶	20～30	10～20	30～40
	热塑性塑料	20～30	15～25	30～40

附　录　B
（规范性附录）
封闭器螺纹工作量规制造尺寸和允许偏差

B.1　封闭器G型螺纹工作量规制造尺寸和允许偏差见表B.1。

表B.1　螺纹工作量规制造尺寸与允许偏差

单位为微米

名称	螺纹代号	螺距/mm	牙型角	25.4 mm牙数	半角偏差	量规代号	大径				中径				小径			
							基本尺寸/mm	上偏差	下偏差	磨损	基本尺寸/mm	上偏差	下偏差	磨损	基本尺寸/mm	上偏差	下偏差	磨损
环规	G2	2.309	55°	11	±15′	T	59.000	—	+80	—	57.740	−6	−21	+24	56.260	+10	−10	+20
						Z	59.000	—	+80	—	57.380	0	−14	+8	56.260	+90	+30	—
	G3/4	1.814	55°	14	±15′	T	26.000	—	+72	—	24.900	−5	−15	+20	23.740	+8	−8	+16
						Z	26.000	—	+72	—	24.630	0	−10	+7	23.740	+69	+24	—
塞规	G2	2.309	55°	11	±15′	T	59.620	+27	+9	−24	58.140	+18	+7	−24	57.546	0	—	—
						Z	59.620	−34	−94	—	58.510	+12	0	−8	57.546	0	—	—
	G3/4	1.814	55°	14	±15′	T	26.440	+24	+8	−20	25.280	+15	+5	−20	24.546	0	—	—
						Z	26.440	−28	−73	—	25.540	+10	0	−7	24.546	0	—	—

B.2　封闭器G4½型按供需双方的要求。

ICS 55.140
A 82

中华人民共和国国家标准

GB/T 13252—2008
代替 GB 13252—2003

包装容器　钢提桶

Packing containers—Steel pails

2008-07-18 发布　　2009-01-01 实施

中华人民共和国国家质量监督检验检疫总局
中国国家标准化管理委员会　发布

前　言

本标准修改采用日本工业标准 JIS Z 1620—1995《钢提桶》。

本标准与 JIS Z 1620—1995 相比，主要差异如下：

——容积适用范围扩大为 17 L～24 L；

——取消了按钢板厚度的分类；

——外形尺寸稍有差异；

——增加了涂膜附着力的要求；

——对非危险品包装用钢提桶的耐液压性按最严要求，不再分类规定；

——堆码负载规定为 1 250 N；

——产品标识按国内要求规定；

——按照汉语习惯对一些编排格式和表述进行了修改。

本标准代替 GB 13252—2003《包装容器　钢提桶》。

本标准与 GB 13252—2003 相比主要变化如下：

——钢提桶分类中增加了非危险品包装，表 1 增加备注内容；

——对部分尺寸进行修订；

——气密试验：3、4 类Ⅰ级桶试验压力改为 30 kPa；

——液压试验：3、4 类Ⅰ级桶试验压力改为 250 kPa，3、4 类Ⅲ级桶试验压力改为 100 kPa；

——跌落高度：Ⅰ、Ⅱ、Ⅲ级桶跌落高度分别改为 1.8 m、1.2 m、0.8 m，非危险品包装桶为 0.8 m；

——提梁、提环强度：试验力改为 600 N。

本标准由全国包装标准化技术委员会提出并归口。

本标准负责起草单位：国家包装产品质量监督检验中心(广州)。

本标准参加起草单位：佛山市顺德区万成金属包装有限公司、中化化工标准化研究所、江苏省产品质量监督检验研究院。

本标准主要起草人：蔡依军、朱丽萍、卢明、凌光耀、梁俊成、梅建、高妹芬、王凤玲。

本标准所代替标准的历次版本发布情况为：

——GB 13252—1991、GB 13252—2003。

包装容器　钢提桶

1　范围

本标准规定了用于运输和贮存液态和固态的危险品及非危险品的容量为17 L～24 L钢提桶(以下简称提桶)的分类、技术要求、试验方法、检验规则、标志、运输和贮存。

本标准适用于以薄钢板为主要材料制成的钢提桶。

2　规范性引用文件

下列文件中的条款通过本标准的引用而成为本标准的条款。凡是注日期的引用文件，其随后所有的修改单(不包括勘误的内容)或修订版均不适用于本标准，然而，鼓励根据本标准达成协议的各方研究是否可使用这些文件的最新版本。凡是不注日期的引用文件，其最新版本适用于本标准。

GB/T 1720　漆膜附着力测定法

GB/T 2828.1　计数抽样检验程序　第1部分：按接受质量限(AQL)检索的逐批检验抽样计划(GB/T 2828.1—2003，ISO 2859-1:1999，IDT)

GB/T 4857.3　包装　运输包装件　第3部分：静载荷堆码试验方法

GB/T 4857.5　包装　运输包装件　跌落试验方法(GB/T 4851.5—1992，idt 2248:1985)

GB/T 13040　包装术语　金属容器

GB/T 17344　包装　包装容器　气密试验方法

3　术语、定义、符号和代号

3.1　术语和定义

GB/T 13040确立的术语和定义适用于本标准。

3.2　符号

D_i——内径；

H_i——内高；

H_o——外高。

3.3　代号

T——桶型，带有锥度；

S——桶型，不带锥度；

4　提桶分类

4.1　提桶按其外型分为T型，S型，同时分为4个类别，4种规格，见表1。

表 1 提桶类别和规格

类别	规格	标称容积	桶型图	备注
1	1	18	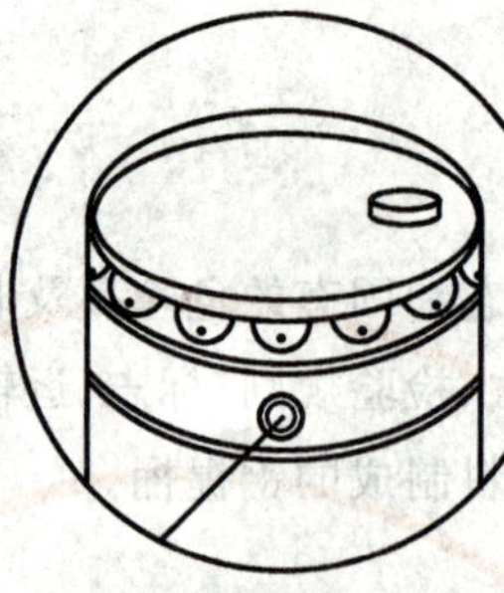	抓爪盖类，带有爪的可开盖通过爪使盖子紧扣在桶身上
	2	20		
	3[a]	21		
	4	24		
2	1	18	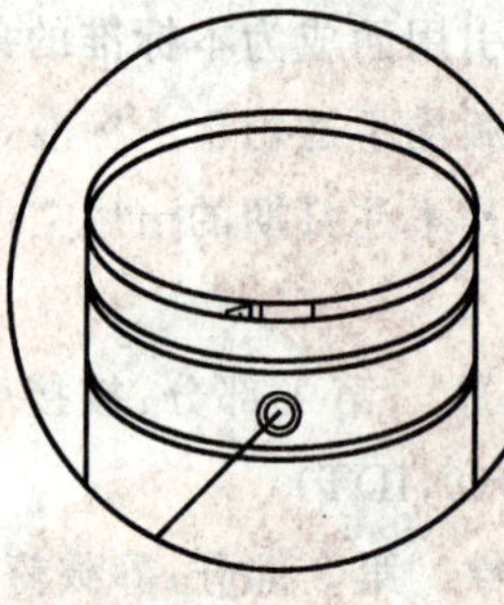	箍紧盖类，通过箍使可开盖箍紧在桶身上
	2	20		
	3[a]	21		
	4	24		
3	1	18		固定盖类，桶顶和桶底通过卷边固定在桶身上
	2	20		
4	1	17		
	2	17		
	3	19		
	4	20		

[a] 不适用S型桶。

4.2 提桶按技术要求分为危险品包装Ⅰ、Ⅱ、Ⅲ级和非危险品包装。

5 结构尺寸

5.1 T型桶结构尺寸及图型

5.1.1 T型桶结构尺寸见表2。

表 2　T 型桶尺寸

单位为毫米

类　别	规　格	内　径				内高 H_i[a]	
		桶顶 D_{i1}		桶底 D_{i2}			
		尺寸	极限偏差	尺寸	极限偏差	尺寸	极限偏差
1 2[b] 3[c]	1	285	±3	272	±3	315	±5
	2					342	
	3					360	
	4					420	

a　内高尺寸不含密封垫。
b　不含第 4 种规格。
c　不含第 3、4 种规格。

5.1.2　第 1 类 T 型桶图型见图 1。

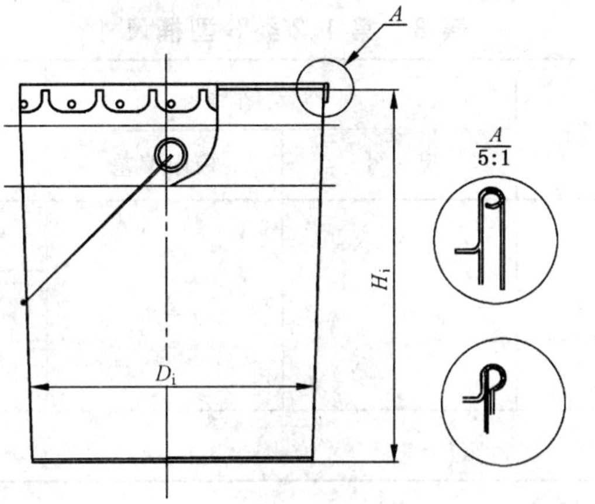

图 1

5.1.3　第 2 类 T 型桶图型见图 2。

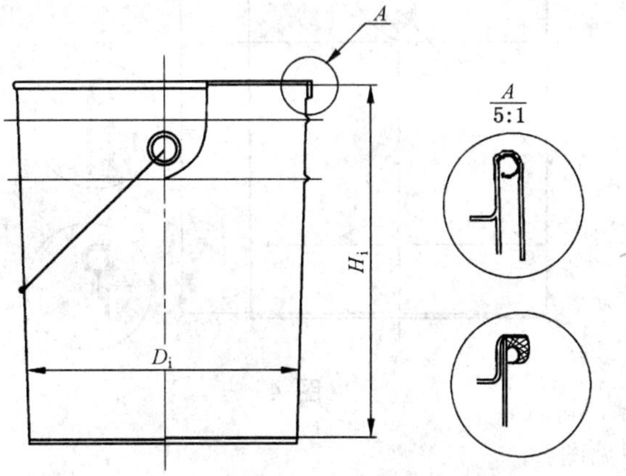

图 2

5.1.4　第 3 类 T 型桶图型见图 3。

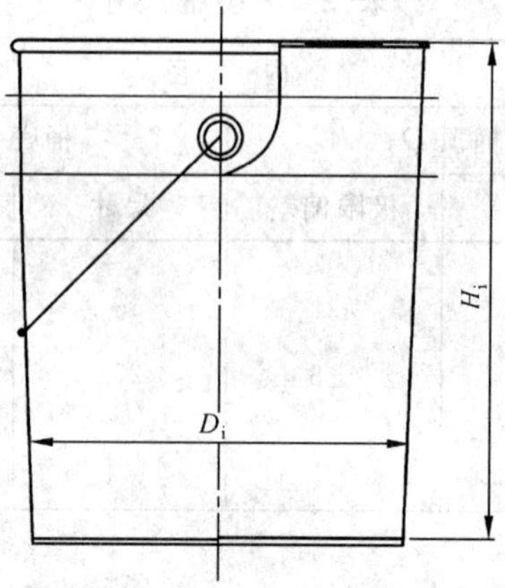

图 3

5.2 S 型桶结构尺寸及图型

5.2.1 第 1、2 类型桶结构尺寸见表 3。

表 3 第 1、2 类 S 型桶尺寸

单位为毫米

类别	规格	内径 D_i		内高 H_i^a	
		尺寸	极限偏差	尺寸	极限偏差
1 2	1	285	±3	310	±5
	2			340	
	4			420	
a 内高尺寸不含密封垫。					

5.2.2 第 1 类 S 型桶图型见图 4。

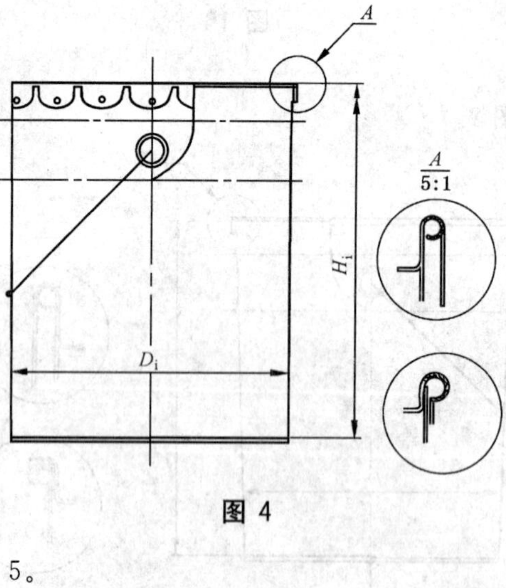

图 4

5.2.3 第 2 类 S 型桶图型见图 5。

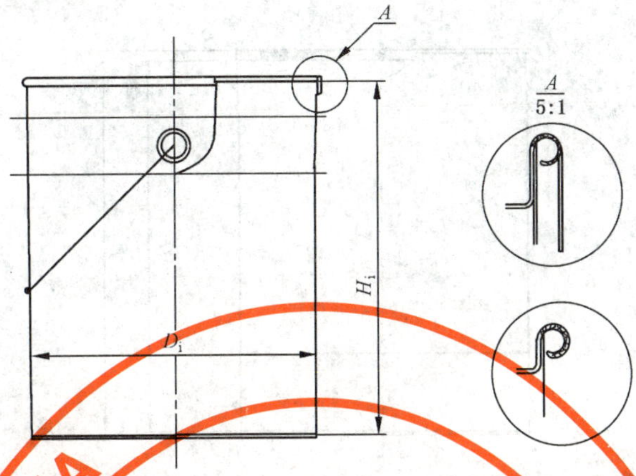

图 5

5.2.4　第 3 类 S 型桶结构尺寸见表 4、图 6。

表 4　第 3 类 S 型桶尺寸

单位为毫米

类　别	规　格	内径 D_i		内高 H_i		外高 H_o	
		尺　寸	极限偏差	尺　寸	极限偏差	尺　寸	极限偏差
3	1	285	±3	310	±5	330	±5
	2			340		360	

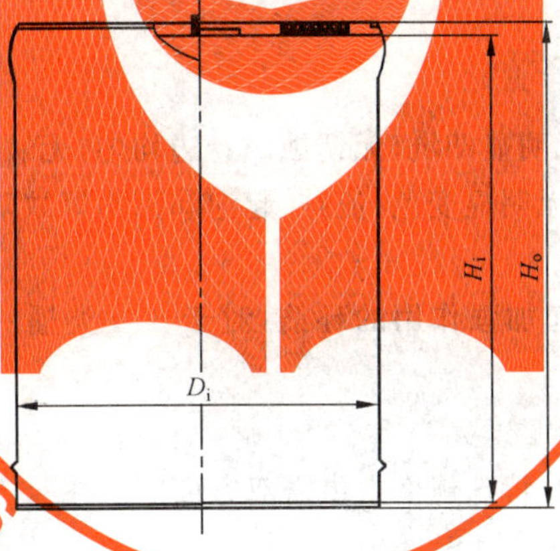

图 6

5.2.5　第 4 类 S 型桶结构尺寸见表 5、图 7。

表 5　第 4 类 S 型桶尺寸

单位为毫米

类　别	规　格	内径 D_i		内高 H_i		外高 H_o	
		尺　寸	极限偏差	尺　寸	极限偏差	尺　寸	极限偏差
4	1	264	±3	328	±5	340	±5
	2	273		310		320	
	3			342		352	
	4			360		370	

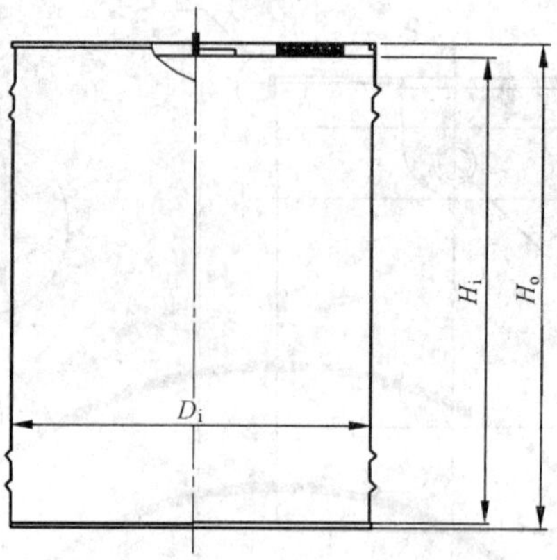

图 7

6 材料和附件

6.1 钢板、钢丝性能指标应符合国家有关标准的规定。

6.2 提桶用密封填料应采用密封性能好、与桶内装物相适应的材料。

6.3 提桶用涂料应采用附着力强，耐候性好的材料。内壁涂料应采用与桶内装物相适应的材料。直接接触食品、药品和食品添加剂时，提桶内壁应符合有关卫生标准的规定。

7 要求

7.1 基本要求

7.1.1 外观要求

提桶内、外表面光滑、圆整，无明显凹坑、无锈蚀。卷边均匀，无皱纹、无毛刺及无铁舌。焊缝平整均匀、无熔瘤焊渣。涂膜颜色均匀，无明显变色、流挂、起泡和擦伤等缺陷。

7.1.2 桶身型式

对于 1、2 类桶的桶身，要有起加强作用的环筋，对于 3、4 类桶的桶身，是否需要环筋由供需双方商定。

7.1.3 尺寸要求

提桶尺寸应符合第 5 章规定。特殊规格由供需双方商定。

7.1.4 卫生要求

用于盛装食品、药品和食品添加剂的提桶，应符合《食品卫生法》及有关标准和规定。

7.2 性能要求

7.2.1 气密性能

提桶经气密试验后，不应泄漏。

7.2.2 耐液压性

液体包装用 3、4 类提桶经液压试验后，不应泄漏。

7.2.3 耐跌落性

提桶经跌落试验后，不应泄漏。

7.2.4 耐堆码性

提桶经堆码试验后，不应出现可能影响运输安全的泄漏和变形。

7.2.5 提梁、提环强度

提梁、提环经强度试验后，提梁、提环及安装部位不应出现断裂或破损。

7.2.6 涂膜附着力

涂膜附着力应优于2级。

8 试验方法

8.1 外观、型式、尺寸

外观质量和桶身型式用目测检查。尺寸用通用或专用量具检测。

8.2 气密试验

气密试验按照GB/T 17344进行试验。危险品包装和非危险品包装测试压力分别见表6、表7。

表6 危险品包装用提桶测试压力

级别	危险级别Ⅰ包装	危险级别Ⅱ、Ⅲ包装
测试压力/kPa	30	20

表7 非危险品包装用提桶测试压力

类别		1类	2类	3类	4类
测试压力/kPa	加盖前	20	20	20	20
	加盖后	10	10		

8.3 液压试验

对第1、2类提桶不进行此项试验。

对第3、4类提桶，在桶顶上打孔，将提桶内注满水，把压力表与加压泵连接，并通过连通部件固定在桶顶孔上。开动加压泵往桶内加压，达到试验压力后关闭阀门，保持压力5 min，试验压力见表8，检查提桶有无泄漏。

表8 测试压力

级别	危险级别Ⅰ包装	危险级别Ⅱ、Ⅲ和非危险品包装
测试压力/kPa	250	100

8.4 跌落试验

按GB/T 4857.5的规定，将每个样品跌落一次，检查有无泄漏。内装物及填充量、跌落部位见表9，跌落高度见表10、当盛装液体密度大于1.2 g/cm³ 时跌落高度见表11。

表9 内装物及填充量、跌落部位

实际内装物	模拟内装物	填充量	跌落部位
固体	干燥沙	容积的95%	焊缝、桶底、桶顶卷边和焊缝结合部位
液体	水	容积的98%	

表10 跌落高度

级别	危险级别Ⅰ包装	危险级别Ⅱ包装	危险级别Ⅲ和非危险品包装
跌落高度/m	1.8	1.2	0.8

表11 跌落高度(盛装液体密度大于1.2 g/cm³ 时)

级别	危险级别Ⅰ包装	危险级别Ⅱ包装	危险级别Ⅲ和非危险品包装
跌落高度/m	液体密度×1.5	液体密度×1.2	液体密度×0.67

对第3、4类提桶跌落后，在提桶适当部位钻一小孔，使内外压力平衡，在5 min内检查有无泄漏。

8.5 堆码试验

按GB/T 4857.3的规定，堆码试验时间为24 h，堆码载荷：1 250 N。

8.6 **提梁、提环强度试验**

将提梁或提环用适当的方法固定，然后在桶身上沿垂直方向加负载至600 N。5 min后，检查提梁、提环及其桶体连接部位有无断裂或破损。

8.7 **涂膜附着力测定**

按照GB/T 1720的规定进行检查。

9 检验规则

9.1 提桶检验分出厂检验和型式检验。

9.1.1 出厂检验

9.1.1.1 7.1.1、7.1.2、7.1.3和7.2.1为出厂检验项目，按GB/T 2828.1正常检查一次抽样方案。

9.1.1.2 7.1.1、7.1.2、7.1.3的检验水平为特殊检查水平S-3，接收质量限为6.5，抽样数和合格判定数见表12。

表12 抽样数和合格判定数

批量范围	正常一次抽样		
	检验水平为S-3	接收质量限(AQL)为6.5	
	样本数	合格判定数	不合格判定数
1～50	2	0	1
51～500	8	1	2
501～3 200	13	2	3
3 201～35 000	20	3	4
35 001～500 000	32	5	6
≥500 001	50	7	8

9.1.1.3 7.2.1的检验水平为特殊检查水平S-1，接收质量限为2.5，抽样数和合格判定数见表13。

表13 抽样数和合格判定数

批 量 范 围	正常一次抽样		
	检验水平为S-1	接收质量限(AQL)为2.5	
	样本数	合格判定数	不合格判定数
1～500	3	0	1
501～35 000	5	0	1
≥35 001	8	0	1

9.1.2 型式检验

9.1.2.1 提桶有下列情况之一时，应进行型式检验：

a) 新产品投产或老产品转产的试制定型鉴定；

b) 当结构、材料、工艺改变，可能影响产品性能时；

c) 正常生产时，每半年进行一次检验；

d) 产品长期停产后，恢复生产时；

e) 出厂检验结果与上次型式检验结果有较大差异时；

f) 国家质量监督机构提出进行型式检验的要求时。

9.1.2.2 本标准7.1和7.2为型式检验项目，抽样数为9个，检验程序如下：

a) 取3个样桶对7.1进行检验，然后用此3个样桶进行气密试验，再用此3个样桶进行液压试验；

b） 余下的6个样桶，取3个样桶进行堆码试验，然后用这6个样桶进行跌落试验。

9.2 判定规则

9.2.1 出厂检验

9.2.1.1 当7.1中若有两项以上不合格，则判定该样品为不合格。当7.2.1不合格，则判定该样品为不合格。

9.2.1.2 当不合格样品数大于或等于表12和表13规定的不合格判定数时，则判定该批产品不合格。

9.2.2 型式检验

9.2.2.1 当7.1中若有两项以上不合格，则判定该样品为不合格。如一个样品不合格，则评定该批不合格。

9.2.2.2 按本标准7.2逐项进行检验，当一项不合格则判定该样品不合格。如一个样品不合格则判定该批不合格。

10 标志、运输和贮存

10.1 提桶上应有制造厂标志或代号。

10.2 提桶的运输和贮存应避免雨淋、曝晒、受潮、污染和变形等。

ICS 71.080.30
G 17

中华人民共和国国家标准

GB/T 13254—2008
代替 GB 13254—1991

工业用己内酰胺

Caprolactam for industrial use

2008-06-04 发布 2008-12-01 实施

中华人民共和国国家质量监督检验检疫总局
中国国家标准化管理委员会 发布

前　言

本标准修改采用俄罗斯联邦国家标准 ГОСТ 7850—1986《己内酰胺技术条件》(俄文版,含 1991 年、1992 年、1996 年修改通知单,以下简称 ГОСТ 标准)。

本标准根据 ГОСТ 7850—1986 重新起草。在附录 A 中列出了本标准章条编号与 ГОСТ 7850—1986 章条编号的对照一览表。

考虑到我国的国情,本标准在采用 ГОСТ 标准时做了一些修改,本标准与 ГОСТ 7850—1986 的主要技术性差异如下:

——增加了外观的要求及其试验方法(本标准的 3.1 和 4.1);

——未设置 20%水溶液的 pH 值项目。因国内用户对此控制项目无要求;

——优等品指标与 ГОСТ 标准优级比较:结晶点由≥68.8 ℃修改为≥68.9 ℃,高锰酸钾吸收值由≤4 修改为≤5(本标准的 3.2),这是为了有利于产品质量的提高和符合我国产品质量实际情况而确定的;

——高锰酸钾吸收值的测定采用 ISO 8660:2002 方法(本标准的 4.4);

——挥发性碱含量的测定采用 ISO 8661:1988 方法(本标准的 4.5);

——酸度或碱度的测定由电位滴定法修改为指示剂指示滴定终点法;标准滴定溶液由 0.002 mol/L 修改为 0.01 mol/L(本标准的 4.7)。这是为了简化分析步骤而确定的。

本标准代替 GB 13254—1991《工业己内酰胺》。

本标准与 GB 13254—1991 相比主要变化如下:

——适用范围取消了工艺路线的描述(1991 年版的第 1 章,本版的第 1 章);

——增加了液体产品的外观要求(见 3.1.2);

——一等品和合格品的高锰酸钾吸收值分别由≤10 和≤20 修改为≤8 和≤18,优等品和一等品的酸度分别由≤0.10 mmol/kg 和≤0.20 mmol/kg 修改为≤0.05 mmol/kg 和≤0.10 mmol/kg(1991 年版的 3.2,本版的 3.2);

——铁含量、环己酮肟含量只列为型式检验项目(见 5.1.2);

——检验规则、运输和贮存增加了液体产品的相关规定(见 5.3,6.2,6.3,6.4);

——取消了使用单位验收产品及产品出厂到验收有效期的规定(1991 年版的 5.2,本版的第 5 章)。

——增加了固体产品的保质期(见 6.4.3)。

本标准的附录 A 为资料性附录。

本标准由中国石油和化学工业协会提出。

本标准由全国化学标准化技术委员会有机分会(SAC/TC 63/SC 2)归口。

本标准起草单位:中国石油化工股份有限公司北京化工研究院、中国石油化工股份有限公司巴陵分公司。

本标准主要起草人:唐跃兵、赵君红、沈佩芝、旷志刚、郝燕。

本标准所代替标准的历次版本发布情况为:

——GB 13254—1991。

工业用己内酰胺

1 范围

本标准规定了工业用己内酰胺的技术要求、试验方法、检验规则以及标志、包装、运输、贮存。

本标准适用于工业用己内酰胺的生产、检验和销售。

分子式：$C_6H_{11}NO$

结构式：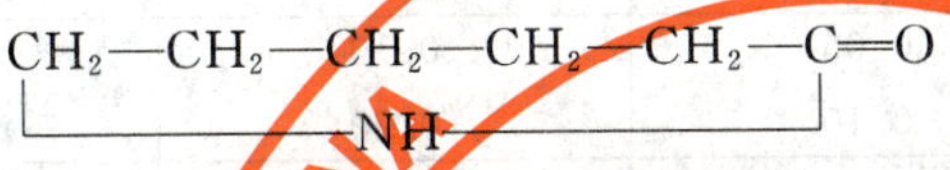

相对分子质量：113.16(按2005年国际相对原子质量)

2 规范性引用文件

下列文件中的条款通过本标准的引用而成为本标准的条款。凡是注日期的引用文件，其随后所有的修改单(不包括勘误的内容)或修订版均不适用于本标准，然而，鼓励根据本标准达成协议的各方研究是否可使用这些文件的最新版本。凡是不注日期的引用文件，其最新版本适用于本标准。

GB/T 1250 极限数值的表示方法和判定方法

GB/T 6678—2003 化工产品采样总则

GB/T 6679—2003 固体化工产品采样通则

GB/T 6680—2003 液体化工产品采样通则

GB/T 8947 复合塑料编织袋

GB/T 13255.1 工业用己内酰胺试验方法 50%水溶液色度的测定 分光光度法(GB/T 13255.1—1991，neq ISO 8112:1984)

GB/T 13255.2 工业用己内酰胺 结晶点的测定(GB/T 13255.2—1991，neq ISO 7060:1982)

GB/T 13255.3 工业用己内酰胺 高锰酸钾吸收值的测定 分光光度法(GB/T 13255.3—1991，neq ISO 8660:2002)

GB/T 13255.4 工业用己内酰胺 挥发性碱含量的测定 蒸馏后滴定法(GB/T 13255.4—1991，neq ISO 8661:1988)

GB/T 13255.5 工业用己内酰胺 290 nm 波长处吸光度的测定(GB/T 13255.5—1991，neq ISO 7059:1982)

GB/T 13255.6 工业用己内酰胺 酸度或碱度的测定(GB/T 13255.6—1991，neq ГОСТ 26743.5:1985)

GB/T 13255.7 工业用己内酰胺 铁含量的测定

GB/T 13255.8 工业用己内酰胺 环己酮肟含量的测定(GB/T 13255.8—1991，neq ГОСТ 26743.6:1985)

3 要求

3.1 外观

3.1.1 固体外观：白色、片状固体，无可见机械杂质。

3.1.2 液体外观：无色、透明液体，无可见机械杂质。

3.2 工业用己内酰胺质量应符合表1所示的技术要求。

表 1 技术要求

项　目		指　标		
		优等品	一等品	合格品
50%水溶液色度/Hazen 单位(铂-钴色号)	≤	3	5	8
结晶点/℃	≥	68.9	68.8	68.5
高锰酸钾吸收值	≤	5	8	18
挥发性碱含量/(mmol/kg)	≤	0.4	0.8	1.5
290 nm 波长处吸光度	≤	0.04	0.10	0.20
酸度/(mmol/kg)	≤	0.05	0.10	—
或碱度/(mmol/kg)	≤	0.10	0.20	—
铁(Fe)含量/(mg/kg)	≤	0.2	0.5	1.0
环己酮肟含量/(mg/kg)	≤	20	20	—

4 试验方法

4.1 外观

目测。

4.2 50%水溶液色度的测定

按 GB/T 13255.1 规定的方法进行。

4.3 结晶点的测定

按 GB/T 13255.2 规定的方法进行。

4.4 高锰酸钾吸收值的测定

按 GB/T 13255.3 规定的方法进行。

4.5 挥发性碱含量的测定

按 GB/T 13255.4 规定的方法进行。

4.6 290 nm 波长处吸光度的测定

按 GB/T 13255.5 规定的方法进行。

4.7 酸度或碱度的测定

按 GB/T 13255.6 规定的方法进行。

4.8 铁含量的测定

按 GB/T 13255.7 规定的方法进行。

4.9 环己酮肟含量的测定

按 GB/T 13255.8 规定的方法进行。

5 检验规则

5.1 检验分为出厂检验和型式检验。

5.1.1 出厂检验项目为外观和表 1 中的 50%水溶液色度、结晶点、高锰酸钾吸收值、挥发性碱含量、290 nm 波长处吸光度、酸度或碱度，应逐批进行检验。

5.1.2 型式检验项目为外观和表 1 中的所有项目，在正常生产的情况下，每月应至少进行一次型式检验。有下列情况之一时，也应进行型式检验。

a) 更新关键生产工艺；

b) 主要原料有变化；

c） 停产后重新恢复生产；

d） 出厂检验结果与上次型式检验结果有较大差异；

e） 合同规定。

5.2 工业用己内酰胺应由生产厂的质量监督部门按批进行检验，生产厂应保证所有出厂的工业用己内酰胺符合本标准的要求。每批出厂的己内酰胺都应附有一定格式的质量证明书，内容包括生产厂名称、产品名称、产品等级、批号、生产日期和本标准的编号。

5.3 在原材料、工艺不变的条件下，以产品连续生产的实际批为一批，但若干个生产批构成一个检验批的时间通常不超过1天。

5.4 采样方法

固体产品的采样按GB/T 6678—2003和GB/T 6679—2003的规定进行，采样总量不得少于2 kg。液体产品的采样按GB/T 6678—2003和GB/T 6680—2003的规定进行，采样总量不得少于2 L。

5.5 液体产品的样品以固体形态保存。将所采取的样品仔细混匀，样品分成两份，分装于两个清洁干燥的聚乙烯塑料瓶（袋）中，严密封口，粘贴标签，注明产品名称、批号、采样日期、采样人姓名。一份供检验用，另一份加封保存备查。

5.6 检验结果的判定应按GB/T 1250中规定的修约值比较法进行。检验结果中如有一项指标不符合本标准的要求时，袋装产品应重新自两倍量的包装单元中采样进行复验，罐装产品应重新多点采样进行复验。重新检验的结果即使只有一项指标不符合本标准要求，整批产品为不合格。

6 标志、包装、运输、贮存

6.1 标志

工业用己内酰胺的包装容器上应有下列标志：生产厂名称、厂址、产品名称、等级、批号、净含量、商标、生产日期和本标准编号。

6.2 包装

固体己内酰胺采用双层袋包装。内袋为聚乙烯薄膜袋，热合封合；外袋为聚乙烯三合一袋，按GB/T 8947之规定选取，用机械缝纫封口。每袋净含量(25±0.25)kg，平均每袋净含量不低于25 kg。

6.3 运输

6.3.1 工业用己内酰胺在运输过程中应防止受潮、日晒，防止包装袋破损。

6.3.2 液体工业用己内酰胺应使用充氮气密闭[氧含量≤0.005%(摩尔分数)]的、保温的不锈钢槽车运输，槽车运输的保温条件为≤95 ℃。

6.4 贮存

6.4.1 固体己内酰胺应贮存在干燥、清洁的库房内。

6.4.2 液体己内酰胺应贮存在氮气密封[氧含量≤0.005%(摩尔分数)]的、保温的不锈钢贮槽或罐中，保温条件为≤95 ℃。

6.4.3 工业用己内酰胺自出厂之日起，固体己内酰胺在符合本标准规定的固体产品的包装、贮存和运输条件下，保质期为3个月。超过保质期可重新检验，检验结果符合本标准要求时产品仍可使用。

附 录 A
（资料性附录）
本标准章条编号与 ГОСТ 7850—1986 标准章条编号对照

表 A.1 给出了本标准章条编号与 ГОСТ 7850—1986 标准章条编号的对照一览表。

表 A.1 本标准章条编号与 ГОСТ 7850—1986 标准章条编号对照

本标准章条编号	对应 ГОСТ 7850—1986 标准的章条编号
1	—
2	—
3	1
4.1	—
4.2～4.9	1.3
5	3
6	5

ICS 71.100.99
G 85

中华人民共和国国家标准

GB/T 13258—2008
代替 GB/T 13258—1991

工业五硫化二磷

Technical phosphorus pentasulfide

2008-06-04 发布　　2008-12-01 实施

中华人民共和国国家质量监督检验检疫总局
中国国家标准化管理委员会　发布

前言

本标准代替 GB/T 13258—1991《工业五硫化二磷》。

本标准与 GB/T 13258—1991 相比主要变化如下：

——增加了前言；

——五硫化二磷(P_4S_{10})的相对分子质量由 444.495 改为 444.545。

——修改了规范性引用文件的内容；

——增加了安全提示；

——增加了采样和试样的制备；

——修订了二乙基二硫代磷酸得率的计算公式；

——修订了二异丁基二硫代磷酸得率的计算公式；

——修改了检验规则的内容；

——修改了标志、包装、运输和贮存的内容；

——删除了附加说明的内容。

本标准由中国石油和化学工业协会提出。

本标准由全国化学标准化技术委员会硫和硫酸分技术委员会(SAC/TC 63/SC 7)归口。

本标准起草单位：南化集团研究院、南通宝胜化工有限公司。

本标准主要起草人：冯俊婷、邹惠玲、李辉、贺艳、刘春娣、张汝爱。

本标准为第一次修订。

工业五硫化二磷

1 范围

本标准规定了工业五硫化二磷的要求、采样、试验方法、检验规则、标志、包装、运输、贮存和安全。

本标准适用于工业五硫化二磷。该产品主要用于制造化学农药、润滑材料的添加剂、浮选剂及维生素等。

分子式：P_4S_{10}

相对分子质量：444.545(2005年国际相对原子质量)

2 规范性引用文件

下列文件中的条款通过本标准的引用而成为本标准的条款。凡是注日期的引用文件，其随后所有的修改单(不包括勘误的内容)或修订版均不适用于本标准，然而，鼓励根据本标准达成协议的各方研究是否可使用这些文件的最新版本。凡是不注日期的引用文件，其最新版本适用于本标准。

GB 190 危险货物包装标志

GB/T 191 包装储运图示标志

GB/T 601 化学试剂 标准滴定溶液的制备

GB/T 602 化学试剂 杂质测定用标准溶液的制备(GB/T 602—2002，ISO 6353-1：1982，Reagents for chemical analysis—Part 1：General test methods，NEQ)

GB/T 603 化学试剂 试验方法中所用制剂及制品的制备(GB/T 603—2002，ISO 6353-1：1982，Reagents for chemical analysis—Part 1：General test methods，NEQ)

GB/T 1250 极限数值的表示方法和判定方法

GB/T 6003.1 金属丝编织网试验筛

GB/T 6678—2003 化工产品采样总则

GB/T 6682 分析实验室用水规格和试验方法(GB/T 6682—2008，ISO 3696：1987，MOD)

GB 12268 危险货物品名表

GB/T 15258 化学品安全标签编写规定

3 要求

工业五硫化二磷应符合表1的规定。

4 采样

4.1 采样

产品按照GB/T 6678—2003中7.6的规定确定采样单元(桶)数。

采样应使用专用的铝制采样管(直径约为20 mm的空心管)，从选出的各桶中，沿每桶的纵向厚度，各采样约200 g。

4.2 试样的制备

将采取的全部样品迅速倾倒于一平坦的表面上，用四分法缩分，然后各取约250 g作为实验室样品和保留样，分别装入清洁、干燥的广口瓶中，加盖密封，然后贴上标签，注明生产单位、样品名称及样品编号、产品批号及批量、样品量、采样日期、采样者。分析测定时，应先取出广口瓶上部(2～3)mm的试样，弃去。再盖上瓶塞，振摇数次，充分混匀样品，供称样用。

表 1

指标名称			指标		
			优级品	一级品	合格品
外观	粉状品		黄色	黄至黄绿色	黄绿至灰黄色
	片状品		黄色	黄至黄绿色	黄至深绿色
磷(P)的质量分数(以P计)/%			27.6～28.2	27.3～28.3	26.7～28.6
硫(S)的质量分数(以S计)/%			71.7～72.3	71.0～72.5	70.0～73.0
终熔点/℃		≥	276	274	273
熔距/℃		≤	2	3	3
升华残余物的质量分数/%		≤	0.25	0.40	0.60
铁(Fe)的质量分数(以Fe计)/%		≤	0.004	0.01	—
醇试验	二乙基二硫代磷酸得率/%	≥	85	85	85
	二异丁基二硫代磷酸得率/%	≥	95	92	90
粒度或片厚	粉状品(850 μm标准筛筛余物)/%	≤	2	2	2
	片状品片厚/mm	≤	0.5	0.5	0.5

5 试验方法

安全提示——本标准中使用的部分试剂具有毒性或腐蚀性，部分操作具有危险性。本标准并未揭示所有可能的安全问题，使用者操作时应小心谨慎并有责任采取适当的安全和健康措施。

本标准中所用的试剂和水，在没有注明其他要求时，均指分析纯试剂和符合GB/T 6682规定的三级水。试验中所用标准滴定溶液、杂质测定用标准溶液、制剂及制品，在没有注明其他要求时，均按GB/T 601、GB/T 602、GB/T 603的规定制备。

5.1 五硫化二磷的外观

通过目测试样的颜色来决定。

5.2 磷的质量分数的测定 称量法(仲裁法)

5.2.1 原理

试样用过氧化氢-氨水溶液分解。在酸性介质中，正磷酸根离子与喹钼柠酮生成黄色磷钼酸喹啉沉淀。过滤、洗涤、干燥、称量所得沉淀。

5.2.2 试剂

5.2.2.1 盐酸。

5.2.2.2 硝酸溶液：1+1。

5.2.2.3 过氧化氢溶液：1+5。使用时现配。

5.2.2.4 氨水溶液：1+2。使用时现配。

5.2.2.5 喹钼柠酮试剂：

a) 称取70 g钼酸钠($Na_2MoO_4 \cdot 2H_2O$)溶解于150 mL水中，制得溶液a；

b) 称取60 g柠檬酸溶解于85 mL浓硝酸和150 mL水的混合液中，冷却，制得溶液b；

c) 在不断搅拌下，慢慢地将溶液a加入到溶液b中，制得溶液c；

d) 量取5 mL喹啉试剂，加入到35 mL浓硝酸和100 mL水的混合液中，冷却后，在不断搅拌下缓慢地加到溶液c中，放置24 h，过滤，滤液中加入280 mL丙酮，用水稀释至1 000 mL，混匀，贮存于棕色瓶中，避光、避热。

5.2.3 仪器

5.2.3.1 电热干燥箱：可控温度在180℃。

5.2.3.2 玻璃滤器：滤板孔径(5～15)μm。

5.2.4 分析步骤

5.2.4.1 试液的制备

称取(0.4～0.6)g试样，精确至0.000 1 g，迅速置于干燥的500 mL锥形瓶中，盖上瓶塞，轻轻摇动，使试样均匀地分布于瓶底。加入预先混合好的100 mL过氧化氢溶液(5.2.2.3)和50 mL氨水溶液(5.2.2.4)的混合液，盖上瓶塞(瓶塞用滤纸垫好)，轻轻振摇，静置(1～3)h，煮沸15 min后，加入30 mL盐酸(5.2.2.1)，再煮沸25 min。

冷却后将溶液移入250 mL容量瓶中，用水稀释至刻度，干过滤，弃去最初部分滤液，所得滤液即为供以后分析用的试液A。

按上述步骤同时制备空白试液B。

5.2.4.2 测定

用移液管吸取10 mL试液A(5.2.4.1)，置于400 mL高型烧杯中，加入10 mL硝酸溶液(5.2.2.2)和50 mL水，加热至沸。加入35 mL喹钼柠酮试剂(5.2.2.5)，盖上表面皿，摇动，加热煮沸1 min，冷却至室温。

用预先干燥至恒量(精确至0.000 1 g)的玻璃滤器(5.2.3.2)过滤，先将上层清液滤完，然后用倾泻法洗涤沉淀(1～2)次，每次用水约25 mL，将沉淀完全移入玻璃滤器中后，继续用水洗涤，洗涤用水共约(125～150)mL。

将玻璃滤器连同沉淀置于180℃电热干燥箱(5.2.3.1)内，干燥45 min，移入干燥器中冷却，称量。

同时用空白试液B做空白试验。

5.2.5 结果计算

磷(P)的质量分数w_1，数值以%表示，按公式(1)计算：

$$w_1 = \frac{(m_1 - m_2) \times 0.014\ 00}{m} \times 100 \quad \cdots\cdots(1)$$

式中：

m_1——磷钼酸喹啉的质量的数值，单位为克(g)；

m_2——空白试验所得磷钼酸喹啉的质量的数值，单位为克(g)；

m——分取试料的质量的数值，单位为克(g)。

0.014 00——磷钼酸喹啉换算为磷的系数。

取平行测定结果的算术平均值为测定结果，平行测定结果的绝对差值应不大于0.2%。

5.3 磷(P)的质量分数的测定 分光光度法

5.3.1 原理

试样用过氧化氢-氨水分解。在硝酸溶液中，钼钒试剂与磷酸根生成磷钼钒的黄色络合物，在440 nm波长处，用分光光度计测其吸光度。

5.3.2 试剂

5.3.2.1 硝酸。

5.3.2.2 磷酸二氢钾。

5.3.2.3 硝酸溶液：1+3。

5.3.2.4 钼钒试剂：

a) 称取50 g钼酸铵$[(NH_4)_6Mo_7O_{24} \cdot 4H_2O]$，精确至0.01 g，溶解于500 mL水中，加热至50℃～60℃，冷却，过滤，制得溶液a；

b) 称取1.5 g偏钒酸铵，精确至0.01 g，溶解于250 mL水中，加热至50℃～60℃。如果钒酸盐溶解时呈黄色，应在加热前添加数滴氨水。将溶液过滤，冷却，添加 250 mL 硝酸溶液(5.3.2.3)，制得溶液 b；

c) 边搅拌边将溶液 a 注入溶液 b 中，再加入 350 mL 浓硝酸(5.3.2.1)，充分搅拌。此溶液可长期保存。

5.3.2.5 磷(P)标准溶液：0.100 mg/mL。

称取 0.439 4 g 置于以硫酸为干燥剂的干燥器中干燥过的磷酸二氢钾(5.3.2.2)，精确至 0.000 1 g，溶于水中，移入 1 000 mL 容量瓶中，用水稀释至刻度，摇匀。

5.3.3 仪器

分光光度计：具有 440 nm 波长。

5.3.4 分析步骤

5.3.4.1 工作曲线的绘制

向 6 个 100 mL 容量瓶中分别加入磷标准溶液(5.3.2.5)20.00 mL，24.00 mL，28.00 mL，32.00 mL，36.00 mL，40.00 mL，各相应含磷 2.0 mg，2.4 mg，2.8 mg，3.2 mg，3.6 mg，4.0 mg。然后加水至约 70 mL，再加入 25 mL 钼钒试剂(5.3.2.4)，用水稀释至刻度，摇匀，放置(20～30)min。

在分光光度计上于 440 nm 波长处，用 1 cm 吸收池，以含 2.0 mg 磷的标准溶液作参比，测量标准显色溶液的吸光度。

以磷质量为横坐标，对应的吸光度值为纵坐标，绘制工作曲线。

5.3.4.2 测定

用移液管吸取(5～7)mL 试液 A(5.2.4.1)，置于 100 mL 容量瓶中，加水至约 70 mL，再加入 25 mL钼钒试剂(5.3.2.4)，用水稀释至刻度，摇匀，放置(20～30)min。

在分光光度计上于 440 nm 波长处，用 1 cm 吸收池，以含 2.0 mg 磷的标准溶液作参比，测量其显色溶液的吸光度。

同时用空白试液 B 做空白试验。

5.3.5 结果计算

从试液 A 的吸光度值减去空白试验的吸光度值，根据所得吸光度值差从工作曲线上查得相应的磷质量。

磷(P)的质量分数 w_2，数值以%表示，按公式(2)计算：

$$w_2 = \frac{m_1 \times 10^{-3}}{m} \times 100 \qquad \cdots\cdots(2)$$

式中：

m_1——从工作曲线上查得的磷的质量的数值，单位为毫克(mg)；

m——分取试料的质量的数值，单位为克(g)。

取平行测定结果的算术平均值为测定结果，平行测定结果的绝对差值应不大于 0.3%。

5.4 硫的质量分数的测定 称量法

5.4.1 原理

试样用过氧化氢-氨水分解。在酸性介质中，硫酸根离子与氯化钡反应，生成硫酸钡沉淀。过滤、洗涤、灼烧、称量所得的沉淀。

5.4.2 试剂和材料

5.4.2.1 盐酸。

5.4.2.2 氯化钡溶液：10 g/L。

5.4.2.3 硝酸银溶液：10 g/L。

5.4.2.4 氨水溶液：1+1。

5.4.2.5 甲基红指示剂：1 g/L 乙醇溶液。

5.4.2.6 慢速定量滤纸。

5.4.3 仪器

5.4.3.1 恒温水浴:能控制温度 60℃。

5.4.3.2 高温炉:能控制温度 800℃。

5.4.3.3 瓷坩埚:容量为 30 mL。

5.4.4 分析步骤

吸取 25.00 mL 试液 A(5.2.4.1),置于 500 mL 烧杯中,加入(3～4)滴甲基红指示剂(5.4.2.5),用氨水溶液(5.4.2.4)中和至溶液呈黄色,加入 3 mL 盐酸(5.4.2.1)和 400 mL 水,加热煮沸,以(5～8)mL/min的速度滴加煮至近沸的 75 mL 氯化钡溶液(5.4.2.2),加热至沸,在 60℃的恒温水浴(5.4.3.1)中静置(20～24)h。

趁热用慢速定量滤纸(5.4.2.6)过滤,用热水洗涤沉淀至无氯离子存在为止(以硝酸银溶液检验)。

把滤纸连同沉淀置于预先灼烧至恒量(精确至 0.000 1 g)的瓷坩埚(5.4.3.3)中,干燥沉淀,灰化滤纸,在 800℃的高温炉中灼烧 15 min,取出稍冷,移入干燥器中冷却后,称量。

5.4.5 结果计算

硫(S)的质量分数 w_3,数值以%表示,按公式(3)计算:

$$w_3 = \frac{m_1 \times 0.1373}{m} \times 100 \quad \cdots\cdots(3)$$

式中:

m_1——灼烧后沉淀的质量的数值,单位为克(g);

m——分取试料的质量的数值,单位为克(g);

0.137 3——硫酸钡换算为硫的系数。

取平行测定结果的算术平均值为测定结果,平行测定结果的绝对差值应不大于 0.3%。

5.5 熔点和熔距的测定

5.5.1 原理

用毛细管法在双浴式熔点测量装置上测定试样的初熔点和终熔点,终熔点和初熔点之差即为熔距。

5.5.2 仪器

5.5.2.1 圆底烧瓶:容积 250 mL,直径 80 mm,口径约 30 mm。

5.5.2.2 试管:长(100～110)mm,直径 20 mm。

5.5.2.3 胶塞:外侧有出气孔。

5.5.2.4 测量温度计:校正过的全浸式温度计,最大读数为 300℃,分度不大于 0.5℃。

5.5.2.5 辅助温度计:分度为 1℃。

5.5.2.6 毛细管:内径(0.8～1.2)mm,管壁厚为(0.15～0.2)mm,长度约(50～60)mm,一端熔封。

5.5.2.7 玻璃管:高约 800 mm,内径约 15 mm。

5.5.3 分析步骤

按图 1 所示,将烧瓶、试管、温度计以及胶塞连接在一起,向烧瓶中注入约其 3/4 体积的硫酸(或液体石蜡),并向试管中加入硫酸(或液体石蜡),试管中的液面与烧瓶中的液面应处在同一高度。

为将试样填装于毛细管中,首先将其敞口端插入磨细的试样中,然后敞口朝上竖正。取一干燥玻璃管(5.5.2.7)直立于瓷板或玻璃板上,将毛细管从玻璃管上端沿玻璃管内壁自由下落(5～6)次,直至毛细管内的试样紧缩至(2～3)mm 高为止。

将测量温度计(5.5.2.4)固定于试管中,不得触及管壁或管底,辅助温度计(5.5.2.5)附着于测量温度计的上端,使其水银球在测量温度计露出胶塞上的水银柱中部。将装有试样的毛细管附着于测量温度计上,使试样部分与测量温度计水银球的中部处在同一高度。

加热烧瓶,当测量温度升至接近试样熔点尚低约 10℃时,控制升温速度为每分钟 1℃左右,当试样局部出现液化时的温度为初熔点，试样完全熔化时的温度为终熔点，同时记录辅助温度计的读数。

注1：由于热的硫酸触及人体会引起严重烫伤，所以加热时必须非常小心，容器外壁应预先擦干，加热应均匀，防止局部过热，致使容器破裂，操作者应戴上护目镜。

注2：勿使试样或其他有机物触及硫酸，否则硫酸将变成棕黑色，有碍于熔点的观察。若发生上述情况，可酌加少许硝酸钠(或硝酸钾)晶体，加热后即褪色。

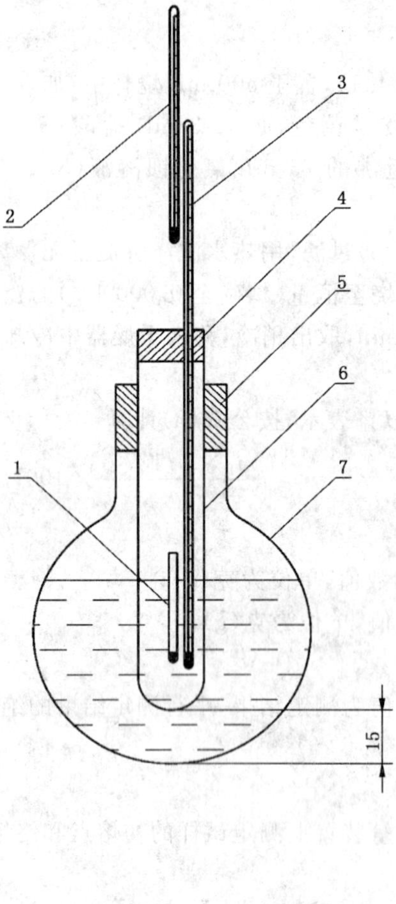

1——毛细管；
2——辅助温度计；
3——测量温度计；
4——胶塞；
5——胶塞；
6——试管；
7——圆底烧瓶。

图1　熔点测定装置示意图

5.5.4　结果计算

5.5.4.1　终熔点的计算

五硫化二磷的终熔点 t，数值以摄氏度(℃)表示，按公式(4)计算：

$$t = t_1 + 0.000\,16h(t_1 - t_2) \qquad \cdots\cdots(4)$$

式中：

t_1——观察到的终熔点的数值，单位为摄氏度(℃)；

t_2——辅助温度计的读数的数值，单位为摄氏度(℃)；

h——测量温度计露出胶塞上部的水银柱高度的数值，单位为摄氏度(℃)；

0.000 16——汞的表观膨胀系数，单位为每摄氏度(1/℃)。

5.5.4.2　熔距的计算

五硫化二磷的熔距 Δt，数值以摄氏度(℃)表示，按公式(5)计算：

$$\Delta t = t - t' \qquad \cdots\cdots (5)$$

式中：

t——按 5.5.4.1 中公式(4)计算的终熔点的数值，单位为摄氏度(℃)；

t'——初熔点的数值，即观察到的初熔点按公式(4)计算的结果，此时公式(4)中的 t_1 应为观察到的初熔点读数的数值，单位为摄氏度(℃)。

取平行测定结果的算术平均值为测定结果，平行测定结果的绝对差值应不大于1℃。

5.6 升华残余物的质量分数的测定

5.6.1 原理

试样在氮气中于(500～520)℃温度下升华，称量残余物。

5.6.2 试剂和材料

氮气。

5.6.3 仪器

5.6.3.1 管式炉：能控制温度(500～520)℃。

5.6.3.2 高温炉：能控制温度(500～520)℃以及(800～900)℃。

5.6.3.3 石英试管：长约 250 mm，直径约 25 mm。

5.6.3.4 石英导气管：一支长约 300 mm；另一支长约 100 mm，直径约 6 mm。

5.6.3.5 瓷舟：82 mm×12 mm×9 mm。

5.6.3.6 洗气瓶：250 mL。

5.6.4 分析步骤

按图 2 所示，连接测定升华残余物的装置，将管式炉接通电源，用(2～3)L 氮气吹洗系统(10～15)min。

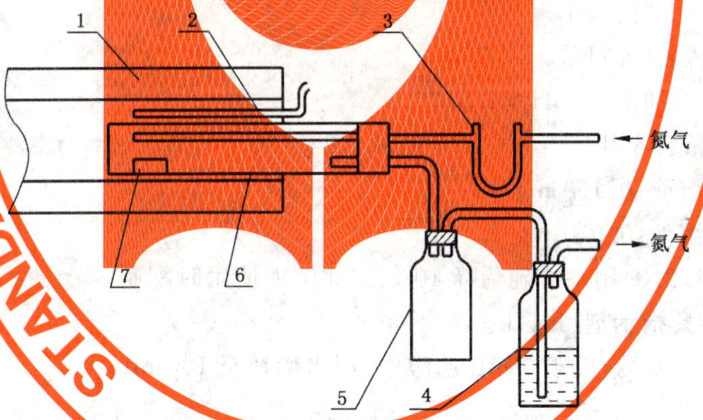

1——管式炉；

2——热电偶；

3——装有高氯酸镁或五氧化二磷的U型管；

4——盛有 10%氢氧化钠溶液的洗气瓶；

5——缓冲瓶；

6——石英试管；

7——瓷舟。

图 2 升华残余物测定装置示意图

在(500～520)℃温度下，灼烧瓷舟至恒量，称量，精确至 0.000 1 g。取约 1 g 试样迅速置于称量瓶中，称量，精确至 0.000 1 g。把称量瓶中的试样移入瓷舟中，称取空称量瓶的质量，精确至 0.000 1 g。

将盛有试料的瓷舟置于石英试管(5.6.3.3)中，盖上管塞，通氮气吹洗 5 min。停止通气，将石英试管插入预先加热至(500～520)℃的管式炉中，驱赶五硫化二磷 20 min，并在低温区域冷凝。

然后从管式炉中取出试管，接通氮气流。冷却后，小心地用夹子从石英试管中取出瓷舟，移置于干燥器中冷却，称量，精确至 0.000 1 g。

注：清除沉积于石英试管上部的五硫化二磷，可先用机械方式擦拭，再用浸上碱液的抹布擦拭，然后用蘸有乙醇的抹布擦净清理过的表面，当石英管壁上生成炭黑的黑圈时，可在(800～900)℃温度下，在空气中灼烧除去。

5.6.5 结果计算

升华残余物的质量分数 w_4，数值以%表示，按公式(6)计算：

$$w_4 = \frac{m_3 - m}{m_1 - m_2} \times 100 \qquad \cdots\cdots(6)$$

式中：

m——瓷舟的质量的数值，单位为克(g)；

m_1——装有试样的称量瓶的质量的数值，单位为克(g)；

m_2——空称量瓶的质量的数值，单位为克(g)；

m_3——升华后瓷舟和残余物的质量的数值，单位为克(g)。

取平行测定结果的算术平均值为测定结果，平行测定结果的绝对差值应不大于 0.04%。

5.7 铁的质量分数的测定

5.7.1 原理

试样用过氧化氢-氨水分解。用抗坏血酸将试液中的三价铁离子还原成二价铁离子，在 pH 为 2～9 时，二价铁离子与邻菲啰啉生成橙红色配合物。在 510 nm 波长处，用分光光度计测其吸光度。

5.7.2 试剂

5.7.2.1 硫酸。

5.7.2.2 硫酸铁铵[$NH_4Fe(SO_4)_2 \cdot 12H_2O$]。

5.7.2.3 盐酸溶液：2+1 及 1+2。

5.7.2.4 氨水溶液：4+1 及 1+4。

5.7.2.5 抗坏血酸溶液：20 g/L。

5.7.2.6 乙酸-乙酸钠缓冲溶液：pH≈4.5。

5.7.2.7 邻菲啰啉溶液：2 g/L。

5.7.2.8 铁(Fe)标准溶液：0.100 mg/L。

5.7.2.9 铁(Fe)标准溶液：0.010 mg/L。

将铁标准溶液(5.7.2.8)用水准确稀释 10 倍。此溶液使用时配制。

5.7.2.10 2,4-二硝基酚指示剂：1 g/L。

称取 0.1 g 2,4-二硝基酚，溶于 5 mL 乙醇中，用水稀释至 100 mL。

5.7.3 仪器

分光光度计：具有 510 nm 波长。

5.7.4 分析步骤

5.7.4.1 工作曲线的绘制

用移液管吸取 0 mL，1 mL，2 mL，4 mL，6 mL，8 mL，10 mL 铁标准溶液(5.7.2.9)，分别置于 7 个 100 mL 容量瓶中，加水至约 40 mL，加入 2 滴 2,4-二硝基酚指示剂(5.7.2.10)，按照先浓后稀的原则，逐滴加入氨水溶液(5.7.2.4)中和溶液至黄色，再用盐酸溶液(5.7.2.3)调节至恰为无色，所用盐酸不得过量。

加入 2.5 mL 抗坏血酸溶液(5.7.2.5)，摇匀，静置 5 min，加入 10 mL 乙酸-乙酸钠缓冲溶液(5.7.2.6)，5 mL 邻菲啰啉溶液(5.7.2.7)，加水至刻度，摇匀，放置 20 min。

在分光光度计上于 510 nm 波长处，用 3 cm 吸收池，以水为参比，测量标准显色溶液的吸光度。

以从每个标准显色溶液的吸光度值中减去空白溶液的吸光度值的差值为纵坐标，相应的铁质量为横坐标，绘制工作曲线。

5.7.4.2 测定

吸取(50～100)mL 试液 A(5.2.4.1),置于烧杯中,小心蒸发至体积约(20～30)mL,冷却。将溶液定量地移入 100 mL 容量瓶中,注意溶液总体积不超过 40 mL。

以下按 5.7.4.1 中“加入 2 滴 2,4-二硝基酚指示剂……用 3 cm 吸收池,以水为参比”的步骤进行操作,测量试液的吸光度。

同时用空白试液 B 做空白试验。

5.7.5 结果计算

从试液的吸光度值减去空白试验的吸光度值,根据所得吸光度值差从工作曲线上查得相应的铁质量。

铁(Fe)的质量分数 w_5,数值以%表示,按公式(7)计算:

$$w_5 = \frac{m_1 \times 10^{-3}}{m} \times 100 \qquad \cdots\cdots(7)$$

式中:

m_1——从工作曲线上查得的铁的质量的数值,单位为毫克(mg);

m——分取试料的质量的数值,单位为克(g)。

取平行测定结果的算术平均值为测定结果,平行测定结果的绝对差值应不大于 0.001%。

5.8 醇试验 二乙基二硫代磷酸得率的测定

5.8.1 原理

以二甲苯为介质,在 70℃温度下,五硫化二磷与乙醇反应生成二乙基二硫代磷酸。取部分反应产物,以溴甲酚绿-甲基红为指示剂,用氢氧化钠标准滴定溶液滴定至终点。

5.8.2 试剂

5.8.2.1 二甲苯。

5.8.2.2 无水乙醇。

5.8.2.3 氢氧化钠标准滴定溶液:c(NaOH)=0.5 mol/L。

5.8.2.4 溴甲酚绿-甲基红混合指示剂。

5.8.3 仪器

5.8.3.1 可调速电动搅拌器。

5.8.3.2 恒温水浴:能控制温度(65～80)℃。

5.8.3.3 250 mL 四颈烧瓶及与之相配的冷凝管、玻璃塞。

5.8.3.4 与冷凝管相连接的两个 250 mL 洗气瓶。

5.8.3.5 玻璃滤器:滤板孔径(15～40)μm。

5.8.4 分析步骤

5.8.4.1 二乙基二硫代磷酸的合成

按图 3 所示,连接合成二乙基二硫代磷酸装置。称取约 27.75 g 试样,精确至 0.01 g,边搅拌边通过粗颈玻璃漏斗将试样倾入预先装有 50 mL 二甲苯(5.8.2.1)的四颈烧瓶中。

将四颈烧瓶在恒温水浴上加热到 65℃,到达规定温度后,停止加热,通过分液漏斗小心地往四颈烧瓶中加入 32 mL 无水乙醇(5.8.2.2),注意反应不得过分激烈。以连续添加无水乙醇的方式,维持反应物温度为 70℃左右,并避免反应物过多地起泡沫。

加完全部无水乙醇后,在(68～70)℃下恒温 2 h,并用可调速电动搅拌器不停地搅拌。

2 h 后停止搅拌,使反应物冷却,将反应物定量地转移到 100 mL 容量瓶中,用无水乙醇稀释至刻度,摇匀。

如反应后沉淀物较多,则需用玻璃滤器过滤。

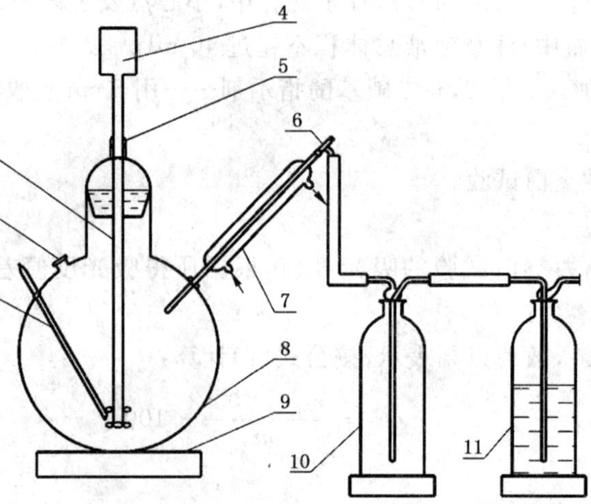

1——温度计；
2——配料孔；
3——磨口搅拌器；
4——电动机；
5——橡皮密封圈；
6——连接冷凝管和吸收系统的应接管；
7——回流冷凝管；
8——反应烧瓶；
9——带水浴的可调电炉；
10——缓冲瓶；
11——装有 100 g/L 的氢氧化钠溶液的吸收瓶。

图 3 合成装置示意图

5.8.4.2 二乙基二硫代磷酸的测定

向 250 mL 锥形瓶中倒入 50 mL 无水乙醇(5.8.2.2)，加入(10～12)滴现配的溴甲酚绿-甲基红混合指示剂(5.8.2.4)，用氢氧化钠标准滴定溶液(5.8.2.3)滴定至溶液颜色由红变绿。

取 2.00 mL 合成产物(5.8.4.1)，置于另一 250 mL 锥形瓶中，加入上述中和过的乙醇，充分摇匀，并迅速用氢氧化钠标准滴定溶液(5.8.2.3)滴定至溶液颜色由红变绿。

5.8.5 结果计算

二乙基二硫代磷酸的得率 w_6，数值以%表示，按公式(8)计算：

$$w_6 = \frac{Vc \times M/4}{m \times 1\,000} \times 100 = \frac{VcM}{40m} \qquad \cdots\cdots(8)$$

式中：

V——滴定消耗氢氧化钠标准滴定溶液的体积的数值，单位为毫升(mL)；

c——氢氧化钠标准滴定溶液的浓度的准确数值，单位为摩尔每升(mol/L)；

m——分取试料的质量的数值，单位为克(g)；

M——五硫化二磷的摩尔质量的数值，单位为克每摩尔(g/mol)(M=444.545)。

取平行测定结果的算术平均值为测定结果，平行测定结果的绝对差值应不大于 0.6%。

5.9 醇试验 二异丁基二硫代磷酸得率的测定

5.9.1 原理

在 80℃温度下，五硫化二磷与异丁醇反应生成二异丁基二硫代磷酸。取部分反应产物，以溴甲酚绿-甲基红为指示剂，用氢氧化钠标准滴定溶液滴定至终点。

5.9.2 **试剂**

5.9.2.1 异丁醇。

5.9.2.2 无水乙醇。

5.9.2.3 氢氧化钠标准滴定溶液：$c(NaOH)=0.1$ mol/L。

5.9.2.4 溴甲酚绿-甲基红混合指示剂。

5.9.3 **仪器**

同 5.8.3。

5.9.4 **分析步骤**

5.9.4.1 **二异丁基二硫代磷酸的合成**

将四颈烧瓶上安插回流冷凝管及温度计的磨口颈孔用塞子塞上，连同搅拌器一起称量，精确至 0.1 g。往四颈烧瓶中加入约 67 g 试样，塞上塞子，重新称量，精确至 0.1 g，按质量之差计算五硫化二磷的试料量。

按图 3 所示连接装置。在搅拌器不停搅拌下，慢慢加入 160 mL 异丁醇(5.9.2.1)与五硫化二磷混合，控制反应温度不超过 80℃。异丁醇全部加完后，将四颈烧瓶置于 80℃的恒温水浴中，不停地搅拌，维持这一温度 2 h。

反应结束(停止搅拌，凭目视观察，四颈烧瓶中呈单相溶液)后，将四颈烧瓶冷却至室温，卸下冷凝管和温度计，塞上瓶塞，称量，精确至 0.1 g。根据反应后四颈烧瓶的质量与空四颈烧瓶的质量之差，计算在异丁醇中所生成二异丁基二硫代磷酸(反应产物)的质量。

如称取的试样在异丁醇中溶解不完全，用玻璃滤器过滤反应产物于抽滤瓶中，从反应产物的质量中减去不溶物的质量。

5.9.4.2 **二异丁基二硫代磷酸的测定**

称取约 0.5 g 由 5.9.4.1 制得的反应产物，精确至 0.000 1 g，溶解于中和过的乙醇中，加入(10～12)滴现配的溴甲酚绿-甲基红混合指示剂(5.9.2.4)，用氢氧化钠标准滴定溶液(5.9.2.3)滴定至溶液颜色由红变绿。

5.9.5 **结果计算**

二异丁基二硫代磷酸的得率 w_7，数值以%表示，按公式(9)计算：

$$w_7=\frac{Vcm_1\times M/4}{m\times m_2\times 1\,000}\times 100=\frac{Vcm_1M}{40mm_2}\quad\cdots\cdots(9)$$

式中：

V——滴定消耗氢氧化钠标准滴定溶液的体积的数值，单位为毫升(mL)；

c——氢氧化钠标准滴定溶液的浓度的准确数值，单位为摩尔每升(mol/L)；

m_1——反应产物的质量的数值，单位为克(g)；

m_2——供滴定的反应产物的质量的数值，单位为克(g)；

m——试料的质量的数值，单位为克(g)；

M——五硫化二磷的摩尔质量的数值，单位为克每摩尔(g/mol)($M=444.545$)。

取平行测定结果的算术平均值为测定结果，平行测定结果的绝对差值应不大于 0.6%。

5.10 **粒度或片厚的测定**

5.10.1 **粒度的测定**

5.10.1.1 **原理**

粉状五硫化二磷的粒度，以 850 μm 试验筛筛余量表示。试样用 850 μm 试验筛过筛，称量筛余物。

5.10.1.2 **仪器**

试验筛：850 μm，符合 GB/T 6003.1 中 $R40/3$ 系列孔径尺寸。

5.10.1.3 **分析步骤**

筛分应在通风橱中进行。

称取五硫化二磷试样 50 g，精确至 0.1 g，置于 850 μm 试验筛中，配上筛底，盖上筛盖，振荡过筛，直至筛余量不再减少为止，称量筛余物，精确至 0.01 g。

5.10.1.4 **结果计算**

850 μm 试验筛筛余物的质量分数 w_8，数值以%表示，按公式(10)计算：

$$w_8=\frac{m_1}{m}\times 100 \quad\cdots\cdots(10)$$

式中：

m_1——筛余物的质量的数值，单位为克(g)；

m——试样的质量的数值，单位为克(g)。

取平行测定结果的算术平均值为测定结果，平行测定结果的绝对差值应不大于 0.5%。

5.10.2 **片厚的测定**

5.10.2.1 **原理**

用游标卡尺直接测量片状五硫化二磷的厚度。

5.10.2.2 **仪器**

游标卡尺：精度 10 μm。

5.10.2.3 **分析步骤**

用清洁的不锈钢镊子夹取片状五硫化二磷，迅速用游标卡尺测量其厚度，取(5～10)个样品的测量平均值作为测定结果。

6 检验规则

6.1 五硫化二磷由生产企业的质量检验部门按批检验，生产企业应保证每批出厂的五硫化二磷符合本标准的要求，并附有质量证明书，其内容包括：产品名称、产品等级、生产企业名称、生产企业地址、商标、批号、生产日期、净含量、本标准编号等。

6.2 使用单位在收到五硫化二磷的 15 日内，有权按照本标准的检验规则和试验方法对其进行检验，核准其质量是否符合本标准的要求。当供需双方对产品质量发生异议时，应由有资质的第三方检验机构进行仲裁检验。

6.3 检验用的样品，由质检部门专人随机按桶采样，采样总量不得少于 1 kg。

6.4 检验结果按 GB/T 1250 中规定的修约值比较法判定是否符合本标准，若检验结果有一项不符合本标准的要求，应重新自两倍量的包装中取样复验，复验结果即使有一项指标不符合本标准的要求，则整批产品为不合格。

7 标志、包装、运输和贮存

7.1 每个五硫化二磷的包装桶上，均应涂刷牢固标志，其内容包括：产品名称、产品等级、生产企业名称、生产企业地址、商标、批号、生产日期、净含量、本标准编号等。

7.2 每一包装桶上均应具有符合 GB 190 规定的“易燃固体”标志和 GB/T 191 规定的“怕雨”标志。

7.3 包装净含量分为 50 kg/桶、100 kg/桶、200 kg/桶，或根据客户要求决定包装量。

7.4 五硫化二磷应用移动顶或宽口钢桶包装，桶身有两道外凸环筋(钢板厚 1.0 mm 以上的)，或两组若干道波纹，桶口边缘与桶底组装应双重卷边，桶身与桶盖或箍圈配套卡牢扣紧并加橡胶密封圈。

内包装用塑料薄膜，袋口双层扎口或热合封口，应严密不漏。

用户如有特殊要求，可按供需双方协议办理，但应符合有关部门对危险品运输的规定。

7.5 五硫化二磷在运输过程中应加遮篷，不得与易燃、易爆物品混装，不得撞击和倒置。

7.6 五硫化二磷应贮存于干燥、通风、阴凉库房内，贮存场地应防火防潮，并不得与易燃、易爆物品混贮。

7.7 五硫化二磷的化学品安全标签应符合 GB 15258 的规定。

8 安全

8.1 五硫化二磷属于 GB 12268 规定的一级遇湿易燃物品，有毒、易燃、易爆、易因震动和撞击而起火。当燃烧着的产品遭水淋时，发生爆炸，并放出硫化氢气体。五硫化二磷粉尘着火的浓度低限为57.3 g/m^3。

生产场所操作区内，其空气中有毒物质的最高允许浓度是：磷化氢为 0.3 mg/m^3；磷为 0.03 mg/m^3；硫化氢为 10 mg/m^3。

8.2 五硫化二磷着火时，用砂、二氧化碳灭火器熄灭；小面积着火时，则用石棉毯覆盖。

8.3 制造及包装五硫化二磷的操作必须使用不产生火星的工具，操作人员应穿戴劳动防护用品。

8.4 五硫化二磷的生产和化验场所，必须安装通风装置。

8.5 工作环境禁止吸烟、进食和饮水。

ICS 03.120.30
A 41

中华人民共和国国家标准

GB/T 13262—2008
代替 GB/T 13262—1991

不合格品百分数的计数标准型一次抽样检验程序及抽样表

Single sampling procedures and tables for inspection having desired operating characteristics by attributes for percent nonconforming

2008-07-16 发布　　2009-01-01 实施

中华人民共和国国家质量监督检验检疫总局
中国国家标准化管理委员会　发布

前　言

目前，国际标准化组织(ISO)尚未颁布此类标准。本标准参照了日本标准 JIS Z9002，与日本标准 JIS Z9002 相比，技术内容的变化主要包括：

——将正表和辅助表合并成一个表，使检索抽样方案更方便。

——将 p_0 值由 21 个区间改为 34 个区间。

——将 p_0 区间起点值由 R20/2 系列改为 R40/2 系列。

本标准代替 GB/T 13262—1991《不合格品率的计数标准型一次抽样检查程序及抽样表》。

本标准与 GB/T 13262—1991 相比较，技术内容的变化主要包括：

——将批质量指标由批不合格品率改为批不合格品百分数；

——增加了合格质量水平、实际质量水平等若干名词术语；

——增加了用实际质量水平与合格质量水平相比较进行判定的论述；

——对原抽样方案表进行了重新计算，修改了原 GB/T 13262—1991 中的个别抽样方案；

——特别强调了本标准除了可以应用于最终产品、零部件和原材料外，还可以用于操作、在制品、库存品、维修操作、数据或记录、管理程序。

本标准由中国标准化研究院提出。

本标准由全国统计方法应用标准化技术委员会归口。

本标准起草单位：中国标准化研究院、广州市产品质量监督检验所、中国航天科工集团第二研究院、中国人民解放军军械工程学院、山东出入境检验检疫局。

本标准主要起草人：于振凡、邓穗兴、丁文兴、殷勤、张玉柱、陈玉忠、王东。

本标准所代替标准的历次版本发布情况为：

——GB/T 13262—1991。

引　言

本标准设计的抽样方案是标准型抽样方案，它可以针对孤立的一批产品进行抽样检验，而不需利用以往的资料，所以它又称为单批质量保证的抽样检验。本标准所规定的抽样方案同时控制两种错判的概率，当使用方对每批产品的质量都要求较严、或者对供方所提供的产品的质量历史无所了解时，采用这类方案是适宜的。

本标准的适用范围不同于 GB/T 2828.1—2003，GB/T 2828.1—2003 适用于对连续批的验收抽样，它不适用于对孤立批的抽样检验，其主要理由是，GB/T 2828.1—2003 是用接收质量限 AQL 来检索的。本标准的适用范围不同于 ISO 2859-2，其主要理由是，ISO 2859-2 是用极限质量 LQ 来检索的。

本标准中规定的抽样检验程序是针对孤立批的。本标准设计了一些规则，使得当批的实际质量水平符合合格质量水平时，判不接收该批的风险很小。如果还要求当批的实际质量水平不符合合格质量水平时，判接收该批的风险同样很小，必须有更大的样本量。为了使样本量大小适当，允许当实际质量水平不符合合格质量水平时，判接收该批的风险稍高。

不合格品百分数的计数标准型一次抽样检验程序及抽样表

1 范围

本标准规定了以批不合格品百分数为质量指标的计数标准型一次抽样检验的程序与实施方法，适用于单批质量保证的抽样检验。

本标准适用于检验批的批量大于250时且批量与样本量之比大于10时的情形。当批量小于250或批量与样本量之比不大于10时，则由本标准检索出的抽样方案是近似的，建议按GB/T 13264中规定的方法确定抽样方案。

本标准规定的生产方风险为$\alpha=0.05$，使用方风险为$\beta=0.10$。

本标准提供的抽样方案可用于(但不限于)下述各种产品(产出物)，如：

——最终产品；

——零部件和原材料；

——操作；

——在制品；

——库存品；

——维修操作；

——数据或记录；

——管理程序。

2 规范性引用文件

下列文件中的条款通过本标准的引用而成为本标准的条款。凡是注日期的引用文件，其随后所有的修改单(不包括勘误的内容)或修订版均不适于本标准。然而，鼓励根据本标准达成协议的各方研究是否可使用这些文件的最新版本。凡是不注日期的引用文件，其最新版本适用于本标准。

GB/T 321 优先数与优先数系

GB/T 2828.1—2003 计数抽样检验程序 第1部分：按接收质量限(AQL)检索的逐批检验抽样计划(ISO 2859-1:1999,IDT)

GB/T 10111 随机数的产生及其在产品质量抽样检验中的应用程序

GB/T 13264 不合格品百分数的小批计数抽样检验程序及抽样表

GB/T 19000—2000 质量管理体系 基础和术语(ISO 9000:2000,IDT)

ISO 3534-1:2006 统计学词汇及符号 第1部分：一般统计术语与用于概率的术语

ISO 3534-2:2006 统计学词汇及符号 第2部分：应用统计

3 术语、定义和符号

GB/T 2828.1—2003、ISO 3534-1:2006、ISO 3534-2:2006和GB/T 19000—2000确定的术语、定义和符号以及下列术语、定义和符号适用于本标准。为便于参考，某些术语直接引自上述标准。

3.1 术语和定义

3.1.1

计数检验 inspection by attributes

关于规定的一个或一组要求，或者仅将单位产品划分为合格或不合格，或者仅计算单位产品中不合格数的检验。

注：计数检验既包括不合格品百分数的检验，又包括每百单位产品不合格数的检验。

3.1.2

单位产品　item

可单独描述和考察的事物。

例如：

——一个有形的实体；

——一定量的材料；

——一项服务、一次活动或一个过程；

——一个组织或个人；

——上述项目的任何组合。

3.1.3

检验批　lot

简称为批。汇集在一起的一定数量的某种产品、材料或服务。

注：检验批可由几个投产批或投产批的一部分组成。

3.1.4

不合格　nonconformity

不符合规定的要求。

3.1.5

不合格品　nonconforming item

具有一个或一个以上不合格的产品。

3.1.6

批量　lot size

批中单位产品的数量。

3.1.7

样本　sample

从批中随机抽取的并且提供有关该批的信息的一个或一组单位产品。

3.1.8

样本量　sample size

样本中所包含的单位产品的数量。

3.1.9

合格质量水平　conformity quality level

批中允许的不合格品百分数的上限值。

3.1.10

批质量水平　lot quality level

批中的不合格品百分数。

3.1.11

批合格　lot conformity

批中的不合格品百分数小于或等于合格质量水平。

3.1.12

批不合格　lot nonconformity

批中的不合格品百分数大于合格质量水平。

3.1.13

(批)不合格品百分数　percent nonconforming (in a lot)

总体或批中的不合格品数除以批量再乘上100,即:

$$D/N\times 100$$

式中:D为批中的不合格品数,N为批量。

3.1.14

接收数　acceptance number

接收批的样本中允许的不合格品的最大数目。

3.1.15

抽样方案　sampling plan

所使用的样本量和有关批接收准则的组合。

3.1.16

一次抽样检验　single sampling inspection

从批中只抽取一个样本,并由样本中的不合格品数来判定该批是否接收的抽样检验过程。

3.1.17

生产方风险　producer's risk

对于给定的抽样方案,当批质量水平刚好为合格质量水平时,判定批不接收的概率。

注:本标准中生产方风险规定为5%。

3.1.18

使用方风险　consumer's risk

对于给定的抽样方案,当批质量水平为某一指定的不合格品百分数时的接收概率。

注:本标准中使用方风险规定为10%。

3.1.19

生产方风险质量　producer's risk quality

对于给定的抽样方案,与规定的生产方风险相对应的批质量水平。

注:生产方风险质量等于合格质量水平。

3.1.20

使用方风险质量　consumer's risk quality

对于给定的抽样方案,与规定的使用方风险相对应的批质量水平。

3.1.21

标准型抽样检验方案　sampling plan for having desired operating characteristics

同时适合于生产方风险质量、使用方风险质量、生产方风险和使用方风险的抽样检验方案。

3.2 符号

本标准所用的符号和缩略语如下:

N　批量

n　样本量

Ac　接收数

(n;Ac)　抽样方案

p_0　生产方风险质量

p_1　使用方风险质量

α　生产方风险

β　使用方风险

D　批中的不合格品数

d　样本中的不合格品数

p　批质量水平

$P_a(p)$　批质量水平等于 p 时，根据抽样方案将批判为接收的概率

4　抽样检验的程序

实施本标准的程序如下：

a)　规定单位产品的质量特性；

b)　规定质量特性不合格的分类与不合格品的分类；

c)　规定生产方风险质量与使用方风险质量；

d)　组成检验批；

e)　检索抽样方案；

f)　抽取样本；

g)　检验样本；

h)　依判定准则，做出是否接收该批的决定；

i)　检验批的处置。

5　抽样检验的实施

5.1　规定单位产品的质量特性

在技术标准或合同中，应对单位产品规定需抽查的质量特性以及合格与否的判定准则。

5.2　规定质量特性不合格的分类与不合格品的分类

5.2.1　质量特性不合格的分类

通常根据单位产品质量特性的重要程度或质量特性不符合的严重程度将不合格区分为 A 类、B 类及 C 类三种类别，A 类不合格是最被关注的一种类型的不合格，B 类不合格是关注程度比 A 类低的一种类型的不合格。按照产品的实际情况，也可分为少于三种类别或多于三种类别的不合格。

5.2.2　不合格品的分类

按照产品质量特性不合格的分类，分别划分不合格品的类别。不合格品通常按不合格的严重程度分类，例如：

——A 类　包含一个或一个以上 A 类不合格，同时还可能包含 B 类和(或)C 类不合格的产品。

——B 类　包含一个或一个以上 B 类不合格，同时还可能包含 C 类等不合格，但不包含 A 类不合格的产品。

5.3　生产方风险质量与使用方风险质量的规定

5.3.1　生产方风险质量的规定

对批量生产的产品，在产品技术标准中应规定对产品的批质量要求(合格质量水平)。

生产方风险质量应根据产品技术标准中对批质量的要求，由生产方和使用方协商确定；一般来说，生产方风险质量应等于合格质量水平。

对不同的不合格品类别，应分别规定不同的生产方风险质量。对 A 类不合格品规定的生产方风险质量应小于对 B 类不合格品规定的生产方风险质量；对 C 类不合格品规定的生产方风险质量应大于对 B 类不合格品规定的生产方风险质量。

5.3.2 使用方风险质量的规定

使用方风险质量应根据技术标准中对批质量的要求，综合考虑对使用方的保护、抽样的经济性等因素，由生产方和使用方协商确定。

对不同的不合格品类别，应分别规定不同的使用方风险质量。一般对A类不合格品规定的使用方风险质量要小于对B类不合格品规定的使用方风险质量；对C类不合格品规定的使用方风险质量要大于对B类不合格品规定的使用方风险质量。

5.4 检验批的组成

单位产品经简单汇集组成检验批。检验批可以与投产批、销售批、运输批相同或不同，但应由同一种类、同一规格型号，且工艺条件和生产时间基本相同的单位产品组成。批的组成、批量大小以及标识批的方式等，应由生产方与使用方协商确定。

5.5 抽样方案的检索

在表1中由 p_0、p_1 相交栏读取抽样方案，栏中左侧的数值为样本量 n，右侧的数值为接收数Ac。

注：① 按上述检索方法，如果样本量 n 超过批量，应进行全数检验。

② 当批量不超过250，且样本量与批量的比值大于10%，则由本标准检索出的抽样方案是近似的，应慎重使用。建议按GB/T 13264中规定的方法确定抽样方案。

示例1：规定 p_0 为1.05(%)，p_1 为3.00(%)时，确定应采用的抽样方案。

表1中以 p_0 为1.05(%)所在的行和 p_1 为3.00(%)所在的列的相交栏中查到(435,8)。即采用样本量为435，接收数为8的抽样方案。

示例2：规定 p_0 为0.370(%)，p_1 为1.70(%)时，确定应采用的抽样方案。

从表1中查出0.356(%)～0.400(%)一行，1.61(%)～1.80(%)一列，在它们的相交栏中查到(490,4)。即采用样本量为490，接收数为4的抽样方案。

5.6 样本的抽取

样本应从整批中随机抽取，可在批构成之后或在批的构成过程中进行。

注：随机抽取样本的方法有很多种。比如，可按GB/T 10111中规定的方法进行抽样。

5.7 样本的检验

抽取的样本按技术标准或合同等有关文件规定的试验、测量或其他方法，对抽取的样本中每一个单位产品逐个进行检验，判断是否合格，并且累计不合格品总数。

5.8 判定准则

根据样本检验的结果，若在样本中发现的不合格品数小于或等于接收数，则接收该批；若在样本中发现的不合格品数 d 大于接收数，则不接收该批(认为该批不合格)。

5.9 检验批的处置

判为接收的批订货方应予整批接收，并剔除样本中的不合格品；同时允许采购方在协商的基础上向供方提出某些附加条件。如果批已被接收，使用方有权不接收发现的任何不合格品，而不管该产品是否构成样本的一部分。

若对抽样检验的结果有异议可进行复检，在复检时可以进行全检，通过全检可得到批的实际质量水平，当批的实际质量水平劣于合格质量水平时，该批是不合格批；当批的实际质量水平优于合格质量水平时，该批是合格批。

6 抽样方案表

见表1。

表 1　不合格品百分数的计数标准型

p_1/% p_0/%	0.75	0.85	0.95	1.05	1.20	1.30	1.50	1.70	1.90	2.10	2.40	2.60	3.00	3.40	3.80	4.20	4.80
0.095	750,2	425,1	395,1	370,1	345,1	315,1	280,1	250,1	225,1	210,1	185,1	160,1	68,0	64,0	58,0	54,0	49,0
0.105	730,2	665,2	380,1	355,1	330,1	310,1	275,1	250,1	225,1	200,1	185,1	160,1	150,1	60,0	56,0	52,0	48,0
0.120	700,2	650,2	595,2	340,1	320,1	295,1	275,1	245,1	220,1	200,1	180,1	160,1	150,1	130,1	54,0	50,0	46,0
0.130	930,3	625,2	580,2	535,2	305,1	285,1	260,1	240,1	220,1	200,1	180,1	160,1	150,1	130,1	115,1	48,0	45,0
0.150	900,3	820,3	545,2	520,2	475,2	270,1	250,1	230,1	215,1	195,1	175,1	160,1	140,1	130,1	115,1	100,1	43,0
0.170	1 105,4	795,3	740,3	495,2	470,2	430,2	240,1	220,1	205,1	190,1	175,1	160,1	140,1	125,1	115,1	100,1	92,1
0.190	1 295,5	980,4	710,3	665,3	440,2	415,2	370,2	210,1	200,1	185,1	170,1	155,1	140,1	125,1	115,1	100,1	92,1
0.210	1 445,6	1 135,5	875,4	635,3	595,3	395,2	365,2	330,2	190,1	175,1	165,1	155,1	140,1	125,1	115,1	100,1	92,1
0.240	1 620,7	1 305,6	1 015,5	785,4	570,3	525,3	350,2	325,2	300,2	170,1	160,1	145,1	135,1	125,1	115,1	100,1	90,1
0.260	1 750,8	1 435,7	1 165,6	910,5	705,4	510,3	465,3	310,2	290,2	265,2	150,1	140,1	130,1	120,1	110,1	100,1	90,1
0.300	2 055,10	1 545,8	1 275,7	1 025,6	810,5	625,4	450,3	410,3	275,2	260,2	240,2	135,1	125,1	115,1	110,1	98,1	88,1
0.340		1 820,10	1 385,8	1 145,7	920,6	725,5	555,4	400,3	365,3	250,2	230,2	210,2	120,1	110,1	105,1	96,1	86,1
0.380			1 630,10	1 235,8	1 025,7	820,6	640,5	490,4	355,3	330,3	220,2	205,2	190,2	110,1	100,1	92,1	86,1
0.420				1 450,10	1 100,8	910,7	725,6	565,5	440,4	315,3	295,3	195,2	180,2	165,2	95,1	88,1	82,1
0.480					1 300,10	985,8	810,7	545,5	505,5	390,4	285,3	260,3	175,2	165,2	150,2	84,1	80,1
0.530						1 165,10	875,8	715,7	495,5	454,5	350,4	255,3	230,3	155,2	145,2	135,2	76,1
0.600							1 035,10	770,8	640,7	435,5	405,5	310,4	225,3	205,3	140,2	125,2	115,2
0.670								910,10	690,8	570,7	390,5	360,5	275,4	200,3	185,3	125,2	115,2
0.750									815,10	620,8	510,7	350,5	320,5	250,4	180,3	165,3	110,2
0.850										725,10	550,8	455,7	310,5	285,5	220,4	160,3	145,3
0.950											650,10	490,8	405,7	275,5	255,5	195,4	140,3
1.05												580,10	435,8	360,7	245,5	225,5	175,4
1.20												715,13	515,10	390,8	280,6	220,5	165,4
1.30													635,13	465,10	350,8	250,6	195,5
1.50													825,18	565,13	410,10	310,8	220,6
1.70														745,18	505,13	360,10	275,8
1.90															660,18	445,13	325,10
2.10																585,18	400,13
2.40																	520,18
2.60																	
3.00																	
3.40																	
3.80																	
4.20																	
4.80																	
5.30																	
6.00																	
6.70																	
7.50																	
8.50																	
9.50																	
10.50																	
p_0/% p_1/%	0.71～0.80	0.81～0.90	0.91～1.00	1.01～1.12	1.13～1.25	1.26～1.40	1.41～1.60	1.61～1.80	1.81～2.00	2.01～2.24	2.25～2.50	2.51～2.80	2.81～3.15	3.16～3.55	3.56～4.00	4.01～4.50	4.51～5.00

一次抽样检验程序及抽样表

5.30	6.00	6.70	7.50	8.50	9.50	10.5	12.0	13.0	15.0	17.0	19.0	21.0	24.0	26.0	30.0	34.0	p_1/% \ p_0/%
45,0	41,0	37,0	33,0	30,0	27,0	24,0	22,0	19,0	17,0	15,0	13,0	11,0	10,0	9,0	8,0	7,0	0.091～0.100
44,0	40,0	37,0	33,0	29,0	27,0	24,0	21,0	19,0	17,0	15,0	13,0	11,0	10,0	9,0	7,0	7,0	0.101～0.112
43,0	39,0	36,0	33,0	29,0	26,0	24,0	21,0	19,0	17,0	15,0	13,0	11,0	10,0	9,0	7,0	7,0	0.113～0.125
41,0	38,0	35,0	32,0	29,0	26,0	23,0	21,0	19,0	17,0	15,0	13,0	11,0	10,0	9,0	7,0	6,0	0.126～0.140
40,0	37,0	33,0	31,0	28,0	26,0	23,0	21,0	19,0	16,0	15,0	13,0	11,0	10,0	9,0	7,0	6,0	0.141～0.160
38,0	35,0	33,0	30,0	27,0	25,0	23,0	21,0	18,0	16,0	15,0	13,0	11,0	10,0	9,0	7,0	6,0	0.161～0.180
82,1	34,0	31,0	29,0	26,0	24,0	22,0	21,0	18,0	16,0	14,0	13,0	11,0	10,0	9,0	7,0	6,0	0.181～0.200
82,1	72,1	30,0	28,0	25,0	23,0	22,0	20,0	18,0	16,0	14,0	13,0	11,0	10,0	9,0	7,0	6,0	0.201～0.224
82,1	72,1	64,1	27,0	25,0	23,0	21,0	19,0	18,0	16,0	14,0	12,0	11,0	10,0	9,0	7,0	6,0	0.225～0.250
80,1	72,1	64,1	56,1	24,0	22,0	20,0	19,0	17,0	16,0	14,0	12,0	11,0	10,0	9,0	7,0	6,0	0.251～0.280
80,1	70,1	64,1	56,1	50,1	21,0	19,0	18,0	17,0	15,0	14,0	12,0	11,0	10,0	9,0	7,0	6,0	0.281～0.315
80,1	70,1	62,1	56,1	50,1	45,1	19,0	17,0	16,0	15,0	13,0	12,0	11,0	10,0	9,0	7,0	6,0	0.316～0.355
78,1	70,1	62,1	56,1	50,1	45,1	40,1	17,0	15,0	14,0	13,0	12,0	11,0	10,0	9,0	7,0	6,0	0.356～0.400
76,1	68,1	62,1	56,1	49,1	45,1	40,1	35,1	15,0	14,0	12,0	11,0	10,0	9,0	8,0	7,0	6,0	0.401～0.450
74,1	68,1	62,1	56,1	49,1	44,1	40,1	35,1	31,1	13,0	12,0	11,0	10,0	9,0	8,0	7,0	6,0	0.451～0.500
70,1	64,1	60,1	54,1	49,1	44,1	39,1	35,1	31,1	28,1	11,0	11,0	10,0	9,0	8,0	7,0	6,0	0.501～0.560
68,1	62,1	58,1	54,1	48,1	44,1	39,1	35,1	31,1	27,1	24,1	10,0	9,0	9,0	8,0	7,0	6,0	0.561～0.630
105,2	59,1	56,1	52,1	47,1	43,1	39,1	35,1	31,1	27,1	24,1	21,1	9,0	8,0	8,0	7,0	6,0	0.631～0.710
105,2	94,2	54,1	49,1	46,1	42,1	38,1	35,1	31,1	27,1	24,1	21,1	19,1	8,0	7,0	7,0	6,0	0.711～0.800
100,2	90,2	84,2	47,1	44,1	40,1	38,1	34,1	31,1	27,1	24,1	21,1	19,1	17,1	7,0	7,0	6,0	0.801～0.900
130,3	86,2	82,2	74,2	42,1	39,1	36,1	34,1	30,1	27,1	24,1	21,1	19,1	17,1	15,1	6,0	6,0	0.901～1.00
125,3	115,3	78,2	72,2	64,2	37,1	35,1	32,1	30,1	27,1	23,1	21,1	19,1	17,1	15,1	6,0	6,0	1.01～1.12
155,4	115,3	105,3	70,2	64,2	58,2	33,1	31,1	29,1	26,1	23,1	21,1	18,1	17,1	15,1	6,0	6,0	1.13～1.25
150,4	135,4	100,3	66,2	62,2	58,2	52,2	30,1	28,1	25,1	23,1	21,1	18,1	16,1	15,1	13,1	5,0	1.26～1.40
175,5	130,4	120,4	90,3	58,2	54,2	50,2	47,1	26,1	24,1	22,1	20,1	18,1	16,1	14,1	13,1	5,0	1.41～1.60
195,6	155,5	115,4	110,4	78,3	52,2	49,2	45,2	41,2	23,1	21,1	20,1	18,1	16,1	14,1	13,1	11,1	1.61～1.80
245,8	175,6	140,5	105,4	95,4	73,0	47,2	44,2	41,2	36,2	21,1	19,1	18,1	16,1	14,1	13,1	11,1	1.81～2.00
290,10	220,8	155,6	125,5	95,4	86,4	62,3	42,2	39,2	36,2	32,2	18,1	17,1	16,1	14,1	13,1	11,1	2.01～2.24
360,13	260,10	195,8	140,6	110,5	84,4	76,4	56,3	37,2	34,2	31,2	28,2	16,1	15,1	14,1	12,1	11,1	2.25～2.50
470,18	320,13	230,10	175,8	125,6	100,5	74,4	54,3	50,3	33,2	30,2	28,2	25,2	15,1	13,1	12,1	11,1	2.51～2.80
	415,18	280,13	205,10	155,8	110,6	86,5	66,4	48,3	44,3	29,2	27,2	25,2	22,2	13,1	12,1	11,1	2.81～3.15
		350,17	250,13	180,10	140,8	100,6	78,5	60,4	42,3	39,3	26,2	24,2	22,2	20,2	11,1	10,1	3.16～3.55
			310,17	225,13	165,10	125,8	90,6	70,5	52,4	37,3	35,3	23,2	21,2	20,2	17,2	10,1	3.56～4.00
				275,17	200,13	145,10	110,8	78,6	62,5	46,4	33,3	31,3	20,2	19,2	17,2	10,1	4.01～4.50
					245,17	180,13	130,10	100,8	70,6	54,5	41,4	30,3	28,3	18,2	17,2	15,2	4.51～5.00
						220,17	160,13	115,10	86,8	62,6	48,5	37,4	27,3	25,3	16,2	15,2	5.01～5.60
							195,17	140,13	100,10	68,7	54,6	43,5	33,4	23,3	22,3	14,2	5.61～6.30
								175,17	120,12	82,9	60,7	48,6	38,5	29,4	21,3	14,2	6.31～7.10
									150,16	105,12	74,9	54,7	44,6	34,5	26,4	18,3	7.11～8.00
										130,16	90,12	66,9	48,7	39,6	30,5	23,4	8.01～9.00
											115,16	82,12	58,9	43,7	34,6	27,5	9.01～10.0
												105,16	74,12	52,9	38,7	26,5	10.1～11.2
5.01～5.60	5.61～6.30	6.31～7.10	7.11～8.00	8.01～9.00	9.01～10.0	10.1～11.2	11.3～12.5	12.6～14.0	14.1～16.0	16.1～18.0	18.1～20.0	20.1～22.4	22.5～25.0	25.1～28.0	28.1～31.5	31.6～35.5	p_0/% \ p_1/%

ICS 03.120.30
A 41

中华人民共和国国家标准

GB/T 13264—2008
代替 GB/T 13264—1991

不合格品百分数的小批计数抽样检验程序及抽样表

Sampling procedures and tables for small lot inspection by attributes for percent nonconforming items

2008-07-28 发布　　　　2009-01-01 实施

中华人民共和国国家质量监督检验检疫总局
中国国家标准化管理委员会　发布

前　言

本标准是参考 JEDEC No. 40—A(美国电子器件委员会的出版物)《小批抽样检验程序》制定的。

本标准对 JEDEC No. 40—A 的抽样方案表作了很大改进,对检验程序进行了完善,增加了许多实质性的内容,主要表现在下述几方面:

a) 全面提高了 p_0 和 p_1 值表的精度。JEDEC No. 40—A 在 p_0 和 p_1 处的接收概率与规定值 0.95 和 0.10 的最大绝对误差超过 0.10,而在本标准中不超过 0.04。

b) 为适应小批抽样的需求,本标准的样本量系列采用 R10 优先数系,适当加密了批量和样本量的间隔。

c) 在本标准中增加了与一次抽样方案近似等效的二次抽样方案,这样可以节约平均抽样个数,进一步降低抽样检验费用。

d) JEDEC No. 40—A 仅粗略地提到小批抽样在连续批的使用,本标准则将小批抽样在连续批情形的抽样程序和抽样表(包括二次抽样方案表)具体化、标准化。

本标准代替 GB/T 13264—1991。本标准在保持 GB/T 13264—1991 主要技术特点的基础上,在以下几个方面对其作了修订:

a) 按照 GB/T 1.1 的要求,重新起草了标准文本。

b) 规范性引用文件中增加了 GB/T 2828.1—2003;GB/T 2828.2—2008。

c) 对用于连续序列批时加严检验方案的生成(见 5.3.3.3、5.3.3.4)采取了更为简洁、实用的描述,删除了原标准中的表 2 和表 4。

d) 对原标准的术语和定义进行了修改和调整。将"检查"改为"检验","样本大小"改为"样本量","抽检特性"改为"操作特性";增加"操作特性(OC)曲线"术语;本标准的术语和定义全部采用 ISO 3534-2:2006 的最新表述。

本标准由中国标准化研究院提出。

本标准由全国统计方法应用标准化技术委员会归口。

本标准起草单位:中国人民解放军军械工程学院、中国标准化研究院、中国科学院数学与系统科学研究院、福州春伦茶业有限公司。

本标准主要起草人:张玉柱、于振凡、陈敏、丁文兴、冯士雍、马毅林、傅天龙。

本标准所代替标准的历次版本发布情况为:GB/T 13264—1991。

不合格品百分数的小批计数抽样检验程序及抽样表

1 范围

本标准规定了不合格品百分数的小批计数抽样检验程序及抽样表。

本标准适用于批量为10至250的计数一次和二次抽样检验,尤其适用于产品检验总费用很高或测试带有破坏性的抽样检验。当批质量水平要求超出本标准范围时,须通过其他方法得到批质量的保证。

本标准主要用于孤立批的检验,也可用于连续批的检验。

2 规范性引用文件

下列文件中的条款通过本标准的引用而成为本标准的条款。凡是注日期的引用文件,其随后所有的修改单(不包括勘误的内容)或修订本均不适用于本标准,然而鼓励根据本标准达成协议的各方研究是否可使用注明日期的引用文件的最新版本。凡是不注日期的引用文件,其最新版本适用于本标准。

GB/T 2828.1—2003 计数抽样检验程序 第1部分:按接收质量限(AQL)检索的逐批检验抽样计划(ISO 2859-1:1999,IDT)

GB/T 2828.2—2008 计数抽样检验程序 第2部分:按极限质量(LQ)检索的孤立批抽样检验方案(对应于ISO 2859-2:1985,NEQ)

ISO 3534-1:2006 统计学词汇及符号 第1部分:一般统计术语与用于概率的术语

ISO 3534-2:2006 统计学词汇及符号 第2部分:应用统计

3 术语、定义和符号

GB/T 2828.1—2003、ISO 3534-1:2006 及 ISO 3534-2:2006 确立的术语和符号以及下列术语和定义适用于本标准。

3.1 术语和定义

3.1.1

生产方风险 producer's risk

〈验收抽样〉当质量水平为可接收时,但不被验收抽样方案接收的概率。

注1:质量水平可与不合格(不合格品)率有关,并且和AQL比较起来是可接收的。

注2:为解释生产方风险需已知所涉及的质量水平。

[ISO 3534-2:2006,4.6.4]

3.1.2

使用方风险 consumer's risk

〈验收抽样〉当质量水平为不满意值时,但被验收抽样方案接收的概率。

[ISO 3534-2:2006,4.6.2]

3.1.3

生产方风险质量 producer's risk quality

〈验收抽样〉对于验收抽样方案,与规定的生产方风险相对应的批或过程的质量水平。

注1:必须规定操作特性曲线的类型。

注2:生产方风险一般规定为5%。

[ISO 3534-2:2006,4.6.10]

3.1.4

使用方风险质量　consumer's risk quality

〈验收抽样〉对于验收抽样方案，与规定的使用方风险相对应的批或过程的质量水平。

注：使用方风险一般规定为10%。

[ISO 3534-2:2006,4.6.9]

3.1.5

操作特性(OC)曲线　operating characteristic curve

对给定验收抽样方案，表示产品的接收概率与质量水平之间关系的曲线。

注：由生产方风险和使用方风险所确定的OC曲线如图1所示。

[ISO 3534-2:2006,4.5.1]

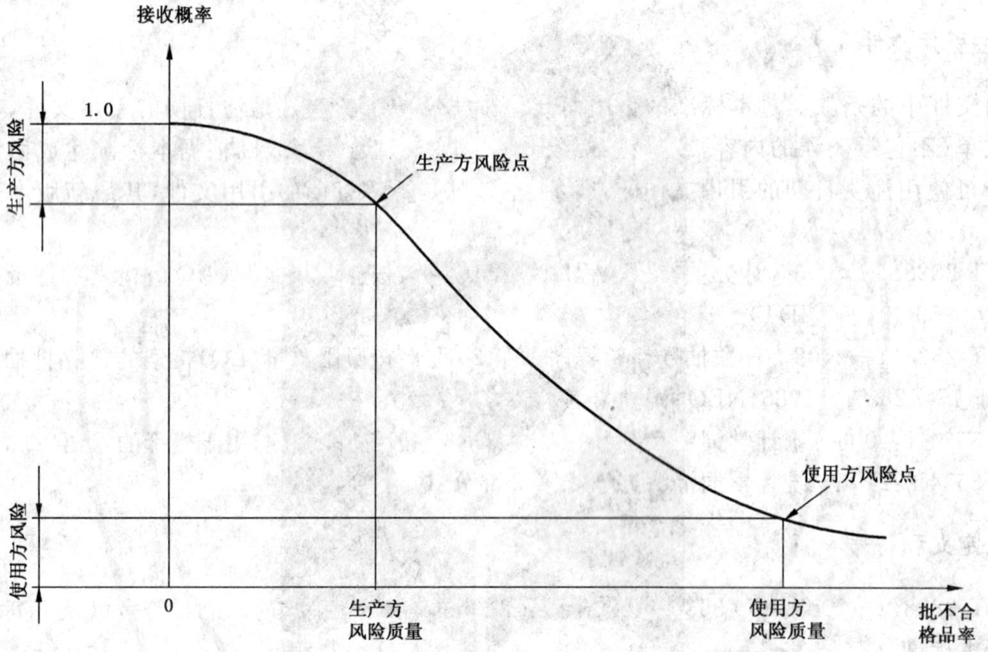

图 1

3.2　符号

N　批量

n_0　一次抽样方案的样本量

n_1　二次抽样方案的第一样本量

n_2　二次抽样方案的第二样本量

n　二次抽样方案的第一样本和第二样本的共同样本量，即 $n_1=n_2=n$

Ac　一次抽样方案的接收数

Re　一次抽样方案的拒收数，Re=Ac+1

$\begin{bmatrix} Ac_1 & Re_1 \\ Ac_2 & Re_2 \end{bmatrix}$　二次抽样方案的判定数组，Ac_1 表示第一接收数，Re_1 表示第一拒收数，Ac_2 表示第二接收数，Re_2 表示第二拒收数

α、PR　生产方风险

β、CR　使用方风险

p_0、PRQ　生产方风险质量

注：本标准用于孤立批检验时，可将 p_0 视为合格质量水平。

p_1、CRQ　使用方风险质量

AQL　接收质量限

OC　操作特性曲线

4　抽样检验程序

a)　规定产品质量；

b)　规定抽样方案的类型；

c)　选择抽样方案；

d)　抽取样本；

e)　检验样本；

f)　批接收性的判定；

g)　对不接收批的处理。

5　检验的实施

5.1　规定产品质量

通过综合考虑生产能力、制造成本、质量要求、检验费用和工时等因素，由生产方和使用方协商确定。

对于孤立批，应规定生产方风险质量 p_0 和使用方风险质量 p_1 的值。

对于连续批，应规定接收质量限 AQL 的值。

5.2　规定抽样方案的类型

一次抽样和二次抽样方案的选用，取决于抽检的难易和平均抽样量等因素。一次抽样方案使用简单。二次抽样方案所需的平均抽样量一般小于一次抽样方案的样本量。

5.3　选择抽样方案

5.3.1　抽样方案表

本标准中的表3、表4和表5依次给出接收数 Ac 为0、1和2的一次抽样方案，表6和表7依次给出判定数组为$\begin{bmatrix}0 & 2\\1 & 2\end{bmatrix}$和$\begin{bmatrix}0 & 3\\2 & 3\end{bmatrix}$的二次抽样方案。

当已规定批量 N、生产方风险质量 p_0 和使用方风险质量 p_1 时，由表3至表5可查得符合(或接近)规定的一次抽样方案，由表6和表7可查得符合(或接近)规定的二次抽样方案。

当已规定批量、样本量和接收数或判定数组时，在表3至表7中，可查得与已规定的抽样方案相应的生产方风险质量 p_0 和使用方风险质量 p_1 的值。

表8中给出了一次抽样方案和近似等效的二次抽样方案的接收数和判定数组，以及样本量之间的对应关系。Ac=0 的一次抽样方案没有近似等效的二次抽样方案。

当用于连续批检验时，根据规定的接收质量限，由表3至表5可查得符合(或接近)规定的一次抽样方案，由表6和表7可查得符合(或接近)规定的二次抽样方案。

5.3.2　孤立批的情形

5.3.2.1　规定 p_0 和 p_1 的值

对不同类的不合格或不合格品，可以分别规定 p_0 和 p_1 的值。这里 p_0 为生产方风险为0.05时的生产方风险质量，即合格质量水平；p_1 为使用方风险为0.10时的使用方风险质量。

5.3.2.2　一次抽样方案的选择

当已规定批量 N，生产方风险质量 p_0 和使用方风险质量 p_1 时，从表3至表5中找出与该批量 N 相应的表列，然后从这三个表列中找出由 p_0 和 p_1 值组成的一对表值，使得表值 p_0 不超过并且最接近规定的 p_0 值，同时使得表值 p_1 不超过并且最接近规定的 p_1 值。

由这一对表值所在行的最左边给出的样本量为所需的样本量。

如果 p_0 和 p_1 的这一对表值是在表 3 中找到的,则取 Ac=0;如果是在表 4 中找到的,则取 Ac=1;如果是在表 5 中找到的,则取 Ac=2。

如果在表 3 至表 5 中找不到一对适当的 p_0 和 p_1 值,即出现表值 p_0 超过规定的 p_0 值,或者表值 p_1 超过规定的 p_1 值,或者两种情形同时出现的情形,则需要生产方与使用方再进行协商,重新规定 p_0 和(或)p_1 的值。

示例 1:若批量为 $N=50$,规定 $p_0=10(\%)$ 和 $p_1=60(\%)$,试求可用的一次抽样检验方案。

从表 3 至表 5 中查找,只有从表 4 中批量为 50 的表列找到表值 $p_0=8.4(\%)$ 和 $p_1=57(\%)$,它们分别小于并且最接近规定的 p_0 和 p_1 值,由这一对表值所在的行,向左可以找到所需的样本量为 5,又由于这一对表值是在表 4 中找到的,故取接收数 Ac=1,这样,就找到一个接近符合质量要求的一次抽样方案 $n_0=5$,Ac=1。

若需降低检验费用,希望样本量再小些,必须重新规定 p_0 和 p_1 值。如规定 $p_0=11(\%)$ 和 $p_1=67(\%)$,由表 4 可见,此时相应的一次抽样方案为 $n_0=4$,Ac=1。

5.3.2.3 二次抽样方案的选择

当规定批量 N,生产方风险质量 p_0 和使用方风险质量 p_1 时,从表 6 和表 7 中找出与规定的批量相应的表列,然后从这二个表列中找出由 p_0 和 p_1 值组成的一对表值,使得表值 p_0 不超过并且最接近规定的 p_0 值,同时使得表值 p_1 不超过并且最接近规定的 p_1 值,在这一对表值所在行的最左列查到第一样本与第二样本的共同样本量 n。

如果 p_0 和 p_1 的这一对表值是在表 6 中找到的,则取判定数组为 $\begin{bmatrix}0 & 2\\1 & 2\end{bmatrix}$,如果是在表 7 中找到的,则取判定数组为 $\begin{bmatrix}0 & 3\\2 & 3\end{bmatrix}$。

示例 2:若批量为 $N=50$,规定 $p_0=10(\%)$ 和 $p_1=60(\%)$,试求可用的二次抽样检验方案。

从表 6 中批量为 50 的表列,可找到表值 $p_0=7.3(\%)$ 和 $p_1=56(\%)$,它们分别小于并且最接近规定的 p_0 和 p_1 值。而在表 9 的批量为 50 的系列中,找不到一对更合适的表值 p_0 和 p_1。由表 6 中这一对表值所在的行的最左列找到第一样本和第二样本的共同样本量 $n=3$,又由于这一对表值是在表 6 中找到的,故所需的二次抽样方案为 $n_1=n_2=3$,$\begin{bmatrix}Ac_1 & Re_1\\Ac_2 & Re_2\end{bmatrix}=\begin{bmatrix}0 & 2\\1 & 2\end{bmatrix}$。

5.3.3 连续批的情形

5.3.3.1 对不同类别的不合格品,可分别规定接收质量限 AQL 的值。

5.3.3.2 转移规则

本标准仅包括 GB/T 2828.1 规定的正常检验和加严检验,而不包括放宽检验。

a) 除非另有规定,检验开始时应使用正常检验。

b) 从正常检验到加严检验。当进行正常检验时,如果在连续不超过五批中有二批初次检验不接收,则从下一批起转到加严检验。

c) 从加严检验到正常检验。当进行加严检验时,如果连续五批初次检验接收,则从下一批起检验转到正常检验。

d) 加严检验开始后,如果不接收批数累计到五批则暂停按照本标准的规定进行检验。

e) 在暂停检验后,如果供货方采取有效措施,使提交检验批的质量达到或超过所规定的质量要求,经负责部门同意后,可恢复检验,恢复检验原则上应从加严检验开始。

注:上述检验的批均指初次检验的批,不包括再次提交检验的批。

5.3.3.3 对于一次抽样,可由表 3 至表 5 中直接找到一次抽样方案作为正常检验抽样方案。当需要加严检验时,按照以下规则得到加严检验的抽样方案:当正常检验的抽样方案中 Ac=0 或 Ac=1 时,按照表 1 确定加严检验方案的样本量,其接收数不变;当正常检验的抽样方案中 Ac=2 时,加严检验和正常检验方案的样本量相同,加严检验的抽样方案中的 Ac=1。

表 1　Ac=0 或 Ac=1 的正常检验和加严检验的一次抽样方案的样本量对照表

正常检验	2	3	4	5	6	8	10	13	16	20	25	32	40	50	65	80
加严检验	3	5	6	8	10	13	16	20	25	32	40	50	65	80	100	120

示例 3：如果采用 $n_0=5$，Ac=0 作为正常检验一次抽样方案，则相应的加严检验一次抽样方案为$n_0=8$，Ac=0。

5.3.3.4　对于二次抽样，可由表 6 和表 7 直接找到二次抽样方案作为正常抽样方案。当需要加严检验时，按照以下规则得到加严检验的抽样方案：当正常检验抽样方案中的判定数组为$\begin{bmatrix} Ac_1 & Re_1 \\ Ac_2 & Re_2 \end{bmatrix}=\begin{bmatrix} 0 & 2 \\ 1 & 2 \end{bmatrix}$时，按照表 2 确定加严检验方案的样本量，其判定数组不变；当正常检验抽样方案中的判定数组为$\begin{bmatrix} Ac_1 & Re_1 \\ Ac_2 & Re_2 \end{bmatrix}=\begin{bmatrix} 0 & 3 \\ 2 & 3 \end{bmatrix}$时，加严检验和正常检验抽样方案的样本量相同，加严检验的抽样方案中判定数组为$\begin{bmatrix} 0 & 2 \\ 1 & 2 \end{bmatrix}$。

表 2　判定数组为$\begin{bmatrix} Ac_1 & Re_1 \\ Ac_2 & Re_2 \end{bmatrix}=\begin{bmatrix} 0 & 2 \\ 1 & 2 \end{bmatrix}$的正常检验和加严检验的二次抽样方案的样本量对照表

正常检验	2	3	4	5	6	8	10	13	16	20	25	32	40	50	65
加严检验	3	5	6	8	10	13	16	20	25	32	40	50	65	80	100

示例 4：如果采用 $n_1=n_2=6$ 和$\begin{bmatrix} Ac_1 & Re_1 \\ Ac_2 & Re_2 \end{bmatrix}=\begin{bmatrix} 0 & 2 \\ 1 & 2 \end{bmatrix}$作为正常检验抽样方案，加严检验时，应使用二次抽样方案 $n_1=n_2=10$ 和$\begin{bmatrix} Ac_1 & Re_1 \\ Ac_2 & Re_2 \end{bmatrix}=\begin{bmatrix} 0 & 2 \\ 1 & 2 \end{bmatrix}$。

5.3.3.5　当规定批量 N 和接收质量限 AQL 时，可按如下方法找出正常检验抽样方案。

从表 3 至表 5 中找出规定的批量所在的表列，在这三个表列中找出不超过并且最接近规定的 AQL 的一个 p_0 值，如果这个 p_0 值是在表 3 中找到的，取 Ac=0；如果是在表 4 中找到的，取 Ac=1；如果是在表 5 中找到的，则取 Ac=2。这个 p_0 值所在行的最左列即为所需的一次抽样方案的样本量 n。

从表 4 和表 5 中找出规定的批量所在的表列，在这两个表列中找出不超过并且最接近规定的 AQL 的一个 p_0 值，如果这个 p_0 值是在表 6 中找到的，判定数组为$\begin{bmatrix} 0 & 2 \\ 1 & 2 \end{bmatrix}$；如果是在表 7 中找到的，则判定数组为$\begin{bmatrix} 0 & 3 \\ 2 & 3 \end{bmatrix}$，这个 p_0 值所在行的最左列即为所需的二次抽样方案的样本量 n。

5.3.3.6　在决定正常检验抽样方案时，除考虑 p_0 值外，还可考虑 p_1 值。

示例 5：若 $N=30$，规定 AQL=1.0(%)，要选取一个正常检验的一次抽样方案。由表 3 可见，抽样方案 $n_0=5$ 和 Ac=0 可满足 $p_0 \leqslant$ AQL 的要求。相应的 $p_1=34$(%)。如果使用方可以接受如 $p_1=34$(%)作为使用方风险质量，可采用 $n_0=5$ 和 Ac=0 作为正常检验一次抽样方案。

5.4　抽取样本

所有样本应从整批中随机抽取，抽取样本的时间，一般在组成批以后，但也可在组成批的过程中进行。

5.5　检验样本

对样本进行检验，就是按照产品的技术标准或订货合同中规定的产品质量标准，对样本中的每个单位产品进行检验，把它们逐个地区分为合格品或不合格品。

5.6　批接收性的判定

采用一次抽样方案时，根据样本检验的结果，如果在样本中发现的不合格品的个数小于或等于接收数 Ac 时则接收该批；如果大于或等于拒收数 Re 则不接收该批。

采用二次抽样方案时，根据样本检验的结果，如果在第一样本中发现的不合格品的个数小于或等于第一接收数 Ac_1，则接收该批；如果在此样本中发现的不合格品的个数大于或等于第一拒收 Re_1，则不接收该批；如果在此样本中发现的不合格品数的个数大于 Ac_1 但是小于 Re_1，则继续抽取第二样本，如果在两个样本中发现的不合格品的总数小于或等于第二接收数 Ac_2，则接收该批；如果此不合格品的总数大于或等于第二拒收数 Re_2，则不接收该批。

5.7 批的处置

对判为接收的批，使用方应整批接收，样本中的不合格品应予以剔除或替换。若在该批中再发现不合格品，不影响已作出的判定。对这些不合格品的处理，应由生产方与使用方协商解决。

对判为不接收的批，可按照产品的技术标准或订货合同等文件中的具体规定，对该批进行筛选、修复或降价等处理，特殊产品也可作报废处理或者将不合格品修复后，再次提交检验，再次提交批的检验项目，按技术标准或订货合同等文件中的规定执行。

表 3　一次抽样方案(基于超几何分布)

Ac=0 的情形

批量 N / 不合格品率/% / 样本量 n_0	10		15		20		25		30		35		40		45		50	
	p_0	p_1	p_0	p_1	p_0	p_1	p_0	p_1	p_0	p_1	p_0	p_1	p_0	p_1	p_0	p_1	p_0	p_1
2	2.4	65	2.4	66	2.5	67	2.5	67	2.5	67	2.5	67	2.5	67	2.5	68	2.5	68
3	1.5	48	1.5	50	1.6	51	1.6	51	1.6	52	1.7	52	1.7	52	1.7	52	1.7	53
4	1.1	36	1.1	39	1.2	40	1.2	41	1.2	42	1.2	42	1.2	42	1.2	42	1.2	42
5	0.79	28	0.89	31	0.92	33	0.93	34	1.0	34	1.0	35	0.98	35	0.98	35	0.98	35
6	0.60	22	0.70	26	0.73	28	0.76	29	0.78	29	0.78	29	0.79	30	0.81	30	0.81	30
8	0.35	14	0.47	18	0.51	20	0.54	21	0.56	22	0.57	22	0.59	23	0.59	23	0.60	23
10			0.33	13	0.38	15	0.42	17	0.42	17	0.44	18	0.45	18	0.46	18	0.46	19
13					0.26	10	0.29	12	0.31	13	0.32	13	0.33	14	0.34	14	0.34	14
16					0.17	7.0	0.21	9.0	0.23	9.6	0.24	10	0.26	11	0.26	11	0.27	11
20							0.13	5.6	0.16	6.8	0.18	7.5	0.19	8.0	0.20	8.3	0.20	8.6
25											0.12	5.1	0.13	5.7	0.14	6.1	0.15	6.4
32													0.08	3.5	0.09	4.1	0.10	4.4
40																	0.07	2.8
50																		
65																		
80																		
100																		
125																		

表 3（续）

Ac＝0 的情形

批量 N / 不合格品率/% / 样本量 n_0	60		70		80		90		100		110		120		130		140	
	p_0	p_1	p_0	p_1	p_0	p_1	p_0	p_1	p_0	p_1	p_0	p_1	p_0	p_1	p_0	p_1	p_0	p_1
2	2.5	68	2.5	68	2.5	68	2.5	68	2.5	68	2.5	68	2.5	68	2.5	68	2.5	68
3	1.7	53	1.7	53	1.7	53	1.7	53	1.7	53	1.7	53	1.7	53	1.7	53	1.7	53
4	1.2	43	1.2	43	1.2	43	1.2	43	1.2	43	1.2	43	1.3	43	1.3	43	1.3	43
5	0.98	36	1.0	36	1.0	36	1.0	36	1.0	36	1.0	36	1.0	36	1.0	36	1.0	36
6	0.82	30	0.82	31	0.83	31	0.83	31	0.83	31	0.83	31	0.83	31	0.83	31	0.83	31
8	0.60	24	0.61	24	0.61	24	0.61	24	0.61	24	0.62	24	0.62	24	0.62	24	0.62	24
10	0.48	19	0.48	19	0.48	19	0.49	20	0.49	20	0.49	20	0.49	20	0.49	20	0.49	20
13	0.35	15	0.36	15	0.37	15	0.37	15	0.37	15	0.37	15	0.37	15	0.38	15	0.38	16
16	0.28	12	0.29	12	0.29	12	0.29	12	0.29	12	0.30	12	0.30	13	0.30	13	0.31	13
20	0.21	9.0	0.22	9.3	0.23	9.5	0.23	9.7	0.23	9.9	0.23	10	0.23	10	0.24	10	0.24	10
25	0.16	6.9	0.17	7.2	0.17	7.4	0.18	7.6	0.18	7.7	0.18	7.8	0.18	7.9	0.19	8.0	0.19	8.0
32	0.11	4.9	0.12	5.2	0.13	5.5	0.13	5.7	0.13	5.8	0.14	6.0	0.14	6.0	0.14	6.1	0.14	6.1
40	0.08	3.4	0.09	3.8	0.09	4.1	0.10	4.3	0.10	4.4	0.10	4.5	0.11	4.6	0.11	4.7	0.11	4.8
50			0.06	2.6	0.07	2.0	0.07	3.1	0.07	3.3	0.08	3.4	0.08	3.5	0.08	3.6	0.08	3.6
65							0.05	2.0	0.05	2.2	0.05	2.3	0.05	2.4	0.06	2.5	0.06	2.6
80									0.03	1.4	0.04	1.6	0.04	1.7	0.04	1.8	0.04	1.9
100															0.03	1.2	0.03	1.3
125																		

表 3（续）

Ac=0 的情形

批量 N / 不合格品率/% / 样本量 n_0	150		160		170		180		190		200		225		250		∞	
	p_0	p_1	p_0	p_1	p_0	p_1	p_0	p_1	p_0	p_1	p_0	p_1	p_0	p_1	p_0	p_1	p_0	p_1
2	2.5	68	2.5	68	2.5	68	2.5	68	2.5	68	2.5	68	2.5	68	2.5	68	2.5	68
3	1.7	53	1.7	53	1.7	53	1.7	53	1.7	53	1.7	53	1.7	53	1.7	53	1.7	54
4	1.3	43	1.3	43	1.3	43	1.3	43	1.3	43	1.3	43	1.3	44	1.3	43	1.3	44
5	1.0	36	1.0	36	1.0	37	1.0	37	1.0	37	1.0	37	1.0	37	1.0	37	1.0	37
6	0.83	31	0.83	31	0.83	31	0.84	31	0.84	31	0.84	31	0.84	32	0.84	32	0.84	32
8	0.62	24	0.62	25	0.62	25	0.62	24	0.62	25	0.62	25	0.63	25	0.63	25	0.63	25
10	0.50	20	0.50	20	0.50	20	0.50	20	0.50	20	0.50	20	0.50	20	0.50	20	0.51	21
13	0.38	16	0.38	16	0.38	16	0.38	16	0.38	16	0.38	16	0.38	16	0.38	16	0.39	16
16	0.31	13	0.31	13	0.31	13	0.31	13	0.31	13	0.31	13	0.31	13	0.31	13	0.32	13
20	0.24	10	0.24	10	0.24	10	0.24	10	0.24	10	0.24	10	0.24	10	0.24	10	0.26	11
25	0.19	8.1	0.19	8.1	0.19	8.2	0.19	8.2	0.19	8.2	0.19	8.3	0.20	8.3	0.20	8.4	0.20	8.8
32	0.14	6.2	0.14	6.3	0.15	6.3	0.15	6.3	0.15	6.3	0.15	6.4	0.15	6.4	0.15	6.5	0.15	6.9
40	0.11	4.8	0.11	4.9	0.11	5.0	0.11	5.0	0.11	5.0	0.12	5.0	0.12	5.1	0.12	5.2	0.13	5.6
50	0.09	3.7	0.09	3.3	0.09	3.8	0.09	3.9	0.09	3.9	0.09	3.9	0.09	4.0	0.09	4.0	0.10	4.5
65	0.06	2.7	0.06	2.7	0.06	2.8	0.06	2.8	0.06	2.9	0.07	2.9	0.07	3.0	0.07	3.0	0.08	3.5
80	0.05	2.0	0.05	2.1	0.05	2.1	0.05	2.1	0.05	2.2	0.05	2.2	0.05	2.3	0.05	2.4	0.06	2.8
100	0.03	1.4	0.03	1.5	0.03	1.5	0.04	1.6	0.04	1.6	0.04	1.6	0.04	1.7	0.04	1.8	0.05	2.3
125			0.02	0.9	0.02	1.0	0.02	1.1	0.03	1.1	0.03	1.2	0.03	1.3	0.03	1.3	0.04	1.8

注：(1) p_0 为生产方风险质量，当批不合格品率 $p=p_0$ 时，规定接收概率为 0.95。

(2) p_1 为使用方风险质量，当批不合格品率 $p=p_1$ 时，规定接收概率为 0.10。

(3) 当批量 N 在表值之间时，使用紧接着的较大的批量 N。

(4) 以∞为首的列，仅是为了参考而给出的。

表 4　一次抽样方案(基于超几何分布)

Ac=1 的情形

批量 N / 不合格品率/% / 样本量 n_0	10		15		20		25		30		35		40		45		50	
	p_0	p_1	p_0	p_1	p_0	p_1	p_0	p_1	p_0	p_1	p_0	p_1	p_0	p_1	p_0	p_1	p_0	p_1
2	27	95	25	95	24	95	24	95	24	95	23	95	23	95	23	95	23	95
3	18	77	16	78	16	79	15	79	15	79	15	79	14	80	14	80	14	80
4	15	62	13	64	12	65	11	66	11	66	11	66	11	67	11	67	11	67
5	13	50	11	53	9.8	55	9.3	55	9.0	56	8.8	56	8.6	57	8.5	57	8.4	57
6	12	41	9.5	45	8.5	47	8.0	48	7.7	48	7.4	49	7.3	49	7.1	49	7.0	49
8	11	28	8.2	33	7.1	35	6.5	37	6.1	37	5.9	38	5.7	38	5.5	38	5.4	39
10			7.5	25	6.3	28	5.6	29	5.2	30	4.9	31	4.7	31	4.6	31	4.5	32
13					5.7	20	4.9	22	4.5	23	4.2	23	4.0	24	4.0	24	3.7	24
16					5.3	15	4.5	17	4.1	18	3.7	18	3.5	19	3.3	19	3.2	20
20							4.3	12	3.7	13	3.4	14	3.1	15	3.9	15	2.8	15
25											3.1	10	2.9	11	2.6	11	2.5	12
32													2.7	7.4	2.4	8.1	2.3	8.5
40																	2.1	6.0
50																		
65																		
80																		
100																		
125																		

表 4（续）

Ac=1 的情形

批量 N / 不合格品率/% / 样本量 n_0	60		70		80		90		100		110		120		130		140	
	p_0	p_1	p_0	p_1	p_0	p_1	p_0	p_1	p_0	p_1	p_0	p_1	p_0	p_1	p_0	p_1	p_0	p_1
2	23	95	23	95	23	95	23	95	23	95	23	95	23	95	23	95	23	95
3	14	80	14	80	14	80	14	80	14	80	14	80	14	80	14	80	14	80
4	10	67	10	67	10	67	10	67	10	67	10	67	10	67	10	68	10	68
5	8.3	57	8.2	57	8.1	58	8.1	58	8.0	58	8.0	58	7.9	58	7.9	58	7.9	58
6	6.9	50	6.8	50	6.7	50	6.7	50	6.6	50	6.6	51	6.6	50	6.5	50	6.5	50
8	5.3	39	5.2	39	5.1	39	5.0	40	5.0	40	5.0	40	4.9	40	4.9	40	4.9	40
10	4.3	32	4.2	32	4.2	32	4.1	33	4.1	33	4.0	33	4.0	33	4.0	33	3.9	33
13	3.5	25	3.4	25	3.3	25	3.2	25	3.2	26	3.1	26	3.1	26	3.1	26	3.1	26
16	3.0	20	2.9	20	2.8	21	2.7	21	2.7	21	2.6	21	2.6	21	2.6	21	2.5	21
20	2.6	16	2.4	16	2.3	17	2.3	17	2.2	17	2.2	17	2.1	17	2.1	17	2.1	17
25	2.3	12	2.1	13	2.0	13	1.9	13	1.9	13	1.8	13	1.8	14	1.7	14	1.7	14
32	2.0	9.2	1.8	9.5	1.7	9.8	1.6	10	1.6	10	1.5	10	1.5	10	1.4	11	1.4	11
40	1.9	6.7	1.7	7.2	1.6	7.5	1.5	7.7	1.4	7.9	1.3	8.1	1.3	8.2	1.2	8.3	1.2	8.4
50			1.6	5.2	1.4	5.6	1.3	5.8	1.2	6.0	1.2	6.2	1.1	6.3	1.1	6.4	1.0	6.5
65							1.2	4.0	1.1	4.2	1.1	4.4	1.0	4.6	0.95	4.7	0.91	4.8
80									1.1	3.0	1.0	3.2	0.93	3.4	0.88	3.5	0.84	3.6
100															0.83	2.5	0.78	2.6
125																		

表 4（续）

Ac=1 的情形

批量 N / 不合格品率/% / 样本量 n_0	150		160		170		180		190		200		225		250		∞	
	p_0	p_1	p_0	p_1	p_0	p_1	p_0	p_1	p_0	p_1	p_0	p_1	p_0	p_1	p_0	p_1	p_0	p_1
2	23	95	23	95	23	95	23	95	23	95	23	95	22	95	22	95	22	95
3	14	80	14	80	14	80	14	80	14	80	14	80	14	80	14	80	13	80
4	10	68	10	68	10	68	10	68	10	68	10	68	10	68	9.9	68	9.8	68
5	7.9	58	7.9	58	7.9	58	7.8	58	7.8	58	7.8	58	7.8	58	7.8	58	7.6	58
6	6.5	50	6.5	51	6.5	51	6.5	51	6.4	51	6.4	51	6.4	51	6.4	51	6.3	51
8	4.9	40	4.9	40	4.8	40	4.8	40	4.8	40	4.8	40	4.8	40	4.8	40	4.6	41
10	3.9	33	3.9	33	3.9	33	3.9	33	3.9	33	3.9	33	3.8	33	3.8	33	3.7	34
13	3.1	26	3.0	26	3.0	26	3.0	26	3.0	26	3.0	26	3.0	26	3.0	26	2.8	27
16	2.5	21	2.5	21	2.5	22	2.5	22	2.5	22	2.4	22	2.4	22	2.4	22	2.3	22
20	2.1	17	2.0	17	2.0	17	2.0	17	2.0	17	2.0	17	2.0	18	2.0	18	2.0	18
25	1.7	14	1.7	14	1.7	14	1.6	14	1.6	14	1.6	14	1.6	14	1.6	14	1.4	15
32	1.4	11	1.4	11	1.4	11	1.3	11	1.3	11	1.3	11	1.3	11	1.3	11	1.1	12
40	1.2	8.4	1.2	8.5	1.1	8.7	1.1	8.6	1.1	8.6	1.1	8.7	1.1	8.8	1.0	8.8	0.89	9.4
50	1.0	6.6	0.99	6.7	0.98	6.7	0.96	6.8	0.94	6.8	0.98	6.8	0.90	6.9	0.88	7.0	0.71	7.6
65	0.88	4.8	0.85	4.9	0.83	5.0	0.81	5.0	0.79	5.1	0.78	5.1	0.74	5.2	0.72	5.3	0.55	5.9
80	0.80	3.7	0.77	3.8	0.75	3.7	0.72	3.9	0.70	4.0	0.69	4.0	0.65	4.1	0.63	4.2	0.45	4.8
100	0.74	2.7	0.71	2.8	0.68	2.9	0.66	2.9	0.64	3.0	0.62	3.1	0.58	3.1	0.55	3.2	0.36	3.8
125			0.67	2.0	0.64	2.1	0.61	2.1	0.59	2.2	0.57	2.3	0.53	2.4	0.49	2.4	0.28	3.1

注：(1)p_0 为生产方风险质量，当批不合格品率 $p=p_0$ 时，规定接收概率为 0.95。

(2)p_1 为使用方风险质量，当批不合格品率 $p=p_1$ 时，规定接收概率为 0.10。

(3)当批量 N 在表值之间时，使用紧接着的较大的批量 N。

(4)以∞为首的列，仅是为了参考而给出的。

表 5　一次抽样方案(基于超几何分布)

Ac=2 的情形

批量 N / 不合格品率/% / 样本量 n_0	10		15		20		25		30		35		40		45		50	
	p_0	p_1	p_0	p_1	p_0	p_1	p_0	p_1	p_0	p_1	p_0	p_1	p_0	p_1	p_0	p_1	p_0	p_1
3	44	97	41	97	40	97	39	97	39	97	39	97	38	97	38	97	38	97
4	33	82	30	83	28	84	28	84	27	85	27	85	27	85	26	86	26	85
5	27	69	24	71	22	72	22	73	21	74	21	74	21	74	20	74	20	74
6	24	58	21	61	19	63	13	64	18	64	17	65	17	65	17	65	17	65
8	21	41	17	47	15	49	14	50	14	51	13	51	13	51	13	52	12	52
10			15	36	13	39	12	40	11	41	11	42	10	42	1.0	43	10	43
13					11	29	10	31	9.3	32	8.8	32	8.5	33	8.3	33	8.1	33
16					11	22	9.1	24	8.2	25	7.7	25	7.3	26	7.0	27	6.8	27
20							8.5	17	7.4	19	6.8	20	6.4	21	6.1	21	5.8	22
25											6.2	15	5.7	16	5.3	16	5.1	17
32													5.3	11	4.8	12	4.5	12
40																	4.2	8.9
50																		
65																		
80																		
100																		
125																		

表 5（续）

Ac＝2 的情形

批量 N / 不合格品率/% / 样本量 n_0	60		70		80		90		100		110		120		130		140	
	p_0	p_1	p_0	p_1	p_0	p_1	p_0	p_1	p_0	p_1	p_0	p_1	p_0	p_1	p_0	p_1	p_0	p_1
3	38	97	38	97	38	97	38	97	38	97	38	97	37	97	37	97	37	97
4	26	85	26	85	26	85	26	85	26	85	25	85	25	85	25	86	25	86
5	20	74	20	75	20	75	20	75	20	75	20	75	19	75	19	75	19	75
6	16	66	16	66	16	66	16	66	16	66	16	66	16	66	16	66	16	66
8	12	52	12	53	12	53	12	53	12	53	12	53	12	53	12	53	12	53
10	9.9	43	9.7	43	9.6	44	9.5	44	9.4	44	9.3	44	9.3	44	9.2	44	9.2	44
13	7.8	34	7.6	34	7.4	34	7.3	35	7.3	35	7.2	35	7.1	35	7.1	35	7.1	35
16	6.5	28	6.3	28	6.2	28	6.1	29	6.0	29	5.9	29	5.9	29	5.8	29	5.8	29
20	5.5	22	5.3	22	5.1	23	5.0	23	4.9	23	4.8	23	4.8	23	4.7	23	4.7	23
25	4.7	17	4.5	18	4.3	18	4.2	18	4.1	18	4.0	19	3.9	19	3.9	19	3.8	19
32	4.1	13	3.8	13	3.6	14	3.5	14	3.4	14	3.3	14	3.2	15	3.1	15	3.1	15
40	3.7	9.8	3.4	10	3.1	11	3.0	11	2.9	11	2.8	11	2.7	11	2.6	12	2.6	11
50			3.1	9.6	2.8	8.0	2.7	8.3	2.5	8.6	2.4	8.8	2.3	8.9	2.3	9.0	2.2	9.1
65							2.4	5.8	2.2	6.1	2.1	6.3	2.0	6.5	1.9	6.6	1.9	6.7
80									2.1	4.5	2.0	4.7	1.8	4.9	1.8	5.0	1.7	5.2
100															1.6	3.7	1.5	3.8
125																		

表 5（续）

Ac=2 的情形

批量 N / 不合格品率/% / 样本量 n_0	150		160		170		180		190		200		225		250		∞	
	p_0	p_1	p_0	p_1	p_0	p_1	p_0	p_1	p_0	p_1	p_0	p_1	p_0	p_1	p_0	p_1	p_0	p_1
3	37	97	37	97	37	97	37	97	37	97	37	97	37	97	37	97	37	97
4	25	86	25	86	25	86	25	86	25	86	25	86	25	86	25	86	25	86
5	19	75	19	75	19	75	19	75	19	75	19	75	19	75	19	75	19	75
6	16	66	16	66	16	66	16	66	16	66	16	66	16	66	16	66	15	67
8	12	53	12	53	12	53	11	53	11	53	11	53	11	53	11	53	11	54
10	9.2	44	9.1	44	9.1	44	9.1	44	9.1	44	9.0	44	9.0	45	9.0	45	8.7	45
13	7.0	35	7.0	35	7.0	35	6.9	35	6.9	35	6.9	35	6.9	35	6.8	35	6.6	36
16	5.8	29	5.7	29	5.7	29	5.7	29	5.7	29	5.6	29	5.6	29	5.6	29	5.3	30
20	4.7	24	4.6	24	4.6	24	4.6	24	4.5	24	4.5	24	4.5	24	4.5	24	4.2	24
25	3.8	19	3.8	19	3.7	19	3.7	19	3.7	19	3.7	19	3.6	19	3.6	19	3.3	20
32	3.1	15	3.0	15	3.0	15	3.0	15	3.0	15	2.9	15	2.9	15	2.9	15	2.6	16
40	2.6	12	2.5	12	2.5	12	2.5	12	2.4	12	2.4	12	2.4	12	2.3	12	2.1	13
50	2.2	9.2	2.1	9.3	2.1	9.4	2.1	9.4	2.0	9.4	2.0	9.5	2.0	9.6	1.9	9.7	1.7	10
65	1.8	6.8	1.8	6.9	1.7	7.0	1.7	7.0	1.7	7.1	1.6	7.2	1.6	7.3	1.6	7.3	1.3	8.0
80	1.6	5.3	1.6	5.4	1.5	5.5	1.5	5.5	1.5	5.6	1.4	5.7	1.4	5.8	1.3	5.3	1.0	6.5
100	1.5	4.0	1.4	4.1	1.4	4.2	1.3	4.2	1.3	4.3	1.3	4.3	1.2	4.5	1.1	4.5	0.82	5.2
125			1.3	2.9	1.3	3.0	1.2	3.1	1.2	3.2	1.1	3.3	1.1	3.4	1.0	3.5	0.66	4.2

注：(1)p_0 为生产方风险质量，当批不合格品率 $p=p_0$ 时，规定接收概率为 0.95。

(2)p_1 为使用方风险质量，当批不合格品率 $p=p_1$ 时，规定接收概率为 0.10。

(3)当批量 N 在表值之间时，使用紧接着的较大的批量 N。

(4)以∞为首的列，仅是为了参考而给出的。

表 6　二次抽样方案(基于超几何分布)

$\begin{bmatrix} Ac_1 & Re_1 \\ Ac_2 & Re_2 \end{bmatrix} = \begin{bmatrix} 0 & 2 \\ 1 & 2 \end{bmatrix}$ 的情形

不合格品率/% 批量 N 样本量 n	10		15		20		25		30		35		40		45		50	
	p_0	p_1	p_0	p_1	p_0	p_1	p_0	p_1	p_0	p_1	p_0	p_1	p_0	p_1	p_0	p_1	p_0	p_1
2	15	68	14	70	13	71	12	71	12	72	12	72	12	72	12	72	11	72
3	12	50	10	53	9.2	54	8.7	55	8.4	55	8.2	56	8.0	56	8.0	56	7.3	56
4	11	37	8.6	41	7.6	43	7.0	44	6.6	44	6.4	45	6.3	45	6.1	45	6.0	45
5			7.8	33	6.6	35	6.0	36	5.6	37	5.4	37	5.2	37	5.1	38	5.0	38
6			7.3	26	6.1	29	5.4	30	5.0	31	4.7	31	4.5	32	4.4	32	4.3	32
8					5.5	21	4.7	22	4.3	23	4.0	24	3.7	24	3.6	24	3.5	25
10							4.4	17	3.9	18	3.5	19	3.3	19	3.1	19	3.0	20
13											3.2	14	2.9	14	2.7	15	2.6	15
16													2.7	11	2.5	11	2.4	12
20																	2.2	8.8
25																		
32																		
40																		
50																		
65																		
80																		
100																		

表 6（续）

$\begin{bmatrix} \mathbf{Ac_1} & \mathbf{Re_1} \\ \mathbf{Ac_2} & \mathbf{Re_2} \end{bmatrix} = \begin{bmatrix} 0 & 2 \\ 1 & 2 \end{bmatrix}$的情形

批量 N / 不合格品率/% / 样本量 n	60		70		80		90		100		110		120		130		140	
	p_0	p_1	p_0	p_1	p_0	p_1	p_0	p_1	p_0	p_1	p_0	p_1	p_0	p_1	p_0	p_1	p_0	p_1
2	11	72	11	73	11	73	11	73	11	73	11	73	11	73	11	73	11	73
3	7.6	56	7.5	57	7.5	57	7.4	57	7.4	57	7.3	57	7.3	57	7.3	57	7.3	57
4	5.9	46	5.7	46	5.7	46	5.7	46	5.6	46	5.6	46	5.6	46	5.5	46	5.5	46
5	4.8	38	4.7	38	4.6	39	4.6	39	4.5	39	4.5	39	4.5	39	4.4	39	4.4	39
6	4.1	33	4.0	33	4.0	33	3.9	33	3.9	33	3.8	33	3.8	33	3.8	34	3.7	34
8	3.3	25	3.2	25	3.1	26	3.0	26	3.0	26	2.9	26	2.9	26	2.9	26	2.9	26
10	2.3	20	2.7	21	2.6	21	2.5	21	2.5	21	2.4	21	2.4	21	2.4	21	2.3	21
13	2.4	15	2.2	16	2.1	16	2.1	16	2.0	16	2.0	16	1.9	17	1.9	17	1.9	17
16	2.1	12	2.0	13	1.9	13	1.8	13	1.7	13	1.7	13	1.6	13	1.6	14	1.6	14
20	1.9	9.4	1.8	10	1.6	10	1.6	10	1.5	10	1.4	11	1.4	11	1.4	11	1.3	11
25			1.6	7.4	1.5	7.7	1.4	7.9	1.3	8.1	1.3	8.3	1.2	8.4	1.2	8.4	1.1	8.5
32					1.4	5.6	1.3	5.9	1.2	6.0	1.1	6.2	1.1	6.3	1.0	6.4	0.98	6.5
40									1.1	4.5	1.0	4.7	0.97	4.8	0.92	5.0	0.88	5.0
50															0.85	3.7	0.81	3.8
65																		
80																		
100																		

表 6 (续)

$\begin{bmatrix} Ac_1 & Re_1 \\ Ac_2 & Re_2 \end{bmatrix} = \begin{bmatrix} 0 & 2 \\ 1 & 2 \end{bmatrix}$ 的情形

批量 N / 不合格品率/% / 样本量 n	150		160		170		180		190		200		225		250		∞	
	p_0	p_1	p_0	p_1	p_0	p_1	p_0	p_1	p_0	p_1	p_0	p_1	p_0	p_1	p_0	p_1	p_0	p_1
2	11	73	11	73	11	73	11	73	11	73	11	73	11	73	11	73	11	73
3	7.3	57	7.2	57	7.2	57	7.2	57	7.2	57	7.2	57	7.2	57	7.2	57	7.0	58
4	5.5	47	5.5	47	5.5	47	5.4	47	5.4	47	5.4	47	5.4	47	5.4	47	5.3	47
5	4.4	39	4.4	39	4.4	39	4.4	39	4.3	39	4.3	39	4.3	39	4.3	39	4.2	40
6	3.7	34	3.7	34	3.7	34	3.7	34	3.7	34	3.7	34	3.6	34	3.6	34	3.5	34
8	2.8	26	2.8	26	2.8	26	2.8	26	2.8	26	2.8	26	2.8	27	2.7	27	2.6	27
10	2.3	21	2.3	21	2.3	22	2.3	22	2.3	22	2.2	22	2.2	22	2.2	22	2.1	22
13	1.8	17	1.8	17	1.8	17	1.8	17	1.8	17	1.8	17	1.7	17	1.8	17	1.6	18
16	1.6	14	1.5	14	1.5	14	1.5	14	1.5	14	1.5	14	1.5	14	1.4	14	1.3	15
20	1.3	1.1	1.3	11	1.3	11	1.3	11	1.2	11	1.2	11	1.2	11	1.2	11	1.0	12
25	1.1	8.6	1.1	8.7	1.1	8.7	1.1	8.8	1.0	8.8	1.0	8.8	1.0	8.9	0.98	9.0	0.83	9.5
32	0.95	6.6	0.93	6.6	0.91	6.7	0.89	6.7	0.87	6.8	0.86	6.8	0.83	6.9	0.81	7.0	0.65	7.5
40	0.85	5.1	0.82	5.2	0.80	5.2	0.78	5.2	0.76	5.3	0.74	5.3	0.71	5.4	0.69	5.5	0.52	6.1
50	0.77	3.9	0.74	3.9	0.72	4.0	0.69	4.1	0.67	4.1	0.66	4.1	0.62	4.2	0.60	4.3	0.42	4.9
65					0.65	2.9	0.63	2.9	0.60	3.0	0.58	3.0	0.54	3.1	0.52	3.2	0.32	3.8
80											0.55	2.3	0.50	2.4	0.47	2.5	0.26	3.1
100															0.44	1.8	0.21	2.5

注：(1) p_0 为生产方风险质量，当批不合格品率 $p=p_0$ 时，规定接收概率为 0.95。

(2) p_1 为使用方风险质量，当批不合格品率 $p=p_1$ 时，规定接收概率为 0.10。

(3) 当批量 N 在表值之间时，使用紧接着的较大的批量 N。

(4) 以∞为首的列，仅是为了参考而给出的。

表 7　二次抽样方案(基于超几何分布)

$\begin{bmatrix} Ac_1 & Re_1 \\ Ac_2 & Re_2 \end{bmatrix} = \begin{bmatrix} 0 & 3 \\ 2 & 3 \end{bmatrix}$的情形

批量 N / 不合格品率/% / 样本量 n	10		15		20		25		30		35		40		45		50	
	p_0	p_1	p_0	p_1	p_0	p_1	p_0	p_1	p_0	p_1	p_0	p_1	p_0	p_1	p_0	p_1	p_0	p_1
2	33	82	30	83	28	84	28	84	27	85	27	85	27	85	26	85	26	85
3	24	59	21	63	19	64	18	65	18	65	17	66	17	66	17	66	17	66
4	22	43	17	49	15	51	14	52	14	52	13	53	13	53	13	53	13	54
5			15	38	13	41	12	42	11	43	11	44	11	44	11	44	10	45
6			14	31	12	34	11	35	10	36	9.6	37	9.3	38	9.0	38	8.8	38
8							9.2	26	8.4	27	7.8	28	7.5	28	7.2	29	7.0	29
10							8.5	19	7.5	21	6.9	22	6.5	22	6.2	23	6.0	23
13											6.2	16	5.7	17	5.3	17	5.1	17
16															4.9	13	4.6	14
20																	4.2	10
25																		
32																		
40																		
50																		
65																		
80																		
100																		

表 7（续）

$\begin{bmatrix} Ac_1 & Re_1 \\ Ac_2 & Re_2 \end{bmatrix} = \begin{bmatrix} 0 & 3 \\ 2 & 3 \end{bmatrix}$的情形

批量 N / 不合格品率/% / 样本量 n	60		70		80		90		100		110		120		130		140	
	p_0	p_1	p_0	p_1	p_0	p_1	p_0	p_1	p_0	p_1	p_0	p_1	p_0	p_1	p_0	p_1	p_0	p_1
2	26	85	26	85	26	85	26	85	26	85	25	85	25	85	25	86	25	86
3	17	67	16	67	16	67	16	67	16	67	16	67	16	67	16	67	16	67
4	13	54	12	54	12	54	12	54	12	55	12	55	12	55	12	55	12	55
5	10	45	10	45	9.8	46	9.7	46	9.7	46	9.6	46	9.5	46	9.5	46	9.5	46
6	8.6	38	8.4	39	8.3	39	8.2	39	8.1	39	8.0	39	8.0	39	7.9	40	7.9	40
8	6.7	30	6.5	30	6.3	30	6.3	30	6.2	30	6.1	31	6.1	31	6.0	31	6.0	31
10	5.6	24	5.4	24	5.3	24	5.2	25	5.1	25	5.0	25	4.9	25	4.9	25	4.9	25
13	4.7	18	4.4	18	4.3	19	4.2	19	4.1	19	4.0	19	3.9	19	3.9	19	3.8	20
16	4.2	14	3.9	15	3.7	15	3.6	15	3.5	15	3.4	16	3.3	16	3.2	16	3.2	16
20	3.7	11	3.4	11	3.2	12	3.1	12	3.0	12	2.9	12	2.8	12	2.7	13	2.7	13
25			3.1	8.6	2.9	9.0	2.7	9.3	2.6	9.5	2.5	9.6	2.4	9.8	2.3	9.9	2.3	10
32							2.4	6.7	2.3	7.0	2.2	7.2	2.1	7.3	2.0	7.5	1.9	7.6
40									2.1	5.1	2.0	5.4	1.8	5.6	1.8	5.7	1.7	5.8
50															1.6	4.2	1.6	4.4
65																		
80																		
100																		

表 7（续）

$\begin{bmatrix} Ac_1 & Re_1 \\ Ac_2 & Re_2 \end{bmatrix} = \begin{bmatrix} 0 & 3 \\ 2 & 3 \end{bmatrix}$的情形

批量 N / 不合格品率/% / 样本量 n	150		160		170		180		190		200		225		250		∞	
	p_0	p_1	p_0	p_1	p_0	p_1	p_0	p_1	p_0	p_1	p_0	p_1	p_0	p_1	p_0	p_1	p_0	p_1
2	25	86	25	86	25	86	25	86	25	86	25	86	25	86	25	86	25	86
3	16	67	16	67	16	67	16	67	16	67	16	67	16	67	16	67	16	68
4	12	55	12	55	12	55	12	55	12	55	12	55	12	55	12	55	11	55
5	9.4	46	9.4	46	9.4	46	9.4	46	9.3	46	9.3	46	9.3	46	9.2	46	9.0	47
6	7.9	40	7.8	40	7.8	40	7.8	40	7.8	40	7.7	40	7.7	40	7.7	40	7.4	40
8	6.0	31	5.9	31	5.9	31	5.9	31	5.9	31	5.8	31	5.8	31	5.8	31	5.5	32
10	4.8	25	4.8	25	4.8	25	4.7	25	4.7	25	4.7	25	4.7	25	4.6	26	4.4	26
13	3.8	20	3.8	20	3.7	20	3.7	20	3.7	20	3.7	20	3.6	20	3.6	20	3.4	21
16	3.2	16	3.1	16	3.1	16	3.1	16	3.1	16	3.1	16	3.0	16	3.0	16	2.7	17
20	2.6	13	2.6	13	2.6	13	2.6	13	2.5	13	2.5	13	2.5	13	2.4	13	2.2	14
25	2.2	10	2.2	10	2.2	10	2.1	10	2.1	10	2.1	10	2.0	10	2.0	11	1.7	11
32	1.9	7.7	1.8	7.8	1.8	7.3	1.8	7.9	1.7	7.9	1.7	8.0	1.7	8.1	1.6	8.2	1.4	8.8
40	1.7	5.9	1.6	6.0	1.6	6.1	1.5	6.1	1.5	6.2	1.5	6.3	1.4	6.3	1.4	6.4	1.1	7.1
50	1.5	4.5	1.4	4.6	1.4	4.6	1.3	4.7	1.3	4.8	1.3	4.8	1.2	4.9	1.2	5.0	0.86	5.7
65					1.8	3.3	1.2	3.3	1.2	3.4	1.1	3.5	1.0	3.6	1.0	3.7	0.67	4.4
80													0.92	2.7	0.90	2.9	0.54	3.6
100															0.85	2.1	0.43	2.8

注：(1) p_0 为生产方风险质量，当批不合格品率 $p=p_0$ 时，规定接收概率为 0.95。
(2) p_1 为使用方风险质量，当批不合格品率 $p=p_1$ 时，规定接收概率为 0.10。
(3) 当批量 N 在表值之间时，使用紧接着的较大的批量 N。
(4) 以∞为首的列，仅是为了参考而给出的。

表 8　一次抽样方案和近似等效的二次抽样方案

一次方案 Ac=1 n_0	二次方案 $\begin{bmatrix} Ac_1 & Re_1 \\ Ac_2 & Re_2 \end{bmatrix}=\begin{bmatrix} 0 & 2 \\ 1 & 2 \end{bmatrix}$ $n(=n_1=n_2)$	一次方案 Ac=2 n_0	二次方案 $\begin{bmatrix} Ac_1 & Re_1 \\ Ac_2 & Re_2 \end{bmatrix}=\begin{bmatrix} 0 & 3 \\ 2 & 3 \end{bmatrix}$ $n(=n_1=n_2)$
4	2	4	2
5	3	6	3
6	4	8	4
8	5	10	5
10	6	13	6
13	8	16	8
16	10	20	10
20	13	25	13
25	16	32	16
32	20	40	20
40	25	50	25
50	32	65	32
65	40	80	40
80	50	100	50
100	65	125	65
125	80		

参 考 文 献

［1］ JEDEC Publication No. 40—A, Proposed acceptance sampling procedures for small lots,1974.

［2］ H. C. Hamaker. The efficiency of double sampling for attribute. JASA,V. 50,1995.

［3］ 小批抽样检查国标工作组.不合格品百分数的计数抽样程序及抽样表(适用于小批的检查)——原理及计算依据,1986.

ICS 23.140
J 72

中华人民共和国国家标准

GB/T 13277.1—2008
部分代替 GB/T 13277—1991

压缩空气　第1部分：污染物净化等级

Compressed air—Part 1：Contaminants and purity classes

(ISO 8573-1：2001，MOD)

2008-08-28 发布　　2009-03-01 实施

中华人民共和国国家质量监督检验检疫总局
中国国家标准化管理委员会　发布

前　　言

GB/T 13277《压缩空气》分为如下九部分：

——第1部分：污染物净化等级；

——第2部分：悬浮油含量测量方法；

——第3部分：湿度测量方法；

——第4部分：固体颗粒测量方法；

——第5部分：油蒸气及有机溶剂测量方法；

——第6部分：气态污染物含量测量方法；

——第7部分：活性微生物含量测量方法；

——第8部分：固体颗粒质量浓度测量方法；

——第9部分：液态水含量测量方法。

本部分为GB/T 13277的第1部分。

本部分修改采用ISO 8573-1：2001《压缩空气　第1部分：污染物净化等级》(英文版)。

本部分根据ISO 8573-1：2001重新起草。

考虑到我国国情，本部分在采用ISO 8573-1：2001时，做了一些修改。有关技术差异已编入正文中，并在它们所涉及的条款的页边空白处用垂直单线标识。

为了便于使用，本部分还做了下列编辑性修改：

——"本国际标准"一词改为"本部分"；

——用小数点"."代替作为小数点的逗号","；

——压力单位用"MPa"代替"bar"；

——删除ISO 8573-1：2001前言。

本部分是对原GB/T 13277—1991《一般用压缩空气质量等级》的修订。

本部分与GB/T 13277—1991相比主要变化如下：

——修改了标准状态的参数；

——增加了固体颗粒的等级数；

——增加了液态水的等级指标；

——取消了原含有等级中最低的第5级；

——删除了原参考的附录A。

本部分自实施之日起代替GB/T 13277—1991的部分内容。

本部分由中国机械工业联合会提出。

本部分由全国压缩机标准化技术委员会(SAC/TC 145)归口。

本部分起草单位：合肥通用机械研究院。

本部分主要起草人：韩俊英、李金禄。

本部分所代替标准的历次版本发布情况为：

——GB/T 13277—1991。

压缩空气 第1部分:污染物净化等级

1 范围

GB/T 13277 的本部分规定了压缩空气中的颗粒、水分及微量油的净化等级。

本部分亦考虑微生物和气态污染物。

本部分中所指的气态污染物包括:一氧化碳、二氧化碳、二氧化硫、二氧化氮、一氧化氮及碳原子从 C_1 到 C_5 的烃类。

注: 对某些特殊应用(如:呼吸、制药、食品及饮料用空气)应考虑其他污染物。

2 规范性引用文件

下列文件中的条款通过 GB/T 13277 的本部分的引用而成为本部分的条款。凡是注日期的引用文件,其随后所有的修改单(不包括勘误的内容)或修订版均不适用于本部分,然而,鼓励根据本部分达成协议的各方研究是否可使用这些文件的最新版本。凡是不注日期的引用文件,其最新版本适用于本部分。

GB/T 10893 压缩空气干燥器 规范与试验[1)](GB/T 10893—1989,eqv ISO 7183:1986)

JB/T 7664 压缩空气净化术语

ISO 8573-2 压缩空气 第2部分:悬浮油含量测量方法

ISO 8573-3 压缩空气 第3部分:湿度测量方法

ISO 8573-4 压缩空气 第4部分:固体颗粒测量方法

ISO 8573-5 压缩空气 第5部分:油蒸气及有机溶剂测量方法

ISO 8573-6 压缩空气 第6部分:气态污染物含量测量方法

ISO 8573-7 压缩空气 第7部分:活性微生物含量测量方法

ISO 8573-8 压缩空气 第8部分:固体颗粒质量浓度测量方法

ISO 8573-9 压缩空气 第9部分:液态水含量测量方法

3 术语和定义

GB/T 10893[1)] 及 JB/T 7664 中所确立的术语及定义均适用于 GB/T 13277 的本部分。

4 污染物的测量

为评估压缩空气样品的污染物净化等级,测量方法应在 ISO 8573 中选取相应的部分:

——第2部分:悬浮油含量测量方法;

——第3部分:湿度测量方法;

——第4部分:固体颗粒测量方法;

——第5部分:油蒸气及有机溶剂测量方法;

——第6部分:气态污染物含量测量方法;

——第7部分:活性微生物含量测量方法;

——第8部分:固体颗粒质量浓度测量方法;

——第9部分:液态水含量测量方法。

---

1) 该标准将被修订,修订后的标准号为 GB/T 10893.1。

测量应遵循如下规则：

——测量应在适当长的时间中进行多次取样；

——测量应在实际工作压力及温度下进行；

——压缩空气系统的净化等级是指多次测量后确认的算术平均值；

——净化等级仅代表测量点的状况。

注：测量应在实际工况下进行，否则液相、悬浮物及气相的平衡就将被打破。液态油和水分将会沿着管壁形成膜层或细流。

压缩空气中的颗粒、水分及油会随吸入状态的突然变化、系统中元器件的磨损以及气体流量、压力、温度及环境条件的变化而变化。

因为大多数的测量不可能对全气流进行，所以需要对压缩空气进行取样。应当注意，应保证样品气对整个气流品质的代表性。

5 标准状态

标准状态见表1。

表 1 标准状态

空气温度	20 ℃
空气压力	0.1 MPa 绝对压力
相对湿度	0

6 污染物

6.1 概述

压缩空气中三种主要的污染物是固体颗粒、水和油。它们之间会相互影响(例如：固体颗粒会使水和油滴聚集成更大的颗粒，油和水会形成乳状物)，且有时会在压缩空气系统的管道中沉淀和凝结(如：油蒸气或水蒸气)。其他污染物(包括有机微生物和气态污染物)也需要考虑。

6.2 固体颗粒

6.2.1 概述

固体颗粒的重要特性用密度、形状、尺寸和硬度来描述。

为了正确地读数，最主要的是消除水分对颗粒尺寸和数量的影响。

6.2.2 测量参数

6.2.2.1 颗粒尺寸

颗粒尺寸的测量按照相应的方法进行。

6.2.2.2 颗粒浓度

颗粒浓度的测量应按照 ISO 8573-4 进行。颗粒的质量浓度的测量应按照 ISO 8573-8 进行。

6.2.2.3 湿度

实际的湿度测量按照 ISO 8573-3 进行。

6.3 水分

6.3.1 概述

空气中通常都含有水蒸气，当空气被压缩时，其中的水蒸气的分压也随之上升，但是由于压缩空气的温度也上升，所以没有水凝结。当压缩空气在其后被冷却时(如在中冷却器、后冷却器、管路及气动工具的压缩空气膨胀过程中)，水蒸气会凝结成液态水，同时空气中的水蒸气也会成为饱和态。

6.3.2 测量参数

湿度测量应按照 ISO 8573-3 进行，液态水测量按照 ISO 8573-9 进行。

6.4 油

6.4.1 概述

对于 GB/T 13277 的本部分而言，油在压缩空气中会以三种状态(液态、悬浮态和油蒸气)中的一种或多种形式存在。

当考虑压缩空气中的油蒸气含量时，温度是重要的参数，因为它会影响油蒸气占总含油量的比例。

当测量油蒸气时，同时也必须关注悬浮油和液态油，这样才可以分清不同相的浓度。由于油的复杂分子结构，应明确规定测试设备的测量程序。

6.4.2 测量参数

6.4.2.1 液态、悬浮态和油蒸气

液态油和悬浮油含量的测量应按照 ISO 8573-2 进行，油蒸气含量的测量则应按照 ISO 8573-5 进行。

6.4.2.2 湿度

实际的湿度测量按照 ISO 8573-3 进行。

6.5 气态污染物

大气中不仅包含常见的可以用通常方法测量的污染物，而且也包括随环境和地点变化而变化的污染物。气态污染物的测量按照 ISO 8573-6 进行。

6.6 有机微生物

存在于大气中的有机微生物通常都被认为是固体污染物。这些有机微生物借助于多种途径进入压缩空气。如果将有机微生物按固体污染物考虑，测量方法按照 ISO 8573-4；如果是细菌、真菌或酵母菌，测量按照 ISO 8573-7 进行。

7 压缩空气净化等级

7.1 固体颗粒等级

固体颗粒等级见表 2。0 级～5 级的测量方法按照 ISO 8573-4 进行，6 级～7 级的测量按照 ISO 8573-8 进行。

表 2 固体颗粒等级

等级	每立方米中最多颗粒数 颗粒尺寸 $d/\mu m$ ≤0.10	 $0.10<d\leq0.5$	 $0.5<d\leq1.0$	 $1.0<d\leq5.0$	颗粒尺寸/μm	浓度/(mg/m^3)
0	由设备使用者或制造商制定的比等级 1 更高的严格要求				不适用	不适用
1	不规定	100	1	0		
2	不规定	100 000	1 000	10		
3	不规定	不规定	10 000	500		
4	不规定	不规定	不规定	1 000		
5	不规定	不规定	不规定	20 000		
6	不适用				≤5	≤5
7	不适用				≤40	≤10

注 1：与固体颗粒等级有关的过滤系数(率)β 是指过滤器前颗粒数与过滤器后颗粒数之比，它可以表示为 $\beta=1/P$，其中 P 是穿透率，表示过滤后与过滤前颗粒浓度之比，颗粒尺寸等级作为下标。如 $\beta_{10}=75$，表示颗粒尺寸在 10 μm 以上的颗粒数在过滤前比过滤后高 75 倍。

注 2：颗粒浓度是在表 1 状态下的值。

7.2 湿度和液态水等级

湿度等级见表3,液态水等级见表4。表征湿度的压力露点的测量按照ISO 8573-3。液态水的测量按照ISO 8573-9进行。当要求更低的压力露点时,应明确规定。

表3 湿度等级

等级	压力露点/℃
0	由设备使用者或制造商制定的比等级1更高的要求
1	≤−70
2	≤−40
3	≤−20
4	≤+3
5	≤+7
6	≤+10

表4 液态水等级

等级	液态水浓度 C_W/(g/m³)
7	$C_W \leqslant 0.5$
8	$0.5 < C_W \leqslant 5$
9	$5 < C_W \leqslant 10$
注:液态水浓度是在表1状态的值。	

7.3 含油等级

含油等级见表5。悬浮油和液态油的测量按照ISO 8573-2进行,油蒸气的测量按照ISO 8573-5进行,它们之和是总含油量。

表5 含油等级

等级	总含油量(液态油、悬浮油、油蒸气)/(mg/m³)
0	由设备使用者或制造商制定的比等级1更高的要求
1	≤0.01
2	≤0.1
3	≤1
4	≤5
注:总含油量是在表1状态下的值。	

7.4 气态污染物

在GB/T 13277本部分范围内,气态污染物的等级测量按照ISO 8573-6进行,按实际值报告。

7.5 有机微生物

由于有机微生物的复杂性和多样性,ISO 8573对其的等级定义只简单的以有或无来区分。在GB/T 13277本部分范围内,有机微生物的等级按照ISO 8573-7进行,按实际值报告。

7.6 表示方法

在指定的测量点,压缩空气污染物净化等级按照如下的形式表示:

压缩空气的净化等级 GB/T 13277.1　A B C

其中：

A——按照 ISO 8573-4 方法测量的固体颗粒等级(见 7.1)；

B——按照 ISO 8573-3 和 ISO 8573-9 方法测量的湿度和液态水等级（见 7.2），并应说明对应的压力值；

C——按照 ISO 8573-2 和 ISO 8573-5 方法测量所得总含油量对应的含油等级(见 7.3)。

如 A、B、C 中某项没有规定，在表述中以连字符(-)代替。

附加的净化等级有：

——气态污染物含量(见 7.4)；

——有机微生物含量(见 7.5)。

ICS 29.220.20
K 84

中华人民共和国国家标准

GB/T 13281—2008
代替 GB/T 13281—1991

铁路客车用铅酸蓄电池

Lead-Acid Battery Used For Passenger Trains

2008-06-13 发布　　2009-03-01 实施

中华人民共和国国家质量监督检验检疫总局
中国国家标准化管理委员会　发布

前　言

本标准代替 GB/T 13281—1991《铁路客车用铅酸蓄电池》。

本标准与原 GB/T 13281—1991 相比主要变化如下：

采用阀控式铅酸蓄电池的有关技术要求和试验方法。

——增加了术语、符号

——增加了产品分类及环境要求

——增加了开路电压一致性

——增加了容量一致性

——增加了低温容量

——增加了大电流放电特性

——增加过充电性能

——增加密封反应效率

——增加防爆能力

——增加防酸雾能力

——增加排气阀性能

——增加气密性

——修改荷电保持能力

——修改循环耐久能力

——取消封口剂性能试验

本标准由中国电器工业协会提出。

本标准由全国铅酸蓄电池标准化技术委员会(SAC/TC 69)归口。

本标准主要起草单位：沈阳蓄电池研究所、浙江古越蓄电池有限公司、丰日电气集团股份有限公司。

本标准主要起草人：谢爽、曹苗根、宋永江、赵键、彭建辉。

本标准所代替标准的历次版本发布情况为：

——JB 1864—76、GB/T 13281—1991。

铁路客车用铅酸蓄电池

1 范围

本标准规定了铁路客车用铅酸蓄电池的术语、产品分类、技术要求、试验方法、检验规则以及标志包装、运输和贮存。

本标准适用于铁路客车照明及其他电器直流电源用的铅酸蓄电池(以下简称蓄电池)。

2 规范性引用文件

下列文件中的条款通过本标准的引用而成为本标准的条款。凡是注日期的引用文件,其随后所有的修改单(不包括勘误的内容)或修订版均不适用于本标准,然而,鼓励根据本标准达成协议的各方研究是否可使用这些文件的最新版本。凡是不注日期的引用文件,其最新版本适用于本标准。

JB/T 2599 铅酸蓄电池产品型号编制方法

3 术语、符号

3.1

额定容量 rated capacity

在规定条件下测得的并由制造商宣称的电池的容量值。本标准 10 小时率(以下用 10 hr 表示)容量用 C_{10}(Ah)表示、5 小时率(以下用 5 hr 表示)容量用 C_5(Ah)表示、1 小时率(以下用 1 hr 表示)容量用 C_1(Ah)表示。数值见表 1。

3.2

实际容量 actual capacity

在规定的条件下测得的蓄电池实际所能放出的电量;本标准用 C_a(Ah)表示。

3.3

低温容量 capacity at low temperature

在 −40 ℃的低温条件下测得的蓄电池实际所能放出的电量;本标准用 C_d(Ah)表示。

3.4

10 hr 电流、5 hr 电流、1 hr 电流 10、5、1 hour-rate current

表示蓄电池充放电电流大小的术语,其数值见表 1。本标准用 I_{10}(A)、I_5(A)、I_1(A)表示。

3.5

密封反应效率 sealed reaction efficiency

在规定条件下,蓄电池内部水分分解产生的气体通过负极吸收还原成水的效率;本标准用 η(%)表示。

3.6

组合一致性 combination consistency

开路电压组合一致性:

在规定条件下,2 只或 2 只以上 2 V 或 12 V 单只蓄电池串联使用过程中的端电压一致性的显示状态。本标准用 ΔU(V)表示。

容量组合一致性：

在规定条件下，2 只或 2 只以上 2 V 或 12 V 单只蓄电池串联使用过程中容量一致性的显示状态。本标准用 ΔC(Ah)表示。

3.7

单体蓄电池　cell

由多个隔室构成的整体蓄电池的每个隔室称单体蓄电池。

3.8

防爆能力　explosion-proof capability

蓄电池在通常的过充电条件下排气阀阻止外部火源点燃内部气体的能力。

3.9

镉标识　cadmiun indication

蓄电池内部是否含有金属镉、镉氧化物及镉盐的明示。

4　产品规格、外形及连接尺寸

4.1　产品规格型号与尺寸(见表 1)。

表 1　蓄电池基本参数

蓄电池型号	额定电压/V	最大质量/kg	10 hr 放电			5 hr 放电			1 hr 放电			最大外形尺寸/mm		
			I_{10}/A	额定容量/A·h	终止电压/V	I_5/A	额定容量/A·h	终止电压/V	I_1/A	额定容量/A·h	终止电压/V	长	宽	总高
6-TM-40	12.00	16.00	4.00	40	10.80	6.60	33	10.50	24.00	24	10.20	198	165	171
6-TM-60	12.00	26.00	6.00	60	10.80	10.00	50	10.50	36.00	36	10.20	265	200	220
6-TM-90	12.00	40.00	9.00	90	10.80	17.00	85	10.50	65.00	65	10.20	407	173	236
6-TM-120	12.00	40.00	12.00	120	10.80	20.00	100	10.50	72.00	72	10.20	410	172	260
6-TM-200	12.00	73.00	20.00	200	10.80	33.30	167	10.50	120.00	120	10.20	520	240	240
TM-450	2.00	39.00	45.00	450	1.80	77.00	385	1.75	270.00	270	1.70	245	180	370

4.2　产品型号编制按 JB/T 2599。用汉字"铁"拼音的第一个大写字母"T"表示。具体命名见图 1：

例如：

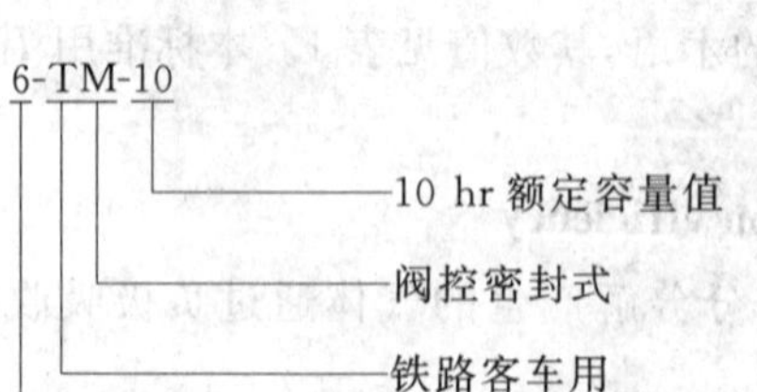

图 1　产品型号命名

4.3　外形和连接尺寸

蓄电池外形和连接尺寸见图 2 所示。

尺寸单位为毫米

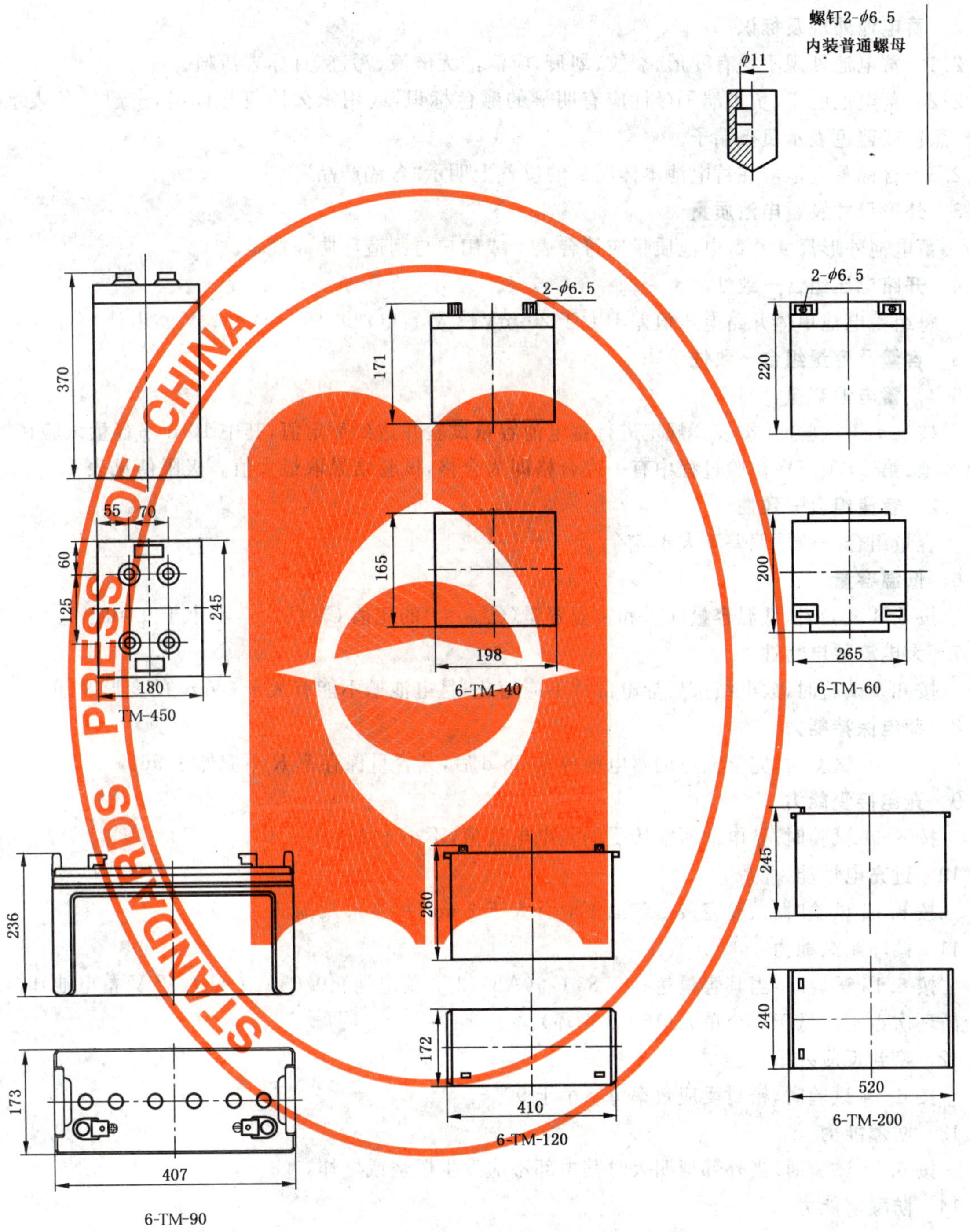

图 2　外形和连接尺寸

5　环境要求和技术要求

5.1　环境要求

蓄电池在下述环境中通常可以工作：

a)　海拔不超过 2 500 m；

b)　环境温度：−40 ℃～40 ℃；

c) 最大相对湿度:95%(该月平均温度最低为 25 ℃);

d) 风、沙、雨、雪侵袭。

5.2 蓄电池外观及标识

5.2.1 蓄电池外观不得有变形、裂纹、划痕;应清洁无酸液、污迹,且标志清晰。

5.2.2 蓄电池的正、负极端子极性应有明显的颜色标识,或用永久性符号标出,一般红色表示正极端子,黑色或蓝色表示负极端子。

5.2.3 含镉蓄电池应在蓄电池本体明显的位置上明示"含镉产品"。

5.3 外形尺寸及蓄电池质量

蓄电池外形尺寸及蓄电池质量应符合表 1 或用户与制造厂协商规定。

5.4 开路电压组合一致性

每组蓄电池单体开路电压值差不大于 20 mV(2 V 蓄电池)、100 mV(12 V 蓄电池)。

5.5 容量及容量组合一致性

5.5.1 蓄电池容量

按 6.7.1 试验时,按表 2 规定进行蓄电池容量试验并达到额定值,其中 10 h 率容量试验在第 6 项、第 8 项、第 10 项三次试验过程中有一次合格即为合格,试验结果取最大值。极限值见表 1。

5.5.2 容量组合一致性

容量组合一致性偏差不大于 5%。

5.6 低温容量

按 6.8 试验时,低温容量(C_d)和常温容量($C_{(10,5,1)}$)的比值 $C_d/C_{(10,5,1)}$ 不小于 0.40。

5.7 大电流放电特性

按 6.9 试验时,放电结束后导电部件不应熔化,且电池槽不能有大于 2 mm 的变形及漏液。

5.8 荷电保持能力

按 6.10 试验时,完全充电的蓄电池放置 28 d 后,其容量保存率 R 不应低于 96%。

5.9 充电接受能力

按 6.11 试验时,蓄电池所能接受的充电电流值,不小于 1.4 I_{10}(A)。

5.10 过充电性能

按 6.12 试验时,试验完成后侧面不应有大于 2 mm 的变形及漏液。

5.11 循环耐久能力

按 6.13 试验时,当其容量达到 0.85 C_{10}(Ah)(2 V 蓄电池)、0.65C_{10}(Ah)(12 V 蓄电池)时,所获得的循环次数不应低于 6 个单元(180 次循环)。

5.12 密封反应效率

按 6.14 试验时,密封反应效率 η 不小于 90%。

5.13 防爆能力

按 6.15 试验时,当外部遇明火时其内部不应发生燃烧或爆炸。

5.14 防酸雾能力

按 6.16 试验时,充电电量每 1 Ah 析出的酸雾量不应大于 0.025 mg。

5.15 排气阀性能

按 6.17 试验时,排气阀应在 1 kPa~49 kPa 范围内可靠地开启和关闭。

5.16 气密性

按 6.18 试验时,除安全阀外,其他各处要保持良好的气密性,并应能承受 55 kPa 的压力,且持续时间不小于 30 s,蓄电池所有部位不得出现泄漏。压力释放后,蓄电池无残余变形。

5.17 振动试验

按 6.19 试验时,不损坏并保持额定容量。

6 试验方法

6.1 测量仪器

6.1.1 电气测量

6.1.1.1 电压测量

测量电压用的仪表其精度不应低于0.5级,其内阻至少为1 000 Ω/V。也可采用数字电压表测量。

6.1.1.2 电流测量

测量电流用的仪表其精度不应低于0.5级。

6.1.2 温度测量

测量温度用的温度计应具有适当的量程。其分度值不应大于1 ℃,温度计的标定精度应不低于0.5 ℃。

6.1.3 时间测量

测量时间用的仪表应按h、min、s分度。至少应具有每小时±1 s的精度。

6.1.4 尺寸测量

测量蓄电池外形尺寸的量具精度应不低于±0.2 mm。

6.1.5 质量称量

称量蓄电池质量的衡器,精度不应低于±0.05%。

6.1.6 压力测量

测量压力用仪表其精度不应低于0.5级。

6.1.7 容积测量

测量容积的量筒或滴定管应具有±1%以上的精度。

6.2 试验前的预处理

6.2.1 试验应在蓄电池生产后的6个月内进行,试验前所有蓄电池必须进行完全充电。

6.2.2 蓄电池的完全充电

在温度为25 ℃±5 ℃的环境中,以单格电压为2.35 V～2.40 V进行充电,时间不低于20 h。充电电流不应超过$3I_{10}$(A)。在充电末期3 h内,电流无明显变化时则认为已完全充电。

6.2.3 按制造商提供的完全充电方法充电。

6.3 外观检查

用目视检查蓄电池的外观。

6.4 尺寸检查

按图2所示的结构尺寸测量蓄电池的外形尺寸。

6.5 质量检查

擦净蓄电池表面,用符合精度的衡器称量蓄电池的质量。

6.6 开路电压组合一致性

任选四只蓄电池,用电压表测量蓄电池的极柱根部,测得开路电压的差值。

$$\Delta U = V_{max} - V_{min} \qquad \cdots\cdots\cdots (1)$$

式中:

ΔU——每组蓄电池单体开路电压差的数值,单位为伏特(V);

V_{max}——开路电压最大值的数值,单位为伏特(V);

V_{min}——开路电压最小值的数值,单位为伏特(V)。

6.7 容量试验及容量组合一致性

6.7.1 容量试验

容量C_{10a}(Ah)、C_{5a}(Ah)、C_{1a}(Ah)试验应在完全充电的蓄电池上进行,将完全充电的蓄电池在

25 ℃±5 ℃环境中静置 1 h～24 h 后，分别以 I_{10}(A)、I_5(A)、I_1(A)的恒电流放电，在放电过程中，放电电流的波动不得超过规定值的±1%。直至蓄电池的端电压降至表 1 所规定的终止电压时停止试验，同时记录放电时间 T 和蓄电池表面平均温度。

放电时，若蓄电池表面平均温度不是 25 ℃，蓄电池的实际容量应按下式换算：

$$C_a = \frac{C_t}{1+\lambda(t-25)} \qquad \cdots\cdots(2)$$

$$C_t = T \times (I_{10}、I_5、I_1) \qquad \cdots\cdots(3)$$

式中：

C_a——换算为标准温度 25 ℃时的容量的数值，单位为安时(Ah)；

C_t——平均温度为 t ℃时的容量的数值，单位为安时(Ah)；

t——放电开始至放电终止时的平均温度的数值，单位为摄氏度(℃)；

T——放电时间 T 的数值，单位为小时(h)；

I_{10}、I_5、I_1——放电电流的数值，单位为安培(A)；

λ——温度系数，单位为每摄氏度(1/ ℃)；

10 hr 容量试验时，$\lambda=0.006$；

5 hr 容量试验时，$\lambda=0.008$；

1 hr 容量试验时，$\lambda=0.010$。

公式(2)适用于 15 ℃～40 ℃温度范围。

6.7.2 容量组合一致性

$$\Delta C_{(10,5,1)a} = \frac{C_{(10,5,1)a\max} - C_{(10,5,1)a\min}}{C_{(10,5,1)a\mathrm{mean}}} \times 100\% \qquad \cdots\cdots(4)$$

式中：

$\Delta C_{(10,5,1)a}$——容量组合一致性，数值以%表示；

$C_{(10,5,1)a\max}$——蓄电池 $C_{(10,5,1)a}$ 最大容量的数值，单位为安时(Ah)；

$C_{(10,5,1)a\min}$——蓄电池 $C_{(10,5,1)a}$ 最小容量的数值，单位为安时(Ah)；

$C_{(10,5,1)a\mathrm{mean}}$——蓄电池 $C_{(10,5,1)a}$ 平均容量的数值，单位为安时(Ah)。

6.7.3 试验后的蓄电池应进行完全充电。

6.8 低温容量

经容量试验合格的蓄电池进行完全充电后，置于－40 ℃±1 ℃的低温箱或低温室内保持 8 h，在此温度下按表 1 以 I_{10}(A) 恒定电流放电至终止电压 1.60 V(2 V 蓄电池)、9.60 V(12 V 蓄电池)时记录放电时间，精确到 s，并计算实测容量。

试验后的蓄电池应进行完全充电。

6.9 大电流放电特性

经容量试验合格的蓄电池进行完全充电后，在环境温度 25 ℃±5 ℃下，静止 1 h～24 h。以最大放电电流 I_s[$3C_{10}$(A)]进行放电，时间为 3 min。

6.10 荷电保持能力试验

6.10.1 蓄电池经过完全充电后，按 6.7.1 规定，以表 2 第 10 项试验的容量数值作为贮存前的实际容量。

6.10.2 再次完全充电后，擦净表面，在 25 ℃±2 ℃相对湿度不大于 80%的环境中贮存 28 d。

6.10.3 贮存期满后不充电按照 6.7.1 进行容量试验。

6.10.4 荷电保持能力 R 按下式计算

$$R = \frac{C_h}{C_a} \times 100\% \qquad \cdots\cdots(5)$$

式中：

R——荷电保持能力，%；

C_h——贮存后的实际容量的数值，单位为安时(Ah)；

C_a——贮存前的实际容量的数值，单位为安时(Ah)。

6.10.5 贮存前的实际容量小于额定容量的蓄电池不再进行荷电保持能力试验。

6.11 充电接受能力

6.11.1 完全充电的蓄电池在温度为25 ℃±5 ℃的环境中以I_{10}(A)电流放出实际容量(以表2第10项容量试验值为此次试验的实际容量)的50%后，立即送入0 ℃±1 ℃的低温箱内保持8 h(整个过程应在48 h内完成)。

6.11.2 蓄电池在低温室内或者从低温箱取出3 min内，2 V蓄电池以2.40 V±0.02 V、12 V蓄电池以14.40 V±0.10 V定电压充电10 min时，记录蓄电池所接受的充电电流值I_{ca}。

6.12 过充电性能

经容量试验合格的蓄电池在试验环境温度为25 ℃±5 ℃下，用$0.3I_{10}$(A)恒定电流进行连续充电160 h。充电终止后静置1 h，目视检查蓄电池外观。

6.13 循环耐久能力

6.13.1 经过容量试验、低温容量试验合格的蓄电池进行循环耐久能力试验。

6.13.2 循环耐久能力试验应在温度25 ℃±5 ℃环境下进行。

6.13.3 将完全充电的蓄电池接到一个恒流恒压循环试验机上，以1 hr的放电电流I_1(A)放电1 h，然后以单格2.40 V恒压，2 V蓄电池限流$2.20I_{10}$(A)、12 V蓄电池限流$2.50I_{10}$(A)充电4 h为1个循环。

6.13.4 每30次循环后进行一次10 hr容量试验。在循环耐久能力试验期间，2 V蓄电池容量小于$0.85C_{10}$(Ah)、12 V蓄电池容量小于$0.65C_{10}$(Ah)时，结束循环耐久能力试验。其循环次数不计入循环耐久能力。

6.14 密封反应效率试验

6.14.1 按6.7.1试验后的蓄电池在环境温度为25 ℃±5 ℃下，以单格2.25 V(2 V蓄电池限流$2.20I_{10}$(A)、12 V蓄电池限流$2.50I_{10}$(A))恒压充电72 h，记录蓄电池电压值并检查蓄电池封合处有无电解液泄漏。充电72 h后在充电状态下按图3所示方法持续192 h收集气体。测量并记录192 h内收集的气体总量V(mL)，在气体收集期间，每天测记一次环境温度(℃)和环境大气压力(kPa)。装置见图3。

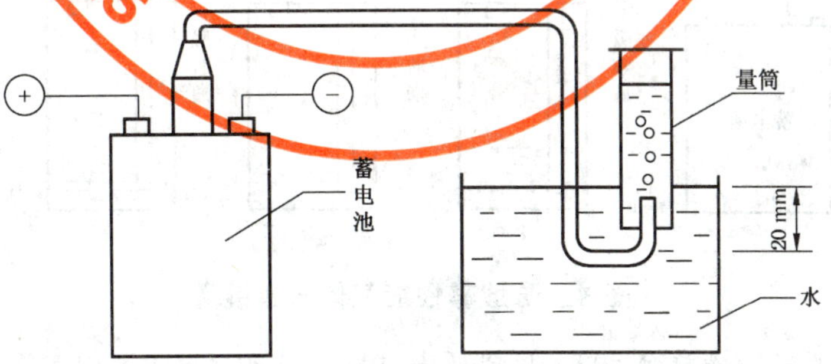

图3 收集气体示意图

6.14.2 密封反应效率的计算

按6.14.1试验，收集排出的气体量，按公式(6)换算为25 ℃、101.3 kPa下通过每1 Ah电量的气体排出量，按公式(7)计算出密封反应效率。

$$U=\frac{P}{P_0}\times\frac{298}{(t+273)}\times\frac{V}{Q}\times\frac{1}{n} \quad\cdots\cdots(6)$$

式中：

U——25 ℃、101.3 kPa 条件下蓄电池充入 1 Ah 电量所放出的气体量的数值，单位为毫升每安时(mL/Ah)；

P——收集气体期间的环境平均大气压力，单位为千帕(kPa)；

P_0——101.3 kPa；

t——收集气体期间的环境平均温度的数值，单位为摄氏度(℃)；

V——收集的排出气体量的数值，单位为毫升(mL)；

Q——收集气体期间通过的电量的数值，单位为安时(Ah)；

n——单体蓄电池数；

273——绝对温标，单位为 K；

298——[25+273]，单位为 K。

$$\eta=\left(1-\frac{U}{684}\right)\times 100\% \quad\cdots\cdots(7)$$

式中：

η——密封反应效率，%；

684——25 ℃、101.3 kPa 条件下蓄电池充入 1 Ah 电量理论气体发生量的数值，单位为毫升(mL)。

6.15 防爆能力试验

防爆能力试验是在确认安全性得以确保之后，对完全充电的蓄电池用 $0.5I_{10}$(A)恒流进行充电 1 h 后在排气部位附近 2 mm～4 mm 持续发生火花进行试验，反复二次，火花的大小以 24 V 直流电源熔断 2 A 保险丝时所产生的结果或同等以上结果为准。

6.16 防酸雾能力试验

6.16.1 完全充电的蓄电池用 $0.5I_{10}$(A)的电流，继续充电 2 h 后开始收集气体。

6.16.2 用图 4 所示方法将三只分别装有氢氧化钠溶液和蒸馏水的吸收瓶(500 mL)串联收集气体 2 h。其中第一个吸收瓶内装有 0.01 mol/L 的氢氧化钠溶液 25 mL 及蒸馏水 70 mL；第二、第三个吸收瓶内分别装有蒸馏水 50 mL。收集气体时间从溶液中产生气泡开始计时。

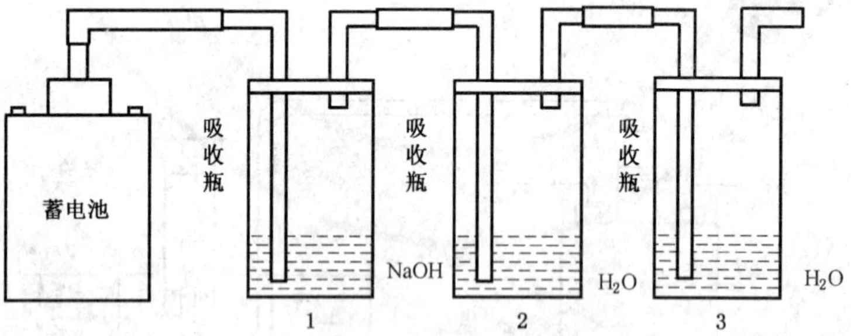

图 4 防酸雾性能气体收集装置

6.16.3 将收集气体后的溶液移至 500 mL 烧杯中，用第二、第三吸收瓶中的溶液依次洗涤第一吸收瓶，然后再将三个吸收瓶统一用 50 mL 蒸馏水洗涤，洗涤液一同并入 500 mL 烧杯中，加入 18～20 滴中性红——次甲基兰混合指示剂，然后用 0.01 mol/L 的盐酸标准溶液滴定至溶液由绿色变为蓝色为终止。

6.16.4 用移液管吸取 0.01 mol/L 氢氧化钠标准溶液 25 mL 作空白，加蒸馏水至溶液体积约为 250 mL，加入 18～20 滴中性红——次甲基兰混合指示剂，用 0.01 mol/L 的盐酸标准溶液滴定至溶液由绿色变为蓝色为终止。

6.16.5 按式(8)计算酸雾析出量 M_a(mg/Ah)。

$$M_a(H_2SO_4) = \frac{(V_0 - V_1) \times c \times 49.04}{0.5 I_{10} \times 2 \times n} \quad (mg/Ah) \qquad \cdots\cdots (8)$$

式中：

V_0——滴定空白时盐酸标准溶液用量，单位为毫升(mL)；

V_1——滴定试样时盐酸标准溶液用量，单位为毫升(mL)；

c——盐酸标准溶液的摩尔浓度，单位为摩尔每升(mol/L)；

49.04——0.5mol H_2SO_4 的质量，单位为毫克摩尔质量(mg/mol)；

2——充电时间，单位为小时(h)；

n——单体蓄电池数。

6.17 排气阀性能试验

6.17.1 排气阀性能试验

按图5，先读取U形汞柱压力计的平衡位刻度值，启动气泵，将压力控制在1个大气压力，缓慢打开控制阀给蓄电池内部加压，这时U形汞柱压力计内的汞柱分别偏离平衡值，当加压至排气阀部位冒出气泡时刻，关闭截止阀，读取汞柱压力计连通大气压侧的刻度值，然后关闭控制阀及气泵并打开截止阀，通过自然减压法观察排气阀处气泡产生情况，当无气泡冒出时，读取U形汞柱压力计汞柱连通大气压侧的刻度值。

6.17.2 开阀压力、闭阀压力的计算

$$开阀压力：P_K = (P_1 - P_0) \times 2 \times 0.1332 \quad (kPa) \qquad \cdots\cdots (9)$$

$$闭阀压力：P_B = (P_2 - P_0) \times 2 \times 0.1332 \quad (kPa) \qquad \cdots\cdots (10)$$

式中：

P_0——平衡位汞柱刻度值的数值，单位为毫米(mm)；

P_1——开阀时汞柱刻度值的数值，单位为毫米(mm)；

P_2——闭阀时汞柱刻度值的数值，单位为毫米(mm)；

0.133 2——1 mm汞柱(Hg)压力值，单位为千帕(kPa)。

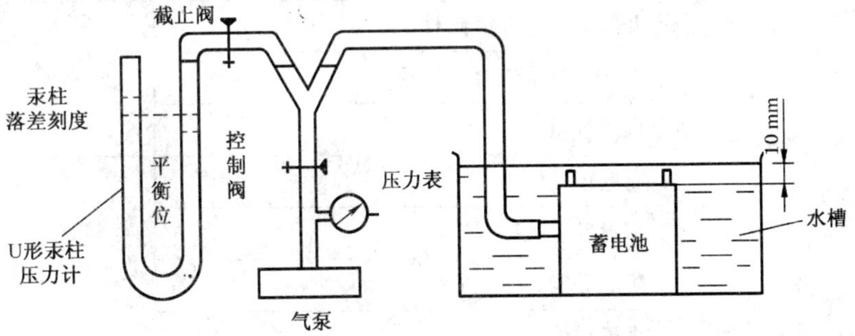

图5 开闭阀压力测试系统图

6.18 气密性试验

向蓄电池内部注入气体，逐渐增大压力，当压力为55 kPa时，压力表的读数应持续30 s不变，压力释放后，蓄电池无残余变形。

6.19 振动试验

6.19.1 振动试验应在已达到额定容量并在完全充电的蓄电池上进行。

6.19.2　将蓄电池放在振动台面上，用专用卡具固定。

6.19.3　蓄电池在频率 70 次±2 次/min、振幅为 10 mm±1 mm 的情况下做自由落体振动。振动 3 h 后，检查蓄电池表面，不应有变形和损坏，然后做蓄电池容量试验。

6.19.4　做过振动试验的蓄电池不再做其他试验。

7　检验规则

7.1　检验分类

检验分为出厂检验、周期检验和型式检验。

7.1.1　出厂检验、周期检验

凡提出交货的产品，必须按出厂检验项目和周期检验项目进行检验，检验的项目及检验样品数量见表 3。

7.1.2　型式检验

遇有下列情况之一时，应抽样进行型式检验，作型式检验必须是经出厂检验合格的产品。

a)　试制的新产品；

b)　产品结构、工艺配方或原材料有更改时；

c)　批量生产的产品按表 5 规定进行的定期抽样检验；

d)　用户要求的检验；

e)　政府行为的检验。

同系列蓄电池型式检验时一般选取产量最大的型号抽样。

7.2　型式检验项目与全项试验程序见表 2。

表 2　型式试验项目与全项试验程序

序号	检验分类	试验项目	试验数量	试验周期
1	出厂检验	外观(镉明示)	全数	
2		尺寸	1%	
3		质量	1%	
4		气密性试验	全数	
5	周期检验	开路电压组合一致性	6 只	每月一次
6		容量及容量组合一致性		3 月一次
7		低温容量		3 月一次
8		充电接受能力	1 只	半年一次
9		密封反应效率		半年一次
10		防酸雾能力		半年一次
11		排气阀性能		半年一次
12		大电流放电特性		半年一次
13		荷电保持能力		半年一次
14		过充电性能		半年一次
15		循环耐久能力		每年一次
16		防爆能力		半年一次
17		振动试验		每年一次

7.3 出厂检验和周期检验项目、样品数量和检验周期见表3。

表3 出厂检验和周期检验项目、样品数量和检验周期

序号	试验项目	蓄电池编号					
		1	2	3	4	5	6
1	外观(镉明示)	√	√	√	√	√	√
2	尺寸						√
3	气密性试验	√	√	√	√	√	√
4	质量	√					
5	开路电压组合一致性	√	√	√	√	√	√
6	10 h率容量试验	√	√	√	√	√	√
7	5 h率容量试验及容量组合一致性	√	√	√	√	√	√
8	10 h率容量试验	√	√	√	√	√	√
9	1 h率容量试验及容量组合一致性	√	√	√	√	√	√
10	10 h率容量试验及容量组合一致性	√	√	√	√	√	√
11	低温容量	√	√	√	√	√	√
12	充电接受能力	√					
13	密封反应效率	√					
14	防酸雾能力	√					
15	排气阀性能		√				
16	大电流放电特性			√			
17	荷电保持能力				√		
18	过充电性能					√	
19	循环耐久能力						√
20	防爆能力		√				
21	振动试验				√		
注:"√"为确定测试标志。							

7.4 检验判定准则

7.4.1 依检验现象评定的检验项目,以检验现象进行判定。

7.4.2 依检验数据评定的检验项目,以全部参试蓄电池的测试数据作为该项目的判定数据,若有一只参试电池的测试数据不符合本标准要求时,可加倍复测,如仍有一只达不到要求,则判定该批产品不合格。

7.5 产品检验合格后方可出厂,并附有产品检验合格的文件。

8 标志、包装、运输、贮存

8.1 标志

8.1.1 蓄电池产品上应有下列标志:

a) 制造厂名;

b) 产品型号或规格;

c) 制造日期;

d） 商标；

e） 极性符号；

f） 环保标志；

g） 含镉(无镉)标志。

8.1.2 包装箱外壁应有下列标志：

a） 产品名称、型号规格、数量；

b） 产品标准编号；

c） 每箱的净重及毛重；

d） 标明防潮、不准倒置、轻放等字样；

e） 厂名、厂址。

8.2 包装

8.2.1 蓄电池的包装应符合防潮、防振的要求。

8.2.2 包装箱内应装入随同产品供应的文件

a） 装箱单；

b） 产品合格证明；

c） 产品使用说明书。

8.3 运输

8.3.1 在运输过程中，产品不得受剧烈机械冲撞、曝晒、雨淋、不得倒置。

8.3.2 在装卸过程中，产品应轻放，严防摔掷翻滚、重压。

8.4 贮存

8.4.1 产品应贮存在温度为 5 ℃～40 ℃的干燥，清洁及通风良好的仓库内。

8.4.2 不应受阳光直射，离热源(暖气设备等)不得少于 2 m。

8.4.3 不得倒置及卧放，不得受任何机械冲击或重压。

8.5 使用时的注意事项

使用蓄电池时，要使用户根据需要以正确的状态来使用，应利用使用说明书或其他适当方法来介绍蓄电池的使用条件、注意事项及禁止事项，同时注明以下使用中的注意事项：

a） 蓄电池不得短路；

b） 蓄电池不得放置在密闭的容器内；

c） 蓄电池远离火源；

d） 充电时注意事项；

e） 蓄电池破损时的处理方法；

f） 不得随意解剖。

ICS 25.040.40
N 10

中华人民共和国国家标准

GB/T 13283—2008
代替 GB/T 13283—1991

工业过程测量和控制用检测仪表和显示仪表精确度等级

Accuracy class of measuring instruments and display instruments for industrial process measurement and control

2008-06-30 发布

2009-01-01 实施

中华人民共和国国家质量监督检验检疫总局
中国国家标准化管理委员会
发布

前　言

本标准代替 GB/T 13283—1991《工业过程测量和控制用检测仪表和显示仪表精确度等级》。

本标准与 GB/T 13283—1991 的主要差异如下：

——增加了第 2 章“规范性引用文件”；

——第 3 章中，删除了 GB/T 17212—1998 已包含的术语和定义；

——4.1 的注 1 由原“必要时，可采用括号内的精确度等级。其中 0.4 级适用于压力表。”改为“括号内的精确度等级不推荐采用”。

此外，按照 GB/T 1.1—2000 的规定进行了编辑性修改。

本标准由中国机械工业联合会提出。

本标准由全国工业过程测量和控制标准化技术委员会(SAC/TC 124)第一分技术委员会归口。

本标准负责起草单位：上海工业自动化仪表研究所。

本标准参加起草单位：上海仪器仪表自控系统检验测试所。

本标准主要起草人：李明华、蔡闻智。

本标准所代替标准的历次版本发布情况：

——GB/T 13283—1991。

工业过程测量和控制用检测仪表和显示仪表精确度等级

1 范围

本标准规定了工业过程测量和控制用检测仪表和显示仪表(以下简称仪表)的精确度等级及其使用导则。

本标准适用于工业过程测量和控制用模拟式或数字式的检测仪表和显示仪表。

本标准不适用于直接用示值误差的数值表示与精确度有关因素的仪表。

2 规范性引用文件

下列文件中的条款通过本标准的引用而成为本标准的条款。凡是注日期的引用文件,其随后所有的修改单(不包括勘误的内容)或修订版均不适用于本标准,然而,鼓励根据本标准达成协议的各方研究是否可使用这些文件的最新版本。凡是不注日期的引用文件,其最新版本适用于本标准。

GB/T 17212 工业过程测量和控制 术语和定义(GB/T 17212—1998,idt IEC 60902:1987)

3 术语和定义

GB/T 17212 确立的以及下列术语和定义适用于本标准。

3.1

精(准)确度 accuracy

仪表的示值与被测量(约定)真值的一致程度。

注:“精确度”是一个常用术语,它包含了系统误差、随机误差、回差、死区等影响。虽然把所有这些误差都组合在“精确度”这一标题下使用起来很方便,但它是一个定性的术语,其本身不赋数值。

3.2

精(准)确度等级 accuracy class

符合一定的计量要求,使误差保持在规定极限以内的仪表的等别、级别。

注:精确度等级通常以约定的数字或符号表示,称为等级指标。

3.3

示值误差 error of indication

仪表的示值减去被测量的(约定)真值。

3.4

引用误差 fiducial error

仪表的示值误差除以规定值,并以百分数表示。

注:规定值常称为引用值,它可以是仪表的输入或输出量程、范围上限值、标度长度等。

3.5

相对误差 relative error

仪表的示值误差除以被测量的(约定)真值,并以百分数表示。

注:有时以仪表的示值误差除以被测量的示值或读数值,并以百分数表示。

4 精确度等级

4.1 由引用误差或相对误差表示与精确度有关因素的仪表,其精确度等级应自下列数系中选取:

0.01,0.02,(0.03),0.05,0.1,0.2,(0.25),(0.3),(0.4),0.5,1.0,1.5,(2.0),2.5,4.0,5.0。

注1：括号内的精确度等级不推荐采用。

注2：低于5.0级的仪表，其精确度等级可由各类仪表的标准予以规定。

4.2 不宜用引用误差或相对误差表示与精确度有关因素的仪表(如热电偶、铂热电阻等)，一般可用英文字母或罗马数字等约定的符号或数字表示精确度等级，如A、B、C…，Ⅰ、Ⅱ、Ⅲ…或1、2、3…。按英文字母或罗马数字的先后次序表示精确度等级的高低。

5 使用导则

5.1 多测量范围的仪表，各测量范围可以同属某一精确度等级，也可以分属不同精确度等级。

5.2 单测量范围的仪表可分成不同精确度等级的两个或多个分范围。

ICS 27.120.20
F 83

中华人民共和国国家标准

GB/T 13284.1—2008
代替 GB 13284—1998

核电厂安全系统
第1部分:设计准则

The safety systems for nuclear power plants—Part 1:Design criteria

2008-03-24 发布　　2008-11-01 实施

中华人民共和国国家质量监督检验检疫总局
中国国家标准化管理委员会　发布

前　言

GB/T 13284《核电厂安全系统》的预计结构由七部分组成：

——第1部分：设计准则；

——第2部分：数字计算机的适用准则；

——第3部分：整定值；

——第4部分：定期试验与监测；

——第5部分：仪表通道响应时间试验；

——第6部分：仪表通道性能验证方法；

——第7部分：逻辑装置的特性和检验方法。

本部分为GB/T 13284的第1部分，对应于IEEE Std 603：1998《核电厂安全系统准则》（英文版）。本部分与IEEE Std 603：1998的一致性程度为非等效，其主要差异如下：

——将IEEE Std 603：1998的图2、图3和图4合并为图2；

——将IEEE Std 603：1998中引用的美国标准改为我国相应的标准；

——增加了4.4.2、4.4.3、4.4.4。

本部分代替GB 13284—1998《核电厂安全系统准则》。

本部分与GB 13284—1998相比主要有以下变化：

——第5章中增加了“共因故障准则”；

——增加了附录B（资料性附录）“电磁兼容性”。

本部分的附录A、附录B和附录C都是资料性附录。

本部分由国防科学技术工业委员会提出。

本部分由核工业标准化研究所归口。

本部分起草单位：核工业标准化研究所。

本部分主要起草人：高丽艳、牛祝年、肖晨。

本部分于1991年11月首次发布，1998年11月第一次修订。

核电厂安全系统
第1部分：设计准则

1 范围

GB/T 13284 的本部分规定了核电厂安全系统动力源、仪表和控制部分最低限度的功能和设计要求。为了符合本部分的规定，也对安全系统其他部分(见图1)提出了接口要求。

本部分适用于为防止或减轻设计基准事件后果、保护公众健康和安全所需要的那些系统。对于保护整个核电厂安全所需的所有与安全有关的系统、构筑物和设备，亦可参照使用。

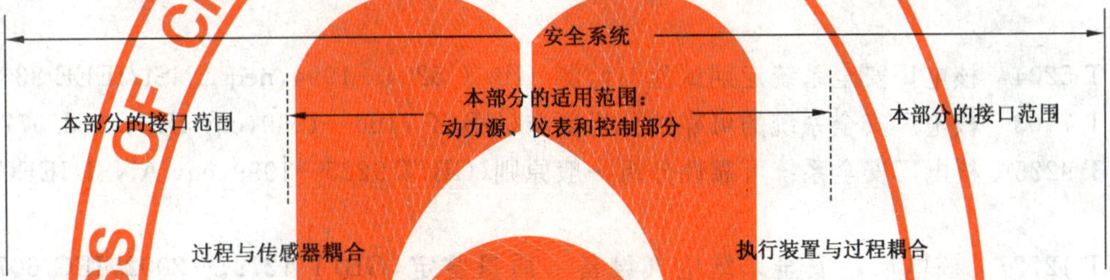

图1 本部分的适用范围和接口

图2用3×3矩阵的形式说明本部分的范围，矩阵顶部一行的名称说明安全系统可以分为监测指令设备、执行装置和动力源三个通用单元，它们代表一组设备为很多独立的安全功能提供类似的功能特性。矩阵左边一列的名称说明安全系统可分为反应堆停堆系统和专设安全设施、辅助支持设施及其他辅助设施三个工作单元。

		安全系统通用单元		
		监测指令设备	执行装置	动力源
安全系统工作单元	反应堆停堆系统和专设安全设施	• 过程传感器 • 信号处理 • 判断逻辑 • 手动开关 • 过程控制器 • 操纵员操作显示器 • 行程开关 • 控制电路	• 反应堆停堆系统停堆断路器 • 专设安全设施断路器 • 专设安全设施泵 • 专设安全设施电动机、启动器 • 专设安全设施电动阀门、电磁阀	(动力源属于辅助支持设施或其他辅助设施)
	辅助支持设施	• 室温传感器 • 设备温度传感器 • 压力开关和调节器 • 电压互感器 • 欠电压继电器 • 柴油机启动逻辑 • 柴油机加载程序 • 行程开关 • 控制电路	• 采暖、通风和空调风机、过滤器 • 润滑油泵 • 设备冷却泵 • 断路器、启动器、电动机 • 柴油机启动线圈	• 空气压缩机和储气罐 • 蓄电池 • 柴油发电机组 • 逆变器 • 变压器 • 工作母线 • 配电盘
	其他辅助设施	• 自动检验设备和电路 • 旁通和复位电路 • 电气保护继电器 • 行程开关 • 柴油机过热和润滑缺油显示器 • 手动开关	• 安全系统隔离装置 • 非重要负载断路器	• 蓄电池充电器 • 变压器 • 工作母线 • 配电盘

图2 表示安全系统的3×3矩阵

图2同时给出了矩阵每一部分典型设备的例子，可以看出某些部件根据其用途可能分属于几个部分。

注1：根据定义，动力源属于辅助支持设施或其他辅助设施，因此，在图2中没有作为反应堆停堆系统及专设安全设施的一部分。

注2：从图2矩阵的一行可以看到，一个工作单元可组成一个系统，如厂用水系统；从一列可以看到，该列通用单元表示一组设备，为完成很多独立安全功能提供类似的功能特性(如传感器)。

注3：每一个工作单元包括一个或几个通用单元，但不一定包括所有通用单元。

注4：属于某一通用单元的设备不限于在一个工作单元中使用。

2 规范性引用文件

下列文件中的条款通过GB/T 13284的本部分的引用而成为本部分的条款。凡是注日期的引用文件，其随后所有的修改单(不包含勘误的内容)或修订版均不适用于本部分，然而，鼓励根据本部分达成协议的各方研究是否可使用这些文件的最新版本。凡是不注日期的引用文件，其最新版本适用于本部分。

GB/T 5204 核电厂安全系统定期试验与监测(GB/T 5204—1994，neq ANSI/IEEE 338:1987)

GB/T 7163 核电厂安全系统的可靠性分析要求(GB/T 7163—1999，eqv IEEC Std. 577:1976)

GB/T 9225 核电厂安全系统可靠性分析一般原则(GB/T 9225—1999，eqv ANSI/IEEC Std. 352:1987)

GB/T 12727 核电厂 安全系统电气设备 质量鉴定(GB/T 12727—2002，IEC 60780:1998，MOD)

GB/T 12788 核电厂安全级电力系统准则(GB/T 12788—2000，eqv IEEE 308:1991)

GB/T 12790 核电厂安全级电气设备和系统文件标识方法(GB/T 12790—1991，IEEE 494:1975，NEQ)

GB/T 13286 核电厂安全级电气设备和电路独立性准则

GB/T 13626 单一故障准则应用于核电厂安全系统

GB/T 13627.2 核电厂事故监测仪表准则 仪表准则

GB/T 13629 核电厂安全系统中数字计算机的适用准则(GB/T 13629—1998，eqv IEEE Std. 7-4.3.2:1993)

EJ/T 562 核安全有关的操纵员动作时间响应设计准则

EJ/T 574 核电厂安全级控制仪表盘(屏)和机架的设计与鉴定

EJ/T 797 人因工程原则在核电厂系统、设备和设施中的应用

EJ/T 799 核电厂安全系统仪表触发整定值的确定和保持

HAF 102 核动力厂设计安全规定

HAD003/01 核电厂质量保证大纲的制定

3 术语和定义

下列术语和定义适用于GB/T 13284的本部分。

3.1

可接受的 acceptable

通过核电厂安全分析证明是满足要求的。

3.2

行政管理 administrative controls

法律、法令、指示、程序、政策、习惯作法授予的权利与职责。

3.3

分析限值 analytical limit

根据安全分析确定的被测量或计算量的限值,以保证其不超过安全限值。

3.4

相关电路 associated circuits

非安全级(非1E级)电路,但是和安全级电路没有通过可接受的分隔距离、安全级构筑物、屏障或隔离器件进行实体分隔或电气隔离。

3.5

辅助支持设施 auxiliary supporting features

为安全系统完成其安全功能提供服务(如冷却、润滑和动力)的系统或设备。

3.6

通道 channel

在核电厂工况需要时,为产生一个单一保护动作信号所需要的元器件和组件的一种配置。一个通道在各单一保护动作信号的汇合处终止。

3.7

安全级 class 1E

核电厂电气设备和系统的一个安全级别。它们是完成反应堆紧急停堆、安全壳隔离、堆芯冷却以及从安全壳和反应堆排出热量所必需的,或者是防止放射性物质向环境大量排放所必需的。

注:"安全级"(1E级)是功能性的术语。设备和系统只有完成本部分列举的功能才能划归安全级;不应根据其他功能将系统或设备定为安全级。

3.8

共因故障 common-cause failure

归因于一个共同原因的多个故障。

3.9

部件 components

组成一个系统的各个独立物项。例如:导线、晶体管、开关、电动机、继电器、电磁线圈、管路、配件、泵、罐、阀门等。

3.10

设计基准事件 design basis events

为确定构筑物、系统和部件可接受的性能要求,在设计中采用的假设始发事件。

3.11

可探测故障 detectable failures

可以通过定期试验鉴别的故障,或通过报警或异常显示发现的故障。在通道级、序列级或系统级测出的部件故障都是可探测故障。

注:可判别但不可探测的故障是通过分析来判断的故障,这类故障不能通过定期试验发现,也不能通过报警或异常显示发现。

3.12

序列 division

某一给定系统或设备组的名称,它们能与其他冗余设备组在实体、电气和功能上保持独立。

3.13

执行装置 execute features

由电气设备和机械设备及其连接件组成,接到来自监测指令设备的信号后,执行与安全功能直接或间接有关的某一功能。执行装置的范围是从监测指令设备的输出端开始,直到并且包括执行装置与过程的耦合处。

注 1：在某些情况下，保护动作可由直接对过程工况进行响应的执行装置(例如止回阀、自力式卸压阀)完成。

注 2：执行装置通常包括驱动设备、原动机及被驱动设备。

3.14

组件 module

构成一个单独的装置、仪表或设备的互相连接的部件组合，一个组件能作为一个单元断开、拆卸和使用备件更换，它有固定的功能特性，可作为一个单元被试验。只要符合此定义，一个组件可以是一台大型装置的一块印制板、一个可抽出的断路器或其他子组件。

3.15

动力源 power sources

为产生或转换动力所必需的电气设备、机械设备及其连接件。

3.16

保护动作 protective action

为完成某一安全功能，在监测指令设备内产生一个信号，或是执行装置内设备的运行。

3.17

冗余设备或系统 redundant equipment or system

重复另一设备或系统必要功能达到如下程度的设备或系统，不管哪一个处于工作或故障状态，另一个均能完成要求的功能。实现冗余可采用相同设备、设备的多样性或功能的多样性。

3.18

安全功能 safety function

为了把核电厂参数保持在按设计基准事件确定的可接受的限值内，所必需的一种过程或状态(例如应急负反应性引入、事故后热量排出、应急堆芯冷却、事故后放射性物质清除和安全壳隔离)。

注：完成某一安全功能是反应堆停堆系统和辅助支持设施完成所有必需的保护动作，或者是专设安全设施和辅助支持设施完成所有必需的保护动作，或者由两者共同实现(参见附录 A)。

3.19

安全组 safety group

某一假设始发事件发生时，能完成其要求的安全功能的一组最少量的部件、组件和设备组合。一个安全组包括一个或多个序列(参见附录 A)。

3.20

安全系统 safety system

与安全有重要关系的系统，用于在任何工况下保证反应堆安全停堆、从堆芯排出热量或限制预计运行事件和事故工况的后果。安全系统执行安全功能，其电气部分属于安全级(1E 级)。

3.21

监测指令设备 sense and command features

产生与安全功能直接或间接有关的信号的电气和机械设备及其连接件，其范围是从被测过程变量开始，直到执行装置输入端为止。

4 安全系统的设计基准

对核电厂每个安全系统的设计都应规定具体的基准，根据需要，设计基准还可用于确定安全系统及其设计变更的正确性。设计基准应符合 HAF102 的规定，至少应按下列内容形成文件。

4.1 适用于核电厂每种运行方式的设计基准事件，以及对应每一事件的核电厂工况的初始条件和允许限值。

4.2 对应每个设计基准事件的安全功能和执行装置的相应保护动作。

4.3 对所提供的每种运行旁通能力的允许条件。

4.4 对4.2规定的每个保护动作应给出如下数据：

4.4.1 为确保保护动作的正确完成，需要监测的变量、变量组或两者之和（监测的目的是为了手动、自动或以两种方式控制每一保护动作）、与每个变量有关的分析限值和范围（包括正常、异常和事故工况）以及这些受控变量的变化率。

4.4.2 适用于每一被测变量或变量组的安全限值（见图3中曲线 *A*）。

4.4.3 对4.7和4.8所述情况适当组合时的最低性能要求：

a) 每种变量或变量组的分析限值（见图3中曲线 *B*）；

b) 由于仪表的不准确度、校准的不确定度和误差而需给出的增量（见图3中增量 *C*）；

c) 在核电厂安全分析中确定分析限值所用的安全系统总响应时间。

应提供证据以证明由于仪表的不准确度、校准的不确定度、误差和时间响应所用的假定值是可以接受的和合理的。

4.4.4 为了考虑各次校准和验证试验的时间间隔之内的漂移，给出分析限值和保护动作整定值（见图3中曲线 *D*）之间的增量（见图3中增量 *E*）。应提供证据证明对仪表漂移所用的假定值是可以接受的和合理的。

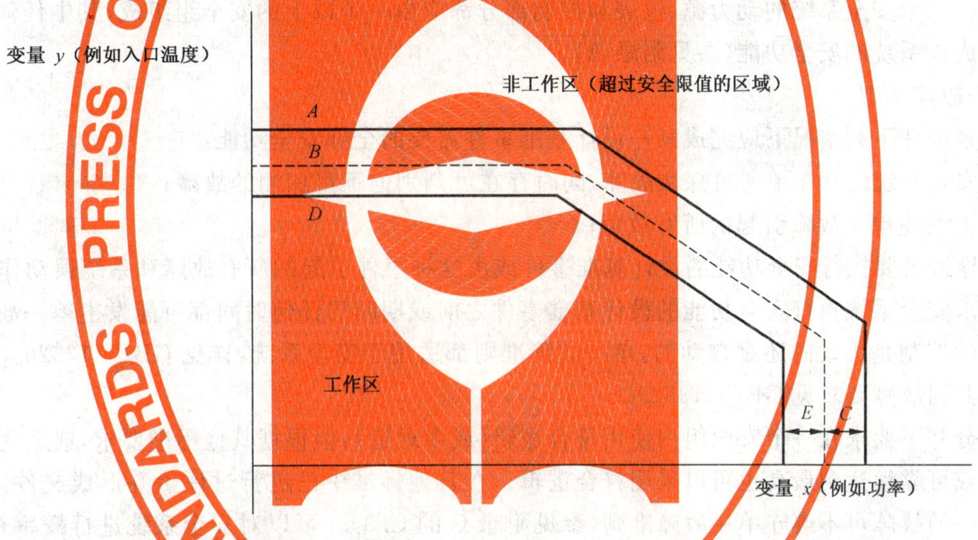

A——安全限值，表示安全状态的限值；

B——分析限值，表示任何时候都可能存在的限制性最少的整定值；

C——考虑校准误差、仪表准确度和瞬态超调量的容差（它可能是变量 *x* 或变量 *y* 或两者的函数）；

D——保护动作整定值，设置在此值时可确保漂移不会使整定值超过整定点的允许值 *B*。

E——考虑仪器和整定值漂移的容差（它可能是变量 *x* 或变量 *y* 或两者的函数）。

图3 安全系统整定值与安全状态限值的关系

4.5 对可以手动触发或触发后可以手动控制的4.2规定的保护动作应符合以下要求（详见EJ/T 562）：

a) 允许手动控制的时刻与核电厂工况；

b) 允许只用手动触发或触发后只用手动控制的理由；

c) 操纵员应在正常、异常和事故工况期间进行手动操作时的环境条件范围；

d) 为了便于手动操作，应向操纵员显示的变量（见4.4.1）。

4.6 对于4.4.1所述变量中的空间相关变量（即在某特定区域内变量是位置的函数），为保护目的所需要的传感器的最小数量和位置。

4.7 在安全系统应工作的正常、异常和事故工况期间，动力源、控制电源和环境条件（如电压、频率、辐射、温度、湿度、压力、振动和电磁干扰）的稳态及瞬态变化范围。对电磁干扰的有关信息参见附录B。

4.8 可能引起安全系统功能劣化的情况(如飞射物、管道破裂、火灾、失去通风、消防系统误动作、操纵员差错、非安全有关系统中的故障),以及针对这些情况为保持安全系统完成安全功能的能力而应采取的预防措施。

4.9 为确定安全系统设计的可靠性适合于每个安全系统设计以及适合于对系统设计提出的任何定性或定量可靠性目标所采用的方法。

4.10 某一设计基准事件发生后的关键时刻或核电厂工况,包括:

a) 应触发安全系统保护动作的时刻或核电厂工况;

b) 确定安全功能正确完成的时刻或核电厂工况;

c) 需要自动控制保护动作的时刻或核电厂工况;

d) 允许安全系统恢复正常的时刻或核电厂工况。

4.11 阻止安全系统执行其安全功能的设备保护装置。

4.12 可能对安全系统设计提出的其他特殊的设计基准(例如多样性、联锁、管理规定)。

5 安全系统准则

安全系统应准确、可靠地把核电厂参数保持在可接受的限值之内,这些限值是按相应的设计基准事件规定的。每个安全系统的动力源、仪表和控制部分都应由一个以上的安全组组成,其中任何一个安全组都能完成该系统的安全功能(参见附录A)。

5.1 单一故障准则

安全系统在下列情况下应完成某一设计基准事件需要的全部安全功能:

a) 安全系统内存在单一可探测故障,同时存在可判别但不可探测的故障;

b) 由上述单一故障引起的所有故障;

c) 导致需要执行安全功能的设计基准事件或由这种事件引起的所有故障和系统误动作。

在要求安全系统执行安全功能的设计基准事件之前或期间的任何时间都可能发生单一故障。不管安全系统的控制是手动的还是自动的,单一故障准则都适用于安全系统,详见GB/T 13626。对于数字计算机的共因故障要求见GB/T 13629。

本部分并不要求在一个安全组内使用符合逻辑(或多通道),但根据其他标准要求,或者为使核电厂的可用性或可靠性达到最高也可以采用符合逻辑。在其他标准中已进行过评价并形成文件,证明某些流体系统中的故障可不遵守单一故障准则(参见附录C的C.3)。可以对安全系统进行概率评价,证明使用单一故障准则时不必考虑某些假想故障。概率评价的目的在于排除对不可信的事件和故障的考虑,但不能代替单一故障准则。可靠性分析的指导见GB/T 7163和GB/T 9225。

如果有合理的证据,表明一个安全系统的设计符合单一故障准则,但可能不满足4.9规定的所有可靠性要求时,就应对该系统进行概率评价,评价应不限于只考虑单一故障。如果评价表明不满足设计基准的要求,则应采取设计措施改进设计或校正修改,以保证该系统满足规定的可靠性要求。

5.2 保护动作的完成

安全系统应设计成一旦被自动或手动触发,执行装置就能按预定程序完成全部安全动作;只有操纵员有意识地操作才能使安全系统恢复到正常状态。这一要求不应妨碍使用设计基准4.11规定的设备保护措施或操纵员有意识的干预措施。对各个通道不要求自保持。

5.3 质量

部件和组件的质量应符合维修最少和故障率低的要求,优先选用可预计故障模式(拒动或误动)的设备。安全系统设备应按规定的质量保证大纲进行设计、制造、检查、安装、试验、运行和维修(见HAD003/01)。对于采用数字计算机和程序或固件的安全系统,应用这些准则的指导详见GB/T 13629。

5.4 设备质量鉴定

对安全系统设备应采用型式试验、以往的运行经验、分析或这三种方法的任意组合进行质量鉴定，证实它能满足设计基准规定的性能要求。安全级(1E 级)电气设备的质量鉴定应满足 GB/T 12727 的要求。对于采用数字计算机和程序或固件的安全系统，应用这些准则的指导详见 GB/T 13629。

5.5 系统的完整性

设计的安全系统应在设计基准中列举的所有适用工况下都能完成其安全功能。对于采用数字计算机和程序或固件的安全系统，应用这些准则的指导详见 GB/T 13629。

5.6 独立性

5.6.1 安全系统内部各冗余部分之间

对于提供某一安全功能的安全系统，其内部各冗余部分彼此之间应独立且实体分隔到必要程度，以便在需要这一安全功能的设计基准事件期间和事件后，能保持完成该安全功能的能力。

5.6.2 安全系统与设计基准事件影响之间

为缓解某一特定设计基准事件后果所需的安全系统设备，应与该设计基准事件的影响独立且实体分隔到必要程度，以保持满足本部分要求的能力。按 5.4 规定进行设备质量鉴定是满足这一要求的一种可用方法。

5.6.3 安全系统与其他系统之间

安全系统应设计成其他系统存在的可信故障或其他系统动作引起的可信故障(例如设计基准 4.8 所列的可信故障)不应妨碍安全系统满足本部分的要求。

5.6.3.1 接口设备

接口设备应：

a) 分级：用于安全和非安全两种功能的设备应属于安全系统，用于安全系统边界的隔离装置也应属于该安全系统；

b) 隔离：一个隔离装置非安全侧的任何可信故障，不得妨碍安全系统任何部分在需要执行安全功能的设计基准事件期间或事件后满足其最低性能要求。隔离装置的故障应与安全系统其他设备的故障一样进行评价。

5.6.3.2 邻近的设备

邻近的设备应：

a) 分隔：其他系统在实体上靠近安全系统设备，但不是相关电路也不是另一安全级电路的设备，应与安全系统的设备实体分隔到必要程度，以便在非安全级设备故障时安全系统仍能保持完成其安全功能的能力。实现实体分隔可以采用实体屏障或可以接受的分隔距离，或两者组合。安全级电气设备的分隔应符合 GB/T 13286 的规定；

b) 屏障：对某一安全系统起边界作用的实体屏障，应在设计基准 4.7 和 4.8 规定的使用条件下满足 5.3～5.5 的要求。

5.6.3.3 单一随机故障的影响

在非安全系统中的单一随机故障可能引起某一设计基准事件，同时又妨碍安全系统对该事件进行保护的那部分正确动作时，该安全系统的其余部分即使由于另外独立的单一故障引起性能劣化，也应具有完成这个安全功能的能力。对这一要求的应用指导详见 GB/T 13626。

5.6.4 详细准则

安全级(1E 级)电气设备和电路独立性准则详见 GB/T 13286。对于这些准则应用于互连计算机数据处理功能的分隔和隔离的指导详见 GB/T 13629。

5.7 试验和校准能力

在保持安全系统执行其安全功能能力的同时，应在功率运行期间提供对其设备进行试验和校准的能力，并且应尽可能接近实际地再现安全功能的特性。安全系统的试验应符合 GB/T 5204 的规定。在不提供试验和校准能力对核电厂的安全或可用性也没有不利影响的情况下，允许在功率运行期间不进行试验和校准，在这种情况下：

a) 应提出合适的理由(例如证明不存在切实可行的设计方案)；

b) 应证明设备运行具有可接受的可靠性；

c) 应在核电厂停运期间提供试验和校准的能力。

5.8 信息显示

5.8.1 用于手动控制操作的显示

对于没有自动控制又是安全系统完成其安全功能所必需的手动控制操作，为其提供信息的显示仪表应是安全系统的一部分，并且应满足对核电厂事故监测仪表的要求，见 GB/T 13627.2。显示仪表的设计应使可能引起操纵员混淆的不明确显示减到最少。

5.8.2 系统状态显示

显示仪表应提供有关安全系统状态的准确、完整和及时的信息。这些信息应包括监测指令设备和执行装置保护动作的显示和识别。显示的设计应将不明确显示的可能性减到最少，以免操纵员混淆。为安全系统状态显示提供的仪表不必是安全系统的一部分。

5.8.3 旁通的显示

如果安全系统某个部分的保护动作因为运行旁通以外的目的而被旁通或处于不工作状态，就应在控制室连续显示每一个受影响的安全组的情况。

5.8.3.1 这种显示仪表不必是安全系统的一部分。

5.8.3.2 如果上述旁通和不工作状态预期每年出现一次以上，并且预期在要求受影响的系统工作时出现，那末这种显示应自动产生。

5.8.3.3 在控制室内应具备手动触发这种显示的能力。

5.8.4 位置

信息显示装置应位于操纵员能接近的地方。为手动控制保护动作提供的信息显示，应在进行相应操作的控制设备处能看得见。

5.9 接近控制

安全系统的设计应对接近安全系统设备能实施行政管理，行政控制应得到安全系统内部措施、核电厂设计措施或两者的支持。

5.10 维护

设计安全系统应易于对故障设备及时识别、定位、更换、修理和调整。

5.11 标识

为了保证本部分规定的要求能在核电厂的设计、建造、维修和运行期间应用，应满足下列要求：

a) 对安全系统的设备，应清楚地标识各个冗余部分，标识应符合 GB/T 13286 和 EJ/T 574 的规定；

b) 在已清楚标识的安全系统某一冗余部分安装的设备或组件，其内部的部件或组件本身不再要求标识；

c) 安全系统设备的标识应与设备上用于其他目的而设置的标志(如消防设备标志、动力电缆的相位标志)分辨开；

d) 安全系统设备及其序列划分的标识不得要求频繁引用参考资料；

e) 有关文件应按 GB/T 12790 的规定清晰标识；

f) 计算机程序和软件的版本应按 GB/T 13629 的规定清晰标识。

5.12 辅助设施

5.12.1 辅助支持设施应满足本部分的所有要求。

5.12.2 其他辅助设施执行的功能不是安全系统完成其安全功能所必需的，由于相关(即与安全系统没有隔离)而成为安全系统的一部分,其设计应满足一些必要的准则,以保证这些系统的部件、设备和系统本身不会使安全系统的性能劣化到可接受的水平以下。其他辅助设施的例子见图2。附录A给出应用本部分的一些说明。

5.13　多机组核电厂

在多机组核电厂中,只要在所有机组中同时执行所需安全功能的能力不受损害,则允许机组之间共用构筑物、系统和设备。机组间共用电力系统的要求见GB/T 12788,单一故障准则用于共用系统的指导见GB/T 13626。

5.14　人因工程考虑

在设计的开始阶段和设计全过程中,应按EJ/T 797的规定考虑人因工程,以保证分配给操纵员和维护人员的整体功能和每部分功能都能成功地完成,实现安全系统的设计目标。

5.15　可靠性

对于已经定量或定性地规定了可靠性目标的安全系统,应进行适当的设计分析,以便证实已经实现了可靠性目标。对可靠性分析的指导见GB/T 7163和GB/T 9225。采用数字计算机和程序或固件的安全系统设备,本部分的应用指导详见GB/T 13629。

5.16　共因故障准则

对存在单一共因故障的每一个设计基准事件,电厂参数应维持在规定的可接受限值内(见GB/T 13626)。应对软件,包括采用手动操作和非安全相关系统和(或)部件的共因故障进行工程评价,以便提供实现功能的手段,否则该功能将因共因故障而失效,对此GB/T 13629给出了指导。

6　监测指令设备的功能和设计要求

除了第5章规定的功能和设计要求以外,监测指令设备还应满足以下(6.1~6.8)要求。

6.1　自动控制

除了4.5判定的情况以外,对所有保护动作都应提供自动触发和控制的手段,安全系统的设计应在每一设计基准事件发生之后,在4.5规定的时刻与规定的核电厂工况出现之前,不需要操纵员采取任何操作。在选择安全系统设计方案时,对4.5所述保护动作也可以提供自动触发和控制的手段。

6.2　手动控制

6.2.1　应在控制室中对自动触发的序列级保护动作提供手动触发的方法,手动方法应使操纵员的随机操作次数减到最少,并且在符合5.6.1规定的前提下使用的设备最少。

6.2.2　应在控制室对4.5鉴别的并且没有按6.1选为自动控制的保护动作提供手动触发和控制的方法。为这些动作提供的显示应符合5.8.1的规定。

6.2.3　按4.10的规定完成保护动作以后,应提供保持安全状态所必需的手动操作方法。给操纵员提供的信息、要求操纵员采取的动作以及有关的显示与控制设备的数量和位置,应与要求完成这些动作的时间和能参与操作的合格操纵员的数目相适应。上述的显示和控制设备应安装在操纵员可以接近的地方和适于操纵员工作的环境中,其布置应适合操纵员的监视和操作。

6.3　监测指令设备与其他系统之间的相互作用

6.3.1　要求

单一可信事件及其直接后果和继发后果可能引起一个非安全系统动作,该动作又可能导致需要保护动作的某种工况,与此同时又可能妨碍对这种工况提供主要保护的那些监测指令设备通道中的保护动作,此时应满足下述任一要求。

6.3.1.1　应提供不会由该单一事件引起故障的备用通道,以便探测该事件并将其后果限制在设计基准规定的限值之内。备用通道应从下列通道中选择:

a)　监测的变量组与主通道不同的通道;

b)　监测同样变量但所用设备与主通道不同的通道;

c) 监测的变量组与主通道不同，所用设备与主通道也不同的通道；

d) 主通道和备用通道都应是监测指令设备的一部分。

6.3.1.2 应提供不会由该单一可信事件引起故障的设备，以便探测该事件并将其后果限制在设计基准规定的限值之内。应认为这样的设备是安全系统的一部分。6.3.1的解释见图4。

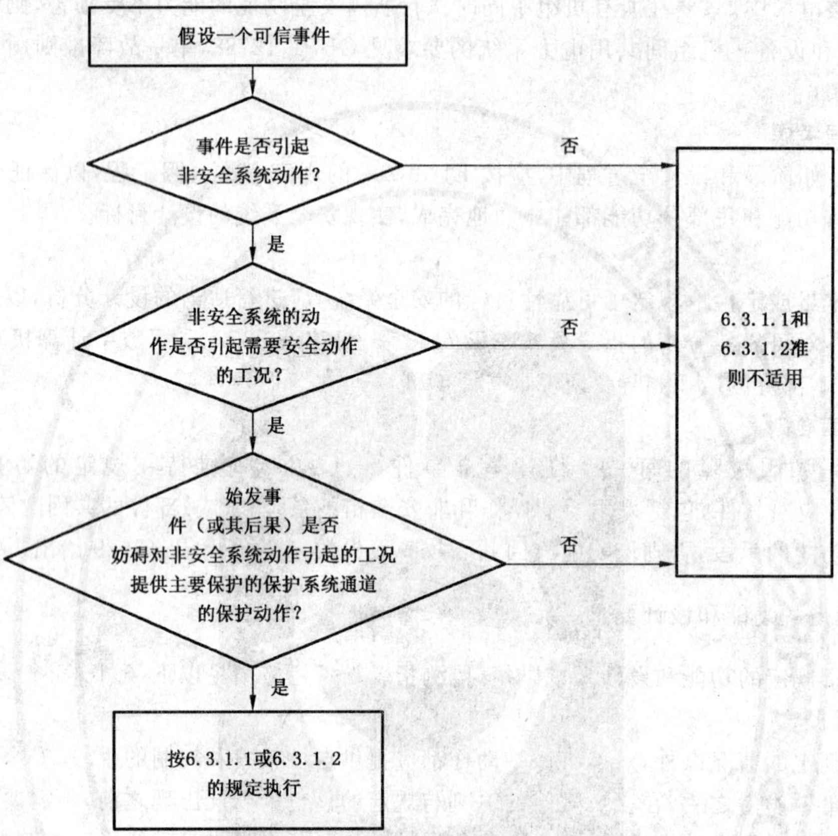

图4 本部分6.3.1的图解

6.3.2 措施

如果某一通道处于维修旁通状态，则应采取措施以便能同时满足6.3.1和6.7的要求。采取的措施包括降低符合度的要求，使取自冗余通道的非安全系统信号无效，或者由被旁通的通道触发一个保护动作。

6.4 系统输入

只要实际可行，监测指令设备的输入应是变量的直接测量信号，这些变量是在设计基准中规定的。

6.5 试验和校准能力

6.5.1 检查运行的可用性

在反应堆运行期间应提供具有高置信度的方法，用于检查安全功能所需的监测指令设备的每个传感器的可用性。有多种方法可以实现这一要求，例如：

a) 扰动被测变量；

b) 在6.6限定的范围内，适用时向传感器引入一个与被测变量性质相同的替代信号并使其变化；

c) 通道间的交叉检查，但这些通道的相互关系要已经知道并且有合适的读出设备。

6.5.2 保证运行的可用性

对于事故后一段时间内需要工作的每个监测指令设备，都应提供下述方法之一来保证其运行可用性：

a) 采用6.5.1所述方法检查传感器的运行可用性；

b) 确定设备在事故后一段时间内是稳定的，并且确定保持其校准能力的时间段。

6.6 运行旁通

无论何时，只要不满足允许的应用条件，安全系统就应自动防止运行旁通，或触发适宜的安全功能。如果核电厂工况的变化使得已经实施的运行旁通不再是允许的，安全系统就应自动完成下述动作中的一个：

a) 撤销相应的现行运行旁通；

b) 使核电厂恢复原来的工况，以便再次出现允许运行旁通的条件；

c) 触发适宜的安全功能。

6.7 维修旁通

在监测指令设备处于维修旁通状态时，安全系统应保持完成其安全功能的能力。在维修旁通期间，监测指令设备应继续满足5.1和6.3的要求。

注：在维修旁通期间，对于不能满足5.1和6.3要求的部分监测指令设备，应证明设备运行具有可接受的可靠性（例如，为了维修旁通而允许退出运行的时间足够短，或者采取附加措施，或者两者均备，从而对整个监测指令设备的可用性没有明显的有害影响）。

6.8 整定值

6.8.1 应采用形成文件的方法确定4.4中规定的过程分析限值和设备整定值之间不确定度的容差，见EJ/T 799。

6.8.2 在需要对特定的一种运行方式或一组运行条件的充分保护提供多重整定值时，设计中应提供有效的方法，保证在需要时采用限制性更多的整定值。防止误用限制性较少的整定值的装置，应是监测指令设备的一部分。

7 执行装置的功能和设计要求

除了第5章提出的功能和设计要求以外，执行装置还应满足7.1～7.5的要求。

7.1 自动控制

执行装置应能接受监测指令设备的自动控制信号，并且按信号完成符合设计基准4.4规定的动作。

7.2 手动控制

如果对执行装置中任一执行部件提供手动控制，那么为完成这种手动控制在执行装置中增加的设计措施不应违反5.1和6.2的要求。执行装置应能接受监测指令设备的手动控制信号，并且按信号完成符合设计基准规定的动作。

7.3 保护动作的完成

执行装置的设计应是一经触发，就应完成其保护动作。这一要求不应排除使用设计基准4.11规定的设备保护装置，也不应排除操纵员有意识干预的措施。当监测指令设备恢复正常时，执行装置不应自动恢复正常，需要操纵员有意识的独立操作才能恢复正常。在最初的保护动作完成以后，执行装置可以要求手动或自动（即周期性的）控制特定的设备，以继续完成安全功能。

7.4 运行旁通

无论何时，只要不满足允许的应用条件，安全系统就应自动防止运行旁通，或触发适宜的安全功能。如果核电厂工况的变化使得已经实施的运行旁通不再是允许的，安全系统就应自动完成下述动作之一：

a) 撤销相应的现行运行旁通；

b) 使核电厂恢复原来的工况，以便再次出现允许运行旁通的条件；

c) 触发适宜的安全功能。

7.5 维修旁通

当执行装置的设备处于维修旁通状态时，安全系统应保持完成其安全功能的能力。执行装置中冗余度为一（即二取一、三取二或四取三等）的那部分应设计成，其中一部分处于维修旁通时（即将其冗余度暂时降为零,使其成为一取一、二取二或三取三等),其余部分应能提供可接受的可靠性。

8 对动力源的要求

8.1 电源

为安全系统供电的那部分电源(属于安全级)应符合本部分的规定,并且是安全系统的一部分。其具体要求见 GB/T 12788。

8.2 非电气动力源

为安全系统提供动力的非电气动力源,例如控制用空气系统、瓶装压缩气系统和液压系统,是安全系统的一部分,应按本部分的规定提供动力,但是其设计准则不属于本部分的范围。

8.3 维修旁通

当动力源处于维修旁通状态时,安全系统应保持完成其安全功能的能力。动力源中冗余度为一的那部分应设计成,其中一部分处于维修旁通时(即暂时将其冗余度降为零),其余部分应能提供可接受的可靠性。

附 录 A
（资料性附录）
安全系统范围演变过程的一些基本概念的图解

A.1 目的

本附录的目的是利用安全系统范围演变过程中的一些基本概念，更好地理解和应用本部分。

A.2 安全功能

安全系统范围演变过程的最基本和最明显的起点就是鉴别一项安全功能的范围。

从任一典型事故分析中都可看到，为了缓解某些设计基准事件的后果，可能需要一个以上的安全功能。图 A.1 以非常简单的形式解释了失水事故（LOCA）这一特定设计基准事件所需的安全功能，这些安全功能包括（但不限于）：

a) 应急负反应性引入；
b) 应急堆芯冷却；
c) 事故后放射性清除；
d) 安全壳隔离；
e) 事故后热量排出。

A.3 典型安全系统范围的阐述

根据定义，一个安全系统应包括实现某个安全功能所需的全部设备。

用应急堆芯冷却功能来图解一个典型的安全系统。图 A.2 是一个典型的安全系统方框图，图 A.3 是这个方框图转变成提供应急堆芯冷却所需具体设备的图。

图 A.4 至图 A.8 是对安全系统的一个序列，用流程图和单线格式，以逐个增加设备的方式组成应急堆芯冷却系统。从图 A.4 的裸堆开始，图 A.5 加上了应急堆芯冷却系统（ECCS）的监测指令设备；图 A.6 加上了应急堆芯冷却系统的执行装置，即应急堆芯冷却系统的泵、热交换器、贮水箱、阀门、管线、仪表和控制器，从而构成这个安全系统的专设安全设施部分；图 A.7 增加了一部分辅助支持设施，具体是厂用水、设备冷却水（CLCW）和采暖通风及空调系统；图 A.8 增加了其余的辅助支持设施，即安全级（1E 级）电源而构成了该安全系统的一个完整序列。

A.4 安全组

安全组是能够完成某一安全功能的一组数量最少的互相连接的部件、组件和设备。在每个序列都能完成安全功能的设计中，一个序列就是一个安全组，如图 A.9 所示。但是在一个安全系统的设计有 3 个能力为 50% 的序列时，就有三个安全组，为了完成某一安全功能，每个安全组要求三个序列中有任两个序列（三取二）工作，这时安全组按图 A.10 中的逻辑来分开。根据 5.8 的要求，为了识别安全组的状态，显示系统中应包括这种逻辑的显示。

A.5 其他辅助设施

绝大多数安全系统的设计都包括一些部件、设备和系统，它们的主要作用不是直接执行安全功能而是增加安全系统的可用性或可靠性。这些部件、设备和系统包括（但不限于）设备保护装置、内装式检验设备、隔离装置等，如图 A.2 所示。正如 5.12 所述，安全系统中的这些部分只需满足本部分的部分要求，即保证它们不会使安全系统的性能降低到可接受的水平以下，它们可不必满足的安全系统准则的例子如运行旁通、维修旁通和旁通显示。

为了解释这些准则的应用，以安全级(1E级)电力系统继电保护为例。继电保护的一个功能是增加安全级电力系统的可用性和可靠性，但是从安全系统的观点出发，关键的功能是在需要安全系统工作时不引起误脱扣，所以实现这个关键功能就是本部分规定的准则。增加安全级电力系统可靠性和可用性的功能要求见GB/T 12788。

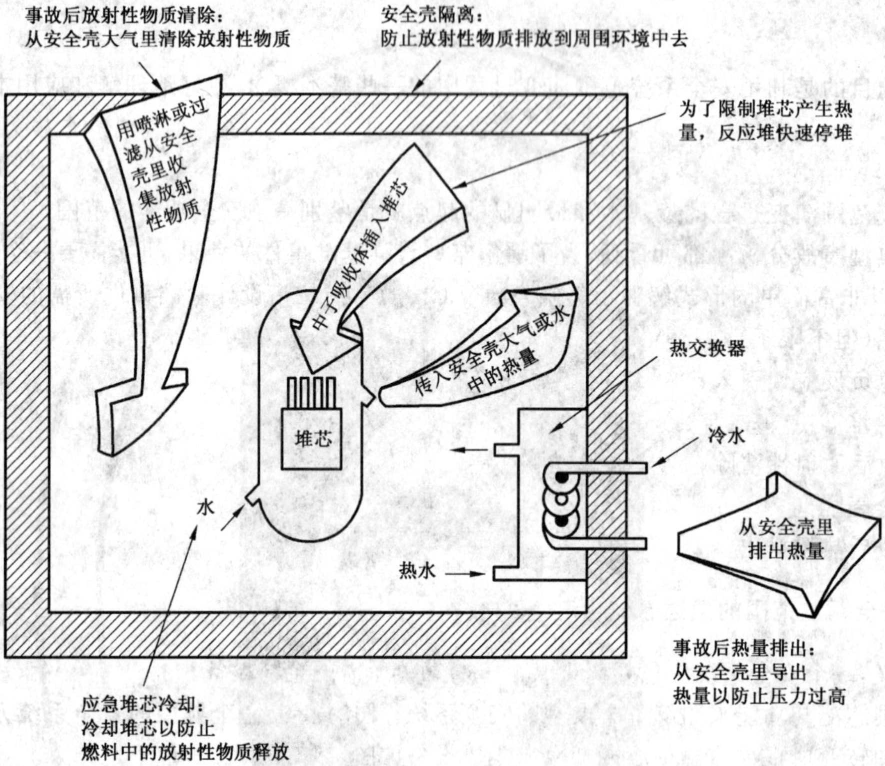

图 A.1 压水堆失水事故(LOCA)安全功能

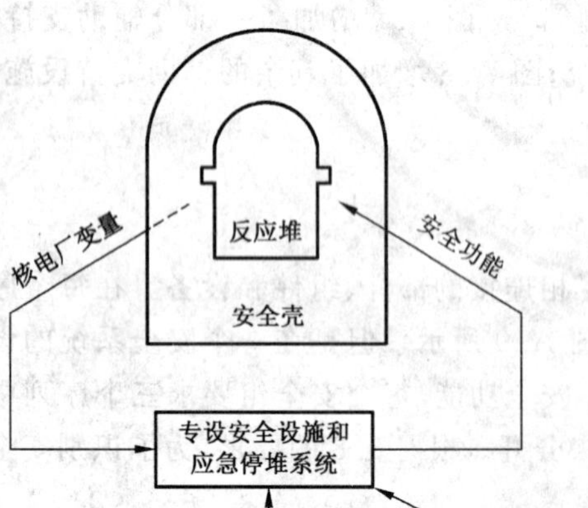

图 A.2 典型的安全系统方框图

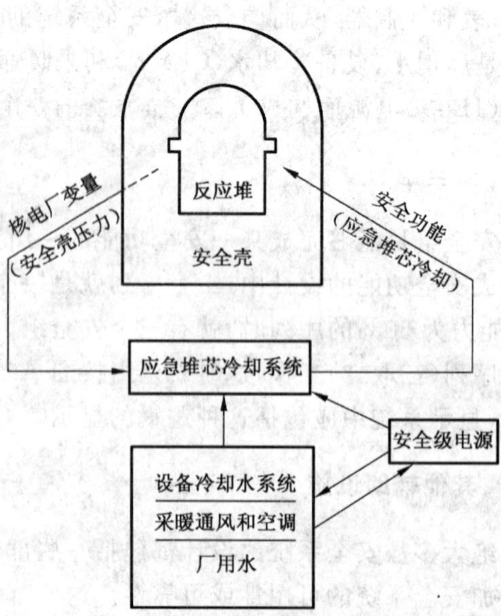

图 A.3 应急堆芯冷却设备

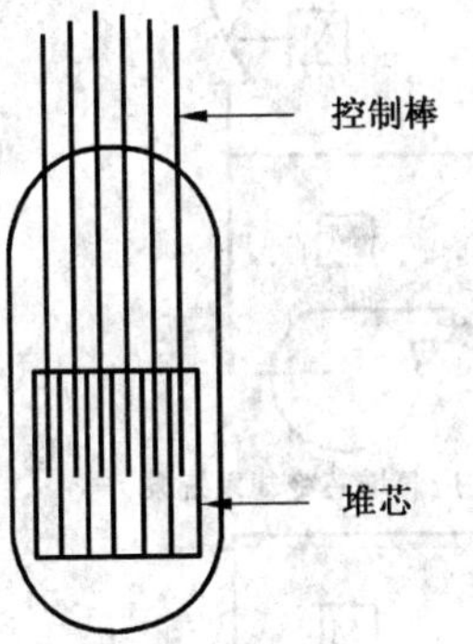

图 A.4 应急堆芯冷却部件：反应堆

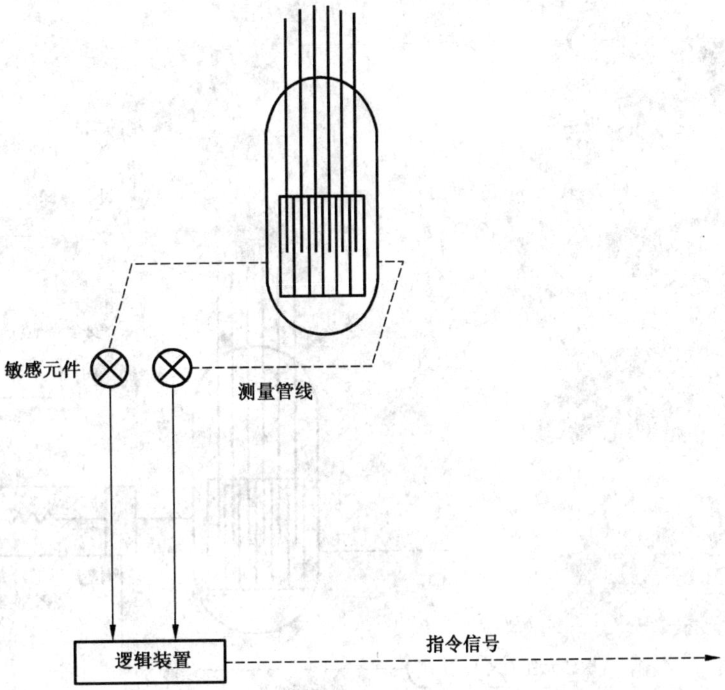

图 A.5 应急堆芯冷却部件：增加了监测指令设备

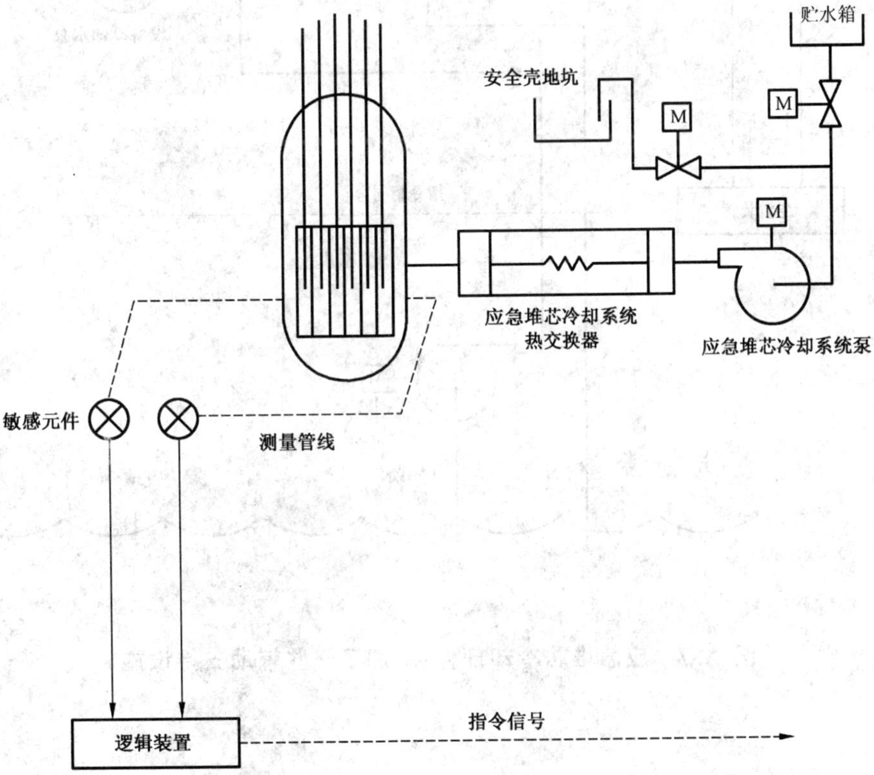

图 A.6 应急堆芯冷却部件：增加了执行装置

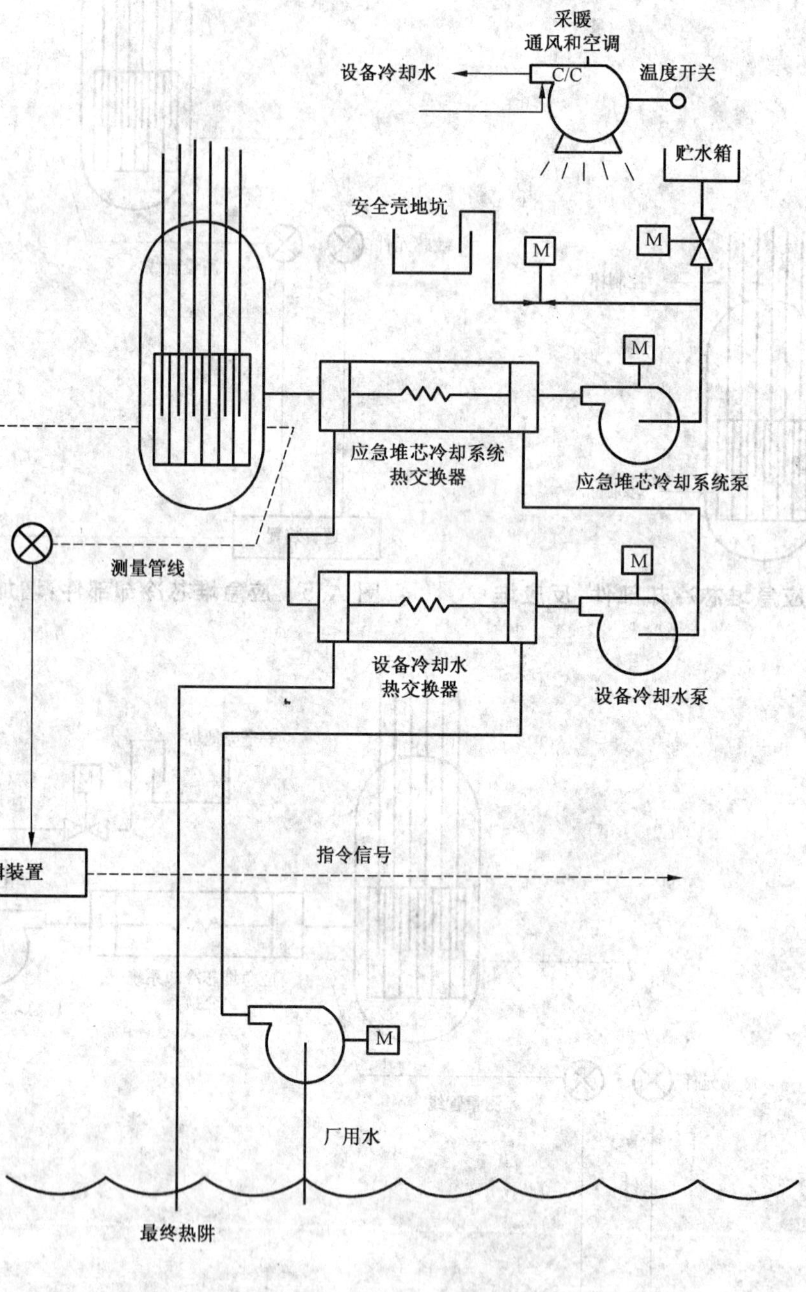

图 A.7 应急堆芯冷却部件:增加了一些辅助支持设施

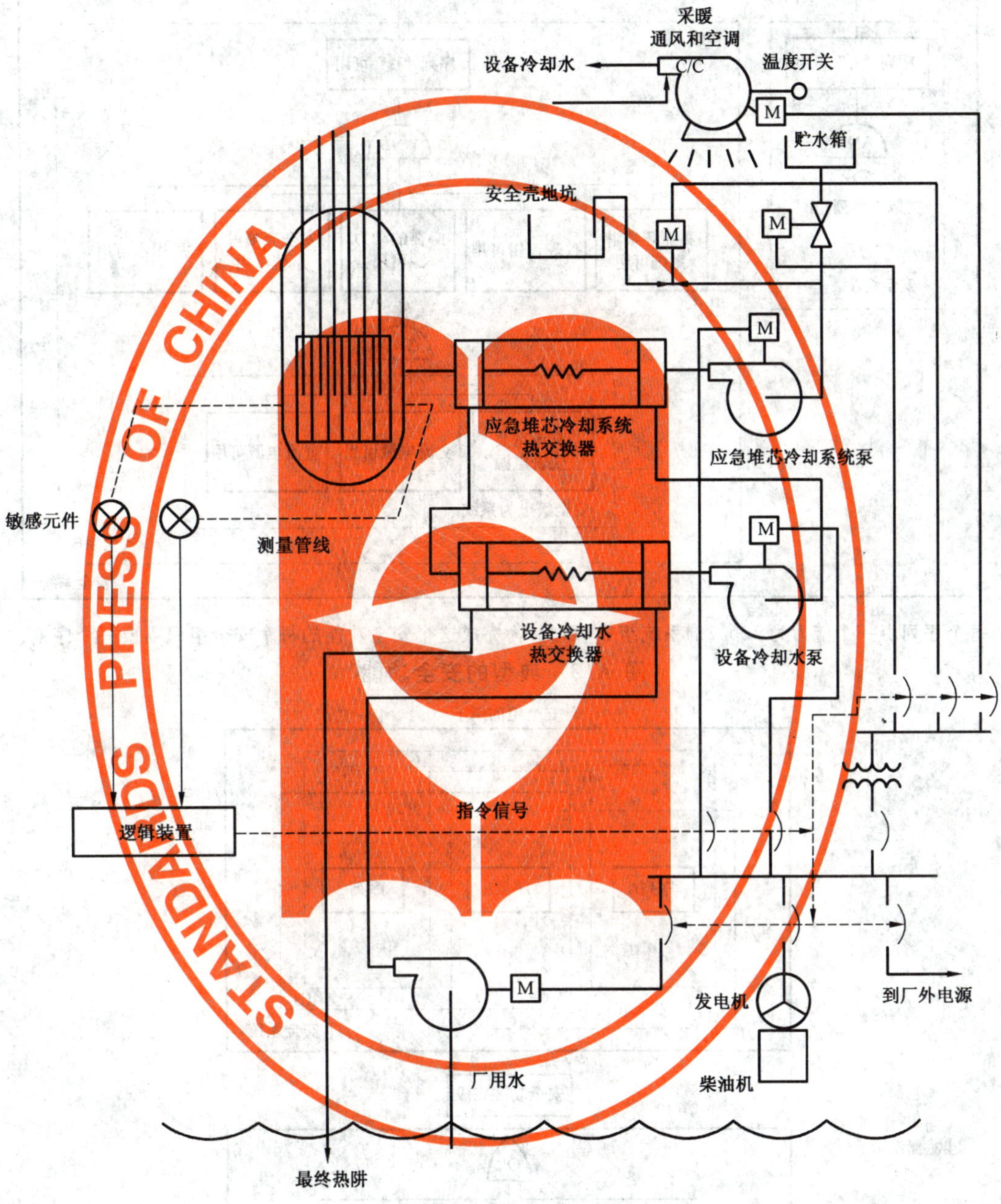

图 A.8 应急堆芯冷却部件:增加了安全级电源

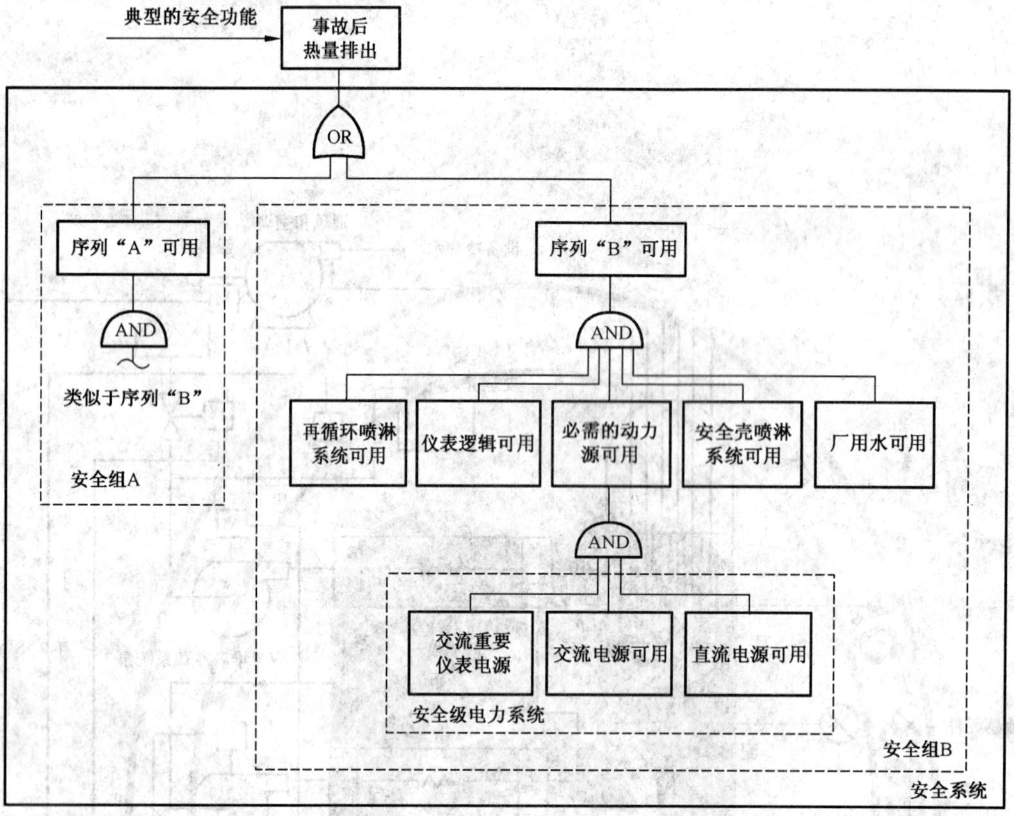

注：每个序列由一个能力为100%的系统组成，因此，为完成这个安全功能的每个安全组只需要一个序列。

图 A.9　典型的安全功能

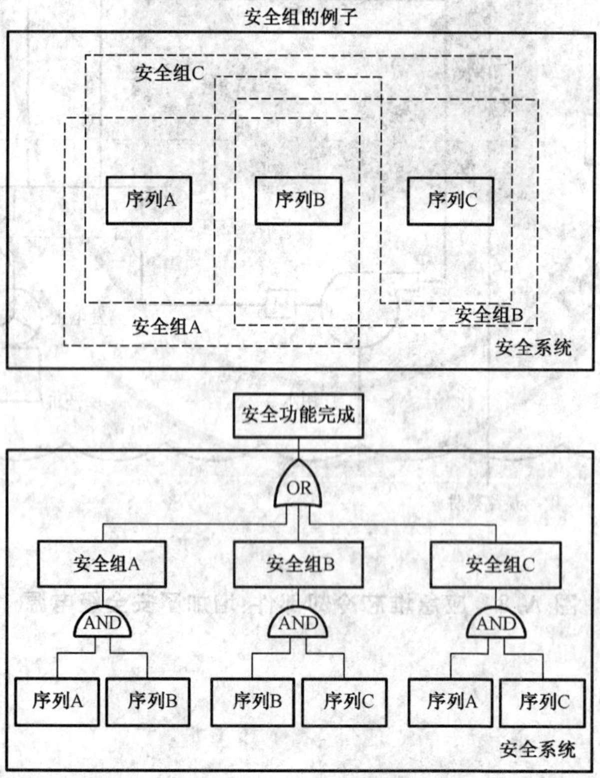

注：每个序列由一个能力为50%的系统组成，因此，为完成这个安全功能的每个安全组需要两个序列。

图 A.10　安全组的例子

附 录 B
（资料性附录）
电磁兼容性

B.1 概述

由于部件(模拟的和数字式的)对电磁干扰(以下简称 EMI)的敏感性和易损性，所以需要考虑电磁环境。电磁干扰可能导致部件的运行异常或损坏。

4.7 要求在确定安全系统设计基准工况时考虑电磁环境。5.5 要求安全系统应设计成在所有可能产生危害的内部或外部条件下(包括 EMI)都能完成其安全功能。本附录为这些考虑提供指导，并且给出了有关定义和性能的其他参考文件。

B.2 讨论

EMI 来源于几种耦合机理。在确定电磁环境、进行设备的 EMI 试验、设计仪表和控制系统时，应考虑这些耦合机理。

B.2.1 电磁环境的确定

可以通过测量和(或)分析确定电磁环境。下述标准和导则可对电磁环境的确定提供指导：

IEEE Std 473：1985(1997 年重新确认)，电磁现场监测的 IEEE 推荐方法(10 kHz～10 GHz)；

MIL-STD-462 INT Notice 5，电磁干扰特性的测量。

B.2.2 电磁环境的评定

安全系统设备必须设计成在承受核电厂的电磁环境时能完成其安全功能。这就要求考虑传导耦合、辐射耦合、感应耦合和电容耦合这 4 类耦合机理以及静电放电(ESD)。

B.2.2.1 传导耦合

绝大多数噪声是传导性耦合，传导性耦合具有下述特性：

a) 需要金属接触；

b) 噪声不受人或电缆移动的影响；

c) 噪声波形具有非零平均值(直流信号部分)；

d) 传导性耦合可以通过切断或分开金属接触，或者通过对噪声滤波消除。

B.2.2.2 辐射耦合

辐射耦合被称为电磁辐射或射频耦合，它在 1/6 波长以上的距离发生。通常只关心耦合的高频部分，此时波长很短，足以在短距离发生耦合，如电缆或任何天线类设备。电磁场强度与离辐射源的距离成反比，与发射功率的平方根成正比。阻止辐射耦合噪声的唯一方法是采用屏蔽技术，用以吸收或反射扩散的波。为实现有效屏蔽，屏蔽要完全地包围导体以屏蔽任何扩散的波。

B.2.2.3 感应耦合

当噪声和信号电路或导体经受电流变化并存在相互感应时，便发生感应或电磁耦合。此电磁场产生的能量(感应电压)与电流随时间的变化率、导体的长度和轴向位移成正比。

a) 感应耦合噪声某些可识别特性如下：

   1) 噪声频率高或电流强(动力电缆)；

   2) 具有很大的布线电感；

   3) 不受非导电材料的影响；

   4) 其磁场可探测。

b) 消除感应耦合噪声的方法包括：

1） 降低噪声频率或电流源；

2） 降低互感（环形线面积和导体的距离）；

3） 对噪声的滤波或屏蔽。

B.2.2.4 电容耦合

电容耦合由信号和噪声电路中金属表面之间的电场（电压改变）引起的。因此，电容耦合与金属的表面积、间距、阻抗和介质有关。

a） 某些可识别特性如下：

1） 相对于信号电压有较高的噪声电压；

2） 金属表面形成电容；

3） 高阻抗信号回路；

4） 噪声受电缆或人员移动影响。

b） 消除电容耦合噪声的方法如下：

1） 降低电压或减小噪声源频率；

2） 降低耦合电容（表面积）；

3） 降低线路阻抗；

4） 使用屏蔽。

可通过试验、分析或类似环境中有文件证明的运行经验等的组合来证明系统的抗电磁干扰能力，这些活动需考虑总的系统设计，包括某些降低设备敏感性的设计措施，例如采用绞合电缆、屏蔽电缆、光纤通信电缆等。试验规模应足以覆盖预期的环境，并且对异常工况和事件具有足够的裕度。

下述文件可对试验提供指导：

EPRI TR-102323:1994 动力厂中电磁干扰试验导则

IEC 60255-3:1989 继电器 第3部分：与时间相关或不相关的输入单一激励量的测量继电器

GB/T 17626.1 电磁兼容 试验和测量技术 抗扰度试验总论

GB/T 17626.2 电磁兼容 试验和测量技术 静电放电抗扰度试验

GB/T 17626.3 电磁兼容 试验和测量技术 射频电磁场辐射抗扰度试验

GB/T 17626.4 电磁兼容 试验和测量技术 电快速瞬变/脉冲抗扰度试验

GB/T 17626.5 电磁兼容 试验和测量技术 浪涌抗扰度试验

GB/T 17626.6 电磁兼容 试验和测量技术 射频场感应的传导骚扰抗扰度

GB/T 17626.7 电磁兼容 试验和测量技术 供电系统及所连设备谐波、谐间波的测量和测量仪器导则

GB/T 17626.8 电磁兼容 试验和测量技术 工频磁场抗扰度试验

GB/T 17626.9 电磁兼容 试验和测量技术 脉冲磁场抗扰度试验

GB/T 17626.10 电磁兼容 试验和测量技术 阻尼振荡磁场抗扰度试验

GB/T 17626.11 电磁兼容 试验和测量技术 电压暂降、短时中断和电压变化抗扰度试验

GB/T 17626.12 电磁兼容 试验和测量技术 振荡波抗扰度试验

IEEE Std C62.45:1997 对连接到低压交流电路的设备进行浪涌试验的导则

MIL-STD-461C Notice 2 对于电磁干扰控制的电磁发射和敏感性要求

B.2.3 系统设计中对电磁干扰的考虑

为防止电磁干扰，系统设计需要采用适当的设计技术。这些技术包括：

a） 屏蔽；

b） 地线选择；

c） 布线路径；

d） 抑制；

e） 滤波；

f） 数据品质检查；

g） 软件处理(如软件带通滤波)。

下述标准可提供设计指导：

IEEE Std 1050：1996　电厂中仪表和控制设备接地的 IEEE 导则

IEEE Std 518：1982(1996 年确认)　为尽量降低外部源对控制器的电噪声输入而采用的对电气设备安装的 IEEE 导则

附 录 C
（资料性附录）
提供附加信息的其他标准

这些标准在应用本部分时可能有作用：

GB/T 13285—1990 核电厂安全重要系统和部件的实体防护

EJ/T 562—2005 核安全有关的操纵员动作时间响应设计准则

EJ/T 570—2001 压水堆安全重要流体系统单一故障准则

ANSI/ANS 59.3—1992 控制用空气系统的安全准则

ANSI/ANS 59.51—1997 备用柴油发电机组的燃油系统

Code of Federal Regulations, CFR Publication 10CFR50.49(Jan.1994)

ICS 27.120.20
F 83

中华人民共和国国家标准

GB/T 13286—2008
代替 GB/T 13286—2001,GB/T 5963—1995

核电厂安全级电气设备和电路独立性准则

Criteria for independence of class 1E equipment and circuits in nuclear power plants

2008-07-18 发布　　2009-04-01 实施

中华人民共和国国家质量监督检验检疫总局
中国国家标准化管理委员会　发布

前　言

本标准对应于 ANSI/IEEE Std 384:1992《核电厂安全级电气设备和电路独立性准则》(英文版),与 ANSI/IEEE Std 384:1992 一致性程度为非等效。

本标准代替 GB/T 13286—2001《核电厂安全级电气设备和电路独立性准则》和 GB/T 5963—1995《反应堆保护系统的隔离准则》。本标准纳入了 GB/T 5963—1995 的内容。

本标准与 GB/T 13286—2001 相比主要有以下变化:

——增加了光纤电缆敷设要求(5.10);

——增加了同通道不同种类电缆的分隔要求(7.2.1);

——增加了电缆屏蔽要求(7.2.2);

——增加了电缆防火要求(7.2.3)。

本标准由中国核工业集团公司提出。

本标准由全国核仪器仪表标准化技术委员会归口。

本标准起草单位:上海核工程研究设计院。

本标准起草人:冯玉萍、顾申杰、晁平。

本标准所代替标准的历次版本发布情况为:

——GB 5963—1986、GB/T 5963—1995;

——GB 13286—1991、GB/T 13286—2001。

核电厂安全级电气设备和电路独立性准则

1 范围

本标准规定了安全级电气设备和电路采用实体分隔和电气隔离的独立性准则。

本标准适用于核电厂安全级及其相关的电气设备和电路。

本标准不适用于对冗余设备和电路的确定。

2 规范性引用文件

下列文件中的条款通过本标准的引用而成为本标准的条款。凡是注日期的引用文件，其随后所有的修改单(不包括勘误的内容)或修订版均不适用于本标准，然而，鼓励根据本标准达成协议的各方研究是否可使用这些文件的最新版本。凡是不注日期的引用文件，其最新版本适用于本标准。

EJ/T 674—1992　电缆贯穿挡火封堵件的鉴定试验(eqv,IEEE 634—1978)

EJ/T 705　核电厂安全级电缆及现场电缆连接的型式检验(eqv,IEEE 383)

3 术语和定义

下列术语和定义适用于本标准。

3.1

可接受的　acceptable

经核电厂安全分析证明是符合要求的。

3.2

相关电路　associated circuits

未采取有效措施实现与安全级电路的实体分隔或电气隔离的非安全级电路，这些措施包括：保持符合要求的分隔距离、采用安全级构筑物、设置屏障或采用隔离装置等。

注：电路包括相互连接的电缆和所连接的负荷。

3.3

辅助支持设施　auxiliary supporting features

提供安全系统执行其安全功能所需服务(例如冷却、润滑和动力源)的系统或设备。

3.4

屏障　barrier

为使安全级系统的损坏限制在可接受的程度之内，在安全级冗余设备或电路之间，或在安全级设备或电路与潜在的有害源之间设置的装置或构筑物。

3.5

外露电缆　cable in free air

既不在电缆通道内也不在设备壳体内的一段电缆。

3.6

安全级　class 1E

反应堆、核电厂电气设备和系统的一个安全级别。它们是完成反应堆紧急停堆、安全壳隔离、堆芯冷却以及从安全壳和反应堆排出热量所必需的，或者是防止放射性物质向环境大量排放所必需的。

3.7

设计基准事件　design basis event

为确定设备、系统和构筑物的性能要求，而在设计中采用的假想异常事件。

3.8

序列　division

某一给定系统或设备组的名称，它们同其他冗余设备在实体、电气和功能上保持独立。

3.9

壳体　enclosure

可识别的电气设备外壳或电缆护罩，如盘柜、隔间、端子箱、屏或封闭的布线通道。

3.10

阻燃　flame retardant

限制火焰蔓延到火源作用范围之外的能力。

3.11

独立性　independence

设备的一种状态，在该状态下，冗余的设备不会因任何单一设计基准事件（如水淹）而同时失效。

3.12

隔离装置　isolation device

一种装置，用于防止因一部分电路故障而导致对其他部分或其他电路的不可接受的影响。

3.13

最大可信电压或电流瞬态　maximum credible voltage or current transient

电路中可能出现的电压和电流瞬态。该瞬态由试验或分析确定，并结合电路的位置、敷设方式及连接情况，考虑电路中确实可能发生的故障。

3.14

布线通道　raceway

支撑或封装导线、电缆、母线的专用通道的统称。布线通道主要包括但不限于电缆桥架和电线管。

3.15

冗余设备或系统　redundant equipment or system

两个或两个以上功能相同的设备或系统，其中任何一个都可以执行要求的功能，而与其余设备或系统的状态（正常还是故障）无关。

3.16

安全级构筑物　safe class structures

为使安全级电气设备免受设计基准事件的影响而设计的构筑物。

注：在本标准中，隔离的安全级构筑物可以是同一建筑物中各隔间，隔间之间可共用墙体。

3.17

分隔距离　separation distance

预留空间，其中不设置任何有助于火灾蔓延或导致安全级电气系统或设备失效的构件、设备或材料。

3.18

外因火灾　exposure fire

非电气原因引起的或不以电缆绝缘为燃料的火灾。

4　独立性总则

4.1　独立性要求

为保持安全级电气设备和电路的独立性，应进行实体分隔和电气隔离，使得在任何设计基准事件发生期间及之后，该安全级电气设备和电路均能执行所要求的安全功能。

4.2 实现独立性的方法

应使用安全级构筑物、分隔距离、屏障或其任何组合,实现设备和电路的实体分隔。同样应使用分隔距离、隔离装置、屏蔽、布线技术或其任何组合,达到电气隔离的要求。

4.3 有独立性要求的设备和电路

在电厂设计时,应确定和说明有独立性要求的设备和电路,并在文件和图纸中加以明确的标识(参见 GB/T 12790)。

4.4 与辅助支持设施的相容性

安全级电气设备和电路的独立性不得因辅助支持设施的功能失效而受到损害。例如应把辅助支持设施(如安全级开关设备房间的通风装置)规定为与其支持的安全级系统同属一个序列,以防止某序列机械功能的失效引起另一序列电气功能的失效。

4.5 相关电路

4.5.1 总则

非安全级电源、控制和仪表电路可因下列一种或几种情况成为相关电路:

a) 未使用隔离装置而与安全级电源在电气上相连接(见图 1);

b) 未使用隔离装置而与相关电源在电气上相连接(见图 1);

c) 无符合要求的实体分隔或屏障而靠近安全级设备和电路(见图 2);

d) 无符合要求的实体分隔或屏障而靠近相关设备和电路(见图 2);

e) 未使用隔离装置而共用一个安全级或相关信号源(见图 3 和图 8)。

4.5.2 准则

相关电路应符合下列各项要求之一。

4.5.2.1 它们应按相关电路或安全级的要求加以标识,并能追溯到与其相关的安全级序列,即采用与其相关的安全级电路相同的方式加以实体分隔。除非通过分析或试验,证明其不会导致安全级电路的性能降低至不可接受的程度,否则均应满足安全级电路的要求。

4.5.2.2 包括安全级设备和隔离装置在内的相关电路均应符合上述要求。若隔离装置以后的电路不再与安全级系统相关,则不必遵守本标准的要求。

4.5.2.3 应通过分析或试验来证明这些电路不会导致安全级电路的功能降低至不可接受的程度。

注:来自输电网络的优先电源电路和来自机组的类似供电线路,若它们仅与安全级配电系统在输入端相连而成为相关电路,则这些供电线路不必满足相关电路的各项要求。

4.5.3 鉴定要求

相关电路连同其隔离装置或未经隔离装置而直接相连的负荷,应经受施加于安全级电路的质量鉴定要求,以保证安全级电路的功能不会因其而降低至不可接受的程度。由于相关电路的功能为非安全级,因此无需对其功能特性进行鉴定。

4.6 非安全级电路总则

为实现非安全级电路与安全级电路或相关电路之间的独立性,应遵循下列各项要求。

4.6.1 除了 4.6.4 允许的情况以外,非安全级电路应按 5.1.3～5.1.5 或 5.6 中规定的最低分隔要求与安全级电路或相关电路进行实体分隔,否则该非安全级电路应按相关电路处理(见图 2)。

4.6.2 除了 4.6.4 允许的情况以外,非安全级电路应使用隔离装置、屏蔽和布线技术或分隔距离等措施,与安全级电路或相关电路在电气上进行隔离,否则该非安全级电路应按相关电路处理(见图 1、图 2)。

4.6.3 在非安全级电路与安全级电路或相关电路之间不满足最小分隔距离或无电气隔离的情况下,应分析其影响,并证明安全级电路的性能不会因此而降低至不可接受的程度,否则该非安全级电路应按相关电路处理。

4.6.4 非安全级低电平仪表信号电路和控制电路,若满足下列条件,则不要求与相关电路进行实体分隔或电气隔离：

a) 非安全级电路未与任一冗余序列的相关电路的电缆一起敷设；

b) 通过分析，证明该非安全级电路不会导致安全级电路的性能降低至不可接受的程度，分析中应考虑有关电路的类别及其可能具有的能量。

4.7 机械系统

安全级电路应采取适当的敷设或保护方式，以防因一个序列的机械设备故障，而导致冗余系统或设备执行其安全功能所必需的安全级电路或设备的失效。当安全级设备或电路用以缓解某一机械系统故障或误操作所带来的后果时，应考虑这些故障或误操作对其序列本身的影响。同时，应考虑因机械系统的故障、误操作或运行而导致管道甩动、射流冲击、喷水、辐射、增压、温升或湿气对冗余电气系统的影响。此外，还应考虑由旋转设备或高能系统故障导致的飞射物潜在危害。

4.8 构筑物和设备

安全级电气系统应在未经设计基准事件鉴定的构筑物和设备发生故障期间及之后，保持其独立性和冗余度。

4.9 防火系统

当冗余序列的设备和电路应布置在同一固定式防火系统的作用范围内时，应对这些设备和电路与防火系统的设计进行协调，使安全级电气系统的独立性不致受到损害，并应考虑消防系统的误动作对设备间和电缆通道的影响。

4.10 火灾

4.10.1 发生在一个安全级序列内的电气火灾，不得导致其冗余序列的功能丧失。

4.10.2 冗余的安全级设备和电路间应保持独立性，以使其安全功能的执行不受火灾危险区的火灾影响。

5 实体分隔准则

5.1 电缆和布线通道

5.1.1 总则

5.1.1.1 区域的分级

应对安全级及其相关电路的电缆敷设和设备区域进行审查，查明是否存在诸如高能管道、飞射物、易燃物质、着火源和水淹等潜在危害。这些区域应作划分如下：

a) 非危险区(见 5.1.3)；

b) 低危险区(见 5.1.4)；

c) 危险区(见 5.1.5)。

早在设计初期，即应通过隔离的房间等设施来提供与潜在危险损害程度相当的分隔。如果具备足够的散热能力，房间或区域的两侧亦可用作分隔。

5.1.1.2 最小分隔距离

5.1.1.2.1 在满足下列准则的前提下，采用 5.1.3～5.1.5 中规定的最小分隔距离，即可获得符合要求的实体分隔：

a) 所有有关的电缆应满足 EJ/T 705 中关于防止火灾蔓延的要求；

b) 外露电线管应采用金属材料(参见 EJ/T 590)，其他外露布线通道应采用不可燃材料；

c) 穿过防火屏障的布线通道，其防火封堵应具有与所防火灾危害相当的耐火能力；

d) 敞开式桥架仅限于梯架或槽式桥架；

e) 封闭式桥架可以是带实心盖的实心底槽架，亦可以是敞口和底均采用实心护罩的敞开式桥架。

这些距离仅反映了为维持独立性而需实体分隔的最小可接受距离。其他诸如维护、拉线和端接等要求则需更大的距离。

5.1.1.2.2 在5.1.3～5.1.5中，分隔距离被分为以下三组：

a) 敞开结构对敞开结构：包括敞开桥架对敞开桥架、敞开桥架对外露电缆以及外露电缆之间；

b) 封闭结构对封闭结构：包括封闭桥架对封闭桥架、封闭桥架对电线管以及电线管之间；

c) 封闭结构对敞开结构：包括封闭桥架对敞开桥架、封闭桥架对外露电缆、电线管对敞开桥架以及电线管对外露电缆。

如果为适应电厂实际情况的限制需要用更小的分隔距离，应按5.1.1.3的规定确定该距离。

5.1.1.3 更小的分隔距离

对小于5.1.3～5.1.5规定的分隔距离，可根据对拟采用的电缆敷设方式的分析加以确定。对小于5.1.3和5.1.4规定的分隔距离，其分析应有试验依据。该试验要考虑绝缘和护套材料、布线通道充填率、布线通道类型和布置等特点，以确定该电缆安装方式的阻燃特性。对小于5.1.5规定的分隔距离，应考虑其危害程度（火灾范围或管道破口大小）和减轻后果的措施（如喷洒装置）。

5.1.2 标识

外露的安全级及其相关电路电缆布线通道，应在其穿越封闭区域的进、出门处及该通道上每隔不大于4.5 m处设置永久性的标识。该标识应在电缆安装前加以设置。敷设在该布线通道内的电缆，应以1.5 m左右的间距设置耐久标识，以便一开始就能查明其敷设是否符合分隔准则。该标识应在电缆敷设之前或同时设置。

安全级及其相关电路的电缆，应按照设计图纸或电缆清单的要求，在其各端设置永久性标识。

为满足上述要求，所采用的标识方法应能方便地区分冗余安全级系统、安全级与非安全级系统以及不同冗余安全级系统的相关电缆。

5.1.3 非危险区

该区域所适用的最小分隔距离的确定依据仅限于电气设备和电缆的内部故障。

5.1.3.1 区域的规定

满足下列要求的区域定为非危险区：

a) 该区域内无高能设备（如大功率的开关装置、变压器、旋转设备），也不存在飞射物、管道损坏或火灾等潜在危险源；

b) 该区域内的电路应限于仪表和控制功能，以及仅为本区域内设备服务的电源设备和电缆；

c) 该区域内的电源电缆应安装在封闭的布线通道内；

d) 应通过对运行和维修活动的行政管理措施来限制和控制潜在危险的引入。

5.1.3.2 非危险区的边界

非危险区的边界满足下列要求：

a) 该区域应以防火屏障为界与邻近的其他区域隔离，该屏障应具有与可能存在的火灾危害相当的耐火能力，或者应具有3h的耐火能力；

b) 该区域应以能抵挡该处设计基准危险的屏障为界，与邻近的任何管道危险区或飞射物危险区隔离。

5.1.3.3 敷设要求

按第4章要求需进行实体分隔的电路，其最小分隔距离如表1所示。

表1 非危险区域的最小分隔距离

敞开结构对敞开结构	水平方向为2.5 cm，垂直方向为7.5 cm
封闭结构对封闭结构	水平方向为2.5 cm，垂直方向为2.5 cm
封闭结构对敞开结构	水平方向为2.5 cm，垂直方向为7.5 cm[a]

[a] 如果封闭结构在敞开结构之下，垂直分隔距离可以减少到2.5 cm。

这些分隔距离应用实例如图 4 所示。

在上述最小分隔距离无法得到满足的场所，应在需隔离的电路间设置屏障。图 5～图 7 通过实例给出了在上述情况下可接受的屏障布置。

5.1.4 低危险区

该区域所适用的最小分隔距离的确定依据仅限于电气设备和电缆的内部故障。低危险区为电厂内无飞射物、非电气火灾和管道甩动等潜在危害的区域。

注：在低危险区和非危险区这两个区域内，损坏电路的能量仅来自该区域电气设备或电缆的内部故障。低危险区与非危险区之间的主要区别在于，非危险区内的电源电路和设备是受到限制的。

按第 4 章要求需进行实体分隔的电路.其最小分隔距离如表 2 所示。该表格根据电缆的不同类型和截面及其之间的不同组合情况，分三个栏目给出不同的最小分隔距离要求。

表 2 低危险区的最小分隔距离

	区域内仅有控制和仪表电缆（和非危险区的要求一样）时	区域内含有截面在 70 mm^2 及以下的低压动力电缆时	区域内含有中压动力电缆及截面在 70 mm^2 及以上的低压动力电缆时
敞开结构对敞开结构	水平方向为 2.5 cm， 垂直方向为 7.5 cm	水平方向为 15 cm， 垂直方向为 0.3 m	水平方向为 0.9 m， 垂直方向为 1.5 m
封闭结构对封闭结构	水平方向为 2.5 cm， 垂直方向为 2.5 cm	水平方向为 2.5 cm， 垂直方向为 2.5 cm	水平方向为 2.5 cm， 垂直方向为 2.5 cm
封闭结构对敞开结构	水平方向为 2.5 cm， 垂直方向为 7.5 cm[a]	水平方向为 15 cm， 垂直方向为 0.3 m[a,b]	水平方向为 0.9 m， 垂直方向为 1.5 m[a,b]

[a] 如果封闭结构在敞开结构之下，垂直分隔距离可以减少到 2.5 cm。

[b] 如果在敞开结构中，回路仅限于控制和仪表回路，最小分隔距离可以减少到水平方向 2.5 cm，垂直方向7.5 cm。

这些分隔距离的应用实例如图 4 所示。

当表 2 的最小分隔距离不能保持时，在这些需要分隔的电路之间应设置屏障。图 5～图 7 列举了在不能保持其最小分隔距离的地方可接受的屏障布置。

5.1.5 危险区

在危险区内，应按 5.1.6～5.1.8 的要求，采用对电缆敷设的限制条件或特殊的实体分隔等综合措施，使安全级系统冗余序列的独立性保持在可接受的程度之内。

非安全级与安全级或相关电路之间的最小距离应该满足 5.1.4 的要求。

5.1.6 管道损坏危险区

5.1.6.1 区域的规定

若某区域内设有正常运行于高能或中能状态的管道，则该区域应定为管道损坏危险区。

对于中能管道，不必考虑管道甩动和射流冲击，但应考虑会把周围浇湿和对环境的影响。

5.1.6.2 区域边界

应采用屏障、约束件、分隔距离或其适当组合等措施，对非危险区和低危险区进行保护，使其免受管道损坏危险区的危害。

5.1.6.3 敷设要求

在管道损坏危险区内，应能证明管道的损坏不影响安全级设备和电路执行其安全功能的能力。否则，安全级或相关电路电缆或布线通道的敷设应符合下列要求：

a) 若有关管道不属于某个单一序列并经设计基准事件鉴定合格，而且对其损坏所造成的影响不要求采取保护动作，则敷设在该区域内的安全级或相关电路的电缆或布线通道应限于某个单一序列；

b) 若对该管道损坏所造成的影响要求采取保护动作，则除了应端接到该区域内的装置或负荷的电缆[1]外，其他安全级或相关电路的电缆或布线通道均不得在该区域内敷设；

c) 若有关管道属于某个单一序列并经设计基准事件鉴定合格，而且对其损坏所造成的影响不要求采取保护动作，则敷设在该区域内的安全级或相关电路的电缆或布线通道应限于和该管道相同的序列；

d) 若有关管道未经设计基准事件鉴定，则除了应端接到该区域内的装置或负荷的电缆外，其他安全级或相关电路的电缆或布线通道均不得在该区域内敷设。

注：敷设安全级、相关电路或布线通道的区域，由于存在未经设计基准事件鉴定的管道而定为危险区时，这些电缆或布线通道应按 5.1.6.2 规定的方法加以保护，以免受该区域的影响，否则该有关管道应经设计基准事件鉴定合格。

5.1.7 飞射物危险区

5.1.7.1 区域的规定

若某一区域内，在设计基准事件条件下，存在具有足够动能的飞射物源，它会损坏按 5.1.4 要求进行分隔而敷设在该区域内的安全级冗余电路，则该区域应定为飞射物危险区。

5.1.7.2 区域边界

应采用屏障、方位、分隔距离或其适当组合等措施，使非危险区和低危险区均免受飞射物危险区的危害。

5.1.7.3 敷设要求

在该区域内敷设安全级或相关电路的电缆或布线通道应符合下列要求：

a) 若有关飞射物源不属于某个单一序列并经设计基准事件鉴定合格，而且对其损坏所造成的影响不要求采取保护动作，则敷设在该区域内的安全级或相关电路的电缆或布线通道应限于某个单一序列；

b) 若对该飞射物源所造成的影响要求采取保护动作，则除了应端接到该区域内的装置或负荷的电缆外，其他安全级或相关电路的电缆或布线通道均不得在该区域内敷设；

c) 若有关飞射物源属于某个单一序列并经设计基准事件鉴定合格，而且对其损坏所造成的影响不要求采取保护动作，则敷设在该区域内的安全级或相关电路的电缆或布线通道应限于和该管道相同的序列；

d) 若有关飞射物源未经设计基准事件鉴定，则除了应端接到该区域内的装置或负荷的电缆外，其他安全级或相关电路的电缆或布线通道均不得在该区域内敷设。

注：敷设安全级或相关电路或布线通道的区域，由于存在未经设计基准事件鉴定的飞射物源而定为危险区时，这些电缆或布线通道应按 5.1.7.2 规定的方法加以保护，以免受该区域的影响，否则该飞射物源应经设计基准事件鉴定合格。

5.1.8 火灾危险区

5.1.8.1 区域的规定

有下列任一危险品的区域应定为火灾危险区：

a) 易燃和可燃液体；

b) 一定火焰蔓延等级的固体（不包括电缆）；

c) 一定火焰蔓延等级的涂料。

有的区域，如果行政上为临时使用引火源提供了消防措施，或短暂使用上述危险品，或限于某一可接受的量，则该区域不必定为火灾危险区。

5.1.8.2 区域边界

为保护非危险区或低危险区不受火灾危险区的影响，应按以下关系式采用屏障和分隔距离等

---

1) 对这些电缆可要求采取特殊措施（如增加冗余度或多样性），以满足单一故障准则。

措施：

$$D \geqslant 15-5B$$

式中：

D——从火灾危险区到非危险区和低危险区的分隔距离，单位为米(m)；

B——防火屏障的耐火能力，单位为小时(h)。

在考虑到火源可能的持续时间和强度情况下，经试验或分析证明更低的分隔要求不会导致安全级电路的性能降低至不可接受的程度，则可采用更低的分隔要求。

5.1.8.3 **敷设要求**

在火灾危险区内，敷设安全级或相关电路的电缆或布线通道应符合下列要求：

a) 若有关火灾危害源不属于某个单一序列并经设计基准事件鉴定合格，而且对其损坏所造成的影响不要求采取保护动作，则敷设在该区域内的安全级或相关电路的电缆或布线通道应限于某个单一序列；

b) 若对该火灾危害源所造成的影响要求采取保护动作，则除了应端接到该区域内的装置或负荷的电缆外，其他安全级或相关电路的电缆或布线通道均不得在该区域内敷设；

c) 若有关火灾危害源属于某个单一序列并经设计基准事件鉴定合格，而且对其损坏所造成的影响不要求采取保护动作，则敷设在该区域内的安全级或相关电路的电缆或布线通道应限于和该管道相同的序列；

d) 若有关火灾危害源未经设计基准事件鉴定，则除了应端接到该区域内的装置或负荷的电缆外，其他安全级或相关电路的电缆或布线通道均不得在该区域内敷设。

注：敷设安全级、相关电路电缆或布线通道的区域，由于存在与核安全无关的火灾危害源而定为危险区时，这些电缆或布线通道应按 5.1.8.2 规定的方法加以保护，以免受该区域的影响。

5.2 备用电源

5.2.1 备用发电机组

冗余安全级备用发电机组应布置在经分隔的安全级构筑物内。

5.2.2 辅助设备和就地控制器件

冗余备用发电机组的辅助设备和就地控制器件应布置在与机组相同安全等级的构筑物内，否则应按第 4 章的要求进行实体分隔。

5.3 直流系统

5.3.1 蓄电池

冗余安全级蓄电池应布置在经分隔的安全级构筑物内。

5.3.2 蓄电池充电器

安全级冗余蓄电池充电器应按第 4 章的要求进行实体分隔。

5.4 配电系统

5.4.1 开关装置

冗余安全级配电开关装置序列应按第 4 章的要求进行实体分隔。

5.4.2 电动机控制中心

冗余安全级电动机控制中心应按第 4 章的要求进行实体分隔。

5.4.3 配电盘

冗余安全级配电盘应按第 4 章的要求进行实体分隔。

5.5 安全壳电气贯穿件

冗余安全级安全壳电气贯穿件应按第 4 章的要求进行实体分隔，通常要求冗余的贯穿件广泛地分布在安全壳的圆周上。冗余贯穿件的最小实体分隔距离应满足 5.1.4 和 5.1.5 对电缆和布线通道的要求。

通过安全级电路贯穿件的非安全级电路应按 4.5 相关电路的要求进行处理。

5.6 控制开关柜

5.6.1 位置和布置

主控制开关柜应布置在安全级构筑物内的非危险区中。就地控制开关柜应根据 5.1 的要求进行布置。

冗余安全级设备和电路可布置在按 5.1 要求进行实体分隔的控制开关柜内，加以分隔。从运行方面考虑，当冗余安全级设备或安全级设备与非安全级设备置于同一控制开关柜或箱体内时，5.6.2～5.6.6 的要求应得到满足。

5.6.2 内部分隔

在控制开关柜内，第 4 章所要求的最小分隔距离可根据对拟采用的安装方式的分析加以确定。这种分析应有试验依据，该试验的目的是确定控制开关柜内部的布线方式、导线材料、设备和其他材料的阻燃特性。若未进行上述分析，而控制开关柜的材料为阻燃的，则其最小水平分隔距离为 2.5 cm，最小垂直分隔距离为 15 cm。如果接线能经受下列最坏瞬态情况，最小垂直分隔距离能减少到 2.5 cm：

a) 非安全级电线受热将不会导致电线下垂并碰触到安全级电线或元件；

b) 安全级电线受热将不会导致电线下垂并碰触到冗余通道的安全级电线或元件。

5.6.3 内部布线的标识

在控制柜的内部，安全级导线束或电缆应在多处设有易于辨识的永久性标识，以便于区分冗余序列之间的布线以及安全级与非安全级之间的布线。

若在某一控制柜或隔间内仅有单一序列的布线，则不必标识。

5.6.4 共用端子

当按照第 4 章要求需进行分隔的电路端接在同一元件上时，应满足 5.6.2 的要求。

5.6.5 非安全级布线

非安全级布线若未采用屏障或(按 5.6.2 规定的)最小分隔距离等措施与安全级或相关布线隔开，则应视为相关电路并按 4.5 的要求进行处理。

5.6.6 电缆的引入

引入控制柜体的电缆若按第 4 章要求需进行隔离，则应满足 5.1 的要求。

5.7 仪表柜

按第 4 章要求需隔离的仪表，应按 5.6 的要求布置在分隔的各个仪表柜内或某一仪表柜的各个隔间内。

若需分隔的仪表布置在某个仪表柜中各分隔的隔间内，应注意与这些需分隔的仪表端接的外部电缆间保持隔离。

在确定安全级仪表柜的位置时，应注意各种有关的设计基准事件的影响。

5.8 传感器

按第 4 章要求需隔离的传感器应是独立的并且有足够的分隔，使得在发生任何单一设计基准事件或由此产生的后果时，反应堆保护系统的功能得以保持。

5.9 执行装置

安全级执行装置，例如泵的驱动电动机和阀门的操作电动机等，其布置位置通常根据被驱动设备位置而定。应审查该装置最后确定的位置保证冗余安全级执行装置的分隔是可接受的。

5.10 光纤电缆

如果能保证光纤的机械保护，则光纤可以与动力电缆敷设在同一电缆桥架中。

6 电气隔离准则

6.1 电力电路

6.1.1 总则

对于电力电路，应在下列情况下采用安全级隔离装置进行电气隔离（见图 1）：

a) 非安全级电路与安全级电路之间的相互连接；

b) 非安全级电路与相关电路之间的相互连接。

注：电力电缆的定义参见 EJ/T 534。

6.1.2 隔离装置

某一装置，若施加在其非安全级侧的最大可信电压或电流瞬态，并不会导致其另一侧电路的工作性能低于可接受的水平，则该装置可作为电力电路的隔离装置。

6.1.2.1 由故障电流脱扣的断路器

若满足下列配合准则，则由故障电流自动脱扣的断路器可作为隔离装置。

6.1.2.1.1 针对各种电路故障的断路器过流时间脱扣特性，将使该断路器在上级断路器动作之前，就能遮断故障电流。定期试验应证明整个配合关系仍保持在设计准则规定的限值之内。该试验可采用一系列重叠试验的方式进行。

6.1.2.1.2 电源应能在足够长的时间内提供必要的故障电流，以在不失去安全负荷功能的前提下，确保正确的配合关系。例如，柴油发电机励磁系统应能在故障时提供足够的瞬态电流。

6.1.2.2 由事故信号脱扣的断路器

若断路器的自动脱扣由其所在序列内的事故信号触发，且从该事故信号的产生到断路器跳闸所需的时间延迟不会导致安全级电力系统的功能降低到不可接受的程度，则该断路器可作为隔离装置。

6.1.2.3 输入限流器

在输出故障情况下，能将输入电流限制至可接受值的装置可作为隔离装置。定期试验应证实限流特性没有降低或丧失。

注：这一类装置包括有限流特性的逆变器、调压变压器和蓄电池充电器。

6.1.2.4 熔断器

当满足下列要求时，熔断器可作为隔离装置：

a) 熔断器应在其寿命期内保持所设计的过电流保护能力；

b) 对于所有故障回路，熔断器的过电流-时间熔断特性应使其先于上游断开装置熔断；

c) 在不失去安全负荷功能的情况下，电源应提供足够的故障电流，确保正确的配合。

注：三相交流回路应考虑单相运行效应。

6.2 仪表和控制电路

6.2.1 总则

在仪表和控制电路中应采取电气隔离措施，以保持冗余设备和电路的独立性，使得任一设计基准事件期间及之后，所需的安全功能得以执行。为达到仪表和控制电路的电气隔离，应在下列情况下使用安全级隔离装置（见图 8）：

a) 安全级与非安全级电路的相互连接处；

b) 不同冗余序列的安全级逻辑电路的相互连接处；

c) 相关电路与非安全级电路的相互连接处。

为了达到并维持冗余电路和设备的独立性，还可能需要采用各种屏蔽和布线技术。

注：仪表和控制电缆的定义参见 EJ/T 534。

6.2.2 隔离装置

6.2.2.1 总则

若某装置的安全级侧或相关侧所连的电路，其工作状态不因下列情况使其性能低于可接受的水平，则该装置为仪表和控制电路的电气隔离装置：

a) 在其非安全级侧施加最大可信电压或电流瞬态；

b) 在其非安全级侧发生短路、接地或开路；

c) 在其另一安全级侧或相关侧施加最大可信电压或电流瞬态；

d) 在其另一安全级侧或相关侧发生短路、接地或开路；

e) 电磁干扰。

隔离装置非安全级侧端子间及端子对地的最低耐受电压，应根据该侧所经受的最高电压来确定。此外，还应考虑在非安全级侧可能出现的瞬态电压。

如果隔离装置输入端和输出端布线的分隔距离等于或大于输入端和输出端之间的距离，则可小于5.6.2要求的2.5 cm。

最低的分隔要求不适用于隔离装置内部的布线和部件，但应尽可能对其进行分隔。

隔离装置执行其功能的能力应经鉴定试验加以验证。鉴定时应考虑其非安全级侧故障电流水平及其持续时间。

6.2.2.2 可接受的隔离装置

在满足6.2.2.1要求的情况下，仪表和控制电路中可接受的隔离装置有：

a) 放大器；

b) 控制开关；

c) 电流互感器；

d) 光纤耦合器；

e) 光-电耦合器；

f) 继电器；

g) 转换器；

h) 电源装置；

i) 断路器。

注：在采用接点-接点隔离的情况下，应考虑可能由接点熔合引起的对独立性的影响。

6.2.2.3 熔断器

在满足6.2.2.1和6.1.2.4要求的情况下，可采用熔断器作为隔离装置(冗余序列之间例外)。

7 补充要求

7.1 安全级安全停堆设备和电路

7.1.1 总则

安全级安全停堆设备和电路，除应符合本标准上述各条要求外，还应满足下列补充要求：

对假想外因火灾，安全级冗余安全停堆设备和电路应保持其独立性。

7.1.2 假想外因火灾

7.1.2.1 对于停堆所必需的电缆和设备所处的区域(控制室除外)，应作单一外因火灾的假定。

无论该区域内是否有火源或可燃物质，这一要求都适用。但考虑到安全停堆系统，除5.1.8确定的火灾危险区以外，还应假设更多的区域会发生外因火灾。

7.1.2.2 在安全系统中，不必假设在发生于火灾无关的故障、事故(如失水事故)或自然事件(如地震、龙卷风)时会同时发生外因火灾。

7.1.3 分隔准则

7.1.3.1 安全停堆所需的冗余安全级设备和电路应用耐火极限3 h的屏障相互隔开(安全壳和控制室除外)。

7.1.3.2 在安全壳内，安全停堆所需的冗余安全级设备和电路，在适用情况下，应按5.1.4和5.1.5的要求互相隔开。

7.1.3.3 在控制室内，安全停堆所必需的冗余安全级设备和电路，应按 5.1.3.3 和 5.6.2 的要求相互隔开。

7.1.3.4 若考虑到火源的持续时间和强度，根据试验和分析，证明更低的分隔要求不会导致安全级安全停堆设备和电路的功能减低至不可接受的程度，则可采用更低的分隔。

7.2 反应堆保护系统补充要求

反应堆保护系统，除应符合本标准上述各条要求外，还应满足下列补充要求：

7.2.1 同通道不同种类电缆之间的分隔

7.2.1.1 仪表电缆与控制电缆分隔

控制电缆托架与仪表电缆托架之间最小分隔距离为垂直方向(200～300)mm，水平方向(200～300)mm。

7.2.1.2 仪表电缆与动力电缆分隔

动力电缆托架与仪表电缆托架之间最小分隔距离为垂直方向 500 mm，水平方向 500 mm。

7.2.1.3 控制电缆与动力电缆分隔

控制电缆托架与动力电缆托架之间最小分隔距离为垂直方向(200～300) mm，水平方向 80 mm。

注：水平分隔距离为相邻托架的临近边缘之间的距离，垂直分隔距离为上托架底部到下托架顶部之间的距离。

7.2.2 屏蔽

屏蔽要求如下：

a) 反应堆保护系统仪表和控制电缆的外屏蔽材料可用带有铜引出线的铜丝编织材料，内屏蔽材料可用同上材料或敷有铜或铝或其他等同材料的聚酯薄膜；
b) 反应堆保护系统模拟信号回路的导线均应绞合并屏蔽以把由静电产生的噪声电压降到最低；
c) 反应堆保护系统中低电平信号电缆均应带有屏蔽并绞合成对以便把串模干扰减至最小；
d) 反应堆保护系统的中、高电平信号，也应带有屏蔽以防耦合到其他中、低电平的信号中去；
e) 电缆屏蔽层在电气上应连续。当两根屏蔽电缆在一个接线盒的端子板上进行连接时，应在端子板的邻近点上把屏蔽层连起来。为了防止屏蔽层的多点接地，每根电缆的屏蔽层均应用适用于电缆使用环境的绝缘外套覆盖。

7.2.3 防火

7.2.3.1 在无人看管的电缆间或设备间，应安装高灵敏度的火灾探测器和报警器及在适当的地方设置灭火装置。

7.2.3.2 当冗余设备和线路应放在设有防火系统某一区域内时，设备、线路和防火系统的设计应保证防火系统投入工作不会影响冗余组的独立性。

7.2.3.3 冗余组的性能不应受反应堆保护系统外部火灾的危害。为此，应采用实体分隔、设置屏障或综合采取下列措施：

a) 冗余组或电缆之间的空间不应放置能使火灾蔓延的构筑物、设备或材料；
b) 冗余组或电缆之间的所用的屏障应具有防火要求规定的耐火极限；
c) 穿过防火屏障的电缆托架及电缆管道(垂直的和水平的)应用耐火材料封堵，其耐火极限至少与防火屏障一样(见 EJ/T 674—1992)；
d) 进入反应堆保护系统机柜、接线盒等的电缆，应在其入口处采用耐火材料封堵；
e) 电缆托架应采用金属材料，电缆管应采用钢管，金属软管只允许用于短距离连接设备。

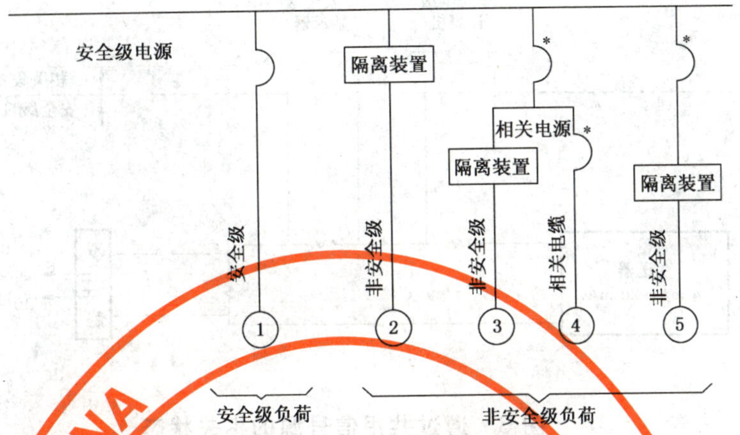

* 不能作为6.1.2隔离装置的断路器

图1 根据连接情况和是否采用隔离装置确定相关电路的实例

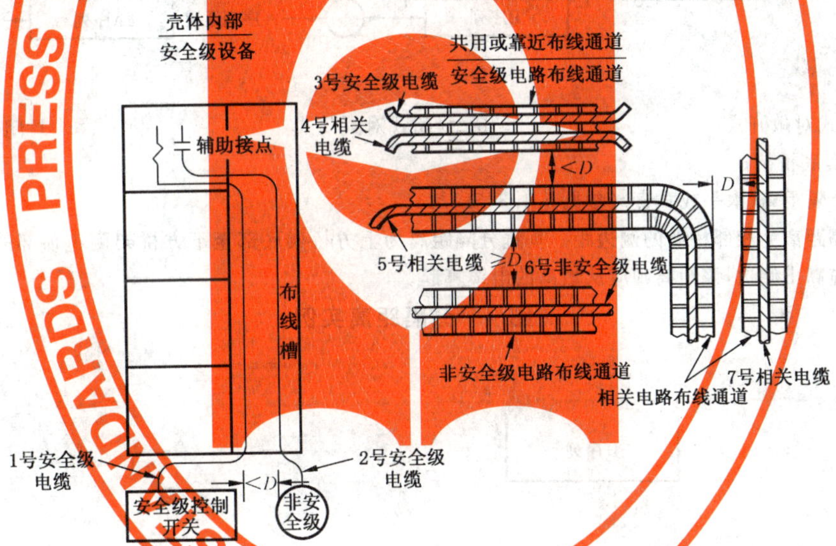

D——按第5章规定的最小分隔距离和(或)屏障

电缆号	功　能	成为相关电路的理由
1	安全级	—
2	非安全级	靠近1号电缆
3	安全级	—
4	非安全级	共用布线通道
5	非安全级	其布线通道靠近安全级电路布线通道
6	非安全级	—
7	非安全级	其布线通道靠近含5号电缆在内的相关电路的布线通道

图2 靠近安全级与相关的设备或电路成为相关电路的实例

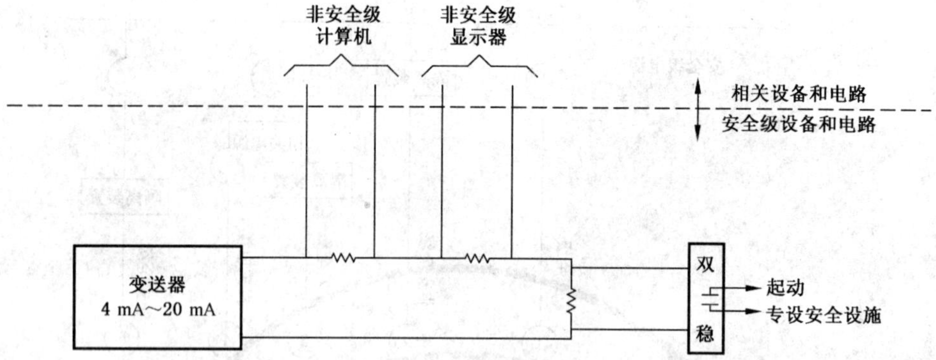

图 3 通过共用信号源的相关状态

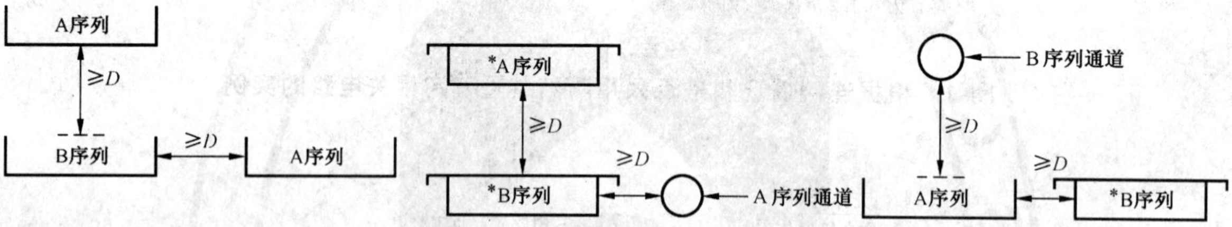

a）敞开式对敞开式　　b）封闭式对封闭式　　c）封闭式对敞开式

*——带盖实底桥架；

D——最小分隔距离（水平或垂直）（参见 5.1.3，5.1.4）。

注：水平分隔距离为相邻桥架的侧边距。垂直分隔距离为上方桥架底部至下方桥架侧边顶部的间距；若下方桥架内的电缆高出侧边，该距离则应从最高的电缆算起。

图 4 分隔距离实例

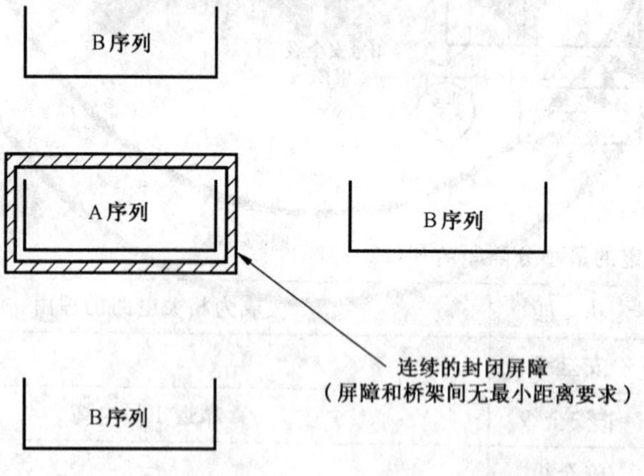

图 5 封闭屏障的实例

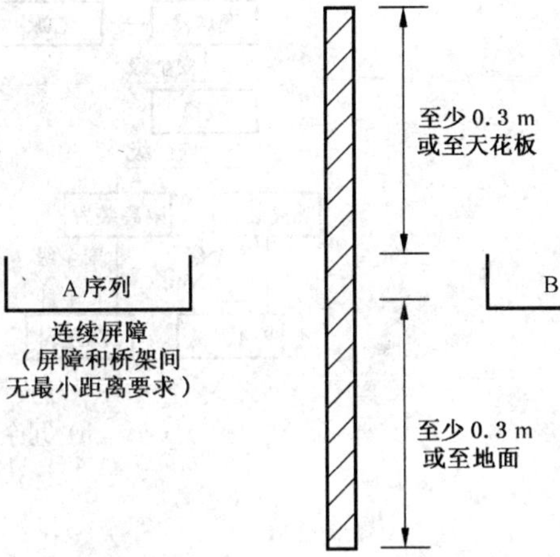

图 6 垂直屏障的实例

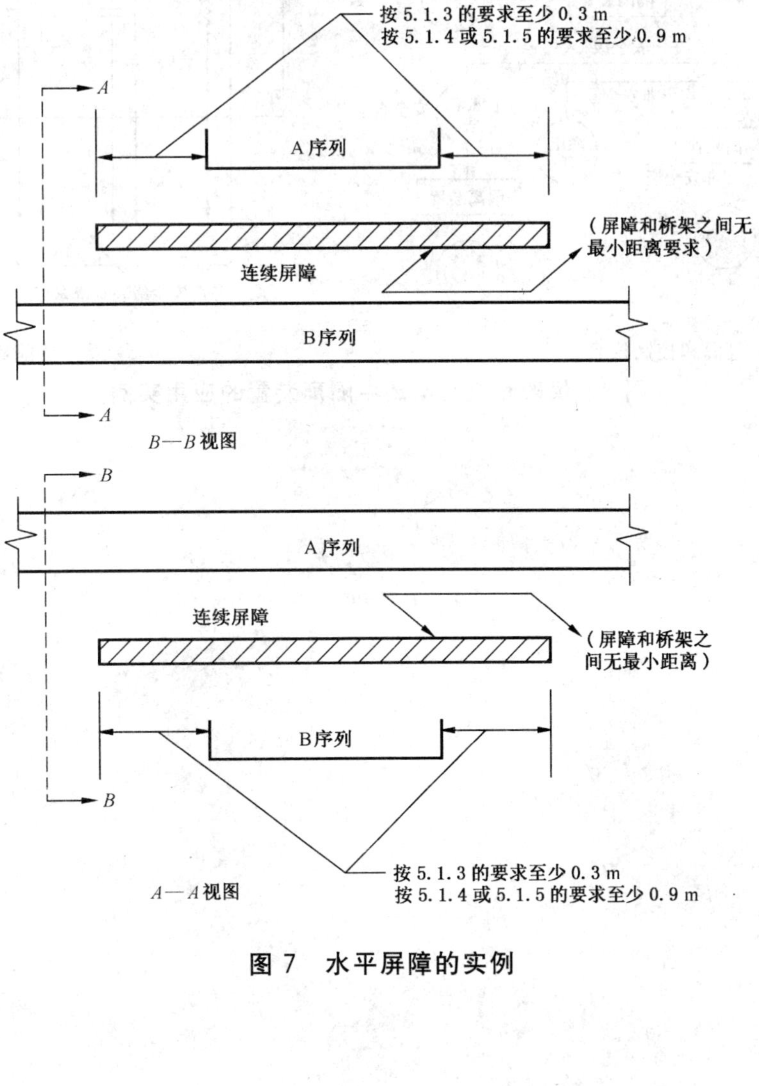

图 7 水平屏障的实例

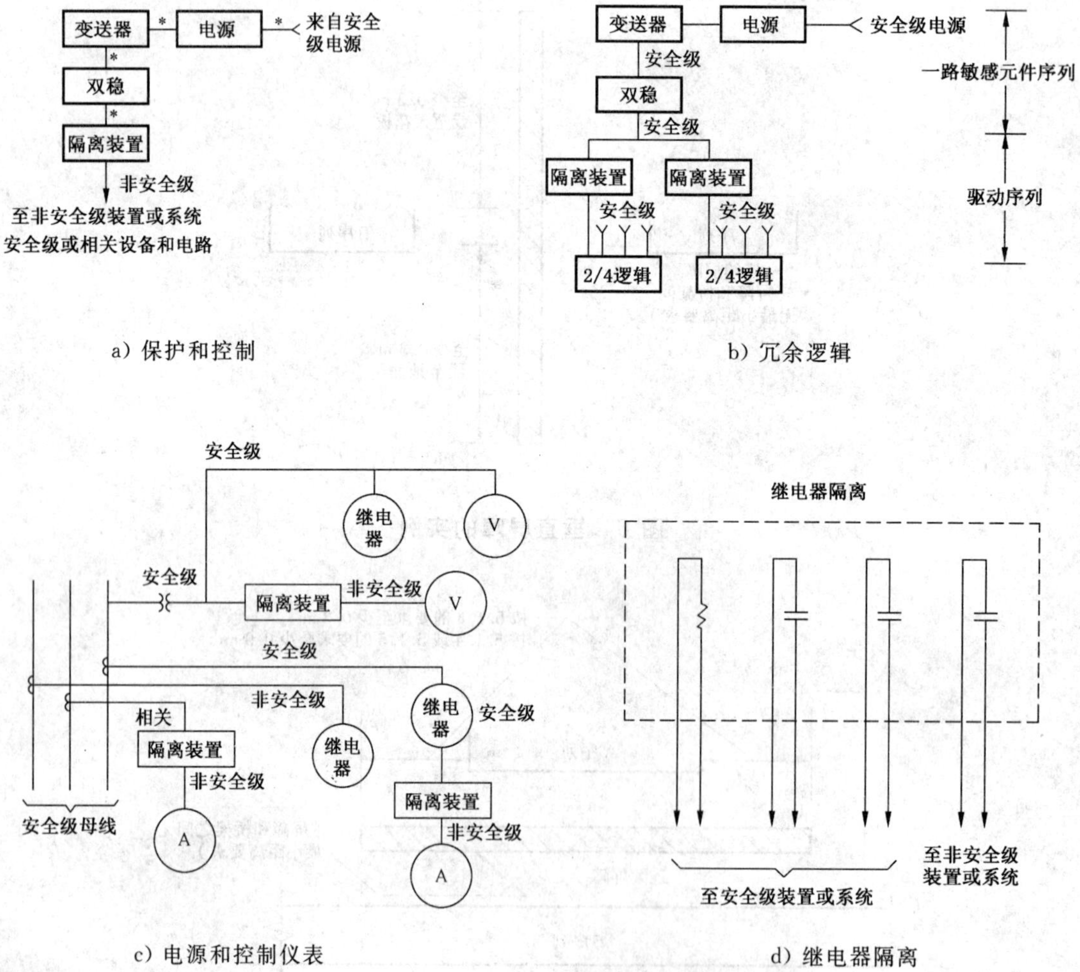

a）保护和控制

b）冗余逻辑

c）电源和控制仪表

d）继电器隔离

图 8　仪表和控制电路中隔离装置的应用实例

参 考 文 献

[1] GB/T 12790 核电厂安全级电气设备和系统文件标识方法
[2] EJ/T 534 核电厂安全级电路电缆系统的设计和安装
[3] EJ/T 590 核电厂安全级电路电缆通道系统设计安装和鉴定准则

ICS 25.220.10
A 29

中华人民共和国国家标准

GB/T 13288.1—2008/ISO 8503-1:1988

涂覆涂料前钢材表面处理 喷射清理后的钢材表面粗糙度特性 第1部分：用于评定喷射清理后钢材表面粗糙度的ISO表面粗糙度比较样块的技术要求和定义

Preparation of steel substrates before application of paints and related products—Surface roughness characteristics of blast-cleaned substrates—Part 1:Specification and definitions for ISO surface profile comparators for the assessment of abrasive blast-cleaned surfaces

(ISO 8503-1:1988,IDT)

2008-04-01 发布 2008-09-01 实施

中华人民共和国国家质量监督检验检疫总局
中国国家标准化管理委员会 发布

前　言

GB/T 13288《涂覆涂料前钢材表面处理　喷射清理后的钢材表面粗糙度特性》分为下列几部分：

——第1部分：用于评定喷射清理后钢材表面粗糙度的ISO粗糙度比较样块的技术要求和定义；

——第2部分：磨料喷射清理后钢材表面粗糙度等级的测定方法　比较样块法；

——第3部分：ISO表面粗糙度比较样块的校准和表面粗糙度测定方法　显微镜调焦法；

——第4部分：ISO表面粗糙度比较样块的校准和表面粗糙度测定方法　触针法；

——第5部分：表面粗糙度的复制粘带测定法。

本部分为GB/T 13288的第1部分。

本部分等同采用ISO 8503-1:1988《涂覆涂料前钢材表面处理　喷射清理后的钢材表面粗糙度特性　第1部分：用于评定喷射清理后钢材表面粗糙度的ISO表面粗糙度比较样块的技术要求和定义》(英文版)。

本部分等同翻译ISO 8503-1:1988。

为便于使用，本部分做了下列编辑性修改：

——"本国际标准"一词改为"本部分"；

——用顿号"、"代替作为分述的逗号"，"；

——增加了参考书目作为资料性附录B；

——删除了国际标准的前言和引言。

本部分的附录A、附录B均为资料性附录。

本部分由中国船舶工业集团公司提出。

本部分由全国涂料和颜料标准化技术委员会涂漆前金属表面处理及涂漆工艺分技术委员会归口。

本部分起草单位：中国船舶工业第十一研究所、中国船舶工业综合技术经济研究院、山东开泰金属磨料股份有限公司。

本部分主要起草人：刘冰扬、宋艳媛、傅建华、刘如伟、张来斌、姜超西。

涂覆涂料前钢材表面处理 喷射清理后的钢材表面粗糙度特性 第1部分：用于评定喷射清理后钢材表面粗糙度的ISO表面粗糙度比较样块的技术要求和定义

1 范围

GB/T 13288的本部分是有关磨料喷射清理后钢材表面粗糙度的评定标准的一个部分。本部分规定了用目视和触觉比较磨料喷射清理后钢材表面粗糙度的ISO表面粗糙度比较样块的技术要求。ISO表面粗糙度比较样块用于现场评定涂覆涂料前磨料喷射清理后的钢材表面粗糙度。

注：这些专用的比较样块可用于评价其他磨料喷射清理后的底材的粗糙度特性，且不局限于测定涂覆涂料前的表面。

GB/T 13288的本部分也包含GB/T 13288的其他部分的术语定义。

2 规范性引用文件

下列文件中的条款通过GB/T 13288的本部分的引用而成为本部分的条款。凡是注日期的引用文件，其随后所有的修改单(不包括勘误的内容)或修订版均不适用于本部分，然而，鼓励根据本部分达成协议的各方研究是否可使用这些文件的最新版本。凡是不注日期的引用文件，其最新版本适用于本部分。

ISO 2632-2 粗糙度比较样本 第2部分：电烧蚀、喷丸处理和喷砂处理、打磨

ISO 4287-1[1)] 表面粗糙度 术语 第1部分：表面及其参数

ISO 4618 色漆和清漆 词汇

ISO 8501-1:1988[2)] 涂覆涂料前钢材表面处理 表面清洁度的目视评定 第1部分：未涂覆过的钢材表面和全面清除原有涂层后的钢材表面的锈蚀等级和处理等级

ISO 8503-2[3)] 涂覆涂料前钢材表面处理 喷射清理后的钢材表面粗糙度特性 第2部分：磨料喷射清理后钢材表面粗糙度等级测定方法 比较样块法

ISO 8503-3 涂覆涂料前钢材表面处理 喷射清理后的钢材表面粗糙度特性 第3部分：ISO表面粗糙度比较样块的校准和表面粗糙度测定方法 显微镜调焦法

ISO 8503-4 涂覆涂料前钢材表面处理 喷射清理后的钢材表面粗糙度特性 第4部分：ISO表面粗糙度比较样块的校准和表面粗糙度测定方法 触针法

ISO 8504-2[4)] 涂覆涂料前钢材表面处理 表面处理方法 第2部分：磨料喷射清理

---

1) GB/T 3505—2000为等效于ISO 4287:1997。而ISO 4287:1997代替ISO 4287-1:1984和ISO/DIS 4287-1:1995。

2) GB 8923—1988为等效于ISO 8501-1:1988。

3) GB 13288—1991为参照采用ISO 8503:1985。

4) GB/T 18839.2—2002为等效于ISO 8504-2:2000。

3 定义

下列定义和 ISO 4618 中所确立的定义适用于 GB/T 13288 的本部分及其他部分。

3.1

表面粗糙度 surface profile

表面粗糙度一般表示为表面轮廓的最高峰相对于最低谷的高度。

注：ISO 4287-1 中定义此术语为："一个平面与一个实际表面的垂直相交线"。在 ISO 8503-4 的 3.7、3.8、3.10～3.12 中定义了喷射清理后的表面粗糙度特性。

3.2

ISO 表面粗糙度比较样块 ISO surface profile comparator

由 4 个区域组成的一块平板，每个区域代表本部分中定义的参考表面粗糙度。

注：参考表面粗糙度是在一块耐腐蚀的金属板上，用经特殊喷射清理的低碳钢板(见 3.3)为原形，采用阳模成形法制备的。

3.3

试板 coupon

划分为 4 个区域、经喷射清理后不变形的标准规格的低碳钢平板。

3.4

表面粗糙度比较样块 surface profile comparator

经特定的磨料喷射清理方法处理的试板或已知平均粗糙度的试板。

注：该比较样块用于磨料喷射清理后的表面粗糙度和触觉的比较，并能对表面粗糙度进行评价。ISO/TC 57《表面性能与度量》则提出"粗糙度比较样块"的术语(见 ISO 2632-2)。

3.5

砂粒磨料喷射清理的比较样块 grit comparator

经砂粒金属磨料或矿砂喷射清理后获得的表面粗糙度的比较样块(比较样块 G)。

3.6

丸粒磨料喷射清理的比较样块 shot comparator

经丸粒金属磨料喷射清理后获得的表面粗糙度的比较样块(比较样块 S)。

3.7

最大峰谷高度(显微镜调焦法) maximum peak-to-valley height (by microscopy)

h_y

在显微镜观察范围内，最高峰与最低谷之间的垂直距离(见 ISO 8503-3)。

注：h_y 一般用显微镜观测。

3.8

平均最大峰谷高度(显微镜调焦法) mean maximum peak-to-velley height (by microscopy)

$\overline{h}_{y5}$

不少于 20 个 h_y(3.7)测量值的算术平均值。

3.9

取样长度(按 ISO 4287-1 定义) sampling lengh (as defined in ISO 4287-1)

l

用于确认描述表面粗糙度的不规则变化的参照线的长度。

3.10

最大峰谷高度(触针法) maximum peak-to-valley height (by stylus)

R_y

用触针仪测量(见 ISO 8503-4)时,在一独立的取样长度 l(3.9)内测量的最大峰谷高度。

注:R_y 在 ISO 4287-1 中定义为"取样长度内轮廓峰线与轮廓谷底线之间的垂直距离"。

3.11

平均最大峰谷高度(触针法) mean maximum peak-to-valley height (by stylus)

R_{y5}

5 个邻近的单独取样长度 l(3.9)内的最大峰谷高度 R_y(3.10)的算术平均值。

注:有时也把 R_{y5} 看作为 $R_{z\,DIN}$ 或 R_{tm}。在 DIN 4768-1 中,按上述对 R_{y5} 所做定义来准确地对 R_z 定义。

3.12

总平均最大峰谷高度(触针法) grand mean maximum peak-to-valley height (by stylus)

$\overline{R}_{y5}$

多个(不少于 10 个)平均最大峰谷高度(3.11)测定值的算术平均值。

3.13

原始粗糙度 primary profile

钢材喷射清理前的表面粗糙度。

3.14

二次粗糙度 secondary profile

在具有原始粗糙度的表面上经喷射清理后得到的表面粗糙度。

3.15

毛刺 hackles

喷射清理过程中钢材表面受到磨料的冲击而产生细小的钢毛刺,仍附着在钢材上,有时突出于峰高。

3.16

独立峰 rogue peaks

实际高出周围所有的峰。一般因喷射清理时所用混合磨料中存在超大尺寸的砂粒磨料而产生的。

4 ISO 表面粗糙度比较样块

ISO 表面粗糙度比较样块应是平面的,形状尺寸见图 1。这些部分在按 ISO 8503-3 或 ISO 8503-4 规定的方法进行测试时,应完全符合表 1 中给定的值。比较样块的表面处理等级不应低于 ISO 8501-1 中所规定的 Sa2½ 级。

ISO 表面粗糙度比较样块应通过阳模成形法制造。该比较样块由含镍或其他耐腐蚀金属元素的低碳合金钢平板(例如:已有电成型产品)制备。

ISO 表面粗糙度比较样块应标出:

"ISO 8503-1 参考比较样块 G",代表砂粒磨料喷射清理后的粗糙度的比较样块;

"ISO 8503-1 参考比较样块 S",代表丸粒磨料喷射清理后的粗糙度的比较样块。

单位为毫米

允许误差:±0.5 mm

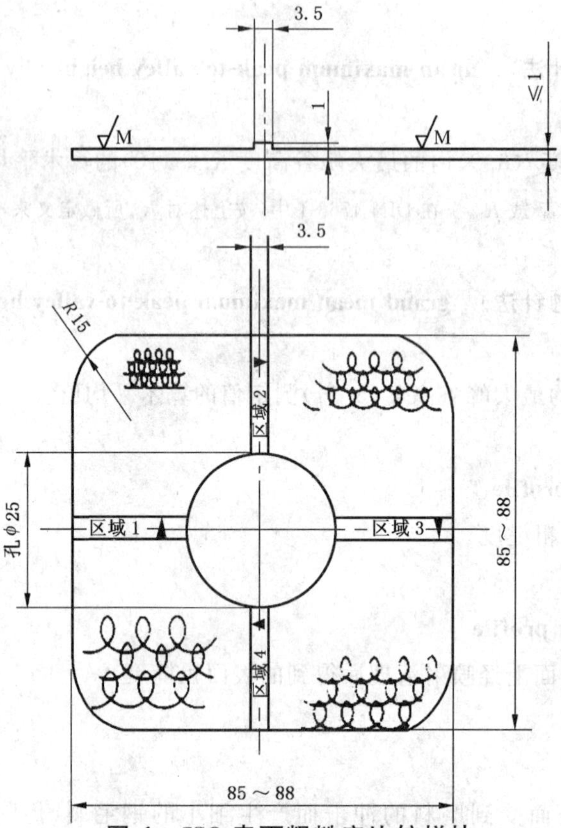

图 1 ISO 表面粗糙度比较样块

表 1 ISO 表面粗糙度比较样块各区域表面粗糙度的标称值和公差

区域	标称值[a] μm	公差 μm
a) 砂粒磨料喷射清理后的比较样块		
1	25	3
2	60	10
3	100	15
4	150	20
b) 丸粒磨料喷射清理后的比较样块		
1	25	3
2	40	5
3	70	10
4	100	15

[a] 采用显微镜调焦法时(见 ISO 8503-3),标称值参照 $\overline{h}_y$;采用触针法时(见 ISO 8503-4),标称值参照 $\overline{R}_{y5}$。

每个比较样块应附有校准证书,标明测定表面粗糙度的方法、估计的公差和每个区域校准的表面粗糙度(用微米表示)(见第8章)。

注:也可采用其他比较样块的设计和结构,应包含4个按照本部分规定的粗糙度和公差的区域。但这样一个比较样块不能确认为"ISO比较样块",它可按ISO 8503-1规定的粗糙度进行注册。

5 粗糙度等级范围

粗糙度等级范围应按表2给出的"细"、"中"、"粗"划分。

表2 粗糙度等级范围

a) 砂粒磨料喷射清理的比较样块	
细(G)	粗糙度相当和超过区域1的标称值,但不到区域2的标称值
中(G)	粗糙度相当和超过区域2的标称值,但不到区域3的标称值
粗(G)	粗糙度相当和超过区域3的标称值,但不到区域4的标称值
b) 丸粒磨料喷射清理的比较样块	
细(S)	粗糙度相当和超过区域1的标称值,但不到区域2的标称值
中(S)	粗糙度相当和超过区域2的标称值,但不到区域3的标称值
粗(S)	粗糙度相当和超过区域3的标称值,但不到区域4的标称值

6 比较样块的校准

按ISO 8503-3或ISO 8503-4规定的方法,测定参考表面的粗糙度,如果全部粗糙度的值在表1规定的相应标称值和公差范围内,则应认为该比较样块已经校准。只有符合上述要求的表面粗糙度比较样块,可按第4章规定的内容注册。

注:在意见不统一时,按ISO 8503-3规定的校准方法进行仲裁。

采用触针法(ISO 8503-4)或显微镜调焦法(ISO 8503-3)校准比较样块后,应报废表面粗糙度不符合表1给定范围内的比较样块。若目视评定比较样块的表面清洁度不符合ISO 8501-1中所规定的Sa2½级或Sa3级,则应报废该比较样块。

7 比较样块的维护及重新校准

附录A中给出了表面粗糙度比较样块的推荐维护方法。

比较样块应仔细维护,如果发现任何明显磨损或损伤,应重新校验或报废。

注:经常使用的比较样块应每隔3个月检查一次,或只要表面有磨损或损伤时,对比从未使用过的比较样块进行检查。如果一个使用中的比较样块上的一个区域与一个未使用的比较样块上相同区域进行比较时,得出不同表面粗糙度的评定等级(见ISO 8503-2),则使用中的比较样块应报废或重新校准。

8 ISO表面粗糙度比较样块的校验证书

比较样块除应满足第4章~第7章规定外,每份ISO表面粗糙度比较样块的校验证书还应标明:

a) 生产厂家;

b) 序列或确认号;

c) 参考比较样块(见第4章)及其校验证书;

d) 生产日期。

附 录 A
（资料性附录）
表面粗糙度比较样块的推荐维护方法

A.1 应像所有精密仪器一样，仔细保护表面粗糙度比较样块。不使用时，应将表面粗糙度比较样块放入保护套中。不应将除去保护套的比较样块的测试面置于粗糙面上。

A.2 如果比较样块被沾污，应采用稀释的洗涤剂溶液和软刷进行清洗。当比较样块受潮时，应采用软棉纸擦干。

A.3 表面粗糙度比较样块应按第7章规定检验。

附 录 B
（资料性附录）
参 考 书 目

ISO/TC 57　表面性能与度量
DIN 4768-1　用触针式电子仪器测定表面粗糙度参数 R_a、R_z、R_{max}

ICS 71.080.10
G 17

中华人民共和国国家标准

GB/T 13291—2008
代替 GB 13291—1991

工业用丁二烯

Butadiene for industrial use—Specification

2008-06-19 发布 2009-02-01 实施

中华人民共和国国家质量监督检验检疫总局
中国国家标准化管理委员会 发布

前　言

本标准代替 GB 13291—1991《工业用丁二烯》。

本标准与 GB 13291—1991 主要差异如下：

——由强制性标准改为推荐性标准；

——优级品的 1,3-丁二烯指标由"≥99.3%"改为"≥99.5%"；一级品的 1,3-丁二烯指标由"≥98.0%"改为"≥99.3%"；

——优级品的总炔烃指标由"≤50 mg/kg"改为"≤20 mg/kg"；一级品的总炔烃指标由"≤100 mg/kg"改为"≤50 mg/kg"；

——一级品的水的指标由"≤500 mg/kg"改为"≤20 mg/kg"；

——优级品的丁二烯过氧化物指标由"≤10 mg/kg"改为"≤5 mg/kg"；

——阻聚剂 TBC 指标由"(50～150)mg/kg"改为"供需双方商定"；

——优级品的气相含氧量指标由"≤0.3%"改为"≤0.2%"；

——增加了合格品的质量指标；

——增加了表述外观测定方法、1,3-丁二烯含量和气相氧含量仲裁方法的表注；

——修改了规范性引用文件的相关内容；

——修订了检验规则，增加了检验分类和极限数值判定等有关内容；

——修订了储存及安全要求。

本标准由中国石油化工集团公司提出。

本标准由全国化学标准化技术委员会石油化学分会(SAC/TC 63/SC 4)归口。

本标准由中国石油化工股份有限公司北京燕山分公司合成橡胶事业部负责起草。

本标准主要起草人：郑国军、王治春、于洪洸、骆献辉。

本标准所代替标准的历次版本发布情况为：GB 13291—1991。

工业用丁二烯

1 范围

本标准规定了工业用丁二烯的要求、试验方法、检验规则,包装、标志、运输、贮存和安全要求等。

本标准适用于以二甲基甲酰胺、乙腈或 *N*-甲基吡咯烷酮为溶剂萃取精馏生产的丁二烯。

结构式:$CH_2=CH-CH=CH_2$

相对分子质量:54.0(按 2005 年国际相对原子质量)

2 规范性引用文件

下列文件中的条款通过本标准的引用而成为本标准的条款。凡是注日期的引用文件,其随后所有的修改单(不包括勘误的内容)或修订版均不适用于本标准,然而,鼓励根据本标准达成协议的各方研究是否可使用这些文件的最新版本。凡是不注日期的引用文件,其最新版本适用于本标准。

GB/T 1250 极限数值的表示方法和判定方法

GB/T 3723 工业用化学产品采样安全通则(GB/T 3723—1999,idt ISO 3165:1976)

GB/T 6015 工业用丁二烯中微量二聚物的测定 气相色谱法

GB/T 6017 工业用丁二烯纯度及烃类杂质的测定 气相色谱法

GB/T 6020 工业用丁二烯中特丁基邻苯二酚(TBC)的测定

GB/T 6022 工业用丁二烯液上气相中氧的测定

GB/T 6023 工业用丁二烯中微量水的测定 卡尔-费休法

GB/T 13290 工业用丙烯和丁二烯液态采样法

GB/T 17828 工业用丁二烯中过氧化物含量的测定 滴定法

SH/T 1494 碳四烃类中微量羰基化合物含量的测定 容量法

压力容器安全技术监察规程

特种设备质量监督和安全监察规定

液化气体铁路罐车安全监察规程

液化气体汽车罐车安全监察规程

3 技术要求和试验方法

工业用丁二烯的技术要求和试验方法见表 1。

表 1 工业用丁二烯的技术要求和试验方法

序号	指标名称		指标			试验方法
			优级品	一级品	合格品	
1	外观		无色透明无悬浮物			目测[a]
2	1,3-丁二烯,w/%	≥	99.5	99.3	99.0	GB/T 6017[b]
3	二聚物(以 4-乙烯基环己烯计),w/(mg/kg)	≤	1 000			GB/T 6015
4	总炔,w/(mg/kg)	≤	20	50	100	GB/T 6017[b]
5	乙烯基乙炔,w/(mg/kg)	≤	5	5	—	GB/T 6017[b]
6	水,w/(mg/kg)	≤	20	20	300	GB/T 6023

表 1（续）

序号	指标名称		指标			试验方法
			优级品	一级品	合格品	
7	羰基化合物(以乙醛计)，w/(mg/kg)	≤	10	10	20	SH/T 1494
8	过氧化物(以过氧化氢计)，w/(mg/kg)	≤	5	10	10	GB/T 17828
9	阻聚剂 TBC，w/%		供需双方商定			GB/T 6020
10	气相氧含量，φ/%	≤	0.2	0.3	0.3	GB/T 6022[c]

[a] 在透明耐压容器内，对液态试样直接观察测定。

[b] 以毛细管柱法为仲裁法。

[c] 以电化学法为仲裁法。

4 检验规则

4.1 检验分类

检验分为型式检验和出厂检验，型式检验为表 1 技术要求中规定的所有项目，正常情况下每月至少进行一次型式检验。出厂检验为表 1 中的外观、1,3-丁二烯、总炔烃、乙烯基乙炔、水分、阻聚剂 TBC 等。

4.2 组批规则

工业用丁二烯可在成品贮罐或产品输送管道上取样。当在成品贮罐取样时，以该罐的产品为一批；当在管道上取样时，可以根据一定时间(8 h 或 24 h)或同时发往某地去的同等质量的、均匀的产品为一批。

4.3 采样

按 GB/T 3723 和 GB/T 13290 规定的安全与技术要求采取样品。

4.4 判定规则与复检规则

如果检验结果不符合本标准相应等级要求时，则应加倍重新取样，复检。复检结果即使只有一项指标不符合本标准相应要求时，则该批产品应作降等或作不合格处理。极限数值的判定按 GB/T 1250 中修约值比较法进行。

4.5 交货验收

工业用丁二烯应由生产厂的质量检验部门进行检验。生产厂应保证所有出厂的产品都符合本标准的要求，每批出厂的工业用丁二烯都应附有质量证明书，质量证明书应注明：生产企业名称、产品名称、产品等级、批号、生产日期及本标准代号等。用户收到产品后有权按本标准进行验收，验收期限由供需双方协商确定。

5 包装、运输和贮存

5.1 工业用丁二烯的包装、标志、运输和贮存应执行《压力容器安全技术监察规程》和《特种设备质量监督和安全监察规定》。

5.2 工业用丁二烯可采用铁路、汽车罐车以及管道输送。用铁路、汽车罐车运输工业用丁二烯产品时，除了执行《压力容器安全技术监察规程》外，应遵守《液化气体铁路罐车安全监察规程》和《液化气体汽车罐车安全监察规程》。

5.3 工业用丁二烯在贮运的过程中，应根据距离、季节不同，加入足够的阻聚剂，防止自聚。同时要采取氮气(纯氮)密封，避免与空气接触，以防自聚和生成爆炸性的过氧化物。贮运丁二烯的容器，由于受氮气纯度、气候条件等因素的影响，可能产生“丁二烯过氧化物”，因此要定期进行处理。处理的方法是：

用质量分数为5%的硫酸亚铁溶液在80 ℃下浸泡24 h。

5.4 工业用丁二烯的储存采用压力窗口容器,容器设计压力0.8 MPa,试验压力1.18 MPa,液体充装系数不大于0.51 kg/L,储存温度不宜超过27 ℃,长时间贮存应在10 ℃以下。标明丁二烯字样,并应有防火、防爆标志。

5.5 工业用丁二烯应储存于阴凉、通风仓间内。远离火种、热源。防止阳光直射。应与氧气、压缩空气、氧化剂等分开存放。储存间内的照明、通风等设施应采用防爆型。配备相应品种和数量的消防器材。罐储时要有防火防爆技术措施。露天贮罐夏季要有降温措施。禁止用易产生火花的机械设备和工具。

6 安全要求

6.1 根据对人体损害程度,丁二烯属于低毒物质。最大允许接触浓度为100 mg/m³。当浓度超过此范围时,吸入会引起麻醉、刺激及窒息。

液态丁二烯溅到皮肤上,会引起皮肤冻伤。因此在整个采样过程中操作者应戴用护目镜和良好绝热的塑料或有橡胶涂层的手套。

中毒时的紧急救护办法:给予新鲜空气或输给氧气,进行人工呼吸。

6.2 丁二烯为易燃介质,在大气中的爆炸极限为(1.4～16.3)%(体积分数),自燃点为415 ℃,闪点−78 ℃。因此,一切预防措施应考虑如何避免形成爆炸气氛。采样现场要求具有良好的通风条件,尤其在冲洗操作时更应注意。

6.3 消防器材:在火源不大的情况下,可使用二氧化碳和泡沫灭火器、氮气等灭火器材。

6.4 电气装置和照明应有防爆结构,其他设备和管线应接地。

6.5 采样时除了执行GB/T 3723外,还应执行国家关于《压力容器安全技术监察规程》中有关规定。

ICS 77.140.75
H 48

中华人民共和国国家标准

GB/T 13295—2008
代替 GB/T 13295—2003

水及燃气管道用球墨铸铁管、管件和附件

Ductile iron pipes, fittings and accessories for water or gas applications

(ISO 2531:1998, MOD)

2008-05-13 发布　　2008-11-01 实施

中华人民共和国国家质量监督检验检疫总局
中国国家标准化管理委员会 发布

前　言

本标准修改采用 ISO 2531:1998《输水和输气用球墨铸铁管、管件、附件及其接头》。

本标准根据 ISO 2531:1998 重新起草。在附录 K 中列出了本标准章条编号与 ISO 2531:1998 章条编号对照一览表。

本标准在采用国际标准时做了一些修改。有关技术性差异用垂直单线标识在它们所涉及的条款的页边空白处。在附录 L 中给出了技术性差异及其原因的一览表以供参考。

本标准代替 GB/T 13295—2003《水及燃气管道用球墨铸铁管、管件和附件》,与 GB/T 13295—2003 相比主要变化如下:

——对标准中的部分术语进行了重新定义;

——将 N_{II} 型和 S_{II} 型接口型式改为了 N_{I} 型和 S 型,同时修改了相应的压兰和密封圈尺寸;

——修改了 DN40～DN1 000 的内径允许偏差;

——修改了部分管件的重量,并将球铁管、管件和附件的重量及允许偏差要求放在了附录 F(资料性附录)里;

——增加了 N_{I} 型和 S 型接口用螺栓要求;

——修改了凝水缸的尺寸和重量;

——本标准将承堵和插堵要求由标准正文改放在了附录 E(资料性附录)里,原来的附录 E 至附录 J 改为附录 G 至附录 L。

本标准的附录 A、附录 B 和附录 C 是规范性附录。

本标准的附录 D、附录 E、附录 F、附录 G、附录 H、附录 I、附录 J、附录 K 和附录 L 是资料性附录。

本标准由中国钢铁工业协会提出。

本标准由全国钢标准化技术委员会归口。

本标准主要起草单位:新兴铸管股份有限公司、合肥市久环给排水燃气设备有限公司、中国市政工程华北设计研究院。

本标准主要起草人:刘明忠、郭士进、李军、常保成、董建忠、李绍海、李艳宁、常保平、王启、刘志丽。

本标准所代替标准的历次版本发布情况为:

——GB/T 13294—1991;

——GB/T 13295—1991、GB/T 13295—2003。

水及燃气管道用球墨铸铁管、管件和附件

1 范围

本标准规定了以任何铸造工艺类型或加工铸造形式生产的球墨铸铁管(以下简称球铁管)、管件和附件的定义、技术要求、试验方法、检验规则、标记及质量证明书等。

本标准适用于以下用途的球铁管、管件和附件:

——输送水(如饮用水);

——输送设计压力为中压A级及以下级别的燃气(如人工煤气、天然气、液化石油气等);

——有/无压力;

——地下/地上铺设。

注:本标准中的所有压力均为相对压力,单位为兆帕(MPa)。

2 规范性引用文件

下列文件中的条款通过本标准的引用而成为本标准的条款。凡是注日期的引用文件,其随后所有的修改单(不包括勘误的内容)或修订版均不适用于本标准,然而,鼓励根据本标准达成协议的各方研究是否可使用这些文件的最新版本。凡是不注日期的引用文件,其最新版本适用于本标准。

GB/T 90.1 紧固件 验收检查

GB/T 90.2 紧固件 标志与包装

GB/T 197 普通螺纹 公差

GB/T 228 金属材料 室温拉伸试验方法(GB/T 228—2002,eqv ISO 6892:1998)

GB/T 231.1 金属布氏硬度试验 第1部分:试验方法(GB/T 231.1—2002,eqv ISO 6506-1:1999)

GB/T 3672.1 橡胶制品的公差 第1部分:尺寸公差

GB/T 5721 橡胶密封制品标志、包装、运输、贮存的一般规定

GB/T 6414 铸件 尺寸公差与机械加工余量

GB/T 6483 柔性机械接口灰口铸铁管

GB/T 8170 数值修约规则

GB/T 17219 生活饮用水输配水设备及防护材料的安全性评价标准

GB/T 17459 球墨铸铁管 沥青涂层

GB/T 17671 水泥胶砂强度检验方法(ISO法)(IDT ISO 679:1989)

ISO 4179 压力管线与无压力管线用球墨铸铁管离心水泥沙浆内衬一般要求

ISO 8179-1 球墨铸铁管 外部锌层涂敷 第1部分:外表面金属锌喷涂

ISO 8179-2 球墨铸铁管 外部锌层涂敷 第2部分:外表面富锌刷涂

ISO 8180 球墨铸铁管 聚乙烯套管

3 术语和定义

下列术语和定义适用于本标准。

3.1

球墨铸铁 ductile iron

用于制造球铁管、管件和附件的铸铁,其析出的石墨大部或全部呈球状形态。

3.2

管 pipe

端部有承、插口或法兰,内孔均匀、轴线成直线的铸件。不包括作为管件的盘承套管、盘插管和承套等。

3.3

管件 fitting

可使管线偏转、改变方向或口径,不同于直管的铸件。盘承套管、盘插管和承套等应属于管件。

3.4

附件 accessory

在管线中除管与管件外的铸铁件。其中压兰的要求见附录 A,螺栓和螺母的要求见附录 B。

——机械柔性接口用压兰、螺栓和螺母;

——约束柔性接口用压兰、螺栓、螺母和锁环。

注:附件项目未包括任何阀门和给水龙头。

3.5

法兰 flange

沿圆周分布有螺栓孔且与管或管件轴线相垂直的环形体。

3.6

插口 spigot

管或管件的凸状端口。

3.7

承口 socket

管或管件的凹状端口,与下一部件的插口连接。

3.8

密封圈 gasket

接口密封用部件。密封圈通常包括胶圈、隔离圈、支撑圈等(参见附录 C)。

3.9

接口 joint

管和管或管件之间的连接处。接口通常采用密封圈密封。

3.10

柔性接口 flexible joint

可以实现角度偏转、轴向和/或与轴向垂直运动的接口。

3.11

滑入式柔性接口 push-in flexible joint

在配套部件承口内放一密封圈,当插口穿过密封圈至承口一定位置时,工作即可完成的接口。

3.12

机械柔性接口 mechanical flexible joint

依靠机械手段(如压兰)向密封圈施压而实现密封的接口。

3.13

约束性接口 restrained joint

可防止已组装接口分离的柔性接口。

3.14

法兰接口 flanged joint

通过两个法兰盘端面实现连接的接口。

3.15

公称直径(DN)　nominal size

管线系统中所有部件的字母数字设计,仅供参考。它由字母 DN 及其后面不带单位的数字组成(单位为毫米),这个数字仅和端部内径的物理尺寸有关。

3.16

公称压力(PN)　nominal pressure

取整数的数字设计,仅供参考。在同一公称压力下(PN)设计的同一公称直径(DN)的部件具有一致的配套尺寸。它由字母 DN 及其后面不带单位的数字组成(单位为毫米)。

3.17

允许工作压力(PFA)　allowable operating pressure

部件可长时间安全承受的内部压力,不包括冲击压(参见附录 G)。

3.18

最大允许工作压力(PMA)　allowable maximum operating pressure

部件在使用中可安全承受的最大内压力,包括冲击压(参见附录 G)。

3.19

允许试验压力(PEA)　allowable test pressure

新安装在地面上或掩埋在地下的部件在短时间内可承受的最大流体静压力,此压力用以检测管线的完整和密封性(参见附录 G)。

注：该试验压力与系统试验压力(STP)不同,但同管线的设计压力有关,用来保证管线的完整性和密封性。

3.20

管的径向刚度　diametral stiffness of a pipe

管子安装后在负荷条件下抗椭圆的特性(参见附录 H)。

3.21

批　batch

制造过程中,从定量产品中取一个试验用样品的铸件数量。

3.22

型式试验　type test

设计的验证试验,仅需做一次。当设计发生改变时,需重复该试验。

3.23

长度　length

管或管件的有效长度。

注：法兰管及管件的有效长度 L(支管为 l)为全部长度。承插管及管件的有效长度 L_u(支管为 l_u)为全部长度减去插口插入的深度。

3.24

偏差　deviation

管或管件的实际制造和设计之间的偏离量。

3.25

不圆度　ovality

管的横截面偏离圆的程度。

$$不圆度=100\left(\frac{A_1-A_2}{A_1+A_2}\right)$$

式中：

A_1——最大直径,单位为毫米(mm)；

A_2——最小直径,单位为毫米(mm)。

4 分类

4.1 球铁管分类

4.1.1 按公称直径分类

球铁管的公称直径可分为 DN40、50、60、65、80、100、125、150、200、250、300、350、400、450、500、600、700、800、900、1 000、1 100、1 200、1 400、1 500、1 600、1 800、2 000、2 200、2 400 及 2 600 共 30 种(用于输送气体的公称直径为不大于 DN700)。

4.1.2 按接口型式分类

球铁管按接口型式可分为滑入式柔性接口(T 型)、机械柔性接口(K 型、N_I 型、S 型)和法兰接口等型式(N_I 型和 S 型常用于燃气管道)。

注：经供需双方协商，也可采用其他的接口型式。

法兰接口球铁管根据壁厚级别系数 K、公称直径 DN 和公称压力 PN 又可分为：

a) 离心铸造焊接法兰管

——DN40～450：K9——PN10、PN16、PN25 和 PN40；

——DN500～600：K9——PN10、PN16 和 PN25，K10-PN40；

——DN700～1 600：K9——PN10、PN16 和 PN25；

——DN1 800～2 600：K9——PN10 和 PN16。

b) 离心铸造螺纹连接法兰管

——DN40～450：K9 或 K10——PN10、PN16、PN25 和 PN40；

——DN500～600：K9 或 K10——PN10、PN16 和 PN25，K10-PN40；

——DN700～1 200：K10——PN10、PN16 和 PN25；

——DN1 400～2 600：K10——PN10 和 PN16。

c) 整体铸造法兰管

——DN40～600：K12——PN10、PN16、PN25 和 PN40；

——DN700～1 600：K12——PN10、PN16 和 PN25；

——DN1 800～2 600：K12——PN10 和 PN16。

4.2 球铁管件分类

由各种接口型式派生而得。管件名称和符号应符合表 1 的规定。

4.3 符号和说明

球铁管和管件使用的符号和相应的说明应符合表 2 的规定。

表 1 管件名称和符号

序号	名称		图示符号	公称直径	图号	表号
1	承接管件	盘承	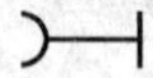	DN40～DN2 600	6	9
2		盘插		DN40～DN2 600	7a	10
3		承套	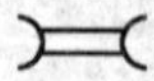	DN40～DN2 600	7b	10
4		双承和承插 90°(1/4)弯管	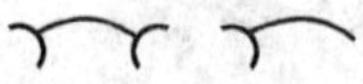	DN40～DN2 600	8	11
5		双承和承插 45°(1/8)弯管		DN40～DN2 600	10	11
6		双承和承插 22°30′(1/16)弯管		DN40～DN2 600	11	13
7		双承和承插 11°15′(1/32)弯管		DN40～DN2 600	12	13
8		全承三通	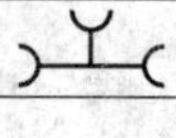	DN40～DN2 600	13	14
9		双承单支盘三通	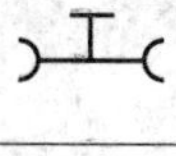	DN40～DN2 600	14	15

表 1（续）

序号	名 称		图示符号	公称直径	图号	表号
10	承接管件	双承渐缩管		DN50～DN2 600	15	16
11		双承一丝丁字管		DN80～DN300	16	17
12		双承和承插乙字管		DN100～DN700	17	18
13		双承丁字管		DN100～DN1 400	18	19
14		全承四通		DN100～DN1 400	19	20
15	盘接管件	双盘 90°(1/4)弯管		DN40～DN1 000	20a	21
16		双盘 90°(1/4)鸭掌弯管		DN40～DN1 000	20b	21
17		双盘 45°(1/8)弯管		DN40～DN2 600	21	22
18		全盘三通		DN40～DN2 600	22	23
19		双盘渐缩管		DN50～DN2 600	23	24
20		PN10 盲板法兰		DN40～DN2 000	24	25
21		PN16 盲板法兰		DN40～DN2 000	24	26
22		PN25 盲板法兰		DN40～DN600	24	27
23		PN40 盲板法兰		DN40～DN600	24	28
24		PN10 减径法兰		DN200～DN1 000	25	29
25		PN16 减径法兰		DN200～DN1 000	25	29
26		PN25 减径法兰		DN200～DN400	25	30
27		PN40 减径法兰		DN200～DN400	25	30
28	法兰盘	PN10 法兰盘		DN80～DN1 600	26	31
29		PN16 法兰盘		DN80～DN1 600	26	32
30		PN25 法兰盘		DN80～DN1 600	26	33
31		PN40 法兰盘		DN80～DN600	26	34

表 2 球铁管和管件的符号和说明

符 号	单 位	说 明
DN	mm	球铁管及带支管管件主管的公称直径
dn	mm	带支管管件支管的公称直径
PN	MPa	公称压力
DE	mm	插口外径
L_u	mm	承插直管及承接管件主管的有效长度
l_u	mm	带支管承接管件支管的有效长度
L'_u	mm	承接管件的插口长度
L	mm	法兰管及盘接管件主管的有效长度
l	mm	盘接管件支管的有效长度
e	mm	壁厚
e_1	mm	管件主管的壁厚或减缩管件的大端壁厚

表 2（续）

符　号	单　位	说　明
e_2	mm	管件支管的壁厚或减缩管件的小端壁厚
$d_1 \sim d_7$	mm	T 型承口各对应直径
$t_1 \sim t_{10}$	mm	T 型承口各对应长度
r、$r_1 \sim r_4$	mm	承口及管件的圆弧半径
R	mm	承口及管件固定值的圆弧半径
R'	mm	承插乙字管和双承乙字管的圆弧半径
x	mm	T 型接口球铁管的倒角长度
y	mm	T 型接口球铁管的倒角宽度
c'	mm	承口对应部位的壁厚
f	mm	T 型接口承口的突起高度
D_1、$D_3 \sim D_6$	mm	K、N_I 及 S 型承口各对应直径或法兰盘直径
D_2	mm	K、N_I 及 S 型承口螺栓孔间距或法兰盘螺栓孔间距
P、P_1、P_2	mm	K、N_I 及 S 型承口各对应长度
A	mm	K、N_I 及 S 型承口法兰盘厚度
F	mm	K、N_I 及 S 型承口过渡段长度
V	mm	S 型接口球铁管凹槽的深度
W	mm	S 型接口球铁管凹槽的宽度
X	mm	S 型接口球铁管凹槽距插口端的距离
a、b、c、c_1、c_2	mm	法兰各对应厚度
D	mm	法兰外径
n	mm	法兰的螺栓孔个数
d	mm	法兰的螺栓孔直径
G	mm	双承一丝管件的螺纹内径
ϕ	mm	双承一丝管件的丝扣宽度
h	mm	双承一丝管件的丝扣高度
S	mm	法兰盘对应部位的厚度
s	mm	盘承套管和承套的内径
d'	mm	鸭掌弯管的掌宽度
h'	mm	鸭掌弯管的掌高度
h_1、h_2	mm	安装块的高度
l_1、l_2	mm	安装块的长度
B	mm	安装块的宽度

5　尺寸、外形、重量及允许偏差

5.1　尺寸及允许偏差

5.1.1　接口尺寸

——T 型接口 DN40～1 200 球铁管的型式和公称尺寸应符合图 1 和表 3 的规定。

——T 型接口 DN1 400 球铁管的型式和公称尺寸应符合图 2 和表 3 的规定。
——K 型接口球铁管的型式和公称尺寸应符合图 3 和表 4 的规定。
——N_I 型接口球铁管的型式和公称尺寸应符合图 4 和表 5 的规定。
——S 型接口球铁管的型式和公称尺寸应符合图 5 和表 6 的规定。

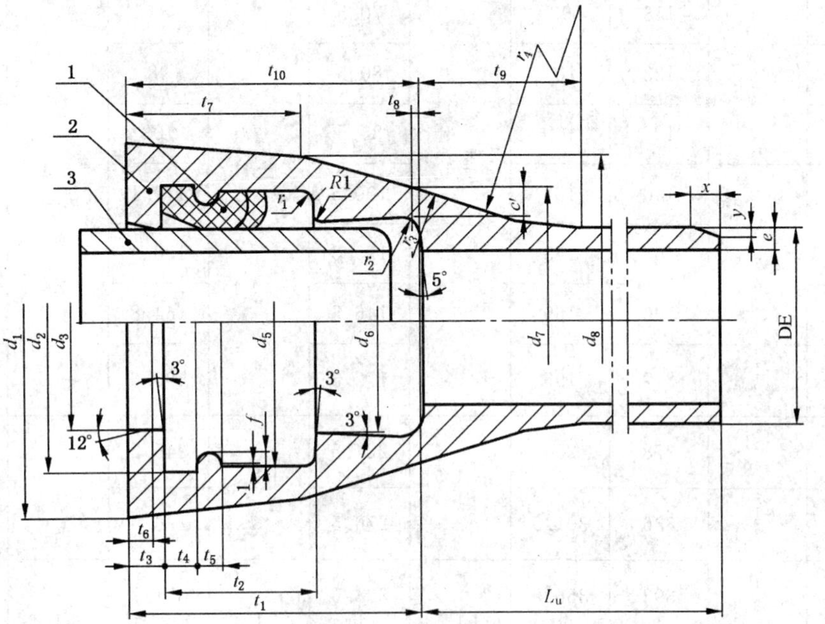

型式	1	2	3
T	胶圈	承口	插口

图 1 DN40～1 200T 型接口

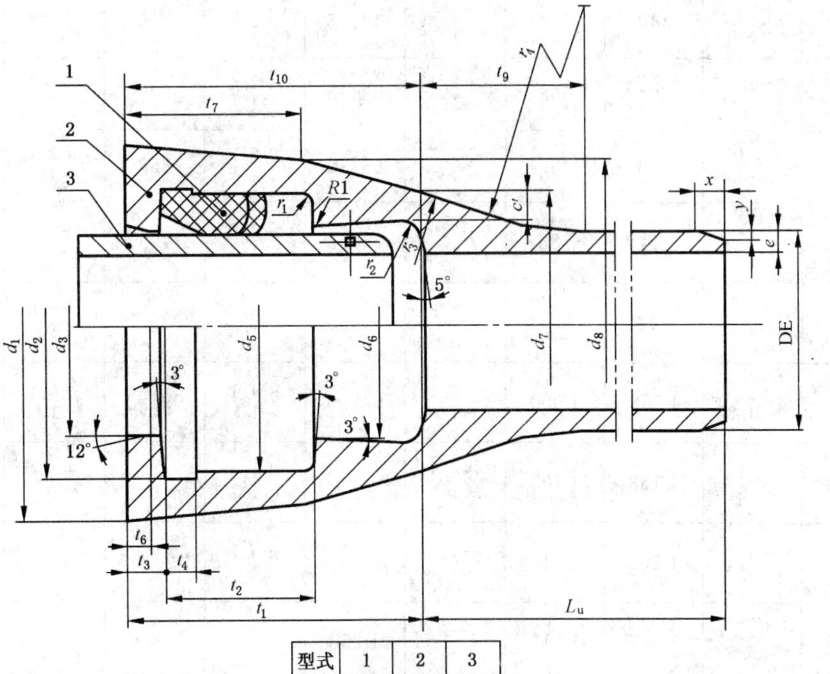

型式	1	2	3
T	胶圈	承口	插口

图 2 DN1 400T 型接口

表 3　T 型接口公称尺寸

单位为毫米

<table>
<tr><th>DN</th><th colspan="2">DE</th><th>d_1</th><th colspan="2">d_2</th><th colspan="2">d_3</th><th colspan="2">d_5</th><th colspan="2">d_6</th></tr>
<tr><td>40</td><td>56</td><td rowspan="4">+1
−2</td><td>103</td><td>83</td><td rowspan="8">±1</td><td>60.5</td><td rowspan="8">±1</td><td>77</td><td rowspan="8">±1</td><td>63.5</td><td rowspan="12">±2</td></tr>
<tr><td>50</td><td>66</td><td>113</td><td>93</td><td>70.5</td><td>87</td><td>73.5</td></tr>
<tr><td>60</td><td>77</td><td>123</td><td>103</td><td>80.5</td><td>98</td><td>83.5</td></tr>
<tr><td>65</td><td>82</td><td>128</td><td>108</td><td>85.5</td><td>103</td><td>88.5</td></tr>
<tr><td>80</td><td>98</td><td rowspan="3">+1
−2.8</td><td>140</td><td>123</td><td>100.5</td><td>119.1</td><td>103.2</td></tr>
<tr><td>100</td><td>118</td><td>163</td><td>143</td><td>120.5</td><td>138.9</td><td>123.4</td></tr>
<tr><td>125</td><td>144</td><td>190</td><td>169</td><td>146.5</td><td>164.8</td><td>150</td></tr>
<tr><td>150</td><td>170</td><td>+1
−2.9</td><td>217</td><td>195</td><td>172.5</td><td>190.6</td><td>175.3</td></tr>
<tr><td>200</td><td>222</td><td>+1
−3</td><td>278</td><td>250</td><td rowspan="2">+1.5
−1</td><td>224.5</td><td rowspan="2">+1.5
−1</td><td>245.2</td><td rowspan="2">+1.5
−1</td><td>227.8</td></tr>
<tr><td>250</td><td>274</td><td>+1
−3.1</td><td>336</td><td>301.5</td><td>276.5</td><td>296.9</td><td>279.7</td></tr>
<tr><td>300</td><td>326</td><td>+1
−3.3</td><td>393</td><td>356.5</td><td rowspan="2">+1.8
−1</td><td>328.5</td><td rowspan="2">+1.8
−1</td><td>351.7</td><td rowspan="2">+1.8
−1</td><td>332.1</td></tr>
<tr><td>350</td><td>378</td><td>+1
−3.4</td><td>448</td><td>408</td><td>380.5</td><td>403.4</td><td>383.8</td></tr>
<tr><td>400</td><td>429</td><td>+1
−3.5</td><td>500</td><td>462</td><td>+2.1
−1</td><td>431.5</td><td>+2.1
−1</td><td>457.2</td><td>+2.1
−1</td><td>435.8</td><td rowspan="2">±2.5</td></tr>
<tr><td>450</td><td>480</td><td>+1
−3.6</td><td>540</td><td>514</td><td>+2.2
−1</td><td>482.5</td><td>+2.2
−1</td><td>509</td><td>+2.2
−1</td><td>487</td></tr>
<tr><td>500</td><td>532</td><td>+1
−3.8</td><td>604</td><td>568</td><td>+2.4
−1</td><td>534.5</td><td>+2.4
−1</td><td>562.6</td><td>+2.4
−1</td><td>539.4</td><td rowspan="2">±3</td></tr>
<tr><td>600</td><td>635</td><td>+1
−4</td><td>713</td><td>673.4</td><td>+2.7
−1</td><td>637.5</td><td>+2.7
−1</td><td>668</td><td>+2.7
−1</td><td>642.6</td></tr>
<tr><td>700</td><td>738</td><td>+1
−4.2</td><td>824</td><td>788</td><td>+3.5
−1</td><td>740.5</td><td>+3.5
−1</td><td>779.3</td><td>+3.5
−1</td><td>745.8</td><td>±3.5</td></tr>
<tr><td>800</td><td>842</td><td>+1
−4.5</td><td>943</td><td>894</td><td>+3.8
−1</td><td>844.5</td><td>+3.8
−1</td><td>885.9</td><td>+3.8
−1</td><td>850</td><td>±3.8</td></tr>
<tr><td>900</td><td>945</td><td>+1
−4.8</td><td>1 052</td><td>1 000</td><td>+4.1
−1</td><td>947.5</td><td>+4.1
−1</td><td>991.3</td><td>+4.1
−1</td><td>953.2</td><td>±4.1</td></tr>
<tr><td>1 000</td><td>1 048</td><td>+1
−5</td><td>1 158</td><td>1 105</td><td>+4.4
−1</td><td>1 050.5</td><td>+4.4
−1</td><td>1 097.1</td><td>+4.4
−1</td><td>1 056.4</td><td>±4.4</td></tr>
<tr><td>1 100</td><td>1 152</td><td>+1
−5.2</td><td>1 267</td><td>1 211</td><td>+4.7
−1</td><td>1 155</td><td>+4.7
−1</td><td>1 202.5</td><td>+4.7
−1</td><td>1 160.2</td><td>±4.7</td></tr>
<tr><td>1 200</td><td>1 255</td><td>+1
−5.5</td><td>1 377</td><td>1 317</td><td>+5
−1</td><td>1 258</td><td>+5
−1</td><td>1 308</td><td>+5
−1</td><td>1 264</td><td>±5</td></tr>
<tr><td>1 400</td><td>1 462</td><td>+1
−6</td><td>1 610</td><td>1 529</td><td>+5.6
−1</td><td>1 465</td><td>+5.6
−1</td><td>1 509</td><td>+5.6
−1</td><td>1 471</td><td>±5.6</td></tr>
</table>

表 3（续）

单位为毫米

DN	d_7	d_8	c'	f		t_1	t_2	t_3	t_4		t_5	t_6
40	82	94	8	3		78	38	12	6		4	8
50	92	104	8	3		78	38	12	6		4	8
60	102	115.7	8	3		80	40	12	6		4	8
65	107	120.7	8	3		80	40	12	6		4	8
80	122	135	8	3.5		85	40	12	6		5	8
100	142	155.7	8.4	3.5	$^{0}_{-0.8}$	88	40	12	6		5	8
125	170.7	183	8.8	3.5		91	40	12	6		5	8
150	195.6	209	9.1	3.5		94	40	12	6		5	8
200	251	265	9.8	4		100	45	15	7	$^{0}_{-0.5}$	6	10
250	305	323	10.5	4		105	47	15	7		6	10
300	368.5	384	11.2	4.5		110	50	17	8.5		7	12
350	410.3	433	11.9	4.5		110	50	17	8.5		7	12
400	463	482.4	12.6	5		110	55	19	9.5		8	14
450	518.4	533	13.3	5	$^{0}_{-1}$	120	55	19	9.5		8	15
500	569.7	590.6	14	5.5		120	60	21	11		9	16
600	676.7	698.8	15.4	6		120	65	21	12		10	16
700	789	813	16.8	7		150	80	21	18		12	16
800	892.2	922.3	18.2	8		160	85	21	18		14	16
900	999.2	1 030.5	19.6	9	$^{0}_{-1.2}$	175	90	21	20		16	16
1 000	1 106	1 139	21	9		185	95	22	20		16	16
1 100	1 213.5	1 247.3	22.4	10		200	100	24	23	$^{0}_{-0.8}$	18	16
1 200	1 321	1 355.6	23.8	10		215	105	25	23		18	17
1 400	1 535	1 584.5	26.6	—	—	239	115	27	25		—	18

表 3（续）

单位为毫米

DN	t_7	t_8	t_9	t_{10}	r_1	r_2	r_3	r_4	x	y
40	48	2	34	78	3	3	18	50	6	2
50	48	2	35	78	3	3	18	50	6	2
60	48	3	35	80	4	4	23	55	6	2
65	48	3	39	80	4	4	23	55	6	2
80	48	5	39	80	4	5	22	62	6	2
100	48	5	39	88	4	5	17	68	9	3
125	48	5	41	91	4	5	19	61	9	3
150	48	5	43	94	4	5	18.5	74	9	3
200	56	6.2	48	100	4	6	35	70	9	3
250	58	6.8	48	105	4	6	36	72	9	3
300	61	7.2	56	110	6	7	37	74	9	3
350	61	5.1	55	113	6	7	24.5	98	9	3
400	68	5.1	58	116	6	8	26	104	9	3
450	68	6	66	120	6	8	28	105	9	3
500	75	7	63	120	6	10	29	116	9	3
600	80	9.2	62	120	6	10	32	128	9	3
700	90	10.6	77	150	8	10	35	140	15	5
800	96.5	12.4	86.5	160	8	10	38	160	15	5
900	103	14.2	92.5	175	8	10	42	175	15	5
1 000	110	16	103	185	8	10	45	200	15	5
1 100	116	17	107.5	200	10	12	46.5	207.5	15	5
1 200	122	17.8	112	215	10	12	48	215	15	5
1 400	125	—	129	239	10	12	100	205	20	7

注：表中给出偏差的尺寸为验收尺寸，其他尺寸仅供参考。

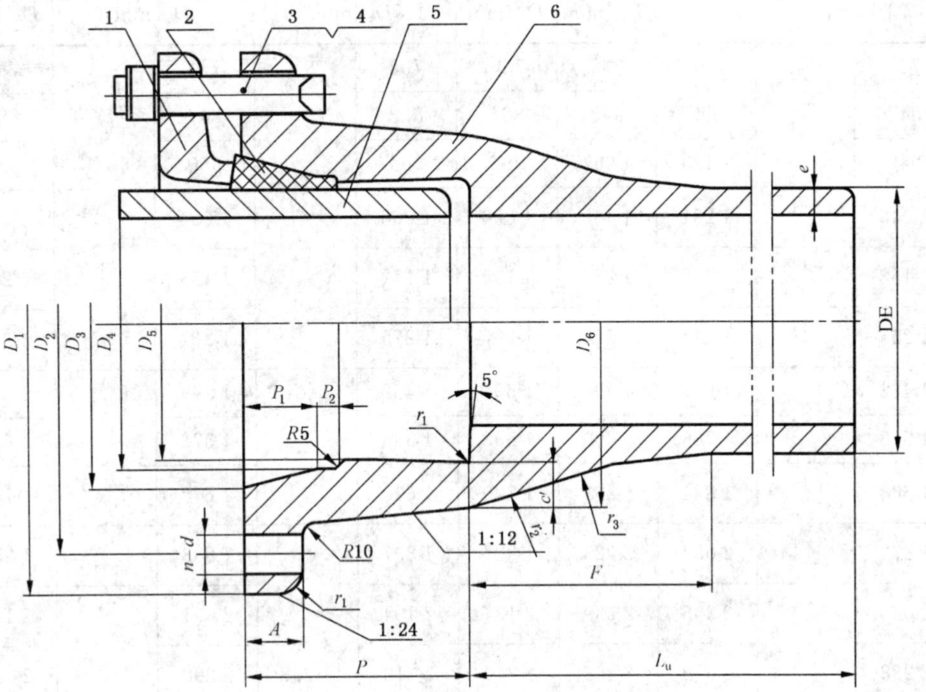

型式	1	2	3	4	5	6
K	压兰	胶圈	螺栓	螺母	插口	承口

图 3 K 型接口

表 4 K 型接口公称尺寸

<table>
<tr><th>DN/mm</th><th colspan="2">DE/mm</th><th>D_1/mm</th><th>D_2/mm</th><th>D_3/mm</th><th colspan="2">D_4/mm</th><th colspan="2">D_5/mm</th><th>D_6/mm</th><th>A/mm</th></tr>
<tr><td>100</td><td>118</td><td rowspan="10">+1
−3</td><td>234</td><td>188</td><td>148</td><td>130</td><td rowspan="5">±1</td><td>121</td><td rowspan="5">+2
−1</td><td>140</td><td>19</td></tr>
<tr><td>150</td><td>170</td><td>288</td><td>242</td><td>200</td><td>182</td><td>173</td><td>194</td><td>20</td></tr>
<tr><td>200</td><td>222</td><td>341</td><td>295</td><td>252</td><td>234</td><td>225</td><td>247</td><td>20</td></tr>
<tr><td>250</td><td>274</td><td>395</td><td>349</td><td>304</td><td>286</td><td>277</td><td>301</td><td>21</td></tr>
<tr><td>300</td><td>326</td><td>455</td><td>409</td><td>360</td><td>342</td><td>329</td><td>358</td><td>22</td></tr>
<tr><td>350</td><td>378</td><td>508</td><td>462</td><td>412</td><td>394</td><td rowspan="5">±1.5</td><td>382</td><td rowspan="5">+3
−1</td><td>410</td><td>23</td></tr>
<tr><td>400</td><td>429</td><td>561</td><td>515</td><td>463</td><td>445</td><td>433</td><td>462</td><td>23</td></tr>
<tr><td>450</td><td>480</td><td>614</td><td>568</td><td>514</td><td>496</td><td>484</td><td>515</td><td>24</td></tr>
<tr><td>500</td><td>532</td><td>667</td><td>621</td><td>566</td><td>548</td><td>536</td><td>568</td><td>25</td></tr>
<tr><td>600</td><td>635</td><td>773</td><td>727</td><td>669</td><td>651</td><td>639</td><td>675</td><td>26</td></tr>
</table>

表 4（续）

DN/mm	DE/mm		D_1/mm	D_2/mm	D_3/mm	D_4/mm		D_5/mm		D_6/mm	A/mm
700	738	+1 −4	892	838	780	758	±2	743	+3.5 −2	781	28
800	842		999	945	884	862		847		888	29
900	945		1 123	1 057	987	965		950		994	31
1 000	1 048	+1 −5	1 231	1 165	1 090	1 068		1 054	+3.5 −3	1 101	32
1 100	1 152	+1 −5.2	1 338	1 272	1 194	1 172		1 158		1 208	33
1 200	1 255	+1 −5.5	1 444	1 378	1 297	1 275		1 261		1 314	35
1 400	1 462	+1 −6	1 657	1 591	1 504	1 482	±2.5	1 469	+4 −3	1 527	38
1 500	1 565		1 766	1 700	1 608	1 586		1 573		1 634	40
1 600	1 668	+1 −6.5	1 874	1 808	1 720	1 690		1 678	+4.5 −3	1 740	41
1 800	1 875	+1 −7	2 089	2 023	1 927	1 897	±2.8	1 883	+5 −4	1 954	43
2 000	2 082	+1 −7.5	2 305	2 239	2 134	2 104		2 091	+5.5 −4	2 168	46
2 200	2 288		2 519	2 453	2 340	2 310		2 298		2 381	49
2 400	2 495		2 734	2 668	2 547	2 517		2 505		2 595	52
2 600	2 702		2 949	2 883	2 754	2 724		2 713		2 809	55

DN/mm	c'/mm	P/mm	F/mm	r_1/mm	r_2/mm	r_3/mm	P_1/mm	P_2/mm	螺栓孔	
									d/mm	n/个
100	8.4	80	50	8	28	100	33	9	23	4
150	9.1	80	53	8	18	110	33	9	23	6
200	9.8	80	57	8	32	115	33	9	23	6
250	10.5	80	60	10	20	125	33	9	23	8
300	11.2	110	68	10	35	135	33	13	23	8
350	11.9	110	72	10	45	145	33	13	23	10
400	12.6	110	75	10	40	150	33	13	23	12
450	13.3	110	78	10	50	150	33	13	23	12
500	14	110	82	10	55	160	33	13	23	14
600	15.4	110	89	10	55	170	33	13	23	14
700	16.8	120	96	10	50	190	43	14	27	16
800	18.2	120	103	10	52	208	43	14	27	20
900	19.6	120	110	10	50	225	43	14	33	20

表 4（续）

DN/mm	c′/mm	P/mm	F/mm	r_1/mm	r_2/mm	r_3/mm	P_1/mm	P_2/mm	螺栓孔	
									d/mm	n/个
1 000	21	130	119	15	50	240	43	15	33	20
1 100	22	130	126	15	80	245	43	15	33	24
1 200	24	130	133	15	85	250	43	15	33	28
1 400	27	130	147	15	70	280	43	15	33	28
1 500	28	130	155	15	60	300	43	15	33	28
1 600	29	160	163	15	50	354	59	17	33	30
1 800	32	170	179	20	60	370	59	17	33	34
2 000	35	180	195	20	120	380	59	17	33	36
2 200	38	190	210	20	150	390	59	17	33	40
2 400	41	250	226	20	170	402	59	17	33	44
2 600	43	260	242	20	185	415	59	17	33	48

注：表中给出偏差的尺寸为验收尺寸，其他尺寸仅供参考。

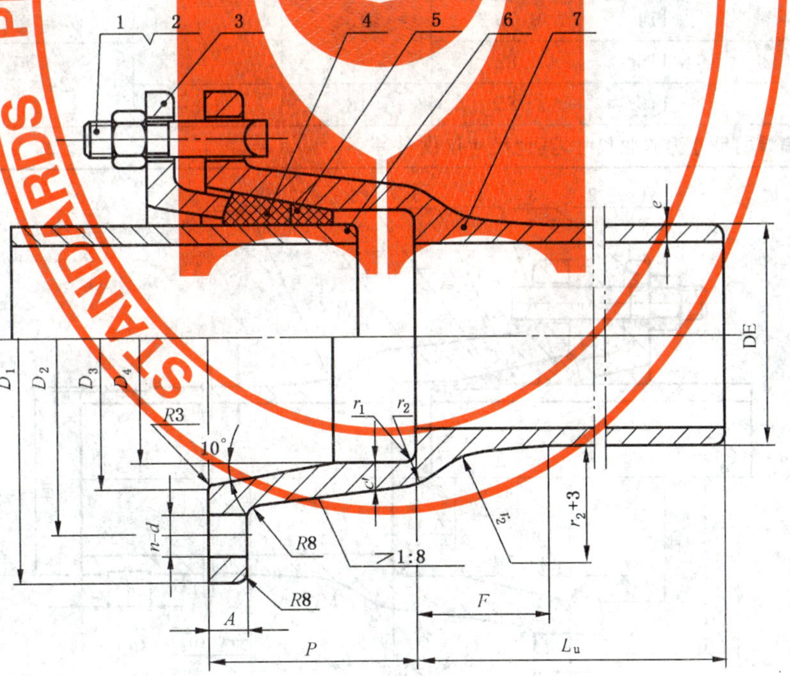

型式	1	2	3	4	5	6	7
N_I	螺母	螺栓	压兰	胶圈	支撑圈	管体插口	管体承口

图 4　N_I 型接口

表 5　N_I 型接口公称尺寸

DN/mm	D_1/mm	D_2/mm	D_3/mm		D_4/mm		DE/mm		A/mm
100	262	210	152	±1.5	136	±1.5	118	+1 −2	18
150	313	262	204		186		169		18
200	366	312	256		238		220		18
250	418	366	310		292		272	+1 −3	21
300	471	420	362		344		323		21
350	524	474	414	±2	396	±2	375.5		21
400	578	526	465		446.5		426		24
500	686	632	571		551.5		528	+1 −4	24
600	794	740	674		654.5		631		26

DN/mm	c'/mm	P/mm	F/mm	r_1/mm	r_2/mm	螺栓孔 d/mm	螺栓孔 n/个
100	12	105	65	8	40	23	4
150	12	110	65				6
200	13	111	66	10			
250	13	112	71				
300	14	113	72				8
350	15	113	74	15			10
400	15	114	75				
500	16	115	82			24	14
600	16	116	85	18	60		16

注：表中给出偏差的尺寸为验收尺寸，其他尺寸仅供参考。

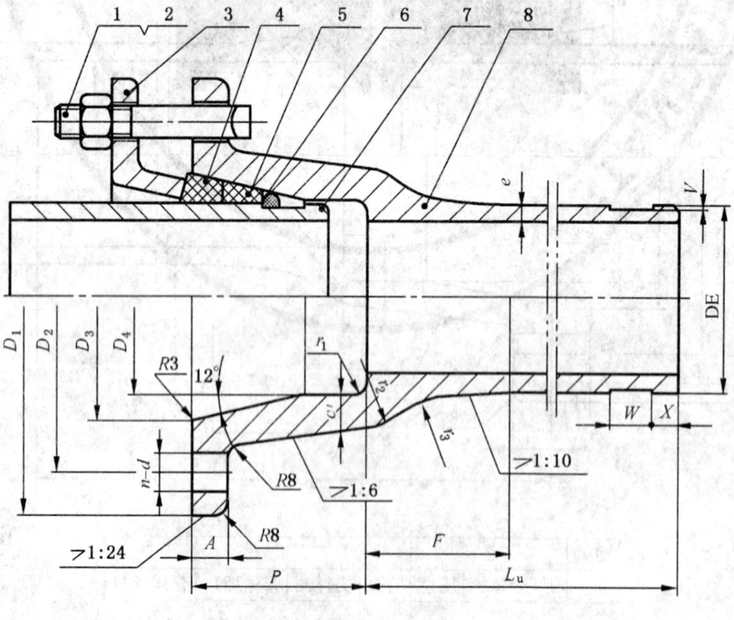

型式	1	2	3	4	5	6	7	8
S	螺母	螺栓	压兰	密封圈	隔离圈	支撑圈	管体插口	管体承口

图 5　S 型接口

表 6 S 型接口公称尺寸

<table>
<tr><th rowspan="2">DN/mm</th><th rowspan="2">D_1/mm</th><th rowspan="2">D_2/mm</th><th rowspan="2" colspan="2">D_3/mm</th><th rowspan="2" colspan="2">D_4/mm</th><th rowspan="2">A/mm</th><th rowspan="2">c'/mm</th><th rowspan="2">P/mm</th><th rowspan="2">F/mm</th><th rowspan="2">r_1/mm</th><th rowspan="2">r_2/mm</th><th rowspan="2">r_3/mm</th><th rowspan="2" colspan="2">DE/mm</th><th rowspan="2" colspan="2">V/mm</th><th rowspan="2">W/mm</th><th rowspan="2">X/mm</th><th colspan="2">螺栓孔</th></tr>
<tr><th>d/mm</th><th>n/个</th></tr>
<tr><td>100</td><td>252</td><td>210</td><td>150</td><td rowspan="5">+2
−1</td><td>122</td><td rowspan="5">+2
−1</td><td rowspan="3">18</td><td rowspan="2">12</td><td>90</td><td rowspan="2">65</td><td>5</td><td>23</td><td rowspan="2">45</td><td>118</td><td rowspan="5">+1
−3</td><td rowspan="4">1.5</td><td rowspan="4">+0
−1.2</td><td rowspan="4">20</td><td rowspan="4">10</td><td rowspan="8">23</td><td>4</td></tr>
<tr><td>150</td><td>297</td><td>254</td><td>201</td><td>173</td><td>95</td><td>6</td><td>24</td><td>169</td><td rowspan="3">6</td></tr>
<tr><td>200</td><td>365</td><td>320</td><td>254</td><td>226</td><td rowspan="2">13</td><td rowspan="2">100</td><td>70</td><td rowspan="3">10</td><td rowspan="2">25</td><td rowspan="6">55</td><td>220</td></tr>
<tr><td>250</td><td>418</td><td>366</td><td>306</td><td>278</td><td rowspan="3">21</td><td>75</td><td>272</td></tr>
<tr><td>300</td><td>465</td><td>416</td><td>359</td><td>330</td><td rowspan="2">14</td><td rowspan="2">105</td><td rowspan="3">80</td><td rowspan="3">26</td><td>323</td><td rowspan="6">2</td><td rowspan="6">+0
−1.5</td><td rowspan="6">25</td><td rowspan="6">15</td><td rowspan="2">8</td></tr>
<tr><td>350</td><td>517</td><td>475</td><td>411</td><td rowspan="5">+3
−1</td><td>382</td><td rowspan="5">+3
−1</td><td rowspan="2">15</td><td>374</td><td rowspan="5">+1
−4</td></tr>
<tr><td>400</td><td>577</td><td>530</td><td>463</td><td>434</td><td rowspan="2">24</td><td>15</td><td>110</td><td>426</td><td rowspan="2">12</td></tr>
<tr><td>500</td><td>678</td><td>630</td><td>567</td><td>536</td><td rowspan="2">16</td><td rowspan="2">115</td><td rowspan="2">85</td><td rowspan="3">18</td><td>28</td><td>528</td></tr>
<tr><td>600</td><td>792</td><td>740</td><td>671</td><td>639</td><td rowspan="2">26</td><td>29</td><td rowspan="2">66</td><td>631</td><td rowspan="2">24</td><td>14</td></tr>
<tr><td>700</td><td>910</td><td>854</td><td>775</td><td>741</td><td>17</td><td>120</td><td>95</td><td>30</td><td>733</td><td>16</td></tr>
<tr><td colspan="22">注：表中给出偏差的尺寸为验收尺寸，其他尺寸仅供参考。</td></tr>
</table>

5.1.2 长度

5.1.2.1 承插直管长度

承插直管的长度应符合表 7 的规定。

设计长度应在表 7 中给出长度的±250 mm 偏差范围内。实际长度根据 7.1 测量得出，定尺管设计长度相差值不得超过表 38 所列偏差。输水用短尺管的最大允许缩短长度为 500 mm，输气用短尺管的最大允许缩短长度为 300 mm，在提供的各种规格的承插直管总数中，短尺管比例不得超过 10%。

注：用作截取性能试验试样的管子不包括在 10%的限定之内，应视为定尺管。

表 7 承插直管长度

单位为毫米

DN	标准长度 L_u
40 和 50	3 000
60～600	4 000 或 5 000 或 5 500 或 6 000 或 9 000
700 和 800	4 000 或 5 500 或 6 000 或 7 000 或 9 000
900～2 600	4 000 或 5 000 或 5 500 或 6 000 或 7 000 或 8 150 或 9 000

5.1.2.2 法兰管长度

法兰管长度应符合表 8 的规定。

表 8 法兰管长度

单位为毫米

管 子 类 型	DN	标准长度 L
整体铸造法兰直管	40～2 600	500 或 1 000 或 2 000 或 3 000
螺纹连接或焊接法兰直管	40～600	2 000 或 3 000 或 4 000 或 5 000 或 6 000
	700～1 000	2 000 或 3 000 或 4 000 或 5 000 或 6 000
	1 100～2 600	4 000 或 5 000 或 6 000 或 7 000

5.1.2.3 管件长度

管件长度共有 A 系列和 B 系列两类，B 系列一般适用于 DN450 及以下管件。

5.1.2.3.1　**承接管件**

a)　盘承套管(见图 6a)和表 9)、盘承短管(见图 6b)和表 9);

b)　盘插(见图 7a)和表 10);

c)　承套(见图 7b)和表 10);

d)　双承和承插 90°(1/4)弯管(见图 8 和表 11);T 型承插 90°(1/4)弯管用安装块(见图 9 和表 12);

e)　双承和承插 45°(1/8)弯管(见图 10 和表 11);T 型承插 45°(1/8)弯管用安装块(见图 9 和表 12);

f)　双承和承插 22°30′(1/16)弯管(见图 11 和表 13);T 型承插 22°30′(1/16)弯管用安装块(见图 9 和表 12);

g)　双承和承插 11°15′(1/32)弯管(见图 12 和表 13);T 型承插 11°15′(1/32)弯管用安装块(见图 9 和表 12);

h)　全承三通(见图 13 和表 14);

i)　双承单支盘三通(见图 14 和表 15);

j)　双承渐缩管(见图 15 和表 16);

k)　双承一丝丁字管(见图 16 和表 17);

l)　双承和承插乙字管(见图 17 和表 18);

m)　双承丁字管(见图 18 和表 19);

n)　全承四通(见图 19 和表 20)。

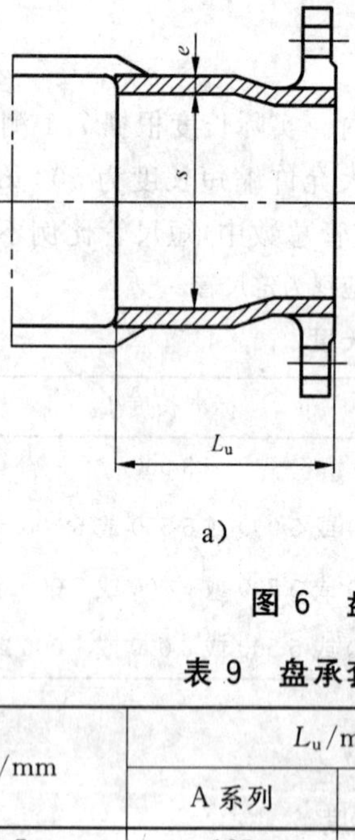

a)

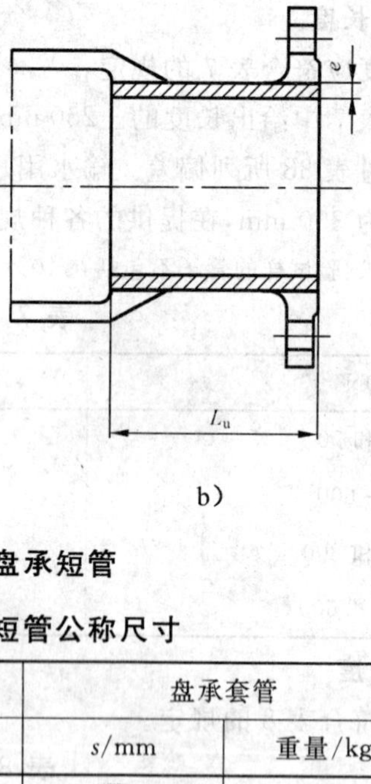

b)

图 6　盘承套管和盘承短管

表 9　盘承套管和盘承短管公称尺寸

DN/mm	e/mm	L_u/mm		盘承套管		盘承短管
		A 系列	B 系列	s/mm	重量/kg	重量/kg
40	7	125	75	67	1.4	0.9
50	7	125	85	78	1.6	1.1
60	7	125	100	88	1.8	1.3
65	7	125	105	93	1.9	1.4
80	7	130	105	109	2.3	1.9
100	7.2	130	110	130	2.8	2.3
125	7.5	135	115	156	3.7	3.1
150	7.8	135	120	183	4.4	3.8

表 9（续）

DN/mm	e/mm	L_u/mm		盘承套管		盘承短管
		A 系列	B 系列	s/mm	重量/kg	重量/kg
200	8.4	140	120	235	6.3	5.6
250	9	145	125	288	8.6	7.7
300	9.6	150	130	340	11.1	10.1
350	10.2	155	135	393	14.1	12.9
400	10.8	160	140	445	17.4	16
450	11.4	165	145	498	21.2	20.2
500	12	170	—	550	25.4	23.5
600	13.2	180	—	655	35.2	32.7
700	14.4	190	—	760	46.9	43.8
800	15.6	200	—	865	60.8	57
900	16.8	210	—	970	77.1	72.4
1 000	18	220	—	1 075	95.9	90.2
1 100	19.2	230	—	1 180	117	111
1 200	20.4	240	—	1 285	142	134
1 400	22.8	310	—	1 477	235	225
1 500	24	330	—	1 580	281	270
1 600	25.2	330	—	1 683	315	303
1 800	27.6	350	—	1 889	410	395
2 000	30	370	—	2 095	522	505
2 200	32.4	390	—	2 301	653	631
2 400	34.8	410	—	2 507	803	778
2 600	37.2	480	—	2 713	1 088	1 054

注 1：重量以 A 系列尺寸计算得到。

注 2：重量仅供参考。

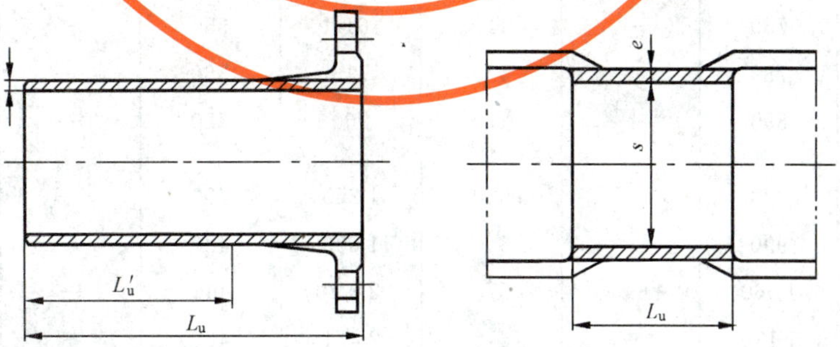

a)　　b)

图 7　盘插和承套

表 10　盘插和承套公称尺寸

DN/mm	e/mm	盘插				承套			
		L_u/mm		L'_u/mm	重量/kg	L_u/mm		s/mm	重量/kg
		A 系列	B 系列			A 系列	B 系列		
40	7	335	335	200	2.5	155	155	67	1.7
50	7	340	340	200	3.1	155	155	78	2
60	7	345	345	200	3.7	155	155	88	2.2
65	7	345	345	200	4.0	155	155	93	2.4
80	7	350	350	215	5.0	160	160	109	2.8
100	7.2	360	360	215	6.4	160	160	130	3.4
125	7.5	370	370	220	8.4	165	165	156	4.5
150	7.8	380	380	225	10.7	165	165	183	5.4
200	8.4	400	400	230	15.9	170	170	235	7.7
250	9	420	420	240	22.3	175	175	288	10.4
300	9.6	440	440	250	29.6	180	180	340	13.3
350	10.2	460	460	260	38.3	185	185	393	16.8
400	10.8	480	480	270	48.1	190	190	445	20.7
450	11.4	500	500	280	59.3	195	195	498	25.1
500	12	520	—	290	72.0	200	—	550	29.9
600	13.2	560	—	310	102	210	—	655	41.1
700	14.4	600	—	330	138	220	—	760	54.3
800	15.6	600	—	330	171	230	—	865	70
900	16.8	600	—	330	207	240	—	970	88.1
1 000	18	600	—	330	246	250	—	1 075	109
1 100	19.2	600	—	330	289	260	—	1 180	133
1 200	20.4	600	—	330	335	270	—	1 285	159
1 400	22.8	710	—	390	516	340	—	1 492	258
1 500	24	750	—	410	614	350	—	1 596	299
1 600	25.2	780	—	430	716	360	—	1 699	343
1 800	27.6	850	—	470	960	380	—	1 906	445
2 000	30	920	—	500	1 255	400	—	2 113	565
2 200	32.4	990	—	540	1 603	420	—	2 320	703
2 400	34.8	1 060	—	570	2 010	440	—	2 527	862
2 600	37.2	1 130	—	610	2 481	460	—	2 734	1042

注 1：重量以 A 系列尺寸计算得到。

注 2：重量仅供参考。

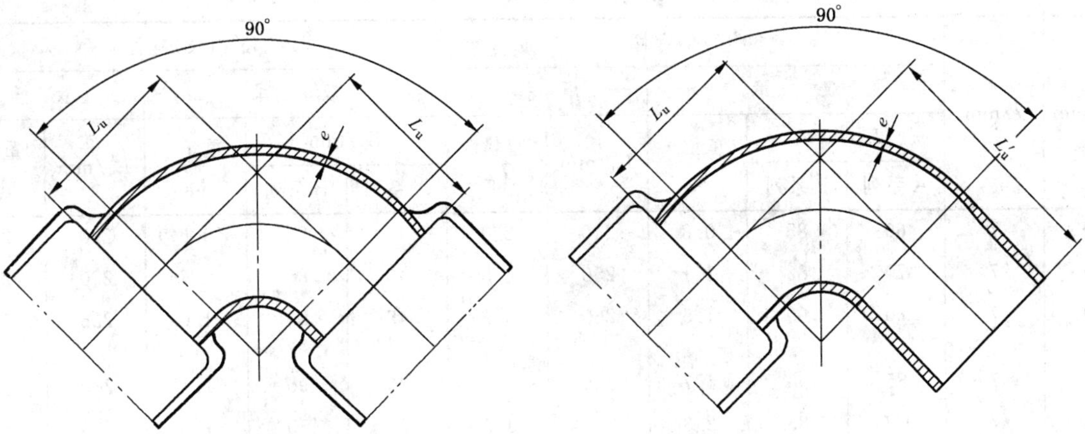

图 8　双承和承插 90°(1/4)弯管

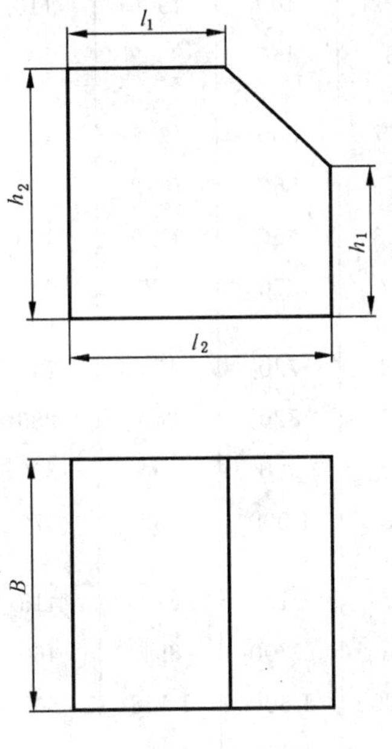

图 9　安装块

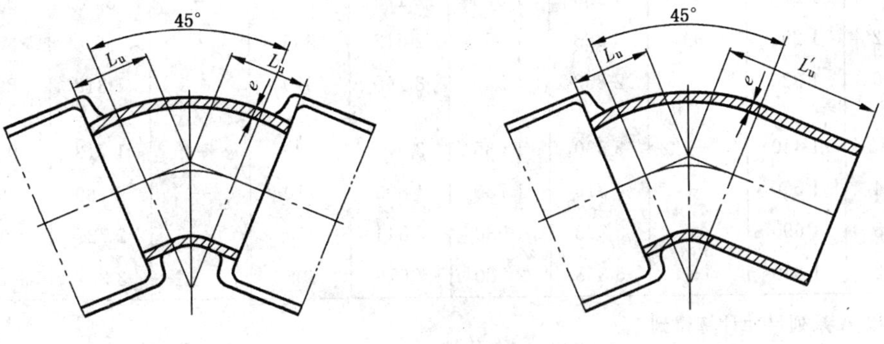

图 10　双承和承插 45°(1/8)弯管

表 11 双承和承插 90°(1/4)和 45°(1/8)弯管公称尺寸

DN/mm	e/mm	90°(1/4)弯管					45°(1/8)弯管				
		双承			承插		双承			承插	
		L_u/mm		重量/kg	L'_u/mm	重量/kg	L_u/mm		重量/kg	L'_u/mm	重量/kg
		A系列	B系列				A系列	B系列			
40	7	60	85	0.8	240	2.0	40	85	0.6	220	2.0
50	7	70	85	1.1	250	2.5	40	85	0.7	220	2.3
60	7	80	90	1.5	260	3.2	45	90	1.0	225	3.0
65	7	85	90	1.7	265	3.5	50	90	1.1	230	3.2
80	7	100	85	2.3	280	4.5	55	50	1.5	235	4.0
100	7.2	120	100	3.5	300	6.2	65	60	2.2	245	5.4
125	7.5	145	115	5.4	325	8.7	75	65	3.3	255	7.4
150	7.8	170	130	7.8	350	11.7	85	70	4.6	265	9.6
200	8.4	220	160	14.2	400	19.6	110	80	8.4	290	15.6
250	9	270	240	23	450	30.2	130	135	13.2	310	22.7
300	9.6	320	280	34.7	500	43.8	150	155	19.3	330	31.4
350	10.2	370	—	58.8	550	70.2	175	170	27.8	355	42.8
400	10.8	420	—	80.3	600	93.9	195	185	37.3	375	55.3
450	11.4	470	—	107	670	125	220	200	49.8	420	73.5
500	12	520	—	138	720	159	240	—	63.4	440	91.0
600	13.2	620	—	215	820	243	285	—	99	485	135
700	14.4	720	—	310	900	354	330	—	146	580	204
800	15.6	820	—	478	1 000	532	370	—	202	620	273
900	16.8	920	—	607	1 100	672	415	—	274	665	360
1 000	18	1 020	—	798	1 200	891	460	—	360	760	483
1 100	19.2	1 120	—	1 029	1 300	1 138	505	—	464	805	609
1 200	20.4	1 220	—	1 298	1 400	1 424	550	—	585	850	752
1 400	22.8	1 220	—	1 696	1 400	1 860	515	—	716	815	928
1 500	24	1 270	—	1 990	1 525	2 175	540	—	846	840	1086
1 600	25.2	1 290	—	2 263	1 555	2 512	565	—	991	885	1 327
1 800	27.6	1 320	—	2 852	1 560	3 158	610	—	1 318	890	1 639
2 000	30	1 440	—	3 530	1 635	3 941	660	—	1 713	920	2 081
2 200	32.4	1 560	—	4 316	1 750	4 803	710	—	2 189	990	2 658
2 400	34.8	1 690	—	5 273	1 930	5 844	755	—	2 727	1 025	3 256
2 600	37.2	1 840	—	6 358	2 080	7 019	805	—	3 367	1 120	4 076

注 1：重量以 A 系列尺寸计算得到。

注 2：重量仅供参考。

表 12　安装块公称尺寸

DN	l_1/mm	l_2/mm	B/mm	h_1/mm	h_2/mm	数量/个	距插口端长度/mm	重量/kg
40	15	25	20	7	15	2	100	0.1
50	15	25	20	7	15	2	100	0.1
60	15	25	20	7	15	2	100	0.1
65	15	25	20	7	15	2	100	0.1
80	15	25	20	7	15	2	110	0.1
100	15	25	20	7	15	2	130	0.1
125	15	25	20	7	15	2	130	0.1
150	15	25	20	7	15	2	150	0.1
200	15	25	20	7	15	2	150	0.1
250	15	25	20	7	15	2	150	0.1
300	20	35	35	15	25	3	180	0.2
350	20	35	35	15	25	3	180	0.2
400	20	35	35	15	25	3	180	0.2
450	20	35	35	15	25	3	180	0.2
500	20	35	35	15	25	4	180	0.2
600	20	35	35	15	25	4	180	0.2
700	45	70	50	20	35	4	280	0.8
800	45	70	50	20	35	4	280	0.8
900	45	70	50	20	35	4	280	0.8
1 000	45	70	50	20	35	4	300	0.8
1 100	45	70	50	20	35	4	300	0.8
1 200	45	70	50	20	35	4	300	0.8
1 400	45	70	50	20	35	4	330	0.8

注 1：安装块应以管件最大外弧长与插口截面垂直线的交点为基准点，在插口端圆周方向均匀分布。

注 2：重量仅供参考。

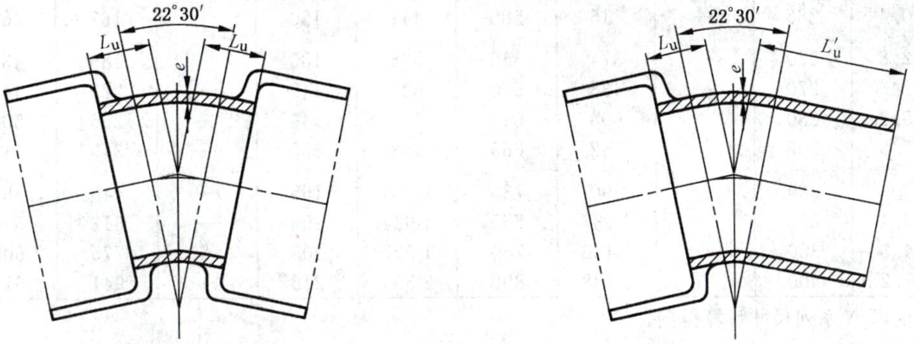

图 11　双承和承插 22°30′(1/16)弯管

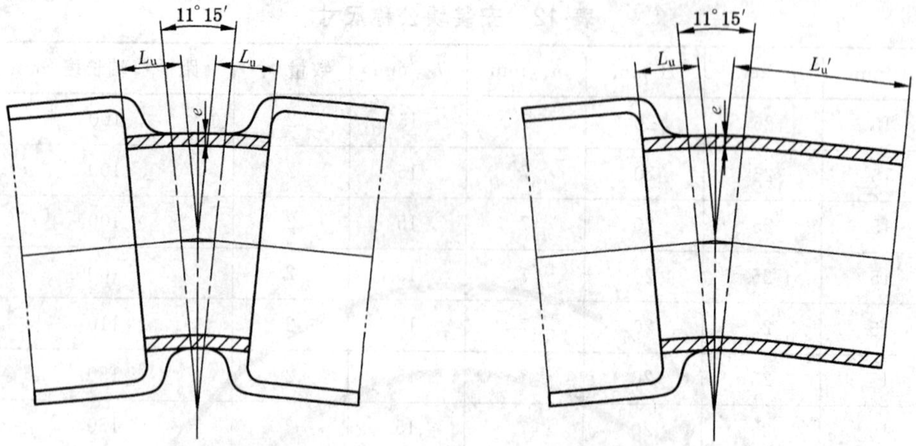

图 12 双承和承插 11°15′(1/32)弯管

表 13 双承、承插 22°30′(1/16)和 11°15′(1/32)弯管公称尺寸

DN/mm	e/mm	22°30′(1/16)弯管					11°15′(1/32)弯管				
		双承			承插		双承			承插	
		L_u/mm		重量/kg	L'_u/mm	重量/kg	L_u/mm		重量/kg	L'_u/mm	重量/kg
		A 系列	B 系列				A 系列	B 系列			
40	7	30	30	0.5	210	1.7	25	25	0.4	205	1.8
50	7	30	30	0.5	210	1.9	25	25	0.5	205	2.0
60	7	35	35	0.8	215	2.5	25	25	0.5	205	2.5
65	7	35	35	0.8	215	2.6	25	25	0.6	205	2.6
80	7	40	40	1.1	220	3.3	30	30	0.8	210	3.4
100	7.2	40	50	1.4	220	4.1	30	30	1.1	210	4.4
125	7.5	50	55	2.2	230	5.5	35	35	1.6	215	5.2
150	7.8	55	60	3.1	235	7.0	35	40	2	215	7.0
200	8.4	65	70	5.1	245	10.5	40	45	3.2	220	10.3
250	9	75	80	7.9	255	15.1	50	55	5.3	230	15.0
300	9.6	85	90	11.3	265	20.4	55	55	7.4	235	19.5
350	10.2	95	100	15.6	275	27.0	60	60	9.9	240	25.0
400	10.8	110	110	21.8	290	35.4	65	65	13	245	31.0
450	11.4	120	120	28.1	320	46.0	70	70	16.5	270	40.2
500	12	130	—	35.6	330	56.5	75	—	20.7	275	48.4
600	13.2	150	—	54	350	81.5	85	—	30.8	285	67.2
700	14.4	175	—	80	425	124	95	—	43.8	345	102
800	15.6	195	—	110	445	164	110	—	62.7	360	134
900	16.8	220	—	151	470	216	120	—	82.7	370	169
1 000	18	240	—	195	540	288	130	—	107	430	230
1 100	19.2	260	—	248	560	357	140	—	135	440	279
1 200	20.4	285	—	315	585	441	150	—	167	450	334
1 400	22.8	260	—	374	560	538	130	—	189	430	407
1 500	24	270	—	438	570	623	140	—	229	440	475
1 600	25.2	280	—	508	640	757	140	—	256	500	586
1 800	27.6	305	—	682	665	988	155	—	349	515	756
2 000	30	330	—	890	730	1 301	165	—	449	565	994
2 200	32.4	355	—	1 137	755	1 624	190	—	613	590	1 261
2 400	34.8	380	—	1 426	780	1 997	205	—	775	605	1 534
2 600	37.2	400	—	1 738	800	2 399	215	—	941	615	1 820

注 1：重量以 A 系列尺寸计算得到。

注 2：重量仅供参考。

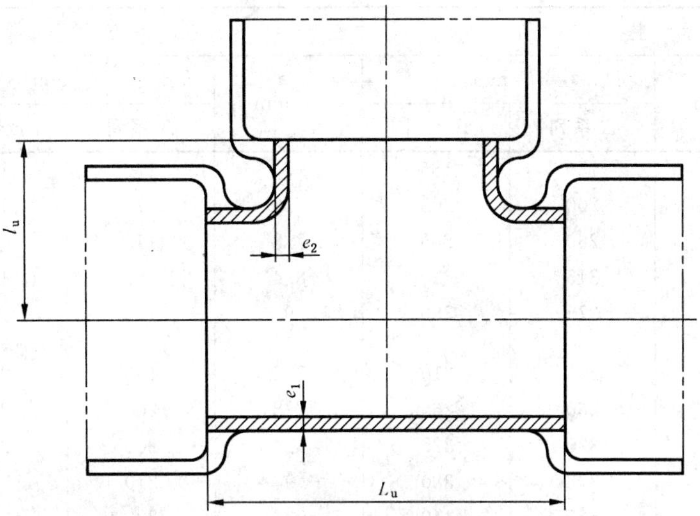

图 13 全承三通

表 14 全承三通公称尺寸

DN×dn/ mm×mm	主管			支管			重量/kg
	e_1/mm	L_u/mm		e_2/mm	l_u/mm		
		A 系列	B 系列		A 系列	B 系列	
40×40	7	120	155	7	60	75	1.1
50×50	7	130	155	7	65	75	1.4
60×60	7	145	155	7	70	80	1.8
65×65	7	150	155	7	75	80	2.1
80×40	7	120	155	7	80	80	1.9
80×80	7	170	175	7	85	85	2.8
100×40	7.2	120	155	7	90	90	2.3
100×60	7.2	145	155	7	90	90	2.8
100×80	7.2	170	165	7	95	90	3.3
100×100	7.2	190	195	7.2	95	100	3.8
125×40	7.5	125	155	7	100	105	3.0
125×80	7.5	170	175	7	105	105	4.1
125×100	7.5	195	195	7.2	110	115	4.8
125×125	7.5	225	225	7.5	110	115	5.6
150×40	7.8	125	160	7	115	115	3.7
150×80	7.8	170	180	7	120	120	5.0
150×100	7.8	195	200	7.2	120	125	5.8
150×150	7.8	255	260	7.8	125	130	7.8
200×40	8.4	130	165	7	140	140	5.3
200×80	8.4	175	180	7	145	145	7.2
200×100	8.4	200	200	7.2	145	150	8.2
200×150	8.4	255	260	7.8	150	155	10.5
200×200	8.4	315	320	8.4	155	160	13.3

表 14（续）

DN×dn/ mm×mm	主管			支管			重量/kg
	e_1/mm	L_u/mm		e_2/mm	l_u/mm		
		A 系列	B 系列		A 系列	B 系列	
250×80	9	180	185	7	170	185	9.8
250×100	9	200	205	7.2	170	190	10.7
250×150	9	260	265	7.8	175	190	14.0
250×200	9	315	320	8.4	180	190	17.0
250×250	9	375	380	9	190	190	21.0
300×100	9.6	205	210	7.2	195	220	13.9
300×150	9.6	260	265	7.8	200	220	17.5
300×200	9.6	320	325	8.4	205	220	21.6
300×250	9.6	375	380	9	210	220	25.5
300×300	9.6	435	440	9.6	220	220	30.5
350×100	10.2	210	210	7.2	225	250	17.5
350×150	10.2	260	270	7.8	230	250	21.6
350×200	10.2	320	320	8.4	235	250	26.6
350×250	10.2	380	370	9	240	250	31.7
350×350	10.2	495	420	10.2	250	250	42.4
400×100	10.8	210	210	7.2	245	260	21.0
400×150	10.8	270	270	7.8	250	260	26.8
450×100	11.4	215	215	7.2	270	300	25.3
450×150	11.4	270	270	7.8	275	300	31.6
450×200	11.4	330	330	8.4	285	300	38.6
450×250	11.4	390	390	9	290	300	45.5
450×300	11.4	445	445	9.6	295	300	52.0
450×400	11.4	560	560	10.8	305	300	66.4
450×450	11.4	620	620	11.4	310	300	74.7
500×100	12	215	—	7.2	295	—	29.6
500×200	12	330	—	8.4	310	—	44.9
500×400	12	565	—	10.8	330	—	77.1
500×500	12	680	—	12	340	—	95.2
600×200	13.2	340	—	8.4	360	—	60.7
600×400	13.2	570	—	10.8	380	—	101
600×600	13.2	800	—	13.2	400	—	146
700×200	14.4	345	—	8.4	405	—	78.0
700×400	14.4	575	—	10.8	430	—	128
700×700	14.4	925	—	14.4	460	—	213
800×200	15.6	350	—	8.4	455	—	97.9
800×400	15.6	580	—	10.8	480	—	159
800×600	15.6	815	—	13.2	500	—	224
800×800	15.6	1 045	—	15.6	525	—	298

表 14（续）

DN×dn/ mm×mm	主管			支管			重量/kg
	e_1/mm	L_u/mm		e_2/mm	l_u/mm		
		A 系列	B 系列		A 系列	B 系列	
900×200	16.8	355	—	8.4	505	—	120
900×400	16.8	590	—	10.8	530	—	196
900×600	16.8	820	—	13.2	550	—	271
900×900	16.8	1 170	—	16.8	585	—	402
1 000×200	18	360	—	8.4	555	—	145
1 000×400	18	595	—	10.8	580	—	235
1 000×600	18	825	—	13.2	600	—	323
1 000×1 000	18	1 290	—	18	645	—	525
1 100×400	19.2	600	—	10.8	630	—	278
1 100×600	19.2	830	—	13.2	650	—	380
1 200×600	20.4	840	—	13.2	700	—	446
1 200×800	20.4	1 070	—	15.6	725	—	567
1 200×1 000	20.4	1 300	—	18	745	—	695
1 400×600	22.8	850	—	13.2	800	—	589
1 400×800	22.8	1 080	—	15.6	825	—	743
1 400×1 000	22.8	1 315	—	18	845	—	905
1 500×600	24	855	—	13.2	850	—	668
1 500×1 000	24	1 320	—	18	895	—	1 021
1 600×600	25.2	860	—	13.2	900	—	753
1 600×800	25.2	1 095	—	15.6	925	—	951
1 600×1 000	25.2	1 325	—	18	945	—	1 145
1 600×1 200	25.2	1 560	—	20.4	965	—	1 352
1 800×600	27.6	875	—	13.2	1 000	—	947
1 800×800	27.6	1 105	—	15.6	1 025	—	1 183
1 800×1 000	27.6	1 340	—	18	1 045	—	1 425
1 800×1 200	27.6	1 570	—	20.4	1 065	—	1 667
2 000×600	30	885	—	13.2	1 100	—	1 160
2 000×1 000	30	1 350	—	18	1 145	—	1 737
2 000×1 400	30	1 815	—	22.8	1 190	—	2 328
2 200×600	32.4	900	—	13.2	1 200	—	1 404
2 200×1 200	32.4	1 595	—	20.4	1 265	—	2 423
2 200×1 800	32.4	2 290	—	27.6	1 335	—	3 509
2 400×600	34.8	910	—	13.2	1 300	—	1 667
2 400×1 200	34.8	1 605	—	20.4	1 365	—	2 860
2 400×1 800	34.8	2 300	—	27.6	1 435	—	4 098
2 600×600	37.2	920	—	13.2	1 400	—	1 955
2 600×1 400	37.2	1 850	—	22.8	1 490	—	3 807
2 600×2 000	37.2	2 545	—	30	1 555	—	5 248

注 1：重量以 A 系列尺寸计算得到。

注 2：重量仅供参考。

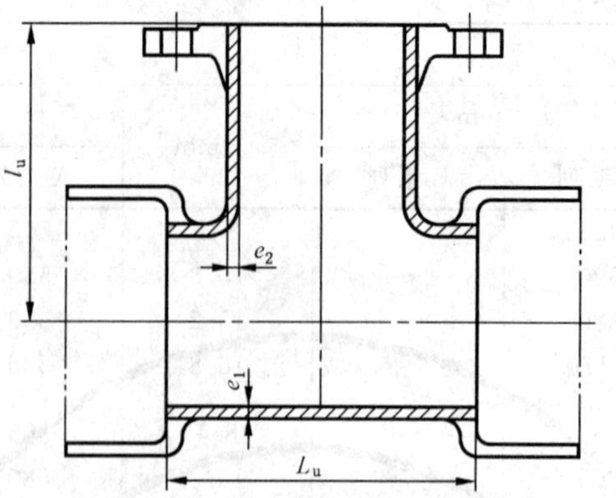

图 14 双承单支盘三通

表 15 双承单支盘三通公称尺寸

DN×dn/ mm×mm	主管			支管			重量/kg
	e_1/mm	L_u/mm		e_2/mm	l_u/mm		
		A系列	B系列		A系列	B系列	
40×40	7	120	155	7	130	130	1.8
50×50	7	130	155	7	140	140	2.1
60×40	7	—	155	7	—	130	2.3
60×60	7	145	155	7	150	150	2.7
65×40	7	—	155	7	—	130	2.4
65×65	7	150	155	7	150	155	2.9
80×40	7	—	155	7	—	135	2.8
80×60	7	—	155	7	—	155	3.2
80×80	7	170	175	7	165	165	3.9
100×40	7.2	—	155	7	—	145	3.3
100×60	7.2	—	155	7	—	165	3.8
100×80	7.2	170	165	7	175	170	4.5
100×100	7.2	190	195	7.2	180	180	5.3
125×40	7.5	—	155	7	—	160	4.1
125×60	7.5	—	155	7	—	180	4.6
125×80	7.5	170	175	7	190	185	5.3
125×100	7.5	195	195	7.2	195	195	6.3
125×125	7.5	225	225	7.5	200	200	8.2
150×40	7.8	—	160	7	—	170	5.1
150×60	7.8	—	160	7	—	190	5.5
150×80	7.8	170	180	7	205	200	6.2
150×100	7.8	195	200	7.2	210	205	7.0
150×125	7.8	—	230	7.5	—	215	7.4
150×150	7.8	255	260	7.8	220	220	10.4

表 15（续）

DN×dn/mm×mm	主管			支管			重量/kg
	e_1/mm	L_u/mm		e_2/mm	l_u/mm		
		A 系列	B 系列		A 系列	B 系列	
200×40	8.4	—	165	7	—	195	7.1
200×60	8.4	—	165	7	—	215	7.5
200×80	8.4	175	180	7	235	225	8.4
200×100	8.4	200	200	7.2	240	230	9.8
200×125	8.4	—	235	7.5	—	240	11.7
200×150	8.4	255	260	7.8	250	245	13.3
200×200	8.4	315	320	8.4	260	260	17.4
250×60	9	—	165	7	—	260	9.9
250×80	9	180	185	7	265	265	11.0
250×100	9	200	205	7.2	270	270	12.5
250×150	9	260	265	7.8	280	280	16.9
250×200	9	315	320	8.4	290	290	21.4
250×250	9	375	380	9	300	300	26.7
300×60	9.6	—	165	7	—	290	12.3
300×80	9.6	180	185	7	295	295	13.6
300×100	9.6	205	210	7.2	300	300	15.7
300×150	9.6	260	265	7.8	310	310	20.6
300×200	9.6	320	325	8.4	320	320	26.2
300×250	9.6	—	380	9	—	330	32.2
300×300	9.6	435	440	9.6	340	340	38.6
350×60	10.2	—	170	7	—	320	15.3
350×80	10.2	185	185	7	—	325	16.9
350×100	10.2	205	210	7.2	330	330	19.0
350×150	10.2	—	270	7.8	—	340	25.5
350×200	10.2	325	325	8.4	350	350	31.6
350×250	10.2	—	385	9	—	360	38.4
350×350	10.2	495	500	10.2	380	380	53.2
400×80	10.8	185	190	7	355	355	20.1
400×100	10.8	210	210	7.2	360	360	23.0
400×150	10.8	270	270	7.8	370	370	30.1
400×200	10.8	325	330	8.4	380	380	37.0
400×250	10.8	—	385	9	—	390	44.8
400×300	10.8	440	445	9.6	400	400	52.6
400×400	10.8	560	560	10.8	420	420	71.4

表 15（续）

DN×dn/mm×mm	主管			支管			重量/kg
	e_1/mm	L_u/mm		e_2/mm	l_u/mm		
		A系列	B系列		A系列	B系列	
450×100	11.4	215	215	7.2	390	390	27.5
450×150	11.4	270	270	7.8	400	400	35.1
450×200	11.4	330	330	8.4	410	410	43.6
450×250	11.4	390	390	9	420	420	52.4
450×300	11.4	445	445	9.6	430	430	61.0
450×400	11.4	560	560	10.8	450	450	80.9
450×450	11.4	620	620	11.4	460	460	92.5
500×100	12	215	—	7.2	420	—	31.3
500×200	12	330	—	8.4	440	—	49.5
500×400	12	565	—	10.8	480	—	91.3
500×500	12	680	—	12	500	—	116
600×200	13.2	340	—	8.4	500	—	66.3
600×400	13.2	570	—	10.8	540	—	117
600×600	13.2	800	—	13.2	580	—	179
700×200	14.4	345	—	8.4	525	—	82.7
700×400	14.4	575	—	10.8	555	—	141
700×700	14.4	925	—	14.4	600	—	246
800×200	15.6	350	—	8.4	585	—	103
800×400	15.6	580	—	10.8	615	—	173
800×600	15.6	1 045	—	13.2	645	—	316
800×800	15.6	1 045	—	15.6	675	—	341
900×200	16.8	355	—	8.4	645	—	126
900×400	16.8	590	—	10.8	675	—	211
900×600	16.8	1 170	—	13.2	705	—	420
900×900	16.8	1 170	—	16.8	750	—	459
1 000×200	18	360	—	8.4	705	—	151
1 000×400	18	595	—	10.8	735	—	251
1 000×600	18	1 290	—	13.2	765	—	544
1 000×1 000	18	1 290	—	18	825	—	599
1 100×400	19.2	600	—	10.8	795	—	295
1 100×600	19.2	830	—	13.2	825	—	412
1 200×600	20.4	840	—	13.2	885	—	480
1 200×800	20.4	1 070	—	15.6	915	—	621
1 200×1 000	20.4	1 300	—	18	945	—	778

表 15（续）

DN×dn/ mm×mm	主管			支管			重量/kg
	e_1/mm	L_u/mm		e_2/mm	l_u/mm		
		A 系列	B 系列		A 系列	B 系列	
1 400×600	22.8	1 030	—	13.2	980	—	752
1 400×800	22.8	1 260	—	15.6	1 010	—	927
1 400×1 000	22.8	1 495	—	18	1 040	—	1 116
1 500×600	24	1 035	—	13.2	1 035	—	849
1 500×1 000	24	1 500	—	18	1 095	—	1 250
1 600×600	25.2	1 040	—	13.2	1 090	—	953
1 600×800	25.2	1 275	—	15.6	1 120	—	1 171
1 600×1 000	25.2	1 505	—	18	1 150	—	1 394
1 600×1 200	25.2	1 740	—	20.4	1 180	—	1 637
1 800×600	27.6	1 055	—	13.2	1 200	—	1 187
1 800×800	27.6	1 285	—	15.6	1 230	—	1 445
1 800×1 000	27.6	1 520	—	18	1 260	—	1 717
1 800×1 200	27.6	1 750	—	20.4	1 290	—	1 995
2 000×600	30	1 065	—	13.2	1 310	—	1 443
2 000×1 000	30	1 530	—	18	1 370	—	2 073
2 000×1 400	30	1 995	—	22.8	1 430	—	2 746
2 200×600	32.4	1 080	—	13.2	1 420	—	1 735
2 200×1 200	32.4	1 775	—	20.4	1 510	—	2 851
2 200×1 800	32.4	2 470	—	27.6	1 600	—	4 099
2 400×600	34.8	1 090	—	13.2	1 530	—	2 050
2 400×1 200	34.8	1 785	—	20.4	1 620	—	3 344
2 400×1 800	34.8	2 480	—	27.6	1 710	—	4 750
2 600×600	37.2	1 100	—	13.2	1 640	—	2 394
2 600×1 400	37.2	2 030	—	22.8	1 750	—	4 391
2 600×2 000	37.2	2 725	—	30	1 850	—	6 046

注 1：重量以 A 系列尺寸计算得到(A 系列没有的尺寸按 B 系列计算)。

注 2：重量仅供参考。

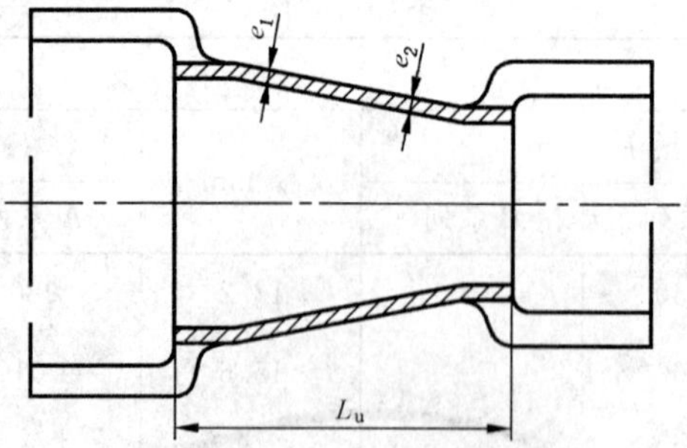

图 15　双承渐缩管

表 16　双承渐缩管尺寸

DN×dn/ mm×mm	e_1/mm	e_2/mm	L_u/mm		重量/kg
			A 系列	B 系列	
50×40	7	7	70	75	0.6
60×50	7	7	70	75	0.7
65×50	7	7	80	75	0.8
80×40	7	7	—	80	0.9
80×60	7	7	90	80	1.1
80×65	7	7	80	80	1.0
100×60	7.2	7	—	120	1.7
100×80	7.2	7	90	85	1.4
125×60	7.5	7	—	190	3.2
125×80	7.5	7	140	135	2.6
125×100	7.5	7.2	100	120	2.0
150×80	7.8	7	190	190	3.9
150×100	7.8	7.2	150	150	3.4
150×125	7.8	7.5	100	115	2.5
200×100	8.4	7.2	250	250	7.1
200×125	8.4	7.5	200	230	6.2
200×150	8.4	7.8	150	145	5.1
250×125	9	7.5	300	335	11.1
250×150	9	7.8	250	250	10.0
250×200	9	8.4	150	150	6.9
300×150	9.6	7.8	350	370	16.3
300×200	9.6	8.4	250	250	13.3
300×250	9.6	9	150	150	9.0
350×200	10.2	8.4	360	370	21.7
350×250	10.2	9	260	260	17.6
350×300	10.2	9.6	160	160	12.0
400×250	10.8	9	360	380	27.1
400×300	10.8	9.6	260	260	21.6
400×350	10.8	10.2	160	155	14.6

表 16（续）

DN×dn/ mm×mm	e_1/mm	e_2/mm	L_u/mm		重量/kg
			A 系列	B 系列	
450×350	11.4	10.2	260	270	26.1
450×400	11.4	10.8	160	160	17.5
500×350	12	10.2	360	—	39.1
500×400	12	10.8	260	—	30.6
600×400	13.2	10.8	460	—	64.0
600×500	13.2	12	260	—	41.2
700×500	14.4	12	480	—	87.1
700×600	14.4	13.2	280	—	57.6
800×600	15.6	13.2	480	—	111
800×700	15.6	14.4	280	—	72.2
900×700	16.8	14.4	480	—	137
900×800	16.8	15.6	280	—	88.2
1 000×800	18	15.6	480	—	166
1 000×900	18	16.8	280	—	106
1 100×1 000	19.2	18	280	—	125
1 200×1 000	20.4	18	480	—	232
1 400×1 200	22.8	20.4	360	—	231
1 500×1 400	24	22.8	260	—	201
1 600×1 400	25.2	22.8	360	—	295
1 800×1 600	27.6	25.2	360	—	368
2 000×1 800	30	27.6	360	—	448
2 200×2 000	32.4	30	360	—	533
2 400×2 200	34.8	32.4	360	—	630
2 600×2 400	37.2	34.8	360	—	736

注 1：重量以 A 系列尺寸计算得到(A 系列没有的尺寸按 B 系列计算)。

注 2：重量仅供参考。

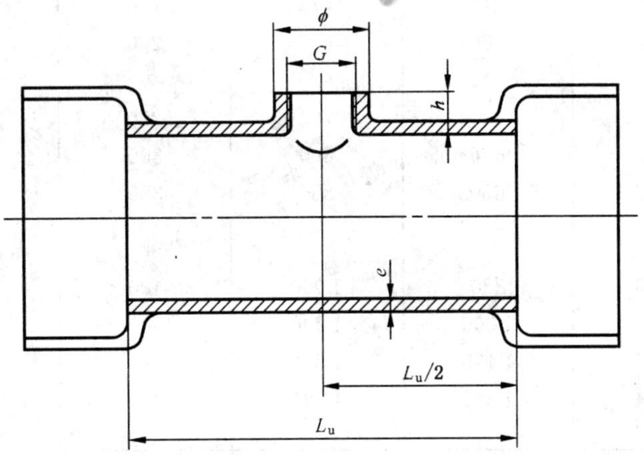

图 16　双承一丝丁字管

表 17 双承一丝丁字管尺寸

DN/mm	e/mm	L_u/mm	h/mm	ϕ/mm	G/mm	重量/kg
80	7.0	150	25	84	50	2.8
100	7.2	150	25	84	50	3.3
150	7.8	150	25	84	50	4.7
200	8.4	160	25	84	50	7.0
250	9.0	160	25	84	50	9.0
300	9.6	160	25	84	50	11.3
注：重量仅供参考。						

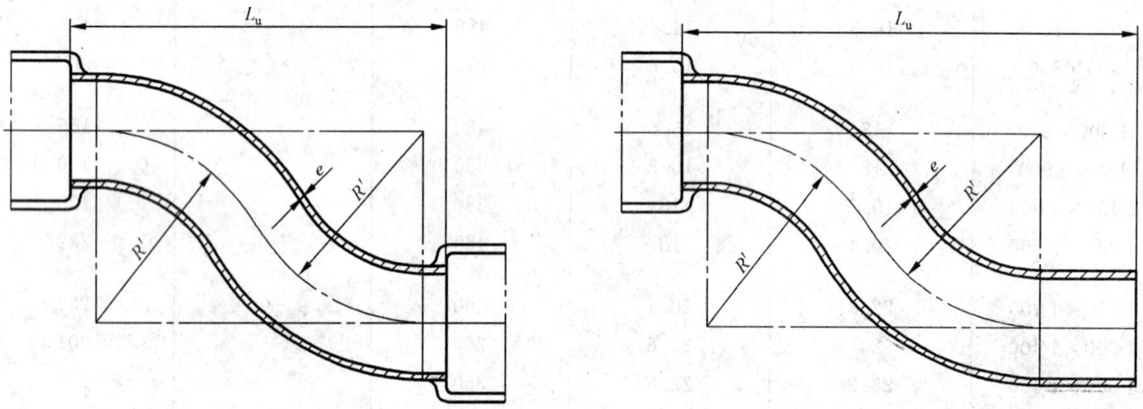

图 17 双承和承插乙字管

表 18 双承和承插乙字管尺寸

DN/mm	e/mm	L_u/mm		R'/mm	重量/kg	
		双承	承插		双承	承插
100	7.2	310	470	150	6.4	9.3
150	7.8	310	475	150	10.2	15.0
200	8.4	400	600	200	18.7	27.0
250	9	530	700	250	32.7	41.7
300	9.6	630	800	300	53.0	61.0
350	10.2	680	860	350	66.9	82.0
400	10.8	820	1 000	400	102	120
500	12	1 000	1 200	500	173	201
600	13.2	1 170	1 370	600	252	288
700	14.4	1 335	1 590	700	366	425
注：重量仅供参考。						

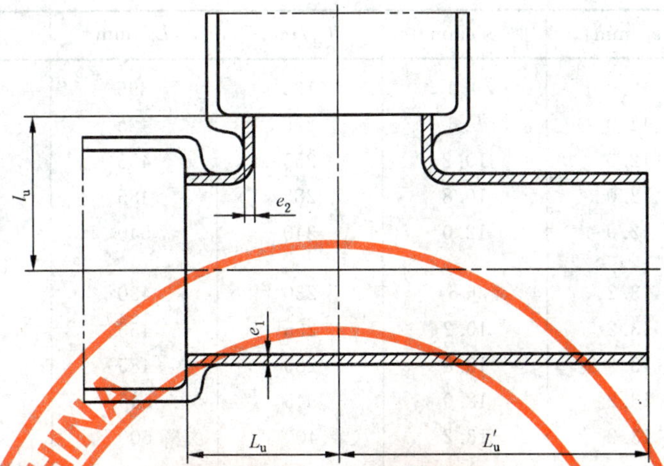

图 18 双承丁字管

表 19 双承丁字管尺寸

DN×dn/mm×mm	e_1/mm	e_2/mm	L_u/mm	L'_u/mm	l_u/mm	重量/kg
100×100	7.2	7.2	95	275	95	7.0
150×100	7.8	7.2	100	280	120	11.0
150×150	7.8	7.8	130	310	125	13.0
200×100	8.4	7.2	100	280	145	15.4
200×150	8.4	7.8	130	310	150	17.9
200×200	8.4	8.4	160	340	155	20.7
250×100	9.0	7.2	100	280	175	20.2
250×150	9.0	7.8	130	310	175	23.5
250×200	9.0	8.4	160	340	180	26.8
250×250	9.0	9.0	190	370	190	30.8
300×100	9.6	7.2	105	285	195	26.4
300×150	9.6	7.8	130	310	200	29.6
300×200	9.6	8.4	160	340	205	33.7
300×250	9.6	9.0	190	370	210	37.9
300×300	9.6	9.6	220	400	220	42.9
350×200	10.2	8.4	160	340	235	41.6
350×250	10.2	9.0	190	370	240	46.7
350×300	10.2	9.6	220	400	245	52.0
350×350	10.2	10.2	250	430	250	57.8
400×200	10.8	8.4	165	345	255	50.1
400×250	10.8	9.0	195	375	260	56.5
400×300	10.8	9.6	220	400	270	62.0
400×350	10.8	10.2	250	430	275	68.3
400×400	10.8	10.8	280	460	280	75.4

表 19（续）

DN×dn/mm×mm	e_1/mm	e_2/mm	L_u/mm	L'_u/mm	l_u/mm	重量/kg
500×250	12.0	9.0	195	395	315	80.5
500×300	12.0	9.6	225	425	320	88.6
500×350	12.0	10.2	255	455	325	96.8
500×400	12.0	10.8	285	485	330	105
500×500	12.0	12.0	340	540	340	137
600×300	13.2	9.6	230	430	370	117
600×350	13.2	10.2	255	455	375	127
600×400	13.2	10.8	285	485	380	137
600×500	13.2	12.0	345	545	390	160
600×600	13.2	13.2	400	600	400	183
700×300	14.4	9.6	230	480	420	161
700×350	14.4	10.2	260	510	425	174
700×400	14.4	10.8	290	540	430	182
700×500	14.4	12.0	345	595	440	212
700×600	14.4	13.2	405	655	450	240
700×700	14.4	14.4	465	715	460	272
800×400	15.6	10.8	290	540	480	231
800×500	15.6	12.0	350	600	490	263
800×600	15.6	13.2	410	660	500	297
800×800	15.6	15.6	525	775	525	371
900×500	16.8	12.0	350	600	540	318
900×600	16.8	13.2	410	660	550	357
900×700	16.8	14.4	470	720	560	398
900×900	16.8	16.8	585	835	585	488
1 000×600	18	13.2	415	715	600	448
1 000×700	18	14.4	470	770	610	491
1 000×800	18	15.6	530	830	625	542
1 000×1 000	18	18	645	945	645	649
1 100×700	19.2	14.4	415	715	660	521
1 100×800	19.2	15.6	535	835	675	637
1 100×900	19.2	16.8	590	890	685	690
1 100×1 100	19.2	19.2	705	1 005	705	816
1 200×800	20.4	15.6	535	835	725	734
1 200×900	20.4	16.8	595	895	735	800
1 200×1 000	20.4	18	650	950	745	863
1 200×1 200	20.4	20.4	770	1 070	770	1 017
1 400×900	22.8	16.8	600	900	835	1 044
1 400×1 000	22.8	18	660	960	845	1 142
1 400×1 200	22.8	20.4	775	1 075	865	1 321
1 400×1 400	22.8	22.8	890	1 190	890	1 545
注：重量仅供参考。						

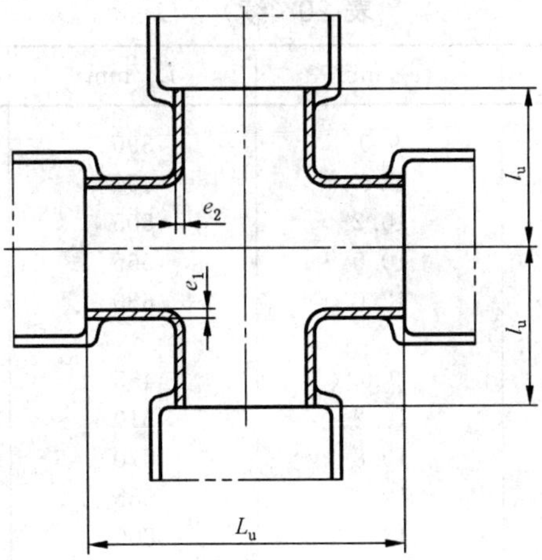

图 19 全承四通

表 20 全承四通尺寸

DN×dn/mm×mm	e_1/mm	e_2/mm	L_u/mm	l_u/mm	重量/kg
100×100	7.2	7.2	190	95	4.2
150×100	7.8	7.2	195	120	6.1
150×150	7.8	7.8	255	125	8.4
200×100	8.4	7.2	200	145	8.4
200×150	8.4	7.8	255	150	10.9
200×200	8.4	8.4	315	155	14.0
250×100	9.0	7.2	200	170	10.9
250×150	9.0	7.8	260	175	14.1
250×200	9.0	8.4	315	180	17.4
250×250	9.0	9.0	375	190	22.1
300×100	9.6	7.2	205	195	13.9
300×150	9.6	7.8	260	200	17.5
300×200	9.6	8.4	320	205	21.7
300×250	9.6	9.0	375	210	25.8
300×300	9.6	9.6	435	220	31.8
350×200	10.2	8.4	320	235	26.6
350×250	10.2	9.0	380	240	31.8
350×300	10.2	9.6	440	245	37.5
350×350	10.2	10.2	495	250	43.8
400×200	10.8	8.4	325	255	31.6
400×250	10.8	9.0	385	265	37.9
400×300	10.8	9.6	440	270	43.7
400×350	10.8	10.2	500	275	50.7
400×400	10.8	10.8	560	280	58.8

表 20（续）

DN×dn/mm×mm	e_1/mm	e_2/mm	L_u/mm	l_u/mm	重量/kg
500×250	12.0	9.0	390	315	51.9
500×300	12.0	9.6	450	320	59.9
500×350	12.0	10.2	505	325	67.2
500×400	12.0	10.8	565	330	76.1
500×500	12.0	12.0	680	340	110
600×300	13.2	9.6	455	370	78.4
600×350	13.2	10.2	510	375	87.4
600×400	13.2	10.8	570	380	98.0
600×500	13.2	12.0	685	390	120
600×600	13.2	13.2	800	400	147
700×350	14.4	10.2	520	425	112
700×400	14.4	10.8	575	430	124
700×500	14.4	12.0	690	440	149
700×600	14.4	13.2	810	450	178
700×700	14.4	14.4	925	460	213
800×400	15.6	10.8	580	480	153
800×500	15.6	12.0	700	490	184
800×600	15.6	13.2	815	500	216
800×700	15.6	14.4	930	510	252
800×800	15.6	15.6	1 045	525	298
900×500	16.8	12.0	705	540	222
900×600	16.8	13.2	820	550	259
900×700	16.8	14.4	935	560	297
900×800	16.8	15.6	1 050	575	345
900×900	16.8	16.8	1 170	585	400
1 000×600	18.0	13.2	825	600	307
1 000×700	18.0	14.4	940	610	350
1 000×800	18.0	15.6	1 060	625	403
1 000×900	18.0	16.8	1 175	635	458
1 000×1 000	18.0	18.0	1 290	645	521
1 100×700	19.2	14.4	950	660	412
1 100×800	19.2	15.6	1 065	675	466
1 100×900	19.2	16.8	1 180	685	524
1 100×1 000	19.2	18.0	1 295	695	588
1 100×1 100	19.2	19.2	1 410	705	664
1 200×800	20.4	15.6	1 070	725	537
1 200×900	20.4	16.8	1 185	735	599
1 200×1 000	20.4	18.0	1 300	745	666
1 200×1 100	20.4	19.2	1 420	755	744
1 200×1 200	20.4	20.4	1 535	765	833
1 400×900	22.8	16.8	1 200	835	777
1 400×1 000	22.8	18.0	1 315	845	855
1 400×1 100	22.8	19.2	1 430	855	935
1 400×1 200	22.8	20.4	1 545	865	1 027
1 400×1 400	22.8	22.8	1 780	890	1 255

注：重量仅供参考。

5.1.2.3.2 **盘接管件**

a) 双盘 90°(1/4)弯管(见图 20a)和表 21);

b) 双盘 90°(1/4)鸭掌弯管(见图 20b)和表 21);

c) 双盘 45°(1/8)弯管(见图 21 和表 22);

d) 全盘三通(见图 22 和表 23);

e) 双盘渐缩管(见图 23 和表 24);

f) PN10 和 PN16 盲板法兰(见图 24 和表 25、表 26);

g) PN25 和 PN40 盲板法兰(见图 24 和表 27、表 28);

h) PN10 和 PN16 减径法兰(见图 25 和表 29);

i) PN25 和 PN40 减径法兰(见图 25 和表 30)。

a)　　　　b)

图 20 双盘 90°(1/4)弯管和鸭掌弯管

表 21 双盘 90°(1/4)弯管和鸭掌弯管尺寸

DN/mm	e/mm	90°(1/4)弯管		90°(1/4)鸭掌弯管			
		L/mm	重量/kg	L/mm	h′/mm	d′/mm	重量/kg
40	7	140	1.8	140	95	150	3.2
50	7	150	2.4	150	95	150	3.8
60	7	160	3.0	160	100	160	5.8
65	7	165	3.3	165	100	165	6.2
80	7	165	4.0	165	110	180	8.3
100	7.2	180	5.5	180	125	200	11.2
125	7.5	200	7.7	200	140	225	15.5
150	7.8	220	10.5	220	160	250	20.2
200	8.4	260	17.4	260	190	300	32.8
250	9	350	30.7	350	225	350	56.6
300	9.6	400	44.7	400	255	400	80.2
350	10.2	450	61.9	450	290	450	111
400	10.8	500	82.6	500	320	500	145
450	11.4	550	107	550	355	550	196
500	12	600	137	600	385	600	239
600	13.2	700	209	700	450	700	366
700	14.4	800	301	800	515	800	530
800	15.6	900	418	900	580	900	736
900	16.8	1 000	561	1 000	645	1 000	989
1 000	18	1 100	733	1 100	710	1 100	1 292

注:重量仅供参考。

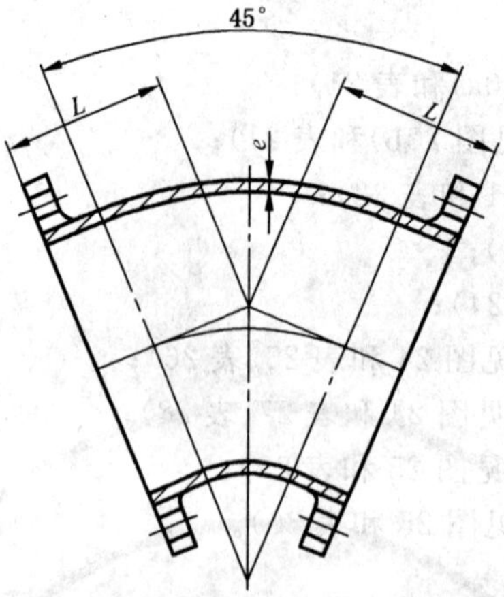

图 21 双盘 45°(1/8)弯管

表 22 双盘 45°(1/8)弯管尺寸

DN/mm	e/mm	L/mm		重量/kg
		A 系列	B 系列	
40	7	140	140	2.1
50	7	150	150	2.6
60	7	160	160	3.3
65	7	165	165	3.7
80	7	130	130	3.6
100	7.2	140	140	4.8
125	7.5	150	150	6.6
150	7.8	160	160	8.7
200	8.4	180	180	13.9
250	9	350	245	35.5
300	9.6	400	275	51.6
350	10.2	300	300	48.0
400	10.8	325	325	62.7
450	11.4	350	350	79.8
500	12	375	—	99.8
600	13.2	425	—	149
700	14.4	480	—	213
800	15.6	530	—	290
900	16.8	580	—	384
1 000	18	630	—	496
1 100	19.2	695	—	643
1 200	20.4	750	—	803
1 400	22.8	775	—	1 077
1 500	24	810	—	1 267
1 600	25.2	845	—	1 479
1 800	27.6	910	—	1 961
2 000	30	980	—	2 549
2 200	32.4	880	—	2 720
2 400	34.8	945	—	3 421
2 600	37.2	1 005	—	4 210

注 1：重量以 A 系列尺寸计算得到。

注 2：重量仅供参考。

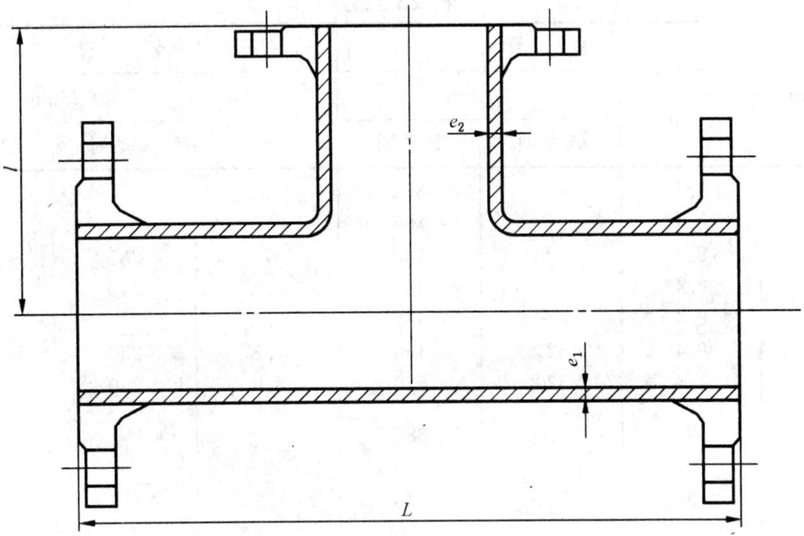

图 22 全盘三通

表 23 全盘三通尺寸

DN×dn/mm×mm	主管			支管			重量/kg
	e_1/mm	L/mm		e_2/mm	l/mm		
		A系列	B系列		A系列	B系列	
40×40	7	280	255	7	140	130	2.7
50×50	7	300	280	7	150	140	3.5
60×40	7	300	—	7	130	—	3.9
60×60	7	320	300	7	160	150	4.4
65×65	7	330	305	7	165	150	4.7
80×40	7	—	310	7	—	135	5.0
80×60	7	—	310	7	—	155	5.4
80×80	7	330	330	7	165	165	6.2
100×40	7.2	—	320	7	—	145	6.3
100×60	7.2	—	320	7	—	165	6.7
100×80	7.2	360	330	7	175	170	7.2
100×100	7.2	360	360	7.2	180	180	8.3
125×40	7.5	—	330	7	—	160	8.1
125×60	7.5	—	330	7	—	180	8.5
125×80	7.5	400	350	7	190	185	9.3
125×100	7.5	400	370	7.2	195	195	10.3
125×125	7.5	400	400	7.5	200	200	12.1
150×40	7.8	—	340	7	—	170	10.1
150×60	7.8	—	340	7	—	190	10.5
150×80	7.8	440	360	7	205	200	11.5
150×100	7.8	440	380	7.2	210	205	12.5
150×125	7.8	440	410	7.5	215	215	14.0
150×150	7.8	440	440	7.8	220	220	15.6

表 23（续）

DN×dn/mm×mm	主管			支管			重量/kg
	e_1/mm	L/mm		e_2/mm	l/mm		
		A 系列	B 系列		A 系列	B 系列	
200×40	8.4	—	365	7	—	195	15.1
200×60	8.4	—	365	7	—	215	15.5
200×80	8.4	520	380	7	235	225	16.4
200×100	8.4	520	400	7.2	240	230	17.6
200×125	8.4	—	435	7.5	—	240	19.7
200×150	8.4	520	460	7.8	250	245	21.3
200×200	8.4	520	520	8.4	260	260	25.6
250×60	9	—	385	7	—	260	21.5
250×80	9	—	405	7	—	265	22.9
250×100	9	700	425	7.2	275	270	24.4
250×150	9	—	485	7.8	—	280	28.7
250×200	9	700	540	8.4	325	290	33.3
250×250	9	700	600	9	350	300	38.6
300×60	9.6	—	405	7	—	290	28.4
300×80	9.6	—	425	7	—	295	30.1
300×100	9.6	800	450	7.2	300	300	32.3
300×150	9.6	—	505	7.8	—	310	37.1
300×200	9.6	800	565	8.4	350	320	42.6
300×250	9.6	—	620	9	—	330	48.3
300×300	9.6	800	680	9.6	400	340	55.1
350×60	10.2	—	430	7	—	320	37.0
350×80	10.2	—	445	7	—	325	38.5
350×100	10.2	850	470	7.2	325	330	41.0
350×150	10.2	—	530	7.8	—	340	47.1
350×200	10.2	850	585	8.4	325	350	53.2
350×250	10.2	—	645	9	—	360	60.0
350×350	10.2	850	760	10.2	425	380	75.3
400×80	10.8	—	470	7	—	355	48.6
400×100	10.8	900	490	7.2	350	360	51.0
400×150	10.8	—	550	7.8	—	370	58.1
400×200	10.8	900	610	8.4	350	380	33.5
400×250	10.8	—	665	9	—	390	34.6
400×300	10.8	—	725	9.6	—	400	37.3
400×400	10.8	900	840	10.8	450	420	42.0
450×100	11.4	950	515	7.2	375	390	63.0
450×150	11.4	—	570	7.8	—	400	70.6
450×200	11.4	950	630	8.4	375	410	79.1
450×250	11.4	—	690	9	—	420	87.9
450×300	11.4	—	745	9.6	—	430	96.5
450×400	11.4	—	860	10.8	—	450	116
450×450	11.4	950	920	11.4	475	460	128
500×100	12	1 000	535	7.2	400	420	74.8
500×200	12	1 000	650	8.4	400	440	93.0
500×400	12	1 000	885	10.8	500	480	135
500×500	12	1 000	1 000	12	500	500	160

表 23（续）

DN×dn/mm×mm	主管			支管			重量/kg
	e_1/mm	L/mm		e_2/mm	l/mm		
		A 系列	B 系列		A 系列	B 系列	
600×200	13.2	1 100	700	8.4	450	500	132
600×400	13.2	1 100	930	10.8	550	540	182
600×600	13.2	1 100	1165	13.2	550	580	245
700×200	14.4	650	—	8.4	525	—	153
700×400	14.4	870	—	10.8	555	—	209
700×700	14.4	1 200	—	14.4	600	—	309
800×200	15.6	690	—	8.4	585	—	200
800×400	15.6	910	—	10.8	615	—	267
800×600	15.6	1 350	—	13.2	645	—	403
800×800	15.6	1 350	—	15.6	675	—	428
900×200	16.8	730	—	8.4	645	—	255
900×400	16.8	950	—	10.8	675	—	335
900×600	16.8	1 500	—	13.2	705	—	534
900×900	16.8	1 500	—	16.8	750	—	573
1 000×200	18	770	—	8.4	705	—	319
1 000×400	18	990	—	10.8	735	—	413
1 000×600	18	1 650	—	13.2	765	—	692
1 000×1 000	18	1 650	—	18	825	—	747
1 100×400	19.2	980	—	8.4	795	—	478
1 100×600	19.2	1 210	—	13.2	825	—	595
1 200×600	20.4	1 240	—	13.2	885	—	703
1 200×800	20.4	1 470	—	15.6	915	—	844
1 200×1 000	20.4	1 700	—	18	945	—	1 001
1 400×600	22.8	1 550	—	13.2	980	—	1 130
1 400×800	22.8	1 760	—	15.6	1 010	—	1 290
1 400×1 000	22.8	2 015	—	18	1 040	—	1 494
1 500×600	24	1 575	—	13.2	1 035	—	1 292
1 500×1 000	24	2 040	—	18	1 095	—	1 693
1 600×600	25.2	1 600	—	13.2	1 090	—	1 466
1 600×800	25.2	1 835	—	15.6	1 120	—	1 685
1 600×1 000	25.2	2 065	—	18	1 150	—	1 908
1 600×1 200	25.2	2 300	—	20.4	1 180	—	2 150
1 800×600	27.6	1 655	—	13.2	1 200	—	1 864
1 800×800	27.6	1 885	—	15.6	1 230	—	2 123
1 800×1 000	27.6	2 120	—	18	1 260	—	2 394
1 800×1 200	27.6	2 350	—	20.4	1 290	—	2 673
2 000×600	30	1 705	—	13.2	1 310	—	2 316
2 000×1 000	30	2 170	—	18	1 370	—	2 946
2 000×1 400	30	2 635	—	22.8	1 430	—	3 618
2 200×600	32.4	1 560	—	13.2	1 420	—	2 512
2 200×1 200	32.4	2 220	—	20.4	1 510	—	3 539
2 200×1 800	32.4	2 880	—	27.6	1 600	—	4 763

表 23（续）

DN×dn/mm×mm	主管 e_1/mm	主管 L/mm A系列	主管 L/mm B系列	支管 e_2/mm	支管 l/mm A系列	支管 l/mm B系列	重量/kg
2 400×600	34.8	1 620	—	13.2	1 530	—	3 055
2 400×1 200	34.8	2 280	—	20.4	1 620	—	4 282
2 400×1 800	34.8	2 940	—	27.6	1 710	—	5 622
2 600×600	37.2	1 680	—	13.2	1 640	—	3 668
2 600×1 400	37.2	2 560	—	22.8	1 760	—	5 562
2 600×2 000	37.2	3 220	—	30	1 850	—	7 133

注 1：DN600 以下重量以 B 系列尺寸计算得到，DN700 以上重量以 A 系列尺寸计算得到。
注 2：重量仅供参考。

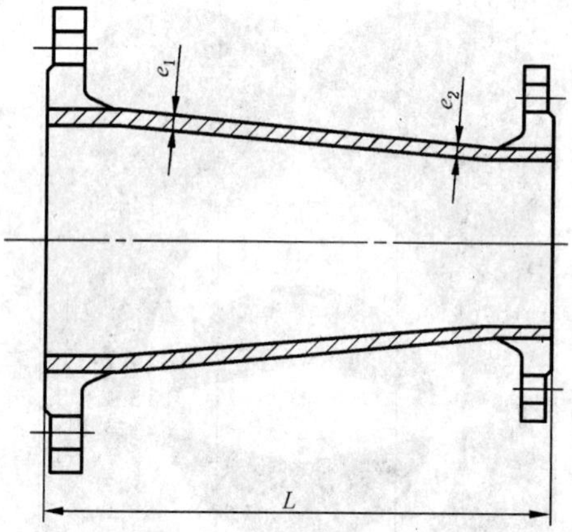

图 23　双盘渐缩管

表 24　双盘渐缩管尺寸

DN×dn/mm×mm	e_1/mm	e_2/mm	L/mm A系列	L/mm B系列	重量/kg
50×40	7	7	150	165	1.3
60×50	7	7	160	160	1.6
65×50	7	7	200	190	2.1
80×60	7	7	200	185	2.5
80×65	7	7	200	190	2.6
100×80	7.2	7	200	195	3.2
125×100	7.5	7.2	200	185	4.0
150×125	7.8	7.5	200	190	5.1
200×150	8.4	7.8	300	235	10.1
250×200	9	8.4	300	250	13.9
300×250	9.6	9	300	265	18.0
350×300	10.2	9.6	300	290	22.5
400×350	10.8	10.2	300	305	27.4
450×400	11.4	10.8	300	320	32.7
500×400	12	10.8	600	—	70.5

表 24（续）

DN×dn/mm×mm	e_1/mm	e_2/mm	L/mm		重量/kg
			A 系列	B 系列	
600×500	13.2	12	600	—	95.0
700×600	14.4	13.2	600	—	124
800×700	15.6	14.4	600	—	155
900×800	16.8	15.6	600	—	188
1 000×900	18	16.8	600	—	227
1 100×1 000	19.2	18	600	—	267
1 200×1 000	20.4	18	790	—	381
1 400×1 200	22.8	20.4	850	—	544
1 500×1 400	24	22.8	695	—	537
1 600×1 400	25.2	22.8	910	—	746
1 800×1 600	27.6	25.2	970	—	991
2 000×1 800	30	27.6	1 030	—	1 282
2 200×2 000	32.4	30	1 090	—	1 613
2 400×2 200	34.8	32.4	1 150	—	2 014
2 600×2 400	37.2	34.8	1 210	—	2 474

注 1：重量以 A 系列尺寸计算得到。

注 2：重量仅供参考。

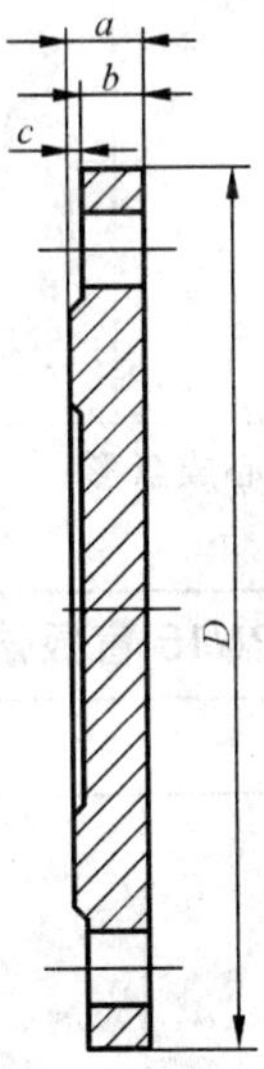

图 24 盲板法兰

表 25 PN10 盲板法兰尺寸

DN/mm	D/mm	a/mm	b/mm	c/mm	重量/kg
40	150	19	16	3	1.4
50	165	19	16	3	1.7
60	175	19	16	3	1.8
65	185	19	16	3	2.0

表 25(续)

DN/mm	D/mm	a/mm	b/mm	c/mm	重量/kg
80	200	19	16	3	3.5
100	220	19	16	3	4.3
125	250	19	16	3	5.6
150	285	19	16	3	7.2
200	340	20	17	3	11.0
250	400	22	19	3	16.9
300	455	24.5	20.5	4	24.0
350	505	24.5	20.5	4	29.5
400	565	24.5	20.5	4	36.5
450	615	25.5	21.5	4	46.5
500	670	26.5	22.5	4	56.0
600	780	30	25	5	85.0
700	895	32.5	27.5	5	123
800	1 015	35	30	5	172
900	1 115	37.5	32.5	5	224
1 000	1 230	40	35	5	293
1 100	1 340	42.5	37.5	5	405
1 200	1 455	45	40	5	575
1 400	1 675	46	41	5	739
1 500	1 785	47.5	42.5	5	808
1 600	1 915	49	44	5	1 239
1 800	2 115	52	47	5	1 717
2 000	2 325	55	50	5	2 272

注 1:当盲板法兰公称直径≥DN300 时,盲板中心成盘形。

注 2:重量仅供参考。

表 26 PN16 盲板法兰尺寸

DN/mm	D/mm	a/mm	b/mm	c/mm	重量/kg
40	150	19	16	3	1.4
50	165	19	16	3	1.7
60	175	19	16	3	1.8
65	185	19	16	3	2.0
80	200	19	16	3	3.5
100	220	19	16	3	4.3
125	250	19	16	3	5.6
150	285	19	16	3	7.2
200	340	20	17	3	10.8
250	400	22	19	3	16.6
300	455	24.5	20.5	4	23.5
350	520	26.5	22.5	4	33.5

表 26（续）

DN/mm	*D*/mm	*a*/mm	*b*/mm	*c*/mm	重量/kg
400	580	28	24	4	44.5
450	640	30	26	4	63.5
500	715	31.5	27.5	4	77.0
600	840	36	31	5	121
700	910	39.5	34.5	5	156
800	1 025	43	38	5	218
900	1 125	46.5	41.5	5	286
1 000	1 255	50	45	5	387
1 100	1 355	53.5	48.5	5	518
1 200	1 485	57	52	5	662
1 400	1 685	60	55	5	994
1 500	1 820	62.5	57.5	5	1 092
1 600	1 930	65	60	5	1 409
1 800	2 130	70	65	5	1 858
2 000	2 345	75	70	5	2 407

注：重量仅供参考。

表 27　PN25 盲板法兰尺寸

DN/mm	*D*/mm	*a*/mm	*b*/mm	*c*/mm	重量/kg
40	150	19	16	3	1.4
50	165	19	16	3	1.7
60	175	19	16	3	1.8
65	185	19	16	3	2.0
80	200	19	16	3	3.5
100	235	19	16	3	4.8
125	270	19	16	3	6.2
150	300	20	17	3	8.3
200	360	22	19	3	13.3
250	425	24.5	21.5	3	21.0
300	485	27.5	23.5	4	30.0
350	555	30	26	4	43.5
400	620	32	28	4	58.0
450	670	34.5	30.5	4	79.0
500	730	36.5	32.5	4	94.0
600	845	42	37	5	144

注：重量仅供参考。

表 28　PN40 盲板法兰尺寸

DN/mm	D/mm	a/mm	b/mm	c/mm	重量/kg
40	150	19	16	3	1.4
50	165	19	16	3	1.7
60	175	19	16	3	1.8
65	185	19	16	3	2.0
80	200	19	16	3	3.5
100	235	19	16	3	4.8
125	270	23.5	20.5	3	8.3
150	300	26	23	3	11.4
200	375	30	27	3	20.5
250	450	34.5	31.5	3	34.5
300	515	39.5	35.5	4	51
350	580	44	40	4	74
400	660	48	44	4	106
450	685	50	46	4	118
500	755	52	48	4	150
600	890	58	53	5	232
注：重量仅供参考。					

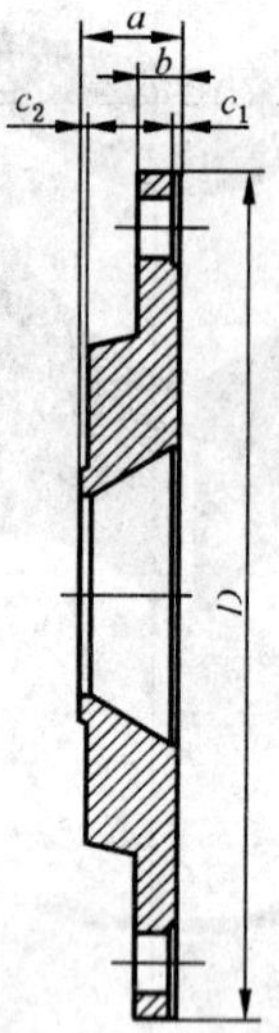

图 25　减径法兰

表 29　PN10 和 PN16 减径法兰尺寸

DN×dn/mm×mm	PN10						PN16					
	D/mm	a/mm	b/mm	c_1/mm	c_2/mm	重量/kg	D/mm	a/mm	b/mm	c_1/mm	c_2/mm	重量/kg
200×80	340	40	17	3	3	13.3	340	40	17	3	3	13.0
200×100	340	40	17	3	3	13.2	340	40	17	3	3	13.0
200×125	340	40	17	3	3	13.5	340	40	17	3	3	13.3
350×250	505	48	20.5	4	3	32.0	520	54	22.5	4	3	36.5

表 29（续）

DN×dn/ mm×mm	PN10						PN16					
	D/ mm	a/ mm	b/ mm	c_1/ mm	c_2/ mm	重量/ kg	D/ mm	a/ mm	b/ mm	c_1/ mm	c_2/ mm	重量/ kg
400×250	565	48	20.5	4	3	39.0	580	54	24	4	3	46.0
400×300	565	49	20.5	4	4	48.0	580	55	24	4	4	54.5
700×500	895	56	27.5	5	4	102	910	67	34.5	5	4	134
900×700	1 115	63	32.5	5	5	165	1 125	73	41.5	5	5	200
1 000×700	1 230	63	35	5	5	222	1 255	73	45	5	5	285
1 000×800	1 230	68	35	5	5	209	1 255	77	45	5	5	260
注：重量仅供参考。												

表 30　PN25 和 PN40 减径法兰尺寸

DN×dn/ mm×mm	PN25						PN40					
	D/ mm	a/ mm	b/ mm	c_1/ mm	c_2/ mm	重量/ kg	D/ mm	a/ mm	b/ mm	c_1/ mm	c_2/ mm	重量/ kg
200×80	360	40	19	3	3	15.0	375	40	27	3	3	20.5
200×100	360	47	19	3	3	16.8	375	47	27	3	3	21.5
200×125	360	53	19	3	3	18.8	375	53	27	3	3	22.5
350×250	555	60	26	4	3	48.5	—	—	—	—	—	—
400×250	620	60	28	4	3	61.0	—	—	—	—	—	—
400×300	620	61	28	4	4	60.0	—	—	—	—	—	—
注：重量仅供参考。												

5.1.2.3.3　**法兰盘**

a)　PN10 法兰盘(见图 26 和表 31)；

b)　PN16 法兰盘(见图 26 和表 32)；

c)　PN25 法兰盘(见图 26 和表 33)；

d)　PN40 法兰盘(见图 26 和表 34)。

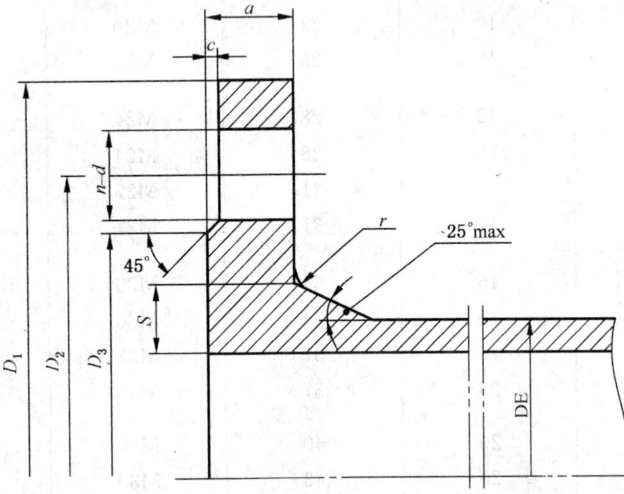

图 26　法兰盘

表 31　PN10 法兰盘尺寸

DN/mm	D_1/mm	D_2/mm	D_3/mm	DE/mm	a/mm	c/mm
80	200	160	132	98	19	3
100	220	180	156	118	19	3
150	285	240	211	170	19	3
200	340	295	266	222	20	3
250	400	350	319	274	22	3
300	455	400	370	326	24.5	4
350	505	460	429	378	24.5	4
400	565	515	480	429	24.5	4
450	615	565	530	480	24.5	4
500	670	620	582	532	26.5	4
600	780	725	682	635	30	5
700	895	840	794	738	32.5	5
800	1 015	950	901	842	35	5
900	1 115	1 050	1 001	945	37.5	5
1 000	1 230	1 160	1 112	1 048	40	5
1 100	1 340	1 270	1 218	1 152	42.5	5
1 200	1 455	1 380	1 328	1 255	45	5
1 400	1 675	1 590	1 530	1 462	46	5
1 600	1 915	1 820	1 750	1 668	49	5

DN/mm	S/mm	r/mm	螺栓孔			重量/kg
			d/mm	规格/mm	n/个	
80	15	6	19	M16	8	2.9
100	15	6	19	M16	8	3.3
150	15	8	23	M20	8	4.9
200	16	8	23	M20	8	6.8
250	17.5	10	23	M20	12	9.8
300	19.5	10	23	M20	12	12.8
350	19.5	10	23	M20	16	14.1
400	19.5	10	28	M24	16	16.3
450	20.5	12	28	M24	20	18.1
500	21	12	28	M24	20	21.8
600	24	12	31	M27	20	30.8
700	23	16	31	M27	24	40.5
800	24.5	16	34	M30	24	54.8
900	26.5	16	34	M30	28	64.3
1 000	28	16	37	M33	28	81.4
1 100	30	20	37	M33	32	105
1 200	31.5	20	40	M36	32	121
1 400	32	20	43	M39	36	148
1 600	34.5	20	49	M45	40	206

注：重量仅供参考。

表 32 PN16 法兰盘尺寸

DN/mm	D_1/mm	D_2/mm	D_3/mm	DE/mm	a/mm	c/mm
80	200	160	132	98	19	3
100	220	180	156	118	19	3
150	285	240	211	170	19	3
200	340	295	266	222	20	3
250	400	355	319	274	22	3
300	455	410	370	326	24.5	4
350	520	470	429	378	26.5	4
400	580	525	480	429	28	4
450	640	585	548	480	30	4
500	715	650	609	532	31.5	4
600	840	770	720	635	36	5
700	910	840	794	738	39.5	5
800	1 025	950	901	842	43	5
900	1 125	1 050	1 001	945	46.5	5
1 000	1 255	1 170	1 112	1 048	50	5
1 100	1 355	1 270	1 218	1 152	53.5	5
1 200	1 485	1 390	1 328	1 255	57	5
1 400	1 685	1 590	1 530	1 462	60	5
1 600	1 930	1 820	1 750	1 668	65	5

DN/mm	S/mm	r/mm	螺栓孔			重量/kg
			d/mm	规格/mm	n/个	
80	15	6	19	M16	8	2.9
100	15	6	19	M16	8	3.3
150	15	8	23	M20	8	4.9
200	16	8	23	M20	12	6.6
250	17.5	10	28	M24	12	9.2
300	19.5	10	28	M24	12	12.4
350	21	10	28	M24	16	17.2
400	22.5	10	31	M27	16	21.9
450	24	12	31	M27	20	26.7
500	25	12	34	M30	20	37.0
600	29	12	37	M33	20	57.3
700	27.5	16	37	M33	24	55.6
800	30	16	40	M36	24	74.0
900	32.5	16	40	M36	28	88.2
1 000	35	16	43	M39	28	123
1 100	37.5	20	43	M39	32	141
1 200	40	20	49	M45	32	185
1 400	42	20	49	M45	36	216
1 600	45.5	20	56	M52	40	308

注：重量仅供参考。

表 33 PN25 法兰盘尺寸

DN/mm	D_1/mm	D_2/mm	D_3/mm	DE/mm	a/mm	c/mm
80	200	160	132	98	19	3
100	235	190	156	118	19	3
150	300	250	211	170	20	3
200	360	310	274	222	22	3
250	425	370	330	274	24.5	3
300	485	430	389	326	27.5	4
350	555	490	448	378	30	4
400	620	550	503	429	32	4
450	670	600	548	480	34.5	4
500	730	660	609	532	36.5	4
600	845	770	720	635	42	5
700	960	875	820	738	46.5	5
800	1 085	990	928	842	51	5
900	1 185	1 090	1028	945	55.5	5
1 000	1 320	1 210	1 140	1 048	60	5
1 100	1 420	1 310	1 240	1 152	64.5	5
1 200	1 530	1 420	1 350	1 255	69	5
1 400	1 755	1 640	1 560	1 462	74	5
1 600	1 975	1 860	1 780	1 668	81	5

DN/mm	S/mm	r/mm	螺栓孔			重量/kg
			d/mm	规格/mm	n/个	
80	15	6	19	M16	8	2.9
100	15	6	23	M20	8	3.8
150	16	8	28	M24	8	5.9
200	17.5	8	28	M24	12	8.7
250	19.5	10	31	M27	12	13.1
300	22	10	31	M27	16	18.0
350	24	10	34	M30	16	25.5
400	25.5	10	37	M33	16	33.2
450	27.5	12	37	M33	20	42.2
500	29	12	37	M33	20	48.7
600	33.5	12	40	M36	20	71.5
700	32.5	16	43	M39	24	90.3
800	35.5	16	49	M45	24	123
900	39	16	49	M45	28	149
1 000	42	16	56	M52	28	201
1 100	45	20	56	M52	32	224
1 200	48.5	20	56	M52	32	285
1 400	52	20	62	M56	36	368
1 600	56.5	20	62	M56	40	486

注：重量仅供参考。

表 34 PN40 法兰盘尺寸

DN/mm	D_1/mm	D_2/mm	D_3/mm	DE/mm	a/mm	c/mm
80	200	160	132	98	19	3
100	235	190	156	118	19	3
150	300	250	211	170	26	3
200	375	320	284	222	30	3
250	450	385	345	274	34.5	3
300	515	450	409	326	39.5	4
350	580	510	465	378	44	4
400	660	585	535	429	48	4
450	685	610	560	480	50	4
500	755	670	615	532	52	4
600	890	795	735	635	58	5

DN/mm	S/mm	r/mm	螺栓孔			重量/kg
			d/mm	规格/mm	n/个	
80	15	6	19	M16	8	2.9
100	15	6	23	M20	8	3.8
150	18	8	28	M24	8	8.0
200	21	8	31	M27	12	14.0
250	24	10	34	M30	12	23.2
300	27.5	10	34	M30	16	33.5
350	31	10	37	M33	16	46.7
400	33.5	10	40	M36	16	66.9
450	35	12	40	M36	20	65.5
500	36.5	12	43	M39	20	82.3
600	40.5	12	49	M45	20	124

注：重量仅供参考。

5.1.3 壁厚

球铁管与管件的公称壁厚按公称直径 DN 的函数关系计算，公式如下：

$$e = K(0.5 + 0.001\text{DN}) \qquad (1)$$

式中：

e——公称壁厚，单位为毫米(mm)；

DN——公称直径，单位为毫米(mm)；

K——壁厚级别系数，取……9、10、11、12……。

离心球铁管的最小公称壁厚为 6 mm，非离心球铁管和管件的最小公称壁厚为 7 mm。

条文 5.1.2.3 的各表中所示管件壁厚 e 是同主体相应的公称壁厚，为承受局部高压，某一点的实际壁厚应根据铸件尺寸和外形适当增加(如弯管内半径、三通分支接合处等)。

球铁管的壁厚级别系数应在合同中注明，凡合同中不注明的均按 K9 级供货。

5.1.4 允许偏差

5.1.4.1 外径

球铁管与管件插口端外径 DE 的允许偏差应符合表 3～表 6 的规定。

对于 DN≤300 的球铁管，用卷尺测量管体外径，从插口端起 2/3 管长范围内均应符合安装尺寸要求，以便于施工现场切割；对于 DN>300 的球铁管，应有一定数量的球铁管符合上述要求，该数量由供需双方协商决定，同时应进行可切割标识。

球铁管与管件插口不圆度应为：

——DN40～DN200，在 DE 偏差范围内；

——DN250～DN600，不超过 DE 的 1%；

——大于 DN600，不超过 DE 的 2%。

5.1.4.2 内径

球铁管与管件内径标准值相当于公称直径 DN，允许偏差应符合表 35 的规定。

表 35 球铁管内径允许偏差

单位为毫米

DN	允许偏差
40～1 000	−10
1 100～2 600	−0.01DN

注 1：未规定正偏差。

注 2：当壁厚级别大于 K10 或者水泥砂浆内衬超过 ISO 4179 规定的厚度时，此偏差不适用。

5.1.4.3 承口内径

球铁管与管件承口内径的允许偏差应符合表 3～表 6 的规定。

5.1.4.4 壁厚

球铁管与管件公称壁厚的允许偏差应符合表 36 的规定。

表 36 球铁管与管件公称壁厚偏差

单位为毫米

铸件类型	*e*	偏差
离心球铁管	6	−1.3
	>6	−(1.3+0.001DN)
非离心球铁管和管件	7	−2.3
	>7	−(2.3+0.001DN)

注：仅给出负偏差以保证对内压力的足够抗力。

5.1.4.5 承口法兰盘厚度及螺栓孔径

法兰盘厚度的允许偏差为±(2+0.05*A*) mm(*A* 为法兰盘厚度)。

法兰盘上螺栓孔径与螺栓孔轴心线(以管体中心为基准位置)的允许偏差应符合表 37 的规定。

表 37 法兰盘螺栓孔轴心线和螺栓孔径允许偏差

单位为毫米

DN	螺栓孔轴心线允许偏差	螺栓孔径允许偏差
40～150	±1	$^{+1}_{-0}$
200～1 500	±1.5	$^{+1.5}_{-0}$
1 600～2 600	±2	$^{+2}_{-0}$

5.1.4.6 承口深度

T 型承口的深度允许偏差为±3 mm，K、N_1 和 S 型承口的深度允许偏差为±5 mm。

5.1.4.7 长度

球铁管和管件长度允许偏差应符合表 38 和表 39 的规定。

表 38 球铁管和管件长度偏差 单位为毫米

铸件类型	偏差
承插直管	±30
承接管件	±20
法兰管或盘接管件	±10[a]

[a] 根据供需双方协商，可以执行较小偏差。但是 DN≤600 mm 时，不小于±3 mm；DN>600 mm 时，不小于±4 mm。

表 39 管件长度偏差 单位为毫米

管件类型	DN	偏差
盘承、盘插、承套、渐缩管	40～1 200	±25
	1 400～2 600	±35
三通	40～1 200	+50 −25
	1 400～2 600	+75 −35
90°(1/4)弯管	40～2 600	±(15+0.03DN)
45°(1/8)弯管	40～2 600	±(10+0.025DN)
22°30′(1/16)、11°15′(1/32)弯管	40～1 200	±(10+0.02DN)
	1 400～2 600	±(10+0.025DN)

5.2 外形

5.2.1 直线度

球铁管应平直，其最大偏差不得超过有效长度的 0.125%。

5.2.2 直管及管件端面应与轴线垂直

5.3 重量及允许偏差

球铁管、管件和附件的重量及允许偏差参见附录 F。

6 技术要求

6.1 力学性能

6.1.1 拉伸试验

球铁管及管件的抗拉强度和伸长率应符合表 40 的规定。

表 40 球铁管及管件抗拉强度和断后伸长率

铸件类型	抗拉强度 R_m/MPa	断后伸长率 A/%	
	DN40～DN2 600	DN40～DN1 000	DN1 100～DN2 600
离心球铁管	≥420	≥10	≥7
管件、非离心球铁管	≥420	≥5	≥5

注 1：根据供需双方的协议，可检验屈服强度($R_{p0.2}$)的值。其中
当 DN40～1 000，A≥12%时，允许 $R_{p0.2}$≥270 MPa；或
当 DN>DN1 000，A≥10%时，允许 $R_{p0.2}$≥270 MPa。
其他情况下 $R_{p0.2}$应大于等于 300 MPa。

注 2：DN40～DN1 000 的离心球铁管壁厚级别超过 K12 时，伸长率最小为 7%。

6.1.2 布氏硬度

球铁管、管件和附件应具有可以用标准工具对其进行切割、钻孔、打眼以及机械加工的硬度。

离心球铁管的布氏硬度值不得超过 230HBW，非离心球铁管、管件和附件的布氏硬度值不得超过 250HBW。焊接部件的焊接热影响区的布氏硬度值可高些。

6.2 与生活饮用水接触的材质要求

球铁管、管件和附件用于输送生活饮用水时，不应对生活饮用水产生有害影响，其要求应符合 GB/T 17219的规定。

6.3 密封要求

6.3.1 球铁管和管件的密封性

6.3.1.1 水压试验

所有球铁管与管件都应在表 41 规定的试验压力下进行水压试验，试验过程中，目测应无渗漏。

表 41 球铁管与管件试验压力

DN/mm	最小试验压力/MPa		
	离心球铁管		非离心球铁管和管件
	$K<9$	$K\geqslant 9$	所有壁厚级别
40～300	$0.05(K+1)^2$	5.0	2.5
350～600	$0.05K^2$	4.0	1.6
700～1 000	$0.05(K-1)^2$	3.2	1.0
1 100～2 000	$0.05(K-2)^2$	2.5	1.0
2 200～2 600	$0.05(K-3)^2$	1.8	1.0

6.3.1.2 气密性试验

燃气用球铁管和管件应进行气密性试验。试验压力不得小于 0.6 MPa，目测应无泄漏。

6.3.2 柔性接口的密封性

球铁管及管件的所有柔性接口的设计应符合 6.3 的要求。接口设计应进行密封型式试验，以保证即使在最不利的铸造公差和接口运动条件下，施加一定的内外压力，也能密封完好。

如果接口设计已进行过型式试验，厂方有检验报告，且至少连续使用了 10 年，只需在对接口密封有不利影响的设计改动时进行型式试验。

6.3.2.1 内部压力

内压下接口密封试验的试验压力应不小于允许试验压力(PEA)，接口在下列两种情况下不得有泄漏：

a) 接口平直时，且受到不小于 30 倍的公称直径值的剪切力的情况下，单位为牛顿(N)；

b) 接口偏转时，试验偏转角度应为：

——对于 DN40～DN300，不小于 3°；

——对于 DN350～DN600，不小于 2°；

——对于 DN700～DN2 600，不小于 1°。

6.3.2.2 外部压力

外压下接口密封试验的试验压力不小于 0.1 MPa，接口在受到不小于 30 倍的公称直径值的剪切力时不得有泄漏。

6.4 涂覆要求

一般情况下，球铁管、管件和附件内外都应有涂层。涂覆前内外表面应无铁锈和杂物。涂覆后内外表面应光洁，涂层均匀，粘附牢固，不因气候变化而发生异常。

6.4.1 外涂层

根据使用时的外部条件(参见附录 I)，可使用下列涂层：

——外表面喷涂金属锌；

——外表面涂刷富锌涂料；

——外表面喷涂加厚金属锌层；
——聚乙烯管套；
——聚氨酯；
——聚乙烯；
——纤维水泥砂浆；
——胶带；
——沥青漆；
——环氧树脂。

外表面喷锌涂层应符合 ISO 8179-1 的规定，外表面涂刷富锌涂料应符合 ISO 8179-2 的规定，外表面涂刷沥青漆应符合 GB/T 17459 的规定，外表面用聚乙烯管套应符合 ISO 8180 的规定，其他涂层要求应符合供需双方的协议。

6.4.2 内涂层

根据使用时的内部条件(参见附录 J)，可使用下列内涂层：
——普通硅酸盐水泥砂浆；
——硅酸盐水泥砂浆；
——抗硫酸盐水泥砂浆；
——高铝(矾土)水泥砂浆；
——矿渣水泥砂浆；
——带有封面层的水泥砂浆；
——聚氨酯；
——聚乙烯；
——环氧树脂；
——环氧陶瓷；
——沥青漆。

水泥砂浆内衬应符合 ISO 4179 的规定，内衬水泥砂浆在养护 28 d 后的抗压强度应不小于50 MPa。内涂刷沥青漆应符合 GB/T 17459 的规定，其他涂层要求应符合供需双方的协议。

6.5 表面质量

6.5.1 球铁管及管件的表面不应有裂纹、重皮。

6.5.2 承、插口密封工作面不应有连续的轴向沟纹，密封面以外的表面不影响使用的局部凸起应予验收。

6.5.3 带内衬球铁管及管件的内表面上的任何凸起高度不应超出内衬厚度的 1/2。

6.5.4 球铁管及管件外表面的局部凹陷、铸造缺陷以及毛刺、飞边清除后造成的壁厚减薄不得超过公称壁厚的允许偏差。

6.5.5 对于球铁管、管件和附件表面不小于最小壁厚的缺陷和局部损伤，必要时可进行修复，例如焊补，修复后的球铁管、管件和附件应符合本标准的要求。

7 检测方法

7.1 尺寸

应采用合适的工具对球铁管、管件及附件的外径、内径、长度以及壁厚进行测量。外径用绕形量具、量规或专用量具测量；内径用卡尺、内径千分尺、样板等工具测量；长度用直尺或卷尺等工具测量；壁厚可以直接测量，也可用合适的工具间接测量。

注：从管模拔出球铁管时，可以采用目测颜色均匀度的方法目测壁厚的均匀性。

7.2 直线度

检验直线度的方法通常为目测。若有异议，可用以下方法检验。

球铁管在两个台架或滚轮上沿轴向滚动，台架或滚轮之间的间距不小于球铁管标准长度的2/3。确定直轴最大偏离点，在此点测量的偏离程度不应超过5.2.1中的限定值。

7.3 力学性能试验

7.3.1 拉伸试验

7.3.1.1 本体试样

7.3.1.1.1 离心球铁管

自管插口处取样，本体试样应与轴线平行，试样厚度应符合表42的规定。

7.3.1.1.2 非离心球铁管、管件和附件

生产厂可自定取样方式，可以从整体铸件或附属铸件上取，也可从单独铸出的样品上取。后者应为相同工艺条件的铁液。如果铸件经过热处理，本体试样也应经过同样的热处理。试样厚度应符合表42的规定。

7.3.1.2 试样

试样是通过机械加工试样中间部位的金属得到的，包括一个圆柱部分，圆柱直径应符合表42的规定。

试样标距至少为其直径的5倍，试样端部应适合安装在试验机上。

试样圆柱部分的表面粗糙度 R_a 不得大于6.3。

生产厂可以选择下列两种方法中的一种加工试样。

方法A：加工试样至其公称直径的±10%，试验前测量实际直径(±0.01 mm)，用测得的直径计算截面积和抗拉强度。

方法B：在表42规定的直径偏差内加工试样至其公称面积 S_0，用 S_0 计算抗拉强度。

表42 本体试样厚度与试样直径

铸件类型	试样			
	方法A	方法B		
	公称直径/mm	公称面积 S_0/mm²	公称直径/mm	直径偏差/mm
离心球铁管实际壁厚 e/mm				
<6	2.5	5	2.52	±0.01
6≤e<8	3.5	10	3.57	±0.02
8≤e<12	5	20	5.05	±0.02
≥12	6	30	6.18	±0.03
非离心球铁管、管件和附件：				
整体铸造本体试样	5	20	5.05	±0.02
分体铸造本体试样：				
铸件厚度<12 mm时，试样厚度12.5 mm。	6	30	6.18	±0.03
铸件厚度≥12 mm时，试样厚度25 mm。	12或14	—	—	—

7.3.1.3 设备与试验方法

拉伸试验机应有合适的支架或夹具固定试样以适应轴向拉力。试验时，试样在一定拉力范围内会断裂，因此试验机要有一个与之相应的力度范围。

拉力增速应控制在每秒6 N/mm²～30 N/mm²之间。

试验后，可以用最大力除以试样截面积计算得出抗拉强度。把试样断裂的两部分拼在一起测量标距的伸长量，用标距的伸长量与初始标距相比求出伸长率。伸长率还可直接用引伸计测量。

7.3.1.4 试验结果数值的修约

试验结果数值的修约间隔应符合GB/T 228的规定，修约方法应符合GB/T 8170的规定。

注：不得将低于标准值的试验结果数值修约至标准值。

7.3.2 布氏硬度试验

应在铸件上或从该铸件切取的试样上进行布氏硬度试验。试样表面应光滑和平坦，并且不应有氧化皮及外界污物，尤其不应有油脂。布氏硬度试验应符合 GB/T 231.1 的规定。

7.4 密封试验

7.4.1 输水用球铁管和管件的密封试验

试验应在内外涂覆前进行，锌层涂覆可在试验前进行。试验装置应适合规定的管和/或管件的试验压力，并装有精度级别 2.5 级以上的压力表。

7.4.1.1 离心球铁管

离心球铁管应在表 41 的最小试验压力下至少保压 10 s。

7.4.1.2 非离心球铁管和管件

由生产厂选择进行水压试验、气压试验或同等效果的其他密封试验。

水压试验的方法与离心球铁管相同（见 7.4.1.1），试验压力应符合表 41 的规定。

进行气压试验时，内部压力至少为 0.1 MPa，目测时间不小于 20 s，可在铸件外表面均匀地涂抹泡沫剂或把铸件浸入水中进行渗漏检查。

7.4.2 燃气用球铁管和管件的密封试验

球铁管和管件应按 7.4.1 的要求进行水压试验。水压试验合格后，再进行气密性试验，管件目测时间不少于 20 s，球铁管目测时间不少于 60 s，可在铸件外表面均匀地涂抹泡沫剂或把铸件浸入水中进行渗漏检查。

为了保证燃气管道的安全运行，根据气体性质的不同，有时需用凝水缸（参见附录 D）采集冷凝水。

7.4.3 柔性接口的密封试验

7.4.3.1 总则

当同一尺寸范围组合的性能基于同种设计参数时，一种规格可以代表一组。应按照表 43 所示每组中的规格进行型式试验。

表 43 型式试验规格组合

单位为毫米

规格组合	40～250	300～600	700～1 000	1 000～2 000	2 200～2 600
每组抽取的规格 DN	200	400	800	1 600	2 400

如果某组中的产品设计和/或制造过程不同，应重新对该组进行分配组合。

注：对供方来说，如果某组只有一种规格，这种规格可视为同种设计和生产工艺的邻组的一部分。

型式试验应在连接部件形成最大设计径向间隙（最小插口与最大承口连接）的条件下进行。型式试验中的最大径向间隙范围应为最大设计径向间隙的 95% 至最大设计径向间隙。可以对承口内表面进行机械加工使其径向间隙达到型式试验要求。

7.4.3.2 内部压力下接口密封

试验在两段球铁管的连接处进行，端部采用插堵（参见附录 E）密封，每段球铁管至少长 1 m（如图 27 所示）。

不管接口处于平直、偏转还是承受载荷的状态下，试验装置均应有合适的边界约束。试验装置应配有精度级别 2.5 级以上的压力表。

若剪切力 W 通过 120°V 形垫块作用于插口端，V 形垫块位置应取位于自承口端起 0.5DN 或 200 mm处两者的较大值。承口应压在水平支架上。剪切力 W 由 F 求出，作用于接口的垂直合力 F 应符合 6.3.2.1 中的要求。剪切力 W 应由下列公式计算得出：

$$W = \frac{F \cdot c - M(c-b)}{c-a} \qquad \cdots\cdots(2)$$

式中：

W——剪切力，单位为牛顿（N）；

F——垂直合力，单位为牛顿(N)；

M——图 27 中左侧直管的重量，单位为牛顿(N)；

a、b、c——分别为图 27 中所示尺寸，单位为毫米(mm)。

受试组装件中应注满水并易于排气(燃气用接口应用气体检验)，压力持续增至 6.3.2.1 中的规定值，压力增速不应超过 0.1 MPa/s，试验压力在±0.05 MPa 范围内浮动至少保持 2 h，在此期间每 15 min 要对接口进行一次全面检查。

7.4.3.3 外部压力下接口密封

受试组装件(滑入式柔性接口)由两个焊接在一起的球铁管承口和一个双插口件组成，形成一个环形腔，一个接口可以在内压力下进行试验，另一个接口可以在外压力下进行试验(如图 28 所示)。

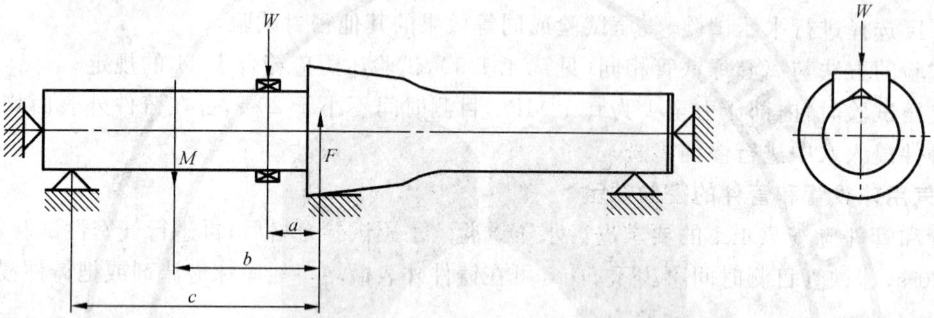

图 27 内部压力下接口密封试验示意图

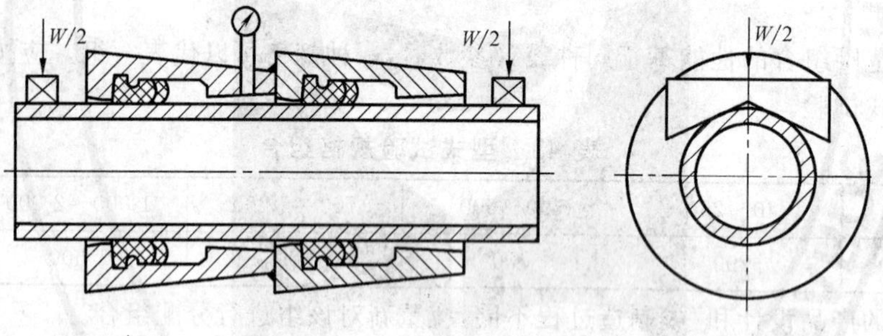

图 28 外部压力下接口密封试验示意图

受试组装件受到 6.3.2.2 中规定的剪切力，此力通过 120° V 形垫块分为两半分别作用于受试组装件两侧的插口部位。V 形垫块位置应取位于自承口端起 0.5DN 或 200 mm 处两者的较大值，承口应放在水平支架上。受试组装件中应注满水并易于排气，压力要持续增至 6.3.2.2 中的规定值，试验压力在±0.01 MPa 范围内浮动至少保持 2 h，在此期间每 15 min 要对接口进行一次全面检查。

7.5 涂覆检验

7.5.1 水泥砂浆内衬

水泥砂浆内衬的检验应符合 ISO 4179 的规定，内衬水泥砂浆强度的检验应符合 GB/T 17671 的规定。

7.5.2 锌层

锌层的检验应符合 ISO 8179-1 和 ISO 8179-2 的规定。

7.5.3 沥青层

沥青层的检验应符合 GB/T 17459 的规定。

7.6 表面质量

目测检验球铁管、管件及附件的表面质量。

8 检验规则

8.1 检查和验收

球铁管和管件的检查和验收，由供方技术质量监督部门进行。必要时，需方可到供方进行质量验收。

8.2 组批规则

8.2.1 球铁管

球铁管应按批进行检查和验收。球铁管每批应由同一公称直径、同一接口型式、同一壁厚等级、同一定尺长度、同一退火制度的球铁管组成。每批最大数量应符合表 44 的规定。

表 44 每批最大数量

铸件类型	DN/mm	每批最大数量
离心球铁管	40～300 350～600 700～1 000 1 100～2 600	200 根 100 根 50 根 25 根
非离心球铁管、管件和附件[a]	40～2 600	4t
[a] 铸件重量不包括冒口。		

8.2.2 管件

管件应按批进行检查和验收。每批应由同一炉铁液、同一造型工艺生产的管件组成，每批最大数量应符合表 44 的规定。

8.3 取样数量

8.3.1 应逐根(件)对球铁管和管件的主要尺寸、直线度、表面质量、涂覆质量、水压试验及气密性试验进行检验。

8.3.2 球铁管和管件每批任取一根(件)试样，进行拉伸试验和布氏硬度试验。

8.4 判定和复验规则

拉伸试验结果不符合表 40 的规定时，供方应按下列规定进行：

(1) 检查力学性能未达到要求的原因，确定此批铸件是进行重新热处理还是报废。重新热处理后的铸件需按 7.3 进行再次检验。

注：供方可对报废批铸件进一步试验分析，以减少报废数量。

(2) 如对试棒有争议，可做进一步的试验。如果试验通过，则该批合格；如果未通过试验，可选择(1)中的方法。

9 标记和质量证明书

9.1 标记

所有球铁管与管件都应有清晰持久的标记。标记至少应有以下内容：

——生产厂名称或商标；

——生产年份；

——铸铁材质；

——公称直径 DN；

——法兰 PN 值；

——标准编号；

——插口插入深度标识；

——产品批号；

——壁厚级别系数 K(K9 级除外)；

——气密性试验合格标识；

——球铁管可切割标识。

以上前五项要铸出或冷冲，后五项可用任何方法进行喷印或打印。

9.2 质量证明书

产品出厂时应附有产品质量证明书，证明书至少应包括以下内容：

——生产厂名称或商标；

——标准编号；

——产品名称、规格；

——产品批号；

——水压试验数值和/或气密性试验数值；

——力学性能数值；

——内外涂层种类。

附 录 A
（规范性附录）
压 兰

本附录适用于与 K、N_I 及 S 型接口配套使用的压兰。

A.1 压兰型式及尺寸

——K 型接口压兰的型式及公称尺寸应符合图 A.1 和表 A.1 的规定。

——N_I 型接口压兰的型式及尺寸应符合图 A.2 和表 A.2 的规定。

——S 型接口压兰的型式及尺寸应符合图 A.3 和表 A.3 的规定。

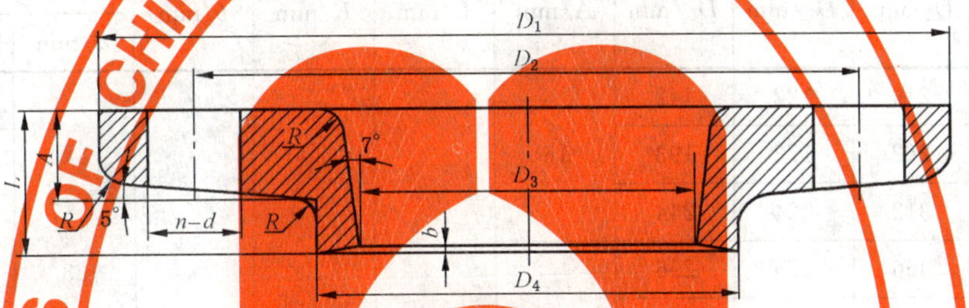

图 A.1 K 型接口压兰

表 A.1 K 型接口压兰尺寸

DN/mm	D_1/mm	D_2/mm	D_3/mm	D_4/mm	A/mm	L/mm	R/mm	b/mm	螺栓孔		重量/kg
									d/mm	n/个	
100	234	188	122	146	16	35	5	2	23	4	4.1
150	288	242	174	198	17	36	5	2	23	6	5.7
200	341	295	226	250	18	37	5	2	23	6	7.5
250	395	349	278	302	19	38	5	2	23	8	9.5
300	455	409	330	354	20	39	5	2	23	8	12.2
350	508	462	382	406	21	40	5	2	23	10	14.6
400	561	515	433	457	22	41	7	2	23	12	17.2
450	614	568	485	509	23	42	7	2	23	12	17.7
500	667	621	536	560	24	43	7	2	23	14	22.9
600	773	727	639	663	25	44	7	2	23	14	28.5
700	892	838	743	773	26	45	7	2.5	27	16	38.6
800	999	945	847	877	28	47	9	2.5	27	20	47.4
900	1 123	1 057	950	980	29	48	9	2.5	33	20	61.9
1 000	1 231	1 165	1 054	1 083	30	49	9	2.5	33	20	63.8
1 100	1 338	1 272	1 158	1 187	31	50	9	2.5	33	24	68.5
1 200	1 444	1 378	1 262	1 290	32	51	9	2.5	33	28	82.5
1 400	1 657	1 591	1 469	1 497	34	53	9	3	33	28	104
1 500	1 766	1 700	1 573	1 601	35	54	9	3	33	28	119
1 600	1 874	1 808	1 676	1 711	36	55	9	3	33	30	123
1 800	2 089	2 023	1 883	1 918	38	57	11	3	33	34	162
2 000	2 305	2 239	2 090	2 125	40	59	11	3	33	36	196
2 200	2 519	2 453	2 296	2 331	43	62	11	3	33	40	238
2 400	2 734	2 668	2 503	2 538	46	65	11	3	33	44	318
2 600	2 949	2 883	2 710	2 745	49	68	11	3	33	48	378

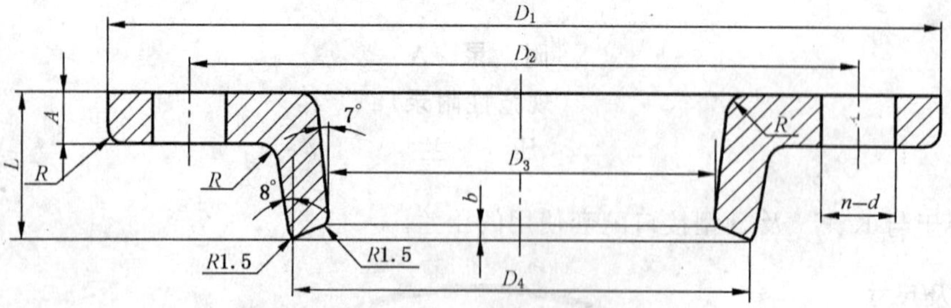

图 A.2 N_I 型接口压兰

表 A.2 N_I 型接口压兰尺寸

DN/mm	D_1/mm	D_2/mm	D_3/mm	D_4/mm	A/mm	L/mm	R/mm	b/mm	螺栓孔		重量/kg
									d/mm	n/个	
100	262	210	122	142	16	55	8	4	23	4	6
150	313	262	173	193						6	7.8
200	366	312	224	244							9.8
250	418	366	276	296	20						11.8
300	471	420	327	347						8	15.7
350	524	474	380	398						10	17.6
400	578	526	431	450							20.7
500	686	632	534	554					24	14	26.5
600	794	740	636	655	22					16	32.5

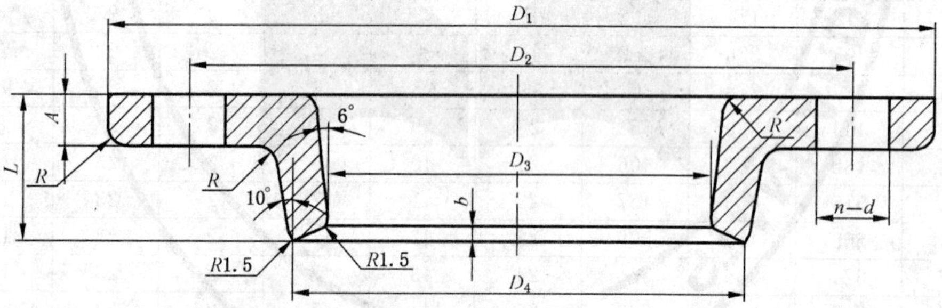

图 A.3 S 型接口压兰

A.2 尺寸允许偏差

压兰尺寸允许偏差应符合表 A.4 的规定。压兰的法兰尺寸允许偏差应符合 5.1.4.5 的规定。

A.3 技术要求

A.3.1 压兰材质应为球墨铸铁。

A.3.2 压兰的抗拉强度 R_m 应不小于 420 MPa,伸长率 A 应不小于 5%。

A.3.3 压兰与密封圈接触面应平整光滑,不允许有尖角凸起,其余各部位的各种铸痕深度不大于 2 mm。

A.3.4 压兰不允许有掉角缺棱,法兰盘上冷隔深度应不大于 2 mm。

表 A.3 S型接口压兰尺寸

<table>
<tr><th rowspan="2">DN/mm</th><th rowspan="2">D_1/mm</th><th rowspan="2">D_2/mm</th><th rowspan="2">D_3/mm</th><th rowspan="2">D_4/mm</th><th rowspan="2">A/mm</th><th rowspan="2">L/mm</th><th rowspan="2">R/mm</th><th rowspan="2">b/mm</th><th colspan="2">螺栓孔</th><th rowspan="2">重量/kg</th></tr>
<tr><th>d/mm</th><th>n/个</th></tr>
<tr><td>100</td><td>252</td><td>210</td><td>122</td><td>146</td><td rowspan="3">16</td><td>35</td><td>3</td><td>1.5</td><td rowspan="7">23</td><td>4</td><td>3</td></tr>
<tr><td>150</td><td>297</td><td>254</td><td>173</td><td>197</td><td>39</td><td rowspan="9">5</td><td rowspan="6">2</td><td rowspan="3">6</td><td>7.2</td></tr>
<tr><td>200</td><td>365</td><td>320</td><td>224</td><td>250</td><td>40</td><td>7.7</td></tr>
<tr><td>250</td><td>418</td><td>366</td><td>275</td><td>302</td><td rowspan="5">20</td><td>41</td><td>11.5</td></tr>
<tr><td>300</td><td>465</td><td>416</td><td>327</td><td>354</td><td>41</td><td rowspan="2">8</td><td>12.7</td></tr>
<tr><td>350</td><td>517</td><td>475</td><td>379</td><td>407</td><td>42</td><td>17.2</td></tr>
<tr><td>400</td><td>577</td><td>530</td><td>431</td><td>459</td><td>44</td><td rowspan="2">12</td><td>20.4</td></tr>
<tr><td>500</td><td>678</td><td>630</td><td>534</td><td>563</td><td>47</td><td rowspan="3">2.5</td><td rowspan="3">24</td><td>24.9</td></tr>
<tr><td>600</td><td>792</td><td>740</td><td>636</td><td>666</td><td rowspan="2">22</td><td>48</td><td>14</td><td>28</td></tr>
<tr><td>700</td><td>910</td><td>854</td><td>740</td><td>770</td><td>49</td><td>16</td><td>36.5</td></tr>
</table>

表 A.4 压兰尺寸允许偏差

<table>
<tr><th>DN</th><th>D_3/mm</th><th>D_4/mm</th><th>小端不圆度/
%不大于</th><th>长度/
mm</th><th>插入部分壁厚/
mm</th><th>锥度/
(°)</th></tr>
<tr><td>80～300</td><td>$^{+2}_{0}$</td><td>$^{0}_{-2}$</td><td>≤0.5</td><td rowspan="6">±5</td><td rowspan="6">$^{+1}_{-0.5}$</td><td rowspan="6">−1</td></tr>
<tr><td>350～600</td><td>$^{+2.5}_{0}$</td><td>$^{0}_{-2.5}$</td><td rowspan="5">≤0.3</td></tr>
<tr><td>700～900</td><td>$^{+3}_{0}$</td><td>$^{0}_{-3}$</td></tr>
<tr><td>1 000～1 500</td><td>$^{+3}_{-1}$</td><td>$^{+1}_{-3}$</td></tr>
<tr><td>1 600～2 200</td><td>$^{+4}_{-1}$</td><td>$^{+1}_{-4}$</td></tr>
<tr><td>2 400～2 600</td><td>$^{+5}_{-1}$</td><td>$^{+1}_{-5}$</td></tr>
</table>

A.3.5 压兰表面涂覆材料与管体相同。

A.4 试验方法

A.4.1 压兰尺寸检查用卡尺、卡钳或样板等。

A.4.2 取样批量和试验方法与管件相同。

A.5 检验规则

A.5.1 压兰检验应由供方技术质量监督部门进行。

A.5.2 压兰应逐件进行检查和验收。

A.6 包装和质量证明书

A.6.1 压兰应用草绳、铁丝捆扎，或用长螺栓串连，轻装轻放，避免碰伤。

A.6.2 质量证明书应包括以下内容：

——产品名称及规格；

——每批数量；

——标准编号；

——供方名称；

——按本标准检验的力学性能。

附　录　B
（规范性附录）
螺栓及六角螺母

本附录适用于经过铸造和机械加工成型的机械柔性接口连接用螺栓和六角螺母。

B.1　尺寸

——K 型接口螺栓及六角螺母的型式及尺寸应符合图 B.1 和表 B.1 的规定。

——N_I 和 S 型接口螺栓及六角螺母的型式及尺寸应符合图 B.1 和表 B.2 的规定。

图 B.1　螺栓及六角螺母

表 B.1　K 型接口用螺栓及六角螺母尺寸　　单位为毫米

DN	螺纹直径	L	A	B	c	E	H
100	M20	95	65	40	3	30	16
150							
200		100					
250							
300							
350							
400		110					
450							
500							
600							
700	M24	120	75	55	4	36	21.5
800							
900	M30	130	85	75	5	46	25.6
1 000							
1 100		140					
1 200							
1 400		150					
1 500							
1 600							
1 800		160					
2 000			90				
2 200		170					
2 400							
2 600		180	100				

表 B.2 N_I 型和 S 型接口用螺栓及六角螺母尺寸

单位为毫米

DN	螺纹直径	*L*	*A*	*B*	*c*	*E*	*H*
100	M20	120	75	40	3	30	16
150							
200							
250							
300							
350							
400							
500							
600		130	85				

B.2 技术要求

B.2.1 螺栓和六角螺母的材质应为球墨铸铁。

B.2.2 螺栓和六角螺母抗拉强度 R_m 应不小于 420 MPa，伸长率 *A* 应不小于 5%。

B.2.3 表面不得有气孔、砂眼等铸造缺陷，飞边、毛刺应磨光修平。

B.2.4 螺纹公差精度应符合 GB/T 197 中的中等精度等级。

B.2.5 螺母的螺孔与外六方的同轴度为 ϕ1.5 mm。

B.2.6 螺栓及六角螺母的非加工部位精度应不低于 GB/T 6414 中 CT12 级精度。

B.3 试验方法

B.3.1 力学性能试验的频率和方法与管件相同。

B.3.2 尺寸用游标卡尺和标准塞规、环规进行检查。

B.4 检验规则、包装标志及质量证明书

B.4.1 产品验收应由供方技术质量监督部门进行。

B.4.2 螺栓及螺母的验收规则、包装标志应符合 GB/T 90.1、GB/T 90.2 中的规定。

B.4.3 质量证明书应包括的内容与压兰相同。

附　录　C
（规范性附录）
密　封　圈

本附录适用于水及燃气管道用球铁管和管件的密封圈。

C.1　密封圈的型式、尺寸及允许偏差

C.1.1　T型接口球铁管和管件用密封圈

T型接口用胶圈的型式及尺寸应符合图C.1、图C.2和表C.1的规定。

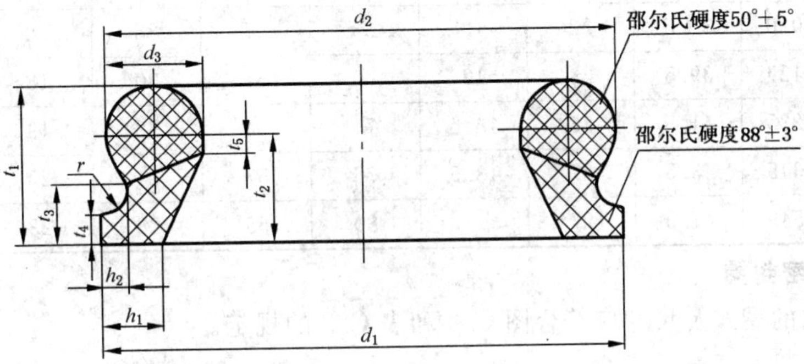

图C.1　DN40～1 200T型接口胶圈

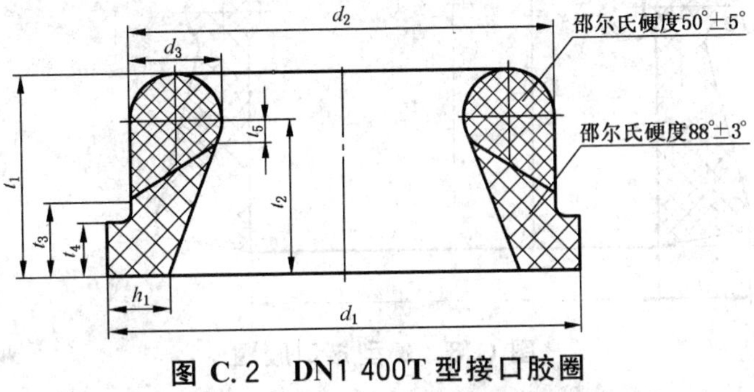

图C.2　DN1 400T型接口胶圈

表C.1　T型接口胶圈尺寸

单位为毫米

DN	d_1	d_2	d_3	h_1	h_2	t_1	t_2	t_3	t_4	t_5	r
40	85	83	16	10	4.5	24	16	10	5	3	3
50	95	93	16	10	4.5	24	16	10	5	3	3
60	105	103	16	10	4.5	26	18	10	5	3	3
65	110	108	16	10	4.5	26	18	10	5	3	3
80	126	123	16	10	4.5	26	18	10	5	3	3
100	146	144	16	10	4.5	26	18	10	5	3	3.5
125	172	170	16	10	4.5	26	18	10	5	3	3.5
150	200	198	16	10	4.5	26	18	10	5	3	3.5
200	256	254	18	11	5	30	21	12	6	4	4
250	310	308	18	11	5	32	23	12	6	4	4

表 C.1（续）

单位为毫米

DN	d_1	d_2	d_3	h_1	h_2	t_1	t_2	t_3	t_4	t_5	r
300	366	364	20	12	5.5	34	24	14	7	4	4.5
350	420	418	20	12	5.5	34	24	14	7	4	4.5
400	475	473	22	13	6	38	27	16	8	5	5
450	528	526	23	13	6	38	27	16	8	5	5
500	583	581	24	14	6.5	42	30	18	9	6	5.5
600	692	690	26	15	7	46	33	20	10	7	6
700	809	803	33.5	20	10	55	39	24	16	8	7
800	919	913	35.5	21	11	60	43	26	16	9	8
900	1 026	1 020	37.5	22	12	65	47	28	18	10	9
1 000	1 133	1 127	39.5	23	12	70	51	30	18	10	9
1 100	1 242	1 235	41.5	25	13.5	74	54	32	19	10	10
1 200	1 352	1 345	43.5	27	13.5	78	57	34	20	11	10
1 400	1 569	1 549	41.5	27	—	80	58	28	23	22	—

C.1.2 K 型接口用密封圈

K 型接口用胶圈的型式及尺寸应符合图 C.3 和表 C.2 的规定。

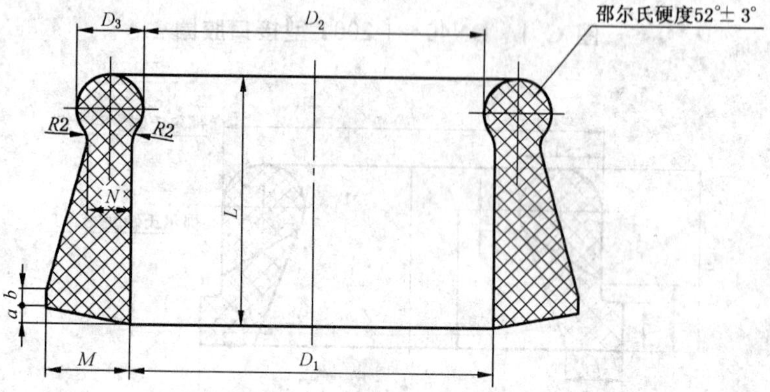

图 C.3 K 型接口胶圈

表 C.2 K 型接口胶圈尺寸

单位为毫米

DN	D_1	D_2	D_3	L	M	N	a	b
100	116	111	11	45	15	6	4	4
150	167	162	11	45	15	6	4	4
200	218	213	11	45	15	6	4	4
250	269	264	11	45	15	6	4	4
300	319	312	15	49	18	8	4	4
350	370	363	15	49	18	8	4	4
400	420	413	15	49	18	8	4	4
450	471	465	15	49	18	8	4	4
500	521	514	15	49	18	8	4	4

表 C.2（续）

单位为毫米

DN	D_1	D_2	D_3	L	M	N	a	b
600	622	615	15	49	18	8	4	4
700	723	716	18	61	21	11	4	4
800	825	818	18	61	21	11	4	4
900	926	919	18	61	21	11	4	4
1 000	1 027	1 020	18	62	21	11	4	5
1 100	1 130	1 123	18	62	21	11	4	5
1 200	1 230	1 223	20	62	21.5	13	4	5
1 400	1 430	1 423	20	62	21.5	13	4	5
1 500	1 532	1 525	20	62	21.5	13	4	5
1 600	1 635	1 628	20	80	27	15	4	5
1 800	1 833	1 825	23	80	27	15	4	5
2 000	2 035	2 027	23	80	27	15	4	5
2 200	2 235	2 227	23	80	27	15	4	5
2 400	2 440	2 432	23	80	27	15	4	5
2 600	2 645	2 637	23	80	27	15	4	5

C.1.3 N_I 型接口用密封圈

——胶圈的型式及尺寸应符合图 C.4 和表 C.3 的规定；

——支撑圈的型式及尺寸应符合图 C.5 和表 C.4 的规定。

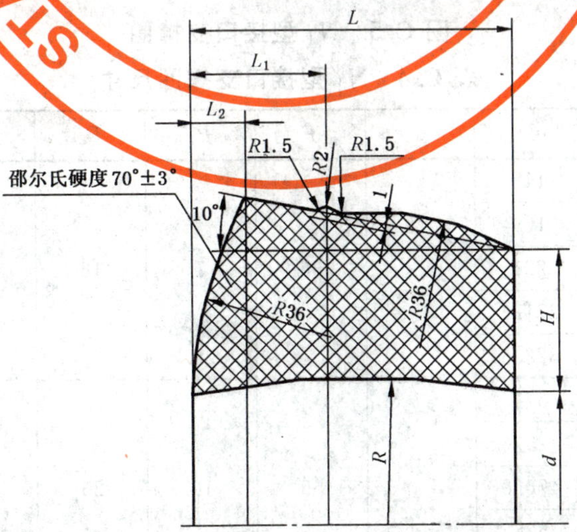

图 C.4 N_I 型接口胶圈

表 C.3　N_I 型接口胶圈尺寸

单位为毫米

DN	L	L_1	L_2	H	R	d
100	30	10	5	13	110	113
150						162
200						211
250	34			14		261
300						310
350						358
400						409
450						457
500	36	15		16	300	506
600						605

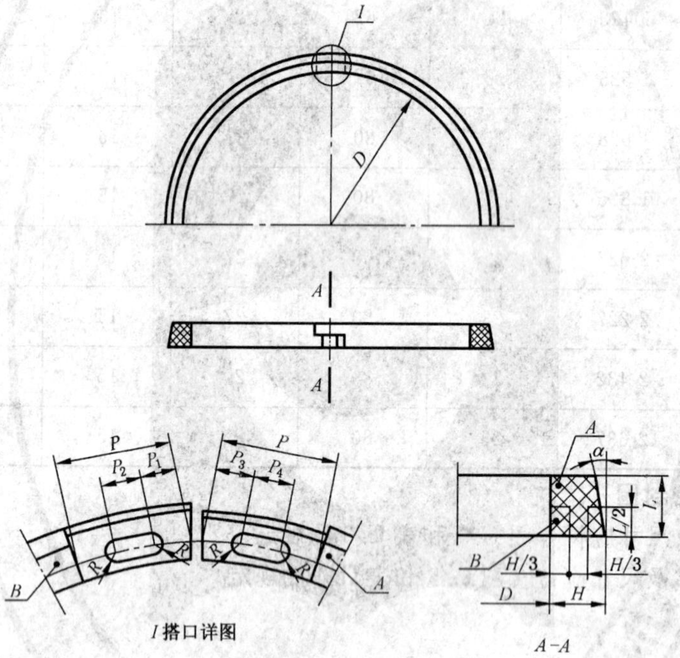

图 C.5　N_I 型接口支撑圈

表 C.4　N_I 型接口支撑圈尺寸

单位为毫米

DN	H	L	D	α	P	P_1	P_2	P_3	P_4	R
100	12	12	118	10°	36	7	16	13	4	2
150			169							
200			220							
250	13		271.6							
300			322.8							
350			374		55	10	25	20	6	
400			425.6							
450	15		476.8							
500			528							
600			630.8							

C.1.4 S型密封圈

——胶圈的型式及尺寸应符合图 C.6 和表 C.5 的规定；

——隔离圈的型式及尺寸应符合图 C.7 和表 C.6 的规定；

——支撑圈的型式及尺寸应符合图 C.8 和表 C.7 的规定。

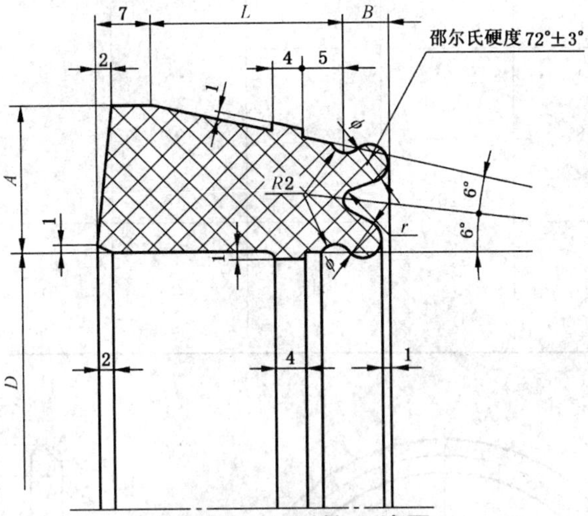

图 C.6 S型接口胶圈

表 C.5 S型接口胶圈尺寸

单位为毫米

DN	A	L	B	ϕ	r	D
100	17	26	5	4	1.5	115
150						166
200	18	31				215
250	19	24	6	5		266
300		25				317
350	20	27				369
400		29				420
500	20.5	21	7	5.5	2	521
600	21	23				624
700	22	27				725

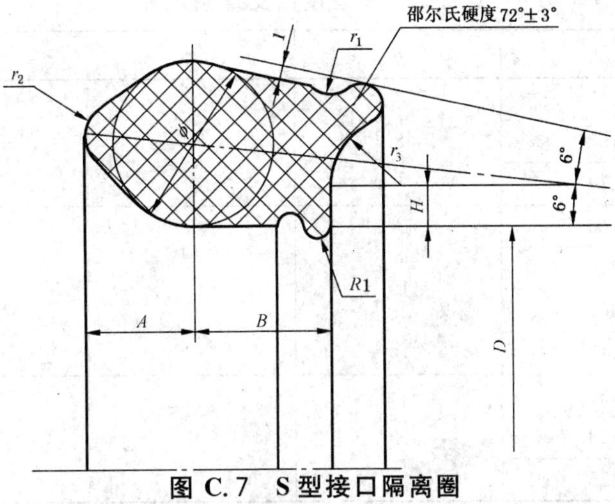

图 C.7 S型接口隔离圈

表 C.6 S 型接口隔离圈尺寸

单位为毫米

DN	ϕ	A	B	H	r_1	r_2	r_3	D
100								114
150	9.6	6.8	9	2			4	165
200								214
250					1.5	2		265
300	12	8		3			5	315
350								367
400			10					418
500								519
600	14	10		4	2	3	6	622
700								723

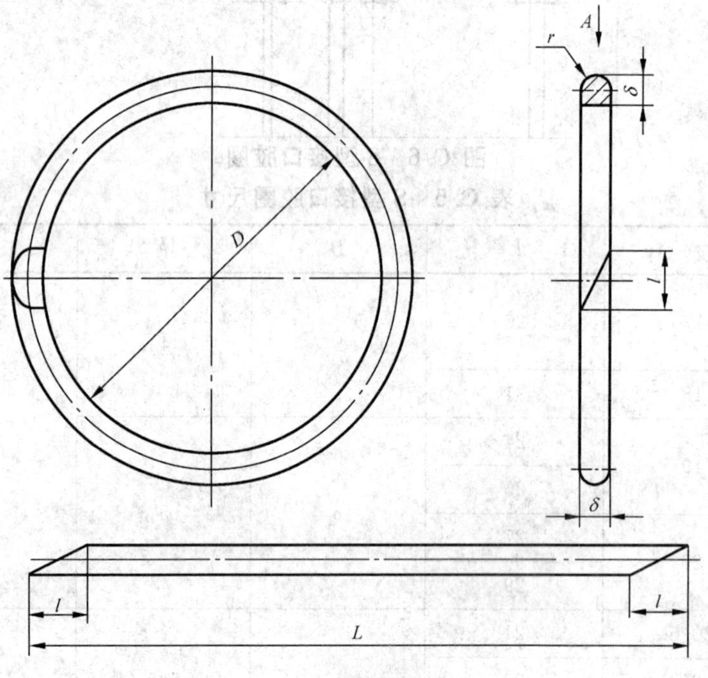

*A*向展开图

图 C.8 S 型接口支撑圈

表 C.7 S 型接口支撑圈尺寸

单位为毫米

DN	D	δ	r	l	L
100	112				396.8
150	163	8	4	20	556.9
200	214				717.1
250	265				888.5
300	316				1 048.6
350	367	10	5	25	1 208.8
400	419				1 372.1
500	520				1 700
600	623	12	6	30	2 023.9
700	725				2 344.2

C.1.5 允许偏差

胶圈、隔离圈的尺寸偏差应符合 GB/T 3672.1 中 M2 级的规定。

C.2 技术要求

C.2.1 胶圈、隔离圈

C.2.1.1 材质

用于制造胶圈、隔离圈的材料有天然橡胶、丁苯橡胶、氯丁橡胶、丁腈橡胶、丁基橡胶、乙丙橡胶和硅橡胶等，但材料中不得含有对输送介质和管材及胶圈、隔离圈性能有害的物质。具体材料根据设计要求由生产厂选择。

C.2.1.2 物理性能

输送燃气用胶圈、隔离圈应符合 GB/T 6483 中附录 C 的表 C.6、表 C.7 的要求。给水用胶圈应符合 GB/T 6483 中附录 C 的表 C.8、表 C.9 的要求。

C.2.1.3 胶圈、隔离圈成品的一般要求

胶圈、隔离圈应无气泡和影响使用性能的表面缺陷，胶边应保持在合理的最小程度。

C.2.2 支撑圈

N_I 型接口支撑圈的材质应为高密度聚乙烯。

S 型接口支撑圈材质为 15 号低碳钢，DN200 以下的支撑圈必须进行退火处理，产品表面不得产生氧化皮。发蓝、发黑处理的表面厚度不得小于 0.5 μm～1.0 μm，不得有花斑及锈迹。支撑圈不得扭曲，垂直于轴心线的面应在同一平面内。

C.3 检验规则

C.3.1 胶圈、隔离圈、支撑圈的外观应逐支检验。

C.3.2 同班同机台生产的胶圈、支撑圈及隔离圈用材料为一批。

C.3.3 当检验结果出现不合格时，应取双倍数量试样对不合格的项目进行复验。若复验结果仍不合格时，允许对该批料修炼一次，修炼后必须进行全项性能检验，若其中仍有一项不合格时，则该批料为不合格品，同时应逐辊进行检验。对于抽验项目的检验也应符合此规定。

C.4 标志、包装、运输及贮存

胶圈、隔离圈的标志、包装、运输和贮存应符合 GB/T 5721 的要求。

附 录 D
（资料性附录）
凝 水 缸

本附录提供了输送燃气管线用凝水缸的两种型式的尺寸，其他技术要求与管件相同。

D.1 分体式凝水缸缸体

分体式凝水缸缸体应符合图 D.1 和表 D.1 的规定。

D.2 分体式凝水缸缸盖

分体式凝水缸缸盖应符合图 D.2 和表 D.2 的规定。

D.3 卧式凝水缸

卧式凝水缸应符合图 D.3 和表 D.3 的规定。

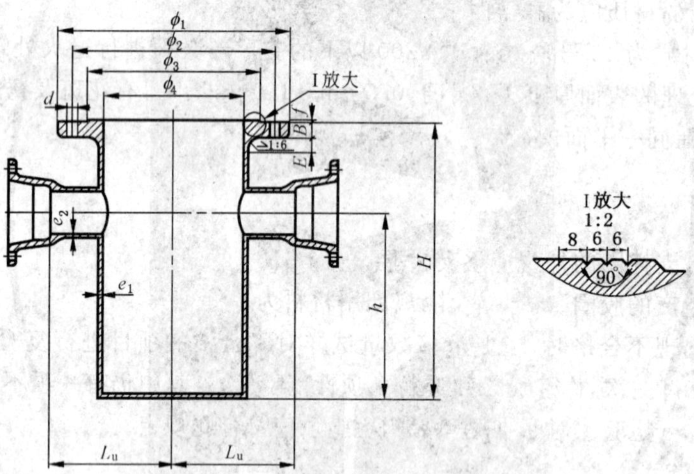

图 D.1 分体式凝水缸缸体

表 D.1 分体式凝水缸缸体尺寸

DN/mm	e_1/mm	e_2/mm	ϕ_1/mm	ϕ_2/mm	ϕ_3/mm	ϕ_4/mm	L_u/mm
100	8.4	7.2	400	350	319	252	217
150	9.6	7.8	455	400	370	306	253
200	10.2	8.4	505	460	429	358	279
250	10.8	9	565	515	480	408	279
300	12	9.6	670	620	582	508	382
350	12.6	10.2	725	670	632	558	418
400	13.2	10.8	780	725	682	608	453
500	14.4	12	895	840	794	708	519
600	15.6	13.2	1 015	950	901	810	575
700	16.8	14.4	1 115	1 050	1 001	911	641

表 D.1（续）

DN/mm	B/mm	E/mm	H/mm	h/mm	f/mm	螺栓孔		重量/kg
						d/mm	n/个	
100	19	25	479	323	3	23	12	40.5
150	20.5	30	543	350	4	23	12	56.4
200	20.5	30	598	377	4	23	16	73.7
250	20.5	30	714	377	4	28	16	98.0
300	22.5	30	829	542	4	28	20	165
350	22.5	30	862	560	4	28	20	176
400	25	30	1 120	714	5	31	20	273
500	27.5	30	1 234	836	5	31	24	378
600	30	30	1 298	856	5	34	24	490
700	32.5	30	1 360	866	5	34	28	616

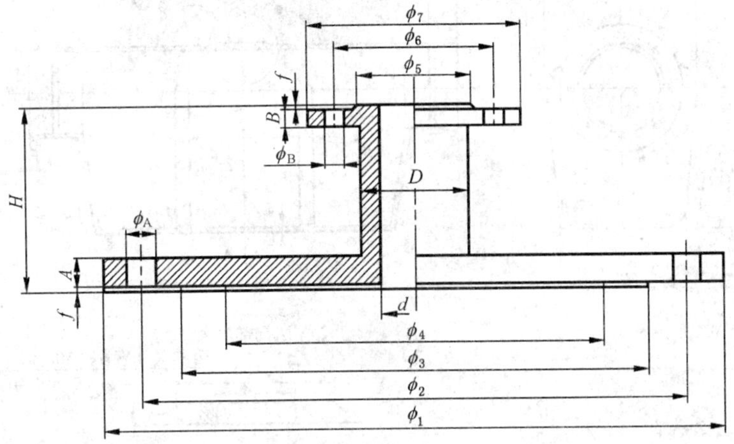

图 D.2　分体式凝水缸缸盖

表 D.2　分体式凝水缸缸盖尺寸

DN/mm	ϕ_1/mm	ϕ_2/mm	ϕ_3/mm	ϕ_4/mm	ϕ_5/mm	ϕ_6/mm	ϕ_7/mm	d/mm	D/mm	H/mm
100	400	350	319	252	75	105	140	45	70	120
150	455	400	370	306	75	105	140	45	70	120
200	505	460	429	358	75	105	140	45	70	120
250	565	515	480	408	75	105	140	45	70	120
300	670	620	582	508	75	105	140	45	70	120
350	725	670	632	558	75	105	140	45	70	120
400	780	725	682	608	75	105	140	45	70	120
500	895	840	794	708	75	105	140	45	70	120
600	1 015	950	901	810	75	105	140	45	70	120
700	1 115	1 050	1 001	911	75	105	140	45	70	120

表 D.2（续）

DN/mm	A/mm	B/mm	f/mm	螺栓				重量/kg
				ϕ_A/mm	n_A/个	ϕ_B/mm	n_B/个	
100	18	14	3	23	12	13	4	18.5
150	18	14	3	23	12	13	4	23.2
200	18	14	3	23	16	13	4	28.0
250	18	14	3	28	16	13	4	34.2
300	21	14	4	28	20	13	4	54.6
350	21	14	4	28	20	13	4	63.6
400	21	14	4	31	20	13	4	73.1
500	24	14	4	31	24	13	4	109
600	26	14	5	34	24	13	4	151
700	26	14	5	34	28	13	4	182

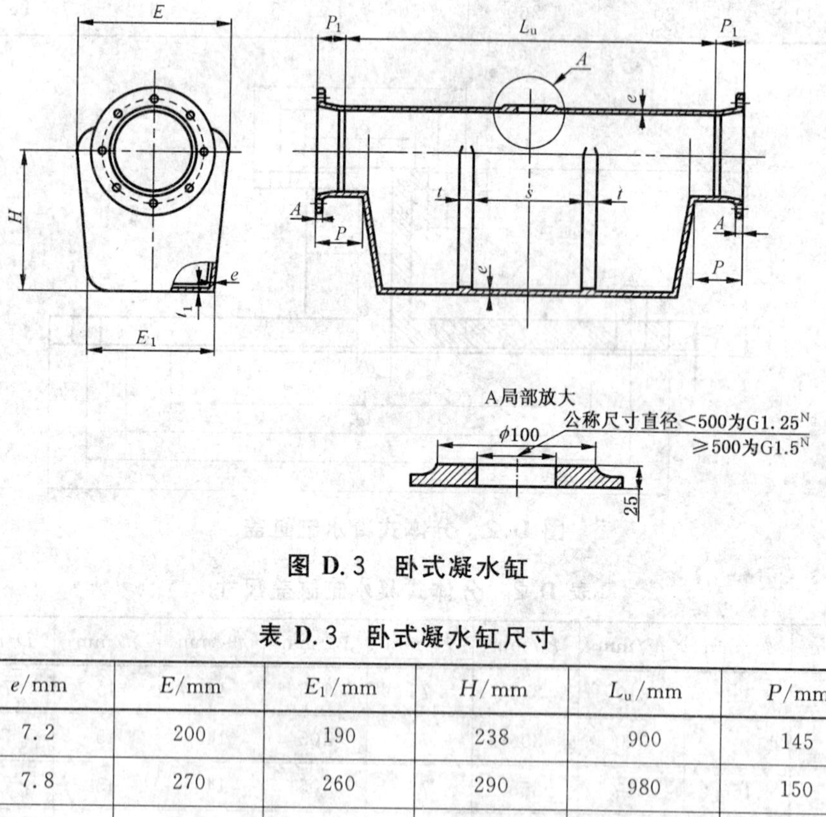

图 D.3　卧式凝水缸

表 D.3　卧式凝水缸尺寸

DN/mm	e/mm	E/mm	E_1/mm	H/mm	L_u/mm	P/mm	P_1/mm
100	7.2	200	190	238	900	145	95
150	7.8	270	260	290	980	150	100
200	8.4	330	320	340	990	155	100
250	9	385	375	390	1 000	155	100
300	9.6	440	430	440	1 026	160	100
400	10.8	560	550	520	1 035	170	100
500	12	710	660	560	1 150	180	100
600	13.2	890	840	630	1 175	180	100
700	14.4	970	920	700	1 200	185	110

表 D.3（续）

DN/mm	A/mm	S/mm	t/mm	t_1/mm	重量/kg
100	18	210	25	25	49.5
150	18	215	25	25	78.0
200	18	220	30	30	109
250	21	225	30	30	139
300	21	230	35	35	182
400	24	240	35	35	255
500	24	250	35	35	358
600	26	260	40	40	504
700	26	270	40	40	627

附　录　E
（资料性附录）
承堵和插堵

本附录提供了球铁管和管件用插堵以及滑入式、机械式柔性接口用承堵的尺寸，其他技术要求与管件相同。

E.1　插堵

插堵应符合图 E.1 和表 E.1 的规定。

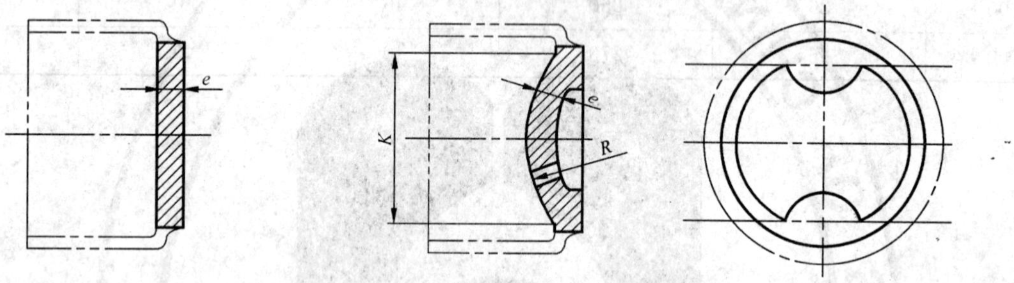

图 E.1　插堵

表 E.1　插堵尺寸

DN/mm	e/mm	K 和 R/mm	重量/kg
100	18	—	1.5
150	18	—	2.9
200	18	—	5.0
250	19.5	—	8.3
300	23	—	13.8
350	24	315	24.0
400	25	370	32.4
450	26	420	40.0
500	27	460	50.9
600	29.5	565	80.6
700	31	665	117
800	33	760	161
900	35	860	209
1000	37	960	269
1 100	39	1 060	336
1 200	41	1 160	423
1 400	43	1 260	593

E.2　承堵

承堵应符合图 E.2 和表 E.2 的规定。

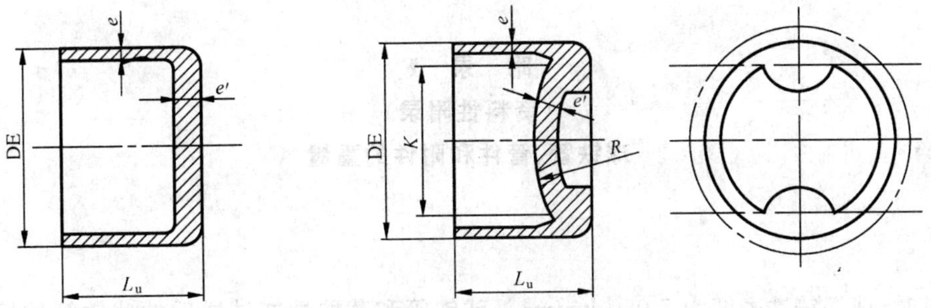

图 E.2　滑入式和机械式承堵

表 E.2　承堵尺寸

DN/mm	DE/mm	e'/mm	e/mm	K、R/mm	L_u/mm	重量/kg
100	118	18	7.2	—	200	4.5
150	170	18	7.8	—	225	9.5
200	222	18	8.4	—	250	14.8
250	274	19.5	9.0	—	250	21.5
300	326	23	9.6		275	33.5
350	378	24	10.2	315	275	45.5
400	429	25	10.8	370	275	56.0
450	480	26	11.4	420	275	68.5
500	532	27	12	460	275	81.0
600	635	29.5	13.2	565	300	123
700	738	31	14.4	665	300	170
800	842	33	15.6	760	300	220
900	945	35	16.8	860	350	298
1 000	1 048	37	18	960	350	400
1 100	1 152	39	19.2	1 060	350	520
1 200	1 255	41	20.4	1 160	350	600
1 400	1 462	43	22.4	1 260	350	850

附　录　F
（资料性附录）
球铁管、管件和附件的重量

F.1　重量

计算重量时，球墨铸铁密度为 7 050 kg/m³。球铁管和截取性能试样后的球铁管按标准长度计算重量，短尺球铁管按实际长度计算重量。

F.1.1　承插直管

T 型、K 型、N_I 型及 S 型接口球铁管的重量应分别符合表 F.1、表 F.2、表 F.3 和表 F.4 的规定。

F.1.2　法兰管

法兰管的重量等于表 F.5 中给出的重量加上所采用法兰盘的重量。

F.1.3　管件和附件

管件的重量等于 5.1.2.3 的各表中给出的重量加上所采用接口的重量（T 型承插弯管的重量等于表 11、表 13 中给出的重量加上所采用接口以及安装块的重量）。

压兰的重量见附录 A。

表 F.1　T 型接口球铁管的重量（K9 级）

DN/mm	e/mm	承口凸部重量/kg	直管每米重量/kg	标准工作长度 L_u/m							
				3	4	5	5.5	6	7	8.15	9
				总重量/kg							
40	6	1.8	6.6	22	—	—	—	—	—	—	—
50		2.1	8	26					—	—	—
60		2.4	9.4	—	40	49	54	59	—	—	—
65		2.5	10.1	—	43	53	58	63	—	—	—
80		3.4	12.2	—	52	64	71	77	—	—	—
100		4.3	14.9	—	64	79	86	95	—	—	—
125		5.7	18.3	—	79	97	106	119	—	—	—
150	6	7.1	21.8	—	94	116	127	144	—	—	—
200	6.3	10.3	30.1	—	131	161	176	194	—	—	—
250	6.8	14.2	40.2	—	175	215	235	255	—	—	—
300	7.2	18.6	50.8	—	222	273	298	323	—	—	—
350	7.7	23.7	63.2	—	276	340	371	403	—	—	—
400	8.1	29.3	75.5	—	331	407	445	482	—	—	—
450	8.6	38.3	89.7	—	397	487	532	575	—	—	—
500	9	42.8	104.3	—	460	564	616	669	—	—	—
600	9.9	59.3	137.3	—	608	746	814	882	—	—	—
700	10.8	79.1	173.9	—	775	949	1 036	1 123	1 296	—	—
800	11.7	102.6	215.2	—	963	1 179	1 286	1 394	1 609	—	—
900	12.6	129.9	260.2	—	1 171	1 431	1 561	1 691	1 951	2 251	2 472
1 000	13.5	161.3	309.3	—	1 398	1 708	1 862	2 017	2 326	2 682	2 945
1 100	14.4	194.7	362.8	—	1 646	2 009	2 190	2 372	2 734	3 152	3 460
1 200	15.3	237.7	420.1	—	1 918	2 338	2 548	2 758	3 178	3 661	4 019
1 400	17.1	385.3	547.2	—	2 574	3 121	3 395	3 669	4 216	4 845	5 310

表 F.2 K 型接口球铁管的重量(K9 级)

DN/mm	e/mm	承口凸部重量/kg	直管每米重量/kg	标准工作长度 L_u/m						
				4	5	5.5	6	7	8.15	9
				总重量/kg						
100	6	5.9	14.9	66	80	88	95	—	—	—
150		8.4	21.8	96	117	128	139	—	—	—
200	6.3	11	30.1	131	162	177	192	—	—	—
250	6.8	14.1	40.2	175	215	235	255	—	—	—
300	7.2	22.4	50.8	226	276	302	327	—	—	—
350	7.7	27.2	63.2	280	343	375	406	—	—	—
400	8.1	31.5	75.5	334	409	447	485	—	—	—
450	8.6	37.3	89.7	396	486	531	576	—	—	—
500	9	42.8	104.3	460	564	616	669	—	—	—
600	9.9	55.4	137.3	605	742	811	879	—	—	—
700	10.8	73.9	173.9	770	943	1 030	1 117	1 291	—	—
800	11.7	90.2	215.2	951	1 166	1 274	1 381	1 597	—	—
900	12.6	115.6	260.2	1 156	1 417	1 547	1 677	1 937	2 236	2 457
1 000	13.5	146.6	309.3	1 384	1 693	1 848	2 002	2 312	2 667	2 930
1 100	14.4	172.4	362.8	1 624	1 986	2 168	2 349	2 712	3 129	3 438
1 200	15.3	201	420.1	1 881	2 302	2 512	2 722	3 142	3 625	3 982
1 400	17.1	265.8	547.2	2 455	3 002	3 275	3 549	4 096	4 725	5 191
1 500	18	298.8	616.7	2 766	3 382	3 691	3 999	4 616	5 325	5 849
1 600	18.9	375.4	690.3	3 137	3 827	4 172	4 517	5 208	6 001	6 588
1 800	20.7	490.6	850.1	3 891	4 741	5 166	5 591	6 441	7 419	8 142
2 000	22.5	626.4	1 026.3	4 732	5 758	6 271	6 784	7 811	8 991	9 863
2 200	24.3	784.2	1 218.3	5 657	6 876	7 485	8 094	9 312	10 713	11 749
2 400	26.1	1 108	1 427.2	6 817	8 244	8 958	9 671	11 098	12 740	13 953
2 600	27.9	1 295	1 652.4	7 905	9 557	10 383	11 209	12 862	14 762	16 167

表 F.3 N_I 型接口球铁管的重量(K9 级)

DN/mm	e/mm	承口凸部重量/kg	直管每米重量/kg	标准工作长度 L_u/m			
				4	5	5.5	6
				总重量/kg			
100	6	10.3	14.9	70	85	92	100
150		13.9	21.8	101	123	134	145
200	6.3	17.9	30.1	138	168	183	199
250	6.8	22.6	40.2	183	224	244	264
300	7.2	27.3	50.8	231	281	307	332
350	7.7	32.3	63.2	285	348	380	412
400	8.1	38	75.5	340	416	453	491
500	9	48.4	104.3	466	570	622	674
600	9.9	59.4	137.3	609	746	815	883

表 F.4 S型接口球铁管的重量(K9 级)

DN/mm	e/mm	承口凸部重量/kg	直管每米重量/kg	标准工作长度 L_u/m 总重量/kg			
				4	5	5.5	6
100	6	9.0	14.9	69	84	91	98
150		11.7	21.8	99	121	132	143
200	6.3	17.8	30.1	138	168	183	198
250	6.8	21.8	40.2	183	223	243	263
300	7.2	27.5	50.8	231	282	307	332
350	7.7	33.5	63.2	286	350	381	413
400	8.1	40.4	75.5	342	418	456	493
500	9	50.4	104.3	468	572	624	676
600	9.9	65.2	137.3	614	752	820	889
700	10.8	85.4	173.9	781	955	1 042	1 129

表 F.5 法兰管的重量(K9 级)

DN/mm	e/mm	直管每米重量/kg	标准工作长度 L/m 重量(不含法兰盘)/kg						
			0.5	2	3	4	5	6	7
40	6	6.6	3.3	13	20	26	33	40	—
50	6	8	4	16	24	32	40	48	—
60	6	9.4	4.7	19	28	38	47	56	—
65	6	10.1	5.1	20	30	40	51	61	—
80	6	12.2	6.1	24	37	49	61	73	—
100	6	14.9	7.5	30	45	60	75	89	—
125	6	18.3	9.2	37	55	73	92	110	—
150	6	21.8	11	44	65	87	109	131	—
200	6.3	30.1	15	60	90	120	151	181	—
250	6.8	40.2	20	80	121	161	201	241	—
300	7.2	50.8	25	102	152	203	254	305	—
350	7.7	63.2	32	126	190	253	316	379	—
400	8.1	75.5	38	151	227	302	378	453	—
450	8.6	89.7	45	179	269	359	449	538	—
500	9	104.3	52	209	313	417	522	626	—
600	9.9	137.3	69	275	412	549	687	824	—
700	10.8	173.9	87	348	522	696	870	1 043	—
800	11.7	215.2	108	430	646	861	1 076	1 291	—
900	12.6	260.2	130	520	781	1 041	1 301	1 561	—

表 F.5（续）

DN/mm	e/mm	直管每米重量/kg	标准工作长度 L/m						
			0.5	2	3	4	5	6	7
			重量(不含法兰盘)/kg						
1 000	13.5	309.3	155	619	928	1 237	1 547	1 856	—
1 100	14.4	362.8	181	726	1 088	1 451	1 814	2 177	2 540
1 200	15.3	420.1	210	840	1 260	1 680	2 101	2 521	2 941
1 400	17.1	547.2	274	1 094	1 642	2 189	2 736	3 283	3 830
1 500	18	616.7	308	1 233	1 850	2 467	3 084	3 700	4 317
1 600	18.9	690.3	345	1 381	2 071	2 761	3 452	4 142	4 832
1 800	20.7	850.1	425	1 700	2 550	3 400	4 251	5 101	5 951
2 000	22.5	1 026.3	513	2 053	3 079	4 105	5 132	6 158	7 184
2 200	24.3	1 218.3	609	2 437	3 655	4 873	6 092	7 310	8 528
2 400	26.1	1 427.2	714	2 854	4 282	5 709	7 136	8 563	9 990
2 600	27.9	1 652.4	826	3 305	4 957	6 610	8 262	9 914	11 567

F.2 重量允许偏差

F.2.1 球铁管

球铁管的标准重量允许偏差应符合表 F.6 的规定。

表 F.6 球铁管的标准重量允许偏差

DN/mm	标准重量允许偏差/%
≤200	−8
>200	−5

F.2.2 管件和附件

弯管、带支管的管件及非标准管件的标准重量允许偏差为−12%，其余管件及附件的标准重量允许偏差为−8%，正偏差不作要求。

附 录 G
（资料性附录）
允 许 压 力

G.1 总则

球铁管与管件的 PFA、PMA、PEA 分别在 3.17、3.18、3.19 中定义，其最大值应符合 G.2、G.3 和 G.4 的规定。

应考虑合适的界限，防止在已安装管线上出现这些压力的极限值，例如：

——承插直管在 G.2 所示的 PFA 值、PMA 值下工作会受管线其他部分低承受力的限制，如法兰管（G.4）、某类三通管件（G.3）以及柔性接口的特殊设计（6.3.2）；

——在 G.2 所示的 PEA 值下进行现场水压试验（尤其是 DN40～DN150）会受管线固定系统的类型与设计和/或柔性接口设计的限制。

G.2 承插直管

表 G.1 所示 PFA、PMA 和 PEA 最大值由下列各式计算：

(1)

$$PFA = \frac{2 \cdot e_{min} \cdot R_m}{D \cdot SF} \qquad \text{(G.1)}$$

式中：

e_{min}——球铁管最小壁厚，单位为毫米（mm）；

D——球铁管平均直径（$DE - e_{min}$），单位为毫米（mm）；

R_m——球铁管最小抗拉强度，单位为兆帕（MPa）；（R_m＝420MPa）；

SF——安全系数，取 3。

(2) PMA：同 PFA，但 SF＝2.5，因此

$$PMA = 1.2PFA \qquad \text{(G.2)}$$

(3) PEA＝PMA＋0.5 MPa（通常情况） ……………………(G.3)

当 PFA＝6.4 MPa 时，PEA＝1.5 PFA

G.3 承接管件

PFA、PMA、PEA 最大值如下：

——除三通外的承接管件：PFA、PMA 和 PEA 等于 G.2 所列 K9 管的值；

——承插三通：PFA、PMA 和 PEA 低于 G.2 所列 K9 管的值时，产品介绍应给出有关数据；

——带一个法兰的管件：如双承单支盘三通、盘插管和盘承管，其 PFA、PMA、PEA 受法兰的限制，等于 G.4 中给出的值，这些值与 PN 和 DN 有关。

由于接口类型或特定设计方法不同还存在其他限制，这些应在产品介绍中给出。

G.4 法兰管及盘接管件

PFA、PMA、PEA 最大值应符合表 G.2 的规定。

表 G.1 承插直管允许压力

DN/mm	K9 管			K10 管		
	PFA/MPa	PMA/MPa	PEA/MPa	PFA/MPa	PMA/MPa	PEA/MPa
40	6.4	7.7	9.6	6.4	7.7	9.6
50	6.4	7.7	9.6	6.4	7.7	9.6
60	6.4	7.7	9.6	6.4	7.7	9.6
65	6.4	7.7	9.6	6.4	7.7	9.6
80	6.4	7.7	9.6	6.4	7.7	9.6
100	6.4	7.7	9.6	6.4	7.7	9.6
125	6.4	7.7	9.6	6.4	7.7	9.6
150	6.4	7.7	9.6	6.4	7.7	9.6
200	6.2	7.4	7.9	6.4	7.7	9.6
250	5.4	6.5	7.0	6.1	7.3	7.8
300	4.9	5.9	6.4	5.6	6.7	7.2
350	4.5	5.4	5.9	5.1	6.1	6.6
400	4.2	5.1	5.6	4.8	5.8	6.3
450	4.0	4.8	5.3	4.5	5.4	5.9
500	3.8	4.6	5.1	4.4	5.3	5.8
600	3.6	4.3	4.8	4.1	4.9	5.4
700	3.4	4.1	4.6	3.8	4.6	5.1
800	3.2	3.8	4.3	3.6	4.3	4.8
900	3.1	3.7	4.2	3.5	4.2	4.7
1 000	3.0	3.6	4.1	3.4	4.1	4.6
1 100	2.9	3.5	4.0	3.2	3.8	4.3
1 200	2.8	3.4	3.9	3.2	3.8	4.3
1 400	2.8	3.3	3.8	3.1	3.7	4.2
1 500	2.7	3.2	3.7	3.0	3.6	4.1
1 600	2.7	3.2	3.7	3.0	3.6	4.1
1 800	2.6	3.1	3.6	3.0	3.6	4.1
2 000	2.6	3.1	3.6	2.9	3.5	4.0
2 200	2.6	3.1	3.6	2.9	3.5	4.0
2 400	2.5	3.0	3.5	2.9	3.4	3.9
2 600	2.5	3.0	3.5	2.8	3.4	3.9

注：对于其他壁厚等级，PFA、PMA、PEA 可用同样方法计算得出。

表 G.2 法兰管及盘接管件允许压力

DN/mm	PN10			PN16			PN25			PN40		
	PFA/MPa	PMA/MPa	PEA/MPa	PFA/MPa	PMA/MPa	PEA/MPa	PFA/MPa	PMA/MPa	PEA/MPa	PFA/MPa	PMA/MPa	PEA/MPa
40～50	同 PN40			同 PN40			同 PN40			4.0	4.8	5.3
60～80	同 PN16			1.6	2.0	2.5	同 PN40			4.0	4.8	5.3
100～150	同 PN16			1.6	2.0	2.5	2.5	3.0	3.5	4.0	4.8	5.3
200～600	1.0	1.2	1.7	1.6	2.0	2.5	2.5	3.0	3.5	4.0	4.8	5.3
700～1 200	1.0	1.2	1.7	1.6	2.0	2.5	2.5	3.0	3.5	—	—	—
1 400～2 600	1.0	1.2	1.7	1.6	2.0	2.5	—	—	—	—	—	—

附　录　H
（资料性附录）
管的径向刚度和径向变形

使用中，球铁管在保证所有功能的前提下可以承受较大的径向变形。管线使用中允许的径向变形应符合表 H.1 的规定，同时表中也给出了最小径向刚度值，使其在普通安装条件下能承受较大的覆盖深度和/或繁重的交通负荷。

径向变形（数值以百分数表示，%）等于管子在垂直方向的变形（单位为毫米，mm）除以管子初始外径 DE（单位为毫米，mm），再乘以 100。水泥内衬 K9 管其允许径向变形值应符合表 H.1 的规定，这样就保证了接口的完整性以及安全性，防止管壁受到过度应力和内衬的过度开裂。

管的径向刚度 S 由下式计算得出：

$$S = 1\,000\,\frac{E \cdot I}{D^3} = 1\,000\,\frac{E}{12}\left(\frac{e}{D}\right)^3 \quad \cdots\cdots\cdots\cdots (\text{H.1})$$

式中：

S——径向刚度，单位为千牛顿每平方米（kN/m^2）；

E——材质弹性模量，单位为兆帕（MPa）（球墨铸铁的弹性模量为 170 000 MPa）；

I——每单位长度管壁的二次面积矩，单位为立方毫米（mm^3）；

e——管的壁厚，单位为毫米（mm）；

D——管的平均直径（DE－e），单位为毫米（mm）。

表 H.1　K9 管最小径向刚度和允许径向变形

DN/mm	K9 管最小径向刚度/（kN/m^2）	K9 管允许径向变形/%
40	14 000	0.45
50	8 000	0.55
60	5 000	0.65
65	4 000	0.70
80	2 400	0.85
100	1 350	1.05
125	800	1.30
150	480	1.55
200	230	1.90
250	155	2.20
300	110	2.50
350	88	2.70
400	72	2.90
450	61	3.05
500	52	3.25
600	41	3.55
700	34	3.75
800	30	4

表 H.1（续）

DN/mm	K9 管最小径向刚度/（kN/m²）	K9 管允许径向变形/%
900	26	4
1 000	24	4
1 100	22	4
1 200	20	4
1 400	18	4
1 500	17	4
1 600	17	4
1 800	16	4
2 000	16	4
2 200	15	4
2 400	14	4
2 600	13	4
注：考虑到等于或接近最小厚度的点很少，计算 *S* 值时，壁厚的选取为管的最小壁厚加上偏差绝对值的一半。		

附 录 I
（资料性附录）
用途、土壤特性

根据 6.4.1 进行外涂层的球铁管和管件可根据以下土壤的具体情况选择外涂层类型：

——土壤抗力；

——土壤 pH 值；

——球铁管同一水平面上地下水位的存在；

——杂散电流的存在；

——当土壤中有腐蚀物质存在时；

——土壤被工业污水或废弃物污染时。

附 录 J
（资料性附录）
用途、水质特性

根据 6.4.2 进行内壁涂覆的球铁管和管件可用于输送所有类型的饮用水或未经净化水。

对于没有外密封层的水泥砂浆内衬，其使用限制决定于用作内衬的水泥类型和水质（最小 pH 值，侵蚀性物质如 CO_2、SO_4^{2-}、Mg^{2+} 和 MH^+ 的最大含量）。

附　录　K
（资料性附录）
本标准章条与 ISO 2531:1998(E)章条编号对照

表 K.1 给出了本标准章条编号与 ISO 2531:1998(E)章条编号对照一览表。

表 K.1　本标准章条编号与 ISO 2531:1998(E)章条编号对照

本标准章条编号	对应的国际标准章条编号
1	1
2	2
3	3
4	—
4.1	4.1.1 和 8.2
4.2	—
4.3	—
5	—
5.1	4.2、8.1、8.3 和 8.4
5.2	4.2.4
5.3	—
6	4
6.1	4.3
6.2	4.1.4
6.3	5 和 6.5
6.4	4.4
6.5	4.1.2
7	6
7.1	6.1
7.2	6.2
7.3.1	6.3
7.3.2	6.4
7.4.1	6.5
7.4.2	6.6
7.4.3	7
7.5	—
7.6	—
8.1	—
8.2	6.3.5
8.3	—
8.4	6.3.4
9.1	4.6
9.2	—

附　录　L
（资料性附录）
本标准与ISO 2531:1998(E)技术性差异及其原因

表L.1给出了本标准与ISO 2531:1998(E)技术性差异及其原因。

表L.1　本标准与ISO 2531:1998(E)技术性差异及其原因

本标准章条编号	技术性差异	原　因
1	相对压力单位改为“MPa”	“巴”不是国际计量单位
	增加了“本标准规定了…质量证明书”	适应我国标准要求
2	有国家标准的引用了国家标准，没有国家标准的引用了国际标准	适应我国标准要求
3	完善了偏差的定义	适应我国国情
4	增加了球铁管接口型式T型、K型、S型、N_I型，增加了对管件品种的描述	适应我国国情
5.1.1	增加了接口形式图和结构尺寸	适合我国国情
5.1.2.1	增加了判断短尺管的具体要求	适应我国国情
5.1.3.3	增加了管件除接口形式以外的重量	便于生产控制，方便贸易
5.1.5.5	增加了承口法兰盘厚度及孔径偏差	适合我国国情
6.3.1.2	气密性试验压力增加到0.6 MPa	适合我国国情
6.4.2	增加了水泥砂浆强度要求	为工程设计提供依据
6.5	增加了表面质量及修复的要求	方便质量验收
7.2	增加了检验直线度方法通常为目测	提高操作性
7.3.1.4	增加了拉伸试验结果的修约要求	方便质量验收
7.4.2	将燃气用管和管件的密封试验保压时间延长，管件目测时间延长到20 s，管子目测时间延长到60 s	提高检验可靠性
7.5.1	增加了水泥砂浆内衬检验	适应我国标准要求
7.6	增加了表面质量检验	适应我国标准要求
8.1	增加了管和管件检验和验收由供方技术监督部门进行。必要时，需方可到供方进行质量验收	适应我国标准要求
8.3	增加了取样数量的规定	提高了操作性
9.2	增加了质量证明书的要求	适应我国标准要求
附录A	增加了K型、N_I型和S型接口用压兰技术要求	适合我国国情
附录B	增加了K型、N_I型和S型接口用螺栓、螺母技术要求	适合我国国情
附录C	增加了接口连接用密封圈技术要求	适合我国国情
附录D	增加了凝水缸技术要求	为用户提供参考

表 L.1（续）

本标准章条编号	技术性差异	原　因
附录 E	增加了承堵和插堵的技术要求	为用户提供参考
附录 F	增加了球铁管和管件重量及允许偏差	便于生产控制，方便贸易
附录 G	增加了管子和管件允许压力	为工程设计提供依据
附录 K	增加了本标准与国际标准章条对照	适应我国标准要求
附录 L	增加了本标准与国际标准技术性差异及其原因	适应我国标准要求